Polina Lukicheva

Die Kategorie des Räumlichen in Erkenntnistheorie und Ästhetik im China des 17. Jahrhunderts

Welten Ostasiens / Worlds of East Asia / Mondes de l'Extrême Orient

Im Auftrag der Schweizerischen Asiengesellschaft –
On behalf of the Swiss Asia Society –
Au nom de la Société Suisse-Asie

Band 35

Polina Lukicheva

Die Kategorie des Räumlichen in Erkenntnistheorie und Ästhetik im China des 17. Jahrhunderts

DE GRUYTER

Publiziert mit Unterstützung des Schweizerischen Nationalfonds zur Förderung der wissenschaftlichen Forschung.

Schweizerischer Nationalfonds

ISBN 978-3-11-079182-2
e-ISBN (PDF) 978-3-11-079186-0
e-ISBN (EPUB) 978-3-11-079197-6
ISSN 1660-9131
DOI https://doi.org/10.1515/9783110791860

Library of Congress Control Number: 2023944637

Bibliografische Information der Deutschen Nationalbibliothek
Die Deutsche Nationalbibliothek verzeichnet diese Publikation in der Deutschen Nationalbibliografie; detaillierte bibliografische Daten sind im Internet über http://dnb.dnb.de abrufbar.

Einbandabbildung: Bildrolle *Inmitten der Berge das Quellwasser lauschend* 山間聽泉圖軸 von Mei Qing 梅清 (1623–1697), aus der Sammlung des Museums Shanghai
Satz: Integra Software Services Pvt. Ltd.
Druck und Bindung: CPI books GmbH, Leck

www.degruyter.com

Der Himmel hat von sich aus
keine Ordnung des Vorne und des Hinten

Vorwort

Die Frage des Raumes gehört zu den Grundproblemen der Ontologie und Erkenntnistheorie. Im Laufe der Geschichte wurde eine Vielfalt von Konzeptualisierungen, Erklärungsansätzen und Verständnismodellen entwickelt. Die vorliegende Arbeit untersucht die Raumproblematik auf der Grundlage philosophischer und kunsttheoretischer Texte aus dem China der Übergangszeit zwischen Ming- und Qing-Dynastie – jener Epoche, der in der heutzutage allgemein anerkannten Chronologie das 17. Jahrhundert entspricht.

Der konzeptuelle Rahmen für diese Studie gründet auf der Annahme, dass es sich bei der Untersuchung der Genese von Raumauffassungen in China nicht bloß um eine Geschichte des Wandels einzelner Bezeichnungen für einen intuitiv aufgefassten Sachverhalt „Raum" handelt, sondern dass vielmehr eine Umstrukturierung größerer Begriffs- und Referenzfelder im breiten Kontext systemischer Verschiebungen der gesamten Wissensdiskurse der Zeit festzustellen ist. Dementsprechend wählt die vorliegende Untersuchung einen Ansatz, der zum Versuch einer Gesamtschau des chinesischen Wissenssystems des 17. Jahrhunderts ansetzt und darauf abzielt, die Kategorie des Räumlichen ausgehend von einer Analyse erkenntnistheoretischer und begrifflicher Voraussetzungen, Wirklichkeitsauffassungen und Kategorisierungsmodelle im emischen Wissenssystem zu erschließen.

Der breite konzeptuelle Rahmen der vorliegenden Arbeit erfordert eine gründliche hermeneutische Erschließung und Bearbeitung klassischer chinesischer Quellen, die bislang kaum in Übersetzungen zugänglich sind. Ferner ist eine umfassende Untersuchung notwendig, die Forschungsansätze aus der Begriffsgeschichte sowie der Sprach-, Bild- und Kognitionswissenschaft verbindet. Ein solch mehrschichtiges Vorgehen erlaubt es, die unterschiedlichen Erfahrungen und Konzeptualisierungen von Raum, wie sie in den zahlreichen untersuchten Textquellen geschildert werden, auf einer soliden Grundlage neu zu deuten und sinnvoll zu erschließen.

Dem oben beschriebenen konzeptuellen Ansatz liegt zudem die Annahme zugrunde, dass sich eine Untersuchung von Wissenssystemen in unterschiedlichen Kulturen mit mehr oder weniger *unterschiedlichen* Weisen der Wirklichkeitserkenntnis und -kategorisierung konfrontiert sieht, sodass es folglich zunächst deren eigentümliche Logik nachzuvollziehen gilt, um schließlich Einsicht in einzelne Kategorien erhalten zu können.

Mit dieser Annahme geht die relativierende Perspektive einher, aus der die Raumfrage in dieser Untersuchung angegangen wird: Demnach ist die Kategorie des Räumlichen auch kulturell bedingt. Dies heißt unter anderem, dass ein Verständnis des „Raumes" und der damit verbundenen Begrifflichkeiten und Mo-

https://doi.org/10.1515/9783110791860-202

delle, die unter den konkreten historischen Bedingungen im Europa der Neuzeit entwickelt und anschließend weltweit verbreitet wurden, nur limitiert auf andere kulturelle Traditionen übertragen werden können, und dass sie keineswegs als vorgegebener und absoluter Fixpunkt der Analyse der hier untersuchten chinesischen Raumauffassungen dienen können.

Ziel dieser Untersuchung ist es jedoch nicht, die untersuchten chinesischen Modelle zum Verständnis des Räumlichen lediglich als einen Sonderfall der Wissensgeschichte darzustellen. Vielmehr beabsichtigt sie, *systematische* Zusammenhänge zu identifizieren, die die betrachteten Raumauffassungen bedingen und in ihrer Spezifizität konstituieren. Diese Zusammenhänge ergeben sich aus einem komparativen Vorgehen, das strukturell vergleichbare oder auch kontrastierende Modi des Raumdenkens in westlichen epistemologischen Traditionen in die Betrachtung einbezieht und mitreflektiert.

Der Vergleich der Raumauffassungen in dieser Arbeit lässt die zutage tretenden Differenzen als *typologische* Grundzüge der jeweiligen Zugänge zum Räumlichen fassen. Damit kann ein als substanzialistisch bezeichnetes Verständnis des Raumes in der europäischen Neuzeit einer prozessual-funktionalen Auffassung im China des 17. Jahrhunderts gegenübergestellt werden.

Die Kontrastierung dieser Raumauffassung mag mitunter den Eindruck einer Essenzialisierung des Gegensatzes Ost-West erwecken. Doch diese Gegenüberstellung ist heuristischer Natur, sie dient vor allem dem oben beschriebenen Ziel eines Herausstellens von Zusammenhängen und Typologien. Damit aber weist sie gerade über die Zuschreibung bestimmter Charakteristika und Denkmodi einer bestimmten Kultur hinaus.

Im Zuge der transkulturellen Vergleiche erwies sich, dass die dem neuzeitlichen europäischen Raumbegriff entgegengesetzten Positionen chinesischer Gelehrter oft Anschlüsse an gegenwärtige geisteswissenschaftliche Arbeiten zur Raumfrage sowie nichtklassische Modelle der Raumvorstellung und damit verbundene Kulturtypologien erlauben. Eine der augenfälligsten Affinitäten betrifft die in den westlichen Arbeiten und Modellen zu beobachtende Akzeptanz von konstruktivistischen Anteilen der Raumerfahrung. Die Annahme der Konstruktivität der menschlichen Wahrnehmung ist auch für die meisten der hier untersuchten chinesischen Auffassungen grundlegend und prägt die Beschäftigung der chinesischen Texte etwa durch die Frage nach psychologischen Faktoren der Erzeugung des Raumes in der Wahrnehmung und im Bild. Dementsprechend erweisen sich Analyseansätze aus der gegenwärtigen kognitionswissenschaftlichen Forschung zur Raumwahrnehmung für die Ausarbeitung solcher Themen in der vorliegenden Untersuchung als ausgesprochen fruchtbar. Zwar werden hier die Bezüge zur kognitionswissenschaftlichen Forschung nicht systematisch, sondern eher tentativ und punktuell entfaltet, doch verweisen sie in die Richtung, in welcher eine Zusammenführung von Erkenntnissen aus einer historisch orientierten Forschung mit empirischen Untersuchungen zur menschlichen Kognition möglich erscheint, sodass sich auch die Frage der *Universalität* der räumlichen Erfahrung auf der Grundlage einer solchen Zusammenführung neu stellen ließe.

Das Hauptanliegen der vorliegenden Untersuchung lässt sich entsprechend den oben ausgeführten Überlegungen also wie folgt formulieren: Statt eine undurchlässige Grenze zwischen Arten der Welterkenntnis und Zugängen zum Raum entlang kultureller Grenzen zu ziehen, sollen die in der Arbeit vorgenommenen Analysen und Vergleiche dazu beitragen, „den Rahmen des Möglichen ab[zu]stecken“[1], dessen die menschliche Erkenntnis grundsätzlich fähig ist.

***

Ohne den unersetzlichen Beistand und umfassende Hilfe von Wolfgang Behr sowie die inspirierenden Impulse und tiefgreifenden Verbesserungshinweise von Raji C. Steineck und Markus Klammer wäre diese Arbeit nicht möglich gewesen. Ihnen gebührt mein tiefster Dank für ihre Unterstützung während meiner Forschungsarbeit. Ich möchte auch Xu Jianrong 徐建融, Elmar Holenstein und Benjamin Elman von Herzen für die bereichernden Lernmöglichkeiten danken, die sie mir eröffnet haben. Ein herzlicher Dank gilt ebenso Julia Orell, Rafael Suter und Kai Marchal für den anregenden Ideenaustausch und die wertvollen Einsichten, die sie mit mir geteilt haben. Ling Lizhong 凌利中 danke ich herzlich für die schönen und unvergesslichen Einblicke in die chinesische Kunst und die Möglichkeit, sie gemeinsam zu genießen. Des Weiteren möchte ich dem anonymen Reviewer für seine aufmerksame Durchsicht der Arbeit und seine äußerst hilfreichen Kommentare und Präzisierungen danken. Ein besonderer Dank geht an Urs Wickli und Susanne Schwartz für ihre wertvolle Hilfe bei der Präzisierung des Ausdrucks.

Mein herzlicher Dank geht an die verschiedenen Förderinstitutionen und Personen, die diese Arbeit ermöglicht und unterstützt haben. Besonderer Dank gebührt dem Schweizerischen Nationalfonds (SNF) für seine großzügige Unterstützung des Forschungsprojekts und die Publikation des Buches. Mein Dank gilt auch der Schweizerischen Asiengesellschaft (SAGW) und besonders Simone Müller für ihre wertvolle Unterstützung und die Ermöglichung der Buchveröffentlichung. Ebenfalls möchte ich mich beim Universitären Forschungsschwerpunkt „Asien und Europa“ an der Universität Zürich (2006–2017) bedanken, wo ich mein Projekt beginnen konnte. Die großzügige Förderung der Nomis Foundation ermöglicht zudem weitere Forschung zu den in dieser Arbeit behandelten Themen. Meinen herzlichen Dank richte ich an die Mitarbeiterinnen und Mitarbeiter des Shanghai Museums für ihre großzügige Unterstützung bei der Bereitstellung der

1 Cassirer 1942: 30.

Abbildungen. Ebenfalls möchte ich dem Team von DeGruyter herzlich für die hervorragende Organisation des Druckprozesses und die äußerst präzise Bearbeitung des Manuskripts danken.

Meinen ehemaligen Lehrerinnen und Lehrern Grigorij Aleksandrovitch Tkachenko (1947–2000), Vera Georgievna Belozerova, Krassimira Lubenova Loukitcheva, Ilja Sergeevitch Smirnov, Taras Viktorovitch Ivchenko, Marina Iljinichna Sviderskaja, Lew Isaakovitch Lifshitz, Florian C. Reiter, Mathias Obert und vielen anderen bin ich zutiefst dankbar und werde es immer sein.

Für alle etwaigen Unzulänglichkeiten, Missrepräsentationen und Fehler trage ich die volle Verantwortung.

Meiner Familie – der nahen und der fernen – widme ich dieses Buch.

Vorbemerkungen zur Struktur der Untersuchung, zu Übersetzungen und zur Zitierweise aus den Quellen

Das synoptische Kapitel I legt den allgemeinen konzeptuellen Rahmen und Kontexte für diese Forschungsarbeit fest. Die Resultate der Untersuchungen erkenntnistheoretischer und bildgestalterischer Fragen (Kapitel II und III) werden Schlussfolgerungen (Schlussbetrachtung) hinsichtlich folgender Punkte ermöglichen:

- untersuchtes Wissenssystem und dessen wissensgeschichtliche Stellung;
- Zugänge zu erkenntnis- und wahrnehmungstheoretischen Fragestellungen sowie zur Art der Begriffsbildung und der bildlichen Darstellung innerhalb des untersuchten Wissensystems;
- Raumauffassungen im untersuchten Wissensystem und eine generelle Charakterisierung des Räumlichen im prozessualen Bezugssystem gegenüber dem Räumlichen im objektbezogenen System.

Zum Schluss werden einige Ideen bzw. Hypothesen aufgestellt, die in nachfolgenden Projekten untersucht und weiterentwickelt werden können.

Sofern keine Übersetzerinnen oder Übersetzer genannt werden, handelt es sich bei sämtlichen Übersetzungen um meine eigenen als Autorin dieses Buches – *PL*.

Die Interpunktion in den chinesischen Zitaten orientiert sich an der jeweiligen Ausgabe des Werkes, die für diese Untersuchung verwendet wurde. Wenn in der Ausgabe keine Zeichensetzung vorhanden ist, werden im Zitat Leerzeichen an den Stellen verwendet, die der Gliederung der Sätze in der Übersetzung entsprechen.

Quellen im Text werden in den Fußnoten in Pinyin-Transkription nach folgendem Format zitiert:

Sofern jeweils vorhanden bzw. bekannt: Autorname, *Anfang des Werktitels*, *juan*- oder Kapitelnummer, Kapiteltitel: Seitenzahl. In der Bibliographie sind die entsprechenden Werke unter dem Autornamen und/oder Anfang des Werktitels zu finden.

https://doi.org/10.1515/9783110791860-203

Epigraph

Die Übersetzung des Zitates auf dem Vorsatz wurde leicht angepasst. Das Zitat stammt aus Wang Fuzhis 王夫之 (1619–1692) Werk *Zhouyi waizhuan* 周易外傳 [Exoterische Traditionen zu den Wandlungen von Zhou], in: *Chuanshan quanshu* 船山全集 [Gesamtwerk von Chuanshan]. Taizhong: Dayuan wenhua, 1965. Bd. 2, j. 7: 1066.

Illustrationen

Auf dem Buchumschlag und S. 216: Die Bildrolle *Inmitten der Berge das Quellwasser lauschend* 山間聽泉圖軸 von Mei Qing 梅清 (1623–1697), aus der Sammlung des Museums Shanghai

Seiten 352–359: Der Albumzyklus *Acht Ansichten der herbstlichen Stimmung* 秋興八景圖冊 (1620) von Dong Qichang 董其昌 (1555–1636), Blätter 8–1, aus der Sammlung des Museums Shanghai

Inhaltsverzeichnis

Kapitel I: **Zum Problem des Raumes: Kontexte und Zugänge**

1 Der Raum in der westlichen Wissensgeschichte: Kulturbedingtheit der Raumerfahrung?

Die Frage, was Raum sei, fördert, wenn man bisherige Überlegungen dazu betrachtet, einen scheinbaren Widerspruch zutage. Denn bezüglich des Raumes gab es in der westlichen Tradition wirkmächtige Strömungen, welche den konstitutiven Anteil des menschlichen Bewusstseins für die Raumentstehung herausgestrichen haben.[2] Ein solcher Konstruktivismus steht im Gegensatz zur Alltagserfahrung der meisten Menschen,[3] für die die Welt gegeben ist, und zwar *als räumliche Welt* gegeben ist. Raum erscheint als etwas Natürliches, Unhinterfragbares.

Wenn man die Geschichte der Bedeutungsverschiebungen und -erweiterungen hinsichtlich des Räumlichen im europäischen Denken seit der Neuzeit betrachtet, erkennt man, dass die Formulierung des Zwiespalts mit dem in der Neuzeit entworfenen Postulat einer objektiven, soll heißen physisch messbaren, räumlich ausgedehnten Welt und mit der damit einhergehenden Behauptung ihrer Opposition zum Bewusstsein möglich wurde.

Man erkennt jedoch neben der Formulierung dieses Zwiespalts zugleich auch ein deutliches Bestreben, ihn zu überwinden, d. h. den Wahrnehmungsraum und die theoretisch erfasste Raumstruktur zusammenzubringen:

> Die sinnliche Wahrnehmung und das mathematisch ausgerichtete Denken führen nämlich zu zwei offensichtlich auseinanderklaffenden Raumbegriffen. Die Realität zeigt jedoch, dass diese beiden Welten praktisch verschmolzen sind. Descartes, die englischen Empiristen und Kant bemühten sich in ihren Raumtheorien gerade um dieses ontologische Raumproblem. […] Der Garant dafür, dass der Anschauungsraum und der abstrakte Raum eine Einheit bilden, ist – für Descartes, die Empiriker und für Kant wenigstens – der Mensch bzw.

2 Für eine umfassendere Übersicht siehe Gosztonyi 1976: Bd. 1, Kap. 3, VIII und Bd. 2, Kap. 6 und 7. In seiner Analyse des Aufbaus des Verhältnisses von räumlicher Wirklichkeit zu räumlicher Wahrnehmung hebt Ernst Cassirer das konstruktivistische Moment der Raumanschauung bei früheren Denkern heraus, die sich systematisch mit der Analyse der Raumproblematik befasst haben (Descartes, Berkeley, Helmholtz u. a.). Laut Cassirer werden von diesen Denkern unterschiedliche Stufen bewusster und unbewusster Denk- und Körperaktionen im Aufbau des Raumes bzw. in der räumlichen Wahrnehmung ausdifferenziert, sodass „Daten der bloßen/einfachen Empfindung nicht gleich die Anschauung und die Vorstellung des Raumes" bilden (siehe Cassirer 2002: 160).

3 Vgl. Piaget und Inhelder (1975) Beobachtung: „Die große Schwierigkeit bei der psychogenetischen Analyse des Raumes erwächst aus folgender Tatsache: Die fortschreitende Konstruktion der räumlichen Relationen geht auf zwei deutlich unterschiedenen Ebenen vor sich, nämlich auf der Wahrnehmungsebene und auf der Vorstellungs- oder intellektuellen Ebene" (Piaget und Inhelder 1975: 21).

https://doi.org/10.1515/9783110791860-001

> seine psychisch-geistige Beschaffenheit. Er kann ja beide Aspekte des Raumes erleben und denken.[4]

Diese Verknüpfung barg jedoch die Tendenz zu einer deterministischen oder universalistischen Auffassung bezüglich der Raumfrage. Ausgangspunkt war sowohl die Annahme, dass die Gesetze des Denkens allgemeingültig seien, als auch die Überzeugung einer Universalität der sinnlichen Erfahrung, die durch die konstante biologisch-anthropologische Beschaffenheit des Menschen bedingt werde. Auch die Beziehung zwischen dem konzeptualisierten und wahrgenommenen Raum schien direkt und unproblematisch zu sein, worauf Piaget (1896–1980) und Inhelder (1913–1997) hinwiesen:

> Der gesunde Menschenverstand und mit ihm eine große Anzahl von Mathematikern gehen in ihren Überlegungen im allgemeinen so vor, als entwickle sich der Raum unter den Einflüssen der motorischen und der Wahrnehmungsmechanismen, was stimmt, aber auch so, als setzten die bildliche Vorstellung und die geometrische Anschauung lediglich diese vorhergehende sensomotorische Konstruktion in die Tat um, und das ist eine merkwürdig entstellende Vereinfachung der Tatsachen.[5]

Wenn die Struktur der sinnlichen Erfahrung bei der Frage nach der Erzeugung der Räumlichkeit ins Zentrum der Aufmerksamkeit gerückt wurde,[6] ging man jedoch – abgesehen von einigen wenigen Ausnahmen wie Piagets und Inhelders psychogenetischer Analyse des Raumdenkens – von der Einheitlichkeit bestimmter Konstanten der Raumerfahrung aus. Bemerkenswerterweise war auch selbst Benjamin Lee Whorf (1897–1941), „the most famous proponent of the Principle of Linguistic Relativity“,[7] noch dieser Überzeugung:

---

4 Gosztonyi 1976: Bd. 1, 235–236. Für eine ausführliche Darlegung der beiden Tendenzen, d. h. der Entwicklung bzw. Untersuchung des abstrakten Raumbegriffs und des Wahrnehmungsraumes siehe Gosztonyi 1976: Bd. 2.

5 Piaget und Inhelder 1975: 21. Weiter im Text geben Piaget und Inhelder dann folgende Beispiele zu dieser These: „Schon Kant begriff den Raum als *apriorische* Struktur der ‚Sinnlichkeit‘; die Rolle des Verstandes besteht für ihn lediglich darin, dass er die wahrgenommenen räumlichen Gegebenheiten einer Folge von Überlegungen unterwirft, die imstande sind, sie ins Unendliche zu zerlegen, ohne den Inhalt auszuschöpfen. H. Poincaré bindet die Herausbildung des Raumes ebenfalls an eine sinnliche Anschauung und verknüpft seine tiefgründigen Betrachtungen über die Bedeutung der Gruppe der Verlagerungen mit dem Spiel der Sinneswahrnehmungen im eigentlichen Sinne, so als ob der sensomotorische Raum das Wesentliche der geometrischen Vorstellung lieferte und als ob der Intellekt bei seinem Wirken des zuvor schon völlig erarbeiteten Sinnlichen sicher wäre.“

6 Über die „Wende“ weg vom Konzept eines „objektiven“ Raumes zum Subjektivismus in der Raumfrage und über Untersuchungen „des eigentlichen Wahrnehmungsprozesses“ vom Ende des 19. bis zum Beginn des 20. Jahrhunderts siehe Gosztonyi 1976: Bd. 1, 238–239 und Bd. 2, Kap. 6.

7 Foley 1997: 192.

> But what about our concept of „space“, which was also included in our first question? There is no such striking difference between Hopi and SAE[8] about space as about time, and probably the apprehension of space is given in substantially that same form of experience irrespective of language. The experiments of the Gestalt psychologists with visual perception appear to establish this as fact.[9]

Auf ähnliche Weise scheint George Lakoff in Bezug auf das, was er der *prä*konzeptuellen Erfahrung[10] zuordnet, namentlich die „kinesthetic image-schematic structure“, durch welche u. a. die räumliche Erfahrung ausgeprägt wird, einen universalistischen Standpunkt zu vertreten,[11] selbst wenn er in seinen Überlegungen prinzipiell von einer „existence of alternative, incompatible conceptual schemes“ ausgeht. Die Einheitlichkeit der grundlegenden körperlichen Erfahrung setzt nämlich – so Lakoff – die Grenze für Relativierung und Subjektivismus:

> – Since image schemas are common to all human beings, as are the principles that determine basic-level concepts, total relativism is ruled out, though limited relativism is permitted.
> – Since bodily experience is constant experience of the real world that mostly involves successful functioning, stringent real-world constraints are placed on conceptual structure. This avoids subjectivism.[12]

Weil nach Lakoff und Johnson auch abstraktere konzeptuelle Strukturen an grundlegende körperliche Erfahrungen gebunden sind,[13] folgt, dass auch Schemata, nach denen Erfahrung konzeptualisiert und versprachlicht wird, weitgehend einheitlich und universell sein müssen. So sprechen diese Forscher über solcherlei Schemata, darunter Container-, Teil-/Ganzes-, Verbindungs-, Zentrum-Peripherie-, Quelle-/Pfad-/Ziel-Schemata,[14] als wären sie und die entsprechenden

---

8 D. h. *Standard Average European.* Das Konzept des SAE wurde 1939 von Whorf für moderne indo-europäische Sprachen Europas eingeführt.

9 Whorf 1956: 158–159.

10 Vgl. seine Erläuterung: „[...] the concepts that are directly meaningful (the basic level and image-schematic concepts) are directly tied to structural aspects of experience. This makes the account of meaningfulness *internal* to human beings“ (Lakoff 1987: 268).

11 Im Sinne von Putnams Konzept des *internal realism*, auf welches sich Lakoff bezieht.

12 Lakoff 1987: 268.

13 Vgl. Lakoff 1987: 267–268: „There are two ways in which abstract conceptual structure arises from basic-level and image-schematic structure: A. By metaphorical projection from the domain of the physical to abstract domains; B. By the projection from basic-level categories to superordinate and subordinate categories.“

14 Johnson 1987: 126; Lakoff 1987: 267.

mentalen Vorstellungen und sprachlichen Ausdrücke allgemein, da sie alle in der allgemein-menschlichen körperlichen Erfahrung gründen.[15]

Vor dem Hintergrund solcher Belege, die zeigen, wie prägend die Raumerfahrung für verschiedene Bereiche der menschlichen Existenz und des Denkens sein kann, verwundert es nicht, dass der ursprünglich physikalisch-geometrisch formulierte Raumbegriff[16] im Fortschreiten der Neuzeit und der Moderne Erweiterungen erfuhr und zu einem maßgeblichen Begriff in der soziologischen und anthropologischen Forschung avancieren konnte.[17] Dabei wurden der Raum bzw. die räumlichen Ordnungen *sensu largo* zu einem Cluster, innerhalb dessen die räumlichen Ordnungen *sensu strictu* mit phänomenologischen, anthropologischen und sozialen Inhalten verknüpft erschienen. Ebenso spielt eine metaphorische Verwendungsweise des Raumbegriffs in den Literaturwissenschaften und hier insbesondere in den semiotisch orientierten Ansätzen eine wichtige Rolle als organisierendes Element der Bedeutungskonstitution.[18] Auch der ursprünglich vom Räumlichen abgelöste, ihm sogar gegenübergestellte Bereich des Bewusstseins wird in der Psychologie und in den Kognitionswissenschaften nun oft verräumlicht, und man spricht von einer prinzipiell „räumlichen Organisation des Denkens“[19]:

> People often liken the mind to a physical space, with memories and ideas contained within that space (e. g., we speak of searching for lost memories). There is general adherence to the *spatial metaphor* (Roediger, 1980), according to which:
> – Memories are stored in specific locations within the mind.
> – Retrieval of memories involves the search through the mind.[20]

In diesem Zusammenhang lässt sich die Frage stellen, ob die Formulierung des Raumbegriffs sowie die zahlreichen Verwendungsweisen des Räumlichen eine Voraussetzung dafür sind, dass es sowohl in alltäglichen Vorstellungen als auch

15 Es gibt aber in der nachfolgenden Forschung zu *Image*-Schemata Unstimmigkeiten sowohl bezüglich deren Definition als auch hinsichtlich der Möglichkeit ihrer Auflistung. Zum Forschungsstand siehe Hampe 2005. Zu den Debatten über den postulierten vorkonzeptuellen und „unbewussten“ Charakter von *Image*-Schemata und zu deren Status als universelle kognitive Grundformen sowie zur Frage nach kulturellen Variationen siehe Hampe 2005; Lakoff und Johnson 2002; Zlatev 2005. Zum Verhältnis zwischen räumlichen Schemata und abstraktem Denken siehe auch die Beiträge von Johnson-Laird und O'Keefe in Bloom et al. (Hg.) 1996 und die Beiträge in Gattis (Hg.) 2001.

16 Vgl. Günzel 2006.

17 Vgl. Günzel 2012: 11–12. Die Nachkriegszeit bis in die 1960er Jahre stellt jedoch für die Beschäftigung mit dem Raumbegriff in der Soziologie eine Ausnahme dar; siehe dazu z. B. Löw 2001: 11.

18 Vgl. z. B. Bachtin 1975; Lotman 1997; Tucker 2014.

19 Dieser Ausdruck wurde von Knauff 2013 übernommen. Zum Thema der Organisation des Denkens nach räumlichen Schemata vgl. auch Johnson-Laird 1996 und Mandler 1996.

20 Eysenck und Keane 2000: 151–152.

in einem weiteren Kreis von wissenschaftlichen Disziplinen in der Neuzeit mehr Raum gibt, es also eine Rückwirkung oder ein rekursiver Effekt der Formulierung und Verwendung des Raumes ist.[21] Oder mit anderen Worten: Ob ein etabliertes und tradiertes Raumkonzept so wirkt, dass ein entsprechender Raum *gesehen* und als wahrgenommener Raum *gedacht* wird.[22] Wenn es auch keine produktive Frage ist, d. h. eine Frage, auf die keine positive Antwort gegeben werden kann,[23] sondern eher eine Hintergrundhypothese, kann sie doch effizient sein und muss ernst genommen werden.

Sofern sie überhaupt angestrebt werden kann, wäre für eine abschließende Bestimmung des Räumlichen unter anderem die Frage nach der Universalität der räumlichen Erfahrung notwendig, um zu begreifen, inwiefern der dem Menschen angeborene Wahrnehmungs- und Denkapparat in der Genese des Konzepts wirkt, d. h. welche biologisch-anthropologische Basis dem Konzept unterliegt. Anthropologische und kognitionswissenschaftliche Forschungen der *spatial cognition* untersuchen hinsichtlich der Konstitution räumlicher Anschauung unterschiedliche Anteile der sinnlichen Wahrnehmung sowie Hierarchien der Bearbeitung dieser Informationen im Gehirn, Ausbildung von räumlichen Schemata im Gehirn und das Verhältnis zur Sprache und Versprachlichung dieser Informationen.[24] Zurzeit können sie aber, so scheint es, noch kein vollständiges Bild davon geben, wie und auf welchen Stufen der Gehirntätigkeit sich das Räumliche aus den Wahrnehmungsprozessen konstituiert.

---

21 Wobei die Formulierung des Raumbegriffs ein Resultat von Abstrahierungsprozessen der Begriffsbildung ist. Vgl. Gosztonyi mit der im Sinne Kants formulierten Vorstellung, wonach „nicht der Raum selbst, sondern nur seine Inhalte wahrgenommen werden können. Die sinnliche Wahrnehmung richtet sich also auf das Erfassen von Raumgebilden und Raumverhältnissen und nicht auf das des Raumes selbst – eine Einsicht, die für das Problem der sogenannten Raumwahrnehmung nach wie vor grundsätzliche Bedeutung hat" (Gosztonyi 1976: Bd. 2, 723).

22 Vgl. hierzu die Frage nach bzw. die Diskussionen um eine ontologische Realität des Raumes z. B. in Gosztonyi 1976: Bd. 2, Kap. 7, V. Merkwürdig ist jedoch, wie Gosztonyi – neben seiner in der Fußnote 21 erwähnten Zusammenfassung zur Raumwahrnehmung, wonach „die Wahrnehmung [...] aber den Raum selbst nicht erfassen" könne, sondern „immer nur den *Rauminhalt*" betreffe – folgende Schlussfolgerung zieht: „Sie [die Wahrnehmung des ‚Nebeneinanders' und der ‚Tiefe'] setzt damit voraus, dass solche räumlichen Verhältnisse und Strukturen *existieren* [Hervorhebung *PL*] und – was entscheidend ist – dass es einen Raum gibt, in dem diese Verhältnisse und Strukturen vorkommen können" (Gosztonyi 1976: Bd. 2, 794).

23 Vgl. auch Analogien solcher zirkulären Abhängigkeitsverhältnisse: in Bezug auf Visualität siehe Kapitel I in Whitney 2010; in Bezug auf das Dingkonzept bzw. das „Ding" als „Gedankensymbol für einen Empfindungskomplex von relativer Stabilität" siehe Mach 2012: 443, usw.

24 Siehe dazu z. B. Bloom et al. (Hg.) 1996; Freksa et al. (Hg.) 1998; Waller und Nadel (Hg.) 2013; Dokic 2015; Constantinescu et al. 2016; Dasen 2018.

In Anerkennung der Notwendigkeit naturwissenschaftlicher Forschungsbemühungen, aber auch im Hinblick auf ihre gegenwärtigen Beschränkungen kann wissens*geschichtliche* Forschung zur Raumproblematik insofern erfolgreich sein, als sie einerseits die Genese des Konzepts des Raumes in einer bestimmten Epoche und Kultur zu ermitteln versucht, und andererseits die Wirkungsbereiche und die geschichtliche Entfaltung unterschiedlicher Verwendungsweisen des Konzepts untersucht, sodass das Räumliche *innerhalb* von Begriffsbildungs- und Gestaltungsprozessen bestimmbar wird. Denn gerade die Unterbestimmtheit in Bezug auf die Grenzen zwischen biologisch bedingten Konstanten und konventionellen Formen der Konzeptualisierung in einer Raumauffassung bezeichnet jene Fuge, in die eine geisteswissenschaftliche Untersuchung des Raumbegriffs ansetzen kann. Solche Untersuchung kann Belege von unterschiedlichen Szenarien der Raumerfahrungen und -konzeptualisierungen liefern, und somit die Grenze zwischen Anteilen der Raumauffassung präzisieren, die sich in der Phylo- und Ontogenese einerseits und in der Kultur- und Wissenschaftsgeschichte andererseits konstant oder veränderbar erweisen. Somit wird auch die Position der Raumfrage entlang des Kontinuums *universell, deterministisch – konstruktivistisch, bedingt (relativ)* weiter bestimmt.

Für die hier unternommene Forschung ist also zunächst die Reinterpretation der Raumfrage von primärer Bedeutung, die es ermöglichte, dass die aus der ontologisch-metaphysischen Sphäre transponierte Raumproblematik überhaupt ins Feld der kultur- und begriffsgeschichtlichen Analyse eintreten konnte, wo nun eine komplexe Geschichte der bei den Ausformulierungen des Raumbegriffs geführten Konzeptualisierungen untersucht werden mag. Diese bedeutsame Wende, die sich in den Geisteswissenschaften des 20. Jahrhunderts hinsichtlich der Raumproblematik vollzog, kann man an der Frage ablesen, die Ernst Cassirer (1874–1945) im erkenntnistheoretischen Teil seiner *Philosophie der symbolischen Formen* folgendermaßen formulierte: „Ist der Raum, ‚in' dem sich uns die Dinge darstellen, nicht mehr eine einfache anschauliche Gegebenheit, sondern erst der Ertrag und das Ergebnis eines Prozesses der symbolischen Formung?"[25] Für Cassirer ist es zunächst wichtig zu zeigen, dass die primäre (anschauliche) Räumlichkeit der Erfahrung „*nie* zunächst eine dreidimensionale Mannigfaltigkeit möglicher Stellen"[26] sei und dass bei den „primären Erlebnissen"[27] noch keine Rede vom Raum als abstraktem Ausdruck der Mannigfaltigkeit aller einzelnen räumlichen Bestimmungen von Dingen sein könne. Demgemäß stelle der dreidimensionale, nach den Gesetzen euklidischer Geometrie geformte Raum eben nicht das Gegebene, nicht eine anschauliche

25 Cassirer 2002: 160.
26 Heidegger 1927: 103, zitiert nach Cassirer 2002: 167, Fußnote 64. Hervorhebung *PL*.
27 Cassirer 2002: 167, Fußnote 64.

Räumlichkeit der Dinge auf den primären Stufen der Erfahrung dar, sondern sei das Resultat eines Prozesses der Konzeptualisierung bzw. Begriffsbildung.[28] Angesichts der Erweiterungen und Modifizierungen im Verständnis des Raumes in den Naturwissenschaften, insbesondere in der neueren Physik und Mathematik zu jener Zeit, die weit über das euklidische Modell des Raumes hinausgingen,[29] hat diese Erläuterung dazu beigetragen, die Möglichkeiten anderer Arten des Raumes bzw. anderer Raumauffassungen erkenntnistheoretisch zu begründen.

Ein Impuls für eine solche Reinterpretation der Raumproblematik bei Cassirer steht in engem Zusammenhang mit seiner Theorie der symbolischen Formen, nämlich mit der Idee, dass die Wirklichkeit vielmehr von der Funktion des menschlichen Geistes zur symbolischen Formung „mitgestaltet" werde, als unvermittelt gegeben sei. Im erkenntnistheoretischen Teil der Philosophie, in dem Cassirer seine Analyse des Raumes durchführt, hebt er bei allen empiristisch oder rationalistisch orientierten Denkern, die sich systematisch mit der Raumproblematik befassten (Descartes, Berkeley, Helmholtz und andere), den Begriff des *Zeichens*[30] als zentral für die jeweilige Begründung der Raumauffassungen hervor.[31] In seiner Schrift aus dem Jahr 1931[32] beschreibt Cassirer die von ihm hervorgehobenen Arten von Raum – mythische, ästhetische und theoretische – als von jeweils unterschiedlichen allgemeinen Sinnzusammenhängen vorausgesetzte Strukturen.

Seit Cassirer hat die Raumfrage eine weitere erhebliche Relativierung erfahren. Dabei sind nicht nur die zunehmenden Belege für eine Möglichkeit der Pluralität von Raumstrukturen und Raumauffassungen bemerkenswert, die vonseiten

---

28 Hierin wird ein wesentlicher Unterschied zur kantschen Bestimmung der Raumkategorie deutlich.

29 Vgl. Gosztonyis Zusammenfassung, warum seit Beginn des 20. Jahrhunderts in den Naturwissenschaften „die Vorstellung der Existenz eines absoluten Raumes aufgegeben werden musste" (Gosztonyi 1976: Bd. 1, 545–548). Damit hängt zusammen, dass – während die Untersuchung des Raumes in der Physik und Mathematik ihren eigenen Weg ging – in der Philosophie und anderen geisteswissenschaftlichen Disziplinen das Hauptaugenmerk auf die Erforschung von Raum*wahrnehmung* verlegt wurde (Gosztonyi 1976: besonders Bd. 2, VI). Vgl. z. B.: „Die Diskrepanz zwischen dem mathematisch-geometrischen Raum, der als rein abstrakt galt, und dem Anschauungsraum erlaubte den Schluss, dass der erste für den zweiten nicht in einer selbstverständlichen Weise konstitutiv ist. Die – in der Philosophie schon oft behandelte – Frage, wie die Raumerfahrung zustande kommt, stellte sich erneut. Die [...] Versuche, den Raum aus einer auch die Geometrie in sich fassenden ‚transzendentalen Vernunft' oder einer Welt der Kategorien zu deduzieren, erwiesen sich in der Folge als unfruchtbar" (Gosztonyi 1976: Bd. 2, 725).

30 Siehe Cassirer 2002: 161.

31 Zum Begriff des Zeichens sowie zur Einsicht in den symbolischen Charakter der Weltauffassung näher im Kapitel III. Dort wird dies im Zusammenhang mit dem Konzept von Repräsentationen entwickelt. Siehe auch Punkt 2.2 in der *Schlussbetrachtung* dieser Untersuchung.

32 Siehe Cassirer 2004.

anthropologischer, ethnologischer, psychologischer und linguistischer Forschung bereitgestellt wurden,[33] sondern auch eine radikale, zum Teil philosophisch reflektierte Umkehr im Verständnis davon, wie die Voraussetzungsverhältnisse im Aufbau des *vorgestellten* Raumes organisiert sind. Zudem wurde der Bereich des Vorgestellten im Verhältnis zum Vorgegebenen erweitert: Die Verschiedenheiten, die auf der Ebene raumbezogener Praktiken, sprachlicher und visueller Ausdrücke für räumliche Verhältnisse in verschiedenen kulturellen und epochalen Kontexten beobachtet werden, legen zwei miteinander verbundene Annahmen nahe. Erstens, dass diese Verschiedenheiten auch Unterschiede in Strukturen der Erfahrung und Wahrnehmung beschreiben oder sogar *bedingen*, die dann auf die Raumpraktiken zurückwirken.[34] Zweitens, dass nicht nur die durch eine vermeintlich einheitliche Struktur der Wahrnehmung und körperlichen Erfahrung bedingten Raumvorstellungen unterschiedlich ausgedrückt werden können, sondern auch dass unterschiedliche Strukturen der Wahrnehmung und Erfahrung unterschiedliche Raumvorstellungen, ja selbst unterschiedliche Räume „produzieren“ können.[35]

In solchen Ansätzen zur Erforschung des Raumes werden, je nach beteiligter Disziplin, unterschiedliche Wirkungskräfte hervorgehoben, die die Produktion räumlicher Strukturen vorantreiben. So erfassen soziologische Ansätze räumliche Strukturen in ihrer soziokulturellen und ökonomischen Bedingtheit und in ihrem Spannungsverhältnis zu politischen Machtverhältnissen.[36] In phänomenologischen und semiotischen Ansätzen, aber auch in der kognitiven Linguistik, der Kunstforschung und in der Forschung zur Visualität wird die Raumbildung als psychologisch oder auch psychophysisch gedeuteter Prozess der Symbolisierung interpretiert, der einerseits durch anthropologische Konstanten geprägt wird, andererseits „Eindrücke“ von Praktiken und Verhaltensmustern in sich trägt.[37]

---

33 Natürlich zählen zur Pluralität von Raumstrukturen auch Relativitätstheorie, nicht-euklidische Geometrien und weitere naturwissenschaftliche Raumforschungen. Dieser Entwicklungsstrang wird aber hier nicht weiter verfolgt.

34 Siehe eine Zusammenfassung zu solch komplexem Wechselverhältnis in Löw 2001: 5.1–5.2.

35 Vgl. Löw 2001, Kap. 5 und v. a. „Klassiker“ der Hervorbringung von unterschiedlichen (anderen) und „hergestellten“ Räumen: Foucault 1967; Lefebvre 1974; Bourdieu 1979; Certeau 1984.

Für die Linguistik siehe Foley 1997: 218–229 und dort zitierte Arbeiten der Cognitive Anthropology Research Group am Max Planck Institute of Psycholinguistics, Nijmegen.

36 Vgl. Harvey 1996; Läpple 1991.

37 Vgl. phänomenologische Forschung zum Raum: z. B. Kruse und Graumann 1978; Ströker 1965; Merleau-Ponty 1966; usw.; kognitive Linguistik: Beiträge in Ibarretxe-Antuñano (Hg.) 2017; Talmy 2000 und speziell zur sprachlichen Ausbildung von raumbezogenen Bedeutungen in Bezug auf Sprachen in China: Xu (Hg.) 2008; Kunst: Summers 2003.

In der Zulassung der „Mannigfaltigkeit der möglichen Raumgestaltungen"[38] bleibt nur eine auf ein Minimum reduzierte Bestimmung des Raumes möglich, die alle Arten und Gestalten des Raumes zusammenhalten kann. Diese Bestimmung führt auf das relationale Raumverständnis und die leibnizsche Definition des Raumes als „Ordnung möglicher Koexistenzen" (*l'ordre des coexistences possibiles*) zurück.[39]

Der wichtige, all diesen Forschungen gemeinsame Punkt besteht also darin, dass sie durch eine zunehmende Akzeptanz von relativistischen und konstruktivistischen Anteilen in der Raumfrage gekennzeichnet sind und zugleich eine tiefgreifende Reformulierung des kategorialen Systems bedingen, in dem das Verhältnis des Menschen zur Welt aufgefasst wird.[40] Der Raumbegriff oder genauer die jeweiligen Raumbegriffe[41] erfahren dabei weitere, teilweise radikale Neudimensionierungen und Bedeutungserweiterungen.

38 Ausdruck Cassirers 2004: 419.

39 Siehe Cassirer 2004: 415, 419. Vgl. auch die Erläuterung zu relativistischen Raumkonzepten (im Gegensatz zu absolutistischen) in der Soziologie in Löw (2001: 18) mit der Schlussfolgerung, dass sich das relativistische für die modernen Sozialwissenschaften besser eignet als das absolutistische Raumkonzept: „Anregend, und für viele soziale Phänomene auch treffender als der starre newtonsche Raum, ist die Vorstellung, dass Raum gekrümmt ist, dass er bewegt ist und dass er nicht länger als homogen konzeptualisiert wird. Neue Ergebnisse empirischer Untersuchungen in der Soziologie, die immer wieder auf die Fragmentierung und Bewegtheit räumlicher Strukturen hinweisen, können besser begriffen werden, wenn man sich gedanklich an Einstein anlehnt, d. h. von einem bewegten, nicht-homogenen Raum ausgeht" (Löw 2001: 21). In Löw 2001: 30–35 findet sich auch ein Überblick von relativistisch argumentierenden Raumtheoretikern. Vgl. auch die Zusammenfassung bei Gosztonyi 1976: Bd. 1, Kap. 5.

40 So spricht z. B. Peter Weichhart 2008 von einem Bedürfnis, einen „sozialwissenschaftlich verträglichen Raumbegriff" herauszuarbeiten, einen solchen also, der Zusammenhänge und Wechselverhältnisse von nicht mehr als voneinander getrennten und eigenständig gedachten Welten des Physisch-Materiellen, des Geistigen und des Sozialen widerspiegeln würde. Löw 2001 soll auch in der Reihe der Ausarbeitungen zu einem solchen Raumbegriff betrachtet werden.

41 Vgl.: „Statt von ‚Raum' zu sprechen, erscheint es mir [...] sinnvoller, von Raumbegriffen oder Raumkonzepten zu sprechen und dabei gleichzeitig (durch Verwendung eines sinnbestimmenden Adjektivs, wie z. B. physikalisch, geographisch, sozial, ökologisch etc.) anzugeben, auf welche Problemstellung sich der jeweilige Raumbegriff bezieht" (Läpple 1991: 164).

2 Fragestellung, Kontexte und Aufbau der Arbeit

2.1 Fragestellung

Dass die Raumauffassung kulturell mitbedingt sei, ist also Ausgangshypothese der vorliegenden Untersuchung. Dies insofern als ohne die Annahme einer kulturellen Bedingtheit der Raumerfahrung und der Herausbildung des Raumbegriffs[42] einerseits die Analyse der Kategorie „Raum“ in chinesischen Texten des 17. Jahrhunderts gar nicht sinnvollerweise hätte begonnen werden können, und andererseits als der Vollzug dieser Analyse ein Geflecht von Begriffen, Wahrnehmungsmustern und Gedanken freizulegen versucht, das nicht nur eine andere Auffassung von „Raum“ wiedergibt, sondern auch „Wirklichkeit“ anders zu konturieren und zu gliedern scheint. Denn wo Europa seit der Neuzeit das Räumliche extrahiert und es zu einem fundamentalen Konzept gemacht hat, das sowohl im Alltag als auch in einem breiten wissenschaftlichen Spektrum als Modell des Verstehens agiert, stehen in der chinesischen Wissensgeschichte des hier untersuchten Zeitraumes Zusammenhänge, die zur Ausbildung anderer, *prima facie* nicht-räumlicher Bezeichnungen, Begriffsbildungen und Verständnismodelle für Wahrnehmungen und Qualitäten führten.

Die Ausgangshypothese beruht auf nachfolgenden Überlegungen bzw. Beobachtungen:

Wenn man unter Einschluss des 17. Jahrhunderts solche Quellen zur chinesischen Vormoderne betrachtet, die die Bereiche Wissen und Philosophie in den Blick nehmen, so fällt auf, dass in ihnen *explizite* Auseinandersetzungen mit dem Räumlichen abwesend sind. Es geht dabei wohlgemerkt *nicht* um solche Werke, die nachweislich unter dem Einfluss von durch Jesuiten vermittelten Positionen der europäischen Philosophie und Wissenschaft im 17. Jahrhundert entstanden waren.[43]

Ein Unterschied der chinesischen Bildtheorie und der Praxis der Landschaftsmalerei jener Zeit zum klassischen europäischen Darstellungsparadigma ist in diesem Zusammenhang besonders bemerkenswert: Für Letzteres leistet die Einsetzung von Bildobjekten und Inhalten in eine messbare, „objektive“, d. h. auf den Grundlagen der projektiven Geometrie basierende räumliche Ordnung zugleich eine Garantie der Entsprechung zu den Prinzipien wissenschaftlicher Erkundung der Natur. Wie wir sehen werden, können die bildlichen Beziehungen im chinesischen Darstel-

---

42 Wie bereits oben angemerkt, besteht das Abhängigkeitsverhältnis auch umgekehrt: Einer kulturellen Bedingtheit der Herausbildung des Raumbegriffs wirkt entgegen, dass ein herausgebildeter Raumbegriff die Raumerfahrung und kulturelle Praktiken beeinflusst.

43 Für einen Überblick solcher Einflüsse in Bezug auf die Raumfrage siehe weiter unten Punkt 2.2.3.

https://doi.org/10.1515/9783110791860-002

lungsparadigma nicht, zumindest nicht primär, auf die räumlichen Verhältnisse des „natürlichen" Raumes und die diesen Raum bildenden Instrumente oder auf die Ordnung des nur visuell Erscheinenden zurückgeführt werden.[44] Andererseits kommt solchen chinesischen Begriffen wie „Anordnung/ Layout" (*bu ju* 布局), „die Lage verteilen" (*buzhi* 布置), „Positionen steuern bzw. einrichten" (*jingying weizhi* 經營位置), „Positionen bestimmen" (*ding wei* 定位), „Struktur" (*jiegou* 結構), „Komposition" (*zhangfa* 章法, *goutu* 構圖), „rhythmisch-resonierende Stimmgesetze" (*yunlü* 韵律) usw. in den Kulturbereichen wie Literatur, Musik, Kalligraphie und Malerei eine wichtige Rolle zu.[45] Während eine vergleichende Studie mit dem in der modernen europäischen geistes- und sozialwissenschaftlichen Forschung dominierenden relationalen Verständnis des Raumes als Lageverhältnisse sinnvoll erscheint,[46] muss wiederum unterstrichen werden, dass die genannten Begriffe in den chinesischen Quellen nicht unter einem Oberbegriff (eben z. B. „Raum") subsumiert wurden. Dies mag darauf verweisen, dass der Bedeutungsumfang solcher Begriffe oftmals technisch-funktional blieb.

***

44 Diese starke These betrifft die in der Arbeit fokussierte Tradition der Gelehrtenmalerei bzw. deren Entwicklungen, die im 17. Jahrhundert zu beobachten sind. Vgl. die Ausführung zur Materialauswahl im Punkt 2.3.2 unten. Detailliert zur Frage nach „anderen", im Gegensatz zu den an die Wiedergabe der Verhältnisse des „natürlichen" Raums orientierten Ordnungen in der chinesischen Bildgestaltung, siehe Kapitel III.

45 Für eine Übersetzungsvariante und eine Auseinandersetzung mit den Bedeutungen des Wortes ‚*lü* 律' in der Musiktheorie siehe Peng 2019: 28–31. Zur Diskussion dieser Begriffe in den chinesischen Bildtheorien siehe Kapitel III. Solche strukturbezogenen Termini und Verfahren waren freilich nicht lediglich auf Kunstbereiche begrenzt. Einerseits wurden viele solcher Termini aus den wirtschaftlich-politischen in die kunstschaffenden Bereiche übernommen und behielten entsprechende verwaltungsbezogene Bedeutungsaspekte in ästhetischen Kontexten bei. (Im Kapitel III werden solche Bedeutungsverflechtungen anhand von Beispielen der Begriffe ‚planen'/ ‚einrichten'/‚steuern'/‚verwalten' (*jingying* 經營) und ‚malen'/‚abgrenzen'/‚abteilen' (*hua* 畫/劃) gezeigt). Wenn man andererseits berücksichtigt, dass das Verfassen von stark reglementierten und nach strengen Kompositionsregeln strukturierten literarischen Aufsätzen zum Curriculum der Staatsprüfungen gehörte, wird man geneigt sein anzunehmen, dass die in der Ausbildung bzw. Vorbereitung geschulten Denk- und Schreibfiguren sowie Strukturierungsverfahren auch in der Ausübung staatlicher Dienste wirkten. Auf solche Wirkungsbereiche der Abfassung von „achtgliedrigen Essays" (*bagu wen* 八股文) weisen z. B. Plaks 1994 und Riemenschnitter 1998 hin.

46 Was strukturbezogene Termini und Verfahren in der chinesischen Kunst betrifft, ist ein Vergleich mit Erläuterungen zum ästhetischen Raum bei Cassirer sinnvoll, da er sich bei seinem Verständnis des ästhetischen Raumes auf einen *Struktur*begriff des Raumes stützt. Zum Strukturbegriff des Raumes bei Cassirer siehe Bohr 2008. Einem ähnlichen Verständnis des Raumes (und der Zeit) als Strukturbegriff in Bezug auf chinesische Raum-Zeit-Konzeptionen, speziell bei einem der „Vier prominenten Mönche" der Ming-Zeit, Zibo Zhenkes (紫柏真可, 1543–1603), kommt Stefan Kramer (2016) nahe.

Statt aus solchen Zeugnissen in einem für die Sinologie nicht unüblichen „Defizienzpostulat" die Schlussfolgerung zu ziehen, dass ein fundamentales Konzept in der chinesischen Kultur „übersehen" wurde,[47] erscheint es also angemessener, die Frage zu stellen, welche anderen symbolischen Ordnungen und Bezugssysteme in chinesischen Quellen nachzuweisen sind, und dabei prinzipiell anders gelagerte Aufteilungen und Raster bezüglich des „Bandes" zwischen Wahrnehmungen und Dingqualitäten, zwischen Erfahrungsstrukturen und Ausdrucksmitteln zu berücksichtigen.

Ein solcher Ansatz ermöglicht es, die Relevanz der Umsetzung der im Kontext der europäischen Wissensgeschichte entstandenen Lehre von Raum und Raumbegriff(en) am chinesischen Material zu hinterfragen. Der Sachverhalt „Raum" und die mit ihm verbundenen Begrifflichkeiten und Verständnismodelle, die letztendlich unter konkreten historischen Bedingungen in Europa zustande gekommen bzw. modifiziert worden waren, dienen nicht mehr als vorgegebener Fixpunkt für die Analyse.[48] Prinzipieller Ausgangspunkt dieser Arbeit ist – im Unterschied zu den meisten bislang vorliegenden historisch orientierten Untersuchungen des Raumes in China[49] – nämlich nicht die Frage: Was finden wir in China zu einem bestimmten Zeitpunkt zu einem *a priori* festgesetzten Raumverständnis? – Wobei jeweils eine Definition dessen nötig wäre, was als „Raum" angenommen wird. Vielmehr interessiert uns die umgekehrte Frage: Welche emischen Begriffe und Konzepte strukturieren das Wirklichkeitsraster und inwiefern sind diese jeweils dem Räumlichen zuzuordnen? Dies wäre wohl die Voraussetzung, um ein Verständnis davon zu gewinnen, wie sich das durch diese Begriffe verstandene Räumliche in den emischen taxonomischen Ordnungen manifestiert hat und wirksam wurde.

Wenn wir also von der Annahme einer tiefgreifenden Lücke zwischen universeller menschlicher Erfahrung und Formen ihrer Konzeptualisierung und Versprachlichung ausgehen,[50] und vor diesem Hintergrund „Raum" zunächst konventionell

---

47 Heiner Roetz (2006) führt solche Ansichten und typischen Argumentationsfiguren kritisch auf, wonach in der chinesischen Kultur infolge bestimmter tiefgreifender „Defizienzen" die in Europa ausgeprägten Begriffe und wissenschaftlichen Verfahren nicht hervorgebracht werden *konnten*. Bei der Bezeichnung „Defizienzpostulat" bezieht sich Roetz auf die unveröffentlichte Dissertation von H. Lang *Die chinesische Sprache und das sprachliche Relativitätsprinzip* (Johann Wolfgang Goethe-Universität, Frankfurt a. M., 1981).

48 Sie bleiben jedoch auch für diese Arbeit eine wichtige Vergleichsgröße, vgl. unten Punkt 3.1.

49 Für einen Überblick siehe unten Punkt 2.2.1.

50 Vgl. Foley 2007: 101 mit Bezug auf Quine: „Our theories of the world, embodied in linguistic and cultural categories are rather autonomous from, and in rather loose fit with, our sensible experience; we can deal with our experience in conceptual terms in different ways. It is not the case, of course, that just *any* conceptual scheme will fit our experience, but it is also equally not

deklarieren und jede seiner Beschaffenheiten relativieren, ist jedoch das folgende Problem offenkundig: Eine sehr vorsichtige Differenzierung von Ebenen und Instrumenten wird erforderlich, auf denen und anhand derer Einheitlichkeit und Differenz der Raumerfahrungen und -konzeptualisierungen zu belegen sind.[51] Denn es mag theoretisch wohl möglich sein, dass in der Alltagssprache im China des 17. Jahrhunderts raumbezogene Ausdrücke und Referenzen, die einem räumlichen Weltbild entsprechen, ausgeprägt und wirksam gewesen sind, selbst wenn eine Kategorie des „Raumes" nicht der konzeptuellen Basis zugehört, die für Wissenschaft und Erkenntnistheorie leitend ist. Oder: Was sich in der Alltagssprache abzeichnet, gleicht nicht notwendigerweise dem, was auf der Ausdrucksebene des Bildes offenbar wird, und beides zusammen stimmt nicht unbedingt mit dem überein, was in Fachsprachen zu finden ist. Wie wir anhand von Beispielen erkenntnistheoretischer Einstellungen der Gelehrten zeigen werden, polemisierten sie intensiv gegenüber bestimmten Glaubenssystemen oder „naiven" (*su* 俗) Deutungen des Konfuzianismus, was auch bedeutet, dass jene Theorien, Glauben und Deutungen weitgehend aktiv waren.

Um Raumvorstellungen und -erfahrungen in der untersuchten Epoche jedoch weitgehender nachvollziehen und eine allgemeingültigere Schlussfolgerung ziehen zu können, wäre eine umfassende korpuslinguistische Analyse aller Formen von Versprachlichungen und bildlichen Ausdrücken des Räumlichen in unterschiedlichen theoretischen Bereichen, Praktiken und Diskursen und in unterschiedlichen sozialen Gruppen nötig, die im Rahmen dieser Untersuchung selbstredend nicht zu leisten sein wird. Sie wird sich auf ausgewählte erkenntnistheoretische und ästhetische Gelehrtenschriften beschränken müssen.[52]

---

true that just *one* will. As all understanding of experience is couched in some chosen conceptual scheme or other, there is by necessity a limit to the certainty of our knowledge due to this underdetermination, in essence a relativist position."

51 Oder es ist, mit den Worten Cassirers, eine Differenzierung von Arten der Sinnzusammenhänge erforderlich. Die Aufteilung des Raumes in mythische, ästhetische und theoretische Arten unternimmt Cassirer (2004) genau als Folge der Unterscheidung zwischen Arten von Sinnzusammenhängen, die jeweils einen entsprechenden Raumbegriff und eine Raumstruktur voraussetzen. Der Aufteilung von Arten des Raumes legt Cassirer allerdings explizit die kantsche erkenntnistheoretische Differenzierung von der „Kraft des reinen Denkens" (konstitutiv für den theoretischen Raum) und der „Kraft des reinen Gefühls und der Phantasie" (konstitutiv für den mythischen und den ästhetischen Raum) zugrunde, siehe Cassirer 2004: 422. Vgl. weiterhin Cassirers Auseinandersetzung mit „einer bekannten vorkritischen Schrift" Kants *Vom ersten Grunde des Unterschiedes der Gegenden im Raume* (1768), in Cassirer 2004: 421. Für vorliegende Untersuchung ist es wichtig, der Frage nachzugehen, ob wir ähnliche oder andere Differenzierungen im untersuchten Material finden und nachweisen können.

52 Zur Materialauswahl siehe unten Punkt 2.3.2.

Das Problem der Reichweite der in dieser Arbeit durchzuführenden Analysen und, damit verbunden, die Frage, inwiefern die Resultate relevant sind und Allgemeingültigkeit beanspruchen können oder lediglich auf jene Texte und Perioden begrenzt sind, die vorliegende Untershuchung genauer ins Visier nimmt, wird im Zusammenhang mit weiteren methodischen Abklärungen unten behandelt.[53]

Ein weiteres Problem bei der Absicht, eine Kategorie des Räumlichen zu untersuchen, ist folgendes: Da wir es einerseits nicht mit einem ausformulierten Raumkonzept zu tun haben und uns andererseits mit einer Epoche befassen, in der systemische Verschiebungen in der Wissensorganisation stattfanden, stellt sich die Frage, von welcher Grundlage und Begrifflichkeit ausgehend und in welcher Form Erfahrungen und Versprachlichungen des Räumlichen in der untersuchten Epoche überhaupt nachzuvollziehen sein könnten. Zu unterstreichen ist wiederum, dass es hierbei nicht lediglich um eine Geschichte des Wandels einzelner Bezeichnungen für einen *bestimmten* Sachverhalt „Raum" geht. Im Unterschied zur vergleichsweise einfach zu erschließenden Geschichte *eines* Raum*begriffs* bleiben bei solcher Fragestellung, wie sie hier formuliert wird, selbst Rahmen und Inhalt von raumbezogenen Themen und des mit ihnen verbundenen Lexikons zunächst unklar.

Um den methodologischen und inhaltlichen Fokus dieser Arbeit zu schärfen, lohnt es sich, zunächst eine grobe Übersicht von bestehenden und potenziellen Zugangsweisen zur Raumproblematik anhand der bisherigen Forschungsgeschichte zu geben.

2.2 Kontexte

2.2.1 „Raum" in der bisherigen sinologischen Forschung

Innerhalb der vergangenen drei Jahrzehnte[54] zeichnet sich im Rahmen von Thematisierungen des Begriffs „Raum" anhand vormoderner chinesischer Untersuchungsgegenstände der Einfluss einer Beschäftigung mit Raumtheorien im Rahmen der

53 Siehe Punkt 2.3.

54 Dieser Überblick ist jedoch nicht als eine umfassende Darstellung aller existierenden Untersuchungen mit dem Schlüsselwort „Raum" in der sinologischen Forschung gedacht. Betrachtet werden nur solche Werke, die die Transformation von Zugängen zur Raumproblematik in der sinologischen Forschung aufzeigen und auf deren Ideen und Positionen die Thesen dieser Arbeit aufbauen, sei es polemisch oder zustimmend. Außer Betrachtung bleiben solche Werke, die Entwicklungen der Raum- und kosmologischen Vorstellungen im frühen China untersuchen, wie z. B. David N. Keightlys (2000) *The Ancestral Landscape: Time, Space and Community in Late Shang China (ca. 1200–1045 BC)*, Berkeley: Institute of East Asian Studies, University of California oder Sarah Allans (1991) *The Shape of the Turtle: Myth, Art, and Cosmos in Early China*, SUNY

sogenannten „Raumwende“[55] ab. Bei der Ausrichtung auf die „Raumwende“ distanziert man sich bei der Erforschung kultureller Phänomene von einem einheitlichen Verständnis des Raumes – etwa als physikalische dreidimensionale Entität oder als transzendentale Erfahrungsform im kantschen Sinne – und versucht, ein kulturspezifisches Raumverständnis herauszuarbeiten: ein Verständnis, das sich von konkreten sozialen Praktiken, Lebensformen und Texten ableiten lässt.

Die dezidierte Kulturalisierung des Raumkonzepts kennzeichnet solche umfassenden Forschungsansätze[56] wie etwa den von Chun-Chieh Huang und Erich Zürcher herausgegebenen Sammelband *Time and Space in Chinese Culture* (1995), *The Construction of Space in Early China* von Mark E. Lewis (2006) und den von

---

Press; sowie mehrere Aufsätze von Vera Dorofeeva-Lichtman zur antiken symbolischen politischen Geographie und Kosmologie.

Auch den empirischen deskriptiven Ausarbeitungen von spezifischen linguistischen Phänomenen bei sprachlichen Ausdrücken der Räumlichkeit, wie etwa „grammaticalization; topology of motion events; syntax and phonological change“ (Xu (Hg.) 2008) wird in dieser Arbeit nicht nachgegangen.

Darüber hinaus wird hier auf den von Garret Pagenstecher Olberding herausgegebenen Band *The Exercise of the Spatial Imagination in Pre-Modern China: Shaping the Expanse* (2022) Berlin/ Boston: De Gruyter verwiesen. Die in diesem Band betrachteten Bereiche, in denen sich räumliche Vorstellung entfaltete – bildliche Repräsentation, literarische Beschreibung, „intertwining of heavenly and earthly space“ –, stehen auch im Zentrum der vorliegenden Untersuchung. Die ausgewählten methodologischen Ansätze und dementsprechend auch die Resultate unterscheiden sich jedoch wesentlich von den für diese Arbeit grundlegenden Ausgangspunkten: In erster Linie werden im genannten Band politische, soziale und ästhetische *Manifestationen* von Raumvorstellungen betrachtet und dargestellt, während diese Arbeit darauf abzielt, die erkenntnistheoretischen Voraussetzungen der jeweiligen Raumvorstellungen zu untersuchen, eine begriffsgeschichtliche Analyse der raumbezogenen Konzepte durchzuführen und die „Verbildlichung“ der untersuchten erkenntnistheoretischen Voraussetzungen zu veranschaulichen. Eine vollständige Berücksichtigung dieses Bandes war in der vorliegenden Arbeit aufgrund späten Zugangs nicht möglich.

55 Zur Raumwende vgl. z. B. Bachmann-Medick 2006: 284–328; Günzel 2017.

56 Als einer der ersten Versuche, eine kulturspezifische Beschreibung der chinesischen Raum- und Zeitvorstellungen zu liefern, gilt Kapitel „Zeit und Raum“ in Marcel Granets *Das Chinesische Denken* (*La pensée chinoise*, erste Auflage 1934). In diesem Werk wurden die seit der Veröffentlichung als „klassisch“ geltenden Eigenschaften der chinesischen Raum- und Zeitvorstellungen hervorgehoben. Dazu gehört unter anderem die untrennbare Verbindung der Kategorien von Raum und Zeit, das Fehlen abstrakter Raum- und Zeitbegriffe sowie Charakteristika, die Cassirer 2004 dem mythischen Raum zuordnen würde: u. a. ein anschaulich-gegenständlicher Charakter des Raumes, in dem bestimmte Gebiete und Richtungen einen symbolischen Sinn haben und daher nicht zu neutralen Raumeinheiten abstrahiert werden können. Zwar liefert Granet interessante Informationen über räumliche Anordnungen bei Ritualen, geht er in seiner Herangehensweise aber eher undifferenziert und verallgemeinernd vor. Er bezieht die oben erwähnten Eigenschaften des Denkens über Raum und Zeit auf das gesamte „China“ und präsentiert dadurch eine Darstellung, die für die historische Entwicklung nicht in vollem Umfang zutreffend ist.

Clemens von Haselberg und Stefan Kramer herausgegebenen Band *Zeit, Raum und die Wirklichkeiten Chinas* (2016).

In der Forschung von Lewis rückt die Produktion und Prägung des Raumes durch soziale Praktiken – im Sinne von Lefebvre und Bourdieu – in den Fokus. Dementsprechend untersucht der Forscher unterschiedliche räumliche Ordnungen im frühen China als symbolische Artikulationen von rituellen und alltäglichen Formen der sozialen Interaktionen auf den Maßstabsebenen von Körper, Familie, Staat und Universum.

In der Forschungsinitiative von Huang und Zürcher wurde der Versuch unternommen, einen Überblick von unterschiedlichen Ausprägungen des Räumlichen (und Zeitlichen) in ganz verschiedenen epochalen und kontextuellen Zusammenhängen zu geben. Gemäß der in der Einleitung explizit hervorgehobenen Ablehnung eines Raumverständnisses als einer der Transzendierung des „Ich" entsprechenden einheitlichen Erfahrungsform bleibt die Definition dessen, was den Sachverhalt „Raum" ausmacht, offen. Dabei wird das Begriffsfeld des Raumes wesentlich erweitert, jedoch ohne dass der räumliche Charakter von Begriffen mithilfe einer begriffsgeschichtlichen Analyse zuvor tatsächlich untersucht worden wäre.

In den Einzelbeiträgen der am Sammelband beteiligten Forscher wird demgemäß jeweils eine Entscheidung getroffen, welches konkrete Vorverständnis von Raum der Untersuchung zugrunde zu legen sei. Manchen dieser Forschungsansätze ist also gemeinsam, dass ein Raumbegriff aufgrund von westlich geprägten Vorverständnissen des Raumes vorausgesetzt wird.[57] Hingegen wird in anderen Beiträgen

57 So wird z. B. im Beitrag von Eduard B. Vermeer, in dem er die Gelehrtenschriften aus der frühen Qing-Dynastie analysiert, das Verständnis des Raumes ohne Weiteres auf den Bereich der Geographie reduziert (Vermeer 1995: 201). Für eine Bestimmung des Raumkonzepts in den Wissens- und Kulturbereichen der Epoche reicht wohl eine solche Reduzierung nicht aus. Es stellt sich die Frage, warum man die Bezeichnung Raum überhaupt braucht, wenn man eigentlich über Geographie reden will. Die Beschäftigung mit geographischen Inhalten anhand des Materials der Epoche ist jedoch berechtigt: zunehmende Reiseaktivität, vermehrte Produktion von Texten und Bildern mit geographischen Themen, Reiseaufzeichnungen, Ortsbeschreibungen, Karten, das Interesse an Landschaftskunde und die Beschäftigung mit historischer Geographie – all das kennzeichnet die untersuchte Periode.

Anders als Vermeer, betrachtet Wilt L. Idema in seinem Beitrag die Raum- und Zeitordnungen als inhaltsstrukturierende Mittel in der traditionellen chinesischen Romanliteratur. Für die Werke aus der frühen Qing-Zeit stellt er – Andrew Plaks' Analyse des berühmtesten Romans dieser Zeit *Der Traum der roten Kammer** (*Honglou meng* 紅樓夢) folgend – eine „bipolare Komplementarität" bzw. ein „äquivalentes Nebeneinander" (*equivalent juxtaposition*) als Basisprinzip des Aufbaus von Kompositionsstrukturen fest. Diesem Prinzip entsprechend wird der Erzählverlauf durch das Verfahren der Darstellung von Gegensätzen reguliert: z. B. zwischen Fakt und Fantasie, Tugend und Tugendlosigkeit, Wohlstand und Niedergang usw. Eine Form, in der sich dieses Prinzip niederschlägt, ist nach Idema die Darstellung von kontrastierenden Handlungen, die gleichzeitig an zwei oder mehreren verschiedenen Orten erfolgen.

des genannten Bandes – wie solche von Chatherine Jami und Erik Zürcher – durch eine Kontrastierung zu europäischen Instrumenten und Methoden für Raum- und Zeitmessung (Jami) und anhand christlicher Kosmologievorstellungen (Zürcher) eine Reihe von wertvollen Quellen und Ansatzpunkten zu genuin chinesischen ontologischen und erkenntnistheoretischen Vorstellungen zutage gefördert.[58]

Mit den Ausgangsannahmen über die fundamentale Verbundenheit der „kulturellen Spezifik von Raum- und Zeitkonstruktionen"[59] und jeweiligen Vorstellungen von Wirklichkeit ist die Idee der von v. Haselberg und Kramer herausgegebenen Aufsätze im Band *Zeit, Raum und die Wirklichkeiten Chinas* auch der vorliegenden Arbeit eng verwandt. In der Einleitung wird ein Verständnis von Raum und Zeit ausgearbeitet, das keine einheitliche Definition derselben erfordert, sondern sie als fundamentale „Begriffe der Schaffung von Differenz"[60] begreift, die für unterschiedliche Kulturen und Epochen jeweils spezifische Formen des Seins und der Wirklichkeit prägen.[61]

Auf der anderen Seite der raumthematisierenden Ansätze liegt eine Reihe von Forschungen vor, in denen chinesische geschichtliche naturphilosophische und kosmologische Modelle untersucht werden.[62] In diesem Zusammenhang sind vor

---

*hier wird die seit der Übersetzung Franz Kuhns (1932) eingebürgerte deutsche Übersetzungsvariante des Titels verwendet, bei welcher das Zeichen *lou* als ‚Kammer' und nicht etwa als ‚Turm' übersetzt wird.

58 Bei der Kontrastierung von europäischen christlichen und chinesischen Ontologien und kosmologischen Vorstellungen geht es in Zürchers Aufsatz vor allem um die frühen chinesischen Werke wie *Yijing, Laozi, Huainanzi* usw., und nicht um die philosophischen Neuerungen, die von den chinesischen Gelehrten des 17. Jahrhunderts ausgingen. Diese Neuerungen werden in der vorliegenden Arbeit genau fokussiert.

59 v. Haselberg und Kramer (Hg.) 2016: 7.

60 v. Haselberg und Kramer (Hg.) 2016: 7.

61 Die einleitende Anerkennung der unterschiedlichen „Anwendungswirklichkeiten" von Raum-Zeit-Konzeptionen leitet zu den „Einblicken in die Vielfalt" über, die von einzelnen Beiträgen geleistet werden. In seinem Beitrag „Die China-Konnektion. Wirklichkeiten von Zeit und Raum im Spiegel moderner Physik" stellt Rainer Gruber Raum-Zeit-Vorstellungen in der modernen Physik vor. Er zeigt, dass die prinzipielle Aufhebung der für die klassische Physik typischen Trennung der Begriffe von Raum, Zeit und Materie Parallelen im „traditionellen chinesischen Denken" aufweist, in dem diese Trennung nie existierte. Weitere Beiträge konzentrieren sich jeweils auf konkrete Kontexte und bieten somit verschiedene Perspektivierungen der Raumkonzeptionen an. Besonders relevant für das hier betrachtete Thema und die untersuchte Zeitperiode sind die Beiträge von Stefan Kramer „Die epistemologische Konstruktion von RaumZeiten bei Zibo Zhenke und die Frage der kulturellen Übersetzung", Roland Altenburger „Raum und Zeit in kartographischen Darstellungen von Hangzhous Westsee-Landschaft, 1498–1734" und Clemens von Haselberg „Jianghu zwischen Vormoderne und Moderne: Versuch einer chinesischen Chronotopos-Analyse".

62 Ein klassisches grundlegendes Werk zu diesem Thema ist Needham (1954–2008), insbesondere die Bände 2–4. Es ist jedoch anzumerken, dass in diesem Werk keine explizite Behandlung der Kategorie „Raum" vorliegt.

allem die in der vorliegenden Arbeit mehrfach zitierten *Zeit- und Raumkonzepte im alten China* (*Zhongguo gudai de shikong guannian* 中國古代的時空觀念) von Liu Wenying 劉文英 und die fundamentale *Geschichte der Zeit-Raum-Theorien* (*Shikong xueshuo shi* 時空學說史) von Li Lieyan 李烈焰 zu nennen. Merkmale genuin chinesischer Auffassungen des Räumlichen werden in diesen Forschungsansätzen vor dem Hintergrund einer *globalen* Geschichte der Erkenntnis über die Entstehung und Entwicklung des Universums[63] beleuchtet und darüber hinaus Affinitäten zu einigen Konzeptionen von Raum und Universum in der neueren Physik unterstrichen. Zu solchen Merkmalen, die in chinesischen philosophischen und kosmologischen Werken auftreten und die chinesische Forscher gerne als solche deuten, die auf moderne Verständnisse des Universums weisen, gehören z. B. die Gebundenheit von Zeit und Raum, die Relativität jeglicher Bestimmungen konkreter stabiler Positionen/Koordinaten angesichts der prozessualen Ordnungen, „die Auffassung, dass das Universum durch ‚Energien-Wandel' (*qihua* 氣化) entstand"[64] und von den miteinander interagierenden Energien durchdrungen ist, die Vorstellung über ein „ursprüngliches einheitliches Urchaos (*hundun* 混沌) aus Energien" – „ein Zustand von aufgelöster Energie, die sich noch nirgends angesammelt hat",[65] die Vorstellung von konkreten Dingen als Ansammlungen von Energien und die Vorstellung von der ständigen Ausdehnung des Universums.[66]

Seit dem Beginn des 20. Jahrhunderts existieren darüber hinaus für diese Arbeit relevante einschlägige chinesische Erkenntnistheorien, welche einerseits einen auf Immanuel Kant und den Neukantianismus zurückgehenden und in der Phänomenologie weiterentwickelten Argumentationsstrang aufnehmen, sich andererseits aber ausdrücklich und prägnant auf neokonfuzianisches Denken und auf die buddhistischen Bewusstseinstheorien beziehen. Anders als in den oben diskutierten Ansätzen zu naturphilosophischen und kosmologischen Raumvorstellungen, in denen oft ein physikalisches Raumverständnis nahegelegt wird,

63 Besonders die *Geschichte der Zeit-Raum-Theorien* kommt in ihrer fundamentalen Zugangsweise der Forschung zur Geschichte des Raumes in Philosophie und Wissenschaften bei Gosztonyi (1976) nah. In westlichen Sprachen existiert derzeit aber keine solche Geschichte der Raumkonzeptionen, die auch die historischen Auffassungen in China berücksichtigen würde. In diesem Sinne bleibt das Werk von Li Lieyan einzigartig.

64 Zhu 2012 (Übersetzung Lüdi).

65 Zhu 2012 (Übersetzung Lüdi).

66 Vgl. „[*Taiping yulan*] even noted that during the whole evolutionary process the universe is constantly expanding [...] and specified the rate of expansion, the age of the cosmos and the size of the present universe" (Fang und Zhou 1996: 58). Wie hier und Liu 2000 zu entnehmen ist, werden in den chinesischen Texten vorkommende Andeutungen an bestimmte Parameter des Universums sogar mit den in der modernen Physik ausgeführten Berechnungen von Parametern des Sonnensystems verglichen.

steht in diesen Ansätzen eine Reihe von raumbezogenen Begriffen im Vordergrund, die vor allem der buddhistischen Herkunft zu verdanken sind und die auf ein Verständnis des Raumes als psychophysische, durch körperliches und geistiges Vermögen des Menschen kreierte Realität verweisen. Solche Begriffe sind z. B. „Bereich/Sphäre" (*jingjie* 境), „Horizont"[67] (*jingjie* 境界), „Denksphäre/Vorstellungsbereich" (*yijing* 意境), „Gebiet" (*lingyu* 領域) usw.[68]

Zu bemerken ist, dass vor dem Hintergrund dieses gleichsam synthetisierenden und kreativen Denkens im Laufe des 20. Jahrhunderts Geschichten und Theorien der chinesischen Ästhetik entstanden sind,[69] in deren Rahmen die als *jingjie, yijing* oder auch „Raum" (*kongjian* 空間) thematisierte Raumkategorie einen bedeutenden Platz als Bezeichnung für jene Sphäre einnimmt, die durch die Vereinigung von formal-strukturellen Aspekten und geistigen Parametern im Kunstschaffen erzeugt wird. In diesem Kontext wurden für die chinesische Kunsttradition Auffassungen vorgeschlagen, die den im Kunstwerk erzeugten Raum als Ausdruck von daoistischen und buddhistischen Idealen geistiger Befreiung mittels genuin chinesischer Kunstformen verstehen.[70] Dieser sinisierenden Ausrichtung in der Kunstinterpretation entsprechen in der westlichen Forschungsliteratur insbesondere die philosophisch-phänomenologischen Ansätze von Jullien und Obert.[71] Jullien verortet die „Formfreiheit" der bildlichen Darstellung im chinesischen philosophischen Kontext, insbesondere im daoistischen Denken, und betont dabei den prozesshaften und transformationsbezogenen Gehalt der chinesischen landschaftsbildlichen Formen. Unter Einbezug der Einsichten von Husserl, Heidegger und Merleau-Ponty zur Verbindung zwischen Welt/Wirklichkeit, Erfahrung und Kunst untersucht Obert die philosophische Dimension der Gestalt in den chinesischen Landschaftbildern. Dabei erforscht er eingehend die Rolle der Körperlichkeit in der Konstitution der Bildformen.[72] In einer umfassenden Rekonstruktion des Sinnes der Bildgestaltung[73] interpretiert er diesen Sinn als einen „wirkliche[n] Eintritt in das Weltganze,

---

67 Übersetzung in Steinbauer 2005 in Bezug auf die Philosophie Tang Junyis 唐君毅 (1909–1978), in der dieser Begriff eine zentrale Rolle spielt.

68 Siehe Steinbauer 2005; Jin 2011; Suter 2017.

69 Wie etwa *Der Geist der chinesischen Kunst* (*Zhongguo yishu jingshen* 中國藝術精神) von Xu Fuguan 徐富觀. Einen Überblick zu solchen Werken sowie kurze Zusammenfassungen, inwiefern sie von europäischen ästhetischen Theorien und Kunstgeschichten beeinflusst wurden und auf welche Weise sich in ihnen die buddhistische und daoistische Prägung niederschlägt, bietet die Einleitung zu Pohl 2007.

70 Zhang und Lin (Hg.) 2014; Liu 2011; Zhou und Liu 2009; Zong 1987; Fong 1984.

71 Siehe z. B. Obert 2006, 2007, 2013; Jullien 2005.

72 Siehe Obert 2013.

73 Obert unternimmt diese Rekonstruktion anhand des Materials der Malereitheorie vom 3. bis zum 12. Jahrhundert.

[...] in die gemeinsame Welt schlechthin“ und als „ein durch das Bild bewirktes lebenspraktisches Eingehen-in-das-Wirkliche außerhalb jeden Erscheinens“.[74]

Einen radikalen Versuch, geistige mit räumlichen Aspekten zu verbinden, den Raum als ein psychophysisches Kontinuum zu verstehen und dieses Verständnis für die Analyse der chinesischen Kunsttradition umzusetzen, stellt Ling Hon Lams *The Spatiality of Emotion in Early Modern China. From Dreamscapes to Theatricality* (2018) dar. Seiner These zufolge, die er auf phänomenologische Raumauffassungen stützt, hat das prämordiale psychophysische Kontinuum, „pre-reflective spatiality per se“[75], einen ontologischen Vorrang vor jeglichen Formen der Differenzierung zwischen Innen und Außen, Denken und Fühlen, Subjektivem und Objektivem, dem Räumlichen und dem Emotionalen. Diese These ermöglicht also die Identifizierung von Emotionen mit Raum, und diese Identifizierung wiederum erlaubt die nach der Auffassung Lams für die chinesische ästhetische Tradition irrelevante strenge Abgrenzung zwischen dem Subjektiven und Objektiven und die Zuordnung des Emotionalen zum Subjektiven und des Räumlichen zum Objektiven zu überwinden. Lam untersucht unterschiedliche Regime, wie sich die Gebundenheit von raum-emotionalen Strukturen in der chinesischen theatralischen und literarischen Tradition in unterschiedlichen Epochen ausprägte. Je nach verändertem Charakter dieser Ausprägung geht Lam der Geschichte des Dramas im 16. bis 18. Jahrhundert – von dreamscapes to theatricality – nach. Neben der ontologischen Deutung des räumlich-emotionalen Kontinuums entwirft er also auch eine historische Ontologie desselben im Sinne Foucaults.

Im Gegensatz zu solchen synthetisierenden Umsetzungen der Raumkategorie auf chinesische ästhetische Traditionen wurde die Relevanz der Anwendung des Raumbegriffs in manchen Strängen der westlichen Forschung zur chinesischen Kunstgeschichte explizit problematisiert, insbesondere wenn er nicht in einem engeren Sinne im Zusammenhang mit dem Aufbau des perspektivischen Raumes verwendet wird.[76]

Wen C. Fong (1930–2018) hat in seinen Untersuchungen zur Entwicklung der visuellen Struktur der chinesischen Landschaftsmalerei festgestellt, dass es zwischen dem 8. und 14. Jahrhundert eine sukzessive Meisterung der Darstellung des illusionistischen dreidimensionalen Raumes gab.[77] Obwohl diese Darstellung nicht mit den gleichen Mitteln wie etwa der linearen Perspektive geschaffen wurde, sondern auf dem Einsatz von „moving focus“ und „parallel viewpoint“ beruhte, wies nach Fong der resultierende Bildraum in seiner Typologie eine starke Ähnlichkeit

---

74 Obert 2007: 45–46.
75 Lam 2018: 190.
76 Vgl. Fong 2011: 19.
77 Für eine Zusammenfassung von Phasen dieser Entwicklung siehe Fong 1984.

mit dem durch die lineare Perspektive erzeugten Raum auf.[78] Fong identifizierte jedoch einen Wendepunkt in der Geschichte der chinesischen Malerei, der um das 14. Jahrhundert herum stattgefunden habe. Nach diesem Wendepunkt wandelte sich die Malerei „into a calligraphic abstraction of ancient styles", und zwar „by exploring the materiality of the flat two-dimensional picture surface".[79] Diese Wende, die Fong auch als Wechsel von der „mimetischen Darstellung" zur „Selbstexpression" bezeichnet,[80] wird von ihm mit einer epistemologischen Wende in Verbindung gebracht, genauer jener, die sich im Übergang von der neokonfuzianischen „Lehre des Prinzips" (*lixue* 理學) zur „Lehre des Herz-Geistes" (*xinxue* 心學) kennzeichnete, wobei Fong jedoch anerkannte, dass diese Parallele intuitiv und impressionistisch sei und von ihm nicht ausreichend begründet wurde.[81] Darüber hinaus sah Fong eine Parallele zum epistemologischen Wandel von der Darstellung der *resemblance* zur *signification*, der in der europäischen Kultur am Vorabend der Moderne stattfand.[82] In der Phase der „kunsthistorischen Selbstrepräsentation"[83], die auch die Zeit des Ming-Qing-Übergangs umfasst, geht es nach Fong nicht mehr um die Repräsentation des illusionistischen Raumes, und das Wort „Raum" selbst scheint, soweit es hier beurteilt werden kann, nicht mehr zum Vokabular zu gehören, das Fong zur Beschreibung und Analyse der Bilder aus dieser Phase verwendete.

In den Versuchen, die westlichen Konnotationen des Raumbegriffs zu vermeiden, und angesichts der Missverständnisse im Wortgebrauch ist in der letzten Zeit eine Tendenz erkennbar, auf die Anwendung jeglicher Raumbegriffe in der Forschung zur chinesischen Malerei überhaupt zu verzichten.[84] Ob diese Tendenz eher fragwürdig oder berechtigt ist, mündet letztlich in der Frage danach, ob wir eine Metasprache für die Beschreibung und Analyse chinesischer Kunst anwenden möchten oder uns eng an die Besonderheiten der chinesischen Be-

---

78 Vgl. Fong 1984: 20–22, Fong 2011: 43. In seinem Verständnis des Perspektivenraumes folgt Fong Panofsky (1927).

79 Fong 2011: 43.

80 Für die Beschreibung dieser Wende bzw. der Phase der „self-expression" siehe Fong u. J. und eine kurze Zusammenfassung in Fong 2011: 40–45; für die Auseinandersetzung mit *representational* und *presentational* Aspekten bei der Selbstexpression siehe Fong 2011: 31–33.

81 Fong 2011: 44.

82 Fong 2011: 44. Beim Aufstellen dieser Parallele bezog sich Fong auf Michel Foucault, *The Order of the Things: An Archaeology of the Human Sciences*. New York: Vintage Books 1973.

83 Fong 2011: 43.

84 Vgl. Fong 2011: 19. Dabei scheint die Verwendung des Begriffs „Raum" in den Fällen gerechtfertigt, bei denen es sich um die Darstellung eines, in den Worten Fongs, illusionistischen dreidimensionalen Raumes handelt, vgl. Hearn 2011.

griffsbildung halten. Dieselbe Frage gilt für das Problem der Anwendbarkeit eines Raumbegriffs in der allgemeinen Forschung zur chinesischen Kultur und, *a fortiori*, für alle analytischen Begriffe in der Anwendung auf alle (nicht-eigenen) Kulturen. Es wird hier somit eines der hermeneutischen Grundprobleme angesprochen.

Zwischenbilanz Wie wir gesehen haben, wird bei der Thematisierung eines Raumbegriffs die Zugehörigkeit der jeweils untersuchten Begriffe zum semantischen Feld des Räumlichen mehr oder weniger automatisch vorausgesetzt, ob nun der Gebundenheit der Raumbegriffe mit kosmologischen und sozialen Ordnungen oder den psychologischen Faktoren der Raumerzeugung nachgegangen wird. Somit wird aber der hermeneutische Zirkel nur befestigt, der sich um eine Anerkennung des Raumbegriffs als Universalie dreht. Von den früheren, am klassischen europäischen Begriff orientierten Forschungen unterscheiden sich neuere Herangehensweisen an das Räumliche nur, weil nun die Pluralität von Raumbegriffen und Raumbezogenheiten zugelassen wird, mit der Folge, dass es eine Entscheidung des Forschers ist, welcher Begriffsinhalt fokussiert und welche bestimmte Weise, sich auf das Räumliche zu beziehen, gewählt wird. Es gibt nach dem hier herausgearbeiteten Wissenstand derzeit keine Forschung zur Raumproblematik in der chinesischen Kultur, die eine Frage danach stellt, welche ontologischen und erkenntnistheoretischen Einstellungen in einer bestimmten Zeit die Bedingungen und Möglichkeiten konstituieren, das Räumliche innerhalb von Wirklichkeitsordnungen auf bestimmte Weise zu extrahieren und *an sich* aufzufassen. Infolge der Abwesenheit solcher Fragestellungen bleiben semantische und pragmatische Zusammenhänge bzw. Abgrenzungen der sich in chinesischen Diskursen erweisenden raumbezogenen Begrifflichkeit bislang weitgehend unterrekonstruiert. Es erscheint darüber hinaus unklar, inwiefern die ontologischen und erkenntnistheoretischen Begriffe, die das Wirklichkeitsraster strukturieren, jeweils dem Räumlichen überhaupt zuzuordnen wären, und es wurde bislang kein systematischer Versuch unternommen, den Annahmen von Ordnungen gerecht zu werden, die eben keine klar zutage liegende Räumlichkeit voraussetzen. Nimmt man solche Ordnungen als prinzipiell nicht-räumliche ernst, ohne sie zwangsläufig auf die Ordnungen einer räumlichen Welt zurückzuführen, kommt man wohl zu der Einsicht, dass die räumliche Entfaltung der Welt – in den Augen mancher chinesischer Philosophen – ein Epiphänomen oder lediglich ein möglicher – dem Menschen gegebener – Aspekt von universellen Gesetzmäßigkeiten kosmischer Prozesse ist. In dieser Sichtweise stellt die Entfaltung räumlicher Welt nur *einen* Aspekt der generelleren Gesetzmäßigkeiten dar und behauptet nicht umgekehrt, dass die Gesetzmäßigkeiten kosmischer Prozesse ausschließlich in Form räumlicher Welt vorhanden seien. Eine These der Untersuchung wird sein, dass es wohl solche Intuitionen waren, die die Auffassungen von chinesischen Gelehrten des 17. Jahrhunderts prägten und sie zu einer Erkundung der aus ihrer Sicht generelleren Gesetzmäßigkeiten des Universums leiteten.

2.2.2 Raumbezogene Begriffe und Klassifikationen in China: Eine provisorische Bestandsaufnahme

Zunächst werden solche chinesischen Begriffe betrachtet, die ausgehend von der Forschungsliteratur und von Übersetzungen am ehesten mit einem Raumbegriff assoziiert werden können. Beginnen wir mit den Wörtern, die eine Grundbedeutung „Leere“ bzw. „leer“ aufweisen.[85]

In den Kapiteln II und III werden Belege betrachtet, die Merkmale der Semantik und der Begriffsverwendung solcher Wörter (*xu* 虛 und *kong* 空) zur untersuchten Zeit folgendermaßen plausibilisieren: Erstens bezeugen diese Begriffe *nicht* die Vorstellung über die ontologische Realität einer Leere oder eines leeren Raumes.[86]

Die naturphilosophischen Ansichten chinesischer Gelehrter dieser Zeit enthalten – wie wir sehen werden – Merkmale einer prozessualen Ontologie, in der das *qi* 氣 einerseits Funktionen eines „Füllstoffes“ des Universums bzw. eines quasimateriellen Substrats der Wandlungen übernimmt, andererseits als die die Wandlungen in Gang setzende „Kraft“ zu verstehen ist. Da alle Existenzweisen inklusive die (anscheinende bzw. scheinbare) Abwesenheit von Existenz im Rahmen solcher Ontologien nicht auf die kategoriale Ebene des Seins bzw. des Nicht-Seins zurückgeführt, sondern als Auswirkungen der Wandlungsprozesse betrachtet werden, bedeutet dies, dass eine Leere – wie auch ein „Raum“ – in einer prozessualen Ontologie nicht als etwas abstrahiert und objektiviert werden kann, was *ist* oder *nicht ist*, sondern immer nur im Hinblick auf seine *relative* Präsenz. Die Frage nach einer absoluten Abwesenheit von etwas, d. h. Leere, entfällt schon logischerweise selbst, weil eine Ab- sowie Anwesenheit, wie bereits erwähnt, nur relational zu verstehen ist. Bezüglich des Raumes muss ebenfalls unterstrichen werden, dass zwar Wandlungen in ihren Manifestationen u. a. auch unter einem räumlichen Aspekt gesehen werden können, doch kann aus ihnen keine ontologische Konsequenz für eine beständige Entität

85 Vgl. Zhang 2004: 77.

86 Zur Ontologie der Leere und zu den Zusammenhängen zwischen diesem Begriff und den Kategorien „Sein“ und „Nicht-Sein“ in frühen daoistisch-buddhistischen und neokonfuzianischen Auseinandersetzungen siehe Ommerborn 1996b.

„Raum" gezogen werden. Solche Schlussfolgerungen werden in den folgenden Kapiteln detailliert illustriert.[87]

Wenn wir zu den erwähnten Begriffen *xu* und *kong* zurückkommen, so sind eben solche relationalen Bedeutungen bei den beiden Wörtern zu bemerken. Sowohl *kong*- als auch *xu*-Leere setzt die Abwesenheit von etwas voraus, nämlich der Fülle, d. h. Anwesenheit von etwas, was unter bestimmten Umständen und in einem bestimmten Moment sich wiederum als Leere erweist bzw. abwesend ist. Die *kong*-Leere weist jedoch in der Verwendung des Wortes mehr Tendenz zur Objektivierung und Abstrahierung des Zustands der Abwesenheit bzw. der Freiheit von etwas auf. Von daher erklären sich solche, z. B. im einflussreichen *Zeichenlexikon der Kangxi-Ära* (*Kangxi zidian* 康熙字典)[88] (erstmals 1716 veröffentlicht) aufgelisteten Bedeutungen des Wortes *kong* wie ‚freie Zeit'/‚Raum' und seine metaphorischen, vor allem dichterischen Verwendungen wie *taikong* 太空 – „große Leere" im Sinne von „Himmel".[89] Es ist zu vermuten, dass diese Tendenz zur Objektivierung bei der Semantik des Wortes *kong* dazu beitrug, dass diesem Wort später die Bedeutung „freier Raum" zugewiesen wurde.[90] Wichtig ist jedoch zu bemerken, dass in der untersuchten Periode die Verwendung dieses Wortes noch stark unter dem Einfluss buddhistischer Deutungen der Leere stand, nämlich als desjenigen, das nur unter Umständen – infolge eines Erkenntnis- oder Wahrnehmungseffekts, z. B. einer Unmöglichkeit oder eines Unvermögens, eine wahre Nicht-Leere zu ersehen – dem „Ich" *fälschlicherweise* als Leere erscheint.

Bei den Verwendungsweisen des Wortes *xu*-Leere ist die relationale Beschaffenheit in der Semantik noch deutlicher: Dieses Wort tritt in den meisten Fällen zusammen mit seinem Gegensatz *shi* 實 „Fülle" auf,[91] was bedeutet, dass mit dem Zustand *xu*-leer-Sein die Abwesenheit dessen ausgedrückt wird, das bei *shi* voll ist. Zwar gibt es für *xu*-leer – jedoch wiederum als Gegensatz zu *shi*-voll – eine Verwendungsweise, die es im Sinne von ‚irrelevant, inhaltslos, sinnlos' oder

87 Zu den Schlussfolgerungen zur Ontologie im Zusammenhang mit der *qi*-Theorie bei früheren Denkern siehe Ommerborn 1996a, b, c.

88 Nachfolgend im Text als *Kangxi zidian* erwähnt.

89 Die ursprünglich daoistische Kategorie „Die große Leere" (*taixu* 太虛) scheint hingegen durch die Deutungen im Rahmen von *qi*-Theorien eine Tendenz zur Gleichsetzung mit den Bedeutungen des *qi* aufzuweisen. Zu dieser Tendenz in den früheren *qi*-Theorien siehe Ommerborn 1996b. Zu ontologischen Kategorien Leere, *wu* 無 (Nicht-Gegeben[sein]) und *you* 有 (Gegeben[sein]) im Daoismus und Buddhismus des frühen Mittelalters siehe Luo 2003; Wagner 2003.

90 Siehe auch eine weitere Ausführung zum Begriff *kong* in *Zwischenbilanz* zum Punkt 2.2.3 weiter unten.

91 Für eine detaillierte Untersuchung zum Kategorienpaar *xu–shi* in den ästhetischen Kontexten siehe Cheng 2004.

‚falsch, konstruiert, künstlich' verstehen lässt,[92] doch das Paar *xu–shi* erlaubt vielmehr technische, inhaltslose und „urteilslose" Verwendungsweisen als Kategorisierungsinstrument: mit *xu* und *shi* können unterschiedliche Qualitäten und Inhalte in unterschiedlichen Bereichen kategorisiert werden.[93] Anhand solcher technisch-terminologischer Funktion des Paares wird deutlich, dass seine Bedeutung nur im Sonderfall raumbezogen ist.

Im traditionellen chinesischen naturphilosophisch-kosmologischen Vokabular werden räumliche Parameter/Aspekte des Universums meist mit dem Begriff *yu* 宇 ausgedrückt.

Eine Ausnahme stellt die Behandlung des Begriffs im moistischen Kanon dar,[94] wo dieser Begriff separat expliziert wird:

> 宇, 彌異所也。
>
> Extension: what fills different locations (i. e. points in space).[95]

Ansonsten tritt *yu* überwiegend mit dem Wort für die zeitliche Dimension des Universums *zhou* 宙 zusammen auf. Die älteste Kollokation für *yuzhou* 宇宙[96] fin-

92 Siehe Yu 1987; Tabery 2009: 52.

93 In diesem Zusammenhang interessant ist die Verwendungen von *xu* und *shi* als linguistische Kategorien: Laut den Ausführungen Iso Kerns (2010: 303–304 und 306–307) wurde in der Ming-Zeit das Verhältnis zwischen Nomen und Verb als Verhältnis zwischen leeren Worten (*xu zi* 虛字) und vollen Worten (*shi zi* 實字) diskutiert, wobei diese Unterscheidung eine „historische Grundlage in song-zeitlichen Unterscheidungen" gehabt habe (Kern 2010: 303, Fußnote 154). Eine andere Verwendung des Paares, die in modernen chinesischen Wörterbüchern geschildert wird (z. B. in *Hanyu cihai* 漢語辭海), ist *xu ci* 虛詞 (leere Wörter) für grammatische Hilfswörter, also Synsemantika (HYCH: http://www.esk365.com/cihai/chshow.asp?id=1padllvt), und *shi ci* 實詞 (voll) für Bedeutungswörter, also Autosemantika (HYCH: http://www.esk365.com/cihai/chshow.asp?id=1iavvdvt). Zu Syn-/Autosemantika vgl. z. B. Lewandowski 1994. Der Gegensatz entspricht weitgehend dem, was in der Kopenhagener Schule der Linguistik, d. h. im Rahmen der sogenannten Glossematik, der Schule von Louis Hjelmslev, als *kenematisch* (von gr. leer) vs. *plerematisch* (von gr. voll) bezeichnet wurde. Die Informationen wurden von Wolfgang Behr bereitgestellt. Ich danke dafür.

94 Texte der moistischen Schule (*Mojia* 墨家). Für Informationen zu dieser Schule, ihren Texten und zur Datierungsfrage siehe Graham 1993. Für eine umfassende Untersuchung des moistischen Denkens und Übersetzung des Kanons siehe Schemmel und Boltz 2022.

95 *Mozi*, Jing shang: 247, Übersetzung Harbsmeier 1995: 51. Im *Mozi*-Kanon wird in der Erläuterung zum Begriff *yu* explizit auf die vier Himmelsrichtungen Bezug genommen: 經說宇。東、西、南、北 (*Mozi*, Jing shang: 247).

96 Angaben aus Zhang 2004: 147. Zhang ordnet den Begriff *yuzhou* zu den Konzepten, die zunächst in daoistischen Schriften auftraten. Er übersetzt den Begriff als ‚*extension-duration*' und gibt einen Überblick auf dessen vor-han-zeitliche Verwendungen.

det sich im Kapitel „Diskurse über das Gleich[gültig]-sein-Lassen der Dinge" (*Qiwulun* 齊物論) des *Zhuangzi* 莊子[97]:

> 旁日月, 挾宇宙。
>
> Alongside sun and moon, seizing extension and duration.[98]

In einem anderen Kapitel des *Zhuangzi* heißt es:

> 有實而無乎處者, 宇也。
>
> Dasjenige, was sich als Fülle [Wirklichkeit] ergibt, sich aber an keinem [bestimmten] Ort befindet, ist *yu*.[99]

Hier zeigt sich ein weiterer deutlicher Unterschied zur Behandlung von *yu* im *Mozi*: *yu* im *Zhuangzi* wird nicht als eine „Ausfüllung" unterschiedlicher Orte verstanden, also nicht als ein von einem *topos* Abgeleitetes gedacht, sondern als eine Realität an sich, deren Abstraktionsgrad konkrete Örtlichkeiten überschreitet. Die Kombination dieser Beschaffenheiten – Abstraktion und Real-Sein (*shi*) –, die im letzten *Zhuangzi*-Zitat für den Begriff *yu* bestimmend ist, weist der Bedeutung von *yu* einen Aspekt zu, der Harbsmeier dazu bewogen hat, die *An*wesenheit eines abstrakten Begriffs für Raum in der frühen chinesischen Philosophie zuzulassen.[100]

In der Bedeutung einer alle Regionen der Welt umfassenden Abstraktion, die zusammen mit der Abstraktion für alle zeitlichen Dimensionen *zhou* die maßgeblichsten Parameter des Universums formt, tritt *yu* in mehreren frühchinesischen philosophischen Werken auf, z. B. im Kommentar zum wahrscheinlich zu Beginn der Kaiserzeit kompilierten Text[101] *Huainanzi* 淮南子 von Gao You 高誘 (~170 – ~ 220):

> 四方上下曰宇 古往今來曰宙 以喻天地
>
> The four directions, above and below are called ‚extension'; going back to the past and coming to the present is called ‚duration', [these words] are used as a metaphor for the universe.[102]

97 Für Angaben zur Datierung vgl. Roth 1993.

98 *Zhuangzi*, Qiwulun: 100, Übersetzung Zhang 2004: 147. Vgl. die Übersetzung Mair 1994: 22: „The sage can lean against the sun and moon and tuck the universe under his arm."

99 *Zhuangzi*, Gengsan chu: 800.

100 Vgl. Harbsmeier 1995. In diesem Aufsatz entwickelt Harbsmeier seine Argumentation zur Anwesenheit von abstrakten Begriffen v. a. in Bezug auf den Begriff der Zeit, und zwar in Abgrenzung von der gängigen, u. a. in Granets *La pensée chinoise* postulierten Auffassung, *die* Chinesen hätten keinen abstrakten Zeitbegriff.

101 Für Angaben zur Datierung vgl. le Blanc 1993.

102 *Huainanzi*, Yuandao xun: 1, Übersetzung mit Ausnahme des letzten Satzteils aus Zhang 2004: 148. Der Kommentar Gao Yous bezieht sich auf die Passage aus dem ersten Kapitel des *Huainanzi*

Ein weiteres interessantes Beispiel findet man in einem anderen frühen philosophischen Text, dem *Guanzi* 管子.[103] Die dort dargestellten Ebenen der Abstraktion als Universum, von Einzeldingen bis hin zu abstrakten zeitlich-räumlichen Parametern, lassen sich – um eine Gegenwartsmetapher zu bemühen – als WinZip-Archiv ineinander eingebetteter Dateiebenen verstehen. Statt *yu* wird hier allerdings für die räumliche Dimension das Wort *he* 合 (eigentl. ‚zusammenfügen, zusammenpassen, in sich einschließen') verwendet, das offensichtlich als Synonym für *yu* gebraucht wurde.[104]

> 天地萬物之橐。宙合有橐天地。
> [...]
> 宙合之意。上通於天之上,下泉於地之下。外出於四海之外。合絡天地。以為一裹。
>
> Heaven, earth encapsulate the myriad things; ‚*zhou-he*' encapsulates heaven and earth.
> [...]
> The meaning of ‚*zhou-he*' is that above it reaches to above heaven and below it has its source below the earth, outside it goes beyond the four seas. It unites heaven and earth so as to make of them one bundle.[105]

Auf den ersten Blick legen die Daten zur Etymologie der Bezeichnung für die räumliche Dimension *yu* nahe, dass sie – wie auch die Bezeichnung für die zeitliche Dimension *zhou* – wohl *nicht* von konkret-dinghaften Vorstellungen abgeleitet wurde.[106] Auch die Funktion der zeitlich-räumlichen „Umfassung" in der oben

---

„Erläuterungen zum ursprünglichen Dao" (*yuan dao xun* 原道訓): „It holds, as in a net, the four poles: and comprehends the active and passive forces of creation. It links the universe together and makes the sky luminous" (橫四維而含陰陽, 紘宇宙而章三光) (*Huainanzi*, Yuandao xun: 1, Übersetzung Morgan 1933: 2). Eine mit dem Zitat aus dem *Huainanzi* identische Phrase findet sich auch im *Yiwenzi* (尹文子 · 佚文) zitiert. Für den Versuch einer Datierung dieses Textes aufgrund linguistischer Merkmale siehe zuletzt Zadrapa 2020.

103 Für Angaben zur Datierung vgl. Rickett 1993.

104 Zhang Dainian 2004 und die Autoren der oben (Punkt 2.2.1) erwähnten historischen Darstellungen von chinesischen Raumkonzeptionen, Li 1988 und Liu 2000, führen Beispiele mit den beiden Wörtern als gleichwertig bzw. austauschbar an. Der Grund warum schließlich etwa am Ende der Han-Zeit das Wort *yu* für die raumbezogenen Aspekte Verbreitung gewonnen hat, war wohl derjenige, dass andere mehr oder weniger synonyme Wörter wie z. B. *he* mit anderen Bedeutungen besetzt wurden, die ausgeprägter als raumbezogene waren.

Die Kollokation *zhou he* übersetzt Zhang als „All-Embracing Unity", siehe Zhang 2004: 149.

105 *Guanzi*, Zhouhe: 59, 63; Übersetzung Zhang 2004: 149.

106 Leider existiert zu diesen Begriffen derzeit weder eine ausführliche etymologische noch eine begriffsgeschichtliche Rekonstruktion. Immer noch verbreitet sind hingegen solche „vulgäretymologischen" Erklärungen zum Begriff wie ‚Zimmer'/‚Kammer' für *yu* und ‚Kasten'/‚Schachtel' für *he* 合, die lediglich auf vagen Assoziationen des ikonischen Gehalts der paläographischen Schreibformen dieser Zeichen basieren. So glossiert Xu Shen 許慎 in seinen ca. 100 n. Chr. fertig-

angeführten kosmologischen Vorstellung im *Guanzi* ist anders als bloß jene eines „größten Dinges", das alle anderen Dingen umfasst: Für diese Funktion sind hier eher der Himmel (*tian* 天) und die Erde (*di* 地) zuständig, während die zeitlich-räumlichen Dimensionen von *zhouhe* weiter reichen und eine dinghafte Vorstellung von einem Behälter im Abstraktionsgrad überschreiten.

Eine vollständige begriffsgeschichtliche Rekonstruktion der oben diskutierten Begriffe wird die Aufgabe einer weiteren Untersuchung sein. In dieser Untersuchung sollen u. a. Texte von chinesischen Philosophen aus dem 17. Jahrhundert betrachtet werden, in denen die Vorstellungen von zeitlich-räumlichen Parametern des Universums (u. a. *yu* und *he*) weiter entwickelt werden. Interessant bei diesen Entwicklungen ist – und dies insbesondere in Bezug auf das Räumliche –, dass ein funktional-prozessualer Charakter hervorgehoben wird: Es wird deutlich werden, dass die zeitlich-räumlichen keine Parameter sind, die einem Ding zukommen würden, sondern Parameter einer *Funktion* oder eines *Vorgangs*, letztlich – im auf das Universum bezogenen Sinne – Parameter der Totalität aller Vorgänge und Funktionen. Die Vorstellung der ständigen Ausdehnung des Universums findet in der Reihe solcher Beispiele ebenfalls ihren Platz: den generativen Funktionen des *qi* kommen eine sich immer weiter akkumulierende Dauer (*zhou*) und eine sich immer weiter vermehrende Ausdehnung (*yu*) als Parameter zu:

---

gestellten *Erläuterungen der basalen und Analyse der komplexen Zeichen* (*Shuowen jiezi* 說文解字) die Bedeutung des Zeichens *yu* als ‚Grenze' bzw. ‚Kante' eines Raumes oder Zimmers (宇屋邊也), siehe *Shuowen jiezi*: 338b. Gemäß gegenwärtig vorhandenen etymologischen Rekonstruktionen gehört das *yu* 宇 *[ɢ]w(r)aʔ zur Wortfamilie des Verbs *ɢw(r)a 于 – ‚gehen nach/bei X sein'. In einer Ablaut-Relation steht es auch zu *you* 有 *[ɢ]wəʔ – gegeben sein. *Yu* ist darüber hinaus bis auf die Tondistinktion homophon mit 羽 – ‚Feder' *[ɢ]w(r)aʔ und dem Namen des Großen Yu 禹 *[ɢ]w(r)aʔ.

Die in Schuessler (2007) aufgelisteten Bedeutungen sind: „‚Eaves > abode, estate, territory' [BI, Shi]", der anmerkt dass die Etymologie unklar sei und entweder zu *yu* 羽 „‚wings' (i. e. ‚wings' of a house?)" oder zur Wortwurzel von *kuang* 況 „*wa ‚enlarge'" zu stellen sei (siehe *Shuowen jiezi*: 587).

In der Forschung zu zhanguo-zeitlichen (戰國時代 475–221 v. Chr.) Inschriften wurde das Vorkommen des Zeichens 宇 nicht belegt (vgl. He 1998). Das Zeichen ist jedoch in Bronzeinschriften aus der westl. Zhou-Zeit (西周 11. Jh.–771 v. Chr.) belegt, wird dort aber nur als phonetische Entlehnung (wahrscheinlich für *yu* 訏 ‚groß') verwendet. Laut der Glosse von Tang Lan (774) steht es in der berühmten Qiang-Pan-Inschrift (牆盘) für das Zeichen *yu* 寓, was seinerseits laut dem *Shuowen jiezi* eine Variante von 宇 ist, womit der Begriff bereits im ausgehenden 10. Jahrhundert. v. Chr. belegt wäre. Für die Übersetzungen der Qiang-Pan-Inschrift siehe Lau 1999: 141–57; Shaughnessy 1992: 3–4, 183–92; Krjukov 1988.

Das Zeichen für die zeitliche Dimension *zhou* 宙 gehört zweifellos in die Wortfamilie von 由 – ‚entlang'/‚von her' und damit auch zu *dao* 道 – ‚was entlang ist'/‚Leitung' usw. Vgl. Behr 2011: 41–59, 174–5 und Wei: 2009.

Dank an Wolfgang Behr für diese wertvollen Informationen.

> 上天下地曰宇, 往古來今曰宙, 雖然, 莫為之郛郭也。惟有郛郭者, 則旁有質而中無實, 謂之空洞可矣, 宇宙其如是哉! 宇宙者, 積而成乎久大者也。二氣絪縕, 知能不舍, 故成乎久大。
>
> Den Himmel oberhalb und die Erde unterhalb bezeichnet man [zusammengenommen] als *Ausdehnung*, das vergangene Altertum und die kommende Gegenwart bezeichnet man [zusammengenommen] als *Dauer*. Dennoch sind [diese Bezeichnungen] nicht als eine *Wand*, die ein Gebiet [abgrenzt] zu verstehen, [denn] sobald es eine Wand für ein Gebiet gibt, folgt daraus, dass es an den Seiten stoffliche Qualität gibt, die Mitte aber nicht gefüllt (*shi*) ist, weshalb es zulässig wäre, es als *leere Höhle* zu bezeichnen. Wie aber kann es so sein, dass Ausdehnung und Dauer sich so verhalten? Ausdehnung und Dauer sind das, was infolge einer Akkumulation langzeitig und groß wird. Die zwei Qualitäten des *qi* sind sich wandelnd ineinander verflochten, das Wissen und das Können legen einander nicht ab, deswegen kann aus diesen [Prozessen] die Langzeitigkeit und Größe vollbracht werden.[107]

In dieser kurzen vorwegnehmenden Betrachtung lässt sich schließlich auf einen interessanten Fall der Verwendung von *yuzhou* im 17. Jahrhundert hinweisen. Im Kapitel „Verkehr“ (wörtl. ‚Boote und Wagen‘ *zhou che* 舟車) der *Enzyklopädie der Handwerke und Techniken* (*Tiangong kaiwu* 天工開物 [*The Works of Heaven and the Inception of Things*])[108] findet sich folgende Passage:

> 宋子曰 人群分而物異產 來往貿遷以成宇宙
>
> Meister Song sprach: Die Menschenmengen werden aufgeteilt und Waren/Dinge werden separat hergestellt; [deren] Bewegung hin und her und ihr wechselseitiger Austausch sind das, was die Welt (*yuzhou*) ausmacht.[109]

Bei der Bedeutung des Wortes *yuzhou*, das in diesem Zitat als „Welt“ übersetzt wurde, tritt der prozessuale Aspekt wiederum offensichtlich in den Vordergrund: Die Welt bildet sich infolge von Prozessen bzw. Aktivitäten aus. Merkwürdig ist, dass im Zitat aus der Enzyklopädie *yuzhou* deutlich im Kontext der *menschlichen* Welt verwendet wird, also als Funktion des Handels und des sozialen oder sogar kaufmännischen Agierens. Dieser Bedeutungsaspekt ist wohl auch bei der Interpretation im vorstehenden Zitat zu spüren. Überraschenderweise kommen solche Verwendungen modernen Verständnissen des Raumes in Sozialtheorien recht nahe.

---

107 Wang, *Siwen lu*: 22.

108 Englische Übersetzung des Titels Schäfer 2011. Die Enzyklopädie wurde 1637 von Song Yingxing 宋應星 (1586–1666?) herausgegeben, enthält Kapitel zu Methodiken und Technologien einer breiten Reihe von Bereichen (Landwirtschaft, Militär, Bewässerungstechniken, Keramik, Metallurgie, Salzabbau usw.). Für eine Untersuchung und weitere Angaben zu diesem Werk siehe Schäfer 2011.

109 Song, *Tiangong*, Zhouche: 29.

Zu ergänzen ist, dass als Oberbegriff für die Totalität von Aspekten einer menschlich-sozialen Welt heutzutage zumeist das Wort *shijie* 世界[110] verwendet wird, während das *yuzhou*, also „Ausdehnung und Dauer“, eine normative Übersetzung für „Universum“ bleibt.

Es lohnt sich, noch ein wenig weiter den raumbezogenen Kategorien und Sparten in Nachschlagewerken und Enzyklopädien jener Zeit nachzugehen. Eine Enzyklopädie, die am Endpunkt der in dieser Arbeit untersuchten Zeit steht und folglich wichtige Daten zu allgemeinen Wissensklassifikationen und einzelnen Konzepten *in* der untersuchten Zeit liefert, ist die vielbändige *Komplette Sammlung von Schriften und Bildern aus Vergangenheit und Gegenwart* (*Gujin tushu jicheng* 古今圖書集成).[111]

Im strukturbildenden Schema der Enzyklopädie erkennt man – wie es auch der Fall bei anderen zeitgenössischen Enzyklopädien ist – den symbolischen, dem Kommentar zum *Buch der Wandlungen* entnommenen Bezug auf die im Universum agierenden drei Kräfte-Instanzen (*sancai* 三才), also Himmel, Erde und Mensch. So wird die erste Grundkategorie der Enzyklopädie dem Wissen um das „Himmlische“ gewidmet (*lixiang huibian* 曆象滙編);[112] in der zweiten Kategorie (*fangyu huibian* 方輿滙編)[113] handelt es sich zunächst um die Erde *kun* 坤,[114] um die politisch-administrative Aufteilung des Landes, die Beschreibung geographischer Gegeben-

110 Der Begriff „Welt“ bzw. „Universum“ (*shijie* 世界, Skt. *Lokadhātu*) ist ursprünglich ein buddhistischer Begriff, der die sterbliche Welt, also die Welt, wie sie die sterblichen Lebewesen kennen und erleben, bezeichnete. Nach Angaben des *Śūraṅgama-sūtras* bedeutet das Wort *shi* 世 den zeitlichen Verlauf (Vergangenheit – Gegenwart – Zukunft) und *jie* 界 die räumlichen Richtungen/Gebiete (Nord, Süd, Ost, West, oben, unten); siehe *FXDCD*: https://foxue.51240.com/shijie_37p__foxued/. Die ursprüngliche Bedeutung der Wortzusammensetzung ist also ähnlich wie bei dem Kompositum *yuzhou*.

111 Die Enzyklopädie wurde erstmals 1725 veröffentlicht, die Herausgabe wurde vom Qing-Kaiserhof beauftragt. Sie enthält insgesamt 10.000 Faszikel (*juan* 卷), 852.408 Seiten, ca. 130 Millionen Zeichen und 6.244 Illustrationen, und ist in Grundkategorien (*huibian* 滙編), Sektionen (*dian* 典), Bände (*ce* 册) und Faszikel aufgeteilt. Zu diesen und weiteren Angaben vgl. Smith 2015: 8–19.

112 Smith (2015) übersetzt „celestial phenomena“, eine exaktere Übersetzung wäre etwa: „astronomische Phänomene“. Die erste Sektion dieser Kategorie heißt *Qianxiang* 乾象 – „himmlische Phänomene“, wobei es bei dem Zeichen für „Himmel“ um ein Zeichen aus der Reihe der Trigramme geht, also um ein Symbol für ein abstraktes Konzept des Himmels, nicht um eine physikalische Entität. Die Kategorie „astronomische Phänomene“ hat u. a. die Grundlagen mathematischer Astronomie, Zeitzählung und kalendarische Berechnungsweisen (*lifa* 曆法) zum Inhalt.

113 Vgl. Smiths Übersetzung als „Geography“.

114 Ein Trigrammname.

heiten von Einzelgebieten usw.; in der weiteren Kategorie (*minglun huibian* 明倫滙編)[115] werden dementsprechend human-soziale Themen behandelt: Beginnend mit den Erläuterungen der symbolischen und rituellen Funktion und Position des Kaiseramtes werden menschliche, darunter familiäre Beziehungen, gesellschaftliche Einrichtungen und die Regierungsorganisation beschrieben.[116]

Es ist jedoch augenscheinlich, dass diese auf symbolisch-paradigmatische Instanzen bezogene Wissensklassifikation der Enzyklopädie keine objektorientierte Organisation widerspiegelt: präsentiert wird kein Faktenwissen über den Himmel, die Erde und den Menschen, als wären sie *Objekte* des Wissens. Vielmehr fungieren sie als abstrakte Bereiche, in denen solches Wissen über Naturphänomene, gesellschaftliche und umweltliche Gegebenheiten, menschliche Tätigkeiten und Kenntnisse angesammelt und kategorisiert wird, das *für* die und *in* der bestehenden sozialen Ordnung von symbolischer und/oder praktischer Bedeutung ist.[117]

Im Zusammenhang mit der Raumfrage ist zudem folgendes Merkmal zu notieren. Die von Jesuiten vermittelten Methoden der Beobachtung und Berechnung himmlischer Phänomene setzten die Identifikationen der Erde und der himmlischen Körper mit dreidimensionalen – also räumlichen – Objekten voraus, und das von ihnen vermittelte astronomische Wissen beruhte stark auf geometrischen

115 Vgl. Smiths Übersetzung: „Human relationships".

116 Die drei weiteren Kategorien sind folgende: *bowu huibian* 博物滙編 (Smith: „nature"; zwar betrifft diese Abteilung v. a. das Wissen um die Umwelt, es scheint aber eine Übersetzung wie etwa „[Kenntnisse] über diverse Dinge" exakter); *lixue huibian* 理學滙編 (Smith: „literature"; hier geht es aber um breitere kulturelle Produktion inklusive Forschung der Gelehrten) und *jingji huibian* 經濟滙編 (Smith: „political economy"), wo es um das Verwaltungs- und Ausbildungssystem, Staatsrituale, Industrie usw. geht. Eine nähere Beschreibung von Themen findet sich in Smith 2015: 10–16.

117 Smith, Hall und Ames bemerken in den jeweiligen Ausarbeitungen zu chinesischen enzyklopädischen Werken ebenfalls, dass die allgemeine Struktur solcher Werke nicht eine Orientierung auf ein objektiviertes Faktenwissen spiegelt, sondern auf eine Relevanz für die aktuelle Gesellschaftsorganisation ausgerichtet ist. Vgl.: „The leishu [encyclopedic or classificatory work] illustrates what we should call an ‚ethical' or ‚aesthetic', rather than ‚logical', principle of organization. […] The world is not described in terms of objective essences, but is divided, prescriptively, into natural and cultural elements which have an increasing influence upon the experience of the Chinese court as they stand in proximity to the center" (Hall und Ames 1995: 254–55). Smith fasst eine ähnliche These auf folgende Weise zusammen: „The organization of knowledge in imperial China (221 BCE–1912 CE) was basically a matter of identifying meaningful relationships (especially human relationships), not of identifying ‚shared essences' or ‚natural kinds'. Knowledge was hierarchically conceived but NOT as in genus-species structures" (Smith 2015: 4).

Zur symbolischen (neben der praktischen) Funktion des Kalenders und der Bedeutung astronomischer Phänomene im Staatsleben und im politischen System siehe Elman 2005: 63–65; Tian 2005: 9–13; Sivin 2008.

Operationen. Hingegen betraf das, was wir nach chinesischen Klassifikationen (zumindest bei den Enzyklopädisten) als zum Wissensbereich des „Himmlischen" zugeordnet und als mit astronomischen Phänomenen assoziierte Berechnungen finden, vor allem solche im Zeitablauf erscheinenden Phänomene, die nicht direkt auf eine Vorstellung andauernder materieller Existenzformen reduzierbar sind.

Die Abwesenheit einer Kategorie „Raum" ist in einem solchen Wissenssystem gut erklärbar: unter den himmlischen und irdischen Phänomenen und den Angelegenheiten der Menschenwelt gab es für eine solche abgesonderte Entität „Raum" einfach noch keinen „Platz". Nicht nur das Wort für den Begriff fehlte, sondern, so scheint es, auch ein einem eigentlichen Begriff vorausgehendes, noch nicht zum Wort kondensiertes Konzept des Raumes als eine von den Phänomenen abgesonderte Entität stand nicht bereit.

Bei der Frage, wie aus solchen Wissensstrukturen eine eigenständige ontologische, physische und existenzielle Kategorie „Raum" entsteht, wie sie in den modernen, darunter auch chinesischen Enzyklopädien zu finden ist, handelt es sich offensichtlich nicht lediglich um eine Geschichte des Wandels einzelner Bezeichnungen für einen *bestimmten* Sachverhalt „Raum", sondern um die Strukturierungen von Begriffs- und Referenzfeldern im breiten Kontext von systemischen Verschiebungen in den gesamten Wissensstrukturen und Diskursen, die aber aus dem in der vorliegenden Untersuchung fokussierten chronologischen und inhaltlichen Rahmen weit hinausführt.[118] Das 17. Jahrhundert war jedoch gerade jene Periode, in der sich die bedeutenden Phasen des Aufeinandertreffens unterschiedlicher Wissensparadigmen und -systeme beobachten ließen. Eine kurze, auf der Forschungsliteratur basierende Beschreibung[119] der im 17. Jahrhundert vor sich gegangenen Verschiebungen und Umbrüche folgt im nächsten Unterkapitel.

---

118 Die Herausbildung „moderner" Disziplinen in der Zeit vom 18. bis zum 20. Jahrhundert ist bereits gut in der Forschungsliteratur beleuchtet worden. In der westlichen Forschung siehe z. B. zu Naturwissenschaften: Elman 2004a, 2005, 2006, 2014; Elman und Tsu 2014; Amelung 2004, 2007; Lackner et al. (Hg.) 2001; zu Philosophie und Geisteswissenschaften: Makeham (Hg.) 2012; Kurtz 2004, 2008 usw. Allerdings besteht zur Herausbildung und Entwicklung der Kategorie des Räumlichen innerhalb dieser Disziplinen derzeit noch keine spezielle Forschung.

119 Aspekte der Geistesgeschichte, die wir infolge vorliegender Analysen hervorheben werden können, werden im Kapitel II, Punkte 4 und in der *Schlussbetrachtung*, Punkt 1, zusammengefasst.

2.2.3 Kontexte der Raumfrage im China des 17. Jahrhunderts: Ein Überblick

Die Forschung zur wissensgeschichtlichen Problemlage bezüglich der Periode des Übergangs zwischen der Ming- (1368–1644) und der Qing-Dynastie (1644–1911) hat eindrücklich gezeigt, wie sich in der Auseinandersetzung mit den Klassikern einerseits, und mit dem sukzessive aus Europa eindringenden Wissen andererseits der Prozess der Restrukturierung des Wissenssystems als Resultat des Suchens nach Auswegen aus der politischen und kulturellen Krise vollzog.[120]

Zwar sind die Forscher bezüglich der Faktoren dieser Restrukturierung sowie der Charakteristiken der beteiligten Stoßrichtungen durchaus nicht einig. Allgemein gilt es jedoch als gesichert, dass während dieser Umbruchphase eine grundsätzliche epistemologische Wende bzw. ein Paradigmenwechsel stattgefunden hat,[121] der mit dem Zusammenbruch bestimmter, zuvor weithin geteilter überzeugungen verbunden war. Die Neuorientierung des Erkenntnisprozesses in dieser Übergangsperiode – so jenes dominante Narrativ – führte zu einer allmählichen Abkehr von der spekulativ-reflexiven Erörterung kosmologisch-moralischer Schemata hin zur Produktion von nachprüfbarem Wissen. Unter anderem konnten sich in diesem Prozess die Ansätze für neue Wissenschaftsdisziplinen, etwa (historische) Geographie, Philologie und Phonologie mit einem jeweils neu definierten Wissensobjekt und Untersuchungsinstrumentarium etablieren.[122]

Im 17. Jahrhundert erfolgte die beschriebene Neuorientierung noch überwiegend im Rahmen der Klassikergelehrsamkeit, also aufgrund der Erforschung konfuzianischer kanonischer Texte. In seinem mittlerweile klassischen Werk zur Geistesgeschichte der damals zurückliegenden drei Jahrhunderte fasste Liang Qichao 梁啓超 (1873–1929) die kritische Einstellung eines der größten Gelehrten der Übergangszeit der Ming- zur frühen Qing-Dynastie und Vertreter der aufkommen-

120 Diese Aspekte der Geistesgeschichte sind in der chinesischen und westlichen Forschungsliteratur bereits gut erforscht, wobei die jeweiligen Forscher sich bezüglich konkreter Aufteilungen und Beeinflussungslinien, Faktoren und Phasen dieser Geschichte naturgemäß nicht immer einig sind. Neben den chinesischen Auffassungen der intellektuellen Strömungen (*sichao* 思潮) und der Untersuchung der Klassiker (*jingxue* 經學) in der Zeit des Übergangs zwischen der Ming- und Qing-Dynastie wie z. B. bei Wang 2004, Zhang 2012b ist hier zu verweisen auf de Bary (Hg.) 1975; Ewell 1990; Chow 1994; Chuan 1998; Elman 2005; Yu 2018: 176–317 usw.

121 Die Bezeichnung „epistemologische Wende" (*epistemological turn*) in Bezug auf die chinesische Geistesgeschichte dieser Zeit wurde von Elman vorgeschlagen, siehe Elman 1984, 1993, 2004b.

122 Vgl. Sivin 1986; Jami et al. (Hg.) 2001; Jami 2011; Elvin 2004; Elman 1984, 2004b, 2014; Yu 2018: 53–175.

den „Lehre vom Überprüfen und Belegen“ (*kaozhengxue* 考證學)[123] – Gu Yanwu 顧炎武 (1613–1682) zusammen. Gu, so Liang, habe kritisiert, dass in der vorangegangenen Zeit die „Lehre des *li*-Prinzips“ (*lixue* 理學) von der „Lehre von den Klassikern“ (*jingxue* 經學) getrennt worden sei, was zu Verirrungen in der Gelehrsamkeit mit allen mittelbar daraus erwachsenden Konsequenzen für Staat und Gesellschaft geführt habe.[124]

Mit einer dieser Weichenstellung vergleichbaren Abtrennung von den vorangehenden intellektuellen Strömungen,[125] die in den Augen solcher Gelehrter wie Gu Yanwu zu weit entfernt von den Klassikern, *zugleich* aber auch von der Wirklichkeit und den praktischen Angelegenheiten der Staatssteuerung in ihren spekulativen Konstruktionen gegangen waren, kündigte sich unter dem Motto einer „Rückkehr zu den Ursprüngen der Klassikergelehrsamkeit“ eine folgenreiche neue Orientierung der Gelehrten an. Im Rahmen dieser Bewegung strebte man danach, die ursprüngliche Fassung und Bedeutung der konfuzianischen Lehre durch philologisch-lexikalische und kritische Untersuchung der Texte hinsichtlich ihrer Echtheit und der Entsprechung der in ihnen enthaltenen Daten zu den historischen und physiographischen Realien zu rekonstruieren.[126] Die Rückkehr zur richtigen Weise der Lehre von den Klassikern (*jingxue*) bedeutete für ihre Vertreter zugleich eine

123 Vgl. die etablierte englische Übersetzung für *kaozhengxue*: *evidential learning*. Zur Entwicklungsgeschichte des *kaozhengxue* im späten 17. Jahrhundert und zu ihren einzelnen Vertretern siehe die exzellente Untersuchung von Wen Yu 2018: 176–317.

124 Vgl. Liang 2011: 69.

125 Allgemein gesprochen geht es dabei um die Kritik und Ablehnung der in der Song-Zeit (960–1276) entstandenen und in der Ming-Zeit weiterentwickelten Fassungen der konfuzianischen Lehre: der „Lehre des *li*-Prinzips [in der Nachfolge] der Cheng-[Brüder] und Zhu [Xi]“ (Cheng-Zhu *lixue* 程朱理學) und der „Lehre des Herz-Geistes [in der Nachfolge] von Lu [Jiuyuan] und Wang [Yangming]“ (*Lu-Wang xinxue* 陸王心學). Ein Punkt der Kritik, der besonders die zuletzt erwähnte Lehre des Herz-Geistes betraf, war jener, dass diese Strömungen die Lehre des Konfuzius und des Mengzi durch Beeinflussungen von buddhistischen und daoistischen Ideen verschleiern ließen. Zur Kritik an der Cheng-Zhu-Lehre siehe Zhang 1957–1962: 2, 184; Ch'ein 1975; Chow 1994; Ommerborn 2000; Cleary 2001; Leibold 2001; Qian 2003; Hou et al. (Hg.) 2005: 2, 453–471, 493–550, 695–698; Araki 2006; Huang 2007; Tabery 2009: 28–52; Lin 2015: 416–429; Yu 2018: 69–82, 130–167 usw. In der Tat ging es um eine komplexere Geschichte der Streitigkeiten zwischen vielfältigen Gruppierungen von Apologeten und Gegnern der oben genannten Schulen. Die erste philosophiegeschichtliche Systematisierung der Lehrströmungen dieser Periode war Huang Zongxis 黃宗羲 (1610–1695) *Untersuchung des Ming-Konfuzianismus* (*Mingru xue'an* 明儒學案). Übersichten über die Gruppierungen und Denkströmungen sowie allgemeine Tendenzen sind in modernen Philosophiegeschichten und in der Literatur zum Übergang zwischen Ming- und Qing-Dynastie vorhanden, siehe z. B. Fung 1934; Chan 1963a,b; Bary (Hg.) 1975; Ommerborn 1999; Chen 2003; Winter 2016; Yu 2018: 53–175; Ng 2019 usw.

126 In gewissem Sinne kann man eine solche Neuorientierung auch eine „alte“ nennen: Die Methoden textkritischer und philologisch-lexikalischer Untersuchungen der überlieferten Schriften

Hinwendung zur konkreten Wirklichkeit, wurde also mit der Lehre von der Wirklichkeit (*shixue* 實學) gewissermaßen gleichgesetzt,[127] und war für sie an praktische Tätigkeiten des Ordnens – oder sogar des Rettens – der Welt (*jingshi* 經世 und *jishi* 濟世) gekoppelt.[128] In den hiervon beeinflussten gelehrten Geschichtsuntersuchungen bemerken Forscher den zunehmenden Fokus auf die Analyse neuerer Geschichte und konkreter historischer Zusammenhänge.[129] Bemerkenswert ist, dass die Wende in der Orientierung der „Klassikergelehrsamkeit" hin zur Analyse konkreter Angelegenheiten sich u. a. in einer Tendenz in die Benennung von gelehrten Forschungswerken spiegelt, die man den Bibliographien der Ming und Qing-Zeit ablesen kann: Wenn es in früheren Titeln augenfällig um „Sinn" (*yi* 義) der Klas-

---

wurden in der Klassikergelehrsamkeit der östlichen Han-Dynastie (25–220) als Forschungsparadigma etabliert und entwickelt. Als Vorläufer der qing-zeitlichen *kaozhengxue* erkennt man zudem die „Lehre von der Überprüfung von Belegen" (*kaojuxue* 考據學) der späten Ming-Zeit (vgl. u. a. Jiang 2008). Ab Mitte des 18. Jahrhunderts wurde die Strömung textkritischer Untersuchungen nach dem Han-Vorbild die „Han-Gelehrsamkeit" (*Hanxue* 漢學) genannt; dies im Gegensatz zur sogenannten „Song-Gelehrsamkeit" (*Songxue* 宋學), d. h. jener Forschungsweise, die sich in den Arbeiten der Konfuzianer der Song-Zeit (960–1279), vor allem der Cheng-Brüder und Zhu Xi, herausgebildet hat. Siehe z. B. Fang 1994; Zhang 2007; Winter 2016; Yu 2018: 321–376. Die Komplexität des Bildes von den in dieser und der vorangehenden Fußnote angeführten Strömungen wird noch durch die Entwicklungen auf der Ebene staatlicher Politik gesteigert, die im Curriculum der Staatsprüfungen und den Inhalten der Gelehrten-Beamten-Ausbildung, in der Publikationspolitik und Zensur zweifellos eine große Auswirkung hatte. So zeichnet die Politik der frühen Qing-Regierung die Rückkehr zur Orthodoxie der Cheng-Zhu-Konfuzianismus aus. Siehe dazu z. B. Chow 1994; Chen 2012: 12–25; Yu 2018: 176.

127 Für die Bedeutung der „Wirklichkeit" in der „Lehre von der Wirklichkeit" siehe Zhang 1974; Bary und Bloom (Hg.) 1979; Chow 1994; Yu 2018: 69–70; Ng 2019.

Die Hinwendung zur Wirklichkeit jener Zeit erscheint als ein komplexer, vielseitiger Vorgang, der durch unterschiedliche Faktoren bewirkt wurde. Dazu zählen z. B. Faktoren ökonomischer Entwicklung seit der späten Ming-Zeit: die zunehmenden Handels- und Reiseaktivitäten (Riemenschnitter 1998; Eggert 2004), das Wachstum des Buchmarktes und Marktes für Kulturgüter (Brokaw und Chow 2005; Brokaw 2007), was entsprechende Aspekte im Kulturleben hervorrief: Verbreitung der Kulturgüter inklusive Literatur unter den breiteren Bevölkerungsschichten und damit zusammenhängende Tendenzen zur „Popularisierung" der Sprache und Thematik der Literatur, Interesse an Kuriositäten, Verbreitung des technischen Wissens-„Know-hows" und Erscheinen zahlreicher Handbücher, Enzyklopädien für den Alltag (*riyong leishu* 日用類書) (Bréard 2010; Beiträge in Schäfer (Hg.) 2012; Siebert 2017) usw. Vgl. hierzu auch Shek 1980; Smith 2012.

128 Forscher weisen darauf hin, dass im Wissensparadigma jener Zeit *jingxue*, die „Klassikergelehrsamkeit", und *jingshi*, das „Ordnen der Welt", gewissermaßen dasselbe bedeuteten, siehe z. B. Wang 2004: 5–10; vgl. auch die Aussage eines prominenten Proponenten der praktischen Ausrichtung (*shixue*) des Konfuzianismus Yan Yuan 颜元 (1635–1704): „Der Kern unserer konfuzianischen Kultivierung besteht im Ordnen der Welt (*jingshi*)" (吾儒之學, 以經世爲宗), Zitat und Übersetzung aus Tabery 2009: 44. Zu Person und Werk Yan Yuans siehe Tabery 2009.

129 Vgl. Yu 2018: 170–174; Ng 2019.

siker ging, wählte man später viel konkretere Namen für jeweils konkretere Untersuchungsthemen.

An der beschriebenen Wende interessieren hier besonders jene Parameter, die in einem Zusammenhang damit stehen, wie der Raum bzw. das Räumliche gedacht wurden. Der Sinologe John Henderson fasst diesbezügliche Änderungen auf folgende Weise zusammen: „The seventeenth century thus marked a change in the orientation toward space within the tradition of Confucian scholarship, from a concern with cosmological geometry to an emphasis on empirical geography."[130]

Im Zusammenhang mit der Feststellung eines Wechsels in der Orientierung der Gelehrten weg von symbolischen hin zur empirischen Geographie[131] beschreibt Henderson das zunehmende Innewerden der Insuffizienzen der in den Klassikern tradierten symbolisch-idealisierten Repräsentationen der kosmischen und geopolitischen Ordnung[132] für die jeweils aktuelle politisch-administrative, militärische und ökonomische Agenda. Wie Henderson und andere Forscher darüber hinaus hervorheben, wurden nicht nur die für diese alten Repräsentationsmodelle charakteristischen Korrelationsschemata[133] von den Gelehrten nicht mehr als glaubwürdig aufgefasst, sondern auch jegliche Regularitätsprinzipien in der Kosmologie und Geographie als in hohem Maße verdächtig betrachtet. So wurden zum Beispiel sowohl terrestrische als auch zeitliche Grenzziehungen (z. B. Monatsaufteilungen) nunmehr als rein konventionell angesehen.[134] Eine solche Haltung hinsichtlich der Regularitäten und Grenzziehungen war auch einer der Gründe, weshalb die durch die Jesuiten vermittelten westlichen kosmologi-

---

130 Henderson 1994: 224.

131 Diese Positionen werden auch von Elman 2005; Zhang 2015 u. a. vertreten.

132 Zu solchen traditionellen Modellen, zu denen die Gelehrten des 17. Jahrhunderts forschten, gehören v. a. die im Kapitel „Tributen des Yu" (*Yugong* 禹貢) des *Klassikers der Dokumente* enthaltenen Schemata der Aufteilung des Landes durch den legendären Herrscher Yu (trad. Datierung: 23–22. Jh. v. Chr.) und das *fenye*-System (分野) „aufgeteilte Felder": ein Schema der himmlischen, mit den sogenannten 28 „Mondstationen" (*ershiba xiu* 二十八宿) assoziierten Zonen und entsprechenden terrestrischen Regionen sowie numerische Schemata aus den Kommentaren zum *Buch der Wandlungen*: „Diagramm des Gelben Flusses" (*Hetu* 河圖) und „Schrift aus dem Luo-Fluss" (*Luoshu* 洛書). Unter den kritisch eingestellten Erforschern dieser Modelle sind neben den bereits erwähnten Gu Yanwu und Huang Zongxi solche Gelehrte wie Zhu Heling 朱鶴齡 (1606–1683), Yan Ruoqu 閻若璩 (1636–1704), Hu Wei 胡渭 (1633–1714) und andere zu nennen. Vgl. Henderson 1994: 220–225; Elman 2005: 170–196; Zhang 2015: 203–261.

133 Vgl.: „Astrological predictions based on this theory of the continuity between the astronomical and geographical realms remained a common feature in official astronomy through the late Ming and early Qing [...]" (Elman 2005: 196). Elmans (2000) Untersuchung zum Curriculum und zu den konkreten Prüfungsfragen bei den Staatsprüfungen in der späten Ming-Zeit reflektiert diesen Fokus an Korrelationen zwischen kosmologischen und geopolitischen Realien.

134 Vgl. Henderson 1994: 220–224 und Elman 2005: 195–200.

schen und kartographischen Modelle und Methoden auf gewisse Ablehnung bei den chinesischen Gelehrten stießen.[135]

Weiter unten werden Argumente chinesischer Gelehrter gegen westliche kosmologische und geographische Modelle, u. a. des der kugelhaften Erde, angeführt und an anderen Stellen zudem auf die Frage der Plausibilität von Regularitäten kosmischer Ordnungen, je nachdem aus welchen Ausgangspunkten sie gefolgert werden, detaillierter eingegangen.[136] Hier lässt sich bemerken, dass es natürlich auch „umgekehrte" Fälle gab, bei welchen sich chinesische Gelehrte von westlichen kosmologischen und geographischen regulären Modellen „bekehren" ließen. Zum Beispiel führt Elmar Holenstein einen solchen Fall an:

> Yuan Taiyuan [阮泰元], der [...] Verfasser eines Begleittextes zu Riccis Karte von 1603, hatte sich [...] von einer Konzeption des Universums [...] zu derjenigen von Ricci bekehrt. [...] so fand Yuan, dass seine frühere Annahme, dass die Gestalt der Erde als Ganzer empirisch nicht zu erkennen sei, zu der er auf einer Reise im Südchinesischen Meer gekommen war, im Vergleich zur Auswertung, die Ricci von seinen astronomischen Beobachtungen und trigonometrischen Berechnungen machte, nicht tief genug gewesen sei.[137]

Im Laufe der textkritischen Untersuchungen entsprechender Quellen konnten die jeweiligen Forscher die Gültigkeit der traditionellen Modelle und Schemata symbolischer Kosmologie und Geographie erheblich entwerten, indem in manchen Fällen Verfälschungen von in diesen Modellen enthaltenden Teilen der kanonischen Texte nachgewiesen wurden, in anderen überzeugend gezeigt werden konnte, dass bestimmte Schemata unter konkreten historischen Umständen entstanden und daher nicht mehr als allgemeingültig angesehen werden konnten. Zudem wiesen die Gelehrten Inkonsistenzen in den topographischen Beschreibungen mancher klassischer Texte hinsichtlich der physiographischen Realien von nun von ihnen bereisten und dokumentierten Landschaften Chinas auf.[138]

135 So führt Henderson 1994: 226 z. B. Argumente Wang Xichans 王錫闡 (1628–1682) und Mei Wendings 梅文鼎 (1633–1721) gegen westliche Sonnenkalender an.

136 Siehe auch Kapitel II, Punkt 5.

137 Die hier angeführte Passage stammt aus den unveröffentlichten Raumstudien von Elmar Holenstein, die er im Jahr 2018 im Kontext seines Aufsatzes über Matteo Ricci (Holenstein 2018, 2020) erstellt hatte. Die Übernahme erfolgt mit freundlicher Erlaubnis von Prof. Holenstein.

138 Z. B. führt Elman 1984: 30–31, 2005: 165 viele solcher Beispiele an: Hu Weis Nachweise der daoistischen Herkunft mancher neokonfuzianischer Kosmogramme, Yan Ruoqus Nachweise von Fälschungen einiger Texte des *Buches der Dokumente* in seinen *Dokumentierten Erläuterungen der älteren Texte des Shangshu* (*Shangshu guwen shuzheng* 尚書古文疏證) usw. Hinsichtlich der Untersuchung der Herkunft und ursprünglichen Bedeutung der Diagramme *Hetu* und *Luoshu* siehe Elman 2005: 196. Henderson (1994: 223) erwähnt Huang Zongxis und Lu Longqis (1630–1693) Untersuchungen, aus welchen hervorging, dass die terrestrischen Regionen nach physiographischen Eigenschaften nicht dem *fenye*-System entsprachen und dass die *fenye*-Aufteilungen auch

Solche Tendenzen, die anstelle von symbolischen Modellierungen der geographischen und kosmischen Realien nunmehr eine historisierend-kontextualisierende und empirische Forschungsweise favorisierten, zählen zu den entscheidenden Faktoren, die zur Herausbildung und Weiterentwicklung der Disziplin deskriptiver und historischer Geographie in China beigetragen haben. Mit diesen Tendenzen einhergehend wurden die Prozesse der Rekonzeptualisierung von graphischen Darstellungen (*tu* 圖) des Landes, also Karten, beschleunigt, die nun nicht mehr als Diagramme, sondern zunehmend als „realistische" Darstellungen konkreter physiographischer Beschaffenheiten der jeweiligen Landschaften[139] und der damit verbundenen wirtschaftlich-politischen[140] und historisch-kulturellen Zusammenhänge konzipiert wurden.[141] Darüber hinaus kennzeichnen die Entwicklungslinien der kartographischen Produktion und des geographischen Wissens dieser Zeit ein anwachsendes Weltbewusstsein, d. h. die Selbstwahrnehmung Chinas in einer verstärkten globalen Vernetzung, sowie die vermehrte Orientierung an mathematischen Methoden.[142] Zwar mag hinsichtlich des letzten Merkmals der Eindruck entstehen, es wäre ein Resultat der Übernahme der durch Jesuiten vermittelten kartographischen Methoden gewesen. Smith, Elman und Yee unterstreichen jedoch die Unterschiede zu europäischen Methoden in der chinesischen Kartenproduktion und weisen auf eine eher begrenzte Rezeption der von den Jesuiten seit Anfang des 17. Jahrhunderts hergestellten Weltkarten hin,[143] darunter der berühmtes-

---

keine exakte astronomische Bedeutung haben. Detailliert zur Forschung des Kapitels „Yugong" des *Klassikers der Dokumente* im 17. Jahrhundert siehe Zhang 2015: 218–263.

139 Vgl. Henderson 1994: 224. Zu Konzept, Funktionen und geschichtlichen Entwicklungsvariationen von *tu* 圖 (‚graphische Darstellung, Diagramm') siehe Bray et al. (Hg.) 2007.

140 Einzelbeispiele von Resultaten einer solchen Beschäftigung mit Realien gibt Elman (2005: 162): z. B. der zwischen 1639 und 1662 kompilierte Überblick über die geostrategische Position Chinas (darunter gegenüber nördlichen Nachbarn) *Tianxia junguo libing shu* 天下郡國利病書 [The Strategic Advantages and Weakness of Each Province in the Empire].

141 Der Übergang von symbolischen zu „realistischen" Landschaftsdarstellungen war wohl nicht so drastisch: Forscher wie Qiong Zhang, Richard Smith und Cordell Yee unterstreichen eher die Kontinuitäten als die Umbrüche in der Entwicklung der chinesischen Kartographie dieser Zeit und die Verwandtschaft der in den Karten von *kaozhengxue* repräsentierten Zusammenhänge zwischen topographischen und kulturellen Realien mit den älteren auf kulturellen Daten basierenden Karten. Vgl. das bei Smith 1996: 73–74 angeführte Beispiel: 乾坤萬國全圖古今人物事跡 [Universal map of the myriad countries of the world, with traces of human events, past and present] von ca. 1600.

142 Für eine kritische Untersuchung der Umsetzung mathematischer Methoden in der traditionellen chinesischen Kartographie siehe Yee 1994: 37–64.

143 Zu den einheimischen Traditionen der Kartographie sowie vielen in der untersuchten Zeit entstandenen Mischformen siehe Elman 1981–1983: 211; Yee 1994; Smith 1998: 77–84; Zhang 2015: 252–262. Zur Einführung der westlichen Kartographie im 17. Jahrhundert siehe Zhang 2015 und

ten *mappa mundi – Gesamte Karte von 10.000 Ländern der Erde* (*Kunyu Wanguo Quantu* 坤輿萬國全圖) von 1602:[144]

> Concerned with texts as much as he was with maps, Gu Yanwu did not even mention Ricci's *mappa mundi*. He was concerned with the effects of topography on political and economic development within China. His findings, however, were based on his wide travels, careful firsthand observations, and the study of written materials. Likewise, Gu Zuyu's [顧祖禹] (1631–1692) *Essentials of Geography for Reading History* (*Dushi fangyu jiyao* [讀史方輿紀要]), written 1630–1660, was a study of native historical, administrative, and natural geography, with an emphasis on the importance of topography for military strategy. Literati disregarded Ricci's world map, and late Ming interest in the maritime nations waned.
>
> [...] The compilers of both the Ming History and the *Comprehensive Geography of the Great Qing Realm* (*Da Qing yitong zhi* [大清一統志])[145] had access to Ricci's and other Jesuit geographical works, but they dismissed as fictious many of the Jesuits' claims and much information on the *mappa mundi*.[146]

Der anscheinend noch relativ kleine Grad der Umsetzung europäischer kartographischer Methoden bzw. die Beteiligung von europäischen Spezialisten im 17. Jahrhundert war offensichtlich anders als in der Zeit der Kangxi-Regierung 康熙 (1661–1722) im großen Projekt der Herstellung der in der Literatur unter dem Namen *Kangxi-Atlas* bekannten *Karte mit umfassender Übersicht der Reichsterritorien* (*Huanyu quanlan tu* 皇輿全覽圖, publiziert 1718), die die Größe und Einheit des Qing-Reichs mathematisch akkurat, d. h. unter Einbezug von detaillierten Angaben zu Längen- und Breitengraden demonstrieren sollte. In dieses Projekt waren die am Hof tätigen französischen Jesuiten bereits intensiv involviert.[147]

Die Rezeption westlicher raumbezogener Konzepte in anderen Bereichen als der Kartographie, also z. B. Astronomie, Mathematik und kalendarische Berechnungen, wird im Folgenden skizziert.

Yee 1994: 170–185. Zur Einschätzung der Beeinflussung chinesischer Kartographie durch die europäische in der untersuchten Zeit siehe besonders Yee 1994: 186–191.

144 Es existiert eine umfassende Forschung zu dieser Karte und ihrem Begleittext: siehe Zhang 2015: 47–86, auch für weitere Referenzen. Smith 1998: 72 gibt weitere Beispiele zu von Jesuiten hergestellten *mappae mundi*. Eine klassische umfassende Forschung zu den von Matteo Ricci erstellten Karten bleibt D'Elia 1938. Eine Zoom-Karte von 1602 kann man unter https://www.wdl.org/en/item/4136/view/1/1/ ansehen. Ich danke Elmar Holenstein für diese Hinweise.

145 Die Herstellung dieses Atlasses in 342 *juan* war Resultat eines 1682–1742 durchgeführten grandiosen Projekts des Qing-Kaiserhofs. Der Atlas stellt eine Übersicht der unter der Qing vereinigten Länder dar, mit umfassenden und detaillierten Beschreibungen von physiographischen, administrativen, historischen, kulturellen Beschaffenheiten, Bevölkerung, Administration, Ressourcen, Denkmälern und Geschichten der jeweiligen Provinzen und territorialen Einheiten.

146 Elman 2005: 194–195.

147 Zur Entstehungsgeschichte und Mitwirkung von Jesuiten an diesem Projekt siehe Zhang 2015: 264–267 und weitere dort angegebene Referenzen.

Wissenstransfer

Die Grundlagen von Geometrie und Trigonometrie gehörten zu den wichtigsten Inhalten des Wissens, das in der ersten Phase des Transfers[148] von Jesuiten-Missionaren nach China gebracht wurde.[149] Eines der zentralen Ereignisse dieser Phase bildete die Übersetzung der ersten sechs Bücher der *Elemente* des Euklid (*fl.* 300 v. Chr.). Das unter dem Titel *Grundlagen der Geometrie* (*Jihe yuanben* 幾何原本)[150] 1607 publizierte Werk war das Resultat der Zusammenarbeit von Matteo Ricci (1552–1610), dem Gründer der christlichen Mission in China, und Xu Guanqi 徐光啓 (1562–1633), einem hervorragenden Gelehrten, hohen Beamten und einem der ersten christlichen Konvertiten der späten Ming-Zeit.

Von den chinesischen Gelehrten, die an der Übersetzungsarbeit und Verbreitung der europäischen wissenschaftlichen Konzeptionen beteiligt waren, wurden diese Konzeptionen als Hilfsmittel angesehen, die in den Dienst der politisch-administrativen Reformen in ein breites Spektrum von Bereichen gestellt werden konnten, welche von der Prognose von Himmelsphänomenen über rituelle Musik, militärische Technologien, Landwirtschaft, Wasserkontrolle und Bewässerung bis hin zum Transportwesen reichten.

Besonders angesichts der kalendarischen Krise Anfang des 17. Jahrhunderts ging es bei der Arbeit an der Kalenderreform um die aktive Einführung des westlichen astronomischen und mathematischen Wissens,[151] speziell um Theorien der Be-

---

148 Die Zeit ab der Gründung der ersten jesuitischen Missionen in China in den 80er Jahren des 16. Jahrhunderts bis in die 1640er Jahre.

149 Zu Geschichte und Inhalten des Wissenstransfers in den jeweils voneinander unterscheidbaren Phasen sowie zur Begegnung radikal unterschiedlicher kosmologischer, ontologischer und religiöser Ansichten im Laufe des Transfers existiert bereits eine gewisse Forschungsliteratur, die ein Spektrum von wertvollen Quellen und Ansatzpunkten zu Fragestellungen zutage gefördert hat. Maßgeblich sind dazu etwa die Arbeiten von Ronan und Oh 1988; Engelfriet 1998; Elman 2005, 2006; Tian 2005; Meynard 2006, 2013, Meynard (Hg.) 2016; Golvers 2009; Chu 2010; Collani 2011; He 2013; Saraiva (Hg.) 2013; Hu 2015: 24–53; Zhang 2015; Meynard und Pan 2020 sowie Beiträge in Masini und Battaglini (Hg.) 1996; Malek (Hg.) 1998; Jami et al. (Hg.) 2001; Schäfer (Hg.) 2012 usw.

150 Zur Bedeutung des Wortes *jihe* im Titel bemerkt Engelfriet 1998: 138–139, dass es vermutlich nicht als das moderne Wort *jihe* zu verstehen sei, also nicht als „Geometrie“, sondern noch i. S. der aristotelischen Kategorie der „Quantität“ (ποσόν) verwendet worden sei. Eine umfassende Studie zu dieser Übersetzung und ihren Kontexten siehe Engelfriet 1998. Für andere in dieser Zeit übersetzte bzw. verfasste Werke zur westlichen Mathematik, darunter v. a. Geometrie, vgl. Engelfriet 1998: 351–431 und Jami 2009. Zum Transfer westlicher Mathematik in der nächsten Phase des Wissenstransfers siehe Jami 2011.

151 Zum Ende der Ming-Zeit hatten sich Fehler bzw. die im Kalender nicht berücksichtigten Zeitverschiebungen angesammelt. Ein die Reform auslösendes Ereignis war die Fehlberechnung der Prognose der Sonnenfinsternis vom 15. Dezember 1610 um eine halbe Stunde durch die chinesi-

wegung himmlischer Körper, geometrische Modelle des Himmels und der Erde und trigonometrische Methoden für kalendarische Kalkulationen.[152] Diese Arbeit verlief in der Zusammenarbeit von Xu Guangqi, Li Zhizao 李之藻 (1565–1630) und Li Tianjing 李天經 (1579–1659) einerseits und jesuitischen Gelehrten – zunächst der Galilei-Schüler Johannes Schreck (1576–1630), dann Adam Schall von Bell (1591–1666) und Giacomo Rho (1592–1638) – andererseits. Sie resultierte in der Vorbereitung einer zwischen 1629–1634 entstandenen Reihe von Traktaten zur Geometrie und Trigonometrie sowie zur theoretischen und praktischen planetarischen Astronomie,[153] die als *Astronomisches Kompendium der Regierungsdevise Chongzhen*[154] (*Chongzhen lishu* 崇禎曆書) in 137 Bänden 1637 dem Hof präsentiert wurde. In der frühen Qing-Zeit wurde dieses Kompendium in einer revidierten Version als *Astronomisches Kompendium nach neuen Methoden des Westens* (*Xiyang xinfa lishu* 西洋新法曆書) von Adam Schall, der seit dem Beginn der Qing-Zeit das astronomische Büro (*Qintianjian* 欽天監) leitete, dem Hof präsentiert und für die Arbeit des Büros angepasst.[155] Mit diesem Übersetzungsprojekt endet die erste Phase des Wissenstransfers. Die nächste Phase fällt in die Regierungszeit Kangxis 康熙 (1661–1722) und bezieht sich auf die Tätigkeit französischer Jesuiten am Hof.[156]

Zum Inhalt des *Astronomischen Kompendiums* bemerkt Catherine Jami:

> Geometric instruments are used as intermediaries between tangible (observable) reality and its quantified modelization. Calculating instruments then help to process this modeliza-

schen Astronomen. In China arbeitende westliche Astronomen hatten eine genauere Prognose der Finsternis vorgelegt, was als starkes Argument für die Umsetzung westlicher Methoden bei der Reform diente.

Über Kalender, kalendarische Berechnungen sowie ihre symbolische und praktische Bedeutung für Politik und Ritual in China siehe Elman 2005: 63–65; Tian 2005: 9–13; Sivin 2009: 556–557; zu Wesen und Beschaffenheit des chinesischen kalendarischen Systems und der mathematischen Astronomie auch Martzloff 2000 und 2016; zur kalendarischen Krise der späten Ming-Zeit, zu ihren historischen Hintergründen und zum Verlauf der Reform siehe Hashimoto 1988; Hashimoto und Jami 2001; Elman 2005: 73–80; Tian 2005: 43–49; Chu 2010.

152 Methoden sphärischer Trigonometrie bildeten die rechnerische Basis für die Astronomie und wurden in kalendarischen Kalkulationen angewendet, vgl. Chen 2010: 63–68.

153 In den Traktaten des *Chongzhen lishu* geht es um das geoheliozentrische System Tycho Brahes (1546–1601).

154 D. i. 1628–1644.

155 Bei dem westlichen astronomischen und mathematischen Wissen, das während dieser Reform übertragen und umgesetzt wurde, handelte es sich um das am *Collegium Romanum* von Jesuiten gelehrte und gelernte Wissen. Viele der im Laufe dieser Phase des Transfers ins Chinesische übersetzten Werke wurden von dem am *Collegium Romanum* tätigen Mathematiker und Astronom Christophorus Clavius (1538–1612) verfasst bzw. bearbeitet. In Chen 2010: 65 werden die Werke und ihre westlichen Ausgangstexte aufgelistet, die das *Chongzhen lishu* enthielt.

156 Zum Transfer im mathematischen Bereich aus dieser Phase siehe v. a. Jami 2011.

> tion. In the context of the *Chongzhen lishu*, the function of geometry as exposed in the *Jihe yaofa*[157] is precisely the construction of the model. Trigonometrie given in the *Dace* and measurement in the *Celiang quanyi*[158] then enables one to apply a numerical treatment to this model. That the ninth chapter of the latter book is devoted to the measurement of the stars after all the previous ones have dealt with the measurement of mathematical (as opposed to astronomical) objects points to the transition: knowing how to deal with the former, one can deal with anything modelled on them.[159]

Hier geht es um einen Denkumschlag, den, wie sich zeigen lassen wird, einige chinesische Philosophen aus folgenden Gründen nicht zulässig fanden: Eine Umsetzung der Messoperationen (*celiang* 測量) von dreidimensionalen regulären Figuren in Bezug auf die Erde erfordert eine Gleichsetzung der Erde mit den Objekten der Geometrie, d. h. die Annahme, die Erde sei ein regulärer, messbarer dreidimensionaler Körper mit bestimmten Grenzen und einer Form, auf den die Anwendung von geometrischen Gesetzmäßigkeiten möglich sei. Es handelt sich also um die Annahme, dass die Erde *tatsächlich* eine Kugel sei!

Aus der Mathematikgeschichte wissen wir, dass hervorragende chinesische Mathematiker des 17. und 18. Jahrhunderts – wie Mei Wending 梅文鼎 (1633–1721) und Dai Zhen 戴震 (1724–1777) – aufgrund einer Synthese der westlichen und der einheimischen mathematischen Traditionen gute Ergebnisse erzielen konnten.[160] Trotz dieser erfolgreichen Integrationserfahrung in der Mathematik[161] verraten andere Aspekte des Wissenstransfers Inkompatibilitäten von Wirklichkeitsvorstellungen und ontologischen Annahmen.[162]

---

157 Titel eines geometrischen Traktats aus dem *Chongzhen lishu*.

158 Titel zweier trigonometrischer Traktate aus dem *Chongzhen lishu*: *Complete Principles of Measurement* (*Celiang quanyi* 測量全義) und *Grand Measurement* (*Dace* 大測) (Übersetzung der Titel nach Chen 2010: 65).

159 Jami 1998: 666.

160 Sie konnten im Zuge dieser „Integration von chinesischen und westlichen [Methoden]" (*zhongxi huitong* 中西會通) viele Methoden in der chinesischen Tradition wiederentdecken und weiterentwickeln, die jenen der westlichen Tradition ebenbürtig waren. Jedoch ist bis heute strittig, ob einige der von diesen Mathematikern wiederentdeckten alten Methoden tatsächlich als Analogien zu westlichen trigonometrischen Methoden gelten können. Vgl. Chen 2010, bes. Fußnote 4.

161 In der vorliegenden Arbeit wird diese Erfahrung nicht berücksichtigt, zum einen, weil zu diesem Thema bereits gute Forschung vorliegt, vgl. Tian 2005; Jami 2009, 2011; Chen 2010 usw. Zum anderen weil der Zusammenhang zwischen ontologischen Annahmen und sprachlichem/bildlichem Ausdruck, der für diese Forschung methodologisch und thematisch eine zentrale Rolle spielt, im Bereich der Mathematik möglicherweise anders strukturiert ist als in den von uns untersuchten erkenntnistheoretischen und ästhetischen Bereichen.

162 Ausführlicher siehe Kapitel II, 3.2 und 5.

Engelfriet zeigt in seiner Studie zur Übersetzung und Rezeption von Euklids *Elementen*, wie für das für die chinesische Mathematik neue und fremde Instrumentarium der euklidischen Geometrie, die mit Grenzen von Objekten, Linien, Flächen, Axiomen, Definitionen, Postulaten usw. operiert, viele konzeptuelle und lexikalische Neuerungen eingeführt werden mussten.[163] In der vorliegenden Arbeit werden Belege erbracht, dass solche Konzepte wie Grenzen von Objekten (bzw. Phänomenen), Definitionen (i. S. der Postulierung von Identitätsbeziehungen), Messungen usw. aus Sicht vieler chinesischer Philosophen dieser Zeit nur aus irrelevanten Erkenntnisprozeduren hervorgebracht werden können. Auf der Ausdrucksebene – insbesondere im Rahmen der hier am meisten ins Visier genommenen bildlichen Repräsentation – finden wir ebenfalls, dass der Aufbau räumlicher Strukturen auf anderen Elementen und Konzepten beruht als auf jenen der klassischen westlichen Geometrie. In diesem Zusammenhang erscheint ein Vergleich mit der Analyse der Konstitution räumlicher Schemata in der Sprache durchaus aufschlussreich. Der Linguist Leonard Talmy betont hinsichtlich der Versprachlichung räumlicher Schemata (die er meist leider nur am Material der englischen Sprache hervorhebt)[164] solche konstitutiven Elemente, die sehr an das geometrische Instrumentarium erinnern:

> [...] At least the following elements figure in closed-class spatial schemas: A Figure and a Ground, a point, a line, a plane, a boundary (a point as boundary to a line, a line as boundary to a plane), parallelness, perpendicularity, horizontality, adjacency (contact), and relative magnitude.[165]

Auf eine sicherlich spannende Diskussion, ob derartige Entsprechungen zwischen dem geometrischen und dem sprachlichen Instrumentarium für die Konstitution räumlicher Schemata eine Gesetzmäßigkeit schildern, die ihrerseits auf Entsprechungen in bestimmten ontologischen Annahmen verweist, kann hier nicht näher eingegangen werden. Es wird aber versucht zu zeigen, dass das prinzipiell andere Instrumentarium für den Aufbau räumlicher Relationen in chinesischen Bildern der untersuchten Zeit auch andere ontologische Annahmen voraussetzt.

Hier lohnt es sich, einige weitere Bemerkungen bezüglich der Auseinandersetzungen über die Form der Erde aufzuführen. Qiong Zhang widmet einen Teil seines *Making the New World Their Own* einer detaillierten Beschreibung, wie die

163 Zur Anpassung der Begrifflichkeit bei der Übersetzung siehe Engelfriet 1998: 136–150. Zur Übersetzung westlicher Kategorienlehre und Einführung europäischer Logik in der untersuchten Zeit siehe Wardy 2000; Kurtz 2004: 473–476.

164 Für die leider noch vereinzelte Forschung in der Nachfolge Talmys und beruhend auf dem Material der Sprachen in China siehe Xu (Hg.) 2008.

165 Talmy 2005: 30.

Konzeption der Erde als Kugel unter den Gelehrten der späten Ming- und der frühen Qing-Zeit rezipiert wurde.[166] Dabei interessant ist z. B. der von Xiong Mingyu 熊明遇 (1579–1649) verfasste Teil des *Hanyu tong* 函宇通 [Verständnis des Universums] von 1648[167] mit dem Titel *Der Entwurf zu [Prinzipien] der Erkenntnis* (*Gezhi cao* 格致草)[168] als:

> [...] a systematic effort to fit the notion of the globe and other aspects of Jesuit science, such as astronomy, cosmology, and the theory of four elements, into the Confucian *gezhi* 格致[169]

---

166 Das Wort *qiu* 球 (Kugel) in Bezug auf die Erde findet sich bereits in den Begleittexten zu den von Matteo Ricci verfassten Weltkarten, u. a. im Vorwort zur *Kunyu wanguo quantu*. Ruan Taiyuan 院泰元 und Li Yingshi 李應試 erwähnen den Vergleich ebenfalls in ihren Begleittexten zur Karte *Liangyi xuanlan tu* 兩儀玄覽圖 [A Mysterious Visual Map of the Two Forms] von 1603 (Übersetzung Zhang 2015: 46, Anm. 43); siehe auch D'Elia 1961: 141–143, 147; Holenstein 2018. Ich danke Elmar Holenstein für diese Hinweise. Zu dem auf Zhang Heng 張衡 (78–139) zurückgehenden Vergleich des Himmels mit einem Ei und der Erde mit dem Dotter, auf den sich Ricci und seine chinesischen Mitarbeiter in der Polemik um die These, die Erde sei eine Kugel, bezogen, um zu belegen, dass dieses Konzept auch in China bekannt war, vgl. Zhang 2015: 151–155. Zur Einführung und Rezeption des Konzepts der kugelförmigen Erde in China siehe neben Zhang 2015: 148–202 auch Henderson 1986; allgemeiner zur Entwicklung chinesischer kosmologischer Theorien in der untersuchten Zeit siehe Henderson 1994.

167 Für nähere Informationen siehe Engelfriet 1998: 353–356; Zhang 2015: 167–178.

168 Vgl. Qiong Zhangs Wiedergabe des Titels: „Manuscript on the Investigation [of the Principle of Things] to Attain [Knowledge]".

Bezüglich Xiongs *Entwurf zu [Prinzipien] der Erkenntnis* bemerkt Engelfriet 1998: 353–356, dass dieser Text sehr wahrscheinlich auf Xiongs Entwürfe mit dem Titel *Zecao* 則草 [A Draft on Regularity (of Nature)] beruhte, wo es um Naturgesetze im europäischen Verständnis ging. Dementsprechend verwendete Xiong auch den Begriff *gezhi* wohl im Sinne von Wissensmethoden der Naturwissenschaften westlicher Provenienz. Dafür spricht auch, dass Xiong schon vor Abfassung seiner *Entwürfe* die von dem portugiesischen jesuitischen Missionar Manuel Dias (1574–1659) verfasste *Übersicht zur Astronomie* (*Tianwen lüe* 天文略), 1615, lat. *Explicatio Sphaerae Coelestis* [Erläuterungen der Himmelssphären] kannte.

169 Das Konzept *gezhi* 格致 ist ein Konzept aus der *Großen Lehre* (*Daxue* 大學), einem Kapitel des durch die song-zeitlichen Neokonfuzianer in den Status eines Klassikers erhobenen Teils der *Aufzeichnungen über die Adelsetikette* (*Liji* 禮記). Elman 2004 sieht in diesem Konzept, wie es in der Zeit des Ming-Qing-Übergangs funktionierte, ein solches Verständnis von Wissenserwerb und -funktion, das innerhalb des ganzen chinesischen Wissenssystems jener Epoche dem europäischen renaissance-neuzeitlichen Konzept von *scientia* am nächsten stand. Dabei verbindet Elman das *gezhi*-Konzept mit dem in jener Epoche angewachsenen Interesse an der Untersuchung von externen materiellen Dingen. In Anlehnung an die Arbeiten von Peterson 1975 und 1979 nennt Elman neben anderen Vertretern dieser Bewegung Fang Yizhi 方以智 (1611–1671). Eigene Analysen der erkenntnistheoretischen Einstellungen der Gelehrten im 17. Jahrhundert zeigen, dass die Erforschung materieller Dinge nicht der primäre Fokus ihrer Untersuchungen war (vgl. *Schlussbetrachtung*, Punkt 1). Die Resultate der Analysen würden sich eventuell auch auf die Interpretation des Verständnisses des *gezhi*-Konzepts in den Werken der Gelehrten auswirken. Eine

> framework, that is, within the system of inquiries concerning the principles of things for the ultimate enrichment of moral knowledge.[170]

Im *Entwurf zu [Prinzipien] der Erkenntnis* von Xiong Mingyu finden die Darstellung der Erde als Kugel in einer Illustration und im Begleittext[171] sowie die Ausführungen von Messungen der Distanzen zwischen dem ekliptischen und himmlischen Äquator neben Zitaten aus den chinesischen Klassikern ihren Platz, darunter solche aus dem *Buch der Wandlungen*. Zu den symbolischen Ordnungen des Himmels und der Erde und der an der Konzeption des *qi* orientierten Tradition des kosmologischen Denkens fühlt sich Zhang daher abschließend bemüßigt zu betonen, dass die Gruppe von Gelehrten, zu der Xiong gehörte und die die Vorstellung der Erde als Kugel einigermaßen akzeptierte, die kugelhafte Erde jedoch als im Zentrum einer *qi*-bezogenen Kosmologie positioniert auffasste.[172] Es entsteht also der Ein-

ausführliche Analyse des *gezhi*-Konzepts wird in der vorliegenden Untersuchung jedoch nicht unternommen. Für die Übersetzung dieses Konzepts wird hier ein allgemeiner Begriff „Erkenntnis" gewählt, der sich auf ein breites Spektrum von Interpretationen des *gezhi*-Konzepts zu unterschiedlichen Zeiten und durch unterschiedliche Denker beziehen kann.

170 Zhang 2015: 169.

171 Die Illustration wurde in der westlichen Forschungsliteratur ursprünglich mit dem Begleittext *„Diqiu xing yuan wu yu wu fang* 地球 [...] 形圓則無隅無方" [The Round Earth Certainly Has No Square Corners] reproduziert in: Needham 1959: Bd. 3, 499, Abb. 203. Ich danke Elmar Holenstein für den Hinweis.

172 Hierzu gab es zu der untersuchten Zeit solche diagrammatischen Illustrationen von kosmologischen Ordnungen, die die Darstellung von Zirkulationen des *qi* mit der Darstellung des Erdballs im Zentrum dieser Zirkulationen kombinierten; vgl. das in Fig. 4.4 bei Zhang 2015: 193 angeführte *Diagram of the Revolution of the Vast Spherical Mass of Cosmic Qi* (*Haotian yiqi hunlun xuanzhuan zhi tu* 昊天一氣渾淪旋轉之圖) von Jie Xuan 揭暄 (1613–1695) in seinem *Xuanji yishu* 璿璣遺述 [Remarks to Elucidate Ancient Chinese Astronomical Legacy]. Elmar Holenstein schreibt hierzu „So übernahm Jie Xuan die geografischen und astronomischen Daten Riccis und anderer Jesuiten, freilich auch die ptolemäische Position der Erde in der Mitte des Universums. Was Jie ablehnte, war die aristotelische Staffelung des Kosmos in neun oder elf himmlische Sphären und vor allem deren Erklärung. Er nahm in Anspruch, die Struktur des Universums mit einer zirkulären Strömung des kosmischen Qi 氣 in westlicher Richtung besser erklären zu können als die Jesuiten [...]. Jie Xuan scheint um 1675 Keplers Planetengesetze (Frankfurt am Main 1609 und Linz an der Donau 1619) noch nicht gekannt zu haben und konnte deren physikalische Erklärung durch Newton (London 1687) mit der Annahme einer universalen Gravitationskraft noch nicht kennen. Die Gravitationskraft ist wie der kosmische ‚Energiefluss' Qi eine ‚okkulte Qualität', d. h. nicht eine direkt beobachtbare Gegebenheit, sondern ein theoretisches Konstrukt, mit dem sich empirische Beobachtungen voraussagen und erklären lassen. Mit ihr ist es jedoch anders als mit Qi möglich, empirische Erfahrungen mit mathematischer Genauigkeit zu berechnen." Entnommen aus dem unveröffentlichten Teil von Prof. Holensteins Raumstudien über Matteo Ricci (2018). Verwendung erfolgt mit seiner freundlichen Erlaubnis. Für die Grundlagen einer zirkulären *qi*-bezogenen Kosmologie siehe Kapitel II, Punkt 5.2.

druck, dass man die kosmologische Konzeption auch in diesem Traktat – im Unterschied zu jesuitischen – nicht als substanzialistische bezeichnen kann.

Neben den Grundlagen einer a-substanzialistischen Kosmologie werden uns in den nachfolgenden Teilen der Arbeit u. a. solche Hinweise auf konzeptuelle Differenzen interessieren, die Fragen der Bedeutungskonstitution und der Referenzialität betreffen: Für die chinesischen Gelehrten dieser Zeit, mindestens für jene, deren Werke hier analysiert werden, war eine strenge Unterscheidung von Bedeutungsebenen bei bestimmten Konzepten prinzipiell gültig. In vielen Fällen bemühten sie sich zu zeigen, dass das, was metaphorisch vorgestellt bzw. ausgedrückt werden kann, die metaphorische Ebene nicht verlassen darf, d. h. die Metapher sei nicht mit einem objektiven Sachverhalt zu verwechseln. In Bezug auf die Vorstellung der Erde als Kugel bzw. den seit der Han-Zeit in chinesischen Texten vorkommenden Vergleich des Himmels und der Erde mit einem Ei, werden wir Haltungen begegnen, die daran festhalten, dass dieser Vergleich nicht „realistisch“, also nicht wörtlich zu verstehen sei.[173]

Wie im Anschluss an die Feststellungen Hendersons oben bemerkt, war also eine Überzeugung der Unreduzierbarkeit der wirklichen Welt auf reguläre Modelle nicht nur ein Grund, weshalb Konzepte traditioneller Kosmologien in der untersuchten Zeit nicht mehr als tragfähig angesehen wurden, sondern zugleich auch ein Argument gegen das durch die jesuitischen Missionare vermittelte Weltbild, auch wenn die chinesischen Gelehrten sich durch die aus dem Westen vermittelten Methoden und Techniken durchaus faszinieren ließen und sie für bestimmte Ziele umsetzten. Wie zu sehen sein wird, lag diesen Argumenten u. a. eine prinzipielle Auffassung des westlichen Weltbildes als einer nicht auf die Wirklichkeit zu übertragenden Heuristik zugrunde.

Zu ähnlichen Schlussfolgerungen kommen wir, wenn wir einen zur Übertragung regulärer Schemata auf die Wirklichkeit gegenläufigen Fall betrachten, namentlich den Transfer von einem dreidimensionalen metrischen Raum auf die (Bild-)Fläche. Die entsprechenden Methoden, also Elemente der darstellenden Geometrie und Methoden der linearperspektivischen Darstellung, zählten ebenfalls zu den Inhalten des Wissenstransfers, allerdings des der nächsten Phase der Tätigkeit von Jesuiten in China. Zwar begegnet man der Umsetzung von Elementen europäischer Malereitechnik (z. B. *chiaroscuro* und Elemente der perspektivischen Darstellung) bereits in einzelnen Fällen ab der späten Ming-Zeit; in einem größeren Umfang gehört die Einführung westlicher Malereitechniken jedoch erst zur Geschichte des Goldenen Zeitalters der Qing-Dynastie.[174]

---

173 Siehe Kapitel II, insbesondere Punkt 5.3.

174 D. i. die der Regierungsperioden der Kaiser Kangxi 康熙 (1661–1722), Yongzheng 雍正 (1723–1735) und Qianlong 乾隆 (1736–1795). In dieser Zeit fand europäische Kunst am meisten Aufnahme und Unterstützung am Kaiserhof. Eine umfassende Studie dazu sowie weitere bibliographische Hinweise bietet Kleutghen 2015.

In dieser Arbeit sollen die erkenntnistheoretischen Einstellungen der Gelehrten hinsichtlich des Verhältnisses von Bild und Welt untersucht werden, aus denen hervorgeht, dass Repräsentation als Darstellung der äußeren Welt auf einer Bildfläche gerade infolge der unter den Gelehrtenmalern dominierenden Betrachtungsweise, der äußere (dreidimensionale) Raum sei schon *an sich* ein Konstrukt, nicht das Ziel des künstlerischen Schaffens war.

Zwischenbilanz Zum Verlauf des Wissenstransfers und hinsichtlich der Begriffsgeschichte kann provisorisch zusammengefasst werden, dass keine wesentlichen durch den Transfer verursachten Neuerungen in der Verwendung von raumbezogenen Wörtern im 17. Jahrhundert festzustellen sind. Noch weniger kann im Hinblick auf diese Zeit von einer Übertragung bzw. Rezeption eines allgemeinen einheitlichen Wortes für „Raum" die Rede sein.[175]

Zwar wird das Wort *kong* 空 ‚leer, Leere' in einzelnen von Missionaren verfassten Werken im Sinne des „freien Raumes" verwendet. So nennt z. B. Alfonso Vagnoni (1566–1640) seinen 1633 publizierten Aufsatz zur aristotelischen Theorie der vier Elemente das *Kongji gezhi* 空際格致 [Investigation of space],[176] doch war diese Verwendung von *kong* für naturwissenschaftliche und naturphilosophische Vorstellungen eher eine misslungene Wahl: Wie oben gezeigt wurde, verwies dieses Wort eher auf eine erkenntnistheoretische Einstellung und nicht auf die Existenz einer leeren Entität im ontologischen Sinne.

Für die Übersetzungen bzw. Kompilationen westlicher Aufsätze mit kosmologischen oder geographischen Inhalten verwendete man vielmehr eine mittelalterliche einheimische Bezeichnung für „Welt" bzw. „Universum", wie *huan yu* 寰宇 oder *hanyu* 函宇,[177] z. B. in einem 1628 von Li Zhizao übersetzten und publizierten Werk zur aristotelischen Kosmologie *De Caelo et Mundo = Erörterungen zum Universum (Huanyu quan* 寰宇詮) oder im oben zitierten *Verständnis des Universums* (*Hanyu tong*). Als Bezeichnungen für „irdische Gebiete" in geographischen und

175 Um diese Behauptung vollständig zu belegen, müsste man überprüfen, inwiefern ein Wort für „Raum" – *spatium* – in den von den Missionaren in China verwendeten europäischen wissenschaftlichen Werken jeweils ausgangssprachlich belegt ist, was im Rahmen dieser Arbeit nicht zu leisten war.

176 Übersetzung aus Elman 2004: 35. Alternativ wird der Titel als *Investigation into the Phenomena in the Atmosphere* in der elektronischen Ausgabe des *Kongji gezhi* in der World Digital Library/Library of Congress übersetzt, siehe WDL: „Kong ji ge zhi".

177 Ausführungen zum raumbezogenen Wort *yu* in verschiedenen Kollokationen siehe oben, S. 27–31. Bedeutungen des Wortes *huan* sind: ‚extensiv, ausladend, allumfassend' und für *han*: ‚umschließend, abschirmend'.

kartographischen Werken sind *kunyu* 坤輿 und *fangyu* 方輿[178] häufig anzutreffen. Wiederum anzumerken ist, dass es sich bei den Bedeutungen dieser Termini – auch wenn sie etymologisch auf die Vorstellung von einem „Behälter“ oder einer flachen Zone bezogen gewesen sein mögen – eher um einen symbolischen Verweis handelt als um Benennungen eines fassbaren Gegenstandes.

Ein Konzept von etwas, das weder dem mit dem im „*qi*“ ausgedrückten Spektrum von Bedeutungen eines universalen Stoffs bzw. eines energetischen Grundbezugs für alle (Lebens-)Prozesse noch den Konzepten des abstrakten „Himmels“ und der „Erde“ als Summe himmlischer Phänomene und irdischer Regularitäten noch den raumzeitlichen Aspekten der kosmischen Prozesse gliche, und somit als eine tatsächlich existierende leere Entität von allem anderen abstrahiert werden könnte, fehlte noch.

Ein interessanter Fall ist jedoch die Verwendung von *kong* in einem zentralen theoretischen Werk zu westlichen Darstellungsmethoden mit dem Titel *Studien zur Visualität* (*Shixue* 視學) von Nian Xiyao 年希堯 (1671–1739),[179] in dem die linearperspektivischen Abbildungsverfahren für die Darstellung architektonischer Details und Konstruktionen erklärt und illustriert werden:

> 透空一望, 百斜都見。
>
> [Mit] einem Blick, der die Leere durchschaut, werden Hunderte von schrägen Fluchtlinien gesehen.[180]

Hier handelt es sich offensichtlich um eine solche Darstellung von Objekten, die eine Konstruktion von imaginären Linien und somit die Vorstellung von einem Leerraum voraussetzt. Die im 1729 publizierten Traktat erschienene Konzeption des Raumes stellt wohl einen Meilenstein der Begriffsgeschichte von *kongjian* 空間 (wörtlich ‚leeres Dazwischen‘) dar, also des modernen Wortes für das, was wir als Übersetzung für „space“ und „Raum“ kennen.

---

178 Das Wort *fangyu*, das Smith als „Geographie“ übersetzt (s. o. Fußnote 113) taucht z. B. im Titel der „irdischen“ Sektion der oben angesprochenen Enzyklopädie *Gujin tushu jicheng* auf. Das Zeichen 方 (‚Geviert, Rechteck, Quadrat, Seite‘) ist häufig in den Texten u. a. der untersuchten Zeit in Bezug auf die Erde bzw. irdische Gebiete anzutreffen (vgl. z. B. die Bezeichnungen chorographischer Beschreibungen *difang zhi* 地方誌 „Regionalmonographie“). Es ist ursprünglich mit der Vorstellung von der Erde als in 4 oder 5 Zonen aufgeteilte Fläche bzw. mit der Vorstellung von den Seitenflächen des Weltenquaders verbunden, über dem sich das kuppelartig gerundete *gaitian*-Universum aufspannt; vgl. hierzu Wheatley 1971; Allan 1991; Wang 2000.

179 Zu Person, Tätigkeit und Werk siehe Kleutghen 2015: 59–100.

180 Nian, *Shixue*: 27.

Das Wort selbst wurde jedoch erst im Laufe einer sehr viel späteren Welle des Kulturtransfers Ende des 19. bis zum Anfang des 20. Jahrhunderts aus dem Westen via Japan nach China vermittelt.[181] Die Umstände, wie und warum *kong* (Leere) zum Bestandteil des Begriffs Raum in den Wendungen *kongjian* oder *shikong* (Zeit-Raum) geworden ist, wie Rubriken und Definitionen für „Raum“ in Enzyklopädien erschienen oder wie „der Raum“ als physische Realität als Ausgangspunkt für philosophische und wissenschaftliche Auseinandersetzungen angenommen wurde und schließlich zu einem zentralen Thema wissenschaftlicher Forschung und auch der allgemeinen Weltsicht avancieren konnte, wird im Rahmen dieser Arbeit nicht betrachtet.

2.3 Aufbau der Arbeit

2.3.1 Methodologische Vorüberlegungen

Versucht man einen Begriff begriffsgeschichtlich einzukreisen, empfiehlt es sich, dem „Interesse an Geschichtlichkeit“ der klassischen Begriffsgeschichte in der Koselleck-Nachfolge Rechnung zu tragen, die sich bekanntlich zum Ziel gesetzt hat, „Grundbegriffe nicht auf überzeitliche Ideen oder Probleme zurückzuführen“, sondern anhand ihrer konkret sich wandelnden Formen den Gang der Geschichte zu begreifen.[182]

Diachronisch gesehen lassen sich die Ablösungsprozesse von Wissenssystemen und Denkströmungen während der epistemologischen Wende des 17. Jahrhunderts als Phasen der Wissensgeschichte Chinas verstehen und in ihrer geschichtlichen Entfaltung als „Wende“ analysieren. Die Idee einer solchen Wende entspricht darüber hinaus dem Kuhnschen Modell (1962) der Ablösung wissenschaftlicher Paradigmen.

Eine historisierende Zugangsweise zur Raumfrage würde jedoch bedingen, dass wir die Möglichkeiten des Raumdenkens auf einen zwar umbruchsreichen aber nichtsdestotrotz linearen geschichtlichen Verlauf reduzieren, dessen Resultat und dessen dominante Parameter wir schon von unserem gegenwärtigen Zeitpunkt aus im Voraus wissen. Somit wird keine Möglichkeit für die Erkenntnis dessen eröffnet, was uns aus dem gängigen geschichtlichen Narrativ *nicht* bekannt ist. Hinsichtlich des Untersuchungsgegenstandes dieser Arbeit – der ge-

181 Siehe Masini 1993 und Liu 1995. In diesen Arbeiten wird jedoch nicht speziell dieser Terminus, sondern eine Gruppe solcher Lehnwörter untersucht.
182 Koselleck 1972: Einführung.

suchten Kategorie des Räumlichen – würde ein solcher historisierender Ansatz konkret bedeuten, dass wir unser vor allem durch die westliche Wissensgeschichte geprägtes Verständnis des Raumes projizieren und somit über den gegenwärtigen Wissensstand nicht hinausreichen können.

Gerade hinsichtlich solcher Begriffe, wie „Raum“, in Bezug auf deren Konstitution wir einerseits Kulturbedingtheit, andererseits einen universalen Charakter annehmen müssen, zeichnet sich in der Begriffsstruktur die Spaltung zwischen „änderbaren Teilen“ und einem „unveränderbaren Kern“ ab,[183] wobei die genaue Grenze zwischen diesen Bestandteilen unklar bleibt. Oben wurden Annahmen formuliert, in den nachfolgenden Kapiteln dieser Untersuchung werden Belege dafür beigebracht, dass der „kulturbedingte Anteil“ des Raumbegriffs, wie er sich im europäischen Wissenssystem der Neuzeit herausgebildet hat, eine nur begrenzte Relevanz für das untersuchte Material hat; dementsprechend soll all das, was aus dem Material hervorgeht, nicht auf diesen Anteil des Raumbegriffs reduziert werden. Wenn aber nach einem „unveränderbaren Kern“, d. h. dem Universalen des Raumes gesucht werden soll, muss dies in dem Bemühen geschehen, von dem uns aus der westlichen Wissensgeschichte bekannten Anteil möglichst abzusehen und uns gewissermaßen ins Unbekannte begeben.

Die somit erforderliche Umkehrung der Perspektive auf das Kausalitätsverhältnis im Geschichtsgang und dementsprechend in einer auf ihn bezogenen Fragestellung ist folgende: Nicht die Entwicklungslinie soll fokussiert werden, bei welcher der Übergang von Denksystemen ohne einen Raumbegriff zu dem Zustand, in dem der Raum (nach europäischer Art) „entdeckt“ und ihm eine eigene Realität und metaphysische Stellung zugewiesen wurde,[184] als ein geschichtlich notwendiger Ablauf angesehen wird. In diesem Fall müsste man nach den Gründen suchen, warum zunächst der außergewöhnliche Zustand ohne „jenen“ Raum vorherrschte und dann solche Faktoren betrachten, die dazu beitrugen, dass der gängige Wissenszustand (mit Vorliegen eines Raumbegriffs) später erreicht wurde. Hier soll hingegen versucht werden, die Abwesenheit des uns bekannten Raumes in den zu untersuchenden Denkweisen und Wissenssystemen als einen Normalfall ernst zu nehmen, d. h. die Rekonstruktion von Denkweisen und Wissenssystemen ohne „jenen Raum“ anzugehen, obwohl sie in der Geschichte – wie wir sie bislang kennen – nicht manifest geworden sind. In einem zweiten Schritt gälte es dann zu eruieren, was diese Rekonstruktion einerseits zum Verständnis des Geschichtsgangs in China, und andererseits zu einer allgemeinen Raumauffassung beitragen könnte.

---

183 Aspekte dieser Spaltung sind am Anfang dieses Kapitels angesprochen worden, siehe Punkt 1.1.

184 Sodass wir z. B. in den Enzyklopädien eine Definition für die Kategorie „Raum“ finden können und/oder auch im allgemeinen Vokabular das Wort „Raum“ geläufig wird.

Da der Raum im zu untersuchenden Wissenssystem für uns zunächst unbekannt bleibt, müssen wir nach solchen Parametern in diesem System suchen, an die wir die Rekonstruktion der Raumkategorie anknüpfen können. Dies entspricht dem hier gewählten methodologischen Ansatz, den „Raum" nicht als einen Fixpunkt zu nehmen, sondern als eine *Variable*, deren konkrete Bedeutungen erst infolge einer Ermittlung der mit ihr verknüpften Fragen und Faktoren erfasst werden können.

Da bei der Kategorie des Räumlichen festzustellen ist, dass sie mit fundamentalen Parametern des Menschseins zusammenhängt, bedeutet dies zugleich, dass wir uns auf grundlegende anthropologische Fragen beziehen müssen, d. h. die Konzeptualisierungen des Räumlichen ausgehend von den theoretischen und empirischen Zugangsweisen zur Wirklichkeits- und Selbsterkenntnis in den untersuchten chinesischen Quellen herausgearbeitet werden müssen.

Das Hauptaugenmerk dieser Arbeit gilt also der Erfassung von für die untersuchte Epoche spezifischen epistemischen Voraussetzungen des Selbst- und Weltverständnisses und dann des Raumdenkens *als Teil* dieses Selbst- und Weltverständnisses. Hierzu werden theoretische Grundlagen und eine methodologische Basis ausgearbeitet, die nicht nur einzelne erkenntnistheoretische Positionen, sondern erkenntnistheoretische Zusammenhänge erschließen und sie miteinander in Beziehung setzen. Anhand dieser Zusammenhänge wird sodann ein Brückenschlag zwischen den praktischen Aspekten der Raumauffassung, d. h. solchen, die sich auf der Ausdrucksebene der Sprache und des Bildes erweisen, und den in ihnen vorausgesetzten epistemologischen Modellen unternommen.

Insofern die Raumvorstellungen systematisch in Zusammenhängen mit erkenntnistheoretischen Voraussetzungen und den Ausdrucksweisen der Weltauffassung und -handhabung auftreten, können wir Komplexe von Zusammenhängen zu Bezugssystemen gruppieren, für die wir ein hohes Maß an Repräsentativität annehmen dürfen.

Aus dem Blickwinkel der Raumfrage und im Kontrast mit dem System der europäischen Neuzeit, in welchem das Konzept des Raumes formuliert und zu einem zentralen Konzept der Wissenschaft, Kunst und der menschlichen Existenz schlechthin gemacht wurde, aber auch im Kontrast zu den alltäglichen Ansichten und Glaubenssystemen, auf die sich die Kritik der Gelehrten richtete, kann das alternative System, das wir in den analysierten Texten antreffen, zunächst als das „Nicht-Räumliche" aufgefasst werden. Denn es trifft Folgendes zu: Es manifestierten sich nicht nur solche taxonomischen Ordnungen, bei welchen mögliche räumliche Komponenten des als *wirklich* Gedachten gerade *nicht* unter einer einheitlichen Kategorie „Raum" zusammengeführt wurden, sondern auch allgemeiner solche Auffassungen von „Prinzipien des Lebens", die nicht primär durch das Räumliche bestimmt waren.

Das angesprochene nicht-räumliche Bezugssystem wird in der Arbeit u. a. als „prozesshaftes“, „dynamisches“ oder auch – insofern es durch seine Grundkategorie *qi* bestimmt wird – als „*qi*-bezogenes“ System bezeichnet, jeweils im Gegensatz zu einem „objekthaften“, „substanzialistischen“ oder eben „räumlichen“ System.

Aus dieser Fragestellung erwächst die Notwendigkeit, die erarbeiteten erkenntnistheoretischen Zusammenhänge in eine Dimension bild- und begriffsanalytischer Größen zu überführen, um auf diese Weise eine nachvollziehbare, d. h. begrifflich fundierte Verbindung zwischen der weitgehend unerforschten technisch-gestalterischen Begrifflichkeit, linguistischen Kategorien, ontologischen Annahmen und erkenntnistheoretischen Positionen herzustellen. Die Fokussierung auf die Begrifflichkeit und die Verfahrensweisen in konkreten Kulturbereichen – in dieser Arbeit insbesondere im Kunstbereich – dient dazu, die erschlossenen erkenntnistheoretischen Einstellungen und spezifischen ontologischen Annahmen auf Grundlage der in einzelnen Kulturbereichen wirkenden konzeptuellen Schemata zu überprüfen, d. h. zu klären, ob diese Schemata denselben Erkenntniseinstellungen entsprechen und auf identischen ontologischen Annahmen beruhen.

In diesem hinsichtlich erkenntnistheoretischer Einstellungen, ontologischer Annahmen und Ausdrucksweisen erforschten Bezugssystem sollen sodann Eigenschaften und Wesenszüge des Räumlichen bestimmt werden. Zwar kann nicht behauptet werden, diese Bestimmung weise den universalen Charakter des Räumlichen besser als andere bestehende Bestimmungen auf, doch sie hilft zweifellos, sich diesem Charakter weiter anzunähern, und sei es nur, indem sie von anderen Positionen ausgeht als von jener Weltsicht, die uns den vertrauten Raum erzeugt.

2.3.2 Untersuchte Gegenstände und Materialien

Solche Schwellenzeiten, wie es die Zeit des Übergangs zwischen der Ming- und der Qing-Dynastie war, bieten für eine Untersuchung der anthropologischen und erkenntnistheoretischen Grundfragen einzigartige Materialien. Im menschlichen Selbstverständnis und in der Einstellung des Menschen zur Welt werden solche Potenzialitäten freigelegt, in denen die Grundkonstanten des Menschseins in einem besonderen Licht erscheinen können. Das Zusammentreffen von Wissenssystemen, welches im 17. Jahrhundert in China zu beobachten ist, bedingt auch bezüglich der Raumfrage ausschlaggebende Impulse.

Aus dem naturgemäß umfangreichen Textmaterial zu dieser Epoche werden als Ansatzpunkte insbesondere solche Quellen ausgewählt, die es erlauben, vielfältige sich in der Umbruchssituation dieser Periode abzeichnende Spannungs-

und Resonanzverhältnisse zu untersuchen. Diese betreffen vermehrte Denkanstöße für das Selbst- und Weltverständnis, akute Probleme der Traditionsbildung und -weitergabe sowie die theoretische Konstruktionen einer Weltordnung, in der die Raumkategorie einen Aspekt bildet.

Im Vordergrund der Analyse werden theoretische Schriften von Gelehrten der letzten Phase der Ming-Dynastie stehen, insbesondere jenen unter ihnen, die nach der Dynastiewende zum sogenannten Kreis der *yimin* 遺民 -„Überlebenden" bzw. zu den Loyalisten der Ming-Dynastie gehörten. Ausgebildet in der Tradition der klassischen konfuzianischen Gelehrsamkeit und ihrem Geist verpflichtet, ausgerichtet auf Staatsprüfungen und Beamtenkarriere, fanden sie sich nach der Dynastiewende aus dem politischen Bereich ausgeschlossen und in der aktiven oder passiven Opposition zur neuen Qing-Regierung.[185]

Unabhängig davon, wie sich einzelne Schicksale entwickelt haben, können einige Merkmale hervorgehoben werden, die dem Leben und Werk jener Gelehrten aus der späten Phase der Ming- bis zur frühen Phase der Qing-Dynastie gemeinsam sind.[186]

Diese Gelehrten können wohl mit Fug und Recht als Universalisten bezeichnet werden: Die klassische Gelehrsamkeit mit ihrem als holistisch zu bezeichnenden Zugang zum Menschen und zum Universum umfasste alle im jeweiligen Wissenssystem einschlägigen Bereiche; dementsprechend waren die Gelehrtenschriften einem breiten Spektrum von Themen gewidmet. Konzentriert war die Gelehrtenausbildung auf das Korpus der in der chinesischen Kultur als Klassiker anerkannten Werke, und zwar in der Form, die dieser Kanon in der Song-Dynastie angenommen und bis zur späten Ming-Zeit beibehalten hatte.[187] Die Orientierung an den konfuzianischen kanonischen Werken und an den durch sie gestifteten Vorstellungen über die soziale und moralische Ordnung, aber daneben zugleich erheblich auch an daoistischen[188] und buddhistischen Klassikern[189] ist bei den Gelehrtenaufsätzen klar nachvollziehbar: Die meisten Texte wurden explizit in Form von Kommentaren zu und Auslegungen von klassischen Werken verfasst oder implizit durch direkte oder indi-

185 Zur Dynastiewende und ihren Auswirkungen auf die Schicksale von Gelehrten und die intellektuelle Geschichte siehe Kessler 1971; Wakeman 1985; Struve 1979, 1984, (Hg.) 1993; Dennerline 1999; Zhou 2008; Ling 2009; Sturman und Tai (Hg.) 2012; Zhao 2014.

186 Namen, Titel und Informationen zu Personen und Werken werden an den entsprechenden Stellen dieser Arbeit angegeben.

187 Zur volatilen Geschichte des Kanons (*jing* 經) siehe Pi 1954, 1959.

188 V. a. das *Daodejing* 道德經 (trad. ca. 400 v. Chr.) und *Zhuangzi* 莊子 (ca. 3. Jh. v. Chr.).

189 U. a. werden in dieser Arbeit analysiert: Kommentare zum *Śūraṅgama-sūtra* (*Dafo dingshou lengyan jing* 大佛頂首楞嚴經), dem *Avataṃsaka-sūtra* (*Huayan jing* 華嚴經 [Flower Garland Sutra]), dem *Laṅkāvatāra-sūtra* (*Lengqia jing* 楞伽經), dem Lotos-*sūtra* (Skt. *Saddharmapuṇḍarīka-sūtra*, chin. *Miaofa lianhua jing* 妙法蓮華經), dem Herz-*sūtra* (Skt. *Prajñāpāramitā Hṛdaya sūtra*, chin. *Mohe bore boluomiduo xinjing* 摩訶般若波羅蜜多心經) usw.

rekte Zitate aus den Klassikern positioniert. Die Orientierung an den Klassikern an sich setzte jedoch weder eine spezifische Denkweise noch ein dogmatisches Verständnis klassischer Texte voraus, sondern erlaubte eine Vielzahl von Auslegungsvarianten. In diesen Auslegungen manifestieren sich fundierte Zugangsweisen zum Menschen und zur Welt und darauf basierte Projekte einer sozialen und moralischen Ordnung. Gleichwohl gab es natürlich bestimmte, oft miteinander konkurrierende Auslegungstraditionen bzw. Forschungsparadigmen, in denen die in den Klassikern enthaltenen Wissensinhalte einer bestimmten Epoche überwiegend untersucht und interpretiert wurden.[190]

Eine der Schlussfolgerungen vorliegender Untersuchung wird sein, dass die Gelehrten, deren Werke analysiert werden, ein Wissensparadigma vertraten, in dem Wandlungen als eine Grundkonstante angenommen wurden, auf die die ontologischen, ethischen und sogar ästhetischen Ordnungen bezogen werden konnten. Entsprechend kam in den Gelehrtenüberlegungen solchen Interpretationen der Klassiker eine besondere Rolle zu, die eine theoretische Basis für die wandlungsorientierten Weltordnungen versprachen und damit im äußersten Kontrast zu einem an Substanz orientierten Denken standen.[191]

---

190 Einen guten Einblick in die chinesische Kommentartradition bieten z. B. Henderson 1991; Makeham 2004. Die Entstehung und Verbreitung von Auslegungstraditionen und Forschungsparadigmen waren eng mit den jeweiligen sozial-politischen Kontexten ihrer Zeit verbunden und wurden oft von dem Bestreben motiviert, Lösungen für aktuelle Probleme in der politischen und moralischen Ordnung zu entwickeln. Im Hinblick auf die sozial-politische Agenda und Ausrichtung im Kontext der neokonfuzianischen Lehre sei hier auf Angle und Tiwald 2017: 191–210 verwiesen. Für einen umfassenden Überblick über das Verhältnis von Forschungsparadigmen und politischen Gruppierungen in der untersuchten Phase siehe Yu 2018: 53–317 sowie die dort zitierten weiteren Referenzen. Der Fokus der vorliegenden Arbeit liegt jedoch nicht auf sozialpolitischen Kontexten, sondern auf erkenntnistheoretischen Fragen: Das Ziel besteht darin, aus den allgemeinen Ansichten der Gelehrten über die Möglichkeiten und Bedingungen der Erkenntnis eine Perspektive auf die hier relevanten Fragen zu gewinnen.

191 So rückte beispielsweise das Werk von Zhang Zai 張載 (1020–1077), das insbesondere prozessuale Ordnungen in Bezug auf *qi*-Theorie ausarbeitete, in den Fokus der Studien von Gelehrten der hier untersuchten Zeit. Weitere Informationen zu Zhang Zai und seinem Werk finden sich in Kapitel II, Fußnote 323.

Die These einer wandlungsorientierten Philosophisierung kann natürlich auf die gesamte intellektuelle Tradition Chinas verallgemeinert werden, wie Angle und Tiwald (2017: 30) bemerken: „[...] from the early days of Chinese civilization, it has been very common to think about our world as made up of changing processes. Rather than speculate about unchanging essences of descrete things, Chinese thinkers have tended to postulate regular patterns of change“. Bei genauer Betrachtung der Denkparadigmen bestimmter Epochen können jedoch unterschiedliche Ansätze differenziert werden. Wie in Kapitel II ausführlich dargelegt wird, richtete sich die kritische Haltung der Gelehrten der Zeit des Ming-Qing-Übergangs gegen substanzorientierte Positionen in der Metaphysik der neokonfuzianischen Cheng-Zhu-Schule, gegen bestimmte Alltagsvorstellungen und gegebe-

Zwar vertraten diese Gelehrten eine relativistische und konstruktivistische Auffassung hinsichtlich der Annahmen stabiler substanzialistischer Ordnungen, ihre Einstellung gegenüber der Welt kann man jedoch keineswegs als eine extrem relativistische oder gar nihilistische bezeichnen. Wie zu zeigen sein wird, setzt die Ausrichtung auf Wandlungen zum einen eine im Grunde realistische Haltung gegenüber der Welt voraus.[192] Zum anderen zeichnet die Ausarbeitungen der Wandlungssystematik durch die Gelehrten eine solche Orientierung aus, die im Zusammenhang mit der oft hervorgehobenen praxeologischen Ausrichtung der chinesischen Philosophie analysiert werden kann. Diese Ausrichtung wird gerne anhand der berühmten Sprüche aus daoistischen und konfuzianischen Klassikern illustriert, in denen häufig betont wird, man solle sich nicht mit dem Transzendenten befassen, sondern sich auf das Diesseits des Menschseins konzentrieren.[193] An dieser Stelle gilt es aber zu bemerken, dass die angesprochene Ausrichtung

---

nenfalls gegen die durch Jesuiten vermittelten Positionen der westlichen Philosophie und Wissenschaft. Es sollte jedoch nicht davon ausgegangen werden, dass die Denkmodelle und Denkweisen der songzeitlichen Gelehrten an sich substanzorientiert und dualistisch waren. Wandlungsorientierte Ansätze waren auch in erkenntnistheoretischen Projekten der Song-Zeit vorhanden und die Untersuchung des „patterned change“ war ein Anliegen der songzeitlichen Philosophen (vgl. Angle und Tiwald 2017: 31). In der vorliegenden Arbeit wird jedoch die songzeitliche Lehre ausschließlich in ihrer Rezeption durch die Gelehrten des 17. Jahrhunderts betrachtet. Dabei wird deutlich, dass diese Gelehrten bestimmte Defizite in den Konzepten und Modellen des songzeitlichen Neo-Konfuzianismus sahen, die ihrer Ansicht nach zu falschen, substanzbezogenen und dualistischen Vorstellungen des Universums führten. In Kapitel II wird auch aufgezeigt, welchen konzeptuellen Fortschritt es in der untersuchten Zeit gab, der dazu beitrug, Elemente substanzialistischen und dualistischen Denkens zu überwinden. Für Untersuchungen zu Wandlungsordnungen und zum Aufbau wandlungsorientierter Modelle und entsprechender Kategorien in der neokonfuzianischen Lehre der Song-Zeit sie Angle und Tiwald 2017: 32–45, 46.

192 Zusammenfassung zu dieser realistischen Haltung siehe im Punkt 1 in der *Schlussbetrachtung* dieser Untersuchung.

193 Vgl.: „As to what is beyond the Six Realms (Heaven, earth and the four directions), the sage admits its existence but does not theorize“ (六合之外, 聖人存而不論) (*Zhuangzi:* Qiwulun: 83, Übersetzung Watson 1968: 13) und „The Master's personal displays of his principles and ordinary descriptions of them may be heard. His discourses about man's nature, and the way of Heaven, cannot be heard“ (夫子之文章, 可得而聞也; 夫子之言性與天道, 不可得而聞也) (*Lunyu*, Gongye chang: 98, Übersetzung Legge 1960: Bd. 1, 177).

Ein ähnliches „Suspendieren“ einer ontologisch ausgerichteten Fragestellung stellt Dan Lusthaus in Bezug auf die Nur-Bewusstseinsschule (*weishi zong* 唯識宗) im Buddhismus fest, wobei im Fall dieser Schule ein solches Suspendieren zur tiefgreifenden Forschung der konstruktiven Funktionen des Bewusstseins führte; vgl.: „Having suspended the ontological query that leads either to idealism or materialism, they [i. e. Vertreter der *yogācāra*-Schule und ihrer chinesischen Fassung – Nur-Bewusstseinsschule – Erläuterung *PL*] instead are interested in uncovering why we generate and attach to such positions in the first place“ (Lusthaus 2002: 5–6).

nur bestimmte erkenntnistheoretische und soziopolitische Ansichten betrifft, und keine Charakteristik der „ganzen chinesischen Kultur" abgeleitet werden kann.[194]

Die praxeologischen Auffassungen setzten voraus, dass eine Ausarbeitung effizienter Modelle der soziopolitischen Wirklichkeit und der menschlichen Existenz nicht an eine Befragung danach gekoppelt sei, „wie die Welt ist", sondern durch die Suche nach Verfahren geleitet wurde, die die positiven Auswirkungen in konkreten situativen – sich wandelnden – Zusammenhängen erzeugen. Eine solche Ausrichtung in Verbindung mit letztlich funktional-pragmatischen Auffassungen erlaubten es nämlich, jeglichen Vorannahmen hinsichtlich der außersituativen Realitäten auszuweichen und eine Erforschung von Konstitutionsprozessen der Welt sowie eine Kategorienbildung und ontologische Systematisierung aufgrund der gegebenen bzw. sich zeigenden Wandlungsvorgänge zu vollziehen.[195]

Es ist zu betonen, dass in den von Gelehrten ausgearbeiteten Erkenntnisverfahren nicht auf die Erfassung einer *anderen* – transzendenten – Welt, sondern auf eine epistemische *Redimensionierung* der eigenen Sicht auf diese Welt abgezielt wurde.[196] Diese *Redimensionierung* sollte schließlich das Bedingt-Konstruktive in

---

194 Wenn man in der Forschung die praxeologische Orientierung als eine spezifische Schulrichtung, die „Lehre von der Wirklichkeit" (*shixue* 實學), ausdifferenziert, so gilt es hierzu auch zu bemerken, dass eine solche Schulrichtung in jeder Epoche, in der sie hervorgehoben wird, heterogen und schwerlich jeweils klar abzugrenzen ist. Als Beispiel der Uneinheitlichkeit in der Bestimmung von konkreten Grenzen dieser Lehre kann gelten, dass Zhu Xi 朱熹 (1130–1200) und Wang Yangming 王陽明 (1472–1529) als Vertreter betrachtet werden (siehe z. B. Cheng 1979), wobei sie im Rahmen der „Lehre von der Wirklichkeit" der hier untersuchten Zeit als Vertreter der spekulativen Moralphilosophie und Metaphysik stark kritisiert wurden.

195 Hinsichtlich der pragmatischen Ausrichtung der chinesischen Philosophie bzw. einzelner ihrer Vertreter in der untersuchten Zeit siehe die Beiträge von Bloom, Ching sowie Cheng in: Bary und Bloom (Hg.) 1979; Lü und Ge 2000; Cleary 2001; Leibold 2001; Tabery 2009; Zhang 2012b: 589–595.

Für die Analyse hierzu siehe Kapitel II, Punkt 4.1. An dieser Stelle sei angemerkt, dass die allgemeine Bezeichnung von Denkrichtungen der Zeit als *praxisorientierte* in einem weit gefassten Sinn passend zu sein scheint. Für unterschiedliche philosophisch-religiöse und soziopolitische Strömungen der Epoche ist eine Ablehnung der Trennung vom Transzendenten einerseits, und von konkreten weltlichen Sachverhalten andererseits allgemein, was Letztere gewissermaßen in den Fokus der Reflexionen gerückt hat. Eine entsprechende Ablehnung und Fokussierung finden wir in solch unterschiedlich ausgerichteten Theorien wie in den zu jener Zeit weiterentwickelten Bewusstseins- und Wahrnehmungstheorien des Buddhismus, in den Theorien zur unmittelbaren Verwirklichung des Herzens bzw. des ursprünglichen Wissens (*zhi liangzhi* 致良知) (siehe z. B. Ivenhoe 2009; Kern 2016; Lederman 2021) und in den Verzweigungen der „Lehre des Herz-Geistes" (*xinxue*) sowie in den realistisch und streng anti-buddhistisch ausgerichteten Theorien Wang Fuzhis 王夫之 (1619–1692) (Ausführungen zur Person und zum Werk siehe in Kapitel II, Punkt 2.1).

196 Eine Bezeichnung der Ausrichtung solcher Verfahren als „immanente Transzendenz" erscheint in diesem Zusammenhang sinnvoll. Vgl. hierzu die Anwendung des Begriffs auf die Philo-

seiner ontologischen Verankerung oder sogar in seiner Gleichheit mit dem Unbedingten oder Absoluten sichtbar machen.

***

Als wichtige Ansatzpunkte für die Bestimmung des Räumlichen werden in dieser Arbeit u. a. solche Quellen betrachtet, die man aus der Perspektive der europäischen Tradition als *ästhetische* bezeichnen könnte.

Dabei liegt der Fokus auf den Entwicklungen in der Tradition der Gelehrtenmalerei, insbesondere auf der wichtigsten ihrer Gattungen, der Landschaftsmalerei.[197] Dieser Fokus bedeutet einerseits eine gewisse Einschränkung hinsichtlich der Generalisierbarkeit der dabei gewonnenen Forschungsergebnisse: Bei dieser Tradition handelt es sich um ein Elitärphänomen. Da mit der Praxis der Bildgestaltung eine intensive theoretische Ausarbeitung der bildgestalterischen Fragen einherging, können sich anderseits die Untersuchungen auf die ästhetischen Reflexionen der Gelehrten stützen. Im Hinblick auf die erkenntnistheoretische Ausrichtung vorliegender Untersuchung ist dieser Umstand von primärer Bedeutung. Darüber hinaus bieten Darstellungen von Landschaften[198] einen fruchtbaren Boden und einen scheinbar direkten und anschaulichen Bezug für eine Ausarbeitung der Raumfrage.

Aus der Forschung zum Kunstschaffen der Gelehrten des 17. Jahrhunderts lässt sich ein Verständnis herleiten, wonach in der stilistischen Suche und in den oft extrem experimentellen Ausdrucksformen – die sich im Kunstschaffen spektakulär ausprägen und in ihren theoretischen Reflexionen niederschlagen – vielfältige Einstellungen gegenüber der Welt und der Weltordnung erkennbar sind. Darüber hinaus erkennt die

---

sophie Zhu Xis in Makeham 2018. Für allgemeinere Reflexionen zu Transzendenz/Immanenz in Bezug auf die chinesische Philosophie siehe die Beiträge in Brown und Franke (Hg.) 2016.

Hier lohnt es sich darüber hinaus zu bemerken, dass man eine solche epistemische „Redimensionierung" jedoch nicht als rein spekulatives, auf den Verstand bezogenes Verfahren verstehen sollte, sondern – was u. a. die hier gewählten Beispiele aus dem Bereich des Bildschaffens anschaulich zeigen werden – als eine Praxis, die man mit der Sprache einer der Forschungsrichtungen in den gegenwärtigen Kognitionswissenschaften als „verkörpert" (*embodied*) bezeichnen möchte, eine Praxis also, die einen Komplex von psycho-physischen Aspekten des Menschseins umfasst.

197 Betrachtet wird insbesondere, wie diese Tradition von Schulen in Wu und Huating (*Wumen huapai* 吳門畫派, *Huating huapai* 華庭畫派) der späten Ming-Dynastie und üblicherweise nach Ortsnamen benannten Schulrichtungen und von einzelnen Malern der frühen Qing-Zeit formuliert wurde– v. a. von den sogenannten Sechs Meistern der frühen Qing-Dynastie (清初六大家), darunter die vier Wangs (*si Wang* 四王), vier Mönch[maler] (清初四僧). Vgl. Cahill 1982 a, b; Xu 2004; Chan (Hg.) 2008; Hearn (Hg.) 2008; Li 2008; Ling 2009; Sturman und Tai (Hg.) 2012; Chu 2014.

198 Es ist wiederum zu unterstreichen, dass wir uns auf bestimmte Formen von Landschaftsdarstellungen konzentrieren, nämlich solche, die von den in der vorangehenden Fußnote aufgelisteten Schulen vertreten wurden. Nicht infrage kommen z. B. topographische Landschaftsdarstellungen, Buchillustrationen usw.

Forschung in der Entstehung der spezifischen ästhetischen *Sprache* und Terminologie bzw. der neuen Darstellungsweisen und Darstellungsmethoden wesentliche Merkmale der Kunstpraxis im 17. Jahrhundert.[199] Von prinzipieller Bedeutung für die hier durchgeführte Forschung ist es, dass in der intensiven theoretisch-konzeptuellen Durchdringung und praktischen Ausarbeitung der Bildgestaltung und -strukturen von einigen der damaligen Gelehrten ein deutlich formulierter Erkenntnisanspruch hervorgehoben wurde. Dies ist umso bemerkenswerter, als man konstatieren darf, dass viele der innovativen Gelehrten auf den ästhetischen Bereich auswichen, da das politische Terrain nach dem Fall der Ming-Dynastie für sie sozusagen vermint war. Mit anderen Worten: Der ästhetische Bereich ist, retrospektiv betrachtet, nicht nur bezüglich der Wissensproduktion jener Zeit sehr aussagekräftig, sondern generell einer der interessantesten. Die angetroffenen komplexen überlegungen zur Bildgestaltung verweisen darüber hinaus auf einen wesentlichen wahrnehmungstheoretischen Inhalt, der in der Bildstrukturierung umgesetzt wurde und in der Konzeptionalisierung des Verhältnisse des Bildes zur Welt wirkte.

Die speziell für diese Untersuchung ausgewählten Traktate zur Bildgestaltung findet man in Sammlungen und Anthologien, in Sammelwerken einzelner Autoren (zumeist als Teile der jeweiligen „Pinselaufzeichnungen“ (*biji* 筆記) oder als selbstständige, gelegentlich kommentierte Ausgaben. Für manche Werke liegen bereits Übersetzungen ins moderne Chinesisch und – seltener – in westliche Sprachen vor. Es existieren zudem einige neuere chinesische Monographien zur traditionellen „Lehre des Malens/Bildes“ (*huaxue* 畫學) und zur „Malereitheorie“ (*hualun* 畫論)[200] bzw. zu einzelnen Personalien. In diesen Monographien werden die ästhetischen Reflexionen der chinesischen Gelehrten in einem breiteren geschichtlichen Kontext betrachtet und weiterführende Belege zu den wichtigen Konzepten der Bildgestaltung gegeben, die auf weitere philosophische und erkenntnistheoretische Bezuge verweisen. Unter anderem referieren sie auf buddhistische Schriften, vor allen Dingen auf chinesische Fassungen des *Śūraṅgama-sūtra* und des *Laṅkāvatāra-sūtra,*[201] welche wichtige Quellen sowohl für die Gestaltungsmethoden als auch für die Arten und Weisen des Sehens darstellen.

Verschiedene historische Verfahren zur Bildstrukturierung wurden unter dem Kapitel „Methoden der Komposition“ (*buju fa* 佈局法) Anfang des 20. Jahrhunderts zum ersten Mal von Yu Shaosong 余紹宋 (1883–1949) zusammengeführt[202] und später als eigenständiger Teil der *huaxue,* oft unter der Bezeichnung „Bildstrukturie-

199 Vgl. Cahill 1982b; Fong 1970, 1984: 130–209, 1976, 2003, Fong 2011: 31–33; Chou 1994; Burkus-Chasson 1996, 2002; Xu 1993: 197–245, 2004: 175–306; Sturman und Tai (Hg.) 2012; Burnett 2013.
200 Z. B. Chu 2002; Deng 2013; Zheng 2015 usw.
201 Vgl. z. B. Shan 2008; Chu 2002.
202 Yu (Hg.) 1931, j. 2, [4:1–20].

rung“ (*goutu* 構圖), weiterentwickelt.[203] In der neueren chinesischen Kunstgeschichte wurde die Anwendung des modernen Begriffs Raum (*kongjian*) in Bezug auf die „räumliche Struktur der Landschaftsmalerei“ (*shanshui hua de kongjian jiegou* 山水畫的空間結構) seit den Dreißigerjahren des 20. Jahrhunderts verbreitet.[204] Diese Bezeichnung wird vor allem dann verwendet, wenn es sich um imaginäre Räumlichkeiten handelt, die Bilder schaffen.[205]

In den Untersuchungen zu Erkenntnis- und Kunsttheorien des 17. Jahrhunderts werden wir beobachten, wie stark diese Theorien noch durch buddhistisches Denken geprägt waren. Dafür spricht nicht nur die große Zahl von Erwähnungen entsprechender Werke und Termini, sondern auch die in vielen Fällen nachweisbare Tatsache, dass die Interpretation der erkenntnistheoretischen und ästhetischen Konzepte nur dann sinnvoll wird, wenn man die buddhistische Beeinflussung auf der konzeptuellen Ebene ernst nimmt. Die Prägung ist umso spürbarer, als sogar die anti-buddhistisch eingestellten Gelehrten viel Mühe in die Auseinandersetzungen mit buddhistischen Themen investierten.

So werden nachfolgend an entsprechenden Stellen konkrete Belege aufgeführt, die die Beeinflussung durch die buddhistischen erkenntnistheoretisch-logischen Traditionen[206] sowie Entwicklungen der in der Tang-Zeit entstandenen chinesischen Schulen (*zong* 宗) des Buddhismus (Huayan 華嚴, Tiantai 天台, Chan 禪, „Nur-Bewusstsein“ *weishi* 唯識 bzw. „Dharma-Merkmale“ *faxiang* 法相 usw.) durch die „Vier prominenten Mönche“ der *Wanli*-Ära (1572–1620) (萬曆四高僧)[207] und zahlreiche Laien-Buddhisten nachweisen.[208]

---

203 Z. B. Zou 2006; Wang 2007 usw.

204 Liu 2011: 9–14.

205 Vgl. z. B. Liu 2011; Zhou und Liu 2009.

206 Wegen der Unvollständigkeit des Bildes der Entwicklung dieser Tradition zur untersuchten Zeit (siehe aber Frankenhauser 1996; Harbsmeier 1998) ist es jedoch schwierig genau einzuschätzen, inwieweit die Gelehrten der Zeit sie kannten bzw. welche Werke dieser Traditionen ihnen zugänglich waren (vgl. aber Shi 1987). Verbürgt scheint die Bekanntschaft mit den Werken Xuanzangs 玄奘 (602–664), des Begründers der chinesischen *yogācāra*-Schule (d. h. der Nur-Bewusstseinsschule), durch dessen Werk u. a. das Wissen über buddhistische Logik in China verbreitet wurde. Zur Person siehe die Fußnote 1041. Zu den Entwicklungen der Nur-Bewusstseinsschule in der Ming-Zeit siehe Chu 2010–2011.

207 Hanshan Deqing 憨山德清 (1546–1623), Daguan Zhenke 達觀真可 (1543–1603), auch bekannt als Zibo Zhenke 紫柏真可, Yuqi Zhuhong 雲棲株宏 (1535–1615) *alias* Lianchi Zhuhong 蓮池袾宏, Ouyi Zhixu 蕅益智旭 (1599–1655). Die Untersuchungen im Rahmen dieser Arbeit werden sich überwiegend auf das Werk von Hanshan Deqing beziehen.

208 Zu diesen Entwicklungen in der untersuchten Zeit siehe Hsu 1978; Yu 1981; Shi 1987; Cleary 1989; Pan 2000; Gault 2003; Araki 2006; Chen 2007; Wu 2008; Ma 2011, Eichman 2005, 2013, 2016.

2.3.3 Abriss der Analyseschritte

Für die zentrale Untersuchung dieser Arbeit werden zwei Ansätze zur Bearbeitung raumbezogener Fragestellungen gewählt: zunächst die Rekonstruktion erkenntnistheoretischer Grundlagen der jeweiligen Raumkonzepte (Kapitel II) und anschließend die Analyse der Bildraumgestaltung auf Basis der erarbeiteten erkenntnistheoretischen Grundlagen (Kapitel III).

In diesem Abschnitt 2.3.3 wird das methodisch-analytische Vorgehen zusammengefasst.

Im Rahmen der komparativen Ansätze wird im **Kapitel II** zunächst eine Orientierung hinsichtlich der Konstellation von Faktoren und konzeptuellen Einstellungen gewonnen, innerhalb derer das Räumliche in der europäischen Wissensgeschichte der Neuzeit und Erkenntnistheorie konzeptualisiert worden ist. Zugleich werden anhand von Beispielen aus der chinesischen Tradition alternative Positionen in den Blick genommen, welche mit den Gültigkeitsansprüchen von Positionen der europäischen Wissensgeschichte und Erkenntnistheorie kontrastieren. Folgende kategoriale Zusammenhänge und konzeptuelle Konstellationen kommen im Laufe der Untersuchung ins Blickfeld; sie sind zu berücksichtigen, auch wenn sie anscheinend weit über die Raumfrage hinausreichen:

- Verhältnisbestimmungen von Subjekt und Objekt und damit zusammenhängende Oppositionen Innen–Außen, Selbst–Ding/Äußere Welt, physisch/materiell–kognitiv/mental;
- visuelle Objektbestimmung und sprachliche Gegenstandskonstitution, metrische und perspektivische Konstanz von Formen und Größen, Bestimmung von Phänomenen nach räumlichen und zeitlichen Grenzen (z. B. Anfang–Ende, „Fallbeispiel“: Leben–Tod), Substanzbegriff und Metaphysik der Substanz;
- semantisches (referenzielles) Verhältnis zwischen kognitiven/mentalen Inhalten und der Welt, *Conduit*-Metapher als Hauptinstrument zum Ausdruck dieses Verhältnisses, weitere entsprechende sprachliche Mittel zur Handhabung dieses Verhältnisses: Demonstrativa mit egozentrischem Bezugspunkt, egozentrische Raumreferenzen und -bezugsrahmen usw., Opposition von Bedeutung und Zeichen(-Aussage), *Re*präsentation als zentraler Begriff sowohl für Bewusstseinstheorien (*theories of mind*) als auch für das Darstellungsparadigma;
- „Legitimationsinstanzen“ für Erkenntnis- und konzeptuelle Verständnismodelle; erkenntnistheoretischer Realismus (vs. Konstruktivismus).

Diese *regulären* konzeptuellen Zusammenhänge, die die Beschaffenheit der Raumkategorie, wie sie sich in Europa entwickelt hat, wohl (mit-)bestimmen, sind hier nicht aus einer bloß theoretisch holistisch gefärbten Sichtweise entstanden, sondern lassen sich anhand konkreter Beispiele belegen.

Es lohnt sich an dieser Stelle eine Erklärung zur *Conduit*-Metapher – „a folk theory of language form and use in Western culture"[209] – zu zitieren, da sie einige Zusammenhänge gut illustriert. Die *Conduit*-Metapher stellt nämlich ein Modell dar, in welchem die Bedeutung in der Sprache im engen Zusammenhang mit der konzeptuellen Gegenüberstellung von Subjekt und Objekt konstituiert wird. Für die *Conduit*-Metapher gilt Folgendes:

> The relationship between a word and its meaning is like a container and its content.[210]

Und:

> Its basic components are: 1. ideas or thought are objects 2. words and sentences are containers for these objects 3. communication consists in finding the right word-container for your idea-object, sending this filled container along a conduit (e. g. writing) or through space (e. g. speech) to the hearer, who must then take the idea-object out of the word-container.[211]

Das gemäß der *Conduit*-Metapher gestaltete Modell einer sprachlichen Übertragung von Bedeutung hat unter anderem folgende im Zitat angesprochene und in unserem Zusammenhang relevante Merkmale:

- es ist objektzentriert und räumlich; die wie Objekte im Raum gedachten Inhalte werden durch einen entsprechenden sprachlichen Referenzrahmen für räumliche Verhältnisse gehandhabt;
- es ist durch eine Differenzierung zwischen Zeichen („Container" bzw. Aussage) und Bedeutung gekennzeichnet; dies ist ein sowohl für alltägliche Vorstellungen als auch für manche wissenschaftlichen Sprach- und Signifikationstheorien ein weit verbreiteter Anhaltspunkt:[212]

> In the Western cultural tradition of the theory of language, the conduit metaphor is sometimes reified even further, so that the object-likeness of meanings contained within words is often taken as a theory of meaning, i. e. that the meaning of a word is that object in the common everyday world that it maps. The fit, then, between the container and its object contents is one mediated by the objectness of the common pre-given world of experience.[213]

209 Foley 1997: 185. Weiteres zur *Conduit*-Metapher bei Reddy 1979; Lakoff und Johnson 1980.
210 Foley 1997: 185.
211 Johnson 1987, zit. nach Foley 1997: 185.
212 Vgl. Foley 1997: 186: „[...] a contrast between saying and meaning [...] is the foundation of Conduit metaphor." Vgl. diesen Punkt mit der cassirerschen These zur Differenzierung von Darstellenden und Dargestellten, die unabdingbar ist, sobald das Erkenntnissubjekt Objekte ausdifferenziert; siehe Cassirer 2002: 160–169.
213 Foley 1997: 186.

Es scheint darüber hinaus, dass nicht nur sprachtheoretische, sondern auch manche (in der „westlichen Kultur“ verbreitete) bild- und kognitionstheoretische Modelle auf ähnliche Weise beschrieben werden können. Insbesondere handelt es sich um solche, in denen das Konzept der *Re*präsentation im semantischen Verhältnis zwischen Bewusstsein und Welt im Zentrum steht.[214]

Im letzten Zitat wird unterstrichen, dass eine entscheidende Voraussetzung für die Übereinstimmung zwischen dem *Container* und dem Inhalt eine Annahme der Objektivität der vorgegebenen Welt ist. Ebenfalls ist für dieses Modell auch der Grad der Entsprechung entscheidend, die zwischen den Instanzen angenommen wird („Container“ und Inhalt müssen einander und beide müssen der Welt entsprechen). Das Letztere ist auch die Voraussetzung dafür, dass Aussagen etwa „falsch–wahr“ und überhaupt propositionale Aussagen möglich sind.

Eine gleichartige Annahme der Objektivität der physischen Welt, wie sie vom Menschen wahrgenommen wird, bzw. einen bis zu einem bestimmten Grad metaphysisch oder sogar theologisch verankerten erkenntnistheoretischen Realismus finden wir als eine der zentralen Vorbedingungen des Raumdenkens der europäischen Neuzeit:[215] „Noch bei Descartes ergab sich das Vertrauen in die Sinne aus dem Vertrauen in Gott.“[216] Ähnlich schreibt Newton über die Materie, Eigenschaften von Dingen und die Naturgesetze in seinem Traktat zur Optik (Buch III, Frage 31):

> [...] it seems probable to me, that God in the Beginning form'd Matter in solid, massy, hard, impenetrable, moveable Particles, of such Sizes and Figures, and with such other Properties, and in such Proportion to Space, as most conduced to the End for which he form'd them[.]
> [...]
> These Principles I consider, not as occult Qualities, supposed to result from the specifick Forms of Things, but as general Laws of Nature, by which the Things themselves are form'd; their Truth appearing to us by Phænomena, though their Causes be not yet discover'd.[217]

214 Vgl. hierzu Pylyshyn 2007: 6–7: „Philosophers [...] have understood that when you postulate representations – as everyone in cognitive science does – you are assuming that the contents of the representation correspond, or could correspond, in some way to entities and properties in the world, or at least in some possible world. Yet there is no straightforward way that the world *causes* the particular contents that our representations have [...]; rather the world may *satisfy* the representation, or the representation may be *true of the* world.“

215 Vgl. Gosztonyi 1976: 225–227 zum Verständnis des Raumes als Korrelat des Denkens und zur Annahme der „göttlichen Begründung“ für beides, also zur letztendlichen Bejahung der physisch-räumlichen Realität, wie sie dem Menschen empirisch (für die Sinne) gegeben sei. Vgl. die im Kapitel II, Punkt 1 aufgeführte Diskussion zum „Wahrnehmungsglauben“ (These und Ausdruck Merleau-Pontys 1986).

216 Drewermann 2006–2007: Bd. 1, 373 in Bezug auf die *Vierte Meditation*, Nr. 24.

217 Newton 1952: 400–401.

Es scheint in diesem Zusammenhang, dass ein entscheidender Punkt für die Herausbildung einer einheitlichen Raumkategorie u. a. in der Affirmation des ontologischen Status der räumlichen Welt bzw. jener Instanz bestand, auf welche die Begriffsbildung, Kategorienformation sowie die phänomenale räumliche Welt überhaupt zurückgeführt wurden.

Bei der Untersuchung oben beschriebener Zusammenhänge geben folgende theoretische Gesichtspunkte Orientierung:

Ob und wie werden die Subjekt-Objekt-Verhältnisse in den analysierten Texten thematisiert und welche Rolle kommt ihnen in der Konstitution des Räumlichen zu? Dazu untersuchen wir folgende Fragepunkte:

Erstens Welche begriffliche Bestimmung und Abgrenzung der Kategorien des Subjekts und des Objekts, von „Selbst", „Bewusstsein", (körperlicher) „Form", „Ding", der äußeren Welt usw. lassen sich antreffen? Werden Positionen des Subjekts und des Objekts ausschließlich räumlich, d. h. mit physischen Parametern wie Größe, Breite, Tiefe usw. bestimmt? Spielt das Räumliche in Verhältnisbestimmungen zwischen dem Subjekt und dem Objekt *überhaupt* eine Rolle, und wenn ja welche?

Zweitens Welche Arten von Abgrenzungen und Verbindungen zwischen Subjekt- und Objektbereichen lassen sich antreffen? Sind die Welt und das Selbst einander strikt gegenübergestellt? Falls ja: Was gewährleistet ihre Verbindung? Welches ist die Rolle von Deixis-Relationen bzw. von Demonstrativpronomen (*ci* 此 ‚dies' bzw. ‚da' vs. *bi* 彼 ‚jenes' bzw. ‚dort') in dieser Verbindung?[218] Wie verläuft die Grenze zwischen dem Inneren und dem Äußeren? Entspricht sie derjenigen zwischen Subjekt und Objekt (bzw. dem Bewusstsein und der Welt)? Nach welchem Modell werden die Erkenntnis und die Wahrnehmung verstanden (z. B. nach einem räumlichen Modell)?

Drittens Gibt es einen (festen) Bezugspunkt für die räumlichen Verhältnisse? Ist dieser ein menschlicher Standpunkt? Ist die Position des Subjekts zugleich „Nullpunkt der Orientierung"?[219] Wird ein (absoluter) Beobachter vorausgesetzt? Falls ja: Wie wird er konzipiert (z. B. als ein idealisiertes Sehorgan)?

Schließlich: Welche verbindenden Elemente zwischen den Instanzen der Wahrnehmung/der Erkenntnis (ggf. zwischen Subjekt und Objekt) existieren? Fungieren

218 Typologie und Eigenschaften von Demonstrativa werden aus Bickel 1997 und Diessel 1999 übernommen.

219 Vgl. Holenstein 1986 mit Bezug auf Husserl 1952, 1966; Wiesing 2009.

Blickbewegung und Sehen als vermittelndes Element in räumlichen Verhältnissen zwischen Subjekt und Objekt der Erkenntnis?

Die Analyse der Kategorie des Räumlichen in den jeweiligen Kontexten der chinesischen Gelehrtenauseinandersetzungen kann mit dem folgenden allgemeinen Fragenspektrum fortgesetzt werden:

Wie konstruierte und dachte man das Verhältnis zur Welt? Wie positionierte man sich in und zu ihr? Welchen Ausgangspunkt nahm man für den Aufbau des Weltmodells an und wie definierte man den Grundbezug für die zugeordneten konzeptuellen Konstruktionen, Kategorienbildungen und das Wahrnehmungsgefüge? Und: Wo zog man die Grenze zwischen dem Konventionell-Konstruktiven – und folglich Veränderlichen – einerseits, und der unbedingten Bezugsebene andererseits?

Auf der begriffsanalytischen Ebene werden diese allgemeinen Fragen durch folgendes Vorgehen erörtert:

Erstens wird aufgrund der Ausdifferenzierung der konventionell-konstruktiven und der unbedingten Bezugsebene die Eingliederung nach Bedeutungszusammenhängen in semantische Begriffsfelder und eine Aufstellung von konzeptuellen Netzen entlang definierter Kategorienbereiche möglich. Dabei ist zu überprüfen, ob sich diese konzeptuellen Netze entlang der *qi*-bezogenen (ontologischen) und der „phänomenalen“ Bereiche ziehen lassen, ob zwischen *qi*-bezogenen Begriffsfeldern und „phänomenal“ bezogenen, ggf. auch menschenzentrierten Bereichen unterschieden wurde; welches die Charakteristika der jeweiligen konzeptuellen Netze bzw. Kategorienbereiche sind und welche Attribute und Qualitäten ihnen zugeordnet werden.

Zweitens wird eine Analyse der semantischen Geschichtetheit, der Verfahren der (morpho-)syntaktischen Abstraktion sowie ihrer Einbettung und Fokussierung mithilfe dieser Differenzierung wesentlich erleichtert.

Drittens wird uns im Zusammenhang mit dieser Differenzierung interessieren, welche räumlichen Verhältnisse bzw. raumbezogenen Begriffe dem Kategorienbereich des Unbedingten zugewiesen werden. Auf diese Weise soll ein Überblick zum Raum im System der prozessualen *qi*-Bezüge ermöglicht werden.

Auf Grundlage der vorangehend skizzierten Fragestellungen des Kapitels II kann in der Arbeit ein konzeptionelles Instrumentarium entwickelt werden, das die chinesischen Gelehrtendiskurse in einzelnen Wissensbereichen effizient und sinnvoll zu erklären vermag. Unter anderem ermöglicht dieses Instrumentarium eine Analyse von Begriffen und Methoden der chinesischen Bildraumgestaltung in der untersuchten Zeitperiode, insbesondere der Frage, wie und auf welches

Räumliche in den Bildern und in der Sprache der Bildtheorien einheimischer Gelehrter Bezug genommen wird.

Kapitel III ist also der Untersuchung des Räumlichen im Bild gewidmet. Hier werden die Resultate der in Kapitel II durchgeführten Analysen von epistemischen Bedingungen der Raumauffassungen auf die Untersuchung der Texte zur Bildgestaltung angewendet, um die *Verbildlichungen* des Räumlichen nachzuvollziehen. Es werden also spezifische pragmatische Aspekte betrachtet, wie mit dem Räumlichen operiert wurde und wie sich die erkenntnistheoretischen Zusammenhänge in der Bedeutungskonstitution im Bild realisiert haben. Der Bereich des Bildlichen wurde als der für diesen Teil zentrale Gegenstand der Analyse aus dem Grund gewählt, dass der Raumbezug in der Malerei, dabei insbesondere der Landschaftsmalerei, zunächst unmittelbar gegeben erscheint.

Methodologisch gesehen bilden die im vorangehenden Punkt skizzierten konzeptuellen Zusammenhänge die Grundlage, auf der ein Brückenschlag zwischen der Analyse von Raumvorstellungen einerseits, und einer Analyse von erkenntnistheoretischen Voraussetzungen und Ausdrucksformen des Räumlichen in Sprache und Bild andererseits aufbauen kann.

Ideengeschichtlich lässt sich ebenfalls eine enge Verbindung zwischen den erkenntnistheoretischen und ästhetischen Ansichten der Gelehrten vermuten, da es – wenn nicht um dieselben Personen – um dieselben Kreise von Gelehrten geht, die ähnliche Ausbildungshintergründe teilen.

Angesichts gemeinsamer Grundlagen und Terminologie, aber auch Differenzen mit anderen Bereichen (etwa erkenntnistheoretischen, literarischen, musikalischen usw.) werden in Bezug auf das Bildschaffen folgende begriffstheoretische Gesichtspunkte beachtet:

Welche aus anderen, vor allem allgemeinphilosophischen und erkenntnistheoretischen Bereichen abgeleiteten Bedeutungen wirken in Konzepten der Bildgestaltung nach? Umgekehrt: Wie wird ein Konzept zu einem bildgestalterischen oder raumbezogenen Konzept, was konstituiert seinen Status als ein Konzept der Bildgestaltung, und was ändert sich an seiner Bedeutung im Vollzug des Übergangs? Zentrale Fragen dieses Kapitels sind die folgenden:

Erstens Welche der dem Bild eigentümlichen Funktionen lassen sich angesichts der mit anderen Bereichen gemeinsamen Grundlegung in den prozessual-funktionalen Strukturmethoden hervorheben?

Zweitens Anhand welcher Methoden innerhalb des Systems mit einem nichtobjekthaften bzw. nicht-räumlichen Grundbezug werden die phänomenalen räumlichen Ordnungen nach Gesetzmäßigkeiten der menschlichen Wahrnehmung aufgerufen?

Drittens Was lässt das Bild letztendlich doch zur Darstellung einer phänomenalen Landschaft, einer spezifisch *räumlichen* Szene werden? Wie wird im Bild der Eindruck einer realen Landschaft erweckt bzw. der Moment der Wahrnehmung (re-)konstruiert, und welche senso-motorischen und kognitiven Prozesse spielen dabei eine Rolle?

Hierzu werden zahlreiche Bezüge zu kognitionswissenschaftlichen Konzepten hergestellt, um neben einer ideen- und begriffsgeschichtlichen Rekonstruktion von epistemologischen Grundlagen des Bildschaffens einen Einblick in die Struktur ästhetischer Erfahrung zu ermöglichen.

3 Situierung in der allgemeinen Wissensgeschichte

Wie oben hervorgehoben, gehört es zu den Grundabsichten dieser Arbeit, die Erforschung zur Raumproblematik als Teil einer Erforschung der Frage zu betrachten, wie der Mensch seine Welt konstruiert und versteht. Die in den Blick genommene Phase der Wissensgeschichte Chinas wird dementsprechend nicht nur nach spezifischen, der „chinesischen Kultur“ eigenen Manifestationen, sondern auch nach universellen anthropologischen Inhalten befragt.

Angesichts dieser Ausrichtung sind die zahlreichen in der Arbeit anzutreffenden Bezüge zur Philosophie und Wissenschaft „des Westens“ unabdingbar. Sie dienen zum einen dazu, typologisch verwandte oder divergierende Denkweisen zu markieren, um somit Schlüsse zu ermöglichen, inwiefern diese Denkweisen universell oder vielmehr kultur- bzw. geschichtsspezifisch sind; zum anderen eröffnen sie Fragestellungen und Vergleichsperspektiven für zukünftige Projekte.

3.1 Bezüge zur westlichen Philosophie

In der oben beschriebenen Hinsicht ist die Arbeit in ihrem theoretischen Zugriff an den auf der Grundlagen jener – u. a. in der neukantianischen und nachfolgenden Kultur- und Geistesphilosophien erarbeiteten – Methodologien ausgerichtet, die die Ermittlung der für eine Epoche und eine Kultur je spezifischen Formen und Voraussetzungen der Erkenntnisgewinnung und des Wissens ermöglichen sollen, zugleich aber diese unterschiedlichen Formen und Voraussetzungen in ihrer Zugehörigkeit zur gemeinsamen menschlichen Erfahrung betrachten.

In Bezug auf die Raumfrage kommt die Fokussierung auf die erkenntnistheoretischen Voraussetzungen der Raumauffassungen dem Verständnis Cassirers nahe, wonach

> [...] der Raum seinen bestimmten Gehalt und seine eigentümliche Fügung erst von der Sinnordnung erhält, innerhalb deren er sich jeweilig gestaltet. [...] Der Raum besitzt nicht eine schlechthin gegebene, ein für allemal feststehende Struktur; sondern er gewinnt diese Struktur erst kraft des allgemeinen *Sinnzusammenhangs*, innerhalb dessen sein Aufbau sich vollzieht.[220]

Aus der Zurückführung der Raumauffassungen auf allgemeinere Sinnzusammenhänge lässt sich eine für diese Arbeit grundlegende Einsicht folgern, wonach die je spezifischen Raumauffassungen bestimmte ontologische Annahmen und erkennt-

220 Cassirer 2004: 419. Hervorhebung – *PL*.

https://doi.org/10.1515/9783110791860-003

nistheoretische Einstellungen in sich bergen bzw. auf sie verweisen. Es werden also die Raumvorstellungen in ihrem Verhältnis zu entsprechenden ontologischen und erkenntnistheoretischen Konzepten untersucht werden, und diese in einer Gegenüberstellung zu solchen Verhältnissen, wie wir sie aus der europäischen Wissensgeschichte kennen.

In den analysierten chinesischen Gelehrtentexten kommt ebenfalls klar zum Vorschein, dass Raumvorstellungen in Abhängigkeit von bestimmten erkenntnistheoretischen Einstellungen betrachtet und dementsprechend als *Zusammenhänge* kritisiert werden, zum Teil im Rahmen einer direkten Polemik mit den Positionen der durch Jesuiten vermittelten Wissenschaft und Philosophie.

In den für diese Arbeit analysierten Beispielen erkenntnistheoretischer Voraussetzungen der chinesischen Gelehrten im 17. Jahrhundert begegnen uns Positionen, die hinsichtlich der oben genannten Zusammenhänge kritisch eingestellt sind und auf eine prinzipiell andere Weise der Bedeutungskonstitution und -repräsentation verweisen als jene, die hier anhand der Anführung zur *Conduit*-Metapher (S. 63–64) illustriert wurden.

Eine typologische Verwandtschaft mit den untersuchten Einstellungen chinesischer Gelehrter lässt sich in solchen Positionen westlicher Philosophien finden, die im Rahmen einer phänomenologisch oder auch konstruktivistisch motivierten fundamentalen Reformulierung des Verhältnisses von Realität und Erkenntnis seit Beginn des 20. Jahrhunderts hervorgebracht wurden. Diese Reformulierung kann natürlich an dieser Stelle lediglich in Form der folgenden groben Skizze erscheinen, die der Komplexität der vorgelegten Gedankengebäude kaum gerecht wird: In Abkehr von einer Gegenüberstellung der an sich stabilen Strukturen der vorgegebenen äußerlichen (ggf. transzendenten) Wirklichkeit zum menschlichen Erkenntnis- und Wahrnehmungsvermögen erfolgte ein Übergang zur Annahme sich gegenseitig prägender Wechselwirkungen zwischen natürlicher oder sozialkultureller Umwelt und den konstitutiven Funktionen des menschlichen Bewusstseins. In diesem theoretischen Rahmen mussten konzeptuelle Abgrenzungen zwischen Subjektivem und Objektivem, Realem und Imaginärem, Physischem und Mentalem wesentlich umgedeutet werden. Die aufgeführten Elemente wurden in der Folge nicht mehr als Oppositionskonstellationen, sondern zunehmend als Interaktionsgefüge und -szenarien entworfen.

Die Rolle, die von einigen Vertretern dieser Reformulierung „der formgebenden Tätigkeit der Sinne und der gestaltschaffenden Potenz des Bewusstseins“[221] in der

221 Ausdruck aus Gosztonyi 1976: Bd. 2, 1036. Vgl. z. B. Cassirer 2004: 422: „[...] alle echte Darstellung ist keineswegs ein bloßes passives Nachbilden der Welt; sondern sie ist ein neues Verhältnis, in das sich der Mensch zur Welt setzt.“

Weltauffassung und im Zustandekommen von räumlichen Strukturen beigemessen wurde, kann zweifellos gewinnbringend in Bezug auf die chinesischen Auffassungen des Räumlichen im Bild untersucht werden: Die Hervorhebung dieser Rolle erscheint nämlich auch für die analysierten chinesischen Texte belegbar und charakteristisch.

Zu solcher Behauptung der „gestaltschaffenden Potenz“ des Bewusstseins steht darüber hinaus ein breites Spektrum von Vergleichsbeispielen aus der modernen (genauer ab dem 19. bis ins 20. Jahrhundert, konzeptuell auf Kant oder Berkeley zurückgehenden) Forschung zum *Raum in der Wahrnehmung* in den phänomenologischen und in psychologischen Raumtheorien zur Verfügung. Gerade im Kontext der chinesischen Bildgestaltung und Bildtheorie der untersuchten Zeit bieten die Ansätze zur Phänomenologie der Wahrnehmung eine geeignete Basis.[222]

Der hier gewählte Ansatz stimmt zu einem gewissen Grad mit Ideen überein, die moderne theoretische und empirische Untersuchungen aus solchen Bereichen wie Kognitionspsychologie und Soziologie bereitstellen, wie und warum die Konstitution und Beschaffenheit des vorgestellten Raumes als zusammenhängend mit dem Charakter und der Entwicklung von „symbolischer Funktion“ beim Menschen zu betrachten sind, und dies sowohl generell als auch konkret, d. h. hinsichtlich von Funktionen des sprachlichen *und* des bildlichen Vorstellungsvermögens. Hierzu ein Beleg aus der psychologischen Forschung zur Entwicklung des räumlichen Denkens bei Kindern:

> In Wirklichkeit bildet sich tatsächlich bereits am Anfang des Lebens ein sensomotorischer Raum heraus [...] [Er] entwickelt sich sogar sehr weit bis zu dem Augenblick, wo gleichzeitig die Sprache und die bildliche Vorstellung (d. h. die symbolische Funktion allgemein) auf den Plan treten. [...] Dann [d. h. nach dem sensomotorischen] kommt erst der vorgestellte Raum, dessen Anfänge mit denen des Bildes und des anschaulichen Denkens zusammenfallen; all dies tritt zur gleichen Zeit wie die Sprache auf.[223]

Die Auffassung der Sprache und des bildlichen Ausdrucks als Prozess aktiver Gestaltung der Wirklichkeit, die zu einer konstruktivistischen Auffassung neigenden Positionen der chinesischen Gelehrten gegenüber den räumlichen Ordnungen und ihre letztlich relativistische Wendung hinsichtlich der Möglichkeit, vom Standpunkt des Subjekts aus die Wirklichkeit zu erkennen – all dies ist manchen Positionen des westlichen erkenntnistheoretischen Konstruktivismus typologisch durchaus verwandt. Dementsprechend ist es sinnvoll, für die Deutung sprachlicher und bildlicher Ausdrucksformen, die die Gelehrten ausarbeiteten, relativis-

222 In diesem Zusammenhang werden auch die neueren Theorien zu *embodied* und *situated* Kognition betrachtet, auf welche sich die Analysen der Bildraumgestaltung vorliegender Arbeit beziehen, siehe Kapitel III, Punkt 6.

223 Piaget und Inhelder 1975: 21–22.

tisch und anti-ontologisch ausgerichtete Verständnisse der Begriffsbildung und Kategorisierungsverfahren zu bemühen, die u. a. in der Nachfolge der *Philosophischen Untersuchungen* Wittgensteins, der Sapir-Whorf-Hypothese sowie entlang von Argumenten Quines über die Unbestimmtheit von Bedeutung und Referenz[224] von einer Reihe philosophischer, anthropologischer, linguistischer und wissensgeschichtlicher Autoren im Westen vertreten werden.[225]

Die in dieser Arbeit herausgearbeiteten Befunde zu den konstruktivistischen Ansichten chinesischer Gelehrter erlauben es, solchen komparativ ausgerichteten Feststellungen entgegenzutreten, die aus der „Indifferenz" grammatischer Strukturen der chinesischen Sprache auch eine fehlende Differenzierung zwischen Ausdruck und Ausgedrücktem, Begriff und Gegenstand, Präsenz und Repräsentation und schließlich sogar das Fehlen einer ontologischen Differenz gefolgert haben.[226] Solche und ähnliche Schlüsse über ein fehlendes abstraktes Denkvermögen – oft garniert mit Hinweisen auf Implikationen für ethisch-politische Bereiche – wurden häufig mit (inzwischen bestrittenen[227]) Charakterisierungen *„der"* chinesischen Sprache als einer ideographischen, flexionslosen (isolierenden) und bildhaften Sprache und Schrift verbunden. Dies ermögliche – so die Schlüsse – kein abstraktes Denken.[228] Solche Schlussfolgerungen stehen aber auch in einer engen Verbindung mit der in der europäischen Philosophie – insbesondere mit Kant und Hegel – postulierten unabdingbaren Rolle der Subjektivität für die Ausbildung allgemeiner Begriffe.[229] Um so deutlicher zeigt es sich, dass in den Vorwürfen (ja Defizienzpostulaten) hinsichtlich chinesischer Sprache und Kultur die Bedingung der Möglichkeit zum abstrakten Denken ausschließlich als eine auf der Instanziierung des Subjektiven basierte Überführung des Konkreten ins Allgemeine/Abstrakte ver-

---

224 D. h. „indeterminacy of meaning and reference", vgl. Quine 1960, Kap. 2 und auch 1953.

225 Vgl. z. B. hierzu Foley 1997: 186–187: „The meaning of a word is not exhausted by what it refers to in some objectively known, pre-given world, but also includes the world of cultural and social understandings it brings into being when used [...]. [...] Meaning is not primarily something a word *has*, it is something a word *does*." Für Referenzen zu relativistisch ausgerichteten linguistischen Untersuchungen siehe Foley 1997: 169–178. Für einen Überblick, aber auch eine Kritik am kulturellen Relativismus siehe auch u. a. Holenstein 1986. Für die Relativierung des Bezuges des visuell Gegebenen zur Wirklichkeit bzw. Abschaffung der Grenze zwischen dem *Sehen* und dem *Sehen als* siehe z. B.: Segall 1966; Wollheim 1987; Churchland 1988; Whitney 2010.

226 Siehe v. a. Lohmann 1948 und die darauf aufbauende nachfolgende Forschungsperspektive (Trauzettel 1970; Möller 1992).

227 Für einen Überblick siehe z. B. Behr 2005.

228 Für einen Überblick solcher Positionen sowie von Gegenargumenten siehe Roetz 2006.

229 Vgl. die Feststellungen bezüglich chinesischer Kultur als „[...] einer Kultur, die, in den Begriffen Hegels, den Schritt zur ‚Subjektivität' nicht vollzogen hat und im ‚Substantiellen' stecken geblieben ist" (zitiert nach der kritischen Auffassung solcher Ansichten in Roetz 2006: 11).

standen wird. Wie wir auf der Grundlage von chinesischen Quellen aus dem 17. Jahrhundert sehen werden, begründeten die chinesischen Philosophen nicht nur konsequent ihre erkenntnis- und wahrnehmungs*kritischen* Einstellungen gegenüber einer Postulierung des Subjekts und des Objekts als fixe Bezugsinstanzen erkenntnistheoretischer Verfahren, referezieller Bezugnahme und metaphysischer Systembildungen, sondern entwickelten eine alternative Kategorien- und Systembildung, die nicht auf diese Instanzen bezogen ist. Die Tatsache, dass die Gelehrten den Subjekt-Objekt-Gegensatz kritisierten, impliziert auch, dass nicht *„das“* Chinesische statisch und zeitenlos für dessen Absenz verantwortlich ist, wie die europäische Philosophiegeschichte seit der negativen Wendung gegenüber dem „chinesischen Denken“ im 18. Jahrhundert immer wieder behauptet hat.

Insofern die von den betrachteten Gelehrten ausgearbeiteten Kategorisierungsmodelle Ansätze einer funktionalen Umformulierung der substanzbezogenen Kategorienbildung enthalten, erscheint ein weiterführender Vergleich dieser Modelle mit der europäischen klassischen Kategorienlehre und Aussagenlogik nur dann sinnvoll, wenn die Möglichkeit eines Aufbaus eines *funktionalen* Systems der Kategorienbildung berücksichtigt wird. In einer Gegenüberstellung von prozessual-funktionalen vs. substanzbezogenen Begriffen wäre ein Bezug auf Ernst Cassirers *Substanzbegriff und Funktionsbegriff* darüber hinaus hilfreich.[230]

Ein methodologisches Verfahren, das Raumstrukturen und die einem relativistischen Vorgehen unterworfene Bestimmung von Subjekt-Objekt-Verhältnissen aufeinander bezieht, erlaubt – so scheint es – den Raumdeterminismus ein Stück weiter aufzubrechen,[231] wobei die infrage kommenden Wissenssysteme (und Darstellungsparadigmen) des „Räumlichen“ und „Nicht-Räumlichen“ in einer hermeneutischen Rückwendung der vergleichenden Perspektive als gleichwertig betrachtet werden können.

Jene Entwürfe der chinesischen Gelehrten, die eine Systematik der vom Standpunkt des Subjekts unabhängigen dynamischen Ordnungen entwickeln, legen solche Verständnisse des Räumlichen nahe, für die Vergleichsbeispiele eher in Bereichen der modernen Naturwissenschaften und solcher Philosophien zu suchen wären, die von einer prozessualen Struktur des Universums ausgehen.[232]

---

230 Siehe Cassirer 2000. Ein solcher Vergleich wird allerdings im Rahmen dieser Arbeit nicht durchzuführen sein. Für Ansätze zur komparativen Forschung zur Kategorienbildung siehe Graham 1990: 322–407; Harbsmeier 1998; Wardy 2000, zum Letzteren auch Behr 2002.

231 Oder umgekehrt: zu beweisen, d. h. das Universalistische am Raum ein Stück weiter aufzuzeigen.

232 Was in dieser Arbeit nur äußerst begrenzt und auf Grundlage ausgewählter wissensgeschichtlicher Referate solcher Theorien möglich sein wird.

Zugleich eröffnen die theoretischen und praktischen Ausarbeitungen der Gelehrten zur Erkenntnis der Wirklichkeit einen Horizont für Vergleiche mit solchen Strömungen in den gegenwärtigen Kognitionswissenschaften, die in ihren Untersuchungen zur Bezugnahme auf die Wirklichkeit eine Überwindung des Konstruktivismus anstreben und sich auf die Suche nach einem neuen erkenntnistheoretischen und semantischen Realismus begeben.[233]

3.2 Bezüge zur westlichen Bildwissenschaft

Die Analysen im Kapitel III betreffen den Bereich der bildlichen Darstellung und Theorien der Bildgestaltung.

In abendländischen Traditionen auf diesem Gebiet konnte der Raum, insbesondere was das engere Feld der Malerei anbelangt, zu einer leitenden Kategorie werden. Diese Position der Raumkategorie beruht einerseits auf ihrer Stellung im europäischen neuzeitlichen Wissenssystem,[234] andererseits auf dem Vorverständnis, dass „Raum eine unabdingbare Voraussetzung der Existenz und Verwirklichung von bildender Kunst" ist,[235] d. h. auf der Annahme, dass die künstlerischen Möglichkeiten für Ausdruck und Bedeutungskonstitution räumlicher Art sind. Zumindest seit Lessing (1729–1781) wurde explizit postuliert, dass das Wesen der Malerei (im Unterschied zur Dichtkunst) *prinzipiell* räumlich sei.[236] Über die enge Verbindung zwischen der Malerei und der Raumkategorie konnten die Forscher zu Beginn des 20. Jahrhunderts folgende Feststellungen treffen: „Unter den Bild-

233 Für einen Überblick zu konstruktivistischen und realistischen Positionen in den Kognitionswissenschaften und eine Vorwegnahme der potenziell fruchtbaren, realistisch ausgerichteten Forschungsrichtung siehe Raftopoulos und Machamer 2012.

234 Wobei in der kunsthistorischen Literatur der These zu begegnen ist, dass es die *Darstellung* solchen Raumes war, welche die Konzeptualisierungsprozesse sozusagen gefördert hat. D. h. also, es wird die Leistung der bildlichen Darstellung hervorgehoben, das bis dahin im Vorverständnis „schwebende" Räumliche zu „visualisieren", ihm Form beizubringen. Siehe u. a. Panofsky 1927, vgl. auch Referat der Position Wartofskys 1984: 877–82 in Whitney 2010: 14: „At the least, the agents of change in human vision have been culturally emergent canonical styles of pictorial representation. As an example, Wartofsky suggested that the ‚dimensionality of visual space' in visual perception (that is, our human ability optically to apprehend and to interpret ambient space as three-dimensionally coordinate and infinitely extended) was a consequence of the ‚pictoralization of visual space' acquired through ‚practices and conventions of pictorial representation' that had been developed in classical Greek and Renaissance Italian styles of depiction, notably the invention of linear perspective."

235 Kemp 2003: 295.

236 Siehe Lessing 2004 [1766]; vgl. auch Mitchell 1984.

künsten ist es zunächst die Malerei, die am sinnfälligsten eine Darstellung des Raumes der künstlerischen oder wissenschaftlichen Betrachtung darbot.“[237]

Besonders angesichts der Genese der Landschaftsmalerei in der europäischen Kunst wird oft ohne Weiteres eine enge und direkte Korrelation zwischen dem bildlichen und dem *natürlichen* Raum angenommen. In einer früheren Arbeit bin ich bereits ausführlich auf diese Korrelation eingegangen:

> [...] geradezu selbstverständlich wird von einer Abbildbeziehung des Bildraumes zur Umwelt ausgegangen. Die Umsetzung des in der Neuzeit vollendeten Modells des Bildraumes, das, gemäß den auf den Gesetzen der euklidischen Geometrie beruhenden Mitteln der Perspektive, auf der Bildfläche ein perspektivisches Sehen mit Tiefenwahrnehmung wiedergibt, erzeugt eine Illusion von dem „realen“ Raum.[238]

Und:

> Beim „realen“ Raum spielt hier das naturwissenschaftlich orientierte Konzept des absoluten und unendlichen Raumes eine wichtige Rolle. Dass dieses theoretische Konstrukt als „real“ betrachtet wird, basiert auf der [bereits am Ende des 19. bzw. zu Beginn des 20. Jahrhunderts jedoch aufgegebenen] Annahme, dass die in der menschlichen Wahrnehmung vorgegebenen optischen Regeln der Geometrie eine Ordnung der visuellen Erscheinungen und eine „wahre“ Vorstellung von einer objektiven Entität vermitteln.[239]

Und:

> Die in der italienischen und nordeuropäischen Renaissancekunst ausgearbeitete Perspektivkonstruktion des Bildraumes ermöglicht eine mit dem Naturraum korrespondierende Wirkung[240], wie in der Ausbildung des Tafelbildes als „Ausschnitt aus dem äußeren Raum“ oder als „Fenster zum Außenraum“ deutlich wird. Die europäische Landschaftsmalerei wurde mit dem 17. Jahrhundert zu einer eigenen Bildgattung: Im barocken Landschaftsraum und in der holländischen Malerei des 17. Jahrhunderts wird die Auffassung von diesem unendlich grenzenlosen Raum am deutlichsten veranschaulicht.[241]

Merkwürdig ist jedoch, dass sich der Raum als methodisch angewandte Kategorie für die Kunstforschung erst relativ spät etablieren konnte: „Entscheidende metho-

237 Jantzen 1962: 5.

238 Lukicheva 2016: 214–215. Für eine kunstwissenschaftliche Darlegung dieses Raummodells siehe: Panofsky 1927; Kemp 1990: besonders „Appendix I: Explanation of Linear Perspective“, 342–360.

239 Lukicheva 2016: 215, Fußnote 6.

240 Man kann natürlich hierzu annehmen, dass der Naturraum so wahrgenommen wird.

241 Die Ausführung von Thesen Jantzens (1962: 41) zitiert nach Lukicheva 2016: 214.

dische Geltung in der Wissenschaft der Kunstgeschichte hat der Raumbegriff sogar erst im letzten Viertel des 19. Jahrhunderts erhalten."[242]

Diese methodisch-theoretische Prägung des Raumbegriffs in der Kunstwissenschaft ging einerseits mit der tiefgreifenden Ausarbeitung der Formfragen einher,[243] andererseits war sie eng mit der erkenntnistheoretischen Entwicklung der Raumfrage verbunden.

Der Bildraum konnte infolge der angesprochenen Ausarbeitungen in gewissem Sinne als Modell des Anschauungsraumes, und – in einem noch weiteren Sinn – als Modell der visuell erkennbaren, zur Anschauung gegebenen Welt gelten. Dementsprechend wurde „mit der Analyse von Bildern ein Erkenntnisanspruch [mit der Stoßrichtung verbunden], dass Bilder epistemische Repräsentationen von Welt in sich bergen".[244] Die von Panofskys Aufsatz zur *Perspektive als „Symbolischer Form"* (im Sinne Cassirers) von 1927 ausgehende Forschungsperspektive auf die Organisation des Bildes und dessen Komponenten als eine charakteristische Manifestation „einer kulturhistorischen Situation und als Veranschaulichung bestimmter Raumwahrnehmungen"[245] wurde in den nachfolgenden Forschungen ausgeweitet, indem man einerseits die Mittel und die Technik der Erzeugung des Bildraumes in ihren naturwissenschaftlichen Grundlagen problematisierte,[246] und andererseits das Darstellungsparadigma mit dem Wissensparadigma der Neuzeit und seinen Grundbegriffen in Verbindung gesetzt wurde.[247]

Die Annahme, Bilder seien epistemische Repräsentationen der Welt, löst darüber hinaus einen breiten wahrnehmungstheoretischen Fragenkomplex nach dem Verhältnis Bild – Welt/Wirklichkeit[248] aus, unter anderem betreffend die gegensei-

---

242 Jantzen 1962: 5. An anderer Stelle schreibt Jantzen jedoch dazu: „Doch taucht die Wortbezeichnung ‚Raum', um den Eindruck räumlicher Dimensionierung einer Bildfläche zu benennen, bereits im 18. Jahrhundert auf, freilich in seltener Verwendung" (Jantzen 1962: 5). In Jantzen findet man den exzellenten Überblick vom Spektrum der Raumthemen in der Kunstwissenschaft der ersten Hälfte des 20. Jahrhunderts. In der Mitte des 20. Jahrhunderts ist jedoch eine „Lücke" in der Behandlung der Raumthemen in der Kunst zu beobachten.

243 V. a. durch Konrad Fiedler, Adolf von Hildebrand und Heinrich Wölfflin. Vgl. auch Cassirer 2004: 413: „[...] gerade das Raumproblem könne zum Ausgangspunkt einer neuen Selbstbesinnung der Ästhetik werden: einer Besinnung, die nicht nur ihren eigentümlichen Gegenstand sichtbar macht, sondern die sie zur Klarheit über ihre eigenen immanenten Möglichkeiten hinleiten kann – zur Erfassung des spezifischen Formgesetzes, unter dem die Kunst steht."

244 Lukicheva 2016: 214.

245 Lukicheva 2016: 214.

246 Vgl. Wiesing 2018; Beiträge in Leppert et al. (Hg.) 2015; Puttfarken 2000; Edgerton 2002.

247 Vgl. v. a. Damisch 2010.

248 Vgl. die Deutung des Begriffs „Welt-Bild" und dessen Umsetzung für die Forschung der chinesischen vormodernen Malereitheorie in Obert 2007: 41–49. In seiner tiefgreifenden und über das heideggersche Verständnis des Begriffs „Weltbild" hinausgehende Deutung des gemalten Bil-

tige Bedingtheit von Raumanschauung und Wahrnehmung, von Sehweisen und der Organisation räumlicher Strukturen in Bildern. Solche Fragen werden im Rahmen der modernen Bildtheorie intensiv ausgearbeitet, wo auch der Begriff des Bildraumes erneut bestimmt und für die neuen Erläuterungen des genannten Verhältnisses Bild – Welt umgesetzt wird. Merkwürdig dabei ist, dass sich die Bildwissenschaft zu einem bestimmten Zeitpunkt aus den interdisziplinären Untersuchungen von Wechselverhältnissen zwischen kognitiven Prozessen und Arten und Weisen von Bezugnahmen auf das Räumliche (etwa Themen wie Objektlokalisation, Raumreferenzen etc.) verabschiedete. So schreibt Gapp zum Thema Raumreferenzen:

> Synergieeffekte durch das Zusammenwirken der Forschungsaktivitäten in den kognitionswissenschaftlichen Teilbereichen der Linguistik, Psychologie, Philosophie, den Neurowissenschaften und der Informatik trugen verstärkt dazu bei, essentielle Grundlagen auf dem Gebiet der Raumreferenz zu schaffen.[249]

Auf der Liste der an der Untersuchung des Wechselverhältnisses zwischen räumlicher Kognition und Raumrepräsentation beteiligten Disziplinen fehlt erstaunlicherweise die Kunstwissenschaft bzw. fehlen jene Daten zu bildlichen Raumreferenzen, die die Bildforschung liefern könnte. Im Zusammenhang mit den empirischen Ergebnissen und theoretischen Schlussfolgerungen, die zeigen, wie bildlich-formhaft basiert und räumlich konstituiert auch das abstrakte Denken sein kann, erscheint eine transdisziplinäre Problematisierung in Sprach- und Bildwissenschaften sowie Erkenntnis- und Kognitionstheorien in Bezug auf das Räumliche durchaus vielversprechend.

Für den hier gewählten Ansatz ist das Verständnis wichtig, wonach dem Bild und der Bildgestaltung einer Epoche bestimmte epistemologisch-ontologische Modelle zugrunde liegen. Dies sollte sich u. a. auch in den Korrelationen spiegeln, die sich zwischen Bild und Sprache aufzeigen lassen und welche möglicherweise

---

des im vormodernen China als „bildhaftes Aufschließen von Welt" geht Obert den folgenden Forschungsanliegen nach: „Es soll hier erstens behauptet werden, daß das gemalte Bild im vormodernen China ursprünglich als ein ‚Welt-Bild' *fungiert* oder *wirksam* wird, insofern er auf bestimmte Weise vermittels der Anschauung die konkrete Welt erschließt. Zweitens kann das je schon als fungierendes ‚Welt-Bild' aufgefaßte gemalte Bild insofern den Rang eines kulturhistorisch und philosophisch bedeutsamen ‚Welt-Bildes' im konventionelleren Sinn erlangen, als im Blick auf seine spezifischen Eigenschaften fundamentale Zugangsweisen zur Wirklichkeit im älteren China sichtbar gemacht werden können. Diese philosophische Deutungsarbeit ist freilich ohne Spekulation nur im Spiegel des zeitgenössischen Nachdenkens über die Malerei, mithin unter Anleitung der theoretischen Überlegung zu leisten" (Obert 2007: 42, Hervorhebung im Original). Dieses Vorhaben führt Obert anhand der chinesischen Malereitheorie vom 3. bis zum 12. Jahrhundert durch.

249 Gapp 1997: 5.

durch ein gemeinsames epistemologisch-ontologisches Modell bedingt sind. Korrelationen sollten sich mithin hinsichtlich der Frage zeigen, wie und auf welches Räumliche im Bild und in der Sprache Bezug genommen wird.

Es muss allerdings zugestanden werden, dass die oben erwähnte Annahme unterschiedlicher epistemologisch-ontologischer Ausgangsmodelle eine Distanzierung sowohl zu den Grundlagen der klassischen Vorstellung des Raumes als einen objektiv in der Natur existierenden als auch zu der Vorstellung bedeutet, dass dieser Raum auf der Bildebene nur oder am besten mittels perspektivischer Darstellung abgebildet werden könne. Erst infolge der Zulassung eines relativistischen Nebeneinanders wurden „Untersuchungen anderer Modelle der Raumvorstellung und Kulturtypologien des Raumes möglich“.[250]

Zu den für diese Arbeit relevanten Themen gehört also die Auseinandersetzung damit, wie das epistemologische Verhältnis zwischen Bildgestaltung bzw. der Auffassung ihrer Strukturierungsprinzipien einerseits, und Vorstellungen von der Welt andererseits für eine konkrete Kultur und Epoche rekonstruiert und zugleich mit entsprechenden sprachlichen Daten in Verbindung gesetzt werden kann. Kurzum, es soll ein einheitlicher Zugang zu Sprache, Bild und Erkenntnislehre erarbeitet werden.

---

250 Lukicheva 2016: 215, Fußnote 7. Trede 2015: 109–111 zeigt Beispiele aus europäischen und chinesischen Künstlerschriften des 17. und 18. Jahrhunderts auf, in denen völlig gegensätzliche Bewertungen der perspektivischen Darstellung aufgrund von Unterschieden in kulturellen Hintergründen und visuellen Praktiken zu finden sind.

Für ein Beispiel der Untersuchung anderer Modelle der Raumvorstellung und Kulturtypologien des Raumes siehe Summers 2003, vgl. auch Elkins 2004. Im Bereich der chinesischen Kunstgeschichte ist in diesem Zusammenhang das Werk von Wen C. Fong besonders empfehlenswert. Fong hat sich intensiv mit den visuellen Strukturen von Landschaftsbildern auseinandergesetzt. Dabei teilte Fong die Annahme, dass verschiedene visuelle Sprachen in unterschiedlichen Kulturen zu verschiedenen Epochen auch unterschiedliche Vorstellungen von Raum haben können. Fong untersuchte die Bilder anhand stilistischer und formaler Analysen, wobei er sich an den Traditionen von Heinrich Wölfflin (1864–1945) und Meyer Schapiro (1904–1996) orientierte. Fong entwickelte eine Geschichte der verschiedenen Regime visueller Strukturen in der chinesischen Kunstgeschichte (vgl. Fong 1984). Seiner Auffassung nach fand um das 14. Jahrhundert herum eine Wendung von der „form-likeness“ zur „art historical self-representation“ statt. Innerhalb der Phase der „Selbstrepräsentation“ beschrieb Fong die Art der Bildstrukturen der späten Ming- bis frühen Qing-Zeit als Konstruktionen von „crisscross, two-dimensional surface patterns“ (Fong 2011: 41). Eine zusammenfassende Betrachtung von Fongs Forschung zu visuellen Strukturen in der chinesischen Malerei und weitere Referenzen dazu finden sich in Fong 2011: 19, 42–45. Für eine Untersuchung der visuellen Strukturen in den Landschaftsbildern aus der Zeit des Ming-Qing-Übergangs und eine Interpretation ihrer erkenntnistheoretischen Implikationen siehe Kapitel III in der vorliegenden Arbeit.

Auf Grundlage des Materials zu den chinesischen ästhetischen Theorien des 17. Jahrhunderts werden wir mit einer ausgesprochen spezifischen Dimensionierung des Verhältnisses des Bildes zur Welt zu tun haben. Die Abbildfunktion wurde noch in höherem Maße als zuvor zurückgedrängt und der grundlegende Referenzbezug der bildlichen Darstellung nahm Abstand von den Objekten der physisch-körperlichen Welt. Dies verlieh den Bildstrukturen einen größeren Grad der Abstraktheit. Wenn nun die bildlichen Beziehungen immer weniger auf die Verhältnisse des natürlichen Raumes oder auf die Ordnung des nur visuell Erscheinenden zurückgeführt werden konnten, stellt sich unmittelbar die Frage, von welchen anderen symbolischen Ordnungen sie abhängig gemacht wurden und nach welchen Normen das semantische und visuelle Verhältnis zur „realen" Landschaft rekonfiguriert wurde.

Da einerseits die Kompositionsmethoden der chinesischen Landschaftsbilder nicht (oder nicht hauptsächlich) von den Regeln der optischen Geometrie abgeleitet wurden, nach denen *visuelle* Formen geordnet werden, andererseits räumliche Werte in den gelehrten Traktaten zumeist nicht klar von anderen Qualitäten bzw. Wahrnehmungen der Dinge unterschieden wurden und das „rein" Räumliche aus chinesischer Perspektive mithin nicht aus anderen Dingqualitäten extrapoliert werden konnte, kann das ganze Darstellungsparadigma jener Zeit nicht in erster Linie als visuell-formbasiert oder objekthaft-räumlich beschrieben werden. Ganz offensichtlich lässt sich dies mit der oben angesprochenen Ausrichtung bezüglich der Raum- und der damit eng verbundenen Formfrage in der europäischen Kunstwissenschaft kontrastieren.

Die verfügbare Forschungsliteratur zu Methoden und Instrumenten der Raumbehandlung in der europäischen bildenden Kunst der Neuzeit stellt für diese Arbeit einen Orientierungspunkt dar, wie ein Brückenschlag zwischen den technisch-gestalterischen Ebenen der Raumbehandlung bzw. Strukturierung der Bilder und den in ihnen vorausgesetzten epistemologischen Modellen unternommen werden kann. Darüber hinaus ist die Auseinandersetzung mit dem Verhältnis Objekt–Image/Repräsentation, Bild–Wirklichkeit im Verhältnis zu kognitiven Theorien[251] von prinzipieller Bedeutung. In der westlichen Fassung ostasiatischer Kunstgeschichte sind es vor allem phänomenologische Ansätze, die manche wahrnehmungstheoretische (besonders in Bezug auf körperliche Wahrnehmung) Aspekte der Kunstpraxis effizient, allerdings oft nicht geschichtlich kontextualisiert ausweisen.[252]

251 Vgl. Wollheim 1980, 1987; Gombrich 1994, 2004; Whitney 2010, 2018.

252 Vgl. Obert 2006; Elberfeld 2018. Vgl. auch die Ausführung auf S. 21–22 und die Fußnote 248 weiter oben.

3.3 Bezüge zur Begriffsgeschichte

Die im Laufe der Arbeit gewonnenen Schlüsse bezüglich erkenntnistheoretischer Voraussetzungen und Ausdrucksformen des Räumlichen im Bild werden jeweils durch eine Analyse der Sprachstrukturen und Begriffsbildungsweisen konkretisiert und überprüft. Methodologisch ist die Anwendung solcher begriffsgeschichtlichen Methoden für unsere Ziele weiterführend, die gewöhnlich unter dem Stichwort „historische Semantik" zusammengebracht werden.[253] Der Bedeutungswandel bestimmter Einzelbegriffe wird als Teil eines tiefgreifenden Strukturwandels ganzer Konzeptfelder und Klassifikationssysteme analysiert.

Das hier geltende Verständnis des Begriffs „Begriff" lehnt sich an das Verständnis der nunmehr klassischen Begriffsgeschichte in der Koselleck-Nachfolge an, wie es etwa wie folgt von ihm zusammengefasst wird:

> Begriffe sind also Konzentrate vieler Bedeutungsgehalte. [...] Im Begriff fallen Bedeutungen und Bedeutetes insofern zusammen, als die Mannigfaltigkeit geschichtlicher Wirklichkeit in die Mehrdeutigkeit eines Wortes so eingeht, dass sie nur in einem Wort ihren Sinn erhält, begriffen wird. [...] der Begriff vereinigt in sich Bedeutungsfülle. Ein Begriff kann also klar, muss aber vieldeutig sein. Er bündelt die Vielfalt geschichtlicher Erfahrung und eine Summe von theoretischen und praktischen Sachbezügen in einem Zusammenhang, der als solcher nur durch einen Begriff gegeben ist und wirklich erfahrbar wird. Überspitzt formuliert: [...] Begriffe können nur interpretiert werden.[254]

Ein ähnliches Verständnis des Begriffs als „kondensierte Erfahrungen" findet sich bereits bei Ernst Mach (1838–1916), wobei die psychologisierende Deutung von Prozessen der Begriffskonstitution noch stärker in den Vordergrund tritt:

> Auf der höchsten Stufe der Entwicklung ist der *Begriff* das an das *Wort*, den Terminus, gebundene *Bewusstsein* von den *Reaktionen*, die man von der bezeichneten Klasse von Objekten (Tatsachen) zu erwarten hat.[255]

Und:

> [...] der Begriff [ist] kein *Augenblicksgebilde*, wie eine einfache konkrete sinnliche Vorstellung, wenn wir bedenken, dass jeder Begriff seine zuweilen recht lange und ereignisreiche psychologische Bildungsgeschichte hat, und dass sein Inhalt ebensowenig durch einen Augenblicksgedanken explicite dargelegt werden kann.[256]

---

253 Zur historischen Semantik vgl. Busse 1987; Bödeker 2002 usw. Vgl. die Untersuchungen zur Begriffsgeschichte anhand von chinesischem Material: Unger 2000; Schwermann 2011 usw.

254 Koselleck 1972: XXII–XXIII, vgl. auch Koselleck 2006: 58–59.

255 Mach 1917: 132.

256 Mach 1917: 126.

Solche Zugriffsweisen sind in der vorliegenden Arbeit sowohl für den Begriff Raum als auch für eine Reihe der zu analysierenden chinesischen Begriffe in Anschlag zu bringen: In beiden Fällen haben wir es mit solchen sprachlichen Bildungen zu tun, die aus der semasiologischen Perspektive (d. h. in Bezug auf Bezeichnungen und Wortverwendung) über lange Zeit stabile Strukturen aufweisen, auf der Bedeutungsebene jedoch wesentliche Verschiebungen durchlaufen, die sich dann im gesamten Begriffsfeld „ansammeln“.[257] Zu den Aufgaben der Untersuchung gehört es, den Wandel von Bezugnahmen auf je bestimmte semantische, stets kognitionsbezogene und paradigmenabhängige Schichten zu fixieren und somit den konzeptuellen Inhalt bzw. dessen Veränderung eines Begriffs in den untersuchten Kontexten aufzuzeigen.

Der Begriff des „Begriffs“, der hier vertreten wird, ist also eher ein nominalistischer: Die referenziellen Bezüge eines Begriffs zu einem Sachverhalt bzw. einem Objekt werden in dieser Deutung nicht als feste Beziehungen betrachtet, wobei die Frage nach einer *realen* Existenz des Sachverhalts oder Objekts aus der Fragestellung überhaupt ausgeklammert werden kann. Viel wesentlicher bei der Frage, was den „Begriff“ ausmacht, erscheinen hingegen kognitive Faktoren der Begriffsbildung sowie die konkreten, d. h. paradigmatisch-kontextuellen Zusammenhänge seines Gebrauchs. Mit anderen Worten soll hier davon ausgegangen werden, dass der Begriff und sein Gebrauch letztlich ein bestimmtes Verständnis und Klassifizierungsmodell der Welt widerspiegeln bzw. aus diesen resultieren.

Ein solches Verständnis entspricht, so scheint es, dem Verständnis chinesischer Gelehrter in den untersuchten Werken, wonach unterschiedliche Begriffsentitäten, einschließlich der Namen (*ming* 名) für angebliche Objekte, als Folge von konstruktiven Funktionen der Kognition und des sozialen Umfelds entstehen und folglich im Zuge der Begriffsbestimmung einem dekonstruktivistischen Verfahren unterzogen werden können. Aus diesen Ansichten leiten sich die in den untersuchten Werken hier belegten Bemühungen zur Richtigstellung der Begriffe bzw. zur Revision von Begriffsbildungsverfahren und zur Klarstellung der referenziellen Bezugnahme der Begriffe her. In diesem Sinne können sie einerseits als eine wichtige Fortschreibung der bereits spätantiken Tradition der „Richtigstellung der Bezeich-

257 Zur Definition der beiden Ebenen (d. h. der Bezeichnungs- und der Bedeutungsebene) bzw. Analyseverfahren, die auf die jeweiligen Ebenen bezogen sind, siehe z. B. Hentschel und Weydt 2013: 87: „Eine solche Perspektive, die von der bezeichneten Wirklichkeit ausgeht und sich fragt, welche sprachlichen Zeichen dafür in Frage kommen, nennt man onomasiologisch. Demgegenüber [...] die entgegengesetzte Perspektive [...], die nicht von der außersprachlichen Wirklichkeit, sondern vom Zeichen selbst ausgeht [...] nennt man semasiologisch.“ Die Kombination der beiden Vorgehensweisen beschreibt Koselleck bereits in der *Einleitung*: XXI–XXII (Brunner, Conze und Koselleck (Hg.) 1972).

nungen" (*zheng ming* 正名) bzw. der Tradition philosophischer Auseinandersetzungen mit dem Verhältnis zwischen Namen/Bezeichnungen (*ming* 名) und Realitäten/Aktualitäten (*shi* 實),[258] andererseits als ein chinesisches Pendant zum Nominalismus-Realismus-Streit in Europa angesehen werden.[259]

Charakteristisch für die hier untersuchte Phase der Auseinandersetzungen chinesischer Gelehrter mit der Begriffsbildung ist zum einen die eindeutige Zurückweisung der Annahmen einer „Klasse" substanzieller Permanenzen, auf die die semantischen Bedeutungen von Begriffen bezogen werden könnten, zum anderen eine Reformulierung der Begriffstheorie und Bedeutungen von Einzelbegriffen, ausgehend von ihren Positionen innerhalb des prozess-funktionalen Bezugssystems.[260]

Im Zusammenhang mit den in dieser Untersuchung angesprochenen Themen der Begriffsbildung und sprachlicher Klassifikationsmechanismen, der Referenzialität und Bedeutungskonstitution bietet sich für komparative Ansätze ein breites Spektrum westlicher Forschung aus den Bereichen der kognitiven Linguistik,[261] Zeichentheorie, Sprachphilosophie und der Bewusstseinstheorien (*theories of mind*). An entsprechenden Stellen wird sich diese Untersuchung auf bestimmte Arbeiten aus diesen Disziplinen beziehen, eine vollständige vergleichende Forschung zu diesen Themen wäre jedoch die Aufgabe eines weiteren Projekts.

---

258 Vgl. z. B. Gassmann 1988; Makeham 1991, 1994; Djamouri 1993; Loy 2003; Winter 2009 usw.

259 Solche weiterführenden Vergleiche werden im Rahmen dieser Arbeit jedoch nicht weiter entwickelt.

260 Es existiert derzeit leider keine historische Grammatik der chinesischen Sprache in der untersuchten Zeit, an die sich die diesbezügliche Untersuchung anlehnen könnte.

261 Speziell zum Thema der Konstruktion raumbezogener Bedeutung in den sprachlichen Strukturen, sprachlichen Raumreferenzen und räumlichen Demonstrativa kommen infrage die Studien zur Raum- und Prozess-Semantik sowie Bewegungstypologie von Talmy 2000, 2006; Langacker 1987, 1991; Bickel 1997; Diessel 1999; Gapp 1997; Tenbrink 2011; kognitive Metaphertheorien von Lakoff und Johnson 1980 (und andere Jahre); Hampe 2005 usw.

Kapitel II: **Das Räumliche in der Erkenntnistheorie im China des 17. Jahrhunderts**

1 Faktoren der Raumkonstitution

1.1 Subjekt-Objekt-Verhältnisbestimmung

Im *Śūraṅgama-sūtra* (*Dafo dingshou Lengyan jing* 大佛頂首楞嚴經, T 945),[262] findet sich ein Gespräch zwischen Buddha und seinem Lieblingsschüler Ānanda über die Mittel für die Erkenntnis des Weges des Buddhas (Skt. *Dharma*, chin. *fa* 法).[263] Ānanda vertritt die Auffassung, dass der Weg des Buddhas durch die Augen und den Herz-Geist (*xin mu* 心目) wahrgenommen und erkannt wird. In der Analyse der Funktion und Rolle dieser Organe im Prozess der Erkenntnis zeigt Buddha die innerliche Widersprüchlichkeit aller Varianten möglicher Verortung (*suo zai* 所在) des Herz-Geistes auf, z. B. im Inneren des Körpers (*zai shen nei* 在身内), außerhalb des Körpers (*zai shen wai* 在身外) oder dazwischen (*zai shen zhong* 在身中) usw., die Ānanda vorschlägt. Allen diesen Varianten, die sich, nach den Ausführungen Buddhas, als letztlich widersprüchlich erweisen, ist gemein, dass das Verhältnis der genannten Organe bzw. Instrumente der Erkenntnis nach einem *räumlichen Modell* gedacht wird:[264] Es wird von Ānanda angenommen, dass das Erkenntnisobjekt von außen durch das Auge zum Bewusstsein „geleitet" wird.

Nicht nur setzt diese Annahme einen strengen Gegensatz von *Innen* und *Außen* voraus, sondern auch eine strenge Gegenüberstellung des Bewusstseins des Selbst zur äußeren Welt. Die grundlegende Widersprüchlichkeit dieses Modells der Erkenntnis, auf welche die Analyse Buddhas anhand der Befragung der räumlichen Verortung deutet, erweist sich darin, dass es in einem solchen Modell unmöglich ist, das Verhältnis zwischen Instanzen der Erkenntnis – dem Auge,

---

262 Eines der *Sūtren* des Mahayana-Buddhismus, das in China eine große Verbreitung erfuhr und u. a. für die Chan-Schule besonders einflussreich war. Für eine Übersicht der Geschichte und Stellung im Buddhismus sowie für die neuere Übersetzung ins Englische siehe Rounds (Hg.) 2009.

In der in dieser Arbeit untersuchten Zeitperiode erschienen 59 aus der totalen Zahl von 127 chinesischen Kommentaren zu diesem *Sūtra*, was auf seinen großen Stellenwert im Buddhismus der späten Ming- bis frühen Qing-Zeit hinweist (siehe: Epstein 1976). Zu dem Korpus von kommentierten Auflagen des *Sūtra* in der Ming-Zeit gehört auch der Kommentar von Hanshan Deqing 憨山德清 (1546–1623) (*Lengyan jing tongyi* 楞嚴經通議), einem der bedeutendsten buddhistischen Denker der Ming-Zeit. Auf das Werk und Denken von Hanshan Deqing wird sich diese Arbeit mehrmals beziehen.

263 Das Gespräch findet sich in Faszikel (*juan*) 1 des *Sūtra*: T 945: [106c21–110a06]. Englische Übersetzung siehe in Rounds (Hg.) 2009: 13–28.

264 Einen solchen Erkenntnisprozess bzw. die Verortungen seiner Instanzen erläutert Buddha anhand des Vergleichs mit den räumlichen Verhältnissen innerhalb und außerhalb des Saals, in welchem das Gespräch stattfindet, z. B. fragt Buddha, was sich im Inneren des Saals, was sich außerhalb des Saals (im Garten) sehen bzw. erkennen lässt usw.

https://doi.org/10.1515/9783110791860-004

dem Herz-Bewusstsein und dem Erkenntnisobjekt –, gemäß seinen eigenen Regeln gewissermaßen auf sich selbst angewendet, zu analysieren. Mit anderen Worten: Zwar werden in diesem Modell räumliche Verhältnisse konstituiert, es kommt jedoch sofort zu einer Paradoxie, sobald man versucht, anhand von räumlichen Verhältnissen das Verhältnis zwischen dem Erkennenden und dem Erkannten vertieft zu analysieren.

Theoretisch gedacht hat die Unmöglichkeit, das Modell der Erkenntnis auf die Verhältnisse zurückzuführen, die es selbst konstruiert, zwei potenzielle Lösungen.

Die Lösung, die das *Sūtra* vorschlägt, besteht darin, die reziproke Abhängigkeit im in ein erkennendes Bewusstsein und die erkannte Welt gespaltenen Erkenntnisprozess aufzuzeigen, um somit die Grundlage zur Überwindung dieser Spaltung zu schaffen. Der Überwindung der ersten zwei der insgesamt fünf „Aggregate" (Skt. *skandha*)[265] – des *skandha* der Erscheinung (Skt. *rūpa*, chin. *se* 色) und jenes der Wahrnehmung (wortwörtlich: ‚Aufnahme, Entgegennahme', Skt. *vedanā*, chin. *shou* 受) – ist u. a. das Kapitel gewidmet, in dem sich das Gespräch zwischen dem Buddha und Ānanda findet.[266]

Die andere Lösung wurde im europäischen Denken der Neuzeit, konkreter in der Behauptung einer prinzipiellen Opposition der „objektiven", d. h. physisch messbaren, räumlich ausgedehnten, Welt zum Bewusstsein realisiert. Der Widersprüchlichkeit, die bei einer „reflexiven", d. h. auf sie selbst bezogenen, Analyse der Erkenntnis anhand von Daten entsteht, die sie unter Voraussetzung der Aufteilung in Subjekt und Objekt aus der Analyse der Welt liefert,[267] wird hier durch eine strenge Aussonderung des Bewusstseins aus der materiellen Welt ausgewi-

265 Wörtlich: ‚Anhäufen, Ansammlung, Gruppierung', chin. *yun* 蘊. Die Konstituenten des Menschen im Buddhismus. Für eine Erklärung des Begriffs *skandha* vgl. z. B.: „The next most popular description of the human personality is in terms of the five aggregates or constituents. These are referred to as ‚aggregates of grasping' (upādānakkhandha), for it is these aggregates that a person clings to as his personality" (Kalupahana 1992: 17).

266 Vgl. die Kapitelaufteilung und -bezeichnung in der von Hanshan Deqing kommentierten Version des *sūtra*: „[Es geht darum], zunächst den Herz-Geist zu hinterfragen, die zwei [ersten] ‚Aggregate' – jene von Erscheinung und Wahrnehmung – zu zerbrechen und aufzuklären, dass die ersten fünf Bewusstseinsformen substanzlos sind" (先徵心破色受二蘊明前五識無體) (Deqing, *Lengyanjing tongyi*: [536c19]).

267 Vgl. die Feststellung Giambattista Vicos in *Scienza Nuova* (63. Grundsatz) hinsichtlich der Unmöglichkeit, dass das Auge ohne Hilfsmittel (Spiegel) sich selbst sieht, wie es äußere Dinge sieht, und der Unmöglichkeit des Geistes sich selbst zu erkennen, wie er körperliche (äußere) Dinge erkennt: „Missgeschick des menschlichen Geistes, der, versenkt und begraben im Körper, natürlicherweise dazu neigt, die körperlichen Dinge wahrzunehmen und einer sehr großen Anstrengung und Mühe bedarf, um sich selbst zu begreifen – so wie auch das körperliche Auge, das alle Gegenstände außer sich sieht und doch den Spiegel braucht, um sich selbst zu erblicken" (zitiert nach Amoroso 2006: 78).

chen und einhergehend mit der Ausformulierung des Konzepts eines *autonomen* Selbst[268] aufgehoben.

Für die Raumproblematik, wie sie sich im europäischen Denken der Neuzeit entwickelte, sind also dieses streng ausdifferenzierende Verhältnis des erkennenden Bewusstseins zur äußeren Welt (Aufteilung in *cogitans* und *extensa*) sowie die Grenze zwischen *Innen* und *Außen*, die sich mit dieser Ausdifferenzierung ziehen lässt, konstitutiv, da sie nämlich die räumlichen Verhältnisse der äußeren, physisch-materiellen, räumlich ausgedehnten Welt betrifft, die sich klar vom sie erkennenden Subjekt abgrenzt und unterscheidet. Interessant, dass wir später bei der Beschreibung und Analyse eines „nicht-räumlichen" Bezugssystems, das die chinesischen Gelehrten des 17. Jahrhunderts formulierten, zu einem umgekehrten Verhältnis kommen werden: Bei jenem Bezugssystem wird angenommen, dass die „Verwandlung" ins Räumliche durch das menschliche Bewusstsein bedingt ist, d. h. die menschliche Erkenntnisweise ist das, was die Welt mit Räumlichkeit versieht.

Die Postulierung der prinzipiell unterschiedlichen Natur des erkennenden Bewusstseins einerseits und seines Objekts – der äußeren Welt – andererseits ermöglichte es zum einen, dass sich der Raum in der europäischen Philosophie und in den Naturwissenschaften der Neuzeit als Fokus von intensiven Auseinandersetzungen und als Grundlage wissenschaftlicher Welterkundung[269] etablieren konnte, koextensiv mit der Genese eines eigentlichen Begriffs.[270] Zum anderen brachte diese Postulierung ein erhebliches und wiederkehrendes Problem mit sich: Wie kann die Verbindung zwischen diesen einander gegenüberstehenden Arten von Existenz geleistet werden? Wie ist ihr Bezug aufeinander überhaupt möglich? Wie kann, einerseits, eine räumliche, materielle Welt mit den ihr eigenen Dingen und Gestalten vom Unräumlichen abgebildet, dargestellt und erkannt werden? Und wie kommt,

268 Zur Genese des Konzepts des Selbst in der europäischen Neuzeit siehe Seigel 2005. Als Beispiel für die Erforschung einer kontrastierenden Konzeption des Selbst in der chinesischen Philosophie, nämlich des *relationalen* Selbst, sei hier auf Thompson 2017 verwiesen.

269 Über das Konzept des absoluten (homogenen usw.) Raumes als eine der Grundlagen der europäischen neuzeitlichen Wissenschaft siehe z. B. Gosztonyi 1976: 1, besonders Bd. 2, VIII, 3; Thaliath 2005, 2016.

270 Vgl. die Entwicklung des Raumkonzepts unmittelbar vor der Neuzeit (im 15. Jh.), wie sie in Gosztonyi 1976: Bd. 1, 226–227 beschrieben wird: von der Abstrahierung des Raumes als Denkgegenstand zur Möglichkeit der spekulativ-theoretischen Erörterung der Raumstruktur. Genau diese „Abstrahierung des Raums" war – so Gosztonyi – für die Erfassung des physikalischen Raumes (v. a. bei Newton) von größter Bedeutung.

Zur Genese des Raumbegriffs in der europäischen Wissenschaft und Philosophie siehe Zekl et al. 1992 und Günzel 2006, 2012.

andererseits, der Verstand zu den Ordnungen und Konzepten, die gerade *nicht* in der Wahrnehmung der äußeren Welt gegeben sind?[271]

Auch der Zwiespalt von Raumbegriffen zwischen einem abstrakten und einem wahrnehmungsbezogenen[272] ist wohl aus dem Gegensatz zwischen Bewusstsein und der räumlich ausgedehnten Welt abzuleiten. In diesem Sinne erklärt Ernst Cassirer, dass der Differenzierung von Arten des Raumes die erkenntnistheoretische Aufteilung in eine „Kraft des reinen Denkens", die konstitutiv für den theoretischen Raum sei, und eine „Kraft des reinen Gefühls und der Phantasie", die konstitutiv für den mythischen und den ästhetischen Raum sei, zugrunde liege:

> Man kann den letzteren [den ästhetischen Raum] dem mythischen Raum darin vergleichen, dass beide, im Gegensatz zu jenem abstrakten Schema, das die Geometrie entwirft, durchaus konkrete Weisen der Räumlichkeit sind. Auch der ästhetische Raum ist ein echter *Lebensraum*, der nicht wie der theoretische, aus der Kraft des reinen Denkens, sondern aus den Kräften des reinen Gefühls und der Phantasie aufgebaut ist.[273]

Im Laufe der Suche nach einer Überwindung der strengen Unterscheidung zwischen der objektiven Welt und dem Bewusstsein und nach einem Zusammenhang von physischen und geistigen Parametern der menschlichen Existenz wurden auch unterschiedliche Wege zur Einheit im Raumbegriff gebahnt.[274] Einhergehend mit der Idee, dass der menschliche Geist seine Erkenntnisobjekte mitgestaltet, vollzog sich eine bedeutende Umkehr hinsichtlich der Raumproblematik, die die Raumauffassung auf die Funktion des menschlichen Geistes zurückzuführen aufforderte:

> Mit der Frage der räumlichen Wahrnehmung rückte aber auch eine subjektivistische Betrachtungsweise des Raumes immer mehr in den Vordergrund. Das Raumproblem glaubte man auch ohne Berücksichtigung der gesamten Raumstruktur ausschließlich in der Perspektive der Raumerfahrung lösen zu können. Diesem Standpunkt versuchte dann Kant Allgemeingültigkeit zu verschaffen. Der Raum ist das, was der Mensch in der räumlichen Wahrnehmung konstituiert [...] ein Ergebnis, das in der phänomenologischen Forschung der Gegenwart immer noch als gültig angesehen wird.[275]

---

271 Vgl. Bergson 1991: 7: „Man stellt ihr (Materie) ein Bewusstsein gegenüber, in dem es gar keine Bilder gibt."

272 Dieser Zwiespalt wurde im Kapitel I, Punkt 1 bereits angesprochen. Zur Geschichte wahrnehmungsbezogener Raumkonzepte siehe Gosztonyi 1976: Bd. 2, VI–VII.

273 Cassirer 2004: 422; Hervorhebung *PL*.

274 Vgl. die im Kapitel 1, Punkt 1 bereits zitierte Ausführung aus Gosztonyi 1976: Bd. 1, 235–236. Dort ist auch ersichtlich, dass die cartesische, durch die Unterscheidung zwischen Materiellem und Geistigem stark geprägte, Auffassung auch in der Reihe der Suche nach einer solchen Einheit betrachtet werden kann.

275 Gosztonyi 1976, Bd. 2: 723.

In diesem Zusammenhang ist es jedoch wichtig zu bemerken, dass die Verlagerung der erkenntnistheoretischen Fokussierung weg von der Analyse des objektiven Raumes hin auf die Funktionen des menschlichen Bewusstseins und der Wahrnehmung *auch* in einer engen Verbindung damit steht oder genauer gesagt davon vorausgesetzt ist, dass die Ausdifferenzierung des Selbst-Bewusstseins gegenüber der äußeren Dingwelt relevant bleibt. Dass dies innerhalb der europäischen erkenntnistheoretischen Tradition bis zu den späteren Entwicklungen in Neokantianismus und Phänomenologie der Fall ist, lässt sich anhand des folgenden Beispiels zeigen, das der *Philosophie der symbolischen Formen* von Cassirer entnommen ist.

Im erkenntnistheoretischen Teil der Philosophie, in dem Cassirer die Entstehung der phänomenalen Welt der Dinge behandelt und sich in diesem Zusammenhang dem Problem des Raumes zuwendet, betont er die „Union" des „Dingmotivs" und des „Raummotivs", d. h. den engen und unauflöslichen Zusammenhang, der zwischen der Wahrnehmung der Dinge und der Erfahrung ihrer Räumlichkeit schon in den primären Phasen der Erfahrung besteht:

> Die Setzung fester Dingeinheiten, an welche die wechselnden Erscheinungen gleichsam angeheftet werden, vollzieht sich in der Art, dass diese Einheiten zugleich als *räumliche* Einheiten bestimmt werden, denen wir dann die räumlichen Bestimmungen – Größe und Gestalt – als objektive und sichere Bestimmungen beilegen.[276]

Die primäre Erfahrung von Dingen und ihre Unterscheidung von wandelbaren Zuständen und Beschaffenheiten vollzieht sich laut Cassirer dadurch, dass die Wahrnehmung die Dinge „in einen objektiven Raum hineinstellt und in ihm sozusagen ansiedelt".[277] In seiner Untersuchung zur fest miteinander verknüpften Ding- und Raumerfahrung in den primären Phasen der Empfindung nähert sich Cassirer dem Bereich, in dem philosophische und erkenntnistheoretische Fragestellungen an die naturwissenschaftliche und psychologische Forschung zu Wahrnehmungsprozessen grenzen. An diesem Punkt muss Cassirer jedoch feststellen, dass solche primären Phasen, in denen die Raumgenese für die Wahrnehmung beginnt, verborgen bleiben:

> So hat denn auch die moderne Psychologie mehr und mehr der Hoffnung entsagt, das Bewusstsein gewissermaßen auf dem Punkte zu ertappen, an dem sich in ihm der entscheidende

276 Cassirer 2002: 159. Vgl. aber eine Gegenthese in der neueren Auseinandersetzung zur Wahrnehmung und zu demonstrativen Referenzen in Brovold und Grush 2012: „First, if what we are interested in is the basic principles that the perceptual system employs to isolate an entity and track it over time, then *location is not the deep principle.*" [Hervorhebung *PL*].

277 Cassirer 2002: 172–173.

> Übergang von den an sich unräumlichen Empfindungen zur räumlichen Wahrnehmung vollzieht.[278]

Für unsere Analyse ist es wichtig festzuhalten, dass dieses Verborgenbleiben anfänglicher Phasen der Raumgenese für Cassirer ein Argument liefert, dass diese Phasen – d. h. das Erlebnis der Ausdehnung, der Räumlichkeit und des Ortes eines Dinges, also Anschauung der Dinge *im* Raum – zu der *nicht weiter reduzierbaren* Phase im Aufbau der anschaulichen Wirklichkeit gehören.

In Anerkennung dieser Unreduzierbarkeit des räumlichen Erlebnisses, das an die primäre Wahrnehmung der Dinge gebunden ist, kommt Cassirer auch der heideggerschen Analyse in *Sein und Zeit* [1927] nahe. Denn auch für den frühen Heidegger gehören die räumlichen Verhältnisse zwischen Dingen und dem Subjekt, die Ausdifferenzierung von „dort" und „da" zu primären Erlebnissen der Welt, zu den „ersten Seinsbestimmungen".[279]

Zugleich muss angemerkt werden, dass die weitere Analyse Cassirers zur Ausbildung des Raumkonzepts bzw. seine Beschreibung des konzeptuellen Weges zu Vorstellungen über den geformten, d. h. mathematischen Maß- und Ordnungsraum, erst an dem Punkt beginnt, wo die Räumlichkeit als Bedingung der Anschauung von Gegenständen schon „präsent" und, wie oben gezeigt, laut Cassirer unreduzierbar sei. Diesem Prozess sind also – so scheint es – die Ausdifferenzierung des Dinges und des Selbst als entgegengesetzte Entitäten sowie die Aufstellung von Subjekt-Objekt-Beziehungen vorausgesetzt.

Die Einsicht Edmund Husserls, Zeitgenosse Cassirers, zur Selbstzentriertheit bzw. seine Thematisierung des Leibes als „Nullpunkt der Orientierung" kann ebenfalls als eine Anerkennung dessen gelten, dass die Ausdifferenzierung des Dinges und des Selbst den Ausgangspunkt für den Aufbau von Raumstrukturen bildet.[280]

---

278 Cassirer 2002: 167.

279 Vgl. die Ausführung Cassirers: „Nach Heidegger stößt schon jede Charakteristik des zunächst ‚Zuhandenen', des als ‚Zeug' Vorliegenden, auf das Moment der Räumlichkeit" (Cassirer 2002: 167, Fußnote 64). Vgl. das Zitat aus Heideggers *Sein und Zeit*, das in Cassirer (2002: 167, Fußnote 64) angeführt wird: „Der Platz und die Platzmannigfaltigkeit dürfen nicht als das Wo eines beliebigen Vorhandenseins der Dinge ausgelegt werden. Der Platz ist je das bestimmte ‚Dort' und ‚Da' des *Hingehörens* eines Zeugs" (Heidegger 2006: §§ 22–24 (102)).

Vgl. auch die exzellente Analyse der Raumverständnisse beim frühen und späten Heidegger in Lam 2018: 191–222. Aufbauend auf diesen phänomenologischen Verständnissen entwickelt Lam das Konzept eines mit Emotionen identifizierten Raumes, der den Differenzierungen ins Subjektive und Objektive, Intrinsische und Extrinsische ontologisch vorausgeht, und setzt dieses Konzept für seine Analyse chinesischer ästhetischer – v. a. literarischer und theatralischer – Tradition um.

280 Siehe Husserl 1952: 56, 109–110, 158–159; 1966: 297–299; vgl. hierzu auch die Kritik Elmar Holensteins (1986). In dieser Kritik wird die zentrierende Rolle des „Ich" zwar bestritten, die grundlegende Rolle der Subjekt-Objekt-Differenzierung wird jedoch nicht angegriffen.

Der Teil der modernen Forschung der *spatial cognition*, der sich mit der „ability of the perceptual system to specify the position and orientation of environmental objects relative to other objects and especially relative to the observer's body“[281] befasst, weist eine wichtige Ähnlichkeit auf zum Verständnis Cassirers gerade in Hinsicht darauf, dass als Grundniveau der Erfahrung bzw. als Ausgangspunkt für die Analyse weiterer komplexerer räumlicher Erfahrungen die konstante Subjekt-Objekt-Bestimmung angenommen wird.[282]

Zwischenbilanz Als erste Arbeitshypothese kann also festgehalten werden, dass die dualistische, gegenüberstellende Verhältnisbestimmung zwischen dem Selbst und der äußeren Welt bzw. zwischen dem Subjekt und dem Objekt der Erkenntnis prägend für die Herausbildung des Raumbegriffs ist. Es lässt sich eine deutliche Korrelation beobachten: einerseits zwischen den Prozessen der Verschärfung der Grenze zwischen dem Selbst und der äußeren Welt, und andererseits zur Herausbildung des Konzepts des Raumes: Je fester und konkreter die beiden Gegensätze in ihren eigentümlichen Existenzformen und Eigenschaften gedacht werden, je mehr sie substanzialisiert werden und ihnen eine metaphysische Realität beigelegt wird, eine desto größere Rolle spielt das Konzept des Raumes als dasjenige, das die Trennung, aber zugleich auch die Verbindung zwischen ihnen gewährleistet.

Eine Analyse von Verhältnisbestimmungen zwischen Subjekt und Objekt gehört also zu den primären Aufgaben im Verfahren der Untersuchung des Räumlichen in dieser Arbeit. In der hier vorgetragenen Forschung, die sich mit einer außereuropäischen und u. a. buddhistisch geprägten Tradition befasst, müssen wir eine Alternative für die Verhältnisbestimmungen bzw. Abgrenzungen zwischen dem Subjekt und dem Objekt der Erkenntnis, zwischen dem Ding und dem Selbst von Anfang an zulassen.[283]

Unter anderem lässt sich im Zusammenhang mit dem oben eingeführten Beispiel aus dem *Śūraṅgama-sūtra* eine weitere Frage stellen, die später abgehandelt werden soll, namentlich welche Raumauffassung und welche räumlichen Verhältnisse von der Erkenntnis des „wahren Herz-Bewusstseins“ (*zhen xin* 真心), d. h. auf einem Niveau jenseits von den Subjekt-Objekt-Gegensätzen und ihren räumlichen Verhältnissen, werden vorausgesetzt?[284]

---

281 Mohler et al. 2013: 82.

282 Zum Verhältnis zwischen dem (scheinbaren) räumlichen Charakter der Objekte der äußeren Welt und den kognitiven Strukturen vgl. z. B. Pylyshyn 2003: 359–426.

283 Mit dieser Zulassung wird jedoch nicht negiert, dass der grundlegende Subjekt-Objekt-Gegensatz in der Philosophie und Sprache Chinas in unterschiedlichen Formen präsent war. Zu diesem Gegensatz in der klassischen chinesischen Philosophie siehe Roetz 1984.

284 Siehe Kapitel III, Punkte 6–8. Für Raumbegriffe im Buddhismus (Skt. *ākāśa* ‚Raum, Äther‘; *ākāsa-dhātu* etwa: ‚endlicher Raum‘; *ajatākasā* ‚unendlicher Raum‘) vgl. z. B. McMahan 2002:

Dass im Buddhismus Alternativen für Subjekt-Objekt-Verhältnisbestimmungen vorgeschlagen wurden, wurde auch von westlichen radikal konstruktivistisch orientierten Autoren anerkannt:

> Der Buddhismus unterscheidet Erkenntnisformen, die differentiell operieren und denen die Differenz von Subjekt/Objekt vorgeordnet ist, von Erkenntnisformen, die sich auf das Prä-Differentielle aller Differenzen berufen, auf die primordiale Nichtunterschiedenheit.[285]

Auch an den nicht buddhistischen chinesischen philosophischen Werken des 17. Jahrhunderts wird zu beobachten sein, dass die Trennungslinie in der Verhältnisbestimmung des Subjekts und Objekts der Erkenntnis anders gezogen, sozusagen anders dimensioniert wird, was die Behauptung der Identität (und nicht prinzipieller Abgrenzung!) zwischen den „Weltelementen" Himmel – Mensch – Erde aufzustellen ermöglicht.[286]

Dabei ist es merkwürdig, dass im Beispiel aus dem *Śūraṅgama-sūtra* die Analyse des Sehens (*jian* 見, *zhu* 矚), genauer gesagt der Blickbewegung einen wichtigen Punkt in der gesamten Analyse des Erkenntnismodells bildet. Blickbewegung wirkt als vermittelndes Element in den räumlichen Verhältnissen zwischen dem Subjekt und dem Objekt der Erkenntnis. Die Funktion der Blickbewegung kann somit als Vermittlung zwischen den „Instanzen" der Erkenntnis in einem räumlichen Modell gedeutet werden. Zugleich wird diese Rolle vom dualistischen Schema der Subjekt-Objekt-Beziehungen sowie vom Verhältnis Innen–Außen vorausgesetzt. Diese Rolle des Blickes im Zusammenhang mit räumlichen Verhältnissen ist hier festzuhalten und stets zu beobachten und zu markieren, da es im Zusammenhang mit der Behandlung des Bildraumes, der Darstellungsparadigmen und der Formproblematik im Kapitel zum Bildraum noch wichtig werden wird.[287] Vorderhand kann die folgende Hypothese aufgestellt werden: Sobald der Blick bzw. das Sehen als Blickbewegung ein konstitutives Element der Darstellungsparadigmata bildet, ist das möglicherweise ein Signal, dass das dualistische Schema bewusst oder unbe-

76–81. Zu Raumvorstellungen im chinesischen Buddhismus im Zusammenhang mit buddhistischen Konzepten („drei Welten" Skt. *tridhātu* chin. *sanjie* 三界, Leere *kong* 空, *dharma fa* 法 usw. siehe Dai 2009).

285 Luhmann und Fuchs 2007: 50.

286 Vgl. unsere Analyse des Verhältnisses Himmel–Mensch–Erde im Kapitel II, Punkt 5.2.

287 An dieser Stelle vgl. die Definition der Zentralperspektive als „[...] Thematisierung des Blicks im Bild" (Trede 2015: 110). Trede bezieht sich dabei auf die folgenden Worte Hans Beltings: „Aber die Perspektive ist darin anders, dass sie den Blick selbst ins Bild setzt" (Belting 2009: 10, zit. nach Trede 2015: 128). Für die Rolle des Blickes in der Konstitution der Bildraumstruktur siehe in der vorliegenden Arbeit insbesondere die Analyse von drei Kompositionsebenen im Kapitel III, Punkt 1, darunter die Bemerkungen zum Wort *zhu* 矚; für die Behandlung von Formen der Visualität siehe Kapitel III, Punkt 7.

wusst im Spiel ist, demzufolge das Bewusstsein in der Opposition zu den Formen der äußeren Welt gedacht wird, und demzufolge das Sehen, die Blickbewegung, das ist, wodurch die Verbindung geleistet wird. In den zu untersuchenden Texten ist also nach solchen Signalen des Schemas und des in ihm agierenden Mittels der Verknüpfung zu suchen. Man kann noch allgemeiner schlussfolgern – und solche Schlüsse werden auch aufgrund der Analyse gezogen werden können –, dass die jeweilige Raumauffassung in einem Wechselverhältnis damit steht, welchen Faktoren die leitende Rolle im Aufbau räumlicher Verhältnisse zugewiesen wird, und dass, falls diese Rolle dem Sehen zugeschrieben wird, die Raumstruktur eine entsprechende Reihe von Attributen und Charakteristiken hat (darunter z. B. Dreidimensionalität).[288]

1.2 Visualität

Es lohnt sich, hier noch einige weitere Faktoren auszuführen, die die Verbindung zwischen erkenntnistheoretischer Orientierung, begriffsbildenden Aspekten und der Herausbildung der Kategorie des Raumes beleuchten können.

Die Wichtigkeit des Sehens und des visuell Beobachtbaren für die Erkenntnistheorie und die Begriffsbildung wurde in mancher Forschung zur erkenntnistheoretischen Tradition des neuzeitlichen Europa mehrmals betont.[289] Cassirer fasst in seinen wegweisenden Ausführungen zum Substanzbegriff diesen Zusammenhang zusammen, indem er den Begriff mit „Gestalt" gleichsetzt:

> Begriff und Gestalt sind Synonyma: Sie fließen in der Wortbedeutung des εἶδος zu einer unterschiedslosen Einheit zusammen. Das sinnlich Mannigfaltige ordnet und gliedert sich,

288 Zur Dominanz des Sichtfeldes in der Raumwahrnehmung und -orientierung und entsprechende Beschränkung der meisten Analysen von Raumwahrnehmung bzw. Aufbau der Räumlichkeit für ein wahrnehmendes Subjekt siehe z. B. Gosztonyi 1976, Bd. 2: 727 und P. IV, 3 und V sowie die kurze Bemerkung in Brovold und Grush 2012, dass die meisten Theorien zu deiktischen Referenzmechanismen und darauf bezogene Raumverhältnisse ebenfalls von dieser Dominanz ausgehen, was eine entsprechende Vorannahme bezüglich der räumlichen Struktur voraussetzt.

289 Vgl. z. B. Merleau-Ponty 1986: 17: „Wir sehen die Sachen selbst, die Welt ist das, was wir sehen: Formulierungen dieser Art sind Ausdruck eines Glaubens, der dem natürlichen Menschen und dem Philosophen gemeinsam ist, sobald er die Augen öffnet; sie verweisen auf eine Tiefenschicht stummer Meinungen, die unserem Leben inhärent sind." Siehe auch Tyler 1984; Drewermann 2006: 373–438; zur dominanten Rolle des Gesichtsfeldes in der Raumerzeugung, siehe Gosztonyi 1976, Bd. 2, P. V, 4; Thaliath 2005 zur Visualität als Hauptfaktor für die Raumbildung in den räumlichen Strukturen der Kunst und der Wissenschaft der Neuzeit; Blumenberg 2014 und 1989 zu „Funktion und Konsequenzen der Sichtbarkeit innerhalb anthropologischer Konstitutionen" und zur Auswirkung von optischen Medien auf Weltbilder.

> indem sich aus ihm bestimmte *räumliche*[290] Formen herausheben, die durch alle Verschiedenheit hindurchgehen und sich in ihr als gleichbleibende Züge behaupten. In diesen Formen besitzen wir das feste Grundschema, kraft dessen wir mitten im Wandel der sinnlichen Dinge ein Ganzes unveränderlicher Bestimmtheiten einen Bereich des „immer Seienden" ergreifen. So wird die geometrische Gestalt zugleich zum Ausdruck und zur Bewährung des logischen Typus.[291]

In dieser Passage sind u. a. zwei Punkte bemerkenswert: Erstens gilt die Gleichheit der Züge der räumlichen Formen als die Grundlage für die Identifikation eines „sinnlichen Dinges" „mitten im Wandel" als „Seiendes". Auf diese Weise wird der Status des Dinges aufgrund der visuell erfassten Unveränderlichkeit der Bestimmtheiten zum „immer Seienden" erhoben. Zweitens wirkt dieses „feste Grundschema", das Prinzip der Unveränderlichkeit der geometrischen Gestalt, zugleich als Kategorisierungsinstrument, wodurch die Aufteilung in „logische Typen" – Begriffe also – ermöglicht wird.

Den Zusammenhang zwischen visuell bedingter Objektbestimmung, Metaphysik von Substanzen und Begriffsbildung soll hier mithilfe eines weiteren Zitats gestützt werden. Stephen Tyler fasst in seinem Artikel *The Vision Quest or What the Mind's Eye Sees* die Konsequenzen der Priorisierung des Sehens („Seeing is a privileged sensorial mode and a key metaphor in SAE") für Sprache und Erkenntnis folgendermaßen zusammen:

> Things, both as fact and concept, are hegemonic in SAE language and thought. [...] The hegemony of things entails the hegemony of the visual as a means of knowing/thinking. [...] The hegemony of the visual: (a) necessitates a reductive ontological correlation between the visual and the verbal; (b) creates a predisposition to think of thinking/knowing as seeing; (c) promotes the notions that structure and process are fundamentally different and that the latter, which is only sequentiality, can always be reduced to the former, which is simultaneity, so that being dominates becoming, actuality dominates possibility. [...] The real is thus constituted by a dominant visual mode of referential naming (names for real things) and a subordinate verbal mode of abstract and arbitrary name substitutions.[292]

---

290 Hervorhebung *PL.* Hier ist die Identifikation des Räumlichen mit dem Visuellen zu bemerken: Es ist offensichtlich, dass die räumlichen Formen v. a. die visuell erfassten Formen sind. Zur Verbindung zwischen visuell erfassten und räumlichen Charakteristiken von Formen vgl. auch Cassirer 2002: 155–156: „[...] Und wie hierdurch das Ding jeweilig an einen festen Raumpunkt geknüpft und seine Lage im ‚wirklichen' Raum, relativ zur Lage aller anderen Gegenstände, bestimmt erscheint, so legen wir ihm auch seine räumliche ‚Größe' und ‚Gestalt' als objektive Bestimmungen bei."

291 Cassirer 2000: 71–72.

292 Tyler 1984: 23–24. Es scheint, dass es eine gleiche bzw. ähnliche Einstellung wie „being dominates becoming" war, mit der manche Kritiker des Neo-Konfuzianismus in der späten Ming-Zeit

Es ist wichtig, nochmals die Korrelation zu bemerken, die zwischen dem Vorrang des Visuellen und der ontologischen Bestimmung des Objekts (Dinges) als Grundelement der Realität bzw. der Entwicklung der Metaphysik von Substanzen nach solcher Auffassung besteht. Diese Korrelation steht also mit dem Sehen bzw. mit dem paradigmatischen Modell des Sehens, bei welchem seine stabilisierende und objektifizierende Funktion angenommen ist,[293] in enger Verbindung. Solche Auffassungen geben darüber hinaus noch Aufschlüsse darüber, wie sich diese Korrelation erstens auf sprachlicher Ebene spiegelt und zweitens Kategorisierungsordnungen und zeiträumliche Strukturen für die Weltinhalte mitbestimmt. An den entsprechenden Stellen dieser Arbeit werden später alternative Begriffsbildungsmechanismen betrachtet, die chinesische Philosophen des 17. Jahrhunderts erforschten. Bei solchen Mechanismen spielt das Visuelle eine geringe oder gar keine Rolle.

Als eine Einsicht in solche Ordnungen, die nicht auf beständige Substanzen, sondern auf dynamische Verhältnisse bezogen sind, kann man den Aufsatz zum Begriff „Rhythmus“ von Benveniste (1951) betrachten. Seine begriffsgeschichtliche Rekonstruktion des Begriffs und die darauf aufbauende Beobachtung, dass „Rhythmus“ eine der Schlüsselkategorien der antiken atomistischen Philosophie bei Leukipp und Demokrit war, führt ihn zu der Schlussfolgerung, dass dieser Begriff, im Unterschied zu anderen eher statisch ausgerichteten Begriffen, in Bezug auf dynamische Ordnungen umgesetzt wurde. Benveniste führt aus:

> Au contraire ῥυθμός, d'après les contextes où il est donné, désigne la forme dans l'instant qu'elle est assumée par ce qui est mouvant, mobile, fluide, la forme qui n'a pas consistance organique: il convient au pattern d'un élément fluide, à une lettre arbitrerement modelée, à un péplos qu'on arrange à son gré, à la disposition particulière du caractère ou de l'humeur. C'est la forme improvisée, momentanée, modifiable. Or ῥεῖν est le prédicat essentiel de la nature et des choses dans la philosophie ionienne depuis Héraclite, et Démocrite pensait que, tout étant produit par les atomes, seul leur arrangement différent produit la differénce des formes et des objects. On peut alors comprendre que ῥυθμός signifiant littéralement

„kämpften“. Zur Erläuterung ihrer Orientierung auf Veränderung und Wandel im Gegensatz zu einer Ausrichtung auf das Ständige/Konstante (*chang* 常) weiter unten in diesem Kapitel.

293 Dieser Vorrang des Sehens und die mit ihm verknüpfte Entstehung des Ideals der Objektivität lassen sich u. a. folgendermaßen erklären: Nach antiken Theorien des Sehens wird die Annahme, dass das Sehen das Objektive zeigt, durch die Beschaffenheit des Sehens begründet, dass es Dinge in Distanz wahrnimmt, d. h. abgetrennt vom Subjekt und von allen subjektiven (intentionalen) „Einmischungen“. Vgl. Sweetser 1990: 38–39: „The ability to reach out is a significant parallel between vision and intellection, since the objective and intellectual domain is understood as being an area of personal *distance*, in contrast to the intimacy or closeness of the subjective and emotional domain.“ Vgl. auch die Etymologien der Wörter „Theoria“ und „Theater“; beide haben den gleichen Stamm wie das Verb θεάομαι (‚sehen, anschauen, betrachten‘). Zum Konzept der Objektivität in der europäischen Wissenschaft vgl. Daston und Galison 2010.

> ‚manière particulière de fluer', ait été le terme le plus propre à décrire des ‚dispositions' ou des ‚configurations' sans fixité ni nécessité naturelle et résultant d'un arrangement toujours sujet à changer.[294]

Die Auseinandersetzung Benvenistes ist für unseren Zusammenhang insofern relevant, als dass, wie sich zeigen wird, dem Rhythmus als einem strukturbildenden Aspekt der Kunstwerke eine zentrale Rolle in den hier untersuchten ästhetischen Texten zukommt und mit dieser Rolle bestimmte ontologische Annahmen über prozessuale Ordnungen zusammenhängen.[295]

Hinsichtlich des Räumlichen kann auf den Zusammenhang hingewiesen werden, der einerseits zwischen dem Konzept des Dinges bzw. der Auffassung seiner invariablen Eigenschaften, d. h. in unterschiedlichen Situationen und Kontexten und an unterschiedlichen räumlichen Orten/Punkten als solche identifizierbaren unveränderlichen Züge,[296] und andererseits der Vorstellung über den homogenen Raum als Abstraktion der Gesamtheit von Positionen von Dingen besteht, die auf räumliche Bestimmungen reduziert sind. Denn es scheint, dass die Unveränderlichkeit des Dinges in gewissem Sinne der Homogenität des Raumes entspricht: Wenn sich das Wesen des Dinges entsprechend seiner räumlichen Position *nicht* ändert, heißt es doch zugleich, dass der Raum in Bezug auf das Ding „wirkungslos" ist (er trägt nicht zum Wesen des Dinges bei) bzw. dass das Ding und der Raum unabhängig voneinander sind.

Entsprechend einer solchen Ontologie des Objekts ist die Vorstellung von Bewegung (Veränderung) als eine räumliche Bewegung (Veränderung) auch fassbar: Wenn angenommen wird, dass das Wesen des Dinges nicht veränderbar ist, dann heißt das, dass sich nur die Koordinaten der räumlichen Position des Dinges (Objekts) verändern – oder als sich verändernde fixiert werden[297] – so wie es der Fall ist im neuzeitlichen, prinzipiell räumlichen physikalischen Modell mit dem

294 Benveniste 1951: 407.

295 Vgl. hierzu insbesondere Kapitel III, Punkte 3–4. Zur Tendenz in den gegenwärtigen Kognitionswissenschaften, die Auseinandersetzungen mit Objekten zugunsten einer Auseinandersetzung mit Aktivitäten (*activities*) zu verwerfen, und zu Veränderungen in den Kategorisierungssystemen der Sprache und der Erkenntnistheorie, die diese Tendenz mit sich bringt, siehe Machamer und Osbeck: 2012.

296 Vgl. Cassirer 2000: 72: „Wie wir den Umriß der sichtbaren Gestalt als identisch wiedererkennen, gleichviel, an welchem sinnlichen Stoff sie uns entgegentritt oder in welchem Maßstab wir sie entworfen denken: so gilt es allgemein, die obersten Gattungen aufzustellen, denen das Seiende seine gleichartige begriffliche Prägung, denen es die konstante Wiederkehr bestimmter Einzelzüge verdankt."

297 Dazu kann man ergänzen, dass solche auf den Raum orientierten physikalischen Modelle (v. a. das newtonsche) keine zeitliche Veränderung (den Modus „of becoming"!) berücksichtigen. Vgl. dazu Gorham und Slowik 2014.

Raum als Behälter mit *vorgegebenen* Koordinatenachsen, innerhalb dessen alle Objekte als Punkte positioniert werden können.[298]

Es muss allerdings bemerkt werden, dass solcher Reduktionismus bezüglich der Bestimmung des Dinges und des Raumes u. a. aus phänomenologischer Perspektive kritisiert wurde:

> Auf diese Weise hat die Wissenschaft von Anfang an alle Prädikate eliminiert, die den Dingen aufgrund unserer Begegnung mit ihnen zukommen, diese Elimination ist aber nur eine vorläufige: denn die Wissenschaft wird das, was sie zunächst als subjektiv beiseite geschoben hat, nach und nach wiedereinführen, sobald sie es richtig einzuordnen weiß. Doch dann integriert sie das Erlebte nur noch als Spezialfall jener Relationen und Objekte, die aus ihrer Sicht die Welt definieren.[299]

Mit derartiger Kritik einhergehend erfolgte in der phänomenologisch orientierten Raumforschung eine (Wieder-)Einführung der „geistigen" Dimensionen in das Verständnis, was Raum sei, sowie die Berücksichtigung qualitativer Veränderungen im Objekt je nach Änderungen der Raumparameter (z. B. Distanz).[300]

In einer solchen Weltauffassung, die im neuzeitlichen naturwissenschaftlichen Paradigma gewirkt zu haben scheint,[301] entspricht einem auf ein stabiles

---

298 Vgl. z. B. Gosztonyi 1976: Bd. 1, 227 über die Voraussetzungen für die Abstrahierung des Raumbegriffs im Zeitraum 15.–17. Jh.: „[...] die Erkenntnis, dass der Raum als unkörperlich und homogen aufgefasst werden müsse und ihm keine inhärenten Eigenschaften zukämen. Diese Raumauffassung bildete von da an die Grundlage für die Physik." Einen Überblick zur „absolutistischen" Raumvorstellung und zu dem damit in Verbindung stehenden „Behälterraum" siehe in Löw 2001: 24–27. Für solche Zusammenhänge und Merkmale des „Systemraums" wie Stetigkeit, Unendlichkeit, Gleichförmigkeit vgl. auch Cassirer 2002: 162–163.

299 Merleau-Ponty 1986: 31. Vgl. auch kritische Ausführungen Heideggers zur Auffassung vom Ding im europäischen neuzeitlichen wissenschaftlichen Paradigma in dessen Aufsatz *Das Ding* aus dem Jahr 1950.

300 Siehe dazu Überblicke z. B. in Kruse und Graumann 1978 und Löw 2001. Für eine in die Richtung phänomenologischer Verständnisse des „gestimmten" Raums ausgearbeitete Umsetzung des Raumbegriffs für die Analyse chinesischer ästhetischer Tradition siehe hier die bereits erwähnte Arbeit von Lam 2018 und die Ausführung in Kapitel III, Punkt 1 in der vorliegenden Untersuchung.

301 Löw (2001: 24) hält fest, dass die Raumvorstellung der Neuzeit immer noch wirksam ist: „Die Vorstellung vom Behälterraum ist [...] bis heute eine dominante Vorstellung im alltäglichen Verständnis von Raum." Aus Cassirers Ausführungen 2002: 162–163 ist ebenfalls ersichtlich, dass die Raumauffassung der Physik und Geometrie der Neuzeit eng mit der alltäglichen Vorstellung vom Raum „zusammengewachsen" ist und als „real" wahrgenommen wird; vgl.: „So sind auch alle jene Bestimmungen, die wir dem Raum der Anschauung beizulegen pflegen, näher betrachtet nichts anderes als rein logische Charaktere. Durch solche Charaktere, durch Merkmale wie Stetigkeit, Unendlichkeit, Gleichförmigkeit, definieren wir den Raum der reinen Geometrie; aber auch die Anschauung des Dingraumes, des ‚physischen' Raumes kommt in keiner anderen Weise zustande." Interessant ist auch, dass Instrumente für Raumanschauung, Messung und Fixierung

und invariables „Wesen“ reduzierten Dingbegriff ein ebenso reduziertes Konzept eines idealen Beobachters bzw. einer idealen Position des Beobachters. Bemerkenswert ist zum einen, dass es meist ein *sehender* Beobachter *par exellence* ist, zum anderen, dass es dabei um Abstrahierung oder Nicht-Berücksichtigung der konkreten Beschaffenheit der Sehprozesse und deren Rückführung auf geometrische Gesetze geht.

(Camera obscura, Fernrohr usw.) diese Vorstellung sozusagen bestätigen. Zur gegenseitigen Abhängigkeit zwischen den durch solche Instrumente vermittelten Raumbilder und den konzeptuellen Raumauffassungen vgl. Blumenberg 1989. Vgl. auch Merleau-Pontys (1986: 1 Kap.) Hervorhebung des Ursprungs metaphysischer Annahmen und wissenschaftlicher Theorien im „Wahrnehmungsglauben“.

2 Die Faktoren aus der Perspektive chinesischer Gelehrter

Oben sind also die Zusammenhänge zwischen der Verhältnisbestimmung von Subjekt und Objekt, das Modell des Sehens bzw. die Rolle der Visualität in der Entstehung der Ontologie des Objekts und des Raumes sowie in der Entwicklung des Substanzbegriffs skizziert worden. Auch auf die mit solchen Zusammenhängen und Modellen verbundenen Wirklichkeitsansprüche wurde hingewiesen. Betrachten wir nun Beispiele aus den chinesischen Texten des 17. Jahrhunderts hinsichtlich dieser Zusammenhänge.

2.1 Methoden der Begriffsbildung

In einem drastischen Unterschied zu der Weise der Begriffsbildung aufgrund von visuell identifizierbaren Formen bzw. der Extrahierung eines unveränderlichen Wesens (Kerns), die oben anhand der Zitate aus Werken Cassirers, Tylers und Merleau-Pontys illustriert wurden, steht eine wegweisende Auslegung des Begriffspaares *neng* 能 und *suo* 所 durch einen herausragenden Denker, Philosoph und Klassikerkommentator der frühen Qing-Dynastie Wang Fuzhi 王夫之 (1619–1692).[302] In seinem Text *Vom Buch der Dokumente evozierte Bedeutungen* (*Shangshu yinyi* 尚書引義) setzt Wang das Paar *neng* und *suo* als Kategorisierungsinstrument für seine Analyse und den Kommentar einer Passage[303] aus dem Klassiker um. Aufbauend auf buddhistischen Definitionen dieses Begriffspaares, nach welchen das *suo* als „Objekt“ und das *neng* als „Subjekt“ interpretiert werden können, und auf den Konnotationen, welche *suo* und *neng* als einzelne Begriffe in chinesischen Texten annehmen,[304] die keine buddhistischen Einflüsse aufzeigen, entwickelt Wang Fuzhi seine eigene Theo-

302 Zur Person und zum Werk siehe Hummel 1943/44: 2, 817–819; Black 1989; McMorran 1992; Xiao und Xu 2002; Yu 2018: 260–306. Zur Zusammensetzung des Gesamtwerkes Wang Fuzhis *Nachgelassene Schriften des Chuanshan* (*Chuanshan yishu* 船山遺書) siehe Theobald 2016/2017.

303 Es handelt sich um die Teilsätze „Let the king make reverence the resting-place of his mind. He may not but maintain the virtue of reverence.“ (王敬作所, 不可不敬德) (Übersetzung Legge 1960, Bd. 3: 429) aus dem Kapitel „Announcement of the Duke of Shao“ *Shaogao* 召誥 (*Shangshu*, Shaogao: 227) und „The superior man rests in this, that he will have no luxurious ease“ (君子所, 其无逸) (Übersetzung Legge 1960, Bd. 3: 464) aus dem Kapitel „Against Luxurious Ease“ *Wu yi* 无逸 (*Shangshu*, Wuyi: 246).

304 Vgl. die Ausführungen zur etymologischen Bedeutungen für *suo* 所 und *neng* 能 in Schuessler 2007: *suo* 所 ‚place, position, situation‘ (Schuessler 2007: 486); *neng* 能 ‚be capable, have ability, can‘ (Schuessler 2007: 117).

https://doi.org/10.1515/9783110791860-005

rie zur Bestimmung ihrer Verhältnisse. Wang wiederum kritisiert die buddhistische Auffassung, vor allem diejenige der Nur-Bewusstseinsschule (*Weishi zong* 唯識宗)[305], nach welcher das *suo* „weggewischt" wurde und auf diese Weise ins *neng* „gelangte" (消所以入能) – d. h. dem „Subjekt" (*neng*) die das „Objekt" (*suo*) konstituierende Rolle vollständig zugewiesen wurde, wobei nach der buddhistischen Auffassung – so Wang – die beiden Pole nicht real sind (無能所) und es gilt, beide zu überwinden:

> [...] 空我執而無能 空法執而無所
>
> [...] Indem man das dem „Ich"-Verhaftetbleiben entleert, gibt es kein „Subjekt" mehr; indem man das dem *dharma*-[306] Verhaftetbleiben entleert, gibt es kein „Objekt" mehr.[307]

Wang Fuzhis eigene Position hinsichtlich der Verhältnisbestimmung dieses Paares, vor allem seine Behauptung, dass das „Objekt" (*suo*) als selbstständig (nicht vom

---

305 Die Nur-Bewusstseinsschule, in einigen ihrer Entwicklungen auch die Schule der *dharma*-Erscheinungen (*Faxiang zong* 法相宗) genannt, ist eine der buddhistischen Schulen in China, die basierend auf der Lehre der indischen *Yogācāra*-Schule von Xuanzang 玄奘 (602–664), Pilger-Mönch und einer der größten Übersetzer der buddhistischen Schriften aus dem Sanskrit ins Chinesische, gegründet wurde. Zur Person siehe die Fußnoten 1041. Wegen ihrer tiefgreifenden Ausarbeitung zu Bewusstseinsphänomenen und der Betonung „10.000 *dharmas* sind nur Bewusstsein" (*wanfa weishi* 萬法唯識) wird sie oft in der Literatur als idealistische Schule bezeichnet. Zur Kritik dieser Bezeichnung sowie einer umfassenden, zwar bezüglich mancher Positionen in der buddhologischen Forschung umstrittene, Darstellung der Lehre der Nur-Bewusstseinsschule siehe Lusthaus 2002, zur Geschichte der Formel „10.000 *dharmas* sind nur Bewusstsein" und zur Renaissance der Schule im 20. Jahrhundert siehe Hammerstrom 2010. Allgemein zur *Yogācāra*-Schule siehe Williams 2008: 84–102, für eine Auflistung der zentralen Werke und Personen der Schule siehe Ciyi 1988: 3373.

306 Ein Zentralbegriff der buddhistischen Lehre. Für eine heute immer noch maßgebliche Abhandlung zur *dharma*-Theorie siehe v. Glasenapp 1938. In diesem Artikel deutet von Glasenapp den Begriff *dharma* als „Daseinselement". Für eine ausführliche Übersicht über die Bedeutungen des *dharma* in der frühen buddhistischen Tradition *Sarvāstivāda* siehe Cox 2004. Im Kontext dieses Zitats ist die folgende Deutung des *dharma* relevant: „The term ‚dharma' (in Chinese: *fa* 法) is derived from Sanskrit root ‚dhṛ-', which means ‚to adhere', ‚hold', etc. ‚Dharma' is a noun, and its Chinese translation, ‚*fa*', means ‚law', ‚example', and ‚imitation'. Chinese Buddhist texts use this term in different ways. Often, it conveys the sense of ‚thing' or ‚entity', but also appears in compound expressions, such as ‚Buddha-dharma' (law of the Buddha's theaching) [...]. All this expresses that the way things appear to us is dependent on, or determined by, our behavioral or habitual relationships to those things. The existence of an intrinsic nature does not inform about the identity of a particular thing. What constitutes a thing is rooted in our habitual tendencies, according to Mahāyāna Buddhism. Therefore, ‚*dharma*' or ‚*fa*' is often used as a synonym for the Buddhist sense of ‚thing'" (Kantor 2016: 126, Fußnote 1). Zur Rolle des chinesischen Äquivalents *fa* 法 des Sanskritbegriffs *dharma* in den ästhetischen Theorien siehe Kapitel III, Punkt 4.1.

307 Wang, *Shangshu yinyi*: 1483.

„Subjekt“ geschaffen) und real zu denken sei, leitet er von der Absurdität einer Gegenannahme ab:

> 天下古無有所 而惟吾心之能作者為所 吾心之能作者為所 則吾心未作而天下本無有所 是民碞之可畏 小民之所依耳
>
> [Die Welt] unter dem Himmel hat von Alters her nichts Objektives an sich, und zum Objektiven wird [sie] lediglich durch das subjektive Vermögen meines Herz-Geistes gemacht. Hält man das, was das Vermögen meines Herz-Geistes macht, für das Objektive, dann hat [die Welt unter dem Himmel] bevor sie mein Herz-Geist gemacht hat, ursprünglich nichts Objektives an sich. Dies sind [gerade jene, auf die im *Shaogao* hingewiesen wird] unangemessenen und zu befürchtenden [Verständnisse] im Volk[308] und das, worauf sich mindere/gemeine Menschen stützen.[309]

Wang Fuzhi wendet sich offensichtlich gegen das buddhistische „Wegwischen“ des Objektiven (*suo*) sowie gegen solche Auffassungen, die unter buddhistischem Einfluss auch die konfuzianischen Klassiker auf diese Weise deuten. Er scheint in seinem Kommentar eher dem Verständnis zugeneigt, wonach die subjektiven Phänomene (*neng*) von der objektiven Beschaffenheit der Umgebung (*suo*) abgeleitet werden. Dass Wang den Vorrang im Wechselverhältnis innerhalb dieses Paares dem „Objekt“ (*suo*) übergibt, scheint sich auch darin zu spiegeln, dass er das Paar *suo–neng* auf ein anderes Grundkategorienpaar der chinesischen Philosophie „Tiefenstruktur“[310] –„Funktion“ (*ti–yong* 體用) zurückführt, wo das „Objekt“ (*suo*) der „Tiefenstruktur“ gleichgesetzt wird:

---

308 Der Satz ist ein leicht modifiziertes Zitat aus dem Kapitel „Announcement of the Duke of Shao“ des *Buches der Dokumente*: „Let not the king presume to be remiss in this, but continually regard and stand in awe of the perilousness of the people“ ([...] 王不敢后。用顾畏于民碞 [...]) (*Shangshu*, Shaogao: 227; Übersetzung Legge 1960, Bd. 3: 428).

309 Wang, *Shangshu yinyi*: 1484.

310 Die etymologische Bedeutung von *ti* ist ‚Körper, Organismus‘ (als lebendiges Gefüge), vgl. die Auflistung etymologischer Derivationen in Schuessler 2007: 494, der die Glossen ‚body, form, shape, content‘ bietet und ausführt, dass sich das Wort von Sino-tibetisch *sri ‚to exist‘ herleite. Von derselben Wortwurzel, so Schuessler, leite sich auch die Bedeutung des Wortes *sheng* 生 ‚give birth, live‘ und Schrifttibetisch *srid-pa* ‚existence, things existing, the world, life, a single being‘ (neben verbalem ‚procreate‘) her.

Die verbreitetste Übersetzung für das Kategorienpaar *ti–yong* ins Englische ist ‚substance‘ und ‚function‘; vgl.: „The word *ti* (literally ‚body‘) has a wide range of meanings, but it resembles the Englisch word ‚substance‘ in being used both for a solid body and also, as in this pair of terms, for what is assumed to underlie the changing surface of thing. [...] The *yong* of a thing is its activity, its response when stimulated“ (Graham 1958: 39). Siehe hierzu auch Chan 1963a; Cua 2003: 720–722; Zhang 2004: 150–162. Eine Variante der Übersetzung des Paares *ti* und *yong* ist ‚Noumenon‘ und ‚Phänomenon‘ (Cheng 2004: 59). Um die Bedeutungen des Begriffs *ti* von dem oben diskutierten europäischen Substanzbegriff abzugrenzen, wird *ti* im Folgenden nicht als „Substanz“ übersetzt. Die Übersetzung des Begriffs als „Tiefenstruktur“ leitet sich von der in der „klas-

> [...] 所謂能者即用也所謂所者即體也
>
> [...] Das sogenannte „Subjektive" ist gerade die „Funktion", das sogenannte „Objektive" ist gerade die „Tiefenstruktur".[311]

Wenn man die Extensionsreihen näher anschaut, die Wang jeweils für die Begriffe *neng* und *suo* aufbaut, versteht man, dass Wang das Paar zu einem effizienten Kategorisierungsinstrument macht, indem er es in eine andere Bedeutungsdimension als jene des Subjekt-Objekt-Verhältnisses platziert.

Die Extensionsreihen sehen verkürzt folgendermaßen aus:

> Für *suo*: „Gebiet" *jing* 境 – „Tiefenstruktur" *ti* 體 – „Position" *wei* 位 – „Ding" *wu* 物 – *yin yang* 陰陽 – „Berge-Wasser" *shan shui* 山水 – „Ritual" und „Musik" *li yue* 禮樂;
> Für *neng*: im Zusammenhang von „Leistung" („positiver Effekt") *gong* 功 und „Funktion" *yong* 用 – „Denken" *si* 思 – „Selbst" *ji* 己 – „Transformation" und „Vereinigung" *bian he* 變合 – „Menschlichkeit" und „Wissen" *ren zhi* 仁知 – „Ausgeglichenheit" und „Harmonie" *zhong he* 中和.[312]

Bei genauerer Betrachtung erscheint die Zuordnung einiger Reihenelemente zu den jeweiligen Reihen merkwürdig: Beispielsweise kann die Reihe *suo* außer Elementen mit lokativer und primär auf physische Umgebung bezogenen Bedeutungen (wie bei „Gebiet", „Position",[313] „Berge-Wasser"[314]), auch solche aufnehmen, die keinen direkten Bezug zu einer Örtlichkeit aufweisen (wie bei „Ding" oder bei *yin-yang*) oder solche, die auf soziale Institutionen verweisen (wie bei „Ritual" und „Musik"). Die Reihe *neng* kann solche Bedeutungen umfassen, die sowohl subjektbezogen (d. h. mit Rückbezug auf eine handelnde Instanz, wie bei „sich

---

sischen" generativen Transformationsgrammatik Noam Chomskys entwickelten Vorstellung der syntaktischen Basis ab, die in einem konkreten oberflächenstrukturellen Satz jeweils aktualisierte Informationen und Relationen enthält. Angesichts der vielfältigen Bedeutungen von *ti* und *yong* ist es jedoch nicht immer möglich, eine einheitliche Übersetzung in allen analysierten Passagen beizubehalten. An Stellen, wo die Begriffe anders übersetzt werden, folgt dem deutschen Übersetzungswort daher jeweils die in Klammern beigefügte *pinyin*-Umschrift, z. B.: „Gefüge (*ti*)" oder „Wirkung (*yong*)".

311 Wang, *Shangshu yinyi*: 1483.

312 Wang, *Shangshu yinyi*: 1483–1484.

313 Bei dem Beispiel mit „Position" – insbesondere da der Bezug auf das *Buch der Wandlungen* genommen wird – soll die Bedeutung nicht auf eine reine räumliche Position beschränkt, sondern als Position in einem multidimensionalen Bezugssystem gedeutet werden. Die ursprüngliche Bedeutung des *wei* ist „Position am Hof", bei welcher der funktionale Aspekt offensichtlich wichtig ist. Für die weitere Ausführungen zum Begriff „Position" siehe Kapitel III, Punkt 4.1.

314 Vgl. die berühmte Stelle in den *Analekten des Konfuzius* (*Lunyu* 論語) Kapitel „Yongye" (雍也), auf welche Wang Fuzhi offensichtlich Bezug nimmt: „The wise find pleasure in water; the virtuous find pleasure in hills" (智者樂水, 仁者樂山) (Übersetzung Legge 1960, Bd. 1: 192).

transformieren“ und „sich vereinigen“) als auch objektbezogen, transitiv sind („denken“), oder sowohl nominalisierte, d. h. auf eine verdinglichte Vorstellung verweisende (wie bei „Selbst“) als auch prädikative, d. h. auf eine Funktion verweisende Bezeichnungen sind (wie bei „denken“, „sich transformieren“ und „sich vereinigen“).

Wenn also eine Aufgliederung in die geistigen, kognitiven, moralischen Parameter einerseits versus die physischen und auf Materie und Körper bezogenen Parameter andererseits in Wang Fuzhis *neng-suo*-Kategorisierung nicht gelingt, das Abhängigkeitsverhältnis zwischen Subjekt und Objekt nicht definitiv bestimmbar ist, und die jeweiligen Wirkungsweiten von *neng* und *suo* in einem dynamischen Wechselverhältnis zueinander stehen und nicht voneinander klar trennbar sind, wie es in einem dualistischen Modell, d. h. in einem solchen, das eine klare Gegenüberstellung zwischen Subjekt und Objekt voraussetzt,[315] naheliegend wäre, wenn die Reihen jeweils sowohl dinghafte, auf Substanz bezogene als auch wirkende und prozesshafte, auf Handeln bezogene Reihenelemente enthalten, lässt sich die ganze Verhältnisbestimmung innerhalb des Paares *neng–suo* weder als Subjekt-Objekt-Verhältnis beschreiben noch als materialistisch oder idealistisch bezeichnen.[316]

Es lässt sich dann fragen, welches das Prinzip sein mag, das die Kategorisierungsreihen, die Wang Fuzhi jeweils anhand von *neng* und *suo* zieht, vereinheitlicht, wie es sich überhaupt formulieren lässt. Laut Wang Fuzhis Definitionen drückt das *suo* die Möglichkeit aus, in einem Gebiet (*jing*) eine entsprechende Funktion (*yong*) auszuüben, genauer in Wang Fuzhis Worten:

> 境之俟用者曰所
>
> *Suo* bedeutet etwas, das sich aus [bzw. in] einem Gebiet ergibt,[317] das sich für eine Funktion eignet.[318]

315 Die Gegenüberstellung von Subjekt und Objekt betrifft nur ein Beispiel aus Wang Fuzhis Reihe *ji–wu* – Selbst–Ding.

316 Eine interessante Frage, die allerdings über den Rahmen dieser Arbeit hinausführt, ist, welche grammatikalischen Differenzierungen eine solche Klassifizierung voraussetzt und ob z. B. möglicherweise eine strenge Differenzierung von verbalen und nominalen Bedeutungen verschwommen wird.

317 Anzumerken ist hier die über das Physisch-Räumliche hinausgehende Bedeutungsdimension des *jing*.

318 Wang, *Shangshu yinyi*: 1482.

Und:

> 用之加乎境而有功者曰能
>
> Wenn eine Funktion (*yong*) in einem [für die Funktion geeigneten] Gebiet (*jing*) ausgeübt wird, und sich daraus eine [positive] Wirkung ergibt, dann heißt es *neng*.[319]

Laut diesen Definitionen lässt sich die Verhältnisbestimmung zwischen *neng* und *suo* sowie die Art und Weise der Kategorisierung, die das Paar ermöglicht, als ein *Zusammenhang von Rahmenbedingungen* beschreiben, in denen sich eine Handlung vollzieht und eine Leistung bzw. ein positives Ergebnis gewährleistet wird.[320] Dabei – so scheint es – werden in diesem Verhältnis gerade die „Umschaltung" vom Potenziellen ins Aktuelle, also die Verwirklichung, und die für dieses Verhältnis spezifischen Faktoren fokussiert. Bei dieser „Umschaltung" von der Möglichkeit zur Verwirklichung im Zusammenkommen von wirkenden Faktoren lassen sich einerseits wirkungsfähige, prägende, vorausgesetzte und zugleich voraussetzende oder schon bestehende[321] Strukturen oder Muster („vorstrukturierte Bedingungen"[322]) – also Rahmenbedingungen (*suo*) – im Gegensatz zu aktuellen Wirkungen und aktuellem Handeln (*neng*) unterscheiden. Wesentlich ist unter anderem, dass es sich dabei um eine *Wechselwirkung* handelt: Nicht nur das *suo* bestimmt das *neng*, sondern das *suo* wird auch durch das Handeln zur Vollendung gebracht.

Zwischenbilanz Die obige Analyse ermöglicht folgende Schlussfolgerungen bzw. weiterführende Hypothesen hinsichtlich der Art und Weise der von Wang Fuzhi hier umgesetzten Kategorisierungen und begriffsbildenden Verfahren:

Es ist zunächst zu bemerken, dass der Aufbau von den Extensionsreihen für die Kategorien *neng* und *suo* jeweils nicht objektorientiert, sondern relational ist. Das heißt, die Zuordnung von Reihenelementen zu den jeweiligen Kategorien ba-

---

319 Wang, *Shangshu yinyi*: 1482–1483.

320 Beurteilt wird die Wirkung, natürlich, aus der Perspektive gesellschaftlicher Moral bzw. gesellschaftlichen Wohlstands. Dadurch, dass Handlung und Bedingungen immer im Hinblick auf ein entsprechendes Ergebnis, eine Wirkung (resultative, produktive Handlung) ausgeübt werden (sonst ist es kein *neng*), wird es nicht neutral beurteilt, sondern erhält eine moralische Dimension. Nur eine der Sozialgemeinschaft wohltuende, fördernde Wirkung zählt.

321 In gewissem Sinne sind sie schon gewordene, bestehende Strukturen, aber wichtig ist, den Unterschied zum „immer Seienden" im metaphysischen Sinne zu unterstreichen.

322 Ein Ausdruck von Martina Löw 2001: 158. Das ganze hier beschriebene Wirkungssystem ist mit dem Verständnis über die Konstitution von Raum in der Wechselwirkung zwischen Handeln und Strukturen, wie Löw dies beschreibt, vergleichbar. Dabei ist offensichtlich, dass die Überwindung der kategorialen Bestimmungen, derer sich das traditionelle System mit der Ausdifferenzierung zwischen dem Materiellen und dem Ideellen sowie dem verdinglichenden Subjekt und Objekt bedient, Löw viele Bemühungen kostet.

siert nicht auf der Identifikation dieser Elemente bzw. ihrer Eigenschaften mit anderen Elementen derselben Reihe, da sie oft unterschiedlicher „Natur" sind und miteinander nicht identifizierbar sind, sondern sie lässt sich erst hinsichtlich der Funktion in einer Wechselwirkung mit dem entsprechenden Element aus der anderen Reihe bestimmen. Anhand solcher Kategorisierungen werden also nicht Substanzen, sondern *Verhältnisse* zwischen Objekten, Phänomenen und Prozessen unabhängig von einem Bezug auf das materielle Substrat bzw. eine Eigenschaft abstrahiert: Zum Beispiel verhalten sich „Ritual" und „Musik" zu „Ausgeglichenheit" und „Harmonie" wie sich „Berge" und „Wasser" zu „Menschlichkeit" und „Wissen" verhalten, wie ein „Ding" sich zum „Selbst" verhält, wie *yin-yang* sich zu „Transformation" und „Vereinigung" verhalten, wie „Position" sich zu „Denken" verhält usw.

2.2 Begriffsbildung und Visualität

Die nicht objekt- bzw. substanzbezogene Art der Kategorisierung und Begriffsbildung Wang Fuzhis lässt sich noch besser im Zusammenhang mit seinen Reflexionen zur Relevanz der visuell erkennbaren Form aus den „Inneren Kapiteln" (*neipian* 內篇) seiner *Aufzeichnungen von Reflexionen und Fragen* (*Siwen lu* 思問錄) illustrieren und hinsichtlich der Raumproblematik weiterentwickeln:

> 張子曰,「日月之形, 萬古不變」。形者, 言其規模儀象也, 非謂質也。質日代而形如一, 無恆器而有恆道也。江河之水, 今猶古也, 而非今水之即古水。燈燭之光, 昨猶今也, 而非昨火之即今火。水火近而易知, 日月遠而不察耳。爪髮之日生而舊者消也, 人所知也。肌肉之日生而舊者消也, 人所未知也。
> 人見形之不變
> 而不知其質之已遷,
> 則疑今茲之日月為邃古之日月, 今茲之肌肉為初生之肌肉 [...]
> 陽而聚明者恒如, 斯以為日; 陰而聚魄者恒如, 斯以為月;
> [...] 必用其故物而後有恒, 則當其變而必昧其初矣。
>
> Zhangzi[323] sagte: „Die Form der Sonne und des Mondes verändert sich in aller Ewigkeit nicht." Mit „Form" spricht man über ihre [jeweiligen] äußeren Charakteristiken [wörtl. Maßstab und Aussehen], es ist keine Bezeichnung für [ihre] stofflichen Qualitäten (*zhi*). Stoffliche Qualitäten ändern sich täglich, aber die Form bleibt dieselbe. Obwohl es keinen Bestand von Dauer [wörtl. kein beständiges Gefäß] gibt, gibt es das ständige *Dao*. Das Was-

323 D.i. Zhang Zai 張載 (1020–1077) Philosoph und Kosmologe aus der Zeit der Nördlichen Song Dynastie (960–1126), ein der ersten und wichtigsten *qi*-Theoretiker. Zu seiner *qi*-Theorie siehe Ommerborn 1996a; Kim 2015. Für die Übersetzung des Werkes des Zhangzai siehe Friedrich et al. (Hg.) 1996.

ser in den Flüssen ist heute wie im Altertum, aber es ist doch kein Wasser von heute, sondern das Wasser des Altertums.[324] Das Licht der Leuchte ist gestern wie heute, aber ist kein Feuer des Gestern, sondern es ist das Feuer des Heute. Das Wasser und das Feuer befinden sich in der Nähe, deswegen ist es einfach [über sie] zu wissen, die Sonne und der Mond sind weit entfernt und darum nicht zu untersuchen. Das tägliche Wachsen von Nägeln und Haaren und das Verschwinden des Alten ist das, worüber man weiß; das tägliche Wachsen von Muskeln und Fleisch und das Verschwinden des Alten ist das, worüber man nicht weiß.

Der Mensch sieht [nur], dass die Form sich nicht verändert.
Er weiß aber nicht, dass stoffliche Qualitäten schon umgewandelt sind.[325]

Folglich täuscht man die Sonne und den Mond des Heute und des Hier für die Sonne und den Mond, die weit entfernt und uralt sind; [so wie] die Muskeln und das Fleisch des Heute und des Hier [täuscht man] für die[selben] Muskeln und das[selbe] Fleisch, die bei der Geburt [da] waren. [...]

[Das, was als] *yang* das Licht konzentrierend ewig in dieser Art und Weise fortbesteht, hält man für die Sonne;

[Das, was als] *yin* den Schatten konzentrierend ewig in dieser Art und Weise fortbesteht, hält man für den Mond. [...]

Es ist notwendig, anzusetzen, worin ein Ding gründet, und erst danach ergibt sich die Konstante. Folglich wird es seinem Wandel gerecht und dann ist es in Bezug auf seinen Wandel gewiss notwendig, kein Bewusstsein über seine Anfänge zu entwickeln.[326]

Laut Wang Fuzhi ist also die Unveränderlichkeit bzw. Einheit der Form täuschend und kann tatsächliche Veränderungen von Qualitäten nicht wiedergeben. Im Zitat wird auch deutlich, dass eine Beurteilung hinsichtlich des Zeitverlaufs bzw. eine Aufteilung in Altes und in Heutiges ausgehend von der Einheit der visuell erkennbaren Form kontingent sei bzw. den tatsächlichen Sachverhalt und seine Veränderungen nicht treffen könne.

Zwischenbilanz Ausgehend von diesen Belegen ist nun zwar bestätigt, dass der visuellen Wahrnehmung die Kapazität zur Ausdifferenzierung, Identifikation und folglich zur Individualisierung aufgrund einer abgrenzbaren Form zugewiesen wurde. Es geht also um dieselbe Verbindung zwischen der visuellen Wahrnehmung, anhand welcher Formen (auch in der Ferne) erkannt werden können,[327] der Objektivierungsfunktion bzw. -kraft, die dem Sehen zugeschrieben wird, und den daraus abgeleiteten Substanzauffassungen, die vorne an den Beispielen aus dem europäischen Gedankengut, nämlich aus Cassirers Ausführung zum Substanzbegriff und Tylers Ar-

324 Vgl. die schöne thematische Parallele zu Heraklits *panta rhei*.

325 Im Originaltext ist die Sentenz (die zwei Zeilen von *Der Mensch* ... bis ... *umgewandelt sind*) parallel konstruiert, wobei sich die am Ende der jeweiligen Zeilen stehenden Lexeme *bian* 變 und *qian* 遷 reimen.

326 Wang, *Siwen lu*: 57.

327 Vgl. die Ausführung zur Form- und Raumwahrnehmung in der Ferne ausgehend von chinesischen Bildtheorien der untersuchten Zeit im Kapitel III, Punkt 1 und 7.

tikel zur Rolle der Visualität in der europäischen Epistemologie und Sprache, betrachtet wurden. Es wurde gezeigt, dass auch die Ansätze für eine Abstraktion von der räumlichen Ordnung wohl mit der Individualisierung aufgrund von visuell erkennbaren Formen und Substanzauffassungen in einer engen Verbindung stehen. Es scheint jedoch, dass gerade infolge dieser Kapazität zur Formbildung der Stellenwert der Visualität in der chinesischen Erkenntnistheorie der untersuchten Zeit eher hinterfragt wurde,[328] wobei vor den falschen Identifizierungen bzw. Kategorisierungen und Formnachahmungen[329] aufgrund des Visuellen „gewarnt" wurde. So betont Wang Fuzhi, dass die Sichtbarkeit bzw. Unsichtbarkeit keine Grundlage für den Aufbau von metaphysischen Ordnungen und keine Basis für die Begriffsbildung darstellen kann. Im Hinblick auf die allen Formerscheinungen, inklusive des Selbst und der Dinge, voraussetzenden Wirkungen des *qi*[330] sind die Grenzen von Formen vorübergehend und nicht absolut, wie aus folgenden Zitaten aus dem Kapitel „Die Große Übereinstimmung" (*taihe* 太和篇) seines *Kommentars zur Richtigstellung von Unerklärtem von Zhang Zai* (*Zhangzai Zhengmeng zhu* 張載正蒙注):

328 Das Thema des visuellen Erkennens von Grenzen der Dinge im Raum als Grundprinzip ihrer Identifikation und als Basis für Klassifikationen ist ein altes Thema in der chinesischen (Sprach-)Philosophie. So beschreibt Jane Geaney in ihrer Analyse einer Aussage Xunzis 荀子 (trad. ca. 313 – ca. 238 v. Chr.) seine Auffassung bezüglich der Form (*zhuang* 狀) und der Wirklichkeit (*shi* 實) im Kapitel „Zheng ming" 正名 [Richtigstellung der Namen] wie folgt: „[...] because the eyes perceive the locations of entities in space, the capacity of vision to discern boundaries plays an important role. Insofar as there is individuation, it is primarily the result of the eyes' capacity to see location, which is to say, find separations between things" (Geaney 2016: 13). Im Unterschied zur Deutung Geaneys, derzufolge sich die Rolle der Visualität im Erkennen der Form (*zhuang*) auch auf das Erkennen der Wirklichkeit (*shi*) übertragen lässt, scheint jedoch ein prinzipieller Punkt bei Xunzi darin zu bestehen, dass sich – ausgehend von der Einheit der Form – über die Einheit der Wirklichkeit (*shi*) gerade *nicht* urteilen lässt.

329 Bemerkenswert, dass auch in den Theorien zur Malerei seit ihren Anfängen immer wieder versucht wurde, die der Malerei eigene Formhaftigkeit zu „reduzieren". Für eine kritische Auseinandersetzung mit der in der kunsthistorischen Forschung weit verbreiteten Annahme, dass es sich bei den chinesischen frühen Theorien zur Malerei um Formnachahmung handelt, siehe z. B. Obert 2007: 115–121. Zur Behandlung der non-mimetischen Tendenzen und der Überwindung der Abbildfunktion in der chinesischen Landschaftsmalerei ab dem 14. Jahrhundert und zu den Parallelen dieser Entwicklungen mit Phänomenen in der modernistischen Bewegung des 20. Jahrhunderts in der westlichen Malerei, siehe Fong 1987 und Fong 2011: 31–33. Das Zurückweisen der Abbildfunktion in der Malerei der untersuchten Zeit wird in Kapitel III behandelt.

330 Für die Ausarbeitungen der *qi*-Theorie durch die Philosophen der untersuchten Zeit siehe weiter unten Punkt 4.4.

其聚而出爲人物則形 散而入於太虛則不形

Wenn es [das *qi*] sich ansammelt und als Mensch oder Ding hervorkommt, dann ist es geformt, zerstreut es sich und kehrt in die große Leere zurück, dann ist es ungeformt.[331]

Und:

人者所見爲太虛者 氣也 非虛也 虛涵氣 氣充虛 無有所謂無者

Das, was Menschen als die große Leere ansehen, ist das *qi* und nicht die Leere. Die Leere enthält das *qi*, und das *qi* erfüllt die Leere; das sogenannte Nicht-Sein (*wu*)[332] [das man aufgrund des Unsichtbaren annimmt] gibt es nicht.[333]

Die Herabsetzung der Bedeutung des visuell Erkennbaren als etwas, das sich nicht als tatsächlicher Sachverhalt beurteilen lässt und das keine Basis für die Begriffsbildung etablieren kann, lässt sich in der Erkenntnistheorie sowie auch – wie zu sehen sein wird – in den Kunstreflexionen der untersuchten Zeit deutlich nachweisen.

Was also eine wichtige Folge aus der Hinterfragung der Form im Zusammenhang mit der Raumproblematik zu sein scheint, ist die offensichtliche Ablehnung der aufgrund von Aussonderung von Formen und Objekten aufgebauten Ordnungen, inklusive zeitlichen, räumlichen und metaphysischen Ordnungen. Im Beispiel aus den *Aufzeichnungen von Reflexionen und Fragen* erscheint ausgehend von einer sichtbaren Form die Struktur des Zeitverlaufs anders als bei der Veränderung der „stofflichen Qualitäten."

In der Analyse von *neng*- und *suo*-Kategorien ist die Unmöglichkeit von Abstraktion einer räumlichen Ordnung augenfällig: Auch wenn bei einem *suo* die lokative oder dinghafte Bedeutung dominant ist, lässt sich die Vielzahl von allen lokativen und dinghaften *suo* nicht zu einem einheitlichen Koordinatengerüst (wie z. B. Raum) abstrahieren, denn das Verhältnis zwischen *neng* und *suo* ist qualitativ und jeweils situationsspezifisch, das heißt es passt nur ein jeweils bestimmtes *suo* zu einem bestimmten *neng* bzw. entsteht eine spezifische Wirkung.

In der untersuchten Zeitperiode ist die „Unvertrautheit" bezüglich der sichtbaren Form sowie – noch allgemeiner – bezüglich unterschiedlicher Arten von phänomenalen Erscheinungen und ihrer Ordnungen sehr charakteristisch und wird noch stärker mit der Kritik am menschlichen Vermögen des Formerkennens bzw.

331 Wang, *Zhengmeng zhu*, j. 1, Taihe pian: 9268.
332 Siehe den Kommentar zur Übersetzung der Kategorien *wu* 無 und *you* 有 in der Fußnote 379.
333 Wang, *Zhengmeng zhu*, j. 1, Taihe pian: 9275.

des ihm eigenen, relativ groben „Auflösungsgrades“ oder seiner Wahrnehmungsschwelle in Verbindung gebracht.[334] Genauer ausgedrückt geht diese Kritik gegen die Tendenz, der phänomenalen Ebene jeglichen metaphysischen Sinn beizulegen. John B. Henderson bemerkt diese radikale negative Haltung Wang Fuzhis gegenüber der Relevanz der menschlichen Wahrnehmungskraft und Erkenntnismethoden bezüglich seines hier bereits zitierten Aufsatzes *Vom Buch der Dokumente evozierte Bedeutungen*:

> There is, he continues, a basic disjunction between the cosmos as perceived and interpreted by man and the cosmos as it is in itself, or between the anthropomorphic heavens (*ren zhi tian*) and the phenomenal heavens (*tian zhi wei tian*). Though it is possible for man to apprehend the latter, he could not do it by way of inference from his own anthropomorphic or numerological fancies, which so often presume the existence of abstract regularity, symmetry, and the correspondence where there is none.[335]

Ein Wirklichkeitsanspruch für die Ordnungen der phänomenalen Erscheinungen lässt sich nur insofern erheben – so die Interpretation der hier analysierten Erkenntnistheorien –, als sie infolge des dem Menschen eigentümlichen Wahrnehmungs- und Denkapparats entstehen und daher in diesem bedingten Sinne „real“ sind.[336] Für die literarischen und bildenden Werke bzw. die ästhetischen Theorien des untersuchten Zeitraumes ging die Anerkennung der Rolle menschlicher Wahrnehmung im Zustandekommen von Ordnungen und in der Formbildung (man könnte sogar sagen: im Zustandekommen der Welt) mit der Herausarbeitung des großen Untersuchungs- und Experimentalpotenzials einher, das diese Anerkennung ermöglicht. Mit einer solchen erkenntnistheoretischen Orientierung ist der Mensch nicht derjenige, der die Welt erkennt oder nur sieht, sondern derjenige, der die Welt schafft.

2.3 Selbstbezug

Um hier die erkenntnistheoretische Kritik an den auf dem menschlichen Wahrnehmungsvermögen und dessen Auflösungsgrad aufbauenden Urteilen über Realität zu verdeutlichen, soll ein weiteres Beispiel aus dem Werk Wang Fuzhis angeführt

334 Zu Theorien der sinnlichen Wahrnehmung aus der untersuchten Epoche näher siehe Punkt 4.2 in diesem Kapitel sowie Kapitel III.

335 Henderson 1984: 179. Zwar ist hier Hendersons These durchaus zuzustimmen, wonach Wang sich gegen einfache Identifikationen äußerte, es wird jedoch im Folgenden zu zeigen sein, dass er auf der Suche nach viel komplexeren Symmetrien war.

336 Analogien solcher Ansichten in den buddhistischen Theorien werden ebenfalls noch betrachtet.

werden. Zu beachten ist, dass es dabei bemerkenswert um die von visueller Wahrnehmung bzw. Formerkennung gestützte Tendenz zur Verdinglichung von relativen Eigenschaften und die Substantivierung des Ich-Bewusstseins geht. Das Beispiel stammt aus Wangs Kommentar zum Kapitel *Xiaoyaoyou* (逍遙遊)[337] aus dem *Zhuangzi* in seiner *Tiefgreifenden Auseinandersetzung mit dem Zhuangzi* (*Zhuangzi tong* 莊子通) aus dem Jahr 1679:

> 多寡 長短 輕重 大小 皆非耦也 兼乎寡則多 兼乎短則長 兼乎輕則重 兼乎小則大
> 故非耦也 大既有小矣 小既可大矣 而畫一小大之區 吾不知其所從生
> 然則大何不可使小 而困於大 小何不可使大 而困於小 無區可畫 困亦奚生
> 夫大非不能小 不能小者 勢使之然也 小非不能大 不能大者 情使之然也
> 天下有勢 扶搖之風是已 我心有勢 垂天之翼是已 夫勢之厚也 生於積 扶搖之風 生物之吹息也 垂天之翼 一翮之輕羽也 然則雖成乎勢 大之居然小也固然
> 勢者 矜而已矣 矜者 目奪於成形而已矣 目奪於成形 而心怙其已然 然後困於大者 其患倍於困小 何也 心怙其已然則均 而困於小者 無成形以奪其目也
> 為勢所驅 不九萬里而不已 亦嘗過枋榆矣 而失其枋榆 扶搖之風 不可以翔枋榆 泠然之風 不可以遊鄉國 章甫之美 不可以適於越 勢之困尤甚於情 情有炯明而勢善迷 豈不甚乎
> 然則乘天地之正者 不驚於天地之勢也 御六氣之辨者 不驚於六氣之勢也 必然矣 無大則無己 無大則無功 無大則無名 而又惡乎小
> 雖然 其孰能之哉 知兼乎寡而後多不諱寡也 知兼乎短而後長 不辭短也 知兼乎輕而後重 不略輕也 知兼乎小而後大 不忘小也 不忘小 乃可以忘小 忘小忘大而有不忘者存陶鑄焉 斯為堯舜矣
>
> Viel–wenig, lang–kurz, leicht–schwer, groß–klein – all das sind keine [Gegensatz]paare.[338]
>
> Wenn das Wenige zusammengefasst wird, wird es zum Vielen; wenn das Kurze verlängert wird, wird es zum Langen; wenn das Leichte beschwert wird, wird es zum Schweren; wenn das Kleine vergrößert wird, wird es zum Großen. Aus diesem Grund [sind all diese Werte] keine [Gegensatz]paare.
>
> [Sobald] es das Große gibt, ist gleichzeitig auch das Kleine bereits da und das Kleine kann bereits zum Großen werden. Was aber einen einheitlich demarkierten Unterschied zwischen dem Kleinen und dem Großen [anbelangt], wüsste ich nicht, woraus er entstünde. Wenn dem so wäre, warum könnte das Große nicht zu einem Kleinen gemacht werden und warum würde

337 Vgl. die Übersetzungen des Kapiteltitels: „Unbekümmertes Wandern" (Schuhmacher und Mair), „Wandern in Muße" (Wilhelm), „Freies und leichtes Wandern" (Watson) usw. (zusammengeführt in Wohlfahrt 2002: 36). Die Untersuchungen hier beziehen sich auf das Kapitel unter der *pinyin*-Umschrift als *Xiaoyaoyou*.

338 Vgl. den Vorschlag Geaneys 2016 zur Übersetzung solcher Paare: „dash – suggests a continuum" (Geaney 2016: 2, Fußnote 2) und ihre Interpretation solcher Verhältnisse wie „short–long, light–heavy, and black–white" usw.: „Rather than explaining these binaries as „segments" or „clusters" that the human sense faculties carve out of masses, I argue that these are polarities (not structural either/or options) that reflect aspects of a world of transforming entities existing at relative levels of condensation or containment" (Geaney 2016: 1). Auch eine Idee der nun analysierten Passage ist es, dass die jeweiligen Bestandteile aller erwähnten Paare nicht als selbstständige, einander entgegengesetzte Entitäten behandelt werden sollten, sondern als relative, ineinander umwandelbare Werte.

man sich dann mit dem Großen abmühen? Warum könnte dann das Kleine nicht zu einem Großen gemacht werden und warum würde man sich dann mit dem Kleinen abmühen? Wenn kein Unterschied vorzuzeichnen wäre, woraus sollte ein Sich-Mühen dann überhaupt entstehen?[339]

Nun: Es ist durchaus nicht so, dass Großes nicht zu Kleinem werden könnte. Das, was nicht zum Kleinen werden kann, wird durch Disposition (*shi* 勢)[340] dazu bestimmt, dass es so ist, wie es ist. Es ist nicht so, dass ein Kleines nicht zu einem Großen werden könnte. Das, was nicht zu einem Großen werden kann, wird durch Verfassung (*qing* 情) dazu bestimmt, dass es so ist.

Unter dem Himmel gibt es Disposition und es ist einfach wie der „Wirbelwind".[341] In unserem[342] Herz-Geist gibt es auch Disposition und es ist einfach wie die Wolkenflügel, die vom Himmel herabhängen.[343]

Die Solidität der Disposition aber geht aus Anhäufung hervor:[344] Der „Wirbelwind" wird aus dem Ein- und Ausatmen der Lebewesen gezeugt. Jener Wolkenflügel, der vom Himmel herabhängt, entspricht einem einzigen federleichten Fläumchen. Und dass es sich so verhält, dass es zwar nur durch Disposition vollendet wird, ist die Tatsache, dass das Große im Grunde das Kleine ist, ganz zwangsläufig.[345]

Was die Disposition ausmacht, ist lediglich ein Anschein des Bestehens. Was den Anschein des Bestehens ausmacht, besteht lediglich darin, dass das Auge durch seine Neigung zur Hervorbringung von Formen entführt wird. Wenn das Auge durch seine Neigung zur Hervorbringung von Formen entführt wird, und der Herz-Geist darauf besteht, das sei nun bereits so,[346] dann müht er sich daraufhin mit dem Großen. Der daraus resultierende Schaden ist viel heftiger als beim Sich-Mühen mit dem Kleinen. Aber wieso? [Wenn] der Herz-Geist darauf besteht, das sei nun bereits so, dann ist er ausgeglichen. Wenn er sich mit dem Kleinen müht, dann gibt es keine Hervorbringung von Formen, durch welche das Auge entführt würde.

339 Vgl. im *Xiaoyaoyou*: „Being useless, how could it ever come to grief?" (無所可用, 安所困苦哉) (Übersetzung Mair 1994: 9).

340 Für die Erklärung zur Übersetzung des *shi* siehe die Fußnoten 353 und 354 unten. In Kapitel III, Punkt 2 wird jedoch für dieses Wort eine andere Übersetzungsvariante gewählt. Für die Begründung der Wahl siehe Fußnote 753. Für die ausführliche Behandlung des Begriffs *shi* in der Kunsttheorie siehe Kapitel III, Punkt 2.

341 Für „Wirbelwind" vgl. im *Xiaoyaoyou*: „[The bird P'eng] rises up on a whirlwind to a height of ninety thousand tricents" (摶扶搖而上者九萬里) (Übersetzung Mair 1994: 3).

342 Hier wird *wo* 我 als Personalpronomen verwendet, im Unterschied zum oben vorkommenden Pronomen *wu* 吾, dem „Ich" des Autors. Vermutlich wird mit dem *wo* 我 hier ein allgemeiner Bezug auf das „Ich" des Menschen genommen, wird daher hier mit dem generischen Plural übersetzt.

343 Für „Flügel, [welcher der Wolke gleicht], die sich vom Himmel herab ausstreckt" vgl. im *Xiaoyaoyou*: „[The bird's P'eng] wings are like clouds suspended in the sky" (其翼若垂天之雲) (Übersetzung Mair 1994: 3).

344 Für „Solidität/Dichte" und „Anhäufung" vgl. im *Xiaoyaoyou*: „[...] (to speak of) the accumulation of water; if it be not great, it will not have strength to support a large boat [...]. (So it is with) the accumulation of wind; if it be not great, it will not have strength to support great wings." (水之積也不厚, 則負大舟也無力 [...] 風之積也不厚, 則其負大翼也無力) (Übersetzung Legge 1927: 165).

345 D. h. in einem konkreten Sachverhalt unter der Wirkung des *shi* erhält das Kleine die Bestimmung des Großen.

346 Der Anschein wird also zunächst durch das Auge mit Form versehen, dann quasi „substanzialisiert", d. h. die Form wird durch das Herz mit Inhalt versehen.

> Angepeitscht von Disposition, macht man keinen Halt, bis „neunzigtausend *li*“ erreicht sind; ebenso wird man immer „an Ulme und Sandelbaum“ vorübergehen, und dabei „die Ulme und den Sandelbaum“ nicht mehr finden. Denn im Wirbelwind kann man nicht um „Ulme und Sandelbaum“ herumflattern; im „Frostwind“ kann man nicht in Kreis und Staat umherreisen; mit der Schönheit der „Zeremonialmütze“ [aus dem Staat Song] kann man sich nicht in Yue einfügen.[347] Die Mühe, die die Disposition [bereitet], ist viel heftiger als diejenige der Verfassung. Der Verfassung eignet wegweisendes Licht, während die Disposition sich darauf versteht, in die Irre zu leiten. Ist [die Mühe mit ihm] denn nicht viel heftiger?
>
> Dergestalt wird derjenige, der sich die Korrektheit von Himmel und Erde zum Vehikel macht, nicht von der Disposition des Himmels und der Erde verängstigt; derjenige, der die Verwandlungen der sechs *qi*-Energien kontrolliert[348], wird nicht von der Disposition der sechs *qi*-Energien verängstigt. So ist es ganz notwendigerweise! Wenn es kein Großes gibt, gibt es kein Selbst; wenn es kein Großes gibt, gibt es keine Verdienste; wenn es kein Großes gibt, gibt es keinen Ruhm.[349]
>
> Was also sollte am Kleinen schlecht sein?
>
> Zwar mag es so sein, aber wer wäre imstande dazu? Erst wenn man erkennt, dass [das Viele] zugleich eine Vermehrung des Wenigen ist, wird man neben dem Vielen das Wenige nicht verleugnen; erst wenn man erkennt, dass [das Lange] zugleich eine Verlängerung des Kurzen ist, wird man sich neben dem Langen nicht vom Kurzen verabschieden; erst wenn man erkennt, dass [das Schwere] zugleich eine Erschwerung des Leichten ist, wird man neben dem Schweren das Leichte nicht vernachlässigen; erst wenn man erkennt, dass [das Große] zugleich eine Vergrößerung des Kleinen ist, wird man neben dem Großen das Kleine nicht vergessen. Wenn man das Kleine nicht vergessen hat, dann erst kann man das Kleine vergessen. Solche, die sowohl das Kleine als auch das Große vergaßen, und dasjenige, was daraufhin als Nicht-Vergessen war, „geformt und umgegossen“ weiterbestehen ließen – dies waren gewiss [die Urkaiser] Yao und Shun.[350]

Es ist merkwürdig, dass Wang Fuzhi in seiner Auseinandersetzung mit den relativen Werten, vor allem mit dem auch bei *Zhuangzi* thematisierten Großen und

347 „Neunzigtausend *li*“, „Ulme und Sandelbaum“, „Frostwind“, „Zeremonialmütze [aus dem Staat Song]“ sind Metaphern aus Gleichnissen im *Xiaoyaoyou*. Sie illustrieren auf die eine oder andere Weise das Streben „nach Großem“ (hohe Ambitionen, Ruhmsucht usw.) und das Vernachlässigen des Konkreten und Kleinen.

348 „Sich die Korrektheit von Himmel und Erde zum Vehikel zu machen“ und „die Verwandlungen der sechs *qi*-Energien kontrollieren“ vgl. *Xiaoyaoyou*: „Supposing there were someone who could ride upon the truth of heaven and earth, who could chariot upon the transformations of the six vital breaths and thereby go wandering in infinity, what would he have to rely on!“ (若夫乘天地之正, 而御六氣之辯, 以遊無窮者, 彼且惡乎待哉！) (Übersetzung Mair 1994: 5).

349 Vgl. im *Xiaoyaoyou*: „Therefore, it is said that the ultimate man has no self, the spiritual person has no accomplishment, and the sage has no name“ (故曰: 至人無己, 神人無功, 聖人無名) (Übersetzung Mair 1994: 5–6).

350 Wang, *Zhuangzitong*, Xiaoyao: 10405–10406.

Kleinen,[351] den Begriff *shi* 勢 einführt, der weder im Kapitel *Xiaoyaoyou* noch in den zwei frühen Auslegungen des Kapitels von Guo Xiang 郭象 (253–312) und Zhi Dun 支遁 (314–366) erscheint. Dieser Begriff, so scheint es, dient dazu hervorzuheben, dass in den polaren Parametern – groß und klein, viel und wenig usw. – keine innerlich verankerten Charakteristika enthalten sind. Sie sind in gewissem Sinne unbestimmt. Was sie zu einem aussonderbaren Wesen oder einer Substanz macht bzw. sie der menschlichen Wahrnehmung als aussonderbares Wesen oder Substanz erscheinen lässt, wird von Wang Fuzhi der Wirkung eines Agens bzw. einer gewissen Veranlagung zugeschrieben, die mithilfe der Begriffe *shi* und *qing* ausgedrückt wird.[352] Diese Begriffe scheinen also hier die Kategorien oder Faktoren der menschlichen Wahrnehmung zu sein. Sie können jedoch nicht als ausschließlich subjektive Faktoren bezeichnet werden, weil ihre Funktion darin besteht, dass sie eine subjektive Veranlagung nach „außen" vermitteln, d. h. als objektiv erscheinen und „agieren" lassen.[353] Was den Unterschied zwischen den beiden Begriffen anbelangt, so scheint er nicht ihre Funktionsweise (nämlich Ex-

351 Mit der „Auseinandersetzung mit dem Kleinen und dem Großen" (*xiaoda zhi bian* 小大之辯) beginnt das Kapitel *Xiaoyaoyou*. Vgl.: „The Chuang Tzu begins with an examination of the relativity of big and little" (Mair 1994: 3).

352 In diesem Sinne entspricht die Bedeutung der von Wang angeführten Begriffe der Bedeutung des im *Xiaoyaoyou* vorkommenden Begriffs *dai* 待 „Vorannahmen, Voreinstellungen".

353 Die Übersetzung dieser Begriffe ist u. a. gerade deswegen kompliziert, weil eine Aufteilung ins Subjektive und Objektive, ins Physisch-Materielle und Geistige bei den jeweiligen Bedeutungsfeldern der Begriffe nicht ganz zutrifft. So können die beiden Begriffe sowohl als objektive als auch als subjektive Sachverhalte gedeutet und übersetzt werden: vgl. Bedeutungen für *shi* – ‚Begebenheit, Sachverhalt, Situation, Konfiguration, Disposition'; ‚Erscheinungsbild, Gestalt, Ausprägung'; nach Baxter und Sagart 2014: 101: ‚setting, circumstances';

für *qing* 情 – ‚Sinnesverfassung, Emotion, Gefühl, Situation, Sachverhalt'; nach Baxter und Sagart 2014: 90: ‚affection, response to circumstances'. Vgl. auch die Interpretation von *qing* als „reality feedback" in Hansen 1992: 407.

Die in Lam 2018 unternommene Interpretation der Emotionen (*qing*) durch Räumlichkeit bzw. sogar deren Gleichsetzung lässt die für die chinesische ästhetische Tradition charakteristische Abwesenheit einer strengen Abgrenzung zwischen dem Subjektiven und Objektiven bzw. das ineinandergreifende Verhältnis zwischen diesen Feldern in einem emotional-räumlichen Kontinuum auf sinnvolle Weise interpretieren.

Ein anderes Problem bei der Übersetzung solcher Begriffe besteht darin, dass die meisten Übersetzungsvarianten die in respektiven semantischen Feldern dieser Begriffe enthaltenen „prozessualen" Bedeutungskomponenten nicht wiedergeben. Wie auch aus den in vorliegender gewählten Interpretationen der Verwendungen dieser Begriffe, und insbesondere des *shi*, folgt, drücken sie entweder eine in der Entwicklung eines Sachverhalts „resultierende" Konfiguration aus oder eine zu einer potenziellen Entwicklung veranlagte Konfiguration – in den beiden Fällen also ein Momentum in einer Entwicklung bzw. in einem Prozess, das die Potenzialität dieser Entwicklung in sich birgt. Vgl. hierzu die Ausführungen im Kapitel III, Punkt 2.

trapolierung der inneren Veranlagung nach außen und somit Verdinglichung bzw. Aufnahme konkreter Bestimmtheit einer Entität) zu betreffen – sie scheint bei den beiden Begriffen fast gleich zu sein –, sondern vielmehr ihre Reichweite oder das Umfeld, innerhalb dessen sie agieren: größere für das *shi*, kleinere für das *qing*.[354]

Die Korrelation mit den Kategorien fern/nah erlaubt es auch besser zu verstehen, warum die wesensbestimmende Eigenschaft des *shi* – nach Wang Fuzhi – nämlich, Solidität, d. h. Dichte, Massivität und Unveränderlichkeit – aus der „Anhäufung" entsteht.[355] Man kann es praktisch als Analogie dazu auffassen, wenn man in der Ferne nur statische Massen bzw. Anhäufungen sieht und keine feingliedrigen Differenzen bzw. Veränderungen und Bewegungen beobachten kann. Daraus leitet sich der größere „Objektifizierungsgrad" bei *shi* ab: die Massen, die sich in größeren Räumen oder über größere Distanzen anhäufen, werden durch das Auge als Formen erfasst und durch den Herz-Geist als solche bestätigt.[356]

Interessant ist an diesem Beispiel überdies die Verflechtung von physischen, räumlichen und formhaften Parametern mit geistigen Eigenschaften, die letztendlich eine ethische Beurteilung ergeben: Die durch das *shi* veranlasste Sicht der Welt in ihrer weiten räumlichen Entfaltung und großen und stabilen statischen Formen wird mit der Bestimmung und „Bestätigung" des Selbst (*ji* 己) und seinen Ambitio-

---

354 In *feng-shui*-Traktaten wird das Abhängigkeitsverhältnis zwischen Veränderungen in der Wahrnehmung von Formen (*xing* 形) und *shi*-Konfigurationen als Veränderungen in der Wahrnehmung im kleineren Umfeld (ca. 30 m) und im größeren Umfeld (ca. 300 m) entsprechend präzisiert, siehe Wang 2005b: 144–148.

Zum Verhältnis nah–fern und – interessanterweise – auch innen–außen, das im Verhältnis zwischen dem *shi* und dem *qing* eine Rolle spielt, vgl. die folgende Passage aus den *Abhandlungen zum Unbekümmerten Wandern* (*Xiaoyao lun* 逍遙論) von Zhi Dun: „Nun ist das ‚unbekümmerte Wandern' das, was der Herz-Geist des vollkommenen Menschen erhellt. Als Zhuang Sheng [d. h. Zhuangzi] Aussagen über das große Dao aufstellte, verwies er metaphorisch auf den [Riesenvogel] Peng und den Sumpfsperling. Die Bahn, entlang der Peng sein Leben konstruiert, ist weit. Daher verliert er sich im Jenseits des Substanziellen (*ti*); der Sumpfsperling verlacht die Ferne, weil er das Nahe zu seiner Verfügung hat. Im Innern seines Herz-Geistes liegt ein gewisses Prahlen zur Übertreibung vor" (夫逍遙者, 明至人之心也。莊生建言大道 而寄指鵬鴳。鵬以營生之路曠, 故失適於體外。鴳以在近而笑遠, 有矜伐於心內) (Zhi Dun, *Xiaoyaolun*, zit. nach Liu, *Shishuoxinyu*: 37).

Vgl. auch die Analyse der räumlichen Relationen nah–fern im Kapitel III, Punkt 1.

355 Vgl. im analysierten Zitat: „Denn die Solidität der Disposition geht aus Anhäufung hervor" (夫勢之厚也生於積).

356 Vgl. im Zitat: „Das, was das *shi* ausmacht, ist lediglich ein Anschein des Bestehens. Was den Anschein des Bestehens ausmacht, ist lediglich, dass das Auge durch die Neigung, Formen hervorzubringen, entführt wird. Das Auge wird durch die Neigung, Formen hervorzubringen, entführt und das Herz glaubt, das sei von sich selbst so" (勢者, 矜而已矣。矜者, 目奪於成形而已矣。目奪於成形, 而心怙其已然).

nen in Verbindung gebracht. Wenn es umgekehrt kein Großes gibt – d. h. das Große als *relativ* angeschaut wird –, dann gibt es auch entsprechend kein Selbst.[357]

Allerdings gibt Wang Fuzhi eine andere Definition bzw. Deutung für *shi* im dem *Mengzi* gewidmeten Teil seiner *Gesamten Erläuterungen zu Lektüren der vier Bücher* [*des konfuzianischen Kanons*] (*Du sishu da quanshuo* 讀四書大全說):

> 凡言勢者 皆順而不逆之謂也 從高趨卑 從大包小 不容違阻之謂也
>
> Im Allgemeinen wird, wenn man vom *shi* spricht, damit alles bezeichnet, was „gefügig ist" und sich „nicht widersetzt", [z. B.] wird damit bezeichnet [das, was] vom Hohen zum Niedrigen neigt, vom Großen zum Kleinen tendiert, und nicht das aufgenommen, was zu Ungehorsam und Blockade neigt.[358]

Nach dieser Definition, die die geläufigen Verwendungen des Begriffs zusammenfasst,[359] ist *shi* wohl als eine den Sachverhalten eignende „natürliche Tendenz" zu verstehen, die eher objektive Gesetzmäßigkeiten in Arten und Weisen der Sachverhalte aufweist. Wangs Deutung des Begriffs *shi* in den *Gesamten Erläuterungen zu Lektüren der vier Bücher* zufolge, manifestieren sich die „natürlichen Tendenzen" im sozialen Bereich als das Prinzip *li* 理. Das *li* stellt somit eine soziale Dimensionierung des *shi* dar, und in diesem Sinne erhält das *shi* positive moralische Konnotationen.[360] Offensichtlich deutet Wang, seiner Verwendung von *shi* im Kommentar zum *Xiaoyaoyou* zufolge, diesen Begriff als eine zwar im gewissen Sinne auch natürliche – etwa „so ist es normalerweise" – aber fehlleitende und eventuell behebbare Funktion der Wahrnehmung um.

Bemerkenswert ist auf jeden Fall, dass die beiden Definitionen das *shi* nicht substanziell fassen, sondern als bestimmte Veranlagung beschreiben, die sich (nur) *im Prozess* der Verwirklichung zeigt.[361]

---

357 Vgl. im Zitat: „Wenn es kein Großes gibt, gibt es kein[e] Selbst[bestätigung]; wenn es kein Großes gibt, gibt es kein [Bestreben nach] Verdiensten; wenn es kein Großes gibt, gibt es keinen Ruhm[bestreben]. Und was gibt es Schlechtes am Kleinen?" (無大則無己, 無大則無功, 無大則無名; 而又惡乎小!)

358 Wang, *Mengzi*, Lilou: 8b.

359 Dafür spricht die Wendung „Im Allgemeinen [...] gesprochen" (*fan yan* 凡言) am Anfang des Zitats.

360 Vgl. Zhang 2012b: 597. Zum Verhältnis zwischen *li*, *shi* und *qi* in Wangs Ansichten zur Geschichte siehe Zhang 2012b: 597–600.

361 Zhang 2012b: 599 zitiert zudem Wangs Aussage aus den *Vom Buch der Dokumente evozierte Bedeutungen*, wonach das *shi* die Ursache eines Sachverhaltes *shi* 事 ist, und der Sachverhalt das Erringen (*jiu* 就) des *shi* 勢 ist: 勢者事之所因 事者勢之所就 (Wang, *Shangshu yinyi*, j. 4: 1436).

2.4 Sprachliche Referenzen

Im zitierten Kommentar Wang Fuzhis zum *Xiaoyaoyou* lässt sich also ein klares Widerstreben gegen eine konventionelle Absonderung und „Objektifizierung" des substanziellen Kerns eines Phänomens feststellen. Im Kommentar war solche Absonderung mit der Visualität bzw. visueller Formerkennung eines Subjekts verbunden. Die Kritik an der Tendenz zur substanzialistischen Auffassung der phänomenalen Erscheinungen gilt jedoch nicht nur hinsichtlich des Vermögens der visuellen Formerkennung, sondern auch hinsichtlich des Ausdrucksvermögens der Sprache, wie man an anderen Beispielen feststellen kann. Das folgende Beispiel aus dem Traktat Wangs zu den *Exoterischen Traditionen zu den Wandlungen von Zhou* (*Zhouyi waizhuan* 周易外傳)[362] zeigt, dass die Unterschiedlichkeit der Bezeichnungen nicht zur Ausdifferenzierung von Entitäten bzw. Substanzen führen darf:

> 然則上下无殊畛 而道器无易體 明矣
>
> Wenn dem so ist, dann ist klar, dass es für oben und unten keine abgegrenzten Zonen und für Dao und „Gefäß" keine unterschiedenen[363] zugrundeliegenden Gefüge (*ti*) gibt.[364]

In den Sprach- und Signifikationstheorien der untersuchten Zeitperiode finden wir zahlreiche Belege, die auf die Konventionalität des sprachlichen Ausdrucks und Beschränkungen seiner Referenzialität hinsichtlich der Wirklichkeit hinweisen. Zum Beispiel äußert sich Wang Fuzhi bezüglich der Himmelsrichtungen, also der fundamentalen Orientierungsrichtungen oder -gebiete, auf folgende Weise:

> 東西非東西而謂之東西 南北非南北而謂之南北
>
> Ost und West sind nicht Ost und West, sondern sie werden nur als „Ost" und „West" benannt; Süd und Nord sind nicht Süd und Nord, sondern sie werden nur als „Süd" und „Nord" benannt.[365]

An solchen Beispielen ist die Einstellung gegen die in der Sprache angelegte Tendenz zur Annahme eines substanziellen „Kerns" hinter den Bezeichnungen bzw.

---

362 Für die neue kommentierte Ausgabe des Werkes siehe Gu 2016.

363 Anzunehmen ist, dass das Zeichen *yi* 易 hier in der Bedeutung des mit ihm homonymischen Zeichens *yi* 異 verwendet wird, d. h. ‚unterschiedlich/nicht gleich sein'.

364 Wang, *Zhouyi waizhuan*, j. 5: 1013 (*Xicizhuan* 1: 12). Zur Dao-„Gefäß"-Theorie bei Wang Fuzhi siehe Dai 2013.

365 Wang, *Zhuangzijie*, j. 25, Zeyang: 10315. Das Zitat wird unten vollständig angeführt und analysiert, siehe Punkt 5.2.

Namen greifbar: sie wird u. a. durch die Betonung des Moments der Benennung unterstrichen:[366]

> 合之則為太極，分之則謂之陰陽。
>
> Wenn etwas zusammenkommt, konstituiert es das *taiji*; wenn etwas getrennt wird, nennt man es *yin-yang*.[367]

Hier wird betont, dass auch das „*yin-yang*" lediglich eine bedingt geeignete Bezeichnung ist. Durch solche Freisetzung des referenziellen Bezuges auf die semantische Bedeutung wird das Paar *yin-yang* quasi de-ontologisiert, d. h. es wird somit deutlich gemacht, dass weder *yin* noch *yang* einen realen Referenten hat und ihr jeweiliger referenzieller Bezug aus dem Bereich des Zeichens nicht heraustritt. Diese Auffassung spricht also nicht nur gegen eine substanzialistisch-materialistische Deutung des *yin-yang*-Paares (und des *taiji*). Es wird auch offensichtlich, dass es hier nicht um eine diachrone Entwicklung von einem durch *taiji* zu einem durch *yin-yang* bezeichneten kosmologischen Zustand geht: *taiji* und *yin-yang* sind eben nicht zwei unterschiedliche Zustände in einer zeitlichen Reihenfolge, sondern mögliche Modi der Bezugnahme auf die Wirklichkeit und in diesem Sinne synchron.

Aus solchen Aussagen, die sprachliche Zeichen und ihre Funktionen betreffen, resultiert folgende Einstellung: Die sprachliche Äußerung gehe nicht darüber, wie die Wirklichkeit *ist*, sondern sei ein konventionalisiertes pragmatisches, d. h. für bestimmte Ziele nutzbares, syntaktisches „Kondensat". Auf diese Weise wird die Referenzialität der Sprache problematisiert: Statt den Bezug des sprachlichen Ausdrucks auf die außersprachliche Realität zu versichern, wird in solchen Beispielen die Aufmerksamkeit darauf fokussiert, unter welchen Umständen dieser Ausdruck bzw. diese Bezeichnung gerechtfertigt ist. Wichtig ist dabei, wie an mehreren Beispielen zu sehen ist, dass eine Bezeichnung nicht durch die Bezugnahme auf eine Substanz bzw. Entität, sondern durch den Bezug auf einen Prozess bzw. seine Parameter erklärt wird. Eine Bezeichnung steht also für einen Prozess oder eine Funktion. Im letzten Zitat sind es die Prozesse des Zusammenkommens (bei *taiji*) und des Trennens (bei *yin-yang*).

Zwischenbilanz Die einem substanzialistischen Denken entgegengesetzte Argumentation, die an den ausgeführten Beispielen zu beobachten ist, entspricht dem, was Stephan Tyler im Kontrast zur Vorstellung von diskreten Dingen „in terms of substance" bzw. aufgrund der visuellen Form abstrahierter autonomer, unverän-

366 Zur Verwendung des Wortes „benennen" *wei* 謂 von Wang Fuzhi siehe Liu 2007: 118–141.

367 Wang, *Zhouyi waizhuan*, Xici shang zhuan: 12, zit. nach Huang, *Ming ru xue'an*, j. 49.

derlicher Entitäten als Basis für die Begriffsbildung,[368] als eine andere Auffassung von Realität andeutet, bei der nicht Bezeichnungen für Objekte und Subtanzen, sondern Bezeichnungen für Funktionen wirksam sind.[369] In der sinologischen Forschung finden sich ähnliche, allerdings auf das Material der Philosophie und Sprachtheorien des frühen Chinas bezogene Feststellungen, die typologisch nahe Argumentationen gegen Begriffsbildungsverfahren aufgrund von isolierten mentalen Entitäten hervorheben:

> A discussion of „individual nature" (*xing*) that seeks to separate thing from environment is an abstraction.[370]

Oder:

> In his example of „long", *shi* 實 should not be taken to mean some particular „long shape" (*chang xing* 長形) but rather that by virtue of which a long shape is long. The shape or form of an object serves to manifest the object's actuality, which in this case, is being long.[371]

Laut solchen Feststellungen ist es schlüssig, dass nicht die Identität der Form, sondern die die Form voraussetzenden dynamischen Rahmenbedingungen und Funktionsbeziehungen betrachtet werden sollten. Ein konkretes Objekt bzw. eine konkrete Form wäre in diesem Zusammenhang sekundär und – wie sich am Beispiel von Wang Fuzhis Auseinandersetzung mit den Größen (*xiaoda zhi bian*) im Kommentar zum *Zhuangzi* zeigen ließ – sollte nicht isoliert betrachtet werden. Wie sich angesichts dieser Prozesse und Funktionen Kategorisierungen vollziehen, ließ sich am Beispiel von Wang Fuzhis Behandlung der Kategorien *neng* und *suo* demonstrieren: Statt einer Sicht auf diskrete und aus dem jeweiligen Kontext „ausgeschnittene" und von ihm mithin unabhängige Dinge bzw. einer mentalen Vorstellung davon wird eine Betrachtung von Funktionen und Wechselwirkungen ermöglicht.

2.5 Sprachkategorien und Subjekt-Objekt-Verhältnisbestimmung

Einen Umgang mit dem sprachlichen Ausdruck, wo sich der Autor offensichtlich gegen die durch die Sprache provozierte Annahme einer (metaphysischen) Exis-

368 Vgl. Tyler 1984: 24: „[...] the real is thus constituted by a dominant visual mode of referential naming, names of real things [...]."

369 Vgl. hierzu auch die Ausführung zum Substanzbegriff als paradigmatischen Begriff für die philosophische Tradition in Europa in: Cassirer 2000.

370 Makeham 1994: 10.

371 Makeham 1994: 7.

tenz wendet bzw. das Verfahren kritisiert, aus einem Namen das Absolute zu folgern, finden wir im Kommentar zum *Herz-sūtra*: *Die Grundthesen des Prajñā Herz-sūtra* (*Bore Xinjing tigang* 般若心經提綱) von Li Zhi 李贄 (1527–1602),[372] einem hervorragenden spät-ming-zeitlichen Gelehrten und Literaten:

> 勿謂吾說空便即著空也。如我說色不異於空也。如我說空不異於色也。然但言不異。猶是二物有對。雖復合而為 一。猶存一也。
>
> Man darf nicht, wenn ich „Leere" sage, dies als das Manifestieren *der* Leere nehmen. Wie, wenn Ich[373] spreche, „Erscheinungen unterscheiden sich nicht von Leere"; [oder] wie, wenn Ich spreche, „Leere unterscheidet sich nicht von Erscheinung". Allerdings wäre es, wenn man bloß „nicht unterscheiden" sagt, als ob zwei Dinge einander gegenübergesetzt wären. Selbst wenn sie zusammenkommen und zu Einem würden, wäre es nur so als ob das Eine existierte.[374]

Im obigen Zitat betont Li Zhi, dass es bei den sprachlichen Ausdrücken „Leere" und „Erscheinung" um provisorische Bezeichnungen gehe, hinter denen keine Realität bzw. kein realer Inhalt angenommen werden darf, und zwar weder für „Leere" noch für „Erscheinung" separat noch für beide als Einheit, was das nächste Zitat zeigt:

> 非但無色。而亦無空。此真空也。故又呼而告之曰。舍利子。是諸法空相。無空可名。
>
> Es ist nicht nur Erscheinung, die es nicht gibt, sondern es gibt auch keine Leere. *Dies* ist die wahre Leere. Deswegen sagt [der Buddha], wieder ausrufend: Shilizi [Śariputra]! Dies ist die leere Gestalt aller *dharmas*.[375] Es gibt keine Leere, die benannt werden kann.[376]

Es scheint, dass Li Zhi hier die scheinbare Widersprüchlichkeit des Textes des *Sūtra*, in dem zunächst gesagt wird „Erscheinung ist gleich Leere, Leere ist gleich Erscheinung" (色即是空, 空即是色) und einige Sätze danach „In der Leere gibt es keine Erscheinung" (空中無色), zu erklären versucht. Das tut er, indem er zwischen zwei Ebenen der „Leere" unterscheidet: Die wahre (absolute) Leere, die nicht benannt werden kann[377] und sich deswegen allen Charakteristika und Attri-

---

372 Zur Person, zum Werk sowie Übersetzungen siehe Hsiao 1976; Billeter 1979; Spaar 1984; Handler-Spitz et al. (Hg.) 2016; Saussy (Hg.) 2021.

373 Zu bemerken ist hier die Änderung des Personalpronomens der ersten Person: Im ersten Satz wird „*wu* 吾" und im zweiten und dritten „*wo* 我" verwendet. Vermutlich bezieht sich das *wu* auf Worte des Autors und das *wo* auf die Aussagen des Buddhas.

374 Li, *Xinjing tigang*: 830b23–24.

375 Vgl. hierzu die Übersetzung von Stephen West (2000): „These various laws are but images of nothing"; nach Teisers Übersetzung (2000): „All of this constituent elements of existence are marked by emptiness".

376 Li, *Xinjing tigang*: 830b24.

377 Vgl. im Zitat auf der vorangegangenen Seite: „Es gibt keine Leere, die benannt werden kann" (無空可名). Diese Phrase ist möglicherweise auch eine Anspielung auf das *Daodejing* § I:

buten entziehe, ja überhaupt der Möglichkeit, mit *shi* 是 („das ist") irgendeine propositionale Aussage zu machen,[378] und eine relative Leere, die zugleich allen Erscheinungen identisch ist und überhaupt alles ist, was als existent (*you* 有) gedacht werden kann, aber infolge ihrer bedingten Natur leer ist.

Li Zhis Bemühungen, die Annahmen über die metaphysische Realität der Leere zurückzuweisen, richten sich also gegen die in den sprachlichen Strukturen (und auch in der Sprache des *Sūtra*) angelegte Tendenz zur Absolutierung oder Substanzialisierung von sprachlichen Ausdrücken.

Es ist – so Li Zhi – aber die Sehweise, die sowohl bei gewöhnlichen Menschen (*shi ren* 世人) als auch bei Gelehrten dominant ist, bei welcher zwischen der (zweiten) „Leere" und „Erscheinung" (*kong se*), „Sein" und „Nicht-Sein" (*you wu*)[379] im metaphysischen Sinne unterschieden wird:

> 心本無有。而世人妄以為有。亦無無。而學者執以為無。有無分而能所立。
>
> Der Herz-Geist ist im Grunde genommen kein Sein. Aber die Menschen der Welt halten ihn fälschlicherweise für etwas Existierendes. Dennoch ist er auch kein Nicht-Sein, aber Gelehrte halten am Nicht-Sein fest. Erst wenn zwischen dem Sein und dem Nicht-Sein unter-

„Das Dao, das benannt werden kann, ist kein beständiges Dao" (道可道非常道). Für die Deutung der Leere in buddhistischen Schulen vgl. die Kommentare im Kapitel III, Punkt 7.

378 Vgl. im Zitat: „In der Leere gibt es ursprünglich kein *dies*" (空中原無是耳). Es ist aber schwer abzuschätzen, ob Li Zhi hier absichtlich das *shi* 是 (dies) verwendet, statt des im Text des *Sūtra* stehenden *se* 色 (Erscheinung): „In der Leere gibt es keine Erscheinung" (空中無色).

379 Das Wort *you* 有, ursprünglich ‚haben, gegeben sein' (vgl. Schuessler 2007: 580) funktioniert als „definite existential quantifier" (Harbsmeier 1981: 88), während *wu* 無 als seine existenzielle Negation ‚nicht gegeben sein' fungiert: „So *you X* says simply that *X* exists and *wu* denies it" (Hansen 2003: 847).

Die Kategorien *you* und *wu* werden in manchen Fällen als europäische philosophische Kategorien „Sein" und „Nicht-Sein" gedeutet. Es gibt aber starke Argumente dafür, solche Deutungen bei *you* und *wu* zu vermeiden (vgl. z. B. Graham 1959) und *you* als das, was Attribute/Eigenschaften hat – also nicht lediglich als das, was ist – aufzufassen, während *wu* als Negation dieser Attribute/Eigenschaften zu interpretieren wäre (vgl. Wagner 2003 und Plassen 2003 u. a.). Dass *you* und *wu* eben nicht im Sinne von „Sein" und „Nicht-Sein" gedeutet werden dürfen, führte solche Forscher wie Lohmann (1948) und Trauzettel (1970) zum Schluss vom Fehlen „ontologischer Differenz" in der chinesischen Philosophie.

In dieser Arbeit werden die Begriffe *you* und *wu* meist als „Gegeben[sein]" und „Nicht-Gegeben [sein]" (von bestimmten Attributen/Eigenschaften) übersetzt. In manchen Kontexten, wie z. B. dem obigen, geht es den Gelehrten genau darum, solche Verständnisse von sich zu weisen, nach denen die Zustände des Gegebenseins und Nicht-Gegebenseins bestimmter Attribute zu ontologischen Kategorien des „Seins" und „Nicht-Seins" erhoben werden, d. h. ihnen der Status einer gewissen metaphysischer Permanenz zugewiesen werden kann. Bei solchen kritischen Thematisierungen der Kategorien *you* und *wu* ist die Übersetzung „Sein" und „Nicht-Sein" natürlich eher angemessen.

> schieden wird, etabliert sich [der Unterschied] zwischen dem Subjektiven-*neng* und dem Objektiven-*suo*.[380]

Interessanterweise führt nach Li Zhis Einsicht die Polarisierung *wu–you*, das heißt eine Annahme über eine dualistische Aufteilung ins metaphysische Sein und Nicht-Sein, wie in einer Kettenreaktion zur Unterscheidung von *neng* und *suo*,[381] das heißt zur Etablierung des Subjekt-Objekt-Verhältnisses. Die metaphysische Ordnung von Sein und Nicht-Sein sowie die weiteren im *Sūtra* aufgelisteten Unterscheidungen etwa zwischen Leben und Tod (wörtl. ‚Auslöschen') (*sheng mie* 生滅), Schmutz und Reinheit (*gou jing* 垢淨), Abnahme und Zunahme (*zeng jian* 增減), Bezeichnungen und Merkmale (*ming xiang* 名相) werden in Li Zhis Kommentar also *direkt* mit der Entgegensetzung zwischen einem objektiven Sachverhalt (*suo*) und einem subjektiven Vermögen (*neng*) in Verbindung gebracht.

---

380 Li, *Xinjing tigang*: 830b20.

381 Die Deutung des Paares hier aus der Perspektive der buddhistischen Lehre unterscheidet sich von der oben dargelegten Auslegung Wang Fuzhis. Hier ist die folgende Erklärung des Paares treffender: „能所 – Subject and object. Seeing the world in a dualistic subject/object way. These two terms indicate active and passive ideas, e. g. ability to transform, or transformable and the object that is transformed" (Soothill und Hodous 1977: 337). Der Überwindung der Strukturierung der Gesamtheit von Phänomenen in die Subjekt-Objekt-Verhältnisse und der Aufteilung in die Subjekt/Wahrnehmendes- und Objekt/Wahrgenommenes-Bereiche ist u. a. Li Zhis Kommentar gewidmet.

3 Konturen eines Bezugssystems im Werk chinesischer Gelehrter des 17. Jahrhunderts

3.1 Systematik der paarhaften Verhältnisse

Einerseits lässt sich anhand der vorstehenden Beispiele die in dieser Arbeit anfänglich aufgestellte Hypothese über die Rolle der Verhältnisbestimmung zwischen Subjekt und Objekt für den Aufbau räumlicher Verhältnisse weiterentwickeln. Andererseits lohnt es sich, das Bezugssystem sowie die logischen Beziehungen innerhalb des Systems zu untersuchen, das die chinesischen Gelehrten als Alternative zu einer in Subjekt und Objekt und in die weiteren sich daraus ableitenden Gegensätze gespaltenen Welt betrachteten. Solche Belege wie der folgende deuten an, dass in einem bestimmten Bezugssystem die ganze Reihe von Paaren nicht als metaphysische Gegensätze, sondern in einer Systembewegung als Phasen dieser Bewegung betrachtet werden kann. Die folgende Passage stammt aus einem auf dem *Zhuangzi* basierenden Aufsatz *[Mönch] Yaodi röstet den Zhuangzi* (*Yaodi pao zhuang* 藥地炮莊) eines der herausragendsten und originellsten Denker der frühen Qing-Zeit, Fang Yizhi 方以智 (1611–1671)[382]:

> 對待者二也 絕待者一也 可見不可見 待與無待 皆反對也 皆貫通也 一不可言 言則是二 一在二中 用二即一
> 南北也 鯤鵬也 有無也 猶之坎離也 體用也 生死也 善用貫有無 貫即冥也 不墮不離 寓象寓數 絕非人力思慮之所及也 是誰信得及耶 善寓莫如易 而莊更寓言之以化執 至此更不可執
>
> Was sich gegenseitig voraussetzt, ist Zweiheit; was das Sich-Voraussetzen aufhebt, ist das Eine.[383] Das Sichtbare und das Unsichtbare, das Voraussetzende und Voraussetzungslose, allesamt einander entgegengesetzt und doch auch alle interkommunizierend. Das Eine ist unaussprechlich, sobald es ausgesprochen wird, wird es Zweiheit. Das Eine ist in der Zweiheit enthalten. Wird Zweiheit aktualisiert, ergibt sich das Eine: So ist es bei [den Gegensatzpaaren] Süd und Nord, *Kun*-Fisch und *Peng*-Vogel,[384] Sein und Nicht-Sein, ähnlich bei [den He-

---

382 Zur Person und zum Werk siehe Hummel (Hg.) 1943/44: 232–233; Peterson 1979; Luo 2006; Deng 2019.

Der Name Yaodi (wörtl. „Der auf den Geländen der Heilkräuter [Lebende]“) im Titel des analysierten Werkes war eines der Pseudonyme (*hao* 號) von Fang Yizhi. Übersetzung des Titels nach Williams 2019.

383 Ausführungen zu den Begriffen „gegenseitiges Voraussetzen“ (*xiangdai* 相待) und „das Aufheben des Sich-Voraussetzens“ (*juedai* 絕待) siehe in diesem Kapitel weiter unten. Vgl. auch Ausführungen zu *„correlatively dependent opposites“* (*xiangdai*) und *„suspension of correlative dependance“* (*juedai* 絕待) in Kantor 2020: 885–889.

384 Die sich ineinander verwandelnden Wesen Sagenfisch und Vogel Peng werden in einem der Gleichnisse des Kapitels *Xiaoyaoyou* des *Zhuangzi* erwähnt. Für die Übersetzung siehe z. B. Wat-

https://doi.org/10.1515/9783110791860-006

> xagrammen] *kan* (das Abgründige) und *li* (das Feuer), wie auch bei Tiefenstruktur und Funktion,[385] bei Leben und Tod. „Sich auf aktualisierende Funktion zu verstehen" verknüpft das Gegeben[sein] und das Nicht-Gegeben[sein]. „Verknüpfung" heißt zugleich „Dunkelheit".[386] Weder [in Gegensätze] zu verfallen, noch [sie] zu trennen, sondern sie in Symbolen und Zahlen unterzubringen, – das ist absolut außerhalb der Reichweite der menschlichen Denkkraft. Wem wäre schon zuzutrauen, dies zu erreichen! Wenn es darum geht, sich darauf zu verstehen, etwas [in Symbolen und Zahlen] zu bergen,[387] so kommt nichts an die *Wandlungen* heran, und *Zhuang*[*zi*] hat dann das An-[Symbolen und Zahlen]-Festhalten durch auf noch einer weiteren [Ebene der Metaphorik verwendete] metaphorische Worte verwandelt. Erreicht man dies, gibt es dann nichts mehr, woran man haften bleibt.[388]

In der angeführten Passage, in der Fang Yizhi die Metaphorik des *Zhuangzi* und die symbolische Ordnung des *Buches der Wandlungen* in einer Theorie verbindet, ist zunächst auffällig, dass die aufgelisteten Gegensatzpaare die existenziellen (Leben und Tod), kosmologisch-geographischen (Süd und Nord) und metaphysischen Konzepte (Sein und Nicht-Sein, Funktion und Tiefenstruktur) in eine Reihe mit Symbolen aus dem *Buch der Wandlungen* (Hexagramme *kan* und *li*) und Gestalten aus dem *Zhuangzi* (der *Kun*-Fisch und der *Peng*-Vogel) gestellt werden. Das bedeutet, dass auch die genannten Konzepte als Symbole für die für Fang Yizhi zentralen Verhältnisse der gegenseitigen Voraussetzungsbeziehung gedeutet werden,[389] wobei der Bezug von jeweils einzelnen Konzepten auf bestimmte Realien wesentlich relativiert wird.

---

son 1968: 29–31 und Mair 1994: 3–4. Für eine Interpretation der Transformationsgleichnisse und -symbole des *Zhuangzi* siehe z. B. Hoffmann 2001.

385 Ausführung zur Übersetzung von *ti* und *yong* siehe in der Fußnote 310.

386 Für den Begriff „Dunkelheit" (*ming* 冥) in der daoistischen Philosophie, insbesondere im *Zhuangzi*, vgl. Chang 1982. Der Begriff spielt eine besondere Rolle in der buddhistisch-daoistischen Schulrichtung *Xuanxue* 玄學 („Die Lehre des Verborgenen") und der chinesischen Schulrichtung des Buddhismus *Tiantai* (天台宗) als eine der Bezeichnungen für das (für die Erkenntnis) nicht Gegebene, Verborgene, Qualitätslose usw. Vgl. die Übersetzung des Begriffs als *„invisible entanglement"* in Kantor 2020: 888–891, die ein im analysierten Zitat vorkommendes Verhältnis zum Begriff „Verknüpfung" wiedergibt.

387 Im Sinne von: die Gesamtheit aller Prozesse der Welt in einem symbolischen System unterzubringen.

388 Fang, *Yaodi*, Neipian, j. 1: 3, 3–4. Kommentar und Analyse des Aufsatzes siehe Xie 2001: 112–119; Deng 2014: 47–80 und Williams 2019. Für die Analyse der Ansichten Fang Yizhis über das „Gegeben[sein]" und das „Nicht-Gegeben[sein]" (*you–wu*) siehe insbesondere Deng 2014: 59–67 und weiter unten.

389 Vgl. im nächsten Zitat: „[...] unter allen diesen vielfältigen Kategorien gibt es keine, die nicht zwei Extreme hätte" (博約之類, 無非二端). Dass, aus der Perspektive der Gelehrten, die Werte nicht einzeln genommen werden können, d. h. nicht isoliert vom jeweiligen Gegenteil betrachtet werden können, da sie als einzelne keine eigene Bedeutung besitzen, haben wir schon im Kommentar Wang Fuzhis zum *Xiaoyaoyou* am Beispiel der quantitativen Werte (groß–klein, viel–

Wegen der prinzipiellen Unaussprechlichkeit des Einen, das sich phänomenal und sprachlich ausschließlich als Wechselverhältnis von zwei Extremen erweist, ist es laut Fang Yizhi eine übliche menschliche Denkweise, die Bestandteile eines Gegensatzpaares substanzialistisch zu deuten, das heißt ihnen bzw. einem einzelnen Element eines Gegensatzes jeweils eine wirkliche Bedeutung zuzusprechen, und isoliert, also nicht im Verhältnis zueinander, zu betrachten. Das Verfahren der von Fang Yizhi erwähnten Klassiker besteht hingegen darin, die phänomenalen Vorgänge durch symbolische und numerische Ordnungen darzustellen, wobei die *Verhältnisbeziehungen* fokussiert und die jeweiligen Referenten der Bestandteile eines Gegensatzes nicht als unabhängige Realitätseinheiten gedacht werden. Dabei erweist sich die besondere Leistung *Zhuangzi*s – so Fang Yizhi – darin, dass der in diesem Buch durch eine höhere metaphorische Ebene erreichte stärkere Relativierungszug hinsichtlich der Konzepte und Symbole vom substanzialistischen Denken radikal befreie.

Wie aus dem vorstehenden Zitat ersichtlich, ist das Eine nur auf der (phänomenalen) Wirkungsebene als in paarhaften Verhältnissen wirkend erkennbar und sprachlich auszudrücken.[390] Als das Eine entzieht es sich allen Erkenntnisprozeduren, ja jeglicher Identifikation mit phänomenalen Ordnungen, und widerstrebt mithin allen Deutungen anhand von Kategorien dieser automatisch dichotomischen und notwendigerweise gegenseitig bedingten binären Kategorien und Verhältnisse der phänomenalen Welt. Darum geht es in der nächsten Passage aus Fang Yizhis Traktat *Die Gleichheit des Ostens und des Westens* (*Dongxi jun* 東西均) (1652):

> 心以為量, 試一量之可乎? 一不可量, 量則言二, 曰有曰無, 兩端是也。虛實也, 動靜也, 陰陽也, 形氣也, 道器也, 晝夜也, 幽明也, 生死也, 盡天地古今皆二也。兩間無不交, 則無不二而一者, 相反相因, 因二以濟, 而實無二無一也。

---

wenig usw.) beobachtet. Dass sich Parameter, Qualitäten, Eigenschaften usw. in paarhaften Verhältnissen befinden, die abwechselnd, voraussetzend und zugleich entgegengesetzt sind, ist ein wichtiger Punkt für die spätere Betrachtung der Kunsttheorie in dieser Arbeit, siehe insbesondere Kapitel III, Punkt 3.

Bei Fang Yizhis Deutung der paarhaften Verhältnisse ist darüber hinaus der Einfluss der buddhistischen Konzepte des „bedingten Entstehens" (*conditioned arising* bzw. *dependent origination*, Skt. *pratītyasamutpāda*, chin. *yuanqi* 緣起) offensichtlich.

390 Vgl. im Zitat insbesondere: „Das Eine ist unaussprechlich, sobald es ausgesprochen wird, wird es Zweiheit" (一不可言, 言則是二) und im nächsten Zitat: „Das Eine kann nicht erkannt werden; sobald erkannt, sprechen [wir] von Zweiheit" (一不可量, 量則言二).

> Das Herz wird als Maß [der Erkenntnis][391] betrachtet. Wie ist es, wenn man das Eine auszumessen versucht? Das Eine kann nicht erkannt werden; sobald erkannt, sprechen [wir] von Zweiheit: man sagt „Sein“ und [zugleich] sagt man „Nicht-Sein“; das eben sind die zwei Pole. [Solche Paare sind auch] „Leere“ und „Fülle“, „Bewegung“ und „Ruhe“, *yin* und *yang*, „Form“ und das *qi*, das *Dao* und „Gefäß“, „Tag“ und „Nacht“, [in sich] „Zurückgezogenes“ und „Manifestes“, „Leben“ und „Tod“ – bis zu [den Paaren] „Himmel“ und „Erde“, „Altertum“ und „Gegenwart“ ist alles Zweiheit. Es gibt nichts, was zwischen den zwei [Polen] nicht interagierte, und folglich nichts, was nicht Zweiheit, aber zugleich das Eine wäre – ein Sich-einander-Entgegensetzen und ein Sich-einander-Ergeben. Gestützt auf Zweiheit verfügt man über ein Hilfsmittel, aber in Wirklichkeit gibt es weder „Zweiheit“ noch das „Eine“.[392]

Die unvermeidliche Paarhaftigkeit aller Phänomene der Welt wird hier als Hilfs- bzw. Vermittlungsmittel bezeichnet, womit erst die Welt angesichts der Unzugänglichkeit des Einen erkannt und behandelt werden kann. Weder die Vorstellung über die gegenseitige Voraussetzungsbeziehung aller phänomenalen Welt noch die Annahme einer unbedingten Ebene, die der Voraussetzung entzogen ist (*juedai zhe* 絕待者), sind wirklich. Genau wegen des Umstandes der notwendigen Paarhaftigkeit der Kategorien der Welt unterliegt auch das unbedingte Eine den paarhaften Verhältnissen und bildet selbst eine Seite des Gegensatzes.[393]

Eine Denkweise, bei welcher die Logik der relativen Verhältnisse sich zunehmend hinsichtlich immer weiterer Ebenen entwickelt, ermöglicht es, die Annahme einer endgültig absoluten Ebene aufzugeben und somit auch die Opposition Transzendenz–Aktualität zu relativieren bzw. sie ins System der stets paarhaften Verhältnisse einzubeziehen.[394]

Im nächsten Zitat aus demselben Traktat findet sich eine längere Liste von Gegensätzen. Dabei wird die Verhältnislogik dieser Paare weiter verdeutlicht:

> [...] 晝夜、水火、生死、男女、生克、剛柔、清濁、明暗、虛實、有無、形氣、道器、真妄、順逆、安危、勞逸、剝復、震艮、損益、博約之類, 無非二端。參即是兩, 舉一明三, 用中一貫。千萬盡于奇偶, 而對待圓于流行。夫對待者, 即相反者也。

391 Das Wort *liang* 量 (wörtlich ‚messen, abmessen‘, Skt. *pramāṇa*) bedeutet in der indischen, darunter der buddhistischen, Erkenntnistheorie „ein Erkenntnismittel“, siehe z. B. Bilimoria 1993.

392 Fang, *Dongxi jun*, Sanzheng: 258.

393 Vgl. im vorstehenden Zitat: „Das Sichtbare und das Unsichtbare, das Voraussetzende und Voraussetzungslose, allesamt einander entgegengesetzt und doch auch alle interkommunizierend“ (可見不可見 待與無待 皆反對也 皆貫通也).

394 Vgl. die Auseinandersetzung mit solchen dualen Verhältnissen im Kontext der Lehre der Tiantai-Schule in Kantor 2020. Auf die Tiantai-Lehre im Zusammenhang mit dem Werk Fang Yizhis wird weiter unten Bezug genommen. Zur Opposition Transzendenz–Aktualität siehe unten, Punkt 4.3.

且舉大較言之, 陽清陰濁, 至相反也。霄壤縣判而玄黃相雜, 剛柔敵應而律呂協和, 雌雄異形而牝牡交感, 可謂不相因乎? 水濕火燥, 至相反也。坎離繼乾坤立極, 上下經皆終水火; 民用甚急, 刻不相離; 人身之水、火交則生, 不交則病, 可不謂相因乎?
河圖相生, 必變洛書相剋而後成用。四時之行, 雨露而霜雪, 春生而秋殺。吉凶禍福, 皆相倚伏。生死之幾, 能死則生, 徇生則死。靜沉動浮, 理自冰炭, 而靜中有動, 動中有靜, 靜極必動。動極必靜, 有一必有二, 二皆本于一, 豈非天地間之至相反者, 本同處于一原乎哉? 則善惡是非之未分, 可覿露矣。上尊號曰混沌, 誠哉不誣。

[...] Tag und Nacht, Wasser und Feuer, Leben und Tod, Männer und Frauen, „Erzeugen“ und „Überwinden“,[395] hart und weich, klar und trüb, hell und dunkel, leer und voll, Gegeben [sein] und Nicht-Gegeben[sein], Form und *qi*, *Dao* und Gefäß, wahr und widersinnig, das Entlanggehen und das Sich-gegen-die-Richtung-Wenden, friedlich und gefährdet, Mühe und Ausflucht, [die Hexagramme] *bo* (‚Zersplitterung‘) und *fu* (‚Wendezeit‘), *zhen* (‚Erregende‘) und *gen* (‚Stillehalten‘), *sun* (‚Minderung‘) und *yi* (‚Mehrung‘)[396] – unter allen diesen vielfältigen Kategorien gibt es keine, die nicht zwei Pole hätte.[397] Begibt man sich [in diese Verhältnisse], ergibt sich sofort das Paar; hebt [man] das Eine hervor, erhellt auch die Dreiheit.[398] Wenn man das Mittlere anwendet,[399] dann werden sie zu Einem verbunden.[400] Gesamtheit aller Phänomene erschöpft sich in Ungeradem und Geradem vollständig und die gegenseitige Voraussetzung wird rund in einem fließenden Ablauf.

Denn die gegenseitige Voraussetzung ist zugleich die gegenseitige Entgegensetzung.

Mit einem großen Vergleichsbeispiel kann man dies [auf folgende Weise] erklären: Das Klare des *yang* und das Trübe des *yin* sind die extremsten Gegenteile; das Meteorische und das Bodenhafte unterscheiden sich voneinander, jedoch vermischen sich das Dunkle [des

---

395 Die Reihe nimmt Bezug auf die „sich generierende“ und jeweils „entgegengesetzte“ Reihenfolge der Tri- und Hexagrammzeichen im *Buch der Wandlungen*.

396 Die hier von Fang aufgeführten Paare von Hexagrammen sind jeweilig symmetrisch organisiert, d. h. die Linien im Hexagramm im jeweiligen Paar sind symmetrisch umgekehrt gegenüber den Linien des anderen Hexagramms geordnet, was die Umwandlung eines Extrems in sein Gegenteil exemplifiziert. Zu Reihenfolgen von Tri- und Hexagrammen und symmetrische Umkehr der Hexagramme siehe Jiang 2016: 88–96.

397 Vgl. die gleichbedeutende These Wang Fuzhis in seiner Auseinandersetzung mit Großem und Kleinem: „All das sind keine [Gegensatz]paare“ (皆非耦也); siehe die Analyse des Zitats oben, Punkt 2.3.

398 Für den Ausdruck „Hebt [man] das Eine hervor, erhellt auch die Dreiheit“ (举一明三) vgl. Granet 1985: 210–211: „Das zugleich eine Einheit und ein Paar darstellende Ganze, will man es in einer Zahl ausdrücken, findet sich in allen ungeraden Zahlen, und zwar zuallererst in der Drei (die eins plus zwei ist). Wie wir sehen werden, wird die Drei als nahezu vollwertiger Ausdruck der Einstimmigkeit aufgefasst.“

Der Ausdruck kommt in buddhistischen Kontexten vor, siehe Ausführungen weiter unten.

399 D. h. etwa: „von der Perspektive der Mitte ausgehend“.

400 Bezug auf konfuzianische Klassiker *Zhongyong* 中庸 ([*Buch von*] *Mitte und Maß*) und *Lunyu* (*Gespräche* [*des Konfuzius*]), vgl. „His way of putting the balanced mean into practice in the world of men was simultaneously to grasp both ends of the moral spectrum“ (執其兩端, 用其中於民) (*Zhongyong*: 15) (Übersetzung Plaks 2003: 27) und „My doctrine is that of an all-pervading unity“ (吾道一以貫之) (*Lunyu*, Liren: 81; Übersetzung Legge 1960, Bd. 1: 169).

Himmels] und das Gelbe [der Erde]; das Harte und das Weiche opponieren, und die musikalischen Töne harmonieren miteinander. Das Männliche und das Weibliche unterscheiden sich in ihrer Form, und [doch] erregen die männlichen und die weiblichen Wesen Gefühle ineinander. Kann man dies nicht als ein gegenseitiges Sich-Ergeben benennen?

Die Nässe des Wassers und die Hitze des Feuers sind die extremsten Gegenteile. [Während die Ordnung von Hexagrammen] *kan* und *li* der [Ordnung von Himmel und Erde symbolisierenden Hexagrammen] *qian* und *kun* folgen, und [somit] das Maximum [der Gegensatzverhältnisse] einrichten, enden der „obere" und der „untere" [Teil des Buches] der Wandlungen beide mit den [Hexagrammen, die] Wasser und Feuer [symbolisieren]. Im Nutzen für das Volk sind sie unmittelbar,[401] und sie trennen sich nicht sofort voneinander. [Die Elemente] Wasser und Feuer verbinden sich im menschlichen Körper, so lebt [der Mensch], falls sie sich aber nicht verbinden, wird er krank. Kann man es nicht als das gegenseitige Sich-Ergeben benennen?

Einander generierende „Flussdiagramme", verwandeln sich notwendigerweise in die einander überwindenden „Schriften des Luo[-Flusses]",[402] und erst dadurch erlangen sie ihre Anwendung. [Auf diese Weise vollzieht sich] die Bewegung der vier Jahreszeiten, [der Wechsel von] Regen und Tau, Raureif und Schnee, Gebären im Frühling und Eingehen im Herbst.

Glückverheißendes und Unglückverheißendes, Unheil und Segen schlängeln sich alle einander abwechselnd. Die „Beschaffenheit"[403] des Lebens und des Todes [ist so]: Was sterblich ist, wird geboren; kommt das Leben um, dann stirbt es. Die Ruhe im Tiefen und die Bewegung auf der Oberfläche gewinnen ihre Struktur wie in Eis und Kohle; inmitten der Ruhe gibt es Bewegung, inmitten der Bewegung gibt es Ruhe. Wenn die Ruhe ihren Höhepunkt erreicht, [kommt es] notwendig zur Bewegung, wenn die Bewegung ihren Höhepunkt erreicht, [kommt es] notwendig zur Ruhe. Wenn es das Eine gibt, gibt es notwendig die Zweiheit, und die Zweiheiten wurzeln alle im Einen. Wie also könnte es sich anders verhalten, als dass die extremste Entgegensetzung von Himmel und Erde nicht tatsächlich in *einer* Quelle residierte?

Hieraus ist klar ersichtlich, dass Gute und Böse sowie Richtige und Falsche [eigentl.: ‚dies' und ‚das'] nie getrennt worden sind. Wenn der „Höchste Würdige" dies „*hundun*-Chaos"[404] genannt hat, so ist dies ernst gemeint und keineswegs falsches Gerede![405]

Im aufgeführten Zitat wird jede Kategorie bzw. symbolische Darstellung von einem Parameter oder einer Eigenschaft eines Bereichs der Realität als ein Paar von komplementären Gegensätzen dargestellt. Während die jeweilige Kategorie als ein Paar, d. h. als Zweiheit dargestellt werden kann, gleicht jedoch die Zweiheit dem

401 Bezug auf *Mengzi*, Jinxin shang: 269: „The people cannot live without water and fire" (民非水火不生活) (Übersetzung Legge 1960: Bd. 2: 462).

402 Für Informationen über das Diagramm des Gelben Flusses (*Hetu*) und die Schrift des Luo[-Flusses] siehe Kapitel I, Punkt 2.2.3.

403 Erklärung zum Begriff „Beschaffenheit" (‚Merkmal', *ji* 幾) s. u., Punkt 3.3.

404 Bezeichnung für den ursprünglichen, undifferenzierten Zustand des Universums in der daoistischen Kosmologie. Für eine Ausführung des Mythos über *Hundun* siehe *Zhuangzi*, Innere Kapitel, „Responses for Emperors and Kings" (*Ying di wang* 應帝王) (Übersetzung des Kapiteltitels Mair 1994).

405 Fang, *Dongxi jun*, Fanyin: 279.

Einen, da die Zweiheit nämlich ein Ausdruck des Einen ist. Die Gleichung zwischen dem Einen und der Zweiheit ist natürlich nicht als eine arithmetische Operation zu verstehen, sondern kann, analog einem der erkenntnistheoretischen Prinzipien der westlichen Mathematik und Naturwissenschaften, dem der Dualität, angesehen werden. Konkreter ist der Fall Fang Yizhis mit der Anwendung des Dualitätsprinzips in der projektiven Geometrie zu vergleichen, bei welcher zwei Koordinaten entweder als zwei Punkte oder als eine Gerade betrachtet werden können.[406] Im Fall Fang Yizhis entfaltet sich die gleiche Kategorie bzw. identische Phänomene jeweils als die Zweiheit bzw. als zwei Extreme (Pole) oder aber als das Eine.[407] Anhand derartiger Änderungen des Betrachtungswinkels lassen sich unterschiedliche Vorgänge im Universum erklären.

Im Allgemeinen stellt ein solcher Ansatz, bei dem die kosmologischen, biologischen und sozialen Prozesse in ihren transformativen Aspekten betrachtet werden und einerseits in die numerischen Gesetzmäßigkeiten, andererseits in die Symbole der Wandlungen überführt werden, eine wichtige erkenntnistheoretische Perspektive dar, die chinesische Naturwissenschaftler und Philosophen mit Bezug auf das *Buch der Wandlungen* entwickelten. Für die Mathematik im frühen China wurde die Umsetzung dieses Prinzips zum Beispiel auf folgende Weise in der Forschung beschrieben:

> First, it can be argued, that, for some mathematicians in ancient China, algorithms, as lists of operations that progressively transform data, may have represented that which, in mathematics, embodied transformations that are more generally at play everywhere in cosmos. And, as we know, transformations, processes, as they develop in any domain of reality, lay at the center of numerous philosophical developments and several fields of knowledge. Hence, by concentrating on algorithms, these mathematicians have looked at mathematical reality from a point of view – that of transformations – comparable to the one adopted by some thinkers to reflect on reality in general and on what we designate as natural processes in particular.

406 Vgl.: „In der ebenen projektiven Geometrie gilt folgendes Dualitätsprinzip: Vertauscht man in einer wahren Aussage über Punkte und Geraden einer projektiven Ebene die Begriffe ‚Punkt' und ‚Gerade' und ersetzt man jeweils den Begriff ‚Verbindungsgerade zweier Punkte' durch den Begriff ‚Schnittpunkt zweier Geraden' und umgekehrt, so erhält man wieder eine wahre Aussage über die duale projektive Geometrie. Für desarguessche projektive Geometrien, also zum Beispiel alle zweidimensionalen projektiven Räume über Körpern, ist die duale projektive Geometrie bis auf Isomorphie identisch zur ursprünglichen Geometrie, also gilt in solchen projektiven Geometrien ein Satz genau dann, wenn der Satz gilt, bei dem die Begriffe ‚Punkt' und ‚Gerade' vertauscht sind." („Dualität (Mathematik)", in: https://de.wikipedia.org/wiki/Dualit%C3%A4t_(Mathematik) [zuletzt abgerufen am 07.07.2023].

407 Vgl. Deutung von Eigenschaften bzw. Kategorien als Skalen in frühen chinesischen Texten sowie eine Übersicht über sinologische Interpretationen der binären Systematik in Geaney 2016.

Secondly, in doing so, these mathematicians quoted the Yijing 易經 (Classic of Changes), and especially the „Great Commentary" (*Xicizhuan* 繫辭傳), more than any other Canon. This seems to indicate that, for them, mathematics, when observed from the perspective of transformations constituting its main component, exhibits, or is ruled by the same principles as those governing any other domain of reality.[408]

Auf gleiche Weise steht bei den Beispielen von unterschiedlichen Phänomenen der Realität, die Fang Yizhi aufführt, eine Zusammenfassung von Vorgängen der dynamischen Interaktion im Zentrum, die sich auf allen Existenzniveaus vollziehen, sich darüber hinaus in unterschiedliche Dimensionen und Zeitlichkeiten entfalten und das Fortlaufen des Ganzen bedingen. Dabei entwickelte Fang Yizhi aufgrund der Terminologie der Kommentare zum *Buch der Wandlungen* und denen der erkenntnistheoretisch-logischen Traditionen des Buddhismus die Begrifflichkeit für diese allgemeinen (abstrakten) Transformationsgesetze: Die Begriffe für gegenseitige Entgegensetzungs- (*xiang fan* 相反) und gegenseitige Voraussetzungsbeziehung (*xiang yin* 相因).[409] Fang Yizhi gibt eine Reihe von Beispielen, bei welchen sich die extremen Gegensätze in den realen Prozessen der Welt als voneinander abhängige und untrennbare, d. h. nicht als isolierte Phänomene mit einer definitiven Grenze zueinander zu betrachtende, sondern als einander enthaltende und sich auseinander ergebende Phasen wirken. Im Moment des Auftretens einer Phase ist zugleich das Auftreten der gegenteiligen Phase impliziert: Aus dieser Perspektive ist die zweite in der ersten enthalten und umgekehrt.

Aus der Perspektive einer höheren Abstraktionsebene verhalten sich jegliche durch einander bedingte Elemente bzw. zwei extreme Zustände als zueinander gleichartige oder gleichgestellte: Sie sind ineinander überführbar und unterscheiden sich wie eine negative und eine positive Seite oder Phasen des Einen. Folgende Beispiele aus dem Werk Wang Fuzhis verdeutlichen die Logik der Phasenwechsel, wobei mit Bezug auf das *Buch der Wandungen* die Begriffe „Kommen" (*lai* 來) und „Gehen" (*wang* 往)[410] verwendet werden: Gemeint ist das *An*kommen und *Ver*ge-

408 Chemla 2010: 256–257. Vgl. hierzu auch Chemla 1999.

409 Vgl. insbesondere das Kapitel „Das gegenseitige Entgegensetzen" (*fanyin* 反因) des zitierten Traktats *Die Gleichheit des Ostens und des Westens.*

410 Die beiden Begriffe kommen aus den Kommentaren zum *Buch der Wandlungen*, siehe z. B. *Xicizhuan*, 2. Der *locus classicus* hierzu lautet wie folgt: „As the sun goes (*wang* 往), the moon comes (*lai* 來). As the moon goes, the sun comes. It is through the alternation (*xiangtui* 相推) between the sun and the moon that their splendor (*ming* 明) is generated (*sheng* 生). As the cold goes, the heat comes. As the heat goes, the cold comes. It is through the alternation between the cold and the heat that each coming year (*sui* 歲) is consummated (*cheng* 成). That which goes (*wang*) is contraction (*qu* 屈), and that which comes (*lai*) is expansion (*shen* 伸). It is through the mutual-affection (*xianggan* 相感) between contraction and expansion that the beneficial advantages (*li* 利) of conditions are produced (*sheng* 生)" (日往則月來，月往則日來，日月相推而明生

hen, das Eintreten und sich Verflüchtigen einer bestimmten Eigenschaft, Qualität oder eines Parameters:

> 虛必成實 實中有虛 一也 而來則實於此 虛於彼 往則虛於此 實於彼 其體分矣
>
> Das Leere wird notwendigerweise zum Vollen; im Vollen ist das Leere enthalten, [sie] sind eins; und beim Ankommen wird es hier voll, dort leer; beim Vergehen wird es hier leer und dort voll; [auf diese Weise] teilt sich die Tiefenstruktur.[411]

Eine Eigenschaft, eine Qualität oder ein Parameter teilt sich jeweils in Phasen des Kommens und Gehens auf, und je nach Phase wird sich diese an diesem oder an jenem Ort manifestieren und umgekehrt, gleich dem Energieerhaltungssatz verschwinden sie am anderen Ort.

Die Betrachtungsweise, bei welcher alle Eigenschaften, Qualitäten, Parameter unter dem Gesichtspunkt eines jeweiligen Phasenwechsels aufgefasst werden, erlaubt eine abstrahierte Vorstellung über die Ganzheit von Qualitäten und Parametern als System von Prozessen der Phasenwechsel (an: voll, aus: leer).

> 夫一往一來 而有同往同來者焉 有異往異來者焉
> 故一往一來而來往不一
>
> Nun, was ein Ausgehen und ein Ankommen betrifft, so gibt es in ihnen jeweils Phasen der Gleichzeitigkeit des Ausgehens und der Gleichzeitigkeit des Ankommens. Es gibt in ihnen auch Phasen der Ungleichzeitigkeit des Ausgehens und des Ankommens.
>
> Deswegen gibt es ein Ausgehen und ein Ankommen, das nicht zu einem [Zyklus] von Ankommen und Ausgehen gehört.[412]

Die naturalistische, aber zugleich abstrakte Logik der Prozesse des Kommens und Gehens[413] korreliert mit den Kategorien menschlicher Wahrnehmung und Existenz auf folgende Weise:

焉; 寒往則暑來, 暑往則寒來, 寒暑相推而歲成焉。 往者屈也, 來者信也, 屈信相感而利生焉) (*Zhouyi*, Xici xia zhuan: 581; Übersetzung Baba 2015: 199).

411 Wang, *Zhengmeng zhu*, j. 1, Taihepian: 9281. Im von Wang kommentierten Originalpassage von Zhangzai geht es um die Tiefenstruktur *ti*, die sich in zwei gegenseitigen Eigenschaften entfaltet: „Die zwei[gliedrige] Tiefenstruktur ist das Leere und das Volle, Bewegung und Ruhe, das Kondensieren und das Expandieren, das Klare und das Trübe. Letztendlich sind sie eins" (兩體者 虛實也 動靜也 聚散也 清濁也 其究一而已) (zitiert nach Wang, *Zhengmeng zhu*, j. 1, Taihepian: 9281).

412 Wang, *Zhouyi waizhuan*, j. 6: 1029.

413 Vgl. Zhu Xi: „What is referred to as the ‚going and coming (*wanglai* 往來)' and ‚contraction and expansion (*qushen* 屈伸)' is all about the regular *li* (*changli* 常理) of the affective-response relation (*ganying* 感應) that comes about on its own accord (*ziran* 自然)" (言往來屈伸, 皆感應自然之常理) (Zhu Xi, *Quanshu* 1, 139; Übersetzung Baba 2015: 199). Zu Zhu Xis Ausarbeitungen zu diesen Kategorien siehe *Zhuzi yülei*, 5, j. 72, Yi ba, xian: 1813.

自虛而實來也 自實而虛往也
來可見 往不可見 來實為今 往虛為古 來者生也
[...]
死此生彼者 一往一來之謂也

[Der Prozess des Werdens] von der Leere zur Fülle ist Ankommen; [der Prozess des Werdens] von der Fülle zur Leere ist Ausgehen.[414]

Das Gekommene ist sichtbar, das Gegangene ist unsichtbar. Die Fülle des Ankommens hält man für gegenwärtig, die Leere des Ausgehens hält man für das Altertümliche. Das Ankommen ist das Geborenwerden.

[...]

Das Sterben hier und das Geborenwerden dort sind eigentlich [andere] Bezeichnungen für ein Ausgehen und ein Ankommen.[415]

Und:

有往來而無死生，往者屈也，來者伸也，則有屈伸而無增減，屈者固有其屈以求伸，豈消滅而必無之謂也。

Es gibt ein Gehen und Kommen und nicht ein Sterben und Geborenwerden. Das Gehen ist [wie] ein Zurückweichen; das Kommen ist [wie] ein Sich-Ausdehnen, sodass es also Zurückweichen und Sich-Ausdehnen gibt und nicht Zunahme und Abnahme. Da dem Zurückweichen grundlegend ein Zurückweichen zum Zweck des Trachtens nach Ausdehnung inhärent ist, wie könnte man es da als ein Auslöschen bezeichnen, das notwendigerweise ins Nicht-Sein führt![416]

Die Kategorien menschlicher Existenz (Leben/Geborenwerden und Tod) sind also entweder als irrelevant oder in einer Reihe mit den für alle Phänomene und Qualitäten geltenden Prozessen des Gehens und Kommens zu betrachten. Im Kontext der abstrakteren Systematik von Prozessen des Kommens und Gehens und im Einklang mit Fang Yizhis Terminologie der gegenseitigen Voraussetzungsverhältnisse wird der eigene semantische Inhalt von solchen Kategorien entwertet. Damit einhergehend werden auch semantische und letztlich sogar metaphysische Differenzierungen zwischen den Bestandteilen eines Gegensatzpaares aufgelöst. So kann für ihre Beziehungen nicht nur Komplementarität, sondern auch Äquivalenz behauptet werden: Ost gleicht West,[417] Sein gleicht Nicht-Sein, Leben gleicht dem Tod usw.:

414 Alternative Variante der Übersetzung: „[Der Prozess] des Füllens der Leere ist Ankommen, [der Prozess] des Leerens der Fülle ist Ausgehen".

415 Wang, *Zhouyi waizhuan*, j. 6: 1029.

416 Wang, *Zhouyi waizhuan*, j. 6: 1042–1043.

417 *Die Gleichheit des Ostens und des Westens* ist der Titel eines hier bereits zitierten Werkes von Fang Yizhi. Im Titel ist die Anspielung auf das Kapitel „Diskurse über das Gleich[gültig]-sein-Lassen der Dinge" (*Qiwulun* 齊物論) des *Zhuangzi* nicht zu übersehen.

> [...] 小即大, 彼即此, 中即昃, 生即不生, 有即無有。開眼者, 夜半正明, 天曉不露, 當下知反因即正因矣。
>
> [...] Klein entspricht groß, dort entspricht hier, die Mitte entspricht der Schräglage, leben entspricht nicht leben, gegeben sein entspricht nicht gegeben sein. Für den, der die Augen öffnet, ist es mitten in der Nacht hell wie am Morgen, der helllichte Tag offenbart ihm kein Licht[418] und er erkennt sogleich, wie dem einem Grund zuwiderlaufen gerade dieser Grund entspricht.[419]

Aufgrund dieser Position kann den beiden Bestandteilen eines Gegensatzpaares zudem der ontologische Status überhaupt entzogen werden, und sie können in einem gewissen Sinn als nicht real betrachtet werden. Entsprechend finden wir Stellungnahmen wie die folgende bei Fang Yizhi:

> 本無虛實 [...]
> 本無彼此 [...]
>
> Im Grunde genommen gibt es keine Leere und keine Fülle [...];
> Im Grunde genommen gibt es kein Jenes und kein Dieses [...].[420]

Und:

> [...] 知有貫混闢之天地, 即直下之天地, 則無「有」「無」矣。
>
> [...] Erkennt man, dass die sich evolvierende Welt der unmittelbar vorhandenen Welt entspricht, dann gibt es gewiss kein „Sein" und „Nicht-Sein."[421]

Aus diesem Zitat ist auch ersichtlich, dass die Kategorien von Sein und Nicht-Sein keine Relevanz für Kategorisierungen der als Ganzheit und als gegenwärtig gedachten Welt besitzen. Dies rührt u. a. daher, dass sie den bestimmten Zuständen der Welt fälschlicherweise einen ontologischen Status verleihen und dabei zwangsläufig eine metaphysische Grenze für die Zustände herbeiführen. Hingegen können Fang Yizhi zufolge alle Phänomene sowohl als Seiendes als auch als Nicht-Seiendes und als zugleich Seiendes und Nicht-Seiendes qualifiziert werden:

> [...] 告之曰有, 則偏于有, 故言無; 告之曰無, 則又偏于無, 故言非無。告者噓曰: 一寒一暑, 一此一彼; 無寒無暑, 無彼無此。

418 „[...] mitten in der Nacht hell wie am Morgen, der helllichte Tag offenbart ihm kein Licht" (夜半正明, 天曉不露) ist eine Wendung aus den Schriften der Chan-Schule (禪宗).

419 Fang, *Dongxi jun*, Fanyin: 280.

420 Fang, *Dongxi jun*, Kuoxin: 256. Siehe Fortsetzung der Reihe dieser Negationen im Quellentext.

421 Fang, *Dongxi jun*, Sanzheng: 259.

> [...] Wenn man die Aussage macht, etwas sei, ist man [einer Deutung in den Kategorien des] Seins zugeneigt und deswegen spricht man über das Nicht-Sein; wenn man die Aussage macht, etwas sei nicht, dann ist man wiederum [einer Deutung in den Kategorien des] Nicht-Seins zugeneigt, und spricht daher vom Negieren des Nicht-Seins. Man [kann] aber hingegen die [folgende] Aussage machen: mal kalt, mal heiß; mal hier, mal dort; nicht kalt, nicht heiß; nicht hier, nicht dort.[422]

Auch die Aussage „Weder dem Sein noch dem Nicht-Sein anheimfallen" (不落有無), die oft in Fang Yizhis Aufsatz *Die Gleichheit des Ostens und des Westens* vorkommt,[423] zielt darauf ab, die Differenzierung zwischen Sein und Nicht-Sein zu vermeiden, und die auf dieser Differenzierung basierende Kategorisierungsordnung zugunsten einer Kategorisierung zu verwerfen, die die Opposition zwischen Sein und Nicht-Sein in ein Wechselverhältnis umwandelt:

> 理屬無, 數屬有, 微顯互徵, 即是不落有無。
>
> Das Prinzip gehört zum Nicht-Seienden; Zahl gehört zum Seienden. Das Subtile[424] und das Manifeste stehen in einem Wechselverhältnis, das heißt nämlich, dass [diese Kategorien] weder dem Sein noch dem Nicht-Sein anheimfallen.[425]

In dieser Kritik an der Zuordnung der Phänomene und der metaphysischen Prinzipien zu den Kategorien des Seins und Nicht-Seins macht Fang Yizhi auch deutlich, dass diese Zuordnung automatisch die Aussonderung eines transzendenten Prinzips aus den phänomenalen Erscheinungen impliziert, sodass die Unterscheidung zwischen Transzendenz und Aktualität entsteht. In Fang Yizhis Versuch, die Irrelevanz von Kategorisierungen entlang der Dichotomisierung von Sein und Nicht-Sein zu zeigen, ist das gleiche Anliegen wie in Li Zhis Kommentar zum *Herz-sūtra* festzustellen, der oben analysiert wurde. Durch seine Anerkennung einer tieferen Schicht eines feingliedrigen Wechselverhältnisses, die weder dem Sein noch dem Nicht-Sein zugeordnet werden kann, nähert sich Fang Yizhi auch der Kritik an, die Wang Fuzhi an der Möglichkeit eines Urteils über das Nicht-Sein aufgrund dessen Unsichtbarkeit geäußert hat.

Mit der Annahme, dass es eine (Abstraktions-)Ebene gibt, auf der einerseits die Irrealität der von den sich voraussetzenden Verhältnissen abgelösten Einzelentitäten übertroffen wird, und im Bemühen, andererseits das Ungeschickte solcher sprachli-

422 Fang, *Dongxi jun*, Sanzheng: 258–259.

423 Im „Eröffnenden Kapitel zu *Dongxi jun*" (*Dongxi ju kai zhang* 東西均開章) wird die Bedeutung des Wortes *jun* 均 – Gleichheit – im Titel des Werkes durch diese Aussage ausgelegt, vgl. Fang, *Dongxi jun*, Kaizhang: 243.

424 Für den Begriff das „Subtile" bzw. „Keimhafte" (*wei* 微) siehe z. B. Nylon 2016.

425 Fang, *Dongxi jun*, Xiangshu: 340.

chen Wendungen zu überwinden, die dem Sprechenden die Differenzierungen zwischen Sein und Nicht-Sein aufzwingen, kommt Fang Yizhi ebenfalls zu ähnlichen Formulierungen wie Li Zhi in Bezug auf „die wahre Leere" (*zhenkong* 真空), wo er erklären muss, welchen Sinngehalt man meint, wenn man die Bezeichnungen „Sein" und „Nicht-Sein" verwendet:

> 不落有無, 而我以「無」稱之, 尊先也。此本無對待之無, 而周流對待之環也, 故曰「太無」。
>
> Wenn ich, [der Differenz zwischen] Sein und Nicht-Sein nicht anheimfallend, [dieses Verhältnis] als „Nicht-Sein" bezeichne, dann respektiere ich die Tradition. Dies ist jedoch der Zyklus von Voraussetzungsverhältnissen entbehrendem „Nicht-Sein" und von Voraussetzungen, die von ringsherum einfließen. Daher spricht man von „Allerhöchstem Nicht-Sein".[426]

Wie bereits erwähnt, stellt für Fang Yizhi das *Buch der Wandlungen* das Vorbild einer systematischen Gesamtschau auf die Prozesse und Phänomene im Universum dar. In seinem Traktat *Die Gleichheit des Ostens und des Westens* begründet Fang Yizhi ausführlich, worin der außerordentliche Charakter dieses Klassikers besteht. Er erfasst die Prozesse und Phänomene des Universums nicht nach den Kategorisierungen entweder ins Sein oder ins Nicht-Sein, sondern vielmehr in jener Dimension, in der die duale synchrone Gegebenheit der Gegensätze offenkundig ist:

> 此三百八十四實有者之中, 皆有虛無者存焉。
>
> Inmitten dieser 384[427] [Hexagrammlinien, die das] volle Gegeben[sein][428] [symbolisieren], existiert allenthalben das leere Nicht-Gegebensein.[429]

Die Systematik dieser wechselseitigen Gegebenheiten wird im *Buch der Wandlungen von nichts übertroffen* für alle Phänomene und Prozesse in Allgegenwart und Ubiquität konsequent und vollständig vorgelegt.[430]

---

426 Fang, *Dongxi jun*, Sanzheng: 261.

427 Die gesamte Zahl der Linien in 64 Hexagrammen.

428 Eine Hexagrammlinie entspricht dem „vollen Gegebenen" (*shi you* 實有), d. h. das Auftreten einer Phase (das Moment des Seins bzw. des Zustandekommens) wird durch eine Linie der Hexagramme markiert; vgl. die vorangegangene Passage, Fang, *Dongxi jun*, Sanzheng: 261: „Ein Gegebensein [entspricht] einer Linie; so gibt es 384 [von solchen], alle ändern sich, alle ändern sich nicht; alle bewegen sich und alle ruhen, so verknüpft [diese Systematik] die Stille und die Aufregung und überwiegen die Bewegung und Ruhe" (一有一畫, 即有三百八十四, 皆變易, 皆不易, 皆動皆靜, 即貫寂感而超動靜). Generell symbolisiert eine Linie eine aktualisierte Präsenz eines je einzelnen Parameters eines Prozesses oder des ganzen Systems. In diesem Sinne entspricht die aktualisierte Präsenz bzw. das volle Gegebensein einer „An-Phase", s. o. Die Präsenz setzt natürlich die Absenz voraus.

429 Fang, *Dongxi jun*, Sanzheng: 261.

430 Vgl. z. B. Fang, *Dongxi jun*, Sanzheng: 260: „In dem Prinzip ‚Weder dem Sein noch dem Nicht-Sein anheimfallen' wird [das Buch der] Wandlungen von nichts übertroffen." (不落有無又莫妙于易矣) usw.

Als eine solche Gesamtschau, die die Totalität von Prozessen und Phänomenen unter der genannten dualen Perspektive erfasst, wird die im *Buch der Wandlungen* dargelegte Systematik als das „Allerhöchste Extremum“ (*taiji* 太極) bezeichnet. Die Identität dieser Bezeichnung zum oben erläuterten „Allerhöchsten Nicht-Sein“ (*taiwu* 太無) erklärt Fang Yizhi durch die Gleichheit des Verhältnisses, in dem *taiji* (太極) zu *wuji* (無極) und *youji* (有極) und „Allerhöchstes Nicht-Sein“ (*taiwu* 太無) zu Nicht-Sein (*wu* 無) und Sein (*you* 有) stehen.[431] Die beiden „Allerhöchsten“ (*tai* 太) kommen aus den sich wechselseitig bedingenden Verhältnissen (*xiangdai* 相待) der Gegensätze heraus, überwinden sie (*juedai* 絕待), aber zugleich umfassen sie sich gerade in der Ganzheit des kreislaufhaften Funktionierens aller Gegensätze.

Im Folgenden gilt es die Logik des Verhältnisses der gegenseitigen Voraus- und Entgegensetzung *xiangyin* und *xiangfan* noch weiter zu präzisieren: Das bringt uns zum Verständnis, wie – aus der Sicht Fang Yizhis – die Totalität der phänomenalen Ordnungen auf das System dieses Verhältnisses bezogen wird. Wie dargelegt, haben die Wechselverhältnisse zwischen den Gegensatzbestandteilen, die Fang Yizhi anhand von Begriffen des „gegenseitigen Entgegensetzens“ *xiangfan* 相反 und des „gegenseitigen Ergebens“ *xiangyin* 相因 beschreibt, in einer phänomenalen Entfaltung zeitliche und räumliche Dimensionen. Wie in den aufgeführten Zitaten belegt, wechseln sich die Phasen in einer zeitlichen Abfolge nacheinander ab.[432] Überdies vollziehen sich die gegenseitigen Verhältnisse auch in der räumlichen Dimensionierung.[433] Am nächsten Beispiel werden die zeitlichen und räumlichen Dimensionen, in denen sich diese Verhältnisse entfalten, noch deutlicher dargestellt:

> 交以虛實, 輪續前後, 而通虛實前後者曰貫, 貫難狀而言其幾。暗隨明泯, 暗偶明奇, 究竟統在泯隨中, 泯在隨中。三即一, 一即三, 非一非三, 恒三恒一。

431 Vgl. Fang, *Dongxi jun*, Sanzheng: 261: „Beim Sprechen über ‚das Allerhöchste Nicht-Sein‘ [darf man] nicht dem Sein und Nicht-Sein anheimfallen. [Sich auf] die schon verteilten Linien in den Trigrammen der ‚hintangestellten Ordnung des Himmels‘ [zu beziehen], hieße vom ‚gegebenen Extremum‘ zu sprechen; [sich auf] die noch nicht manifestierten Linien in den Trigrammen der ‚vorangestellten Ordnung des Himmels‘ [zu beziehen], hieße, vom ‚nicht-gegeben[-seienden] Extremum‘ zu sprechen. [Sich auf] das wechselseitig bedingende Entstehensverhältnis zwischen den zwei Extremen und auf das die [beiden] überwindende ‚Allerhöchste Extremum‘ [zu beziehen], das bedeutet, in die Mitte des Himmels treffen“ (太無者, 言不落有無也。後天卦爻已布, 是曰有極; 先天卦爻未闡, 是曰無極。二極相待, 而絕待之太極, 是曰中天).

432 Vgl. z. B. im auf S. 125–126 angeführten Zitat: „[Auf diese Weise vollzieht sich] die Bewegung der vier Jahreszeiten, [der Wechsel von] Regen und Tau, Raureif und Schnee, Gebären im Frühling und Eingehen im Herbst“ (四時之行, 雨露而霜雪, 春生而秋殺).

433 Vgl. im Zitat (S. 126): „Das Dunkle [des Himmels] und das Gelbe [der Erde] vermischen sich“ (玄黃相雜).

> [Man setzt] leer und voll in ein Wechselverhältnis, vorne und hinten in eine kreisförmige Abfolge;[434] und das, was leer und voll, vorne und hinten durchdringt, nennt man „Verknüpfung". „Verknüpfung" ist schwer darzustellen, aber man kann über die zugehörige „Beschaffenheit" sprechen. Das Dunkle folgt, das Klare wird eliminiert, das Dunkle entspricht einer geraden [Zahl], das Klare entspricht einer ungeraden [Zahl], schließlich vereinen sie sich im „Eliminiert-Werden" und inmitten des „Folgens", wobei das „Eliminiert-Werden" im „Folgen" enthalten ist. Dreiheit entspricht dem Einen; das Eine entspricht der Dreiheit; [dabei] ist es weder das Eine noch die Dreiheit, [zugleich aber] sowohl beständig Dreiheit als auch beständig das Eine.[435]

Wie bereits oben angemerkt, implizieren die sich auf vielfältige Weise entfaltenden gegenseitigen Verhältnisse zwischen den Phasen, die durch die Zwei symbolisiert werden, zugleich eine (logische) Verknüpfung bzw. einen Übergang[436] (*guan* 貫, wörtl. ‚durchbohren, auffädeln') auf eine andere durch die Eins symbolisierte (Abstraktions-)Ebene, die diese Phasen verbindet bzw. vereint (*tong* 統). Für die Bezeichnung des Ablaufs von drei Phasen, d. h. die abwechselnde Erscheinung zunächst der einen und dann der anderen Phase eines Phänomens, was zugleich als abwechselnde Erscheinung zweier Phänomene gedeutet werden kann, und der dritten synthetischen Phase, die die zwei ersten verbindet und zugleich in ihnen enthalten ist, verwendet Fang Yizhi hier die Begriffe „folgen" (*sui* 隨), „eliminieren/eliminiert werden" (*min* 泯, wörtl. ‚untergehen lassen') und „vereinen" (*tong* 統). Diese Triade bezieht sich sowohl auf die Verlaufsfolge eines Phänomens als auch auf Stufen des Denkvorgangs, in dem das Phänomen betrachtet wird. Wie wir im nächsten Zitat sehen werden, korreliert für Fang Yizhi die Vorstellung über die drei Stufen mit den dreigliedrigen Aufteilungen der kognitiven Phasen[437] in der Lehre der buddhistischen Tiantai-Schule – die „drei(-fache) Wahrheit" *santi* 三諦 und die „drei(-fache) Weisheit" *sanzhi* 三智.[438] In diesem Sinn sind Fang Yizhis Stufen mit den in der europäischen Terminologie durch die Triade These–Antithese–Synthese bezeichneten Stufen eines Urteils vergleichbar.[439] Zwei wichtige Unterschiede müssen jedoch bemerkt werden. Erstens wird in den Be-

---

434 „In ein Wechselverhältnis setzen bzw. in einem Wechselverhältnis stehen, interagieren" (*jiao* 交) und „in eine kreisformige Abfolge setzen bzw. in Kreisen drehen" (*lun* 輪) können wohl als entsprechend räumliche und zeitliche Abwechslung bezeichnende Begriffe gedeutet werden, siehe Bemerkung in Zhang 1987: 52.

435 Fang, *Dongxi jun*, Sanzheng: 258.

436 Bzw. ein „Durchgang" oder „Durchzug".

437 Für diese Deutung siehe Xie 2001: 115–117.

438 Zur Erklärung zu den Begriffen siehe unten Fußnote 445.

439 Vgl. v. a. die Ausarbeitungen zur Dialektik durch deutsche Philosophen, die dem Idealismus zugerechnet werden: Immanuel Kant in: *Kritik der reinen Vernunft*, Johann Gottlieb Fichte in: *Grundlage der gesamten Wissenschaftslehre* und Georg W. F. Hegel in: *Enzyklopädie der philosophischen Wissenschaften im Grundrisse.*

schreibungen Fang Yizhis und in der entsprechenden Terminologie der Phasenabwechslungen Prozessualität, d. h. gegenseitiges *Übergehen* von Phasen ineinander, unterstrichen, wobei sich die entgegengesetzten Phasen nicht kontradiktorisch zueinander verhalten (d. h. sie schließen einander nicht aus, sondern sind ineinander enthalten, und sind darüber hinaus in Bezug zueinander gleichzeitig). Zweitens zeigen diese Phasen nicht nur die Methode der philosophischen Argumentation bzw. die Stufen des logischen Denkvorgangs an, sondern sie sind für die Deutung der phänomenalen Vorgänge umgesetzt, wobei die Übergänge zwischen den Stufen in den Vorgängen als reale (nicht nur mentale) Phasenwechsel gedacht werden.

Die Verhältnisse zwischen den Phasen, die im Zitat oben „folgen" (*sui*), „eliminieren" bzw. „eliminiert werden" (*min*) und „vereinen" (*tong*) genannt sind, stellt Fang Yizhi im nächsten Zitat zudem graphisch als einen Kreis mit drei eingeschriebenen Punkten dar,[440] wobei die unteren Punkte ein komplementäres (sich voraussetzendes, aber auch entgegensetzendes) Verhältnis symbolisieren (*sui*- und *min*-Phasen) und der obere Punkt die Synthese (*tong*) dieser beiden darstellt. Da in der Zweiheit immer der Bezug auf die höhere synthetische Ebene der Eins enthalten ist, und die Eins sich ihrerseits immer auf die Zweiheit bezieht, wird daraus eine Vorstellung einer in Kreisen laufenden Abwechslung zwischen den drei Punkten abgeleitet.[441] Insgesamt wird eine Vorstellung von sich ständig auf zirkuläre Weise (als Kreis *yuan* 圓, im Ringe *huan* 環) vollziehenden Prozessen der Interaktion der drei Elemente vermittelt, wobei jedes Element des Verhältnisses sich auf die anderen Elemente bezieht und im gewissen Sinne den anderen äquivalent ist:

> 圓 ∴ 三點, 舉一明三, 即是兩端用中, 一以貫之。蓋千萬不出於奇偶之二者, 而奇一偶二即參兩之原也。上一點為無對待、不落四句之太極, 下二點為相對待、交輪太極之兩儀。三身、三智、三諦、三句, 皆不外此。總來中統內外、平統高卑、不息統艮震、無著統理事, 即真天統天地、真陽統陰陽、太無統有無、至善統善惡之故。無對待在對待中。設象如此, 而上一點實貫二者而如環, 非縱非橫而可縱可橫。中五四破, 疊十用九, 九即五, 五即一, 乃無實無虛, 無可無不可, 冥應雙超者也。別詳∴說。

440 „Ein Kreis von drei Punkten" (圓∴三點). Nach dem Kommentar von Xie 2001: 114, Fußnote 55 ist ∴ ein Zeichen, das man in buddhistischen Schriften findet und das „Nicht-Identität und [zugleich] Nicht-Unterschiedlichkeit eines Dinges zu sich selbst zum Ausdruck bringt" (比喻物之不一不異). Hierzu siehe auch Wu 1994: 245–246.

In der westlichen Mathematik ist ∴ das Zeichen für das Schlussfolgern (etwa: *ergo*) und kommt in den Texten des 17. Jahrhunderts vor; vgl. hierzu Cajori 1993: 282. Aus Cajori 1993 folgt, dass das Zeichen auch für die Schlussfolgerung in Syllogismen verwendet wurde.

441 Vgl. im nächsten Zitat: „[...] so nähern sie sich, wenn der obere Punkt tatsächlich die zwei [unteren] miteinander verknüpft, einem Kreis an" (而上一點實貫二者而如環).

Wird in einem Kreis von drei Punkten einer herausgehoben, so erhellen daraus [alle] drei. Das nämlich bedeutet „das Mittlere zwischen zwei Extremen anzuwenden",[442] oder „mit dem Einen diese [Elemente] zu verbinden".[443] Es ist nämlich so, dass die Gesamtheit [aller Möglichkeiten der Zahlordnungen] nicht über [den Wechsel von] Geraden und Ungeraden hinausgeht, wobei die Eins des Ungeraden und die Zwei des Geraden eben der Ursprung der Verdreifachung der Zwei sind. Der obere Punkt repräsentiert die Voraussetzungslosigkeit und das nicht in Tetralemmata (zer-)fallende Allerhöchste Extremum;[444] die unteren zwei Punkte repräsentieren die wechselseitige Vorausgesetztheit und die sich kreislaufhaft abwechselnden zwei Gegenstücke des Allerhöchsten Extremums. Der „dreifache Körper", die „dreifache Weisheit", die „dreifache Wahrheit", der „dreigliedrige Satz"[445] – all diese [Konzepte] gehen nicht über dieses Prinzip hinaus. Ganz generell ist dies der Grund, warum die Mitte das Innen und das Außen verbindet, die Ebene das Hohe und das Niedrige verbindet, das Nicht-Anhalten die Hexagramme *gen* (‚stillehalten') und *zhen* (‚erregend') verbindet,

---

442 Vgl. *Zhongyong*: 15: „The Master has stated: ‚The greatsage Shun was a man of supreme wisdom, was he not? Shun had a penchant for learning by enquiry, and for probing the deeper meaning of things expressed in everyday speech. He would keep men's evil deeds discreetly hidden from view, while elevating the good for all to see. His way of putting the balanced mean into practice in the world of men was simultaneously to grasp both ends of the moral spectrum." (子曰: 「舜其大知也與！舜好問而好察邇言; 隱惡而揚善, 執其兩端, 用其中於民。其斯以為舜乎！」) (Übersetzung Plaks 2003: 27).

Bei Fangs Verwendung dieses Zeichens handelt es sich wohl um einen Versuch, die buddhistische und möglicherweise auch die westliche Logik mit seiner Lesart des *Buches der Wandlungen* in Verbindung zu setzen: wohl verknüpft hier Fang das Diktum aus dem Klassiker mit der Verwendungsweise des Zeichens ∴ in der westlichen Mathematik, vgl.: „It should be noted that with Rahn [Johann H. Rahn, Autor der *Teutschen Algebra*, erschienen Zürich 1659 – Hinzufügung *PL*] and with many writers of the eighteenth century the three dots were used especially in connection with the process of finding the products of means and extremes of a proportion." (Cajori 1993: 282). Die These im Zitat „Das Mittlere zwischen zwei Extremen anzuwenden" (兩端用中) ist der Regel sehr ähnlich, wonach das Produkt von Extremen a und d einer Proportion $a/b = c/d$ dem Produkt der mittleren Teilen der Proportion gleicht: $ad = bc$. Die Vermutung, dass Fang sich hier an diese Regel bezieht, muss allerdings geprüft werden.

443 Vgl. *Lunyu*, Liren: 81: „My doctrine is that of an all-pervading unity" (吾道一以貫之) (Übersetzung Legge 1960, Bd. 1: 169).

444 Vgl. *Xicizhuan* („Großer Kommentar") 1 des *Buches der Wandlungen*: „In (the system of) the Yi [Wandlungen] there is the Grand Terminus, which produced the two elementary Forms. Those two Forms produced the four emblematic Symbols [...]" (易有太極, 是生兩儀, 兩儀生四象 [...]) (Übersetzung Legge 1964: 373).

445 Buddhistische Konzepte, die auf je spezifische Weise die Einheit von je drei Hypostasen illustrieren: der „drei[fache] Körper" [des Buddhas] (*san shen* 三身, Skt. *trikāya*) (siehe Ciyi (Hg.) 1988: 86), die „dreifache Weisheit" (*san zhi* 三智) wie sie im *Traktat über das Übersetzen* zur *Großen Vollkommenheit der Weisheit* (*Da zhi du lun* 大智度論, Skt. *Mahāprajñāpāramitāśāstra*)] dargestellt ist (siehe Ciyi (Hg.) 1988: 625), die „drei[fache] Wahrheit" (*san di* 三諦) [des Tiantai-Buddhismus] (siehe Ciyi (Hg.) 1988: 684), der „dreigliedrige Satz" (*san ju* 三句) [im Chan-Buddhismus] (siehe Ciyi (Hg.) 1988: 541).

das Nicht-Manifeste das „Prinzip" und das „Phänomenale"[446] verbindet, und entsprechend der „wahrhaftige Himmel" Himmel und Erde verbindet, das wahrhaftige *yang yin* und *yang* verbindet, das Allerhöchste Nicht-Sein Sein und Nicht-Sein verbindet, bis hin zum Allerhöchsten Guten, das das Gute und das Schlechte verbindet. Das wechselseitige Nicht-Voraussetzen ist im wechselseitigen Voraussetzen enthalten. Gestaltet man Symbole auf diese Weise, so nähern sie sich, wenn der obere Punkt tatsächlich die zwei [unteren] miteinander verknüpft, einem Kreis an. Es gibt weder Vertikales, noch Horizontales, aber [die Symbole] können sowohl vertikal als auch horizontal sein. Trifft man auf die Fünf, ist die Vier zerstört, in der multiplizierten Zehn wird die Neun angewendet, die Neun entspricht der Fünf, die Fünf entspricht der Eins.[447] Demnach gibt es kein Volles und kein Leeres, kein Können und kein Nicht-Können. Das ist das beidseitige Übertreffen, das sich durch das verborgen Reagierende vollzieht. Näheres hierzu in der Theorie von ∴ [= der drei Punkte].[448]

In der Vorstellung über die ständige „trialektische" Entfaltung des Universums ist wohl Fang Yizhis Skepsis gegenüber einem physiographischen Verständnis der Wirklichkeit angedeutet: Im Weltbild, das Fang Yizhi verteidigt, sind die Prozesse nicht als eine Kette von phänomenalen Ereignissen dargestellt, die sich in einer zeitlichen Abfolge (ggf. von einem Uranfang an) entfaltete und sich nach räumlichen Richtungen oder Zonen ordnete,[449] sondern sie sind in ihren Transformationen nach abstrakteren, numerisch-logischen Verhältnisgesetzmäßigkeiten und Zahlengleichnissen zu verstehen, die in jedem Moment und Punkt der Wirklichkeit wirksam sind.

Bezeichnend ist, wie Fang Yizhi in dieser Sichtweise auf zyklische Transformationsabläufe zu einem Schluss über die Irrelevanz der Begriffe „davor" und „danach", „Ende" und „Anfang" kommt:

何謂前後輪? 曰: 因有推無者, 必推無始, 推之則念念有無始矣。念也者, 「今心」也。于無始中搤其終始, 則一呼吸為終始。一呼吸即一生死也。一呼而一吸中有前後際焉, 察此前後際, 然後能察無始。而人不能察此幾微, 故以大表小, 于是言一日之生死為晝夜, 一月之生死為朔晦, 一歲之生死為春冬, 天地之生死為元會。明天地之大生死, 即明一呼吸之小生死, 而人一生之生死明矣。

[Frage:] Was heißt die Zirkularität von ‚davor' und ‚danach'? Antwort: Aus dem Sein schließt man auf das Nicht-Sein und folglich muss man auch das Nicht-Sein des Anfangs

446 Das „Prinzip" bzw. das „Noumenale" (*li* 理) und das „Phänomenale" (*shi* 事) bzw. ihre ungehinderte Durchdringung (*lishi wuai* 理事無礙) sind Grundkonzepte der Huayan-Schule des chinesischen Buddhismus (*Huayan zong* 華嚴宗), siehe eine nähere Ausführung in Kapitel III, Punkt 7, insbesondere Fußnote 1030.

447 Man kann vermuten, dass Fang hier von einer Vorstellung der Operation ausgeht, die der mathematischen Modulo-Rechnung ähnlich ist: Bei der Rechnung mit mod 4 gleicht die Neun der Fünf und der Eins.

448 Fang, *Dongxi jun*, Sanzheng: 268.

449 In dieser Hinsicht können die Auseinandersetzungen Fang Yizhis im Kontext der „kosmologischen Kritik" der frühen Qing-Zeit (Ausdruck Hendersons 1984: 149–227) betrachtet werden.

> schließen. Das schließen heißt sicherlich geistig nachzuvollziehen, dass es den Anfang von Sein nicht gibt. Das [Zeichen für] „Nachvollziehen" setzt sich zusammen aus [den Zeichen für] „gegenwärtig" und „Herz-Geist". Inmitten des Nicht-Seins des Anfangs ist auch das Beenden des Anfangs[450] enthalten, folglich kann ein einmaliges Aus- und Einatmen bereits als Ende und Anfang angenommen werden. Schon einmaliges Aus- und Einatmen entspricht nämlich Geborenwerden und Sterben. Inmitten eines Aus- und Einatmens gibt es die Grenze zwischen dem, was vor und nach ihm kommt. Erst wenn man die Grenze zwischen davor und danach genau untersucht hat, kann man das Nicht-Sein des Anfangs untersuchen. Aber der Mensch ist nicht imstande, die Subtilität dieser Beschaffenheit zu untersuchen, deswegen schildert man das Kleine mit dem Großen; und so nennt man das Geborenwerden und Sterben eines Tages „Tag" und „Nacht", das Geborenwerden und Sterben eines Monats „Monatsbeginn" und „Monatsende", das Geborenwerden und Sterben eines Jahres „Frühling" und „Winter", das Geborenwerden und Sterben des Himmels und der Erde „Uranfang" und „Zusammenkunft". Wird der große [Vorgang] des Geborenwerdens und Sterbens des Himmels und der Erde geklärt, wird auch gleich der kleine [Vorgang] des Geborenwerdens und Sterbens von Aus- und Einatmung klar, und das Geborenwerden und Sterben des menschlichen Lebens wird somit auch klar.[451]

Aus dem universellen Gesetz der gegenseitigen Voraussetzung von Sein und Nicht-Sein folgert Fang Yizhi, dass, da das Nicht-Sein aus dem Sein folgt, auch die Anfangslosigkeit des (Nicht-)Seins gefolgert werden muss. Da im Begriff der Anfangslosigkeit des (Nicht-)Seins aber zugleich das Ende eines Anfangs vorhanden ist, ist die Anfangslosigkeit des Nicht-Seins dergestalt auch auf zirkuläre Weise auf den Anfang bezogen. Für solche abstrakten Überlegungen gibt Fang Yizhi ein empirisches Beispiel, den Vorgang des Atmens, bei dem ein Ausatmen ein Einatmen voraussetzt; zugleich beinhaltet das Ausatmen das, was zuvor eingeatmet worden ist. Beim Aus- und Einatmen ist ganz offensichtlich, dass es sich um einen auf zirkuläre Weise verketteten Vorgang handelt, bei dem die Begriffe vom Ende und vom Anfang nicht zutreffen. Für diesen biologischen Vorgang gibt es also nur eine *konzeptuell* gezogene – und deswegen letztlich kontingente – Grenze, aus der heraus sich erst erschließen lässt, was davor und was danach ist. Im tatsächlichen Vorgang ist jedoch die Grenze der Verwandlung von *davor* und *danach* unbegreiflich, und wenn sie präzise betrachtet wird, so kommt man zum Verständnis der Anfangslosigkeit. Bei einer Extrapolation der Gesetzmäßigkeiten dieser Vorgänge auf Makro-Phänomene wird auch dort klar, dass die Begriffe „Anfang" und „Ende" – die jeweils unterschiedliche Bezeichnungen für unterschiedliche Phänomene darstellen (wie etwa für das menschliche Leben „Leben" und „Tod") und mit entsprechenden (entgegengesetzten) Bedeutungen überlagert sind – lediglich konzeptuelle Konstruktionen sind, mit denen man infolge ihrer Begreiflichkeit operiert. In der Tat unter-

450 Mögliche Übersetzungsvariante: „das Beenden und der Anfang".
451 Fang, *Dongxi jun*, Sanzheng: 262–263.

liegen auch die Phänomene auf allen anderen Ebenen, auf denen Mikro- und Makrogrößen betrachtet werden, den gleichen Gesetzmäßigkeiten wie das Atmen, namentlich einer Zirkularität von Phasenwechseln.

Fang Yizhi gibt einen weiteren Hinweis, wie die Anfangslosigkeit des (Nicht-) Seins nachvollzogen werden kann. Dabei vergleicht er das Verfahren der logischen Schlussfolgerung (*tui* 推) mit dem buddhistischen Begriff des „Nachvollziehens" bzw. „sich ins Gedächtnis rufen" – *nian* 念 (Skt. *smṛti*)[452] – und deutet ihn synsemantisch aufgrund der graphischen Struktur des Zeichens[453] als „Vergegenwärtigung". Es lässt sich vermuten, dass nach der Interpretation Fang Yizhis die Anfangslosigkeit des Nicht-Seins gleichermaßen die Einsicht in den Moment der (ewigen) Gegenwart bedeutet, die jeweils die Vergangenheit und die Zukunft, das Davor und Danach, Anfang und Ende beinhaltet, aber zugleich aufhebt.

Da es sich, wie oben ausgeführt, bei Fang Yizhi vor allem um die logisch-numerischen Ordnungen der Entfaltung des Universums dreht, steht für ihn eine Untersuchung eines phänomenalen Raumes (z. B. eines geographischen Raumes oder eines Raumes als Behälter von Objekten oder eines Raumes, der in der visuellen Wahrnehmung erscheint) nicht im Zentrum. Während in den abstrakten Darstellungen der phänomenalen Entfaltung der Welt in allen möglichen Aspekten und Dimensionen der Existenzordnungen auf räumliche Werte oder Verhältnisse Bezug genommen wird, muss Fang immer wieder betonen, dass diese nicht mit den phänomenalen räumlichen Dimensionen oder Richtungen identisch sind:

> 一因二而兩即參, 倍兩旋四, 中五彌綸。向上兼墮, 上無上下, 猶中無中邊也。千萬不出於五, 即不出於一也。一者, 無有無不有也, 即隨即泯而即統矣。

---

452 Vgl. im *Avataṃsaka-sūtra* (*Huayan jing* 華嚴經): „In einer Vergegenwärtigung betrachtet man zahllose *kalpa*. Es gibt kein Vergehen, kein Kommen sowie kein Aufhalten" (一念普觀無量劫, 無去無來亦無住) (*Avataṃsaka-sūtra*, j.13: 0066a07).

Vgl. auch die Bedeutung des *nian* im Kontext der meditativen und Rezitationspraktiken: Die Praktik des *Buddhānusmṛti*, also der inneren Vergegenwärtigung des Buddhas durch Rezitation von Buddhanamen (*nian Fo* 念佛) und anderen äußeren Hilfsmitteln (etwa malen von Mandalas usw.) ist zentral in vielen Schulen des Buddhismus, insbesondere im Tantrismus. Siehe dazu z. B. die Beiträge in Gyatso (Hg.) 1992, darin besonders der Aufsatz von Paul Harrison „Commemoration and Identification in Buddhānusmṛti"; Kuo 1995.

Ein Beispiel für die Umsetzung des Konzepts der Vergegenwärtigung im Kontext der Kunstpraktiken wird im Kapitel III, Punkt 7 betrachtet.

453 Freilich zeigen die modernen Rekonstruktionen des Altchinesischen, dass das Zeichen 念 tatsächlich als phono-semantisches Zeichen zu klassifizieren wäre, wobei 念 < OC *nˤim-s paläographisch nicht 今 *[k]r[ə]m, sondern wohl 酓 qhˤ[ə]m? als Phonetikum hatte und insofern eine gewisse Unsicherheit verbleibt. Die Informationen wurden von Wolfgang Behr bereitgestellt. Ich danke dafür.

> Die Eins begründet die Zwei, und das Paar entspricht einer Trias. Wird das Paar verdoppelt, kehrt es als die Vier zurück; die Fünf füllt die Mitte aus. Ein Sich-Ausrichten nach oben ist simultan zum Herunterstürzen, da es im Oben keine [Ausdifferenzierung in] oben und unten gibt, ebenso wie es in der Mitte keine [Ausdifferenzierung in] Mitte und Rand gibt. Die Vielfalt der Zahlenkombinationen übersteigt nicht die Fünf und entsprechend übersteigt sie nicht die Eins. Die Eins ist weder Sein noch Nicht-Sein, sie gleicht dem „Folgen" (*sui*), dem „Eliminieren" (*min*) und dem „Vereinen" (*tong*).[454]

Die Zurückführung der Vielfalt der Entfaltungen zu den abstrakten numerischen Darstellungen und letztendlich das Zusammenziehen des Ganzen zur Eins beruht auf der Logik der Gleichungen zwischen „folgen", „eliminieren" und „vereinen", die die Zuordnungen zu Sein oder Nicht-Sein übertrifft. Die Transformationen zwischen Vier und Fünf kann man hier wohl nach der Analogie der oben diskutierten Transformationen zwischen Eins, Zwei und Drei verstehen: Wie Fang schreibt, ergibt sich die Vier als Verdoppelung der Zwei; und ein „ausfüllendes" Zentrum dabei, die Fünf, ist analog zur Eins, und ist also als die Verbindung zwischen den vier Elementen zu verstehen.[455]

3.2 Relativierung des Selbstbezugspunktes

Aus der Gesamtschau der Gesetzmäßigkeiten von zirkulären Vorgängen, die auf transformativen Verhältnissen zwischen den Gegensätzen beruhen und substanzialistische Deutungen der Welt in die Dynamik dieser Prozesse überführen, folgt, dass für die Struktur dieser Prozesse ein fixer, absolut gedachter Bezugspunkt ausgeschlossen wird.

Diese anhand von Beispielen aus den Texten Fang Yizhis gezogenen Schlussfolgerungen stimmen mit solchen Aussagen Wang Fuzhis überein, wonach die Aufstellung von phänomenalen Ordnungen eine Sache der Perspektivität ist: Auf gleiche Weise, wie die kardinalen Differenzierungen zwischen den Kategorien der menschlichen Existenz (Leben und Tod, Sein und Nicht-Sein usw.) abgeleitet werden, erfolgt die Bestimmung der räumlichen Richtungen und der zeitlichen Abfolge *erst* mit der Einführung eines Bezugspunktes, in der Regel eines menschlichen Standpunktes:

> 无先後者 天也
> 先後者 人之識力所據也
> 在我為先者 在物為後 在今日為後者 在他日為先

454 Fang, *Dongxi jun*, Sanzheng: 259.

455 Als ob beim Übergang von den Ordnungen 1, 2, 3 zu den Ordnungen 2, 4, 5 ein Übergang in eine andere Dimensionalität (etwa von von 1D in 2D) stattfände.

不貳則无端委之殊 不息則无作止之分 不測則无漸次之差
故曰 神无方而易无體

Dasjenige, das kein[e Ordnung vom] Vorderen und Hinteren hat, ist der Himmel; die [Ordnung vom] Vorderen und Hinteren ist das, worauf die menschliche Erkenntniskraft beruht. Man hält das im Ich befindliche für das Vordere; wo sich das Ding befindet, hält man für das Hintere. Das Gegenwärtige behandelt man als das Hintere; die anderen [vergangenen] Tage behandelt man als das Vorangestellte. Entzweit man nicht, so gibt es folglich keine Aussonderung einer Ausgangsgrundlage; stoppt man nicht, so wird kein Halt[punkt] abgegliedert; misst man nicht, so gibt es keine Unterschiede der Gradualität. Deswegen heißt es [im *Buch der Wandlungen*]:[456] „Der Geist kennt keine Gebiete[457] und die Wandlungen kennen keine Substanz."[458]

Die Ordnungen des Vorderen und des Hinteren, in beiderlei Sinn, also für räumliche und zeitliche Verhältnisse, sind hier also explizit als egozentrische[459] Ordnungen beschrieben: Sie werden direkt mit der menschlichen Erkenntniskraft und vor allem mit der Festsetzung der Perspektive des Selbst (*wo* 我) als eines deiktischen Referenzpunktes verbunden, wobei die Bestimmung des Dinges (*wu* 物), d. h. des Objekts des Erkennens oder des Handelns, mit der Festsetzung des Selbst (*wo*) ebenfalls zusammenhängt. Wangs Einsicht in diesen Zusammenhang stimmt mit den Schlussfolgerungen überein, die in der vorliegenden Arbeit schon weiter oben im Zusammenhang mit der Behandlung der Raumproblematik bei Ernst Cassirer gezogen worden sind.[460] Dort wurde bereits auf den Zusammenhang hingewiesen, der einerseits zwischen der Annahme eines selbstzentrierten Bezugspunktes, infol-

456 *Yijing*, Xici shang zhuan: 535.

457 Eine etwas interpretationsgeladene Übersetzungsvariante, die jedoch hier zu passen scheint, wäre: Der Geist kennt keine *Räumlichkeit*.

458 Wang, *Zhouyi waizhuan*, Shuogua zhuan, j. 7: 1066.

459 Der hier verwendete Begriff „egozentrisch" entstammt der Wahrnehmungspsychologie bzw. den Kognitionswissenschaften. Dort bezeichnet er die Orientierung und das Sich-Äußern in einem selbstzentrierten Referenzrahmen. Der Gegenbegriff ist „allozentrisch". Vgl. Klatzky 1998: 2: „[...] There is general understanding that in an egocentric reference frame, locations are represented with respect to the particular perspective of a perceiver, whereas an allocentric reference frame locates points within a framework external to the holder of the representation and independent of his or her position."

Für diese unterschiedlichen Modelle der Orientierung und Äußerung werden jeweils unterschiedliche Modalitäten von Gehirnprozessen angenommen: ventrale und dorsale, wobei mit ventralen Prozessen egozentrische und mit dorsalen allozentrische Handlungsmodelle verbunden werden.

Im Kapitel III, Punkte 3 und 6 werden die jeweiligen Modelle der auf den eigenen Körperstandpunkt und der auf einen im äußeren Raum fixierten Standpunkt bezogenen Orientierung im Raum für die Interpretation der Bildraumgestaltung umgesetzt.

460 Siehe Punkt 1.1 in diesem Kapitel.

gedessen die Aufteilung des Inneren und des Äußeren und folglich die Ausdifferenzierung zwischen Subjekt und Objekt erfolgt, und andererseits der Entstehung räumlicher Ordnungen besteht. Aus der Kontrastierung mit der Feststellung Cassirers über die Irreduzierbarkeit dieser primären Erfahrungen, einschließlich der Annahme eines selbstzentrierten Bezugspunktes, tritt Wang Fuzhis Anliegen, eine fixe Referenzialität oder Selbstzentriertheit der Ordnungen zu überwinden, umso deutlicher hervor.

Es gilt hier darüber hinaus zu betonen, dass die Relativierung von bezugsfixierten Ordnungen einen grundlegenden Unterschied zu den Grundannahmen und Untersuchungsmethoden der europäischen Wissenschaft der Neuzeit darstellt, für die die Festsetzung eines „objektivierten" fixierten Bezugspunktes zweifellos zentral war und geblieben ist:[461] Letztere bildet für die Erzeugung des geometrisch-optischen Raumsystems der Perspektive – also für die Raum*darstellung* – einen zentralen Ausgangspunkt.[462] Für die Entwicklung des theoretisch-

461 Vgl. die oben aufgeführten Zitate aus Merleau-Ponty 1986. Vgl. auch Husserl 1952 zum „Nullpunkt der Orientierung". Aus diesen kritischen Überlegungen folgt, dass die europäische Wissenschaft der Neuzeit mit einem ursprünglich auch subjektbezogenen und erst dann abstrahierten bzw. objektivierten Bezugspunkt der Beobachtung bzw. der Messung operierte. Es scheint, dass in der Versetzung der Perspektive von der Erde auf die Sonne während der Kopernikanischen Wende, die die Möglichkeiten für eine genauere Berechnung der planetaren Umlaufbahnen eröffnete, gewisse Analogien zum Übergang von egozentrischer zu allozentrischer Orientierung gesehen werden können. Zu wissens- und geistesgeschichtlichen Aspekten der Kopernikanischen Wende siehe z. B. Kuhn 1961 und Blumenberg 1989.

462 Vgl. z. B. Puttfarken 2000; Edgerton 2002; Damisch 2010. Zur „Analogie zwischen dem theoretischen Raumkoordinatensystem und dem ästhetischen Raumsystem der Perspektive" bzw. der „Analogie zwischen ihren prozessualen Erzeugungsprinzipien, also zwischen der theoretischen Erzeugung des analytischen Raumes (oder des Raumkoordinatensystems) und der rein ästhetischen Perspektivierung des Sehraums" vgl. Thaliath 2005: 285–286: „Die Grundlagen dieser Analogie sind die Korrelation zwischen den Elementen sowie die zwischen operationalen Funktionen dieser Raumsysteme und ihrer Erzeugungsprinzipien. So lassen sich offensichtlich weitere Analogien aufweisen zwischen der *Origo* und dem Augenpunkt [...], zwischen den der *Origo* entspringenden Tangenten, die als Grenzwerte eines unendlichen Prozesses der Intensivierung des theoretisch-analytischen Raumes zustande kommen, und den Sehstrahlen, die in einem geometrisch-optischen Prozess der Perspektivierung [...] zu Geraden – als solche zu einer Einheit mit den geraden Lichtstrahlen – intensiviert werden, sowie zwischen dem abstrakt-theoretisch erzeugten Allgemeinraum und dem ästhetischen unmittelbar zu erfahrenden Freiraum (als dem primären Modus des Sehraums). Die Analogisierung [...] könnte folgendermaßen erläutert werden: Wie die Raumkoordinaten, die die Struktur des analytischen Allgemeinraumes bilden, als die von der *Origo* erzeugten Vektoren aufzufassen sind, die sowohl in ihrer Geradheit als auch in ihrer Rechtwinkligkeit zueinander die Grenzwerte eines Prozesses der Intensivierung des theoretischen Raumes darstellen, lassen sich die geraden Sehstrahlen als Grenzwerte eines Prozesses der geometrisch-optischen

analytischen Raumkoordinatensystems[463] gehört sie zu den absolut grundlegenden Verfahren.

Im aufgeführten Zitat Wang Fuzhis ist ferner zu bemerken, dass nicht nur die Ordnungen, die mit der Aufstellung des Bezugspunktes bzw. der Selbstperspektive zusammenhängen, als irrelevant für die himmlischen Ordnungen erklärt werden, auch die Methoden, mit denen das Subjekt operiert und mittels derer die Ordnungen entstehen – nämlich die Aktivitäten des „Entzweiens", „Anhaltens" („Fixierens") und „Messens" –, werden verworfen.

Das Messen, das heißt die Bestimmung eines Objekts nach der metrisch berechneten Länge, Höhe und Breite sowie die Möglichkeit der Distanzmessung, ist bekanntlich einer der zentralen Punkte in der cartesischen Bestimmung eines verifizierbaren Zugangs zu den materiellen Dingen.[464] Im Unterschied zu solchen wahrnehmbaren Eigenschaften von Dingen wie Farbe, Schwere, Härte, Geruch usw., die eben nicht durch Messung bestimmt werden können und deswegen von Descartes als nicht verlässliche beurteilt wurden, gestattet die Möglichkeit des Messens eine algebraische Behandlung von Beziehungen zwischen physikalischen Größen. Auf diese Weise wurde es möglich, den geometrischen Raum in einen theoretischen Allgemeinraum zu überführen und eine Allgemeingültigkeit des mathematischen Zugangs zu den Dingen zu beanspruchen.

Aus der Perspektive Wang Fuzhis, so scheint es, ist eine Überführung von Daten, die sich aus einem selbstzentrierten Bezugsrahmen ergeben, in eine für den Himmel relevante, d. h. vom Selbstbezug unabhängige, also objektive Ordnung nicht möglich. Im Zitat tritt die klare Einsicht in den Vordergrund, dass insofern die Umsetzung der dem Subjekt zukommenden Erkenntnismethoden nicht

---

Perspektivierung bestimmen, in dem sie vom Augenpunkt aus den ästhetischen Sehraum konstruktiv erzeugen und ihn intensivieren."

463 Vgl. die Darlegung in Descartes' *Géométrie* [1637]. Deutsche Version siehe Descartes 1894.

Für die Entwicklung des Konzepts des theoretischen Allgemeinraumes siehe Gosztonyi 1976: Bd. 1, Kap. 3; Thaliath 2016. Besonders bezüglich der „Operationen in einem analytischen Koordinatensystem vom Nullpunkt (*Origo*)" vgl. Thaliath 2005: 284–285: „Entstehung eines analytischen Raumkoordinatensystems durch die Metrisierung räumlicher Extensionen, also die Entwicklung des analytisch-theoretischen Raumes als ein System der Koordinatengeometrie, in der mit algebraisch-arithmetischen Funktionen operiert wird. [...] Die algebraische Funktion eines geometrischen Gebildes im Raumkoordinatensystem bestimmt unendlich viele Lagen. Die metrische Bestimmung jeder dieser Lagen durch die Koordinaten besteht aus drei Zahlenwerten, die die Abstände dieser punktuellen Lage von der *Origo* entlang der drei zueinander rechtwinkligen Richtungen bzw. der drei Raumkoordinatenachsen festlegen".

464 Im zweiten Teil (*Über die Prinzipien der körperlichen Dinge*) seiner 1644 erschienenen *Principia philosophiae* postuliert Descartes, dass die Ausdehnung die grundlegende Eigenschaft der Materie sei, siehe Descartes 2005 [1644]. Zu „räumlich-visuelle Intuition" und „im Lichte der Vernunft vorstellbar[en]" siehe Descartes 1894.

gültig ist, auch die *ganze* auf das Selbst bezogene Konstitution von Ordnungen in eine Art von hermeneutischen Zirkel gerät.[465] Einen Ausgang aus dem Zirkel hält Wang Fuzhi nur dann für auffindbar, wenn man auf die oben genannten, dem Subjekt zukommenden erkenntnistheoretischen Methoden verzichtet und die Behauptung eines einheitlichen und fixen Standpunktes einer konsequenten Relativierung unterzieht. Wir werden jedoch sehen, dass eine solche Relativierung *nicht* durch eine bloße Eliminierung des selbstbezogenen Standpunktes bzw. des Konzepts des „Ich" aus dem Bezugssystem erreicht werden kann. So ist für Wang Fuzhi völlig klar, dass auch eine Aussage über das „Nicht-Ich" von einem „Ich" ausgeht.[466] Eine ähnliche Einsicht in die grundlegende Funktion der Bezugnahme auf „Ich" für „Existenzaussagen" erscheint in der *Wissenschaft der Logik* von Hegel[467]:

> Daß aus dem Sein das Nichts und daß aus dieser Unterscheidung das Werden im Dasein und die Differenz von Ansichsein und Fürsichsein ‚folge', artikuliert kernthesenhaft präsuppositionale Beziehungen der folgenden Art: Keine Behauptung p, insbesondere keine Existenzaussage der Form „es gibt ein X mit der Eigenschaft E" hat Sinn und Bedeutung, wenn nicht schon unter anderem vorausgesetzt wird, dass *es uns als Sprecher gibt*[468], die sich einen objektiven Gegenstandsbereich gegenüberstellen. Hierin besteht die relative Wahrheit eines Anfangs der Reflexion „mit Ich" (WdL I, 61; GW 21, 62). Das ‚subjektive Ich' und (wie sich herausstellen wird, durchaus komplexe) ‚Fürsichsein' der jeweiligen Sprecher ist nämlich in jeder Aussage ebenso präsupponiert wie ein gemeinsam kontrollierbarer ‚objektiver' Geltungsanspruch. Letzterer basiert immer in irgendeiner Weise auf gemeinsam kontrollierbaren qualitativen Unterscheidungen im Dasein als dem Gegenüber der Anschauung. Dieses Gegenüber von Anschauung und Wahrnehmung hat zunächst die ‚herakliteische' (oder auch

---

465 Diese Einsicht ähnelt Ansichten des erkenntnistheoretischen Konstruktivismus, wonach der Mensch sich die Objekte der Erkenntnis selber herstellt, seine Wahrnehmung erheblich durch seine konzeptuelle Einstellungen beeinflusst ist und folglich Resultate der Erkenntnis von den anfänglichen Einstellungen präsupponiert sind.

Vgl. auch eine andere Passage aus dem gleichen Werk Wang Fuzhis: „Der Himmel hat keine Gradabstufungen. [Hingegen] überführen Menschen den Gang der Sonne innerhalb eines Tages in verschiedene Grade. Der Himmel hat keine Stadien. [Hingegen] überführen Menschen die Zonen, die sich aus der Position des Mondes ergeben, in verschiedene Stadien. Für das, worüber der Himmel gar nicht verfügt, leiten sich Namen ab, die von den Menschen etabliert wurden." (天无度, 人以太陽一日所行之舍為之度。天無次, 人以月建之域為之次。非天所有, 名因人立) (Wang, *Zhouyi waizhuan*, j. 7 Shuogua: 56).

466 Vgl. Wangs Ausführungen zum Konzept des „Ich" in seinen *Aufzeichnungen von Reflexionen und Fragen*: „Wenn gesagt wird, es gebe kein ‚Ich', ist es ebenfalls das ‚Ich', das sagt, es gebe kein ‚Ich'. Wenn es ‚Ich' nicht gibt, aus wem noch geht die Aussage hervor!" (言無我者, 亦於我而言無我爾。如非有我, 更孰從而無我乎！) (Wang, *Siwen lu*: 19). Es muss dabei bemerkt werden, dass Wang in seinen Ausführungen in diesem Traktat letztendlich ein positives Konzept des „Ich" als solches ausarbeitet, das zur Verwirklichung des sozial-politischen Gemeinwohls (*gong* 公) führt.

467 Nachfolgend wird die Erörterung von Pirmin Stekeler-Weithofer 2002 zitiert.

468 Hervorhebung *PL.*

‚humeanische') Grundeigenschaft der kontinuierlichen Veränderung, des ewigen Werdens und Vergehens (WdL I, 68; GW 21, 70).[469]

Anhand der nächsten Auseinandersetzung Fang Yizhis kann ausgeführt werden, wie das Konstituieren und Auflösen eines fixierten (Selbst-)Bezuges der Logik der Äquivalenz und gegenseitigen Voraussetzung der Gegensätze unterliegt:

> 皆備之我, 即無我之我; 克己之己, 即由己之己。于時空盡, 于時不空; 于時解脫, 于時擔荷。凡立一名, 可立皆可破, 知即無破無不破; 如此不可, 如彼又不可, 知則無可無不可。有人即病, 病亦是藥, 增藥增病, 不以增病而廢藥; 有法即弊, 弊亦是法, 無法即弊, 而有無法之法。

> Dasjenige Ich, das alle [Dinge] bereitet, ist identisch mit dem Ich-losen Ich. Dasjenige Selbst, das sich selbst überwindet, ist identisch mit dem Selbst, das aus dem Selbst hervorgeht.[470] Es erschöpft sich bis zur Leere in der Zeit und ist [doch] in der Zeit nicht leer. Es befreit sich von der Zeit, und [doch] ist es beladen von der Zeit. Wann immer ein Name etabliert wird, kann, was etabliert wurde, auch jeweils zerstört werden, woraus gewiss ist, dass, wenn es etwas gibt, was nicht zerstört wird, es entsprechend nichts gibt, was nicht zerstört wird. So wie dieses nicht möglich ist, ist auch jenes nicht möglich, und wenn man das weiß, dann gibt es folglich nichts, was möglich [aber auch] nichts, was unmöglich ist. Dass es einen Menschen gibt, bedeutet zugleich, dass Krankheiten existieren; für die Krankheiten sind aber auch [entsprechende] Heilmittel da. Vermehrt man die Heilmittel, so vermehrt man auch die Krankheiten. Es ist [aber umgekehrt] nicht so, als ob man durch Vermehrung der Krankheiten die Heilmittel verwerfen könnte. Dass es Regeln gibt, bedeutet zugleich, dass Verstöße existieren; für die Verstöße sind aber auch [entsprechende] Regeln da. Wenn es keine Regeln gibt, existieren auch Verstöße, und es entstehen die Regeln der Regellosigkeit.[471]

Die Einsicht in die Logik solcher Prozesse, die auf allgemeinen transformativen Verhältnissen zwischen den Gegensätzen beruhen, und bei welchen die Bestandteile eines Gegensatzes als komplementäre und gleichstellige Phasen gedeutet werden, bedingt eine generelle Relativität der Kategorien menschlicher Existenz. Nicht nur in Bezug auf das Selbst, sondern auch allgemeiner führt Fang Yizhi aus, dass jede begriffliche Determination (darunter die des Selbst, von Namen bzw. Konzepten, von Zeitlichkeit oder Normativität) und ihre Etablierung als Bezugspunkt ihrer jeweiligen Negation unterliegt. Während eine letztendlich unauflösbare Dualität und zugleich Identität jeder Determination bzw. Negation mit sich selbst postuliert werden kann – Negation entspricht Nicht-Negation, die wiederum Nicht-Nicht-Negation entspricht usw. – kann jede Existenz infolge der Ne-

469 Stekeler-Weithofer 2002: 51–52.

470 Für die Phrase „Dasjenige Ich, das alle [Dinge] bereitet" (皆備之我) vgl. *Mengzi*, Jinxin shang: 258: „10000 Dinge werden alle durch Ich bereitet" (萬物皆備於我矣). Für die darauf folgende Phrase „Dasjenige Selbst, das sich selbst überwindet" (克己之己) vgl. *Lunyu*, Yanyuan: 262: „Sich selbst überwinden und zur Etikette zurückkehren ist Mitmenschlichkeit" (克己復禮, 為仁).

471 Fang, *Dongxi jun*, Fanyin: 280–281.

gationsreihen nur als „oszillierende“, d. h. weder bestimmte noch negierte Existenz erfasst werden.

Einige Konsequenzen der Relativierung eines fixen Bezugspunktes wurden oben schon angedeutet: So bestimmen sich die zeitlichen (z. B. Anfang und Ende) und räumlichen Verhältnisse (z. B. was räumliche Richtungen wie Ost und West usw. betrifft) sowie die Deixis-Relationen „hier“ und „dort“, „dieses“ und „jenes“, in einem bezugslosen System nicht in Relation zu einem fixen deiktischen Bezugspunkt, sondern relativ zueinander, d. h. sie erschließen sich als einander gleichgestellt oder äquivalent.

Eine der weiteren Folgen dieser konsequent durchgeführten Relativierung – jedoch nicht ihrer Annihilation! – jeglicher begrifflicher Bestimmung und Bezugnahme ist, dass auch kein absoluter Kontext für die Beurteilung von Wahrheitswerten möglich ist. Mit der Aussetzung eines Wahrheitsbezugs erscheinen auch die Bestandteile eines widersprüchlichen Gegensatzpaares, also eines solchen, bei welchem die Wahrheitswerte entgegengesetzt sind, gleichstellig und zueinander relativ. So betont Fang Yizhi an mehreren Stellen seiner Werke die Irrelevanz von propositionalen Aussagen und Wahrheitswerten des Typs wahr–falsch, das ist–das ist nicht sowie von Werturteilen des Typs gut und schlecht und, in der Folge, die Ambivalenz der Namensgebung und Begriffsbestimmung schlechthin.[472] Wie wir im letzten Zitat gesehen haben, wird hingegen eine Art von Wissen angestrebt, das jedes einseitige Urteil vermeidet und das ständige Oszillieren zwischen Negation und Determination erfasst.

Es scheint angebracht, hier zwei Quellen dieser Denkfiguren näher zu bestimmen.

Zum einen wird das Thema der Gleichheit von entgegengesetzten Kategorien unter der Relativierung eines fixen Bezuges von Fang Yizhi, Wang Fuzhi sowie anderen verwandten Denkern in großem Maße in Anlehnung an die relativistische Philosophie im *Zhuangzi* ausgearbeitet, vgl. z. B. folgende Passage *Zhuangzi*s aus dem Kapitel „Diskurse über das Gleich[gültig]-sein-Lassen der Dinge“ (*Qiwulun* 齊物論):

> 物無非彼, 物無非是。自彼則不見, 自知則知之。故曰: 彼出於是, 是亦因彼。彼是, 方生之說也。雖然, 方生方死, 方死方生; 方可方不可, 方不可方可; 因是因非, 因非因是。是以聖人不由, 而照之於天, 亦因是也。是亦彼也, 彼亦是也。彼亦一是非, 此亦一是非。果且有彼是乎哉? 果且無彼是乎哉? 彼是莫得其偶, 謂之道樞。樞始得其環中, 以應無窮。是亦一無窮, 非亦一無窮也。故曰「莫若以明」。
>
> Everything has its „that“, everything has its „this“. From the point of view of „that“ you cannot see it, but through understanding you can know it. So I say, „that“ comes out of „this“ and „this“ depends on „that“ – which is to say that „this“ and „that“ give birth to each other. But

472 Solche Position ist deutlich jener Art des Definierens (*jieshuo* 界說) entgegengesetzt, die man in China zu jener Zeit aus der Übersetzung der euklidschen *Elemente* kannte. Vgl. die Ausführung im Kapitel I, Punkt 2.2.3.

> where there is birth there must be death; where there is death there must be birth. Where there is acceptability there must be unacceptability; where there is unacceptability there must be acceptability. Where there is recognition of right there must be recognition of wrong; where there is recognition of wrong there must be recognition of right. Therefore the sage does not proceed in such a way, but illuminates all in the light of Heaven. He too recognizes a „this", but a „this" which is also „that", a „that" which is also „this". His „that" has both a right and a wrong in it; his „this" too has both a right and a wrong in it. So, in fact, does he still have a „this" and „that"? Or does he in fact no longer have a „this" and „that"? A state in which „this" and „that" no longer find their opposites is called the hinge of the Way. When the hinge is fitted into the socket, it can respond endlessly. Its right then is a single endlessness and its wrong too is a single endlessness. So, I say, the best thing to use is clarity.[473]

Zum anderen erfolgt die Ausarbeitung besonders im Fall Fang Yizhis speziell an solchen Stellen, an denen er betont, dass alles Schaffen von begrifflichen Gegenständen einer selbstreferenziellen Negation unterliegt, mit folgender Stoßrichtung: Die Gegenstände bestimmen sich zunächst im Gegensatz zu anderen, werden aber genau durch diesen Gegensatz zugleich selbst bestätigt *und* negiert. Unschwer lässt sich in diesem Argumentationsweg der Einfluss der erkenntnistheoretisch-logischen Traditionen des Buddhismus erkennen.[474] Zum Beispiel spielt wohl in der hier beschriebenen Einsicht Fangs in die bedingte und oszillierende Existenz und in den beschriebenen Gleichungen von Phänomenen insbesondere das Konzept der „Tetralemma" (Skt. *catuṣkoṭi*) der buddhistischen Logik eine Rolle: A. positive These; B. negative These; C. positive und negative These bestätigt („sowohl X als auch nicht-X"); D. positive und negative These negiert („weder X noch nicht-X").[475]

473 *Zhuangzi*, Qiwulun: 66 (Übersetzung Watson 1968).

474 Die Entwicklung dieser Tradition des Buddhismus in der untersuchten Zeit in China ist noch ungenügend erforscht: Obwohl man zu dieser Zeit eine „Renaissance" der buddhistischen Logik feststellt, herrscht in der Forschung im Allgemeinen eine geringschätzige Haltung gegenüber den Entwicklungen des buddhistischen Denkens in der späten Ming- und frühen Qing-Zeit vor, besonders im Vergleich zur sogenannten Goldenen Epoche des chinesischen Buddhismus in der Tang-Zeit (618–907). Vgl. etwa Frankenhauser 1996: 203–205 und Harbsmeier 1998.

475 Das Konzept wurde ursprünglich im Rahmen der indischen *Mādhyamika*-Schule von Nāgārjuna und in ihrer chinesischen Fortführung im Rahmen der Sanlun-Schule (*Sanlun zong* 三論宗) sowie durch Xuanzang 玄奘 ausgearbeitet. Dieses Konzept spielte in der Entwicklung der Identitätstheorie in der Huayan-Schule (*Huayan zong* 華嚴宗) eine wichtige Rolle. Vgl. Jayatilleke 1967; Cook 1977; Ruegg 1977; Wayman 1977; Gunaratne 1986, Westerhoff 2006.

Für die Erläuterung des Konzepts in Bezug auf die Entwicklungen in der späten Ming-Zeit siehe auch Hsu 1978: 13 und 35. Für einen Überblick über die buddhistische Tradition und Schulen in der untersuchten Zeit bleibt dieses Buch bis heute maßgeblich. Vgl. auch die Erläuterungen von der „Lehre von vier Präpositionen" (*si ju jiao* 四句教, Übersetzung des Terminus vom Englischen „Teaching in Four Propositions" aus Kern 2018) bei Wang Yangming und ihre Auswirkungen in der Philosophie des 17. Jahrhunderts in Kern 2018.

Die vorgestellte Denkweise erlaubt darüber hinaus eine Parallelisierung mit dem Ansatz der Formel *Omnis determinatio est negatio*, insbesondere in der erweiterten Deutung von Hegel.[476]

Bei der angesprochenen Gleichheit der deiktischen Bezugnahme (etwa „dies" und „jenes" usw.) spielt vielleicht auch die Idee des Perspektivenwechsels eine Rolle, etwa in dem Sinne „was von mir aus da ist, ist von dir aus dort, und es ist dasselbe"[477], was auch heißt, dass „dieses" „jenem" gleicht. Auf jeden Fall ist diese Einsicht in den relativen Charakter jeglicher deiktischen Aussage, oder mit anderen Worten eine Einsicht, dass jede deiktische Aussage durch eine gemeinsame Bezugnahme ermöglicht wird (und auf keinen Fall Resultat einer direkten Wahrnehmung des Dinges als „das Ding" ist), was aber auch die Möglichkeit eines Perspektivenwechsels voraussetzt, der Einsicht Hegels bezüglich deiktischen Aussagen ähnlich. Dazu die Zusammenfassung dieser Einsicht:

> Der Fehler des Empirismus von Locke und Hume bis Russell und Carnap besteht in der Unterschätzung der Differenz zwischen bloß individueller, unmittelbarer Wahrnehmung bzw. sinnlicher Gewissheit qua ‚Gefühl' oder ‚Intuition', in welcher nichts bestimmt und bestimmbar ist, und einer immer schon gemeinsamen *Anschauung*, in der ein Zeigen oder *Monstrieren* möglich ist. Deiktisches Monstrieren ist aber nie *unmittelbar* möglich, sondern setzt *einen gemeinsamen Bezug im Dasein* und damit einen Perspektivenwechsel [...] voraus. [...] Hinzu kommen raumzeitliche Ordnungen. Was von mir aus da ist, ist von dir aus dort, und es ist dasselbe, weil es von *uns* als dasselbe gezählt und bewertet wird. Diese Wertungen setzen normative *Setzungen*, implizite Urteilskriterien, gemeinsames Wissen voraus.
>
> Nur wer die Praxis der Kontrolle der Gemeinsamkeit des deiktischen Bezuges beherrscht, kann Sprache erwerben. Schon wenn die Mutter dem Kind *etwas zeigt*, kontrollieren Kind und Mutter die gemeinsame Bezugnahme gemeinsam. [...] Die Deixis als Basis gemeinsamer sprachlicher, prädikativer Unterscheidungen lebt von dieser *Triangulation*, wie man die Fähigkeit zur *Perspektiventransformation* und zur selbstständigen Kontrolle der Gemeinsamkeit eines Bezugs bildhaft nennen kann.
>
> Unsere normativen Bewertungen des Richtigen und des Falschen sind immer in Bezug auf das richtige *gemeinsame* Tun und Können zu verstehen. Sie erzeugen und stabilisieren die Gemeinsamkeit der Perspektive. Das kann im Einzelnen sehr Unterschiedliches bedeuten. Anschauung, so kann man jetzt terminologisch sagen, ist wahrnehmende Bezugnahme auf etwas im Dasein, dass die rechte Beherrschung des Perspektivenwechsels von einem Betrachter oder Sprecher zu einem anderen schon mit einschließt und daher alles andere als ein unmittelbares Vermögen menschlicher Einzelwesen ist.[478]

Zwischenbilanz Die Reflexionen Wang Fuzhis und Fang Yizhis über Selbstbezugnahme und Relativität einer Einzelperspektive bzw. über den Perspektivenwechsel

476 Vgl. Melameds Analyse der Formel bei Hegel und Spinoza in Melamed 2012: 177, 180 und 182.
477 Siehe das nächste Zitat unten.
478 Stekeler 2019: 227–228.

von einer Einzelperspektive zu einer gemeinsamen Perspektive lässt ihr eigentliches allgemeines Anliegen deutlich zutage treten: Es geht offensichtlich um die Bemühungen zur Herausarbeitung eines solchen gemeinsamen Bezuges, der seinerseits eine relevante Grundlage für (Wert-)Urteile und für die Ausarbeitung eines allgemeinen Bezugssystems für die Weltordnungen gewährleisten könnte.

Im Verständnis des relativen und konstruktiven Charakters jeglicher deiktischer Aussage und begrifflicher Objektbestimmung, das die chinesischen Gelehrten vertraten, lässt sich jedoch ein wichtiger Unterschied zu der oben zitierten hegelschen Einsicht in die konstitutive Rolle einer gemeinsamen Bezugnahme für das einzelne deiktische Monstrieren merken. Wenn für die letztere Einsicht die Konstitution einer subjektiven Einzelperspektive aus gemeinsamen Bezugnahmen zugleich Objektivierung oder sogar Verabsolutierung einer Einzelperspektive bedeutet, so scheinen die Bemühungen der chinesischen Gelehrten gerade gegen solche Verabsolutierung, ja überhaupt gegen Herausbildung einer subjektiven Einzelperspektive gerichtet zu sein.

Denn unter der Voraussetzung, dass für jede begriffliche Bestimmung und jedes deiktische Zeigen die Gleichheit im Sinne „das" = „jenes" = „nicht das" = „nicht jenes" usw. hergestellt werden kann, und dass auch die Bestimmung des Selbst denselben Gleichungen unterliegt, kann ein gemeinsamer Bezug nur aus der Gesamtsicht auf Transformationsverhältnisse[479] herausgearbeitet werden, in denen ein „das" nur momentan „das" ist, bevor es in ein „jenes", „nicht das" usw. übergeht. Zwar lässt die Systematik von Transformationsverhältnissen keine Herausbildung bzw. kein Festhalten einer „stabilen" Bezugnahme zu, erlaubt sie jedoch Invarianten und Gesetzmäßigkeiten in den Transformationsverhältnissen theoretisch zu erschließen, die sodann eine Grundlage für Analyse und Urteile über einzelne situative Zusammenhänge sowie die Ausarbeitung eines allgemeinen Bezugssystems für die Weltordnungen ermöglichen.

Der Frage, wie konkret eine Anpassung bzw. „Redimensionierung" einer subjektiven Perspektive auf diese Transformationssystematik aus der Sicht der Gelehrten stattfinden sollte, kann an dieser Stelle nicht weiter nachgegangen werden.[480] Bemerkenswert aber ist, dass die Anpassung der Ausgangseinstellung an eine allgemein gültige Perspektive und die damit einhergehenden Relativierungs- oder auch

479 Für eine zusammenfassende Beschreibung dieser Systematik siehe Punkt 2.1 in der *Schlussbetrachtung*.

480 Dieser Übergang kann wohl u. a. auf dem Material aus dem Bereich der selbstkultivierenden Praktiken erforscht und wahrnehmungstheoretisch analysiert werden. Im Kapitel III werden solche „Redimensionierungen" bzw. Perspektivenwechsel in Bezug auf Repräsentationsfragen behandelt und u. a. hinsichtlich einer Entsprechung zum Übergang zwischen egozentrischen und allozentrischen Referenzsystemen befragt.

Absolutierungsversuche des Selbstbezugs ein über viele Jahrhunderte wiederkehrendes Thema der chinesischen Gelehrtenreflexionen gewesen zu sein scheint. Das Thema kann wohl als Bestandteil eines Projekts betrachtet werden, das letztlich auf die Erarbeitung gesellschaftlicher Ordnungen und moralischer Normen ausgerichtet war.[481] Als ein Entwicklungsstrang dieses Themas können darüber hinaus auch jene kompositorischen Entwürfe gelten, die sich mit einer Selbstpositionierung innerhalb der Ordnungen des Himmels und der Erde im Rahmen von literarischen und bildlichen Reise- und Landschaftsdarstellungen befassten.[482]

---

481 Ähnlich gelagert sind z. B. Überlegungen Shao Yongs 邵雍 (zu Person und Werk siehe die Fußnote 538) zur himmlischen „Betrachtungsweise" (*guan* 觀) in seinem *Dialog zwischen dem Fischer und dem Holzfäller* (*Yu qiao wendui* 漁樵問對): „Was nun [bei dem Himmel] ‚das Betrachten von Dingen' genannt wird, ist kein Betrachten von etwas mit den Augen. [Wenn] es kein Betrachten von etwas mit den Augen ist, dann ist es gewiss ein Betrachten von etwas mit dem Herz-Geist. [Wenn] es kein Betrachten von etwas mit dem Herz-Geist ist, dann ist es gewiss ein Betrachten von etwas mit dem Prinzip (*li*). Es gibt unter dem Himmel kein Ding, dem nicht das Prinzip inhärierte. [...] Nun wird das, wodurch es ein Spiegel vermag etwas zu beleuchten, sein Vermögen genannt, die Formen der zehntausend Dinge nicht zu verhüllen. [...] Das, wodurch der Weise vermag, sich mit Gefühlen der zehntausend Dinge zu vereinigen, wird das Vermögen dieses Weisen zum ‚reflexiven Betrachten' genannt. Das ‚reflexive Betrachten' wird nicht deswegen so genannt, weil Dinge durch das ‚Ich' betrachtet werden. Nicht durch das ‚Ich' die Dinge zu betrachten wird das Betrachten der Dinge durch die Dinge genannt. Wenn man es bereits vermag, Dinge durch die Dinge zu betrachten, weshalb sollte es da noch ein ‚Ich' dazwischen geben? Dies bedeutet zu erkennen, dass das ‚Ich' auch ein Anderes ist, ein Anderes auch ein ‚Ich'. Das ‚Ich' und das Andere – sie sind allesamt Dinge. Dies ist es, wodurch man es vermag, die Augen von Allem-unter-dem-Himmel als die eigenen Augen zu gebrauchen. Es gibt nichts, was solche Augen nicht betrachteten."

(夫所以謂之觀物者非以目觀之也 非觀之以目而觀之以心也 非觀之以心而觀之以理也 天下之物莫不有理焉[...] 夫鑑之所以能爲明者謂其能不隱萬物之形也 [...] 聖人之所以能一萬物之情者謂其聖人之能反觀也 所以謂之反觀者不以我觀物也 不以我觀物者以物觀物之謂也 既能以物觀物又安有我於其間哉 是知我亦人也人亦我也 我與人皆物也 此所以能用天下之目為己之目 其目無所不觀矣) (Shao, *Yuqiao*: 4b–5a).

Die Überlegungen Shao Yongs, in denen ein Selbstbezug durch Anpassung an eine himmlische Betrachtungsweise deutlich relativiert wird, stehen mit seiner Relativierung hinsichtlich der zeitlichen Ordnungen der Vergangenheit und der Gegenwart sowie der Ordnungen des „davor" und „danach" in einem Zusammenhang (siehe Shao, *Huangji jingshi*, Guanwu neipian).

Für den Verweis auf diese Ausführung Shao Yongs danke ich Rafael Suter.

Eine kurze Ausführung zum Begriff „Betrachten" (*guan*) im Kontext des *Buches der Wandlungen* bietet Cua 2003: 518–519.

482 Zur Reiseliteratur im 17. Jahrhundert und speziell zum Thema der literarischen Kosmographien siehe Riemenschnitter 1998; Eggert 2004. Zum Thema der Selbstpositionierung in Bildraumordnungen siehe Kapitel III, insbesondere Punkte 2 und 6.

3.3 Erkenntnismethoden

Die Implikationen der hier beschriebenen erkenntnistheoretischen Positionen chinesischer Denker sind insofern im Hinblick auf die raumbezogenen Fragen wichtig, als sie es erlauben, zunächst die Problemstellung des Räumlichen aus der Perspektive von Vermögen bzw. Beschränkungen des Wissens zu beleuchten, wie sie von chinesischen Denkern des 17. Jahrhunderts formuliert wurden. Da nach Auffassung dieser Denker die Erkenntnis auf die Relativierung jeglicher einseitiger Determinationen sowie einseitiger Negation abzielt, spricht sie jeder Art definitiver, fixierter und extrinsisch gesetzter Bezugspunkte und somit auch den Ordnungen und Begriffsschöpfungen, die aufgrund dieses fixen Bezuges entworfen werden, einen ontologischen Anspruch ab. Eine solche erkenntnistheoretische Orientierung steht im äußersten Kontrast zu realistisch-positivistisch orientiertem Wissen, vor allem deswegen, weil sie den Gegenstand und den Ausgangspunkt der Erkenntnis nicht in vermeintlich selbstständigen Realitätseinheiten sieht. Hinsichtlich eines substanzialistischen Raumkonzepts wird somit die Schlussfolgerung nahegelegt, dass ein solches Konzept mit der vorstehend herausgearbeiteten erkenntnistheoretischen Orientierung weder entwickelt noch aufgestellt werden konnte.[483]

Die beschriebene erkenntnistheoretische Orientierung der chinesischen Gelehrten im 17. Jahrhundert stellte Mittel für die Erforschung von Konstitutionsprozessen der Welt bereit, für die keine Annahme eines fixierten Bezugspunktes nötig war. Mit anderen Worten: Sie eröffnete einen Rahmen, innerhalb dessen das bedingte Entstehen jeglichen fixierten Bezugspunktes, oder breiter gefasst das bedingte Entstehen jedes Phänomens in einem System von sich wechselseitig relativierenden Verhältnissen, demonstriert wurde. Entsprechend einer solchen Orientierung sind die von Fang Yizhi beschriebenen Erkenntnisprozeduren ausgerichtet. Sie zielen auf das Begreifen von dynamischen Verhältnissen in zyklischen Abläufen, wobei genau die Momente der Kopplung bzw. Verknüpfung und Durchdringung der Phänomene ineinander bzw. in ihren jeweiligen Gegenteilen fokussiert werden. Die folgende Passage aus dem Vorwort Fang Yizhis zu seinem Traktat *Bescheidene Erkenntnisse zu den Prinzipien der Dinge* (*Wuli xiaoshi* 物理小識)[484] verdeutlicht das:

---

483 Vgl. die Ausführung über die Wichtigkeit des Konzepts des Freiraumes bzw. seiner Objektivität für die europäische Wissenschaft der Neuzeit in Thaliath 2016: 135: „Die Apriorität und Apodiktizität der geometrischen und anderen raumwissenschaftlichen Intuitionen basieren gerade auf der Objektivität des Freiraums, die sich als eine Konstante erweist." Siehe auch Thaliath 2016, Kap. 5.2: „Die historische Apriorisierung der Raumvorstellung" (S. 212–218); Kap. 7.2: „Die Ontologie der raumwissenschaftlichen Intuitionen" (S. 301–304).

484 Für kurze Informationen zum Text siehe Mair und Foster 2005.

> 通觀天地, 天地, 一物也。推而至于不可知, 轉以可知者攝之。以費知隱, 重玄一實, 是物物神神之深幾也。寂感之蘊, 深究其所自來, 是曰「通幾」。
>
> Durchdringend betrachtet, sind Himmel und Erde ein Ding. Deduzierend kann man, was nicht erkennbar ist, erreichen und es so umwenden, dass es dadurch in den Bereich des Erkennbaren gerät. Durch Expansion kann man das Verborgene[485] erkennen, die eine Wirklichkeit doppelt verdunkeln:[486] Dies ist die tiefgreifende Beschaffenheit aller Arten von Dingen und Geister. Den Ursprung des Ineinander-Enthaltenseins der Stille und des Angeregtseins tiefgreifend zu untersuchen: Dies nennt man Beschaffenheit des Durchdringens.[487]

Bezeichnend ist die Anwendung des ursprünglich aus dem Kontext des *Buches der Wandlungen* stammenden Begriffs *ji* 幾, der in dieser Arbeit mit „Beschaffenheit" übersetzt wird.[488] Diese Beschaffenheit verweist nicht auf den Charakter eines Objekts oder Phänomens, sondern sie repräsentiert – quasi-metonymisch – das ganze Verhältnis der gegenseitigen Voraussetzung, und deswegen, wie ausführlicher im folgenden Zitat gezeigt wird, gleicht die „Beschaffenheit" der „Verknüpfung" (*jiao* 交). Es sind also *Beschaffenheiten der Verknüpfung* bzw. Merkmale, die Ansätze der Transformationen und die Gesetzmäßigkeiten der Wechselverhältnisse aufzeigen.

> 何謂幾? 曰: 交也者, 合二而一也; 輪也者, 首尾相銜也。凡有動靜往來, 無不交輪, 則眞常貫合于幾, 可徵矣。無終始而有終始, 以終即始也。[...] 大明終始, 而衍以徵其實。則天地未分前者, 即貫十二萬九千六百年中; 冬至子之半者, 即貫四時二十四節中; 未生以前者, 即貫生少壯老中; 一念未起者, 即貫念起念滅中。是前即後、後即前, 原在前而後、後而前之中, 謂之本無前後, 而亦不壞前自前、後自後也。[...]

---

485 Vgl. *Zhongyong*: 24: „The way which the superior man pursues, reaches wide and far, and yet is secret" (君子之道費而隱) (Übersetzung Legge 1960, Bd. 1: 391). Die Übersetzung Legges sowie die eigene Übersetzung im Zitat folgen der in der untersuchten Zeit dominanten Interpretation der *Zhongyong*-Passage von Zhu Xi: „Das *fei* [bedeutet] die Weite der Anwendung; das *yin* [bedeutet] die Sublimität der Tiefenstruktur" (費, 用之廣也。隱, 體之微也) (Zhu, *Sishu zhangju*, Zhongyong: 22).

486 Die Wendung „doppelte Dunkelheit" (*chong xuan* 重玄) entstammt dem Daodejing, § 1: „Die doppelte Dunkelheit der Dunkelheit ist das Tor zu allem Wunderbaren" (玄之又玄, 眾妙之門). Die „doppelte Dunkelheit" ist auch die Bezeichnung für eine Strömung der religiös-philosophischen „Lehre des Dunklen" (*xuanxue* 玄學) während der Jin- 晉 (266–420), Sui- 隋 (581–619) bis Tang-Zeit 唐朝 (618–907). Siehe hierzu z. B. Friedrich 1984.

487 Fang, *Wuli xiaoshi*, Zixu [Autorvorwort]: 96.

488 Vgl. die Erläutung zu diesem Begriff bei Fang Yizhi in Zhang 2012b: 507.

Ursprünglich bedeutet *ji* ‚Webstuhl', also eine Art von Gerüst, und daher ein Symbol für das ständige Ineinandergreifen von Kettfaden und Schussfaden (= Warp & Weft). Hinsichtlich des Übergangs dieser Bedeutung zur Bedeutung im *Buch der Wandlungen* als „Omen", „Symptom" kann man vermuten, dass die Gemeinsamkeit zwischen den zwei Bedeutungen darin besteht, dass das „Merkmal" bzw. die „Beschaffenheit" des Ineinandergreifens jeweils auf die Grundfunktionsweise eines Sachverhalts verweist, sich auf bestimmte Weise zu verändern.

> Was nennt man „Beschaffenheit“? [Ich] sage: Es ist etwas, was miteinander verknüpft ist, wie wenn Zwei in Eins zusammengeführt werden. Das ist [auch] etwas, was rotiert, bei dem Kopf und Schwanz ineinander verknotet sind. Wann immer es Bewegung und Ruhe gibt, die gehen und kommen, so gibt es nichts, was nicht miteinander verknüpft wäre und rotierte, weshalb die eine wahre und beständige Verbindung durch die Beschaffenheit vereinigt wird und nachgewiesen werden kann. Das Nicht-Gegebensein von Anfang und Ende und das doch Gegebensein von Anfang und Ende beruht darauf, dass Anfang und Ende sich entsprechen. [...] Die Große Ming[-Dynastie] begann und endete, aber durch ihre Kontinuität belegt man ihre Realität. Folglich ist das, was vor der Trennung von Himmel und Erde war, mit allen 129.600 Jahren [die danach kamen] verbunden; die Hälfte des Monats, in dem der Winter erreicht wird,[489] ist mit den vier Jahreszeiten und deren 24 Teilabschnitten verbunden; [die Zeit] vor dem Geborenwerden ist mit Geburt, Jugend, Reife und hohem Alter verbunden; das, was bevor einem Gedanken entsteht, ist mit Entstehen und Auslöschen des Gedankens verbunden. Somit entspricht das Davor dem Danach und das Danach dem Davor, der Ursprung befindet sich inmitten von davor und danach, danach und davor, [sodass man] dies als Nicht-Gegebensein des Davor und Danach benennen kann und zugleich kein Schaden daraus entsteht, dass davor vom Davor und danach vom Danach ausgeht. [...][490]

Die von Fang Yizhi beschriebenen Erkenntnisprozeduren weisen auf eine Art von Untersuchung hin, bei der die Sicht – in den Worten Fangs die „durchdringende Betrachtung“ (*tong guan* 通觀) – von einem beobachtbaren Merkmal ausgeht, das zugleich den Transformationsansatz in sich birgt. Die Perspektive auf den Sachverhalt wird sodann derart gewendet (*zhuan* 轉), dass noch nicht erkennbare Ordnungen von Transformationen aufscheinen, noch bevor sich das phänomenale Geschehen in einem entfalteten Zustand darstellt. Da nicht die sich auf linearer Strecke entfaltenden Ordnungen von phänomenalen Ereignissen mit den ihnen zukommenden Attributen (wie etwa Anfang und Ende usw.) untersucht werden, sondern die auftretenden Merkmale von zirkulären dynamischen Verhältnissen, setzt diese Art von Erkenntnis ein anderes Verständnis von kausalen, zeitlichen und räumlichen Beziehungen voraus. So erlaubt eine Auffassung von Gesetzmäßigkeiten, d. h. von Phasen und Rhythmen der Transformationen, gewissermaßen „Anhäufungen“ der Zeit in allen Maßstäben und Einheiten zu durchdringen.[491]

489 Bezeichnung für eine Jahreszeit, die dem 11. Monat des Mondkalenders entspricht, also die härteste Jahreszeit, in der in der Natur scheinbar nichts wächst und sich entwickelt.

490 Fang, *Dongxi jun*, Sanzheng: 265.

491 Vgl. solche Art der Durchdringung mit dem meditativen Nachvollziehen *nian* im Zitat auf S. 139–141 und im Kapitel III, S. 341–342.

3.4 Raumverhältnisse

Da der Wechsel von „Fülle“ (*shi* 實) und „Leere“ (*xu* 虛) sowie von „Kommen“ (*lai* 來) und „Gehen“ (*wang* 往) ebenso einer durchdringenden Sicht unterliegt und die jeweiligen Phasen nicht isoliert voneinander behandelt werden können, lässt sich hinsichtlich der räumlichen Verhältnisse folgern, dass ein Objekt/ein Ding konzeptuell nicht von der leeren Stelle abgetrennt wird, sondern immer im Zusammenhang mit der entgegengesetzten Phase, d. h. dem leeren Gegenüber aufgefasst wird. In seinen Ausführungen zum Verhältnis *xu–shi* schreibt der moderne Forscher François Cheng:

> [Die Leere] ist der Ort, wo die Fülle in die Lage versetzt wird, ihre wahrhaftige Bestimmung zu erreichen. Indem sie Diskontinuität und Umkehrbarkeit in ein vorgegebenes System einführt, erlaubt sie den einzelnen Bestandteilen, starre Entgegensetzungen und einseitige Entwicklungen zu überwinden [...].[492]

Hier zeigt sich, dass dieses Paar nicht ausschließlich im konkreten Sinne von räumlichen Verhältnissen zwischen Objekten und leeren Stellen zu verstehen ist, sondern oft auch als abstrakte Bezeichnung für Übergänge zwischen den „An“- und „Aus“-Phasen fungiert. Mit anderen Worten steht das Paar für ein räumliches Wechselverhältnis nicht im newtonschen Sinne, sondern in einem topologischen.[493]

Diese Interpretation des Paares scheint auch für die chinesische Kunsttheorie ausschlaggebend gewesen zu sein, in der das Wechselverhältnis zwischen Leere und Fülle einen der Angelpunkte darstellt. Dies ist aber durchaus nicht (nur) im Sinne des Verhältnisses zwischen Figur und Hintergrund zu verstehen – allein schon deswegen, weil *xu*-Leere (leere Stellen) und *shi*-Fülle (ausgefüllte Stellen) auch in der Kunsttheorie nicht als Gegensätze, sondern als sich ineinander wandelnde Phasen gedacht wurden.[494]

An diesem Punkt ist es wichtig zu bemerken, dass die „Autonomisierung“ des Raumes von Objekten und die Möglichkeit einer separaten Behandlung von Raum einerseits, und von materiellen Körpern andererseits ein wesentlicher Punkt war, der die Raumtheorien, so wie sie sich in der europäischen Wissenschaft der Neuzeit durchsetzten, kennzeichnete. Allem voran war sie konstitutiv für die Entwicklung der klassischen Mechanik und einiger ihrer Grundpostulate:

---

492 Cheng 2004: 51–52.

493 Für diese Interpretation und für den Hinweis, dass ein solches Wechselverhältnis eventuell als Verhältnis von *unmarked/marked states* im Sinne Spencer-Browns (1969) zu verstehen ist, bedanke ich mich bei Stephan Günzel.

494 Siehe die Ausführungen im Kapitel III, Punkt 3.

> Der Geschichte der Raumtheorien – von der Antike bis zur Moderne – ist zu entnehmen, dass es tatsächlich die existenzielle Autonomisierung des Raumes gegenüber dem materiellen Körper war, was sowohl den Gegenstand als auch den Standpunkt bei den raumtheoretischen Spekulationen ausmachte. [...] Das Verhältnis zwischen Raum und Körper liegt aber einem absolut zentralen Prinzip der Wissenschaft der Mechanik und ihrer Entstehungsgeschichte zugrunde, nämlich der Theorie des Impetus und ihrer Umwandlung in das moderne Trägheitsprinzip.[495]

Zwischenbilanz Wenn es im Hinblick auf die europäische Wissenschaft des 17. Jahrhunderts anerkannt wird, dass ein Abstraktionsniveau in der Auffassung von Phänomenen im Universum erreicht wurde, das es erlaubte, Phänomene durch mathematische Gesetze zu beschreiben und somit eine neue Ordnung des Universums aufzustellen,[496] so scheint es, dass wir es im China des 17. Jahrhunderts nicht minder mit Ansätzen einer Systematisierung von Prozessen und Phänomenen des Universums zu tun haben.

Der Umstand, dass diese Systematisierung in der Forschung weitgehend nicht anerkannt wurde und eine vollständige Rekonstruktion des Wissenssystems in der untersuchten Zeit bislang nicht geleistet wurde, ist durch die historisch etablierte Dominanz des neuzeitlichen europäischen Wissenssystems zu erklären, aus dessen Perspektive die Wissensbestände in China vor der Übernahme des europäischen Wissensmodells oft als bruchstückhaft, unsystematisch und rückständig erscheinen.

Ein wesentlicher Unterschied zur europäischen Art der Systematisierung scheint darin zu bestehen, dass im chinesischen Fall die Überführung von Prozessen und Phänomenen auf ein abstrakteres Niveau, auf welchem mit ihnen in Gedankenvorgängen operiert werden konnte, nicht ausgehend von Formen durchgeführt wurde, die als im dreidimensionalen Raum eingesetzte physikalische Körper gedacht waren. Die entscheidende Voraussetzung hierfür ist, dass Phänomene der physischen Wirklichkeit als Objekte erfasst werden und die Festsetzung eines Standpunktes stattgefunden hat. Vielmehr erfolgte die Systematisierung aufgrund der Formulierung von Gesetzmäßigkeiten der Transformationsverhältnisse, in denen sowohl die Konzepte von Objekt und Subjekt als auch dem Subjekt zukommende Methoden der Untersuchung des Ob-

495 Thaliath 2016: 217.

496 Vgl. Henderson 1984: 254 über westliche Kosmologien im 17. Jahrhundert: „By the end of the seventeenth century, however, major figures in the Scientific Revolution had managed to subsume anomalies within a larger conception of order. But the new order was hardly a cosmographic one. For unlike both the Platonic and Aristotelian world pictures, it was not primarily concerned with the proper arrangement of things in space and time, but rather with obidience to laws. ‚Harmony' in this scientific cosmos [...] is present when a multitude of phenomena is regulated by the unity of a mathematical law which expresses a cosmic idea. In Ernst Cassirer's words, ‚the totality of the scientific cosmos is a totality of laws, i. e. of relations and functions.'"

jekts relativiert werden. Jeder Moment und Punkt der Wirklichkeit wird in solchen Systemen von Transformationsverhältnissen als ein multidimensionaler Zusammenhang von Faktoren und Parametern aufgefasst, die sich in voraussetzenden Verhältnissen entfalten. Mit anderen Worten: Jedem Punkt und jedem Moment der Wirklichkeit wird ein bestimmter Zusammenhang von Ein- und Aus-Phasen von Faktoren und Parametern mit pluralischer Dimensionalität zugeordnet.

Wie aus den zahlreichen Bezugnahmen in den Texten ersichtlich wird, stützten die Gelehrten die Ausarbeitungen solcher Systematik auf Klassikertexte, dabei insbesondere auf die auf das *Buch der Wandlungen* zurückgehende „Lehre von den Wandlungen" (*yixue* 易學). Schlussfolgerungen hinsichtlich der Frage, welche wesentlichen Entwicklungen diese alte Gelehrsamkeitstradition im Werk der Gelehrten des 17. Jahrhunderts erfuhr, werden am Ende dieses Buches in der *Schlussbetrachtung* vorgestellt.

In dieser Arbeit werden die Gründe und Umstände des Untergangs dieser Tradition in der nachfolgenden Zeit nicht behandelt. Diese Umstände betreffen ein breites Spektrum von Prozessen in ökonomischen, soziopolitischen und geistesgeschichtlichen Bereichen. Ebenfalls wird im Rahmen der hier vorgenommenen Forschung die Frage danach, wie der Raum „nach westlicher Art" zu einem bestimmten Zeitpunkt endlich „entdeckt" und „gesehen" wurde, nicht berücksichtigt, da diese Frage eine Betrachtung von unterschiedlichsten Sachverhalten in den oben angedeuteten Bereichen erforderte.

Die vorstehenden Analysen erlauben es jedoch, einige allgemeine Schlussfolgerungen hinsichtlich des intellektuellen Kontextes der hier betrachteten Denkweisen zu ziehen. Im Folgenden werden zudem weitere Implikationen zu diesen Denkweisen in einzelnen Kulturbereichen hinsichtlich der Raumfrage entwickelt.

4 Ideengeschichtliche Kontexte der analysierten Erkenntnistheorien

Die in diesem Kapitel zu diskutierenden Themenbereiche, etwa Ausrichtung auf Wandel, Interesse an wahrnehmungstheoretischen Fragen, Ausarbeitung der *qi*-Ordnungen und -Ontologie, haben freilich eine reiche Vorgeschichte in der chinesischen Denk- und Wissenstradition. Insbesondere in der song-zeitlichen neokonfuzianischen Lehre wurden Programme entwickelt, in denen das Universum als dynamisches System aufgefasst wurde, und Ansätze zu einer erkenntnistheoretischen Erfassung der prozessualen Systematik und ihrer Implikationen für menschliches Wissen und Verhalten herausgearbeitet wurden.[497]

Zwar wird auf die Affinitäten und Kontinuitäten zwischen den song- und ming- bzw. qing-zeitlichen Programmen verwiesen werden,[498] der primäre Fokus gilt hier jedoch solchen Positionen der Gelehrten des 17. Jahrhunderts, die sich hinsichtlich der song-zeitlichen Programme eher kritisch einstellten und hierzu Reformulierungsvorschläge darboten. Denn gerade angesichts der Positionen in den Programmen bzw. in den rezipierten Versionen dieser Programme, auf welche die Gelehrten der späten Ming- und frühen Qing-Zeit kritisch eingingen,[499] lassen sich die Entwicklungsrichtungen im 17. Jahrhundert vor dem gemeinsamen ideengeschichtlichen Hintergrund ablesen.

4.1 Ausrichtung auf Wandel

In den vorangegangenen Analysen wurden die logischen Grundlagen von Erkenntnisprozeduren skizziert, die eine desubstanzialisierende Sicht auf Prozesse der Transformationen ermöglichen, wobei das phänomenale Geschehen in ein System

497 Zu diesen Themen siehe insbesondere Angle und Tiwald 2017: 30–45, 46, 117–133. Die allgemeine Ausrichtung auf Wandel im Kontext der neokonfuzianischen Lehre charakterisieren Angle und Tiwald wie folgt: „[...] the idea shared by all Neo-Confucians that patterned change – comprehensible via the categories of yin and yang – was basic to reality“ (Angle und Tiwald 2017: 46). Im weiteren Verlauf dieses Kapitels wird auf die Elemente in den metaphysischen Modellen der Neo-Konfuzianer während der Song-Zeit eingegangen, die nach Ansicht der Gelehrten der hier untersuchten Zeit zu einer Substanzialisierung und Dualität in der Interpretation des Universums führten, siehe Punkt 4.3, vgl. Angaben in Kapitel I, Punkt 2.3.2, Fußnote 191.

498 Siehe v. a. die Fußnoten in diesem Unterkapitel. Es wird hier jedoch keine vollständige vergleichende Forschung von Ideen und Konzepten in der Song- und Ming-Qing-Zeit unternommen.

499 Was freilich oft zum Nivellieren der Radikalität und Neuerungen der song-zeitlichen Programme führte.

https://doi.org/10.1515/9783110791860-007

von dynamischen Verhältnissen im Sinne von Momenten dieses Systems eingeordnet wird.

Wenn wir den intellektuellen Kontext der untersuchten Zeit, d. h. der Zeit des Übergangs von der Ming- zur Qing-Dynastie betrachten, zeigt sich rasch, dass die erkenntnistheoretische Orientierung auf eine Untersuchung von Gesetzmäßigkeiten der Transformationen nicht nur Resultat einer rein theoretischen Beschäftigung und Auseinandersetzung mit den Klassikern war[500], sondern ebenso durch die Suche nach einem Verständnis der aktuellen geschichtlichen Situation gefördert wurde. Zahlreiche Versuche lassen sich vor diesem Zeithorizont beobachten, die aktuelle Situation nicht nur im Kontext von universellen Wandlungen einzuordnen, sondern sie weitgehend aus der Struktur der Wandlungen heraus zu verstehen. So erwähnt Fang Yizhi im obigen Zitat den „Anfang und das Ende der Großen Ming[-Dynastie]" (*Da Ming zhongshi* 大明終始) in der Reihe allgemeiner Gesetzmäßigkeiten des Wandels.

Bevor hier andere Belege dieser, wie es scheint zugleich theoretischen und praktischen Ausrichtung auf die Untersuchung des Wandels aufgeführt werden, soll vorab ein vergleichender Blick auf den Zusammenhang zwischen einer theoretischen Suche nach metaphysischen Konstanten und der Auffassung des historisch-sozialen Kontextes geworfen werden. Am Beispiel der Untersuchung von Debatten zwischen „Realisten" und „Nominalisten" im mittelalterlichen Europa wird im folgenden Zitat verdeutlicht, wie die Empfindung von aktuellem Geschehen in die metaphysischen Konstruktionen projiziert wird:

> It has been observed of St. Augustine's theory of knowledge that, the chief defect which compels the mind to press on from [...] the knowledge of physical objects to the contemplation of the Ideas is the presence of impermanence. The intellect perceives above the flux of visible things and above human minds a system of unchangeable truths. And the *res intelligibles* which are open to the grasp of intellectual insight are not merely formal propositions, they are the constitutive principles of things. Endowed with the power of „illumination" the mind may descry beyond space and time the source of ideas.[501]

Vermutlich auch durch die Suche nach bestimmten Ordnungskonstanten, oder genauer durch ein seit der Mitte der Ming-Zeit immer offenkundiger werdendes Erfordernis der Reformulierung alter Ordnungskonstanten[502] motiviert, erscheint die hier hervorgehobene Ausrichtung auf den Wandel der Einstellung auf ein

---

500 Neben dem Verweis auf die Beschäftigung von Gelehrten mit der Lehre der Wandlungen (*yixue*) muss hier ihre tiefgreifende Beschäftigung mit daoistischen Klassikern (v. a. dem *Zhuangzi*) und buddhistischen Texten erwähnt werden. Spezifischere Belege dieser Beschäftigung werden in diesem Kapitel und im Kapitel III betrachtet.

501 Carre 1967: 7, zitiert nach Bloom 1979: 81.

502 Es geht um die seit der Mitte der Ming-Zeit einsetzende Revision des auf der song- und ming-zeitlichen „Lehre von den Prinzipien [in der Nachfolge] der Cheng[-Brüder] und Zhu [Xi]"

„System unveränderlicher Wahrheiten“ zunächst diametral entgegengesetzt. Die hervorgehobene Orientierung auf Wandel scheint ein gemeinsamer Nenner für die Mehrheit der Denkrichtungen zu sein, die als Reaktion auf die Orthodoxie seit der Mitte der Ming-Zeit entstanden.[503]

Im Folgenden wird versucht aufzuzeigen, warum diese Hervorhebung besonders triftig erscheint.

In der untersuchten Zeit können wir eine Umkehr im Verständnis dessen, was konstant und was veränderlich ist, beobachten. Wie im oben zitierten Text stellt Wang Fuzhi fest: „Es gibt kein beständiges Gefäß, sondern es gibt das ständige *Dao*.“[504] Er verdeutlicht dieses Postulat mit einem konkreten Beispiel: Es ist nicht die Form der Sonne oder des Mondes, also die Sonne und der Mond als Objekte, was Bestand hat, sondern die *Funktion*, die „Sonne“ und „Mond“ verkörpern, die beständig ist. Das *Dao* ergibt sich nach dieser Deutung nicht als eine Entität oder Substanz, sondern als *Funktionsweise*. Daraus konnten zudem eine neue Konstante und eine Bezugsebene gefolgert werden, nämlich die Konstante, die auf der Funktion und nicht auf der Identität der Substanz mit sich selbst oder der Beständigkeit eines transzendierenden Prinzips beruhte, und die Bezugsebene, die hinter dem Phänomenalen auf die Gründe dieses Phänomenalen greift. Der Fokus rückt dabei weg von der Frage „was ist“ zu der Frage „was wie (ständig) wird“ und worauf dies beruht.[505]

(Cheng-Zhu *lixue*) basierenden Wissensparadigmen (Näheres siehe im Kapitel 1, Punkt 2.2.3 und 2.3.2).

503 In der Regel werden die Denkströmungen der untersuchten Zeit qualifiziert, je nachdem wie sie zur song-zeitlichen „Lehre der Prinzipien“ *lixue* bzw. der „Lehre des *Dao*“ (*daoxue* 道學) standen, die zur Ming-Zeit schon den Status der Orthodoxie erhielten. Eine andere Art der Kategorisierung von Denkrichtungen ist die nach konkreten Schulen mit mehr oder weniger großem Grad der Fragmentierung, d. h. von den grundlegenden Aufteilungen in *lixue* und die entgegengesetzte „Lehre des Herz-Geistes“ (*xinxue*) bis zu Bezeichnungen je nach konkreten Verzweigungen.

504 Siehe das auf S. 105–106 analysierte Zitat aus seinem *Siwen lu*: 57.

505 Vgl. in demselben Zitat: „Wenn es notwendig ist, anzusetzen, was ein Ding ausmacht, und sich erst dann die Konstante ergibt, dann ist es in Bezug auf seinen Wandel gewiss notwendig, kein Bewusstsein über seine Anfänge zu entwickeln“ (必用其故物而後有恆 則當其變而必昧其初矣).

Das wäre ein Thema für eine weitere begriffsgeschichtliche Aufarbeitung, nämlich der Grad, zu welchem Definitionen „prozessual“ und dabei auf Funktionen des *qi* orientiert sind. Hierzu gibt es auch Beispiele aus früheren Epochen, die angesammelt werden können und auf die die Tendenz zu prozessbezogenen Deutungen überprüft werden könnte. In diesem Zusammenhang sollen insbesondere die im Werk von song-zeitlichen Neokonfuzianern vorkommenden Verständnisse der dynamischen Beschaffenheit des Universums im Allgemeinen und die prozessbezogenen Deutungen von Einzelding-Ereignissen analysiert werden.

Für ein konkretes Beispiel der prozessbezogenen Deutung von Phänomenen bei Zhu Xi vgl. z. B. seine paronomastische (wohl aus einer han-zeitlichen Quelle entnommenen) Glossen und Ausführungen zu den Begriffen aus dem spirituellen Bereich im Kapitel „Dämonen und Geister“ (*gui shen* 鬼神) der *Klassifizierten Sprüche des Meisters Zhu* (*Zhuzi yulei* 朱子語類): „‚Geist‘ be-

Bemerkenswert ist dabei, dass Wangs Bemühungen zur Klärung der Begriffsbildung nicht nur abstrakte Begriffe wie etwa das *Dao* oder den „Himmel" (*tian* 天), sondern auch Konzepte von Einzeldingen betrafen. Die untersuchten Texte weisen auf ein Verständnis hin, wonach Formen von Einzeldingen, die in einer Alltagserfahrung als „direkt" wahrgenommen gelten, im Wesentlichen Resultate eingeübter Wahrnehmungs- und Denkmuster sind, also gewissermaßen aus den Gestaltungsfunktionen des Subjektiven entstehen. Den Ausarbeitungen von Wang Fuzhi und anderen chinesischen Philosophen zufolge hätten also sowohl „real" existierende (empirisch gegebene) Gegenstände als auch substanzbezogene begriffliche Abstraktionen einen Ursprung im Subjektiven und besitzen folglich lediglich den Status des Konstruktiven.

Die Schlussfolgerung, die die chinesischen Denker des 17. Jahrhunderts aus der Empfindung der Unbeständigkeit gezogen zu haben scheinen und die sich im Laufe der Dynastienwende noch auf dramatische Weise verstärkte, war, dass es nichts gibt, was konstanter als der Wandel ist. Der Wandel erscheint somit als die einzige Wahrheit, die hinsichtlich der ihm innewohnenden Regularitäten untersucht werden kann und muss, weil diese letztendlich Informationen über das Universum sind. So konnte der Wandel selbst zum Ausgangspunkt *und* zum Bezugssystem für Ausarbeitungen von gesellschaftlichen Normen und Weltordnungen werden.

Die Interpretationen von soziopolitischen Prozessen in Bezug auf Wandlungen waren freilich keine Neuerung der Gelehrten der späten Ming- und frühen Qing-Zeit; die Ausrichtung auf den Wandel war ein wiederkehrendes Motiv in den auf der Lehre des *Buches der Wandlungen* (*yixue*) basierten Wissensbereichen, den des politischen Denkens eingeschlossen. Es ist jedoch nicht die Aufgabe dieser Arbeit, die wandlungsorientierten Interpretationen in ihrer geschichtlichen Entwicklung zu analysieren, insofern sie nicht Implikationen für das Verständnis der uns interessierenden Fragen der Welt- und Raumordnungen haben.

Entsprechend der Ausrichtung auf den Wandel in der hier untersuchten Zeit lässt sich deutlich eine Tendenz im intellektuellen und sozialen Kontext konstatieren, noch bevor der Übergang zwischen den Dynastien stattgefunden hat, die in die Missbilligung spekulativ aufgestellter metaphysischer und moralischer Ordnungen mündet, welche im Rahmen rezipierter früherer Denkordnungen als beständig und regulär angesehen wurden. In seiner Forschung zum kosmologischen und geographischen Denken in China erkennt John B. Henderson die Ausrichtung auf die Untersuchung von

deutet ‚ausdehnen'; ‚Dämon' bedeutet ‚stauchen'" (神, 伸也; 鬼, 屈也) und „‚Dämonen' und ‚Geister' sind nichts anderes als das *qi*; stauchen und ausdehnen, gehen und kommen – das ist das *qi*" (鬼神只是氣。屈伸往來者, 氣也) (*Zhuzi yulei*, 1, j. 3, Guishen: 34).

Irregularitäten und natürlichen Prozessen des Wandels, die in der Zeit der späten Ming- und frühen Qing-Dynastie in vielen Wissensbereichen in den Vordergrund trat:

> The seventeenth-century recognition of imbalance, assymetry and irregularity in the world and a preference for natural rather than geometric lines of division appear in the astronomical and geographical thought of the period as well as in its landscape art and moral philosophy.[506]

Und:

> A departure from the values of order, regularity, and symmetry that informed Neo-Confucian cosmology and traditional cosmography is also evident in the moral philosophy of the Qing era. Whereas Song Neo-Confucians regarded imbalances and assymetries in the constitution of the cosmic *qi*, the energetic pneuma, as the cosmological source of evil in the world, some Qing philosophers accepted and even celebrated such irregularities.[507]

Die in einer Abtrennung von im aktuellen Geschehen und in Alltagspraktiken gepflegten dogmatischen Prinzipien von Denken und Verhalten wurden nun als der in konkreten Relationen und Transformationen sich entfaltenden Welt unangemessen erklärt. Schon bei einem prominenten Denker der mittleren Phase der Ming-Dynastie wie Wang Tingxiang 王廷相 (1475–1544)[508] finden wir eine Gegenüberstellung von Wandlungen (*bianhua* 變化) versus „festen Prinzipien" (*changli* 常理) sowie versus Annahmen der ursprünglichen Wahrheiten:

> 夫心固虛靈, 而應者必籍視聽聰明, 會於人事, 而後靈能長焉。赤子生而幽閉之, 不接習於人間, 壯而出之, 不辨牛馬矣, 而況君臣, 父子, 夫婦, 長幼, 朋友之節度乎? 而況萬事萬物幾微變化, 不可以常理執乎！彼徒虛靜其心者, 何以異此?
>
> Nun ist der Herz-Geist in seinem Grunde leer-geistig, und [sein] Reagieren beruht zwangsläufig auf Schärfe und Klarheit des Sehens und des Hörens. [Diese Vermögen] versammeln sich in menschlichen Angelegenheiten und erst dann kann die Seele in ihnen wachsen. Wird ein Baby geboren und man sperrt es in der Dunkelheit ein, sodass es nicht mit Menschen in Kontakt kommt und lernt, dann wird es, wenn es als Erwachsener hinaustritt, zweifellos eine Kuh nicht vom Pferd unterscheiden. Und natürlich wird das umso mehr für

506 Henderson 1994: 225. Diesen und weiteren Beobachtungen Hendersons hinsichtlich der Betonung des Irregulären in der chinesischen Philosophie des 17. Jahrhunderts kann hier vollkommen zugestimmt werden. Wichtig jedoch ist, wie in diesem Kapitel gezeigt wird, dass in den Ausarbeitungen der Gelehrten dieser Zeit auch Konturen eines neuen (in gewissem Sinne alten) Ordnungssystems zu erkennen sind.

507 Henderson 1994: 225. Henderson führt als Beispiel der Betonung von Irregularitäten im Zusammenhang mit der Ausarbeitung moralischer Normen Yan Yuans Bemerkung über „deviations from the mean" in seinen „Karten des Herz-Geistes" an. Zu diesen Karten siehe detaillierter Tabery 2009.

508 Zur Person, seinem Denken und intellektuellem Kontext siehe Ommberborn 1996c, 1997; Gao und Yue 1999; Leibold 2001; Wang 2005a; Ong 2006; Araki 2006; Ahn 2022.

> Normen gelten, die sich auf [das Verhältnis] Herrscher und Untertan, Vater und Sohn, Mann und Frau, Erwachsener und Jugendlicher oder Kommilitone und Freund beziehen! Um wie viel mehr ist es unter diesen Bedingungen unmöglich, allersubtilste Veränderungen und Wandlungen von verschiedensten Angelegenheiten und Dingen anhand von „festen Prinzipien“ zu regeln! Worin unterscheiden sich dann jene Anhänger [der Schulrichtung] des Entleerens und Beruhigens des Herz-Geistes [von denen, die an festen Prinzipien festhalten]?[509]

Die Ausrichtung auf den Wandel zeigte entsprechende Erkenntnisstrategien und kultivierungspraktische Methoden auf: Im obigen Zitat können wir Ansätze einer empiristisch (und zugleich pragmatisch) orientierten Erkenntnistheorie feststellen. Im nächsten Zitat desselben Autors wird Kritik an einer Auffassung der „Ruhe“ (*jing* 靜) als das Wesen des Subjekts geäußert.[510] Dabei wird insbesondere die durch die Fokussierung auf die Ruhe ausgelöste Kettenreaktion zwischen Selbstbezugnahme und Trennung von Innerem und Äußerem, d. h. auf die Aufstellung von Subjekt-Objekt-Beziehungen, bemerkt:

> 世儒以動為客感而惟重乎靜，是靜而動非，靜為我真動為客假，以內外為二，近佛氏以厭外矣。

> Konfuzianer in der zeitgenössischen Welt nehmen Bewegung als etwas äußerlich Empfundenes wahr und nur auf Ruhe legen sie Wert. Sie bejahen die Ruhe und die Bewegung wird von ihnen negiert. Die Ruhe [macht man zum] Wahren des Ichs, die Bewegung zu einer äußerlichen Fälschung, wodurch das Innere und das Äußere zwiegespalten werden: Damit nähern sie sich tatsächlich der Verabscheuung des Äußeren bei den Buddhisten an.[511]

Die Missbilligung jeglicher fixer Prinzipien, die sich von einer konkreten, doch stets sich wandelnden Situation abheben, wodurch sie sich hinsichtlich dieser Situation als extrinsisch erweisen und also eine dualistische Auffassung vom Geschehen in

---

509 Wang, *Shilong*: 604. Aus dem Zitat wird u. a. klar, dass die Kritik Wangs zweifach ausgerichtet ist: Zum einen geht sie gegen die „Lehre des Prinzips“ *lixue*, wie in der Phrase „Gewiss ist es nicht möglich, sie anhand von ‚festen Prinzipien‘ zu regeln“ (不可以常理執乎), und gegen die Lehre des Herz-Geistes (*xinxue*) andererseits, wie in der Phrase „Worin unterscheiden sich dann jene Anhänger [der Schulrichtung] des Entleerens und Beruhigens des Herz-Geistes?“ (彼徒虛靜其心者，何以異此?).

Für Zusammenhänge zwischen Einstellungen Wangs hinsichtlich philosophischer Schulrichtungen und seinen politischen Ansichten siehe Chen 1993.

510 Vgl. die Abhandlungen zum „stillen Sitzen“ (*jingzuo* 靜坐) in den neokonfuzianischen Schriften der Song- und Ming-Zeit. Dort scheint es zu einer für die neokonfuzianische Lehre spezifischen Methode geworden, die die dem Lernen und der moralischen Vervollkommnung vorausgesetzte Beruhigung des Herzens und Ausgewogenheit des Atmens fördert. So wird es beispielsweise im *Zhuzi yulei* von Zhu Xi und dem *Chuanxi lu* von Wang Yangming schon weitgehend behandelt. Vgl. auch Zhang 2012b: 187, 200.

511 Wang, *Shenyen*, Jianwen pian: 774; zitiert nach Araki 2006: 34.

der Welt und von ihnen selbst aufzwingen, beförderte eine praxeologische Orientierung in den Denkrichtungen der späten Ming- und frühen Qing-Zeit[512] und den damit verbundenen Grundsatz über die „Einheit des Wissens und des Handelns" (*zhixing heyi* 知行合一) bzw. die „Gleichbehandlung von Wissen und Handeln" *(zhixing jianju* 知行兼舉).[513]

Vor dem Hintergrund dieser verbreiteten praxeologischen Orientierung von der Mitte der Ming- bis zur frühen Qing-Zeit erwuchsen, trotz starker Divergenzen zwischen konkurrierenden Denkrichtungen bezüglich Zielsetzungen, Untersuchungsinhalten und -methoden sowie gegenseitigen Vorwürfen mangelnder

---

512 Für die praxeologische Orientierung der Zeit bzw. die „Hinwendung zur Wirklichkeit" weg von Modellen der transzendentalen Moralphilosophie siehe die Ausführungen und Literaturhinweise im Kapitel I, Punkt 2.2.3.

Das Thema der Hinwendung zum praxisorientierten Wissen – allgemein und in der untersuchten Zeit – erlaubt eine Erarbeitung durch einen begriffsgeschichtlichen Ansatz. In diesem Zusammenhang scheint die Bemerkung von Ching 1979 über die vorwiegend verbale Verwendung des Wortes ‚Wirklichkeit, Fülle' (*shi* 實) in den Texten der Zeit sehr interessant. (Vgl. aber die Gegenargumente in Leibold 2001: 246 und Unger 2000: 107). In den Ausführungen im Kapitel III wird die Dominanz der verbalen Bedeutungen bei einigen wichtigen technischen Termini und ästhetischen Kategorien belegt, was auf prozessuale Auffassungen mindestens im Kunstschaffen hinweist. Zu den Auffassungen des Universums als Totalität von Prozessen siehe unten, Punkt 5.2. Es ist wohl zu vermuten, dass die Orientierung auf den Wandel sich unter anderem in der Sprache (z. B. in der Dominanz der verbalen Bedeutungen) abzeichnet. Für die Verwendung des Kategorienpaares leer–voll (*xu–shi*), für das grammatikalische Verhältnis zwischen Nomen und Verben und die Korrelation zu den Kategorien „Tiefenstruktur" – „Funktion" (*ti–yong*) besonders in buddhistischen Kontexten siehe Kern 2010: 303–304 und 306–307.

Zusammengefasst stellt die Tradition von philosophischen und sprachtheoretischen Auseinandersetzungen mit dem Verhältnis zwischen Namen/Bezeichnungen und Realitäten/Aktualitäten für eine Untersuchung der pragmatisch ausgerichteten kategorienbildenden Verfahren ein reiches Material zur Verfügung. Solche Auseinandersetzungen kann man darüber hinaus als ein chinesisches „Pendant" zum Nominalismus/Realismus-Streit betrachten und daraus weiterführende Vergleiche entwickeln.

513 Die erste der aufgeführten Varianten dieses Mottos, „Die Einheit des Wissens und des Handelns", stammt aus Wang Yangmings *Chuanxi lu*, 1. Über die praktische Orientierung der Lehre Wang Yangmings siehe z. B. Cheng 1979: 55–61; Kern 2010; Zhang 2012b: 93–99. Für eine komparativ-philosophische Ausarbeitung der These der Einheit von Wissen und Handeln im Kontext der Lehre Wang Yangmings siehe Frisina 2002.

Zu den Konzepten des handlungsorientierten Wissens bei Zhu Xi vgl. Angle 2018, z. B.: „[...] Zhu Xi's theories of knowing (知) emphasize the cultivation of a kind of discernment-*in-action* [Hervorhebung *PL*] rather than the status of cognitive beliefs [...]" (Angle 2018: 156, Fußnote 1).

Die zweite Formel, die „Gleichbehandlung von Wissen und Handeln", stammt von Wang Tingxiang selbst, siehe Wang, *Shenyan*, Xiaozong pian: 788.

praktischer und empiristischer Orientierung[514], solche Denkrichtungen, die ab der Mitte der Qing-Zeit noch radikalere Programme zur Reformierung des Wissenssystems forderten und dabei neue Methoden bzw. Zugänge zur textkritischen Erforschung der konfuzianischen Klassiker ausarbeiteten.[515]

Im Kontext der allgemeinen Orientierung auf den Wandel und auf die Einheit des Wissens und der Praxis sind insbesondere zwei Gruppen von Implikationen für die raumbezogene Fragestellung dieser Arbeit wichtig: Erstens, was bedeutete eine solche Orientierung für die Ansichten über Ursprung, Bedingungen, Modi und Inhalt einer relevanten Erkenntnis und Wahrnehmung und welche Positionen nahm sie in den erkenntnistheoretischen und ästhetischen Auseinandersetzungen der Zeit ein? Wie zu sehen sein wird, haben diese Auseinandersetzungen einen direkten Bezug zu den Fragen nach dem Raum.[516] Zweitens, welche metaphysische Alternative zu einem dualistischen Verständnis der Welt, d. h. zur Differenzierung zwischen Transzendenz und Aktualität, wie es sowohl in der rezipierten Version der Lehre des Prinzips (*lixue*) als auch in einigen Auslegungen des Daoismus und Buddhismus vorausgesetzt wurde und im alltäglichen Verständnis sowie in der Anbindung an Normen-Konstanten für das Volk (*li min zhi chang* 立民之常) verwurzelt war, hat sie ermöglicht?

4.2 Wahrnehmungstheoretische Fragen

Der Anspruch auf empirisches Wissen und die Ablehnung praxisferner dogmatischer Prinzipien förderte eine Auseinandersetzung mit erkenntnis- und wahrnehmungstheoretischen Fragen.[517] Tatsächlich wurden intensive Debatten bezüglich

514 Vgl. z. B. Cheng (1979: 38): „[...] Writings and Systems of Chu Hsi (1130–1200) and Wang Yangming (1472–1529), who are, as a matter of historical irony, both the source of *shih-hsüeh* and the target of attack by *shih-hsüeh.*"

515 Vgl. die Ausführung und Literaturhinweise zur Lehre vom Überprüfen und Belegen (*kaozhengxue*) in Kapitel I, Punkt 2.2.3.

516 Siehe z. B. die Analyse des Problems der (Un-)Endlichkeit des Universums weiter unten, Punkt 5.4.

517 In ihrer Übersicht über die Ideen zu politischen und moralischen Ordnungen in der frühen Qing-Zeit, insbesondere in den Kreisen der Gelehrten, die dem *kaozhengxue* angehörten, erwähnt Wen Yu, dass sich die anti-dogmatischen und anti-fundamentalistischen Tendenzen im Werk dieser Gelehrten u. a. in einer Betonung der Flexibilität von Urteilen, der Notwendigkeit, sich verändernden historischen Kontexten anzupassen, und der Anerkennung der Veränderlichkeit und Kontingenz der menschlichen Geisteszustände manifestierten. Diese anti-dogmatischen Tendenzen spiegelten sich also laut Yu nicht nur in einem Interesse an der Historizität politischen, sozialen und kulturellen Geschehens, sondern auch in dem Interesse an der kontextuellen Erfah-

der Relevanz der Sinneswahrnehmung für das Wissen und Handeln geführt, und die Relevanz von Wissen, das nicht auf der Sinneswahrnehmung beruht, in unterschiedlichen Wissensbereichen und Sphären des sozialen Lebens untersucht. Unter anderem scheint eine Position breit vertreten gewesen zu sein, wonach keine relevante Erkenntnis unabhängig von einer direkten Wahrnehmung von Dingen in der Welt erreicht werden kann.[518] Anhand des Beispiels von den im Zusammenhang mit einer bekannten Stelle aus dem [*Buch von*] *Mitte und Maß* ent-

---

rung der Menschheit – der Psychologie – wider. Die Erkenntnisse in diesen Bereichen sollten nach Ansicht der Gelehrten ein Verständnis der Prinzipien der menschlichen Gesellschaft ermöglichen, siehe Yu 2018: 164–166. Als Beispiel für die Anerkennung des veränderlichen menschlichen Geistes und die Kritik an jenen, die „ [a]lways try [...] to unify the mind into one path and destroy its beautiful and clever roots into futile ends" führt Yu ein Zitat aus dem Werk Huang Zongxis 黃宗羲 (1610–1695) *Untersuchung des Ming-Konfuzianismus* (*Mingru xue'an* 明儒學案) an: „The human mind that situates in the world keeps changing, full of contingency" (盈天地皆心也。變化不測, 不能不萬殊。心無本體, 工夫所至, 即其本體。故窮理者, 窮此心之萬殊, 非窮萬物之萬殊也。是以古之君子, 寧鑿五丁之間道, 不假邯鄲之野馬, 故其途亦不得不殊。奈何今之君子, 必欲出於一途, 使美厥靈根者, 化為焦芽絕港) (Huang, *Mingru xue'an*, Heft (*ce*) 1, Yuanxu: 1, Teilübersetzung Yu 2018: 165–166).

518 Solche Ansichten stehen in einem starken Kontrast zu den Positionen der song-zeitlichen neokonfuzianischen Denker (siehe hierzu weiter unten in dieser Fußnote) und sind in der Ming-Zeit u. a. unter den Vertretern der Schule Wang Yangmings zu finden: „Das ursprüngliche Wissen trennt sich nicht vom Sehen und Hören" (良知不離見聞), zitiert nach Hou et al. (Hg.) 2005: 624. Vgl. auch die Ausführungen Irene Blooms zu den *Aufzeichnungen zum hart erworbenen Wissen* (*Kun zhi ji* 困知記) von Luo Qinshun 羅欽順 (1465–1547): „At no point in the K'un-chih chi is sense perception deprecated relative to moral knowledge or contrasted with knowledge of higher truth. In fact, Lo was at some pains to try to refute the Buddhist idea that knowledge of absolute reality was distinct from and, in fact, opposed to sense perception, the former unitary and integrative and the latter fragmentary and delusive. His argument was directed at the Buddhists when he wrote: ‚There are those who say that the truth (*dharma*, *fa*) is separate from seeing, hearing, knowing and understanding. How can they be conscious of something appart from seeing, hearing, knowing and understanding?' (*Kun zhi ji* 3: 3). The notion that the mind had a potential for knowledge independent of the senses was from his point of view altogether untenable." (siehe Bloom 1979: 100).

Hier muss jedoch bemerkt werden, dass trotz Luos kritischen Angreifens des Buddhismus ähnliche Ansichten über die Einheit des Absoluten und des Phänomenalen in unterschiedlichen Schulen des Mahāyāna-Buddhismus vertreten wurden, darunter in den Entwicklungen, die die Schulen in der untersuchten Zeit erfuhren, u. a. in den Interpretationen von vier prominenten Mönchen der späten Ming-Zeit. Näher zum Thema der Gleichheit des Absoluten und des Phänomenalen siehe im Kapitel III, Punkt 7.

Zur Bedeutung der Sinneswahrnehmung im song-zeitlichen neokonfuzianischen Denken, insbesondere bei Zhang Zai und Zhu Xi, siehe Zuo 2019, Angle und Tiwald 2017: 118–124. Angle und Tiwald heben eine prinzipielle Differenzierung zwischen „sensory knowing" und „virtuous nature's knowing" in den epistemologischen Theorien der Song-Zeit hervor; für eine kurze Darstellung der Überwindung dieser starken Differenzierung und der Zuweisung einer positiveren

standenen Kommentaren und Debatten über mögliche Umgangsweisen mit dem Unsichtbaren und Unhörbaren, also mit den der Wahrnehmung unzugänglichen Phänomenen, kann diese Position gut demonstriert werden. Die Stelle aus dem Klassiker mahnt nämlich einen vorsichtigen Umgang mit den sinnlich nicht wahrnehmbaren Phänomenen an.[519] In einer Passage im Aufsatz *Freuden des Chan* (*Chanyue* 禪悅) kommentiert ein prominenter Gelehrter, Künstler und Kunsttheoretiker der späten Ming-Zeit, Dong Qichang 董其昌 (1555–1636)[520], diese Stelle auf folgende Weise:

> 中庸戒懼乎其所不覩恐懼乎其所不聞 既戒懼矣 即屬覩聞 既不覩聞矣 戒懼之所不到。偤云觀未發氣象 既未發矣 何容覩也
>
> Das *Zhongyong* ermahnt, sich in Acht gegenüber dem zu nehmen, was nicht gesehen werden kann, und ängstlich vor dem zu sein, was nicht gehört werden kann. Da das „Sich-in-Acht-Nehmen“ [nur] in Bezug auf etwas angewendet werden kann, was gesehen und gehört werden kann, kann sie nicht über das erweitert werden, was nicht gesehen und gehört werden kann. Das ist etwa so, wie wenn man sagt: „Beobachte die *qi*-Gebilde, die noch nicht erschienen sind.“ Da sie aber noch nicht erschienen sind – wo gäbe es da einen Gehalt zu sehen![521]

Interessant ist, dass dieser Kommentar eine gewisse Skepsis gegenüber der Position des Klassikers aufweist, weil im Verständnis Dong Qichangs das „Sich-in-Acht-Nehmen“ (*jieju* 戒懼) nur insofern in Bezug auf das Hörbare und Sehbare relevant sein kann; auf *Un*hörbares und *Un*sichtbares bezogen würde es sofort gegenstandslos und ungültig. Die Position Dongs fordert auf diese Weise eine Ablehnung des Spekulativen zugunsten des Konkreten und für die Sinneswahrnehmung Vorhandenen. Es scheint, dass diese Position auch von einem prominenten buddhistischen Mönch der

Rolle des „sensory knowing“ bei ming-zeitlichen Denkern, insbesondere Wang Yangming und Wang Tingxiang, siehe Angle und Tiwald 2017: 125–126.

519 Vgl. „What we take to be ‚the Way‘ does not admit of the slightest degree of separation therefrom, even from an instant. For that which does admit of such separation is thereby disqualified from being the true Way. Given this understanding, the man of noble character exercises utmost restraint and vigilance towards that which is inaccessible to his own vision, and he regards with fear and trembling that which is beyond the reach of his own hearing. For, ultimately, nothing is more visible than what appears to be hidden, and nothing is more manifest than matters of imperceptible subtlety. For this reason, the man of noble character pays great heed to the core of his own individuality.“ (道也者, 不可須臾離也; 可離非道也。是故君子戒慎乎其所不睹, 恐懼乎其所不聞。莫見乎隱, 莫顯乎微; 故君子慎其獨也) (*Zhongyong*: 6, Übersetzung Plaks 2003: 25).

520 Für Informationen zur Person und dem Werk siehe Fußnote 758. Im Kapitel III wird mehrfach auf die Kunsttheorie und das Kunstschaffen von Dong Qichang Bezug genommen.

521 Dong, *Chanyue*: 1797. Für eine ausführliche Analyse dieses Zitats siehe Kapitel III, Punkt 7.

späten Ming-Zeit, Hanshan Deqing 憨山德清 (1546–1623),[522] vertreten wird. Deqing erklärt ebenfalls den Mechanismus, wie eine auf direkter Wahrnehmung basierende Erkenntnis spekulativ und von habitualisierten Denkmustern fehlgeleitet werden kann:[523]

> 由吾人於聲色頭。一向情習太熟。
>
> Von dem uns, den Menschen, gegebenen Hör- und Erscheinungsansätzen [geriet man] gleich in die Ausgereiftheit der Gefühle und Gewohnheiten.[524]

Nach Deqings Meinung sollte man genau deswegen gegenüber dem Unwahrnehmbaren vorsichtig sein, weil das, was man von dem Unwahrnehmbaren hält, (meist) ein Resultat der Wirkung dieser habitualisierten Denk- und Gefühlsmuster ist. Demzufolge besteht Deqing darauf, auf das alltäglich Gesehene und Gehörte aufmerksam zu machen, was auch heißt, die theoretisch geleitete Erkenntnis mit der Praxis oder gar mit dem Alltag noch näher zusammenzubinden:

> 就在日用見色聞聲處著力。切要正當見色聞聲時。
>
> [Man soll] gerade in den Situationen der alltäglichen Funktion des Sehens von Formen/Farben und des Hörens von Tönen die Bemühungen konzentrieren. Strikt gesprochen müssen es solche Momente sein, in denen das Sehen von Formen/Farben und das Hören von Tönen gerade geschieht.[525]

Bemerkenswert ist, dass bei solchen Positionen, wo die Betonung immer wieder auf die Notwendigkeit gelegt wird, sich mit dem unmittelbar Wahrnehmbaren zu befassen, die visuell wahrnehmbare Form oft als Resultat der Einbildung und nicht als die wahren Qualitäten Erweisendes aufgefasst wird. Dazu lohnt es sich, eine Passage aus einem oben aufgeführten Zitat Wang Fuzhis erneut anzuführen:

---

522 Einer der bedeutendsten buddhistischen Mönche der späten Ming-Zeit; gilt als eine der Hauptfiguren der „Buddhistischen Renaissance" während dieser Zeit. Zur Person und zum Werk siehe Hsu 1978.

523 Obwohl sich Deqings Erklärung vollkommen aus der buddhistischen Perspektive ableitet, kommt sie der sich stark dem Buddhismus entgegensetzenden Analyse Wang Fuzhis vom Beurteilen über solche Qualitäten wie „groß" und „klein" usw. sehr nahe; siehe Ausführung oben, Punkt 2.2.

524 Deqing, *Zhongyong*: 5b–6a. Zur Analyse des Kommentars Deqings und die Übersetzung ins Französische siehe Zhuang 2015: 454–465.

525 Deqing, *Zhongyong:* 5b–6a.

形者，言其規模儀象也，非謂質也。

Mit „Form" spricht man über ihren Maßstab und ihr Aussehen, sie ist keine Bezeichnung für [ihre] stofflichen Qualitäten.[526]

In diesem Sinne äußerte sich auch Fang Yizhi:

世惟執形以爲見，而氣則微矣。

In der Welt hält man nur an der Form fest, die man, wie man annimmt, sieht, doch das *qi* ist gewiss subtil.[527]

Es scheint also eine Umkehrung im Verständnis der Erkenntnis und der Wahrnehmung stattgefunden zu haben. Als Resultat dieser Umkehrung erweist sich eine vermeintlich direkte Wahrnehmung in der Tat als Auslöser bzw. Wirkung bestimmter habitualisierter mentaler Konstrukte. Entsprechend schreibt Wang Fuzhi:

且見聞之知 止於已見已聞 而窮於所以然之理 神則內周貫於五官 外泛應於萬物 不可見聞之理無不燭焉 天以神施 地以形應 道如是也

Überdies: das Wissen, das durch Sehen und Hören [erworben wird], beschränkt sich auf bereits Gesehenes und Gehörtes und erschöpft sich im Erforschen des Prinzips, das die Gründe dafür [darlegt], warum es so war.[528] Der Geist aber verbindet sich innerlich allumfassend mit den fünf Sinnesorganen, äußerlich interagiert er weitreichend mit allen Dingen, [sodass] im nicht-sehbaren und nicht-hörbaren Prinzip es somit nichts gibt, was nicht erleuchtet wird. Der Himmel wirkt durch den Geist, die Erde reagiert durch die Form – so ist das *Dao*.[529]

Das Wissen vom „bereits Gesehenen" und „bereits Gehörten" wird in diesem Zitat der Form der Erkenntnis entgegen positioniert, die allein imstande ist, die Aktivität der Sinnesorgane im aktuellen und unmittelbaren Prozess der Wahrnehmung von Phänomenen der Welt zu mobilisieren.

Zwischenbilanz Zusammenfassend lassen sich in den differenzierten Zugängen zu Erkenntnis- und Wahrnehmungstheorien der untersuchten Zeit zwei Haupttendenzen unterscheiden, die breit und in oftmals zu wechselseitigen Polemiken neigenden Denkrichtungen vertreten wurden. Einerseits können wir neben einer skeptischen

---

526 Wang, *Siwenlu*: 57.

527 Fang, *Wuli xiaoshi*, Tianlei: 59.

528 Hier lässt sich wohl wiederum Kritik an der Lehre des Prinzips (*lixue*) erkennen, als solche Lehre, die auf den Vorannahmen basiert und keinen Zugang zur empirischen Erforschung der Welt gewährleistet.

529 Wang, *Zhengmeng zhu*, j. 1, Canliang pian: 9306. (Wang kommentiert die folgende Aussage Zhangzais: 神與形，天與地之道與?).

Einstellung gegenüber den mit der Song-Lehre assoziierten „dogmatischen Prinzipien“ (*chang li* 常理) Ansätze zur Analyse der Struktur kognitiver Aktivitäten und der sozialen Mechanismen der Prägung dieser Prinzipien erkennen. Andererseits führte die Infragestellung der Orthodoxie zu intensiven Auseinandersetzungen und Reformulierungen des jeweiligen Verständnisses von Wahrnehmung und Kognition und zur Suche nach einer für diese neuen Ansätze relevanten Weise der Traditionsweitergabe. Es wurden immer mehr solche, darunter auch relativ radikale Positionen vertreten, die die wahren Quellen des Wissens und Handelns und folglich der wahren Zielsetzung in der privaten und sozialen Sphäre in einer direkten Entfaltung des eigenen Herz-Geistes sahen. Dies setzte eine empirische Orientierung im Gegensatz zu *a priori* gesetzten Prinzipien, eine Übereinstimmung von Wahrnehmungs- und Handlungstheorie und die Betonung der Spontaneität voraus, was u. a. die Popularität des „plötzlichen Erwachens“ (*dunwu* 頓悟) im Chan-Buddhismus erklärt.[530] Unter den Vertretern solcher Theorien finden sich nicht nur Angehörige der Schule Wang Yangmings, also der Lehre des Herz-Geistes (*xinxue*), oder die vier prominenten, mit charakteristischen Weiterentwicklungen der Lehre assoziierten buddhistischen Mönche dieser Periode. Auch das Werk der in dieser Arbeit bereits mehrfach erwähnten Gelehrten Wang Tingxiang, Fang Yizhi und, bis zu einem bestimmten Grad, auch jenes von Wang Fuzhi weist trotz wiederkehrender Polemik viele Gemeinsamkeiten mit der beschriebenen Ausrichtung auf.

Die beschriebenen Tendenzen prägten Schulrichtungen nicht nur im sozialen Bereich, sondern fanden auch in der Literatur und der Kunst ihren Ausdruck. Auch dort verteilten sich Zugänge zu künstlerischem Schaffen auf dem Spannungsfeld zwischen der Ausrichtung auf „das Herz“ (*shi xin* 師心 wörtl.: „das Herz als Lehrer zu nehmen“) und auf „das Altertum“ (*shi gu* 師古 wörtl.: „das Altertum als Lehrer zu nehmen“).

530 Wobei auch im Kontext der erkenntnistheoretischen Lehre Zhu Xis die Idee eines erleuchtungsartigen Begreifens (*zhijue* 知覺) des Prinzips *li* vorkommt, siehe Angle 2018. Doch macht Zhu Xi eine Differenzierung zwischen der Art des Begreifens des Dao-Herzens (*daoxin* 道心), das das Dao-Prinzip begreift, und der Art des sensorischen „Begreifens“, oder eher: der Wahrnehmung des menschlichen Herzens (*renxin* 人心); vgl.: „The Way *heartmind* is when one discerns the Pattern of the Way; the human *heartmind* is when one discerns sound, sight, odor and flavor“ (道心是知覺得道理底, 人心是知覺得聲色臭味底) (*Zhuzi yulei*, j. 78: 2010; Zitat und Übersetzung nach Angle 2018: 181, Fußnote 92). Es scheint, dass bei dieser Differenzierung die Tendenz zu einer dualistischen Auffassung der menschlichen Natur sowie zu einer Gegenüberstellung des Prinzips *li* vs. den Sinnen zugängliche phänomenale Welt angelegt ist, die im hier betrachteten Werk der Gelehrten aus dem 17. Jahrhundert durch die konsequent durchgeführte Verankerung der Eigenschaften der phänomenalen Welt in den Wirkungen des *qi* überwunden wurde.

4.3 Metaphysikkritik

Seit der mittleren Ming-Zeit betraf die immer stärker zunehmende metaphysische Kritik vor allem die neokonfuzianische Lehre des Prinzips (*lixue*), so wie sie in der Song-Zeit entwickelt worden und in der Ming-Zeit im staatlichen Ausbildungssystem zur vorherrschenden Doktrin geworden war.[531] Das Primat des Prinzips (*li*) in diesem metaphysischen System verdeutlichen folgende Zitate Zhu Xis:

> [理與氣]本無先後之可言。然必欲推其所從來，則須說先有是理。
>
> Fundamentally, principle and material force cannot be spoken of as prior or posterior. But if we must trace their origin, we are obliged to say that principle is prior.[532]

Und:

> 有是理便有是氣，但理是本，而今且從理上說氣。
>
> Es gibt sowohl das Prinzip als auch das *qi*. Aber das Prinzip ist die Grundlage, daher sprechen wir vorerst vom Standpunkt des Prinzips über das *qi*.[533]

Obwohl, wie in den beiden Aussagen Zhu Xis betont wird, die Aufteilung in das Vorrangige und Nachrangige nur heuristisch zu verstehen ist, waren der Vorrang des metaphysischen Prinzips vor den akzidentellen Auswirkungen des *qi* (Übersetzung nach Chan 1963a im Zitat: „material force") und als Folge die Absonderung der transzendenten von den phänomenalen Ordnungen in der Tradition der neokonfuzianischen Metaphysik nachhaltig.[534] Eine kritische Untersuchung dieser dualistischen Metaphysik finden wir wiederum bei Wang Fuzhi.[535] Wie aus seinen *Aufzeichnungen von Reflexionen und Fragen* deutlich wird, ist der Hauptpunkt seiner Kritik die Aufstellung von Prioritätsordnungen – Ordnungen des „Vorangestellten" (*xian*) und des „Hintangestellten" (*hou*) in Bezug auf die Himmelsordnungen.[536] Als Wang die Ge-

---

531 Informationen und Literaturhinweise siehe Kapitel I, Punkt 2.2.

532 *Zhuzi yulei*, 1, j. 1, Liqi shang: 3. (Übersetzung Chan 1963a: 634).

533 *Zhuzi yulei*, 1, j. 1, Liqi shang: 2.

534 Vgl. Bloom 1979: Fußnote 69; diese führt Joseph Needhams Schlussfolgerung (1956: 482) an: „At bottom Chu Hsi remained a dualist". Vgl. auch die Aussage Wing-tsit Chans (1963b, zitiert nach Bloom 1979: 77): „Because *li* was understood as prior and perfect, it could be abstracted from *qi*." Vgl. die Bezeichnung der Position Zhu Xis hinsichtlich des Verhältnisses zwischen *li* und *qi* als „assymetrical co-dependence" in Angle und Tiwald 2017: 42–44. Für einen Überblick zu den Debatten über das Verhältnis im Rahmen der neokonfuzianischen Lehre siehe Angle und Tiwald 2017: 40–49.

535 Zur Kritik an der Cheng-Zhu-Lehre des Prinzips (*li*) in der nachfolgenden Generation der Gelehrten (bei Dai Zhen) siehe Ommerborn 2000.

536 Die sogenannte „vorangestellte Ordnung des Himmels" (*xian tian* 先天) und die „hintangestellte Ordnung des Himmels" (*hou tian* 後天). Noch ausführlicher arbeitet Wang das Thema die-

schichte der Formulierung dieser Ordnungen betrachtet, betont er, dass es bei diesen Ordnungen nicht um die für den Himmel relevanten Ordnungen geht:

> 天純一而無間，不因物之已生、未生而有殊，何先後之有哉!
>
> Der Himmel ist das reine Eine und enthält keine Zwischenräume. Es entstehen keine Differenzierungen infolgedessen, ob Dinge bereits geboren sind oder noch nicht. Wie könnte es wohl [bei ihm] „Vorangestelltes" (*xian*) und „Hintangestelltes" (*hou*) geben?[537]

Wang macht deutlich, dass die durch daoistisch-buddhistische Deutungen genährte neokonfuzianische Interpretation – in diesem Fall jene Shao Yongs – jenen Wendepunkt markierte, an dem sich der konzeptuelle Zwiespalt zwischen dem der „vorangestellten Ordnung des Himmels" (*xian tian* 先天) entsprechenden Transzendenten und dem der „hintangestellten Ordnung des Himmels" (*hou tian* 後天) entsprechenden Phänomenalen auftat:

> 而邵子 [...] 有先後天之辨，[...] 而以天地之自然為先天，事物之流行為後天。
>
> Bei Meister Shao[538] aber [...] gibt es eine Differenzierung voran- und hintangestellter [Ordnungen] des Himmels, [...] wobei das Selbst-so-[Sein] des Himmels und der Erde als vorangestellter Himmel und das Zirkulieren von Phänomenen als hintangestellter Himmel angenommen wird.[539]

Im Zusammenhang mit der oben in Punkt 3.2 betrachteten Auseinandersetzung Wang Fuzhis mit den Ordnungen von *vorne* und *hinten*, die in jenem Fall explizit als räumliche und zeitliche Ordnungen bestanden, ist die Denkverknüpfung zwischen den Bedeutungsdimensionen von Ordnungskategorien – zeitlich-räumlichen einerseits, und transzendent-phänomenalen andererseits – bemerkenswert. Diese Denkverknüpfung ist insofern möglich, als Wang eine Korrelation der Methodologie für die Aufstellung von Ordnungen in beiden Dimensionen der phänomenalen raum-zeitlichen Ordnungen, mit Ebenen der ontologischen Priorität erkennt. Um den methodologischen Zusammenhang, wie ihn Wang fasst, zu verdeutlichen, lohnt es sich, das folgende Beispiel zu betrachten:

> 皇極經世之旨，盡於朱子「破作兩片」之語，謂天下無不相對待者耳。乃陰陽之與剛柔，太之與少，豈相對待者乎? 陰陽，氣也。剛柔，質也。有是氣則成是質，有是質則具是氣；其可

ser Ordnungen in seinen *Exoterischen Traditionen zu den Wandlungen von Zhou* heraus; siehe Gu 2016: 269–285.

537 Wang, *Siwen lu*: 38.

538 Der Meister Shao, also Shao Yong 邵雍 (1011–1077), einer der prominenten neokonfuzianischen Philosophen der Song-Zeit. Zu Person und Werk siehe Birdwhistell 1989.

539 Wang, *Siwen lu*: 38.

> 析乎！析之則質為死形，而氣為游氣矣。少即太之稚也，太即少之老也；將一人之生，老少稱為二人乎？自稚至老，漸移而無分晝之涯際，將以何一日焉為少之終而老之始乎？[...]
>
> Der Hauptpunkt des *Huangji jingshi*[540] kann anhand des Spruches Zhu Xis von der „Spaltung und Aufteilung in eine Zweiheit“ zusammengefasst werden. Damit wird gesagt, dass es unter dem Himmel nichts gibt, was sich nicht voraus- und entgegensetzen würde. [Dieser Logik folgend] ist es dann so, dass *yin* und *yang* der Härte und der Weichheit und das Größte dem Wenigen entgegengesetzt sind? *Yin* und *yang* sind das *qi*, Härte und Weichheit sind stoffliche Qualitäten. Wenn solche *qi*-[Wirkung] vorliegt, ergibt sich folglich solche stoffliche Qualität; wenn eine solche stoffliche Qualität vorliegt, so heißt es, dass solche *qi*-[Wirkung] da ist. Kann man sie trennen? Wenn man sie trennt, dann wird stoffliche Qualität zu toter Form, und das *qi* wird gewiss zum abdriftenden *qi*. Das Wenige ist mit dem Kindesalter des Größten identisch, das Größte ist mit dem Altsein des Wenigen identisch. Wenn wir das menschliche Leben nehmen, können dann etwa der Alte und der Junge als zwei Menschen benannt werden? Vom Jungen bis zum Alter gibt es [nur] allmähliche Verschiebungen und keine teilende Grenze. Wie könnte man einen einzigen Tag aus ihm herausgreifen und ihn für das Ende der Jugend und den Beginn des Alters halten? [...][541]

Angesichts der obigen Ausführungen zu Fang Yizhis Konzept des Sich-Voraus- und Sich-Entgegensetzens muss bemerkt werden, dass Wang Fuzhi hier solche Konzepte offensichtlich in einem anderen als dem von Fang Yizhi entwickelten versteht, und zwar in einem streng negativen Sinn. Für Wang wäre die Untersuchung der Wechselwirkung der Elemente dieser Beziehung deswegen falsch, weil sie von der falschen Annahme ausgeht, diese Elemente seien unumkehrbar und eigenständig. Ein anschauliches Beispiel gibt er mit dem jungen und dem alten Menschen, bei welchem die Scheidung der Eigenschaften „alt“ und „jung“ zur Verdopplung derselben Entität führt. Diese Beobachtung lässt sich mit Wangs Überlegungen zu Größen und Maßen verknüpfen,[542] bei welchen weiter oben bereits seine auf *Zhuangzi*s Art von Relativierungen beruhende Einsicht konstatiert wurde, dass die Urteile über quantitative Eigenschaften unmittelbar mit „Beobachtungsdispositionen“ zusammenhängen. Daraus lässt sich folgern, dass von ihnen aus keine Etablierung eines universellen einheitlichen Systems von Größen und Maßen und keine Objektivierung möglich ist. Genauer erlaubt ein sprachlicher Ausdruck zwar eine solche Objektivierung, führt aber zu keiner relevanten Aussage. Mit dem hier zitierten Beispiel wird dem noch ein Gesichtspunkt hinzugefügt. Die quantitativen Eigenschaften – von Wang Fuzhi in einem erweiterten Sinne verstanden, der alle *veränderlichen* Eigenschaften als quantitative auffasst – unterliegen keiner Fixierung. Sie sind keine Bezeichnungen für eine bestimmte

540 *Supreme principles that rule the world* (Übersetzung Birdwhistell 1989), das Hauptwerk von Shao Yong.

541 Wang, *Siwen lu*: 43–44.

542 Siehe seinen oben bereits analysierten Kommentar zum *Xiaoyaoyou*, Punkt 2.2.

diskrete Eigenschaft (Umfang, Größe usw.), sondern stets *kontinuierliche* Variablen. Sie sind mithin als Prozess der Veränderung zu deuten, dem eine zeitliche Dimension inhäriert. Wenn man hingegen eine Eigenschaft (alt, groß, schwer usw.) als Konstante bzw. als diskret wahrnimmt und sie somit objektiviert, ergeben sich „überflüssige" Entitäten. Hieraus lässt sich bereits die Schlussfolgerung ziehen, dass Wang Fuzhis Meinung zufolge eine Untersuchung von messbaren Charakteristika wie etwa der Ausdehnung eine irrelevante Prozedur ist.

Neben den irrelevanten Prozeduren, die zum Schaffen überflüssiger Entitäten führen, spricht Wang sich im letzten Zitat auch gegen die Aussonderung von *qualitativen* Eigenschaften bzw. ihre Abtrennung von den sie konstituierenden Wirkungen des *qi* aus. Hier liegt tatsächlich eine Anfechtung der Ausdifferenzierung von ontologischen Ebenen der Existenz vor. Die Annahme von Ebenen der Existenz in der Philosophie der Song-Zeit hat Joseph Needham auf folgende Weise hervorgehoben:

> A clear statement of levels of organization appears in the 9th paragraph of the *Taiji tushuo* 太極圖說, which indicates the inapplicability of categories outside the level to which they belong.[543]

Needham hat beobachtet, dass die Ausdifferenzierung von ontologischen Ebenen mit Zhu Xi schon ein festgelegtes Verfahren war, zu dem es sogar einen *terminus technicus* gab – „horizontal opposition" (*heng dui* 横對):[544]

> *Yinyang*'s opposite is *Taiji*, for the latter is the invisible *Tao* (within all forms), while the former is the visible instrument (composing all forms). Thus there is clearly what we might call a „horizontal opposition".[545]

Wie oben schon erwähnt, war es zwar wahrscheinlich nicht die Absicht der songzeitlichen Philosophen, die strengen ontologischen Ausdifferenzierungen von Ebenen zu dogmatisieren, wobei sie selbst die engste Verbindung zwischen ihnen immer wieder betonten.[546] Dennoch führte in der Tradition der Song-Lehre die Aufforderung zu „inapplicability of categories outside the level to which they belong" zur Diskretisierung und Ontologisierung von wechselseitig „undurchsehbaren" Ebenen, also zu

543 Needham 1956: 466.

544 Eine potenziell fruchtbare Analogie zu solchen „horizontalen" und „vertikalen" Strukturierungen wäre die „paradigmatisch"-/„syntagmatisch"-Differenz im Strukturalismus bzw. in der Semiotik.

545 Zhu Xi, *Jinsi lu*, j. 1, § 25: 15, Übersetzung von Graf übernommen aus Needham 1956: 466.

546 So zitieren Angle und Tiwald 2017: 41–42 Positionen, die „[...] argue explicitely against the idea that Pattern has a distinct kind of existence." Allerdings verweisen Angle und Tiwald hauptsächlich auf Denker der Ming- und Qing-Zeit – Luo Qinshun, Wang Fuzhi, Dai Zhen – als Vetreter der Ansicht, dass *li* und *qi* nicht getrennt voneinander angesehen werden dürfen.

einer Vorstellung, dass sie getrennt und eigenständig existierten. Diese Ontologisierung von Ebenen stößt offensichtlich auf die starke Kritik Wang Fuzhis und führt ihn dazu, wie im analysierten Zitat, die Untrennbarkeit von *qi* und stofflicher Qualität (*zhi*) zu verteidigen:

> 陰陽, 氣也; 剛柔, 質也。有是氣則成是質, 有是質則具是氣; 其可析乎！析之則質為死形, 而氣為游氣矣。
>
> *Yin* und *yang* sind das *qi*; Härte und Weichheit sind stoffliche Qualität. Wenn solche *qi*-[Wirkung] vorliegt, ergibt sich folglich solche Qualität; wenn eine solche Qualität vorliegt, so heißt es, dass solche *qi*-[Wirkung] da ist. Kann man sie trennen? Wenn man sie trennt, dann wird Qualität zu toter Form, und das *qi* wird gewiss zum abdriftenden *qi*.[547]

Nach Wang Fuzhi ist eine tote Form also das Resultat, wenn stoffliche Qualität isoliert von dem, was sie konstituiert (nämlich bestimmte Wirkungen des *qi*), betrachtet wird. Das ist, so Wang, eine unzulässige Reduktion oder „Verflachung" der Sicht auf ein Phänomen, das die anders dimensionierten Faktoren seiner Entstehung verhindert.[548] Eine Untersuchung aufgrund der Form ginge nach Wang von Anfang an von der falschen Annahme der Unabhängigkeit der Form von den sie konstituierenden Wirkungen aus. Das *qi* (*yin-yang*) und die Qualität betrachtet er also nicht als Gegensätze, die unterschiedlichen ontologischen Ebenen zugeordnet werden sollten, sondern als Zustände des Einen oder als das unter unterschiedlichen Perspektiven gesehene Eine.[549]

---

547 Wang, *Siwen lu*: 43–44.

548 Hier lässt sich ergänzen, dass diese Reduktion zugleich die Möglichkeit der Metrisierung, überhaupt der Bestimmung von metrischen Qualitäten eines Objekts erlaubt. Es geht wirklich um die unterschiedlich dimensionierten Sichtweisen!

549 Man könnte solche Vorstellungen wohl in Analogie zu Vorstellungen von Ebenen der Materie in den modernen Naturwissenschaften (mindestens seit Heisenberg) verstehen: Zwar unterliegen unterschiedliche Ebenen der Materie Untersuchungen von unterschiedlichen Disziplinen, aber dieses Verhältnis ist nicht so zu denken, dass z. B. atomare und zelluläre Strukturen in einem Organismus voneinander getrennt existierten und wirkten. Die Wirkungen der beiden sind vielmehr einander immanent. Erst aus unterschiedlichen Perspektiven gesehen, weisen sie auch unterschiedliche Strukturen auf. Gleichwohl sind diese Ausdifferenzierungen von Ebenen nicht metaphysisch festzusetzen.

Zu bemerken sind die Lösungen, die eine solche Sicht für das Universalienproblem (z. B. die Frage hinsichtlich eigenständiger Existenz von Qualitäten/Eigenschaften/Merkmalen usw.) ergibt. Man kann die Lösung mit einem folgenden Beispiel illustrieren: Wenn die Qualität „Weisheit" aus bestimmten *qi*-Wirkungen erklärt wird (hier kann man die Entstehung einer Qualität aus den *qi*-Wirkungen analog z. B. mit Licht- und Farbeffekten verstehen), so löst sich die Frage, ob die Qualität „Weisheit" dem Objekt zugehört, ob sie eigenständig existiert usw.

Die erkenntnistheoretische Methode der Spaltung und Aufteilung in eine Zweiheit (*po zuo liang pian* 破作兩片), mit der sich Wang Fuzhi im zuletzt analysierten Zitat am meisten auseinandersetzt, führt ihm zufolge falsche Abgrenzungen im Bereich des Phänomenalen und Transzendenten ein und erweist sich anhand der von ihm ausgewählten Beispiele zudem in beiden Richtungen. In der Richtung, welche wir als „vertikal" bezeichnen könnten, führt sie zur Ausdifferenzierung und Festsetzung unterschiedlicher metaphysischer Ebenen, wobei das *qi* (*yin-yang*) und physikalische Qualitäten sich auf unterschiedlichen Ebenen befinden und die Kausalitätsbeziehungen zwischen ihnen abgebrochen werden. „Horizontal" umgesetzt und insbesondere auf quantitative Eigenschaften bezogen, führt diese Methode zum anderen zu Grenzziehungen zwischen komplementären Gegensätzen, zur Diskretisierung von Gegenständen und zur Entstehung von „überflüssigen" Entitäten.

Mit der Herabsetzung der erkenntnistheoretischen Methode der Zweiheit, durch die spekulative Konstruktionen entstehen, wird auch das Anliegen klar, den metaphysischen Dualismus zu überwinden und die phänomenalen und transzendenten Ordnungen in ein *gemeinsames* System zu überführen. Dieses Anliegen ist nicht nur für das Werk Wang Fuzhis spezifisch, sondern kennzeichnet eine allgemeine intellektuelle Ausrichtung der Epoche zwischen der mittleren Ming- und der frühen Qing-Zeit. In diesem Zusammenhang kann die Frage gestellt werden, ob und wie dieses Anliegen sich auch begriffsgeschichtlich zeigt. Ein anschauliches Beispiel dazu ist die Verwendung des Kategorienpaares „Tiefenstruktur" (*ti* 體) und „Funktion" (*yong* 用): In dieser Periode können wir die Tendenz zur gleichen Stellung der Paarglieder erkennen, sodass die Entgegensetzung zwischen ihnen verschwindet. Dies unterscheidet sich von der Verwendungsweise in der Song-Zeit, wo das *ti* als das Zugrundeliegende gegenüber dem *yong* als phänomenalem Ausdruck des Ersten klar entgegengesetzt war, wobei das *ti* ein Tendieren zur Essenzialisierung bzw. Substanzialisierung aufwies.[550]

550 Für diese nur als Vermutung aufgestellte Beobachtung hinsichtlich des *ti-yong*-Verhältnisses werden im Kapitel III Beispiele aus der Bildtheorie angeführt; siehe Kapitel III, Punkt 4. Für eine vollständige Untersuchung der Hypothese über die Tendenz zur Überwindung des Dualismus in der Kategorienbildung wäre eine umfassende begriffsgeschichtliche Analyse größerer Mengen von Textbeispielen nötig, die im Rahmen dieser Arbeit nicht zu leisten ist. An dieser Stelle sei jedoch die allgemeine Interpretation von *ti* und *benti* 本體 als „unconditioned inherent reality", die „remains the same" gemäß Angle und Tiwald 2017: 48–49 erwähnt. Obwohl diese Interpretation wahrscheinlich auf die Verständnisse der Song-Zeit zutrifft, berücksichtigt sie nicht die radikalen Umformulierungen des *ti-yong*-Verhältnisses, die aus der Begriffsgeschichte abgeleitet werden können. Für eine Untersuchung dieser Entwicklungen einschließlich buddhistisch beeinflusster Entwicklungen des *ti-yong*-Modells siehe auch Ziporyn 2018.

4.4 Das *qi* als Grundkonstante

Eine Grundlage für das System, in dem die phänomenalen und transzendenten Ordnungen auf einer gemeinsamen Basis integriert werden konnten, entwickelte eine in der Zeit der mittleren bis späten Ming- und frühen Qing-Dynastien dominierende Forschungsrichtung, die unter dem Schlagwort „Betonung des *qi*" (*zhongqi* 重氣) fungiert. Diese Forschungsrichtung wurde von einer Reihe von prominenten Denkern der Zeit vertreten, darunter Wang Fuzhi und Fang Yizhi.[551] Bereits Wang Tingxiang postulierte eine Überwindung von Priorisierungsordnungen und begründete sie wie folgt:

> 老、莊謂道生天地, 宋儒謂天地之先只有此理 [...]。愚謂天地未生, 只有元氣, 元氣具, 則造化人物之道理即此而在, 故元氣之上無物、無道、無理。
>
> Lao[zi] und Zhuang[zi] waren der Meinung, dass das *Dao* Himmel und Erde erzeuge. Die song-zeitlichen Konfuzianer waren der Meinung, dass nur das Prinzip (*li*) Himmel und Erde vorangehe. [...] Mein bescheidenes Dafürhalten ist es, dass es, bevor Himmel und Erde entstanden, nur das ursprüngliche *qi* gab. Wenn das ursprüngliche *qi* vorliegt, dann sind die Wege und Prinzipien des Schaffens und Wandels von Menschen und Dingen in eben diesem [Vorliegen des *qi*] gegeben. Daher gibt es oberhalb des ursprünglichen *qi* kein Ding, kein *Dao*, kein Prinzip.[552]

Bei der Beseitigung der Annahme, dass das *Dao* in der daoistischen Terminologie, oder das Prinzip *li* in der neokonfuzianischen Terminologie, und generell, der Annahme einer unveränderlichen Ordnung, die der phänomenalen Welt übergeordnet ist, ging es jedoch nicht um die Aufstellung einer neuen Priorität, etwa der Priorität des *qi* vor dem Prinzip *li*.[553] Vielmehr stand die Behauptung im Mittelpunkt, dass das höchste Prinzip nichts anderes sei als die Ordnungen und Gesetz-

551 Unter den *qi*-Denkern der Ming- bis zur frühen Qing-Zeit sind, neben Wang Fuzhi und Fang Yizhi, sind solche in dieser Arbeit bereits in anderen Zusammenhängen erwähnten Gelehrten zu nennen wie Wang Tingxiang, Luo Qinshun, Song Yingxiang, Huang Zongxi, Yan Yuan, Gu Yanwu, Dai Zhen sowie Li Gong 李塨 (1659–1733), Cheng Tingzuo 程廷祚 (1691–1767) und andere. Für Informationen zu den *qi*-Theorien bei diesen Denkern und allgemein in der Epoche siehe de Bary 1975; Yu 1980: 149–198; Ge 1990; Ng 1993; Bloom 1995; Ommerborn 1996c und 1997; Lü und Ge 2000; Schäfer 2011 usw. Für die Entwicklungen der *qi*-Theorie im song-zeitlichen Neokonfuzianismus siehe Angle und Tiwald 2017: 32–34 und Referenzen dort; für eine kurze Übersicht zur Stellung des *qi*-Denkens in historischen intellektuellen Kontexten bis und einschließlich Song Yingxiang siehe Schäfer 2011: 62–67.

552 Wang, *Yashu*, shangpian: 841. Zur auf der *qi*-Theorie basierten Ontologie Wang Tingxiangs siehe Ommerborn 1996c.

553 Für die Argumente gegen solche Einwände siehe Bloom 1979: Fußnote 18. Vgl. auch Ommerborn 1996c, 2000.

mäßigkeiten von Transformationen des *qi* selbst.[554] Das Augenmerk lag nun auf der Art und Weise, wie sich Transformationen vollziehen, und zwar nicht extrinsisch, sondern dem *qi* immanent. In den Worten von Irene Bloom in Bezug auf die Schriften Luo Qinshuns, eines der *qi*-Denker:

> It is not a philosophy of *qi* in the sense of making *qi* prior and *li* posterior, it might be more appropriate to call it ‚a philosophy of *li* and *qi* as integrated'. Its special characteristics is that it concentrates solely on the world and the things in it and has nothing to do with a world prior to or transcending this one.[555]

Im nächsten Zitat von Wang Fuzhi wird ersichtlich, dass sich die Zurückführung von Ordnungen auf das *qi* sowohl in der Dimension des Phänomenalen als auch in der Dimension von metaphysischen Ordnungen vollzieht: Die phänomenale („horizontale") Dimension der *qi*-Wirkungen wird beschrieben, wenn es um die Leere und Formen geht, die als jeweils unsichtbare („verdünnte") und sichtbare („kondensierte") Zustände des *qi* gedeutet werden. In der metaphysischen Dimension wird die grundsätzliche Wirklichkeit und Allumfassendheit des *qi* durch seine Identifikation mit dem *li*-Prinzip vorausgesetzt:

> 虛空者氣之量 氣彌淪無涯而希微不形則人見虛空而不見氣 凡虛空皆氣也 聚則顯 顯則人謂之有 散則隱 隱則人謂之無 [...] 若其實則理在氣中 氣無非理 氣在空中 空無非氣 通一而無二者也 其聚而出為人物則形 散而入於太虛則不形
>
> Gehaltlose Leere ist das Maß des *qi*. Das *qi* ist erfüllend im Unbegrenzten und feinstofflich-subtil im Formlosen, weshalb die Menschen gehaltlose Leere sehen, das *qi* aber nicht. Wann immer gehaltlose Leere vollends *qi* ist, wird es kondensiert und folglich manifest; und wenn es manifest geworden ist, nennen es die Menschen „[Gegeben]Sein". Ist es zerstreut, dann ist es folglich verborgen; und wenn es verborgen ist, nennen die Menschen es „Nicht-[Gegeben]Sein". [...] Nähert man sich seiner Wirklichkeit/Fülle (*shi*) an, dann ist das Prinzip (*li*) im *qi* enthalten, und es gibt kein *qi*, das nicht Prinzip (*li*) wäre. Das *qi* ist in der Leere enthalten,

554 Vgl. „Das *qi* gleicht dem *Dao*, das *Dao* gleicht dem *qi*" (氣即道, 道即氣), siehe Wang, *Yashu*, shangpian: 848.

555 Bloom 1979: 116, Fußnote 18; vgl. auch die Ausführung über das *qi* von Luo Qinshun in seinem *Kun zhi ji* (1: 11): „That which penetrates Heaven and earth, enduring from past to present, is nothing other than material force, which is unitary. Material force is originally one but follows an endless cycle of movement and tranquillity, going and coming, opening and closing, rising and falling. Having become increasingly obscure, it then becomes manifest; through being manifest, it reverts to obscurity. It is the warmth and coolness and the cold and heat of the four seasons, and the birth, growth, gathering in and preservation of all living things. It is the people's daily life and social relations and the success and failure, gain and loss in human affairs. That which for all the multitudinousness and complexity cannot be disturbed, and which is so even without our knowing why it is so, is called principle. From the beginning principle is not a separate entity which depends on material force for its existence, not is it something which ‚attaches to material force and thus operates'" (Übersetzung in Bloom 1979: 83).

> und es gibt keine Leere, die nicht das *qi* wäre. [Es] durchdringt das Eine und eine Zweiheit gibt es nicht. Wenn es kondensiert, entsteht es als Mensch oder Ding, d. h. es wird Form; wenn es zerstreut wird, kehrt es in die allergrößte Leere zurück, d. h. es wird ungeformt.[556]

Nicht nur ermöglichte die „Betonung des *qi*" die dichotomische Sicht auf die Welt, d. h. die Aufteilung der Welt in Phänomenales und Transzendentes, zugunsten eines einheitlichen Modells zu überwinden,[557] sie füllte die Lücken, die in einem dualistischen und/oder substanzialistischen bzw. objektbezogenen System zwischen diskreten Gegenständen und dualen Oppositionen unvermeidlich entstehen. Sie gewährleistete darüber hinaus eine radikale Umgestaltung des Bezugssystems und der Kategorisierungen der Weltordnung. Im Fokus dieses Systems standen nicht Objekte – einschließlich materieller und begrifflicher Objekte – als Bezugspunkte, sondern Funktionen und Transformationen des dynamischen und kontinuierlichen *qi*.[558] Auf diese Weise konnten Phänomene wie Lichteffekte, Töne und Formen in Bezug auf *qi*-Wirkungen als seine unterschiedlichen „Aggregatzustände" und solche Kategorien wie „stoffliche Qualität" (*zhi* 質), „Prinzip" (*li* 理), „Herz-Geist" (*xin* 心) als unterschiedliche Perspektivierungen bzw. Begriffsgebilde aufgrund des *qi* gedeutet werden:

> 無始、兩間皆氣也。以氣清形濁論, 則氣為陽; 以陰暗陽顯論, 則氣為陰。則氣者陰陽, 無體之體, 可有可無, 而所以為氣者, 即此心此理也。氣尚有質, 故曰氣為心、理之汁。然有有質之氣, 有無質之氣; 猶有可指之心, 有無可指之心。故曰: 所以為氣, 所以為理, 所以為心, 一也。知此即知天統天地、陽統陰陽、善統善惡、清統清濁、無統有無之故矣。

> Das Anfangslose, der Zwischenraum zwischen zwei [Polen] – all das ist das *qi*. Nimmt [man] die Theorie an, das *qi* sei das Klare, die Form sei das Trübe, wird das *qi* folglich als *yang* angesehen; nimmt man die Theorie an, *yin* sei dunkel, *yang* sei offenbar, wird das *qi* folglich als *yin* angesehen. Folglich ist das *qi* sowohl *yin* als auch *yang*, eine Struktur des Strukturlosen, [es] kann sowohl gegeben sein als auch nicht gegeben sein. Und es ist eben *dieser* Herz-Geist und eben *dieses* Prinzip das,[559] was das *qi* ausmacht. Am *qi* gibt es noch stoffliche Qua-

---

556 Wang, *Zhengmeng zhu*, j. 1, Taihe pian: 9268. Kommentar zur Aussage des Zhangzai: ○知虛空即氣, 則有無隱顯、神化性命, 通一無二; 顧聚散出入, 形不形能推本所從來, 則深於「易」者也。

557 Vgl. Needham 1956: 506 („The Search for a Monistic Philosophy"); vgl. auch die Verwendung der Bezeichnung „Monismus" für die auf der „Betonung des *qi*" basierenden philosophischen Positionen in Bloom 1979.

558 Vgl. Schäfer 2011: 67, in Bezug auf die *qi*-Theorie bei Song Yingxing (宋應星, 1587–1666?): „Song's approach to *qi* exemplifies the epistemological ideals that shaped a seventeenth-century Chinese approach to fields we nowadays call scientific or technological. For Song, *qi* was a universal theoretical model that explained all being. [...] To him, *qi* was not material but the materiality of *qi* was behind everything. It was not energy, but explained energy and its effects. For Song, the universal validity of *qi* could furthermore not be fragmented and thus he selected a terminology that maintained this universality."

559 D. h. der Herz-Geist und das Prinzip der neokonfuzianischen Lehren vom Herz-Geist (*xinxue*) und vom Prinzip (*lixue*).

lität, weswegen gesagt wird, dass das *qi* das Fluidum des Herz-Geistes und des Prinzips sei. Es gibt aber sowohl *qi*, das stoffliche Qualität hat, als auch *qi*, das keine stoffliche Qualität hat, so wie es [laut buddhistischer Lehre] sowohl den Herz-Geist gibt, auf den verwiesen werden kann, als auch den Herz-Geist, auf den nicht verwiesen werden kann. Deswegen wird gesagt, dass das, was das *qi* ausmacht, was das Prinzip ausmacht, und was den Herz-Geist ausmacht, das Eine ist. Dies zu erkennen heißt zugleich die Grundlage zu kennen, auf welcher der „Himmel" den Himmel und die Erde vereinigt, das „*yang*" das *yin* und das *yang* vereinigt, das „Gute" das Gute und Böse vereinigt, das „Klare" das Klare und das Trübe vereinigt, das „Nicht-Gegeben[sein]" das Gegeben- und das Nicht-Gegeben[sein] vereinigt.[560]

Und:

氣凝為形, 發為光聲, 猶有未凝形之空氣與之摩盪嘘吸。

Das *qi* erstarrt und wird zur Form, es emittiert und wird zu Licht und Ton. Doch gibt es noch das nicht zur Form erstarrte *qi* der Leere, das darin schwingt und strömt.[561]

Und:

考鐘伐鼓, 窗欞之紙皆動, 則氣之為質, 固可見也。充一切虛, 貫一切實, 更何疑焉? 聖人合虛實神形而表其氣中之理[...]

Beim Läuten der Glocke, beim Anschlagen der Trommel oder beim Dichthalten des Papiers am Fenster gibt es jeweils Bewegung, und folglich wird das *qi* in seiner stofflichen Qualität deutlich sichtbar. Welche Zweifel können also noch daran bestehen, dass [das *qi*] jegliche Gehaltlosigkeit ausfüllt und jegliche Fülle verbindet? Die Weisen vereinigten Gehaltlosigkeit und Fülle, Geistiges und Formhaftes, und brachten somit das Prinzip (*li*) des darin enthaltenen *qi* zum Vorschein [...][562]

Und:

氣行於天曰五運, 產於地曰五材, 七曜列星, 其精在天, 其散在地, 故為山為川為鱗羽毛介草木之物, 聲色臭味, 別其端幾。

Wenn das *qi* im Himmel agiert, spricht man von „fünf Phasen", wenn es auf der Erde produziert wird, spricht man von „fünf Materialien". Als „Sieben Leuchtende"[563] ist es wie Gestirne aufgereiht. Im raffinierten Zustand weilt es im Himmel, im zerstreuten Zustand weilt es auf der Erde und daher wird es zu Bergen, Flüssen, zu allerlei geschuppten, gefiederten, behaarten, gepanzerten oder pflanzlichen Wesen, zu Tönen, Farben, Gerüchen und Geschmäckern – jeweils in seine unterschiedlichen Erscheinungsaspekte differenziert.[564]

560 Fang, *Dongxi jun*, Shengqi bu huai shuo: 346.
561 Fang, *Wuli xiaoshi*, j. 1, Tianlei: 116.
562 Fang, *Wuli xiaoshi*, j. 1, Tianlei: 114.
563 D. i. die Sonne, der Mond und die fünf Planeten.
564 Fang, *Wuli xiaoshi*, Zonglun: 11.

Wie erwähnt, setzte ein von den Theoretikern der untersuchten Zeit entworfenes *qi*-System eine Zurückführung der Dinge auf eine gemeinsame Basis der Wirkungen des *qi* voraus. Das menschliche Wesen unterliegt den gleichen Gesetzmäßigkeiten:

> 物於我皆氣者所聚 理者所行
>
> Das Ding und das Ich sind allesamt etwas, was vom *qi* kondensiert und vom Prinzip (*li*) bewegt wird.[565]

Zwischenbilanz Eine solche Zurückführung erlaubte Lösungen für solche Probleme, die bei einer dualistischen Aufteilung ins Subjektive und Objektive, Materielle und Immaterielle, Rationale und Sensorische usw. entstehen. Die Grenzen zwischen Kategorien von Phänomenen wurden eben nicht entlang den Oppositionen zwischen Sichtbarem und Unsichtbarem, diesseits und jenseits der Wahrnehmungsschwelle, Materiellem und Immateriellem, Formhaftem und Nicht-Formhaftem gezogen. Aus der Perspektive eines *qi*-bezogenen Systems wurden die Phänomene auf den beiden Seiten solcher Oppositionen als unterschiedliche Arten und Weisen von Funktionen und Auswirkungen oder „Aggregatzustände" des *qi* qualifiziert, ohne dabei unterschiedlichen ontologischen Status zu gewinnen.

Bezeichnend jedoch ist, dass das *qi* selbst, das die Grundlage für eine Systematik von dynamischen Prinzipien bildete und, in der Vorstellung seiner Erforscher, alle Schichten der dinglichen Existenz und alle metaphysische Ebenen durchdringt, einer präzisieren Definition dessen, „was es ist", entging. Qualifizierungen des *qi* selbst sind, wie die hier dargebotene kurze Übersicht von seinen Verwendungsweisen zeigt, nur in Approximation möglich. Während es einen universellen Bezugsrahmen für Wandel und Bewegung bildet, und in diesem Sinne potenziell alle Qualitäten enthält, verfügt es selbst außer über Bewegungs- bzw. Wandelbezogenheit nur über minimale Bestimmtheit. Es kann nur anhand seiner Auswirkungen, also nur insofern und auf welche Weise sich die Qualitäten phänomenal entfalten, beurteilt werden, wie sie als Merkmale der Transformationen zu beobachten sind.

Dagmar Schäfer beschreibt eine solche Undifferenziertheit und zugleich Universalität des *qi* in Bezug auf Song Yingxings *qi*-Theorie folgendermaßen:

> For Song, *qi* was a universal theoretical model that explained all being [...] *qi* was not material but the materiality of *qi* was behind everything [...] it was not energy, but explained energy and its effects.[566]

---

565 Wang, *Zhengmeng zhu*, j.4, Daxin pian: 9399. Kommentar zur Aussage des Zhangzai: 以道體物我則道大.

566 Schäfer 2011: 67.

Es scheint, dass eine solche Undifferenziertheit des Wesens des *qi* eine *bewusst* bezogene Position der *qi*-Denker war. Die Zuschreibung von Qualitäten wie es einem Gegenstand bzw. einer Substanz zukommen würde, wäre hinsichtlich des *qi* inadäquat.[567] Die Erkenntnisaufgabe von *qi*-Forschern scheint nicht darin bestanden zu haben, sein Wesen zu definieren, sondern vielmehr darin, Gesetzmäßigkeiten und Merkmale seiner Auswirkungen zu beobachten.

Gemäß der Logik von sich-voraussetzenden Verhältnissen, bei welcher die „Ein-Phase" eines Phänomens bzw. einer Qualität immer zugleich mit seiner „Aus-Phase" gedacht wird,[568] wurden die manifesten Auswirkungen des als kontinuierlich gedachten *qi* in vielen Fällen durch Reihen von Kategorienpaaren beschrieben, sodass das ganze *qi*-bezogene System durch Paarverhältnisse dargestellt werden konnte. Dieses Verfahren erlaubte eine Transformation von objektbezogenen Größen und diskreten Elementen in Systeme von Relationen zwischen prozessbezogenen und jeweils binär repräsentierbaren Größen. Diese konnten sodann in den jeweiligen Einzeldisziplinen anhand des jeweils entsprechenden Materials dieser Disziplinen umgesetzt und untersucht werden.[569]

Da das *qi*-bezogene System vor allem die Parameter der Wechselwirkungen von bzw. Gesetzmäßigkeiten des Wechsels zwischen den Phasen-Elementen darstellte, kam solchen Kategorien wie Rhythmus bzw. Reim eine besondere Bedeutung zu. In den verschiedenen Einzeldisziplinen fungierten sie als Kategorien, die für eine harmonische Verteilung von Wechselwirkungsverhältnissen zwischen

---

567 Dass die Frage nach einer konkreten Definition des *qi* irrelevant ist, kann man anhand der Analogie mit der Auseinandersetzung mit dem Wesen des Lichts verdeutlichen: So wie bei Lichteffekten gibt es solche Merkmale, die es als Teilchen beschreibbar machen, aber auch Merkmale, die es als eine Welle erfassen. In der Tat ist es aber nicht auf das eine oder das andere ganz zurückführbar, sondern *erweist* sich nur auf diese oder jene Weise. Analog kann man annehmen, dass es in der Ansicht der *qi*-Denker sich als unterschiedliche Phänomene und Wesen *erweist*, sich selbst aber einer konkreten Identifikation entzieht.

568 Siehe die Ausführung im Punkt 3 weiter oben.

569 Folgende Passage aus dem Werk des bedeutendsten Musiktheoretikers der späten Ming-Zeit, Zhu Zaiyu 朱載堉 (1536–1611), illustriert das Verhältnis zwischen dem *qi*-bezogenen System und solchen Einzeldisziplinen, die mit Tönen und Zahlen operieren, also der Musik und der Kalendarik: „Wenn das Fluidum [*qi* – Erläuterung *PL*] sich bildet, müssen sich (notwendigerweise auch) Zahlen und Töne ergeben. Der Kalender ordnet die Zahlen; sodann werden auch die Töne (mit Bezug auf entsprechende Kalendermonate) integriert" (有氣必有數有聲曆以中數而聲寓), in: Zhu Zaiyu, *Neue Abhandlung der Lehre der Kalendarik* (*Li xin xueshuo* 歷新學說). Zitat und Übersetzung nach Peng 2019: 263. Für die Analyse der Musiktheorie des Zhu Zaiyu siehe Peng 2019, auch Robinson 1980, Cho 2003.

Diese paarhaften Ordnungen als Ordnungen von auch diskret anwendbaren Elementen sind ebenso für die Malereitheorie zentral; siehe die Auseinandersetzung im Kapitel III, Punkt 3.

den Phasen-Elementen standen.[570] Die enge Verbindung zwischen scheinbar so unterschiedlichen Disziplinen wie Musiktheorie (und, *a fortiori*, den Kenntnissen der Akustik), Kalendarik, Medizin und nicht zuletzt der Bildtheorie aufgrund der *qi*-Theorie und der Regeln von harmonischen Verhältnissen scheint daher nicht zufällig zu sein.[571] Die im Rahmen des *qi*-Denkens auf rhythmisch-harmonische Gesetzmäßigkeiten gelenkte Aufmerksamkeit hat – besonders im Kontrast mit der oben hervorgehobenen Skepsis bezüglich der Visualität und der visuellen Form – eine spezielle Bedeutung. Im Kapitel III wird überprüft werden, ob sich die Privilegierung rhythmischer Gesetzmäßigkeiten von Resonanzen gegenüber dem Sehen bzw. Formhaften im Instrumentarium und in den Methoden der Malereipraxis nachweisen lässt und ob diese Privilegierung im Zusammenhang mit der „Betonung des *qi*" steht. Es soll eine Antwort versucht werden auf die Frage, welche Eigenschaften und Merkmale des *qi*-bezogenen Systems sich in den Bildstrukturierungsmethoden finden lassen.

In der Reihe der betrachteten sowie weiteren Fällen entfaltet die „Betonung des *qi*" ihre Bedeutung als eine auf Wandel orientierte Forschungsrichtung, die paradigmatische Grundlagen für unterschiedliche Wissens- und Lebensbereiche der untersuchten Zeit zur Verfügung gestellt hat. In den Quellen zur *qi*-Theorie erstreckt sich sein Bedeutungsumfang auf verschiedene Niveaus der Abstraktion: von der Bedeutung eines eher hypothetischen Bezuges der Wandlungen bzw. eines nicht weiter reduzierbaren Trägers der Transformationen bis zu konkreteren Vorstellungen über ein universelles Substrat von Phänomenen, das nach seinen Eigenschaften bzw. Gesetzmäßigkeiten untersucht werden und einen Gegenstand für Experimente bilden konnte.[572]

Bevor zu den weiteren Punkten der Untersuchung des *qi*-bezogenen Systems und insbesondere zur Analyse der Raumvorstellungen innerhalb dieses Systems übergangen werden soll, müssen einige Worte über das *qi*-Denken im Rahmen der Wissensgeschichte gesagt werden.

Es lässt sich eine augenfällige Auslassung des ganzen *qi*-Denkens in der Entwicklung der Wissensgeschichte des modernen China erkennen. Im 18. Jahrhundert

---

570 Die Grundkategorie für solche rhythmisch-reimischen (resonierenden) harmonischen Verhältnisse, die in unterschiedlichen Disziplinen auftaucht und oft in einer engen Verbindung zum *qi* steht, ist *yun* 韻. Zur Etymologie, unterschiedlichen Schreibweisen, Bedeutungen sowie Belegstellen in frühen Literaturtheorien vgl. Behr 2008: 10–18. Für die Bedeutungen und Funktionen von *yun* in Bildtheorien der untersuchten Zeit sowie die Referenzen auf weitere Untersuchungen zum *yun* in Bezug auf die Bildkunst siehe Kapitel III, Punkt 4.2.

571 Siehe u. a. Schäfer 2011: 203–230; Porkert 1982; Peng 2019: 235–239; Obert 2007: 148–154.

572 Der Frage, ob das *qi* in jedem konkreten Fall abstrakt oder als materielles Substrat zu verstehen war, wird im Zusammenhang mit Interpretationen und Funktionsweisen des *qi* in den Kunsttheorien nachgegangen, siehe Kapitel III, Punkt 4.2.

wurde es, mit Ausnahme der Entwicklungen der *qi*-Theorie im Werk von Dai Zhen, Jiao Xun 焦循 (1763–1820) und Ruan Yuan 阮元 (1764–1848), zunehmend verworfen.[573] Drei Gründe dafür liegen auf der Hand: zuerst das erneute Aufleben der konfuzianischen Lehre in ihrer Cheng-Zhu-Fassung in der gelehrten Beschäftigung und in der Kulturpolitik und Wissensverwaltung der Qing-Regierung,[574] zum anderen die zunehmende Ausrichtung auf Angelegenheiten der praktischen Politik (*jingshi*) und die Forschungsmethoden der *kaozhengxue* und der Han-Lehre[575] sowie die Aufnahme und Verbreitung der westlichen Wissenschaftsmethoden zum Dritten.[576] Irene Bloom beobachtet, dass in den nachfolgenden Untersuchungen zur intellektuellen Geschichte Chinas das *qi*-Denken kaum mehr aufscheint. So fehlt es z. B. in Liang Qichaos berühmten und einflussreichen *Intellectual Trends in the Qing Period* (*Qingdai xueshu gailun* 清代學術概論) völlig:

> It is interesting that Liang never discussed the implications of a philosophy of *qi*, not even in connection with his account of Wang Fuzhi or Dai Zhen (1724–1777), both of whom are known for their emphasis on *qi*. The omission is more curious when one considers that it was primarily by virtue of an emphasis on *qi* that an otherwise disparate group of Qing thinkers was united; Huang Zongxi, Gu Yanwu (1613–1682), Wang Fuzhi, Yen Yuan (1635–1704), Li Gong (1659–1733) and Dai Zhen, for example, whatever philosophical differences they had among themselves, were at one in denying the reality of *li*, or principle, as independent of *qi*. Not only does the philosophy of *qi* represent an intellectual trend of the Qing period, it represents one of the dominant trends and one without which Qing empiricism might conceivably not have developed at all. For empiricism has no proper object until full and independent reality is accorded to concrete things, and its method is inevitably thwarted until the problem of causality is approached as distinct from the concerns of ethics.[577]

Als eine (primitive) Form des Materialismus verurteilt, die angesichts der Fortschritte der westlichen Wissenschaft mit seiner westlichen Version nicht konkurrieren konnte,[578] wurde das *qi*-Denken auch in der späteren Forschungsliteratur weithin vernachlässigt.

---

573 Siehe Ng 1993: 37.

574 Siehe hierzu z. B. Chen 2012: 12–25; Chow 1995; Ng 2001; Winter 2016.

575 Im Gegensatz zur früher dominanten Tendenz in der Forschung zur intellektuellen Geschichte der frühen Qing-Zeit, die Chen-Zhu-Lehre (*Songxue*) und *Hanxue* als einander streng entgegengesetzte Denkströmungen darzustellen, sind in den letzten Jahrzehnten viele Forschungsarbeiten erschienen, die eine gleichzeitige und synkretistische Entwicklung dieser Lehre beleuchten. Für einen Überblick siehe Ng 2001. Kurze Informationen und Referenzen zu den Termini *kaozhengxue*, *jingshi*, *shixue*, *Han*- und *Songxue* finden sich in Kapitel I, Punkt 2.2.3.

576 Literaturangaben siehe Kapitel I, Punkt 2.2.3.

577 Bloom 1979: 77.

578 Vgl. Needhams Bezeichnung der *qi*-Lehre als „organic materialism" (Needham 1956: 593). Verbreitet war auch die Bezeichnung der auf der *qi*-Lehre basierenden Weltsicht als „Vitalismus" (de

Die übliche Qualifizierung der mit der „Betonung des *qi*" assoziierten Denkrichtung als Materialismus erscheint aber aus einem dualistischen Wissensparadigma erwachsen. Gerade dadurch, dass sich im *qi*-Denken eine konsequente Zurückweisung aller Konstrukte abzeichnet, die über die *qi*-Funktionen hinausreichen, war das *qi*-Denken eigentlich die Überwindung des Dualismus. Noch wichtiger ist aber, wie im *qi*-Denken der Forschungsgegenstand dimensioniert wurde: Wie schon an mehreren Stellen in dieser Arbeit betont wurde, war eine dualistische Aufteilung aller Phänomene in Materielles und Ideelles für die kategorialen Systeme der von uns betrachteten Denker nicht relevant. Für das *qi*-Denken ist die Zuordnung zum Materialismus auch irrelevant, weil im Rahmen dieser Denkrichtung nicht „was" sondern „wie", d. h. nicht Substanzen, sondern Prozesse und Relationen fokussiert wurden, und die Gesetzmäßigkeiten von Prozessen eine gemeinsame Basis sowohl für mentale als auch physikalische Phänomene bildeten.

Mit der Feststellung, dass in den Entwicklungen der intellektuellen Geschichte das *qi*-Denken ungefähr ab der mittleren Qing-Zeit keinen Platz mehr finden konnte, kommt man wiederum zu der These, dass um die Zeit des Übergangs zwischen der Ming- und Qing-Dynastie, genauer bis Mitte der Qing-Zeit eine Wende stattgefunden hat. Zwei nicht kompatible erkenntnistheoretische Orientierungen und Modelle des Universums, die von ganz unterschiedlichen Komplexen von Prämissen ausgingen, erlebten einen Bruch.[579]

Ein wesentlicher Scheidungspunkt in der Forschungsinterpretation des Wissenszustands in China vor der Wende besteht u. a. darin, ob Forscher von den Positionen des europäischen neuzeitlichen Wissensparadigmas das chinesische Wissenssystem aus der Zeit vor der Übernahme europäischer Wissensmethoden beurteilen. Aus solcher Perspektive erscheint das chinesische auf die Erforschung der *qi*-bezogenen Wandlungen ausgerichtete Wissenssystem als rückständig und ohne Potenzial für technischen und wissenschaftlichen Progress. In der vorliegenden Arbeit wird jedoch die Meinung vertreten, dass, wenn nicht aus der Perspektive des europäischen Wissensparadigmas beurteilt, sondern nach eigenen Grundlagen und eigener Logik gefragt, das chinesische Wissenssystem ein kohärentes und logisches Weltbild sowie ebensolche Ideale und Kriterien der Erkenntnis aufweist, wenn auch ganz andere als in Europa der Neuzeit. Aus dieser Perspektive scheint die komparative Studie, in welcher Marc Elvin nach den europäischen „ways of scientific thinking" im chinesischen

Bary 1975 und Ng 1993: 36–37), die damit einhergehende Vergleiche mit den westlichen vitalistischen Ontologien ermöglichte, wie sie v. a. D. Henri Bergson (1859–1941) entwickelte (Ng 1993: 37).

579 Zur Behandlung dieser Wende in der bisherigen Forschungsliteratur siehe Kapitel I, Punkt 2.2.3; für die in dieser Arbeit vorgestellte, auf den analysierten Materialien basierende Interpretation dieser Wende siehe *Schlussbetrachtung*, Punkt 1.

Wissenssystem suchte und sie, als ein vorhersagbares Resultat, nur in rudimentärer Form fand, von den Grundannahmen aus falsch.[580]

Im Zusammenhang mit der Raumfrage wird hier die These aufgestellt, dass aus der Perspektive des Wissenssystems *vor* der Wende, wo vor allem dynamische *qi*-bezogene Transformationsverhältnisse fokussiert wurden, ein solches Konzept des Raumes, das im Rahmen des europäischen Wissenssystems der Neuzeit herausgebildet und mit dem in den westlichen Naturwissenschaften operiert wurde, in vielerlei Hinsicht irrelevant wäre: eine streng non-substanzialistische Sicht auf Phänomene und die entsprechende Konstruktion von Bezugsrahmen und Begriffsbildung schließen die Möglichkeit der Ausarbeitung eines „objektiven" physikalisch-geometrischen Freiraumes aus.

580 Siehe Elvin 2004. Vgl. auch die Kontroverse zwischen Anhängern der Position Needhams 1974, wonach in China keine wissenschaftliche Revolution wie im Europa der Neuzeit stattgefunden und es keine Wissenschaft gegeben habe. Zur Kritik an dieser Position siehe Sivin 1985.

5 Der Raum im untersuchten Bezugssystem

Im Folgenden soll zunächst anhand einiger weiterer Belege der Vergleich zwischen den zwei Arten von Systemen bzw. Bezugsrahmen fortgesetzt werden. Dies ist entscheidend, weil die alternativen Weisen der Systembildung die unterschiedlichen Implikationen für die Raumvorstellung noch deutlicher konturieren werden. Wir werden sehen, dass in einem *qi*-bezogenen, dynamischen System Ansätze für ein abstraktes *funktionales* Konzept des Raumes zu finden sind. Wir werden unter anderem beobachten, welche Eigenschaften und welches Verhältnis zu Objekten ein solcher Raum hat und wie im Rahmen solcher Vorstellungen die Fragen nach Bewegung und Ruhe, Endlichkeit und Unendlichkeit gelöst werden. Solche und andere Fragen werden dann weitere diachrone und synchrone Vergleiche erlauben. Am Ende dieser Arbeit folgen einige allgemeine Schlussfolgerungen zu Raumvorstellungen in einem *qi*-bezogenen System.

5.1 Leere, Bewegung-Ruhe-Verhältnis und funktionaler Charakter des Raumes

Außer den oben aufgeführten Zitaten zur *qi*-Theorie gibt es zahlreiche weitere Belege in den Texten der untersuchten Zeit, die zeigen, dass Phänomene unterschiedlicher Arten als *qi*-Derivierte aufgefasst wurden.[581] Im Folgenden wird näher betrachtet, welche Implikationen die Zurückführung aller Phänomene auf die gemeinsame Basis für das Verhältnis von Objekten zur Leere bzw. für die Frage nach der Ausdifferenzierung von Körpern aus der Leere hatte.

Wang Fuzhis These, dass das *qi* sich in der Leere befinde und dass es keine Leere ohne das *qi* gebe, kann man mit der Feststellung Descartes' über die Gleichheit des Raumes (d. h. der Ausdehnung) und der Materie[582] und seiner Schlussfolgerung vergleichen, wonach es keinen Raum im Sinne von *Vakuum* oder absoluter Leere gibt. Stephan Günzel fasst diese Feststellung wie folgt zusammen:

---

581 Für einen guten Überblick über die Belegstellen zur *qi*-Theorie bei Fang Yizhi, Wang Fuzhi, Huang Zongxi, Gu Yanwu und Fu Shan 傅山 (1607–1684) siehe z. B. Ng 1993; Lü und Ge 2000: 161–195.

582 Vgl.: „For Descartes, needless to say, the only intelligible and true information to be had about bodies is geometrical. Indeed, in the *Regula* [*Rule 14*], he goes so far as to identify bodies with extension" (Maull 1980: 27).

https://doi.org/10.1515/9783110791860-008

> Auch Descartes besteht auf der (Denk-)Unmöglichkeit eines leeren Raumes und sieht Raum als substanzielles Kontinuum an: „Wo es Ausdehnung oder Raum gibt, dort gibt es notwendigerweise eine Substanz.“[583]

In den Worten von Descartes:

> Es ist widersprüchlich, dass es ein Vakuum gibt, das heißt etwas, wo schlichtweg kein Ding ist. Dass aber ein Vakuum in philosophischer Bedeutung, d. h. etwas, wo schlichtweg keine Substanz ist, nicht eingeräumt werden kann, ist daraus offensichtlich, dass die Ausdehnung des Raumes, d. h. die Ausdehnung des inneren Ortes, sich nicht von der Ausdehnung des Körpers unterscheidet. Denn daraus, dass ein Körper in Länge, Breite und Tiefe ausgedehnt ist, folgern wir zu Recht, dass er eine Substanz ist, weil es sich völlig widerspricht, dass dem Nichts irgendeine Ausdehnung zukommen sollte. Dasselbe muss auch über den Raum, der als Leere unterstellt wird, geschlossen werden, nämlich dass, weil in ihm Ausdehnung ist, notwendig auch Substanz ist.[584]

Abgesehen davon, dass sowohl der Leere als auch den Objekten nach Descartes eine gleiche Weise für die Berechnung der räumlichen Ausdehnung durch Länge, Breite und Höhe zukommt, scheint jedoch die Grenze zwischen den Objekten und der Leere im cartesischen System entscheidend zu sein: nur mit einer solchen Grenze ist der Ansatzpunkt für eine Vermessung vorhanden.

Wenn es für die *qi*-Denker wie Fang Yizhi und Wang Fuzhi auch keine absolut leere Leere gibt und die physikalischen Körper in ihrem Bezug auf das Kontinuum von *qi*-Wirkungen in gewissem Sinne mit den leeren Stellen identisch sind bzw. gleichen dynamischen Gesetzmäßigkeiten unterliegen,[585] besteht bei ihnen folglich keine Denkmöglichkeit für die Fixierung rein räumlicher Parameter von Körpern. Die Grenze zwischen Körpern und leeren Stellen in dynamischen Prozessen der Übergänge ist unbeständig. So wird z. B. beschrieben, dass das *qi*, selbst „grenzenlos“ (*wu ya* 無涯), auch die Auflösung der Grenzziehungen zwischen Objekten, Formen und Bereichen voraussetzt.

In Bezug auf das *qi* mag zunächst der Eindruck entstehen, dass es primär räumliche Ausdehnung oder räumliche Aspekte der Bewegung betrifft. Da jedoch im *qi*-bezogenen System das Zustandekommen von Objekten aus dynamischen Verhältnissen erklärt und ein Objekt als ein vorübergehender Zustand der Konzentration des *qi* gedeutet wird, trägt das Konzept des *qi* auch den Aspekt der Zeitlichkeit in sich: Sie erschließt sich als ein rhythmischer Ordnungsparameter der Abwechslungen bzw. Übergänge zwischen „Zuständen“.

583 Günzel 2006: 22.

584 Descartes, *Über die Prinzipien der materiellen Dinge* (1644), hier zitiert nach Günzel 2006: 44.

585 Vgl. „Die ganze [Totalität] der Dinge wird vom *qi* hervorgebracht, alle Leere wird durch das *qi* verwirklicht. So wie es bei den Dingen Regeln gibt, so gibt es auch bei der Leere Regeln“ ([...] 一切物皆氣所爲也, 空皆氣所實也。物有則, 空亦有則 [...]) (Fang, *Wuli xiaoshi*, j.1, Tianlei: 114).

Es ist wichtig zu betonen, dass mit der Zurückführung von Ordnungen und Gesetzmäßigkeiten auf das System des *qi* eine Überführung von einem statischen und substanzialistischen Ordnungssystem in ein dynamisches System stattfand,[586] das vor allem mit funktionalen Verhältnissen operiert: In den Auseinandersetzungen mit dem *qi* ging es primär um seine Wirkungen und Transformationen, und diese dynamisierten ihrerseits das ganze System:

> 氣有變化, 是道有變化 [...] 且夫道莫大於天地之化。
>
> Dass es im *qi* Veränderungen gibt, liegt daran, dass es im *Dao* Veränderungen gibt. [...] Und nun mehr: Im *Dao* gibt es nichts Größeres als den Wandel von Himmel und Erde.[587]

Um die Vorstellung über dynamische Verhältnisse weitgehender zu präzisieren, nachfolgend noch einige Beispiele zu den Begriffen der Bewegung und Ruhe (*dong jing* 動靜):[588]

> 動靜者氣之二幾 體同而用異則相感而動 動而成像則靜 動靜之幾 聚散出入形不形之從來也。
>
> Bewegung und Ruhe sind zwei Mechanismen der Wirkung des *qi*. In der Tiefenstruktur sind sie eins, in der Funktion sind sie unterschiedlich, sodass es infolge der Interaktion Bewegung gibt. Bilden sich in der Bewegung Gestalten, gibt es folglich Ruhe. Es sind die Mechanismen der Bewegung und Ruhe, woraus Kondensation und Auflösung, Aus- und Eingehen, Formhaftigkeit und Formlosigkeit entstehen.[589]

Zwar mag das in dem Satz *„xiang gan er dong* 相感而動" auftretende Verständnis, wonach sich die Bewegung infolge einer Interaktion ergibt, zunächst der Implikation des ersten newtonschen Gesetzes ähnlich klingen, wonach die Veränderung des Zustands eines Körpers durch eine Einwirkung der Kraft entsteht. Die Ausgangspunkte beider Vorstellungen von der Bewegung unterscheiden sich jedoch wesentlich. Bei der newtonschen Mechanik geht es um die Auswirkungen von physikalischen Kör-

586 Siehe die in dieser Arbeit vorgelegte Analyse solcher Überführung bei Wang Fuzhi, unten Punkt 5.2. Vgl. Namiki 2003: 27: „We have reason to believe that all dynamics could be unified in a unique dynamic principle, with perfect symmetries inside the primeval universe immediately after the ‚big bang'."

587 Wang, *Yashu*, shangpian: 848.

588 Für andere Beispiele zum Verhältnis zwischen „Bewegung" und „Ruhe" aus den philosophischen Quellen der untersuchten Zeit siehe Zhang 2012b: 538–540. Zur Bedeutung der Kategorien in den Schriften zur Gartenkunst der Ming-Zeit siehe Fung 2003. Die unten angeführten Deutungen der Kategorien vgl. auch mit Zhu Xis Interpretationen von Geisteswesen (*gui* 鬼 und *shen* 神) als physikalische Prozesse des „Beugens" und des „Ausdehnens"; siehe Zitat aus *Zhuzi yulei*, 1, j.3, Guishen: 34 in der Fußnote 505.

589 Wang, *Zheng meng zhu*, j.1, Taihe pian: 9268. Kommentar zur Aussage des Zhangzai: ○知虛空即氣, 則有無隱顯、神化性命, 通一無二; 顧聚散出入, 形不形能推本所從來, 則深於「易」者也。

pern aufeinander, wobei das Konzept der „Kraft“ als notwendige Erklärung für die Übertragung der Wirkung zwischen physikalischen Körpern durch den Raum heuristisch eingeführt wird. Bei Wang Fuzhi handelt es sich nicht um Bewegung und Ruhe als Attribute physikalischer Körper, sondern sie sind, wie die aufgelisteten „Aggregatzustände“, vielmehr Funktionen *innerhalb* der dynamischen Verhältnisse. Den Unterschied im Verständnis der Bewegung können wir also als Unterschied zwischen objektbezogener Bewegung (wie in der neuzeitlichen Mechanik, aber auch bei Aristoteles) und einer Dynamik beschreiben, durch welche alle physikalischen Effekte direkt anhand der Gesetzmäßigkeiten von Wechselwirkungen beschrieben werden können.[590] Unter anderen Implikationen scheint also die folgende besonders wichtig: Die Annahme eines solchen dynamischen Systems, in dem Bewegung und Ruhe als Zustände innerhalb dieses Systems verstanden werden, löst das Problem, das bei der objektbezogenen Auffassung der Bewegung hinsichtlich der Erklärung von Fernwirkungen zwischen Körpern entsteht: Eine Annahme über eine *äußerliche* Ursache der Bewegung bzw. der Veränderung des Zustands, also ein „zusätzlicher“ Auslöser der Bewegungsänderung, ist nötig. Darüber hinaus braucht ein objektbezogenes Konzept der Bewegung eine Erklärung, wie Auswirkungen von physikalischen Körpern aufeinander durch den Freiraum übertragen werden können.

Mit der Vorstellung von *qi* als einem Kontinuum dynamischer Verhältnisse sind wir bei einem Konzept, in welchem sich der Raum als charakterisierender Parameter der dynamischen Beziehungen ergibt und mit dem Parameter der Zeit in einer engen Verbindung gedacht wird. Als ein Parameter der dynamischen Verhältnisse ist der Raum nichts anderes als die Ausdehnung der *Funktionen* von dynamischen Verhältnissen bzw. als Maß ihrer Ausdehnung zu verstehen, wie auch im folgenden Zitat dargestellt:

> 宇宙者, 積而成乎久大者也。二氣絪縕, 知能不舍, 故成乎久大。
>
> Ausdehnung und Dauer sind das, was sich infolge von Akkumulation zu etwas Langandauerndem und Großem entwickelt. Das zweifache *qi* verwandelt und verflicht sich, Wissen und Können legen einander nicht ab. Darum werden sie als Andauern und Größe vollendet.[591]

590 Vgl. die Kritik an der Bezeichnung des newtonschen physikalischen Modells als „Dynamik“, die darauf abzielte zu zeigen, dass es in der Tat nicht um Dynamik, sondern um Mechanik geht, obwohl erstere Bezeichnung geläufig wurde, siehe Gabbey 1980.

591 Wang, *Siwen lu*: 22.

5.2 Gegenüberstellung zweier Bezugssysteme

Die folgenden Beispiele werden es erlauben, erstens die Gegenüberstellung zweier Bezugssysteme – substanzialistischen und dynamischen *qi*-bezogenen – noch klarer zu formulieren und zweitens von erkenntnistheoretischen Aspekten des auf Wandel orientierten Bezugssystems, die hier bereits ausführlich betrachtet wurden, zu den kosmologischen und naturphilosophischen Implikationen überzugehen.

Das folgende Zitat stammt aus Wang Fuzhis Kommentar zum Kapitel „Der Sonnige" (*Ze Yang* 則陽)[592] in den Miszellen-Kapiteln (*Zapian* 雜篇) des *Zhuangzi*. Mit den für diesen Text zentralen Überlegungen dazu, auf welche Weise „der Himmel zum Lehrmeister gemacht werden" kann (*shi tian* 師天), stellt sich Wang Fuzhi in einen breiteren Kontext von Auseinandersetzungen um ein richtiges Vorbild für die Ausbildung und Ausarbeitung von sozialen, moralischen und anderen Normen sowie in einen weiteren Kontext von Diskussionen über Arten und Weisen der Traditionsweitergabe. Aus dem Zitat wird klar, dass die Bestimmung des Lernvorbildes direkt vom Verständnis des Wesens des Himmels abhängt. Wang vertritt offensichtlich eine ausgesprochen nicht-substanzialistische Deutung des Himmels. Dabei ist ein erkenntnistheoretisch und metaphysisch fundierter Brückenschlag zwischen dem nicht-substanzialistischen Konzept des Himmels und den relativistischen, paradoxen Aussagen des *Zhuangzi*[593] eine bemerkenswerte Leistung Wang Fuzhis.[594] Diesen Brückenschlag fundiert er im Rahmen seiner *qi*-Theorie, unterstützt durch die kosmologische *huntian*-Theorie des „Himmels als unbestimmter Totalität".[595] Auf der Grundlage dieser Theorien greift er nicht nur die Positionen der substanzialistischen Deutungen der Phänomene und Prozesse der Welt an,[596] sondern konzipiert auch – so scheint es – eine affirmativ relativistische Alternative zu

592 Übersetzung des Kapiteltitels aus der deutschen Auflage (Schuhmacher) der englischen Übersetzung des *Zhuangzi* von Mair 1994/1998. Vgl. die Analyse dieses Zitats in Xie 2001: 259–269.

593 Vgl. etwa „demjenigen, der sich den Himmel zum Lehrer nimmt, gelingt es nicht, sich den Himmel zum Lehrer zu nehmen" (師天者不得師天) und andere.

594 Bemerkenswert ist auch, dass Wang die Richtigstellung der Deutung des konfuzianischen Konzepts (Himmel) anhand von daoistischen Konzepten durchführt und mit daoistischen Werten (z. B. *wu wei* 無為) verknüpft. Für eine Ausführung hierzu siehe Xie 2001: 259–269.

595 Vgl. auch die Variante „allumschließender Himmel" für die Übersetzung des Ausdrucks *hun tian* 渾天 in Tabery 2009: 76.

596 Bemerkenswert dabei ist, dass sich seine Kritik nicht nur gegen „naive" Deutungen konfuzianischer Positionen, sondern, wie zu zeigen sein wird, auch gegen bestimmte Positionen europäischer Philosophie und Kosmologie richtet. Zwar fallen die kritischen Angriffe Wangs gegen diese Position besonders auf, sie scheinen jedoch dem allgemeinen Kontext der Einstellungen der Gelehrten seiner Zeit zu entsprechen, in dem das europäische Weltbild nicht verbreitet bzw. akzeptiert wurde, vgl. die Schlussfolgerungen zum Wissenstransfer im Kapitel I, Punkt 2.2.3.

den Letzteren. Nach einer Übersicht, wie Wang die substanzialistischen Deutungen abschafft,[597] werden die Implikationen eines nicht-substanzialistischen Systems herausgearbeitet. Diese Implikationen besitzen eine unmittelbare Relevanz für die Beantwortung der Frage nach den Raumvorstellungen.

> 環中者天也 六合一環也 終古一環也
> 一環圜合而兩環交運 容成氏之言渾天得之矣
> 除日無歲 日復一日而謂之歲 歲復一歲而謂之終古 終古一環 偕行而不替
> 無內無外 通體一氣 本無有垠 東西非東西而謂之東西 南北非南北而謂之南北
> 六合一環 行備而不洫
> 運行於環中 無不為也而無為 無不作也而無作 人與之名曰天 而天無定體
> 故師天者不得師天 天無一成之法則 而何師焉 有所擬議以求合 合者一而睽者萬矣
> 故無人也 人即天也 無物也 物即天也 得之乎環之中 則天皆可師 人皆可傅
> 盡人盡傅 皆門尹登恆也 皆仲尼也 以人知人 以物知物 以知人知物知天 以知天知人知
> 物 無不可隨之以成 無不可求贏於兩見 己不化物 物自與我以偕化
> 故仁義無迹 政教無實 而奚其囿之
> 觀於此 而莊子之道所從出 盡見矣 蓋於渾天而得悟者也
> 渾天之體 天半出地上 半入地下 地與萬物在於其中 隨天化之至而成
> 天無上無下 無晨中昏中之定 東出非出 西沒非沒 人之測之有高下出沒之異耳
> 天之體 渾然一環而已 春非始 冬非終 相禪相承者至密而無畛域 其渾然一氣流動充滿則自
> 黍米之小 放乎七曜天以上 宗動天之無窮 上不測之高 下不測之深 皆一而已
> 上者非清 下者非濁 物化其中 自日月星辰風霆雨露 與土石 山陵原濕江河草木人獸
> 隨運而成 有者非實 無者非虛
> 莊生以此見道之大圜 流通以成化 而不可以形氣名義滯之於小成

Was sich im Zentrum des Kreises befindet, ist der Himmel.[598] Die Sechs Gerichtetheiten[599] vereinen sich zum Kreis; der Abschluss des Vergangenen vereint sich zu einem [weiteren]

---

597 Dabei muss auf einige oben bereits diskutierte Kritikpunkte (wie z. B. den der Kritik am Subjekt-Objekt-Verhältnis usw.) zurückgegriffen werden.

598 Vgl. *Zhuangzi*, Zeyang: 885: „The clansman Jan Hsiang located himself in the center of the circle of things, thereby following them along to completion and accompanying them without beginning and without end, without periodicity and without time. He who daily transforms along with things has a unity that does not transform. How could he have ever given it up?" (冉相氏得其環中以隨成, 與物無終無始, 無幾無時。日與物化者, 一不化者也, 闔嘗舍之！) (Übersetzung Mair 1994: 256).

Wang Fuzhi verbindet hier das Bild des Kreises aus dem *Zhuangzi* mit der traditionellen Vorstellung des kreisförmigen Himmels bzw. der Kreisbewegungen am Himmel, vgl. Birdwhistell 1989: 141–142: „The Chinese often applied the idea of roundness and the visual image of a circle to temporal and spatial aspects of the natural world. Heaven, for instance, was regarded as round and earth as square, and time, as an aspect of the movements of heaven, was compared to a circle. Thus, the cosmic and calendrical cycles were regarded as the cycles of heaven."

599 Die „Sechs Gerichtetheiten" (*liu he* 六合) in der traditionellen Kosmologie sind die vier Himmelsrichtungen (jedoch nicht flächig bzw. direktional, sondern als Gebiete eines Quaders gedacht) sowie Zenit und Nadir. Sie sind also die Bezeichnung für alle möglichen räumlichen

Kreis.[600] Dass sich, wenn ein Kreis sich vollends rundet, die beiden Kreise ineinander verflochten bewegen, ist das, was von der Aussage des Herrn Rong Cheng über den Himmel als unbestimmte Totalität (*huntian*) bereits erfasst wurde.[601]

Eliminiert man die Tage, so gibt es kein Jahr.[602] Erst wenn Tag um Tag sich wiederholt, nennt man es „Jahr"; wenn sich Jahr um Jahr wiederholt, nennt man es „Abschluss des Vergangenen".

Der zum Kreis geeinte Abschluss des Vergangenen bewegt sich im Einklang in einer Reihe entlang, ohne innezuhalten.[603]

Ausdehnungen der Welt in alten kosmologischen Texten und können je nach Kontext als „Welt", „Universum" oder „Raum" übersetzt werden. Hier wird mit einem von den zwei Kreisen offensichtlich der räumliche Aspekt des Weltprozesses (Bewegung von Kreisen) angesprochen.

Die Bezeichnung *zhouhe* 宙合 ist in einer Passage des *Guanzi* als zeitlich-räumliche Dimensionen des kosmischen Ganzen belegt; vgl. das Zitat in Kapitel I, S. 29.

Bemerkenswert ist, dass die „Sechs Gerichtetheiten" hier in einem Kreis „eingeschrieben", d. h. mit der Vorstellung von Kreisbewegungen am Himmel verknüpft sind. Die gleiche Assoziation findet man bei Fang Yizhi in seinem Traktat *Die Gleichheit des Ostens und des Westens*, wobei in diesem Fall eine Beschreibung der anhand einer Armillarsphäre veranschaulichten astronomischen Koordinatensysteme oder einer Armillarsphäre selbst zu vermuten ist; vgl.: „Der Ring hat drei Ringe an sich; durch Rundung der Ränder werden sie ausgestaltet. Es gibt also einen ebenen Ring, einen [senk]rechten Ring und einen horizontalen Ring. Die drei [bilden] eine gewölbte Struktur und die Sechs Gerichtetheiten sind gerundet [...]" (輪有三輪, 界圓而裁成之: 有平輪, 有直輪, 有横輪。三者拱架而六合圓矣 [...]) (Fang, *Dongxi jun*, Sanzheng: 264).

600 „Der Abschluss des Vergangenen" ist eine wörtliche Übersetzung für *zhonggu* 終古. Im Kapitel „Ze Yang" kommt diese Wendung nicht vor. Sie findet sich jedoch in einem anderen Kapitel des *Zhuangzi*, „Meister der Großen Ahnenlinie" *Da Zong Shi* 大宗師 mit der Bedeutung ‚immer, ewig'; vgl. Mairs Übersetzung 1994: 55 als „throughout the ages". Hier ist ebenfalls anzunehmen, dass „das Beenden der Vergangenheit" als eine Bezeichnung für die Ganzheit der Zeit verwendet wird.

601 „Herr Rong Cheng" wird in der von Wang Fuzhi kommentierten Passage des Kapitels „Ze Yang" erwähnt, hat aber dort nicht mit dem Konzept des Himmels als unbestimmter Totalität (*huntian*) zu tun. Für die Gründe dieser Zuschreibung siehe Xie 2001: 162.

Die Passage, in der Herr Rong Cheng erwähnt wird, lautet im Kapitel „Ze Yang" wie folgt: „The clansman Jungch'eng said: ‚If days are omitted, there will be no years, if there is nothing internal, there will be nothing external'" (容成氏曰: 除日無歲, 無內無外) (*Zhuangzi*, Zeyang: 885, Übersetzung Mair 1994: 257).

Herr Rong Cheng gilt als einer der Weisen des Altertums und wird im *Zhuangzi* noch im Kapitel „Qu qie" 胠篋 („Rifling trunks") erwähnt. Es gibt darüber hinaus ein gleichnamiges Manuskript, das vermutlich aus dem Königreich von Chu 楚 im 4. Jahrhundert v. Chr. stammt und eine Abhandlung zu „Neun Provinzen" (*jiu zhou* 九州) enthält. Der Text wurde in der westlichen Sinologie im Hinblick auf seine Implikationen für eine Rekonstruktion der antiken religiösen Geographie und Kosmologie (Dorofeeva-Lichtman 2010) und hinsichtlich der politischen Philosophie (Pines 2010) bearbeitet. Für die Informationen danke ich Wolfgang Behr.

602 Vgl. die in der vorstehenden Fußnote angeführte Passage aus dem *Zhuangzi*.

603 Vgl. *Zhuangzi*, Zeyang: 885: „He goes along with the world but does not substitute himself for it" (與世偕行而不替) (Übersetzung Mair 1994: 256). In der Übersetzung lässt sich ‚*ti* 替' als ein aus

Es gibt kein Außen und kein Innen: Das Gefüge (*ti*) wird durch ein geeintes *qi* durchdrungen. Im Ursprung gibt es keine Grenz[ziehungen]: Ost und West sind nicht Ost und West, sondern sie werden nur als „Ost“ und „West“ bezeichnet; Süd und Nord sind nicht Süd und Nord, sondern sie werden nur als „Süd“ und „Nord“ bezeichnet. Der Gang der zum Kreis geeinten Sechs Gerichtetheiten verläuft vollkommen und nicht maßlos.[604]

Bei der Bewegung inmitten des Kreises gibt es keine Aktivität, obwohl es keine Inaktivität gibt; es gibt nichts, was geschaffen wird, obwohl nichts nicht geschaffen wird. Wenn die Menschen in Bezug darauf einen Namen vergeben, sprechen sie vom „Himmel“, aber der Himmel hat kein bestimmtes Gefüge (*ti*).

Deswegen [wird im *Zhuangzi* gesagt] „demjenigen, der sich den Himmel zum Lehrer nimmt, gelingt es nicht, sich den Himmel zum Lehrer zu nehmen“.[605] Wenn es beim Himmel keine einheitlich bereitgestellten Normen und Regeln gibt – wie könnte man sich ihn da zum Lehrer nehmen?

Es gibt etwas, was ersonnen und diskutiert werden kann,[606] wodurch man Einheit anstrebt, denn das Vereinigte ist das Eine, aber das Zerstreute ist zehntausendfache Zersplitterung.

Deswegen gibt es keinen „Mensch“, denn der „Mensch“ ist identisch mit dem Himmel. Es gibt kein Ding, denn das Ding ist identisch mit dem Himmel.[607]

Wenn es einem gelingt, inmitten des Kreises zu sein, so kann man sich in jeder Hinsicht den Himmel zum Lehrer nehmen und der Mensch kann alles meistern. Werden das Menschliche und die Meisterschaft zur Vollendung gebracht, dann werden alle dem Türwächter Dengheng, [den Cheng Tang, der Gründer der Shang-Dynastie, sich zum Meister erkor] gleich,[608] alle sind wie Zhongni.[609]

‚*ting* 停‘ und ‚*zhi* 止‘ zusammengeführtes Zeichen deuten und ist hier entsprechend als ‚halten‘ übersetzt.

604 Vgl. *Zhuangzi*, Zeyang: 885: „His goings are comprehensive but not excessive“ (所行之備而不洫) (Übersetzung Mair 1994: 256).

605 Vgl. *Zhuangzi*, Zeyang: 885: „If we strive to take heaven as our teacher but do not succeed in doing so, we will perish together with things. How would that do for managing our affairs? (夫師天而不得師天, 與物皆殉, 其以爲事也若之何?) (Übersetzung Mair 1994: 256).

606 Vgl. im *Großen Kommentar* des *Buches der Wandlungen*: „(A learner) will consider what is said (under the diagrams), and then speak; he will deliberate on what is said (in the explanations of the lines), and then move. By such consideration and deliberations he will be able to make all the changes which he undertakes successful“ (擬之而後言, 議之而後動, 擬議以成其變化) (*Zhouyi*, Xici shang zhuan: 543, Übersetzung Legge 1964: 361).

607 Vgl. *Zhuangzi*, Zeyang: 885: „Now, the sage has never begun to have a heaven, has never begun to have men, has never begun to have a beginning, has never begun to have things“ (夫聖人未始有天, 未始有人, 未始有始, 未始有物) (Übersetzung Mair 1994: 256).

608 Vgl. *Zhuangzi*, Zeyang: 885: When T’ang acquired his palace guard and gateman, Teng Heng, he made him his tutor. Following him as teacher, he became unconstrained and was enabled to acquiesce in completion. He put him in charge of his name and his name became fully emulatable, having acquired a dual vision. Because Confucius exhausted his thoughts, he was made a tutor“ (湯得其司御門尹登恆爲之傅之, 從師而不囿; 得其隨成, 爲之司其名; 之名嬴法, 得其兩見。仲尼之盡慮, 爲之傅之) (Übersetzung Mair 1994: 256–257).

609 D. h. Konfuzius.

Wenn man aufgrund des Menschen den Menschen erkennt, wenn man aufgrund des Dinges das Ding erkennt, wenn man aufgrund der Erkenntnis des Menschen und des Dinges den Himmel erkennt, [und] aufgrund der Erkenntnis des Himmels den Menschen und das Ding erkennt, dann gibt es nichts, dem nicht gefolgt werden kann, um sich zu vollenden; es gibt nichts, wo die Meisterschaft des „Zum-Vorschein-Kommens von den beiden"[610] nicht erlangt werden kann. Man verwandelt sich nicht in ein Ding; das Ding und das, was von selbst in mir ist, wandeln sich im Einklang miteinander.

Deswegen [bleiben] keine Spuren von Menschlichkeit und Gerechtigkeit[611] [übrig], die orthodoxe Lehre ist grundlos, wozu nutzen ihre Beschränktheiten!

Von dieser Perspektive aus betrachtet, kann man das, woraus die Lehre des *Zhuangzi* entspringt, in Vollständigkeit erkennen. Es ist wohl das *huntian*[-Modell],[612] aus dem er seine Einsicht gewonnen hat.

Das Gefüge des unbestimmten Himmels ist so: Eine Hälfte des Himmels steigt über der Erde empor, die [andere] Hälfte sinkt unter die Erde hinab. Die Erde samt allen Dingen befindet sich in seiner Mitte und vervollständigt sich den Wandlungen des Himmels folgend.

Im Himmel gibt es kein Oben und kein Unten;[613] es gibt keine fixen Bestimmungen des Mittags und der Mitternacht. Der [Sonnen]aufgang im Osten ist gar kein Aufgang, der [Sonnen]untergang im Westen ist gar kein Untergang. Erst wenn sie der Mensch abmisst, gibt es die Unterschiede zwischen Hoch- und Niedrig[stand der Sonne], zwischen Auf- und Untergang.

Das Gefüge des Himmels ist nichts anderes als ein Kreis der undifferenzierten *huntian*-Totalität. Frühling ist kein Anfang, Winter ist kein Ende; die Verflochtenheit und die wechselseitige Verkoppelung ist äußerst eng, sodass es keine [Aufteilung in] Zonen und Gebiete gibt.

---

610 D. h. von den beiden Konstituenten des Erkenntnisprozesses.

611 „Menschlichkeit" (*ren* 仁) und „Gerechtigkeit" (*yi* 義) gehören zu konfuzianischen Kardinaltugenden. Hier als Metapher für den traditionellen Konfuzianismus gedacht. Zur Transformation im Verständnis der „Menschlichkeit" (*ren*) in der frühen Qing-Dynastie siehe Elman 1993.

612 Das ist das Verständnis des Himmels als unbestimmte Totalität. Zur Erläuterung zum kosmologischen *huntian*-Modell siehe Punkt 5.3.

613 Vgl. im *Großen Kommentar* zum *Buch der Wandlungen*: „Das Obere und das Untere sind keine beständigen [Ordnungen]" (上下无常) (*Zhouyi*, Xici xia zhuan: 596). Hier lässt sich wohl jedoch auch eine Anspielung auf den Begleittext der von Matteo Ricci in China hergestellten Weltkarte *Kunyu wanguo quantu* (Informationen siehe Kapitel I, Punkt 2.2.3) finden. Auf dieser Karte findet sich eine Aussage, dass es auf der Erdkugel kein Oben und Unten gibt. Zu dieser Aussage siehe Zhang 2015: 151–155; Holenstein 2018. Ich bedanke mich bei Professor Holenstein für den Hinweis auf die Aussage Matteo Riccis.

Dass Wang Fuzhi mit manchen Positionen der westlichen Kosmologie und der Philosophie polemisiert, wird aus dem nun analysierten Text weiter ersichtlich. Sehr wahrscheinlich kannte Wang Riccis Karte sowie ihre Begleittexte. Die These, dass es im Himmel kein Oben und kein Unten gibt, begründet er ausschließlich anhand von Positionen des einheimischen Wissenssystems. Auf diese Weise richtet er sich nicht nur gegen solche chinesischen Gelehrten wie Yang Guangxian 楊光先 (1597–1669), die eine Absolutheit der Richtungen Oben–Unten behaupteten, sondern auch gegen die westliche Weltsicht. Zu Wangs Auseinandersetzung gegen Positionen westlicher Philosophie und Wissenschaft siehe Liu 2000: 122–125 und weiter unten.

> Diese undifferenzierte Totalität wird durch die Wogen des einheitlichen *qi* erfüllt. Von der Winzigkeit eines Hirsekorns bis zur [Höhe der] sieben Leuchten oberhalb des Himmels – so ist die Endlosigkeit des Urbewegers.[614] Die unermessliche Höhe oben, die unermessliche Tiefe unten – all das ist *eins*. Das Obere ist nicht „klar", das Untere ist nicht „trüb", Dinge wandeln sich dazwischen, [alles] von Sonne und Mond, Gestirnen, Windstößen und Donnerschlägen, Regen und Tau bis zum Boden und den Steinen, Bergen und Hügeln, den Feuchtebenen, Flüssen, Gras und Bäumen, bis hin zu Menschen und Tieren – alles folgt diesem Ablauf und vollendet sich.
>
> Das Seiende ist nicht mit dem Wirklichen identisch, das Nicht-Seiende ist nicht mit der Leere identisch. Zhuang Sheng[615] hat anhand dieser [Einsicht] die große Vollkommenheit des *Dao* gesehen: Im fließenden Durchdringen vollzieht sich der Wandel, und man darf nicht durch das [Differenzieren] von Form und *qi*, von Namen und Bedeutung den Nichtigkeiten verhaftet bleiben.[616]

Die Ablehnung eines substanzialistischen Konzepts des Himmels lässt sich unter anderem in solchen Sätzen wie dem folgenden ablesen: „Die Leute geben in Bezug auf dieses die Bezeichnung ‚Himmel', aber der Himmel ist *kein bestimmtes* Gefüge." Diese Kritik an sprachlicher Fixierung und Namengebung, denen Wang Fuzhi zufolge die Verfechter substanzialistischer Positionen unausweichlich verhaftet sind, lässt sich als ein Teil seiner allgemeinen Missbilligung von Ordnungen und (Aus-)Differenzierungen verstehen, die im Zusammenhang mit dem menschlichen Sprachvermögen und habituierten Wahrnehmungs- und Denkweisen entstehen. Wang unterwirft im analysierten Zitat konsequent alle auf den substanzialistischen Verständnissen beruhenden Ordnungen und Ausdifferenzierungen:[617] Der Himmel lässt sich in keine „Zonen" mit bestimmten Qualitäten aufteilen, und die Grenzziehungen als solche werden als irrelevant erklärt.

Da ein räumlicher Bereich nur durch Abgrenzung davon, was sich innerhalb und was sich außerhalb befindet, überhaupt bestimmt werden kann, korreliert das Aufheben von räumlichen Bereichen und Richtungen bzw. die Auflösung von Grenzen zwischen den Bereichen darüber hinaus mit der Aufhebung von Grenzen zwischen dem Innen und Außen.[618]

---

614 „Urbeweger" (*zong dong tian* 宗動天) ist die chinesische Übersetzung für das aristotelische *primum mobile*, den „unbewegten Beweger". Offensichtlich polemisiert Wang Fuzhi hier unter anderem gegen dieses Konzept. (Es war leider nicht möglich herauszufinden, welche Quelle zur aristotelischen Kosmologie und Metaphysik Wang Fuzhi zur Verfügung stand).

615 D. h. Zhuangzi.

616 Wang, *Zhuangzijie* j. 5, Zeyang: 10315–10316.

617 Daran lässt sich die Kritik an den traditionellen kosmographischen Vorstellungen erkennen. Zu dieser Kritik siehe Henderson 1984: 190–193, 1994: 223–227.

618 Diese Ansicht korreliert auch mit dem Verständnis von qualitativen und quantitativen Eigenschaften als unbestimmten Variablen, siehe Punkt 4.3.

Da die Bestimmung von räumlichen und zeitlichen Parametern der Existenz eines diskreten Phänomens entscheidend für die Bestimmung des Phänomens bzw. des Dinges an sich ist,[619] wird auch – insofern die Konzepte des „Innen" und des „Außen", des „Anfangs" und des „Endes" bzw. des Konzepts der Grenzziehung als irrelevant erklärt werden[620] – der Status eines Phänomens als ein eigenständiges Element der Weltstruktur aufgehoben. Entsprechend lesen wir in den Ausführungen von Wang, dass die vorrangige Position von Phänomenen bzw. Einzeldingen in einer Hierarchie von Prozessen des Universums in letzter Konsequenz zugunsten von dynamischen Vorgängen aufgegeben wird.[621] Phänomene und konkrete Einzeldinge werden als aus dieser Dynamik der kreisförmigen Bewegung Derivierte angesehen: Es ist so, dass der Wandel oder die dynamischen Vorgänge die Entstehung von Dingen voraussetzen, und nicht umgekehrt, dass Wandel und Bewegung Attribut der Existenz von Dingen wären!

Mit der Annahme des Vorrangs von dynamischen Vorgängen in der ontologischen Hierarchie der Wirklichkeit wird Wang Fuzhis Aussage verständlich, dass das Sein von derivierten Phänomenen keine intrinsische Realität besitze,[622] was auch mit den oben betrachteten Aussagen Fang Yizhis übereinstimmt. Zu betonen ist, dass die Negation der intrinsischen Existenz von Einzeldingen und Phänomenen im analysierten Zitat mit der Affirmation des Vollzugs des Wandels in der fließenden Durchdringung (流通以成化) und der Wirklichkeit der Wogen des einheitlichen *qi* (渾然一氣流動充滿) einhergeht.

Interessant ist, dass mit der Annullierung einer direkten Entsprechung zwischen dem Sein und Nicht-Sein von Einzeldingen mit der Wirklichkeit auch die Aufhebung von dualistisch arrangierten Signifikationsbeziehungen, d. h. von Verhältnissen zwischen Zeichen und Inhalt, also außersprachlichen Referenten, bzw. zwischen Signifikat und Signifikant einhergeht. Die Dichotomien „Name" und „In-

619 Als Gegenbeispiel hierzu sei eine Definition aus einem durch den jesuitischen Missionar Giulio Aleni (1582–1649) im Jahr 1631 verfassten Werk *Grundregeln der Quantifizierung* (*Jihe yaofa* 幾何要法: 1.1b) angeführt: „‚Grenze' ist der Anfang und das Ende eines Dinges" (界者: 一物之始終). Zu Werk und Übersetzung des *jihe* nicht als ‚Geometrie', sondern als ‚Quantifizierung' siehe Engelfriet 1998: 341–344.

620 Vgl. Redder 2003: 7: „Die Eindeutigkeit der Grenze zwischen Beobachter und Beobachtungsgegenstand verschwindet zusehends zugunsten einer Vielfalt kontingenter Grenzziehungen."

621 Vgl. z. B. folgende Stelle im Zitat: „Dinge wandeln sich dazwischen, [alles] von Sonne und Mond, Gestirnen, Windstößen und Donnerschlägen, Regen und Tau bis zum Boden und den Steinen, Bergen und Hügeln, den Feuchtebenen, Flüssen, Gras und Bäumen, bis hin zu Menschen und Tieren – alles folgt diesem Ablauf und vollendet sich" (物化其中 自日月星辰風霆雨露 與土石 山陵原濕江河草木人獸 隨運而成).

622 Vgl. die Stelle im Zitat: „Das Seiende ist nicht mit dem Wirklichen identisch, das Nicht-Seiende ist nicht mit der Leere identisch" (有者非實 無者非虛).

halt“, „Form“ und „*qi*“ erklärt Wang als irrelevant.[623] Das bedeutet, dass hinter Formen und Namen – also sowohl im Fall von sprachlichen als auch von visuellen Zeichen – letztlich nicht nach einem reellen Referenten zu suchen ist.

Durch die kritische Beurteilung Wang Fuzhis hinsichtlich der Ordnungen, die sich von einer substanzialistischen Deutung des Himmels ableiten, lässt sich eine in dieser Arbeit bereits an anderen Stellen erwähnte Einsicht in eine Grundvoraussetzung hervorheben, die die Entstehung solcher Ordnungen begünstigt. Es lässt sich nämlich eine Art von Abhängigkeitskette beobachten, die von einem Aufstellen des Selbstbezugs und von einer entsprechenden Gegenüberstellung dieses Bezuges mit einem Objekt bis zum Aufstellen ontologischer und existenzieller Ordnungen führt. Interessant ist, dass schon im ältesten Kommentar zu demselben Kapitel des *Zhuangzi* von Guo Xiang die Abhängigkeit zwischen dem Konzept des Selbst, der Aufstellung von Grenzen zwischen dem Innen und dem Außen, existenziellen Kategorien und zeitlichen Ordnungen einen starken Ausdruck bekommt:

> 容成子曰: 除日無歲，
> (注: 今所以有歲而存日者, 爲有死生故也。若無死無生, 則歲日之計除。)
> 無內無外。
> (注:]無彼我則無內外也。)

> Meister Rong Cheng sprach: Eliminiert man die Tage, so gibt es kein Jahr.[624]
> (Kommentar: Der Grund dafür, warum es heutzutage eine Existenz von Jahren und ein Bestehen von Tagen gibt, ist, dass Sterben und Leben für existent gehalten werden. Wenn es kein Sterben und Leben gäbe, so könnte die Zählung von Jahren und Tagen gewiss eliminiert werden.[625])
> Es gibt kein Außen und kein Innen.[626]
> (Kommentar: Ohne [ein Unterscheiden von] „Andere“ und „Ich“ gibt es keine [Differenzierung zwischen] Innen und Außen.[627])

Das Alter und die Akkumulation von Tagen stellt Guo Xiang in eine direkte Verbindung mit den Kategorien des Lebens und des Todes. Wenn sie abgeschafft wären, wäre keine (akkumulierende, d. h. in Hinsicht auf Dauer und Alter ausge-

---

623 Vgl. die Stelle im Zitat: „Das Seiende ist nicht mit dem Wirklichen identisch, das Nicht-Seiende ist nicht mit der Leere identisch. Zhuang Sheng hat anhand dieser [Einsicht] die große Vollkommenheit des *Dao* gesehen: Im fließenden Durchdringen vollzieht sich der Wandel, und man darf nicht durch das [Differenzieren] von Form und *qi*, von Namen und Bedeutung den Nichtigkeiten verhaftet bleiben“ (有者非實 無者非虛 莊生以此見道之大園 流通以成化 而不可以形氣名義滯之於小成).
624 *Zhuangzi*, Zeyang: 885.
625 Guo, *Zhuangzi zhu*: 888.
626 *Zhuangzi*, Zeyang: 885.
627 Guo, *Zhuangzi zhu*: 888.

richtete) Berechnung von Jahren und Tagen möglich; auch eine Grenzziehung zwischen Innen und Außen des „Ich“ wäre grundlos.

Im dem hier analysierten Text Wang Fuzhis unterliegen praktisch alle Methoden einer umfassenden Kritik, die mit der Aufstellung des Selbstbezugs zusammenhängen: Sowohl qualitative als auch quantitative Attribute und Prädikate, die aus dem Subjekt hervorgehen und auf einen substanziellen Referenten bezogen sind, werden prinzipiell negiert. Eine spezielle Betonung können wir wiederum im Hinblick auf die Messbarkeit konstatieren.[628]

Wie diese Beispiele andeuten, lässt sich entsprechend der Auflösung des Bezugspunktes im Selbst das ganze Bezugssystem der darauf bezogenen Ordnungen und Grenzziehungen aufheben. Das Selbst, wie ein Ding unter anderen, erleidet das gleiche Schicksal und unterliegt den Bestimmungen der Prozesshaftigkeit.[629] Das nur „eingebildete“ Bild der Welt fällt in sich zusammen.

Mit der Ablehnung von Substanzdeutungen wird auch der normative Inhalt der von ihnen abgeleiteten moralischen und sozialen Ordnungen ausgehöhlt.[630]

Wie wir auch in den obigen Analysen der Kategorien *neng* und *suo* und am Zitat über die Methode der Zweiheit gesehen haben,[631] beruhen die Kategorien Wang Fuzhis nicht auf einer Zusammenfassung von Merkmalen, die einer Substanz zugeordnet werden könnten, sondern auf Analogien zwischen funktionalen Verhältnissen. Wie das zuletzt analysierte Zitat nahelegt, handelt es sich also vielmehr um das Aufweisen von Gesetzmäßigkeiten der Dynamik. Angesichts dieser Dynamik kann Wang Fuzhi die These der Gleichheit zwischen Dingen und Konzepten aufstellen. Diese Annahme macht Wangs Auslegung der Sentenzen *Zhuangzi*s etwa über die Gleichheit von Menschen und Dingen zum Himmel verständlicher.[632]

628 Vgl. im analysierten Zitat: „Erst wenn vom Menschen gemessen wird, entstehen die Unterschiede zwischen hoch und niedrig, zwischen Aufgang und Untergang“ (人之測之有高下出沒之異耳).

629 Vgl. im analysierten Zitat: „Man verwandelt sich nicht in ein Ding, das Ding und das, was von selbst in mir ist, wandeln sich im Einklang miteinander“ (己不化物 物自與我以偕化).

630 Vgl. im analysierten Zitat: „Deswegen [wird im *Zhuangzi* gesagt] ‚demjenigen, der sich den Himmel zum Lehrer nimmt, gelingt es nicht, sich den Himmel zum Lehrer zu nehmen.‘ Wenn es beim Himmel keine einheitlich bereitgestellten Normen und Regeln gibt – wie könnte man sich ihn da zum Lehrer nehmen?“ (故師天者不得師天天無一成之法則 而何師焉) und „Deswegen [bleiben] keine Spuren von Menschlichkeit und Gerechtigkeit [übrig], die orthodoxe Lehre ist grundlos, wozu nutzen ihre Beschränktheiten!“ (故仁義無迹 政教無實 而奚其囿之).

631 Siehe entsprechend Punkt 2.1 und 4.3.

632 Vgl. z. B. die Phrase im analysierten Zitat: „Deswegen gibt es keinen ‚Mensch‘, denn der ‚Mensch‘ ist identisch mit dem Himmel. Es gibt kein Ding, denn das Ding ist identisch mit dem Himmel“ (故無人也 人即天也 無物也 物即天也 得之乎環之中) mit der Sentenz aus dem *Zhuangzi* über die Fähigkeiten des Weisen (*shengren*), für den keine üblichen konzeptuellen Aufteilungen gelten: „Now, the sage has never begun to have a heaven, has never begun to have men, has never

Zu betonen ist wiederum, dass bei Wang Fuzhis Version der Gleichheit der Dinge[633] nicht nur – wie es hier weiter oben genannt wurde – die „horizontale“ Gleichheit, d. h. die Abwesenheit von einer definitiven Grenze zwischen komplementären Gegensätzen (z. B. Ost und West, groß und klein[634] usw.) behauptet wird, sondern auch die Gleichheit bzw. Einheit der Elemente in einer „vertikalen“ hierarchischen Ordnung Himmel – Mensch – Erde mit den Dingen. Die letztere Gleichheit sollte, davon wird hier ausgegangen, nicht in dem Sinn verstanden werden, dass es die gleichen Objekte sind, sondern so, dass sie nicht als Objekte konzeptualisiert werden dürfen und ihnen – als Nicht-Objekte – auch keine objekthaften Qualifizierungen und Quantifizierungen zukommen.

Wie oben schon bemerkt, betont Wang Fuzhi im Zuge seiner allgemeinen Zurückweisung der Referenzbeziehungen zwischen Namen und dem Wirklichen, dass „der Himmel“ ein leerer Name sei, der keinen objekthaften Referenten habe und daher nicht aufgrund eines solchen definiert werden könne. Anstelle von negierten substanzialistischen Ordnungen, quantitativen und qualitativen Bestimmungen, die einem Objekt zukommen würden, treten in Bezug auf den Himmel Charakterisierungen der kreisförmigen Bewegung, die, wenn aus der Perspektive von Objektbestimmungen gesehen, unbestimmt bleiben.[635] Bei einer nicht-substanzialistischen Sicht kommt es logischerweise zunächst zur Annahme einer minimalen Vorstellung über ein unbestimmtes, undifferenziertes Kontinuum, das unmessbar ist, keine Zweckgerichtetheit aufweist,[636] keine Einteilung in verschiedene Zonen zulässt und sich in der Mitte (wo sonst!) befindet oder genauer: bewegt.[637] Die Assoziation des Himmels mit der Mitte ist freilich ein traditioneller Topos. Bei Wang Fuzhi wird die Mitte nicht als physiographische räumliche Bestimmung konzipiert, die im Gegensatz zu anderen Zonen vorgestellt werden kann; er schafft eine logische Verknüpfung zwischen dem Konzept der Mitte, der Kreisförmigkeit und der Vorstellung von der Totalität und Undifferenziertheit des Himmels. In einem anderen Werk aus seinen

begun to have a beginning, has never begun to have things“ (夫聖人未始有天 未始有人 未始有始 未始有物) (Übersetzung Mair 1994: 256).

633 Vgl. auch den Titel des hier mehrmals zitierten Traktats von Fang Yizhi *Die Gleichheit des Ostens und des Westens*.

634 Vgl. auch die Beispiele aus dem Kommentar Wang Fuzhis zum *Xiaoyaoyou*, Punkt 2.2.

635 Vgl. im analysierten Zitat: „Bewegt sich inmitten des Kreises“ (運行於環中) und „Das Gefüge des Himmels ist nichts anderes als ein Kreis der undifferenzierten *huntian*-Totalität“ (天之體 渾然一環而已).

636 Vgl. im analysierten Zitat: „Es gibt keine Aktivität, obwohl es keine Inaktivität gibt; es gibt nichts, was geschaffen wird, obwohl nichts nicht geschaffen wird“ (無不為也而無為, 無不作也而無作).

637 Vgl. im analysierten Zitat: „Was sich im Zentrum des Kreises befindet, ist der Himmel“ (環中者 天也) und „die Verflochtenheit und die wechselseitige Verkoppelung ist äußerst eng, sodass es keine [Aufteilung in] Zonen und Gebiete gibt“ (相禪相承者至密而無畛域).

Gesamten Erläuterungen zu Lektüren der vier Bücher [des konfuzianischen Kanons] schreibt er:

> 盈天下只是個中 更無東西南北 盈目前只是個中 更無前後左右
>
> Was Alles-unter-dem-Himmel ausfüllt, ist nur eine Mitte, zusätzlich gibt es keinen Osten, Westen, Süden und Norden; was [den Bereich] vor den Augen ausfüllt, ist nur eine Mitte, zusätzlich gibt es kein vorne, hinten, links und rechts.[638]

Die einzigen im Text vorkommenden affirmativen Aussagen über den Himmel sind also solche sich in der Mitte vollziehende, auf kreisförmige Bewegung und Wandlung bezogene Bestimmungen. Die zeitlichen und räumlichen Parameter solcher nicht-objektbezogenen Bewegung werden anhand von Konzepten von Kreisen erfasst, die keine Standpunktnahme oder Objektbezüge voraussetzen. Die traditionelle Bezeichnung für die Gesamtheit aller räumlichen Gerichtetheiten (*liuhe* 六合) wird im Zitat in eine Vorstellung vom Kreis bzw. von der kreisförmigen Bewegung überführt;[639] auf gleiche Weise wird die Vorstellung über die sich aus der Perspektive menschlicher Berechnung auf lineare Weise entfaltenden Ordnungen zeitlicher Einheiten[640] in eine Vorstellung von Zirkulation überführt.[641] Die Überführung von linearen Abfolgen in eine Zirkularität[642] erinnert an ähnliche Schlussfolgerungen zur Kontingenz von Konzepten von „Anfang“ und „Ende“, „davor“ und „danach“, „vorne“ und „hinten“ sowie zur Standpunktlosigkeit in den oben analysierten Texten Fang Yizhis und Wang Fuzhis.[643] Sie unterstreicht, dass die zeitlich-räumlichen Parameter der Bewe-

638 Wang, *Du Sishu*, j. 7, Yao yue pian: Bd. 9, 6731.

639 Vgl. im analysierten Zitat: „Die Sechs Gerichtetheiten vereinen sich zum Kreis“ (六合 一環也).

640 Vgl. im analysierten Zitat: „Erst wenn Tag um Tag sich wiederholt, nennt man es ‚Jahr‘; wenn sich Jahr um Jahr wiederholt, nennt man es ‚Abschluss des Vergangenen‘“ (日復一日而謂之歲 歲復一歲而謂之終古).

641 Vgl. im analysierten Zitat: „der Anschluss des Vergangenen vereint sich zu einem [weiteren] Kreis“ (終古一環也).

642 Zwar auf unterschiedliche Weisen vollzogen, scheint die Dekonstruktion von den auf der Festsetzung des Standpunktes basierenden linearen zeitlichen und räumlichen Ordnungen und deren Umstrukturieren in eine zyklische Weise ein gemeinsames Anliegen für Wang Fuzhi und Fang Yizhi zu sein. Bei den beiden Philosophen spielen solche Begriffe wie ‚Aneinanderknüpfen, Verketten, Verbinden‘ (*guan* 貫), ‚sich verflechten‘ (*jiao* 交) sowie ‚zirkulär, rund‘ (*lun* 輪) und Kreis (*huan* 環) eine wichtige Rolle. Wang Fuzhi verwendet den aus *Zhuangzi* entnommenen Begriff des Kreises (*huan*) und übernimmt dabei zugleich Charakterisierungen, nach denen der Kreis als Symbol des Himmels angenommen wird.

643 Vgl. auch im *Zhuangzi*, Zeyang: 885: „The clansman Jan Hsiang located himself in the center of the circle of things, thereby following them along to completion and accompanying them without beginning and without end, without periodicity and without time“ (冉相氏得其環中以隨成, 與物無終無始, 無幾無時) (Übersetzung Mair 1994: 256).

gung unabhängig von den Kategorien und Parametern menschlicher Existenz erfasst werden.

Das, was sich im Kreis bewegt und sich wandelt, ist also der Himmel. Oder noch genauer: Der Himmel ist nicht „das, was", sondern wohl der Wandel in den verknüpften Kreisen selbst, d. h. die Totalität solcher potenziellen und aktuellen Wandel. Der parallele Aufbau der Phrasen 天之體渾然一環而矣; 通體一氣 und 渾然一氣流動充滿,[644] in denen sich das synonymische Verhältnis zwischen den Worten *hunran* und *tongti*, *yihuan* und *yiqi* andeutet, weist auf ein Verständnis des himmlischen Gefüges als Totalität und Unbestimmtheit, Bewegung und Transformation von *qi* hin.

Da für den Himmel keine Definition in Bezug auf Substanz und keine Prädikation möglich ist, wird er nicht als Objekt, das so oder so *ist*, behandelt, sondern als eine Art von Funktion (z. B. kreisförmiges Bewegen/Wandel), die so *genannt* oder unter der Kategorie des „Himmels" untergebracht werden kann.[645] Tatsächlich finden wir in Fällen, wo es sich um die Beschreibung des Wandels handelt, dass das, *was* sich wandelt, unbestimmt bleibt. In solchen Fällen ist das Subjekt der Bewegung nicht klar markiert. Es kann wohl die bewusste Vermeidung von Objektbezügen sein, der Wang auch in der grammatikalischen Struktur der Sätze treu bleiben möchte. In den Fällen, wo der Himmel oder genauer sein Gefüge (*ti*) jedoch als Substantiv auftaucht, wird, wie schon erwähnt, betont, dass das Gefüge des Himmels kein fixes Wesen ist, und also nicht auf substanzialistische Weise zu verstehen ist. Die mittelbare Weise der Definition des Himmels, nämlich durch sein Gefüge, bestätigt, dass keine direkte Gleichung mit einem Objekt und keine Definition des Himmels möglich ist, die auf einen konkreten Referenten verweist. Mit dem *qi* ist es wie beim Himmel: Es lässt sich nicht als eine Entität oder Substanz mit bestimmten Eigenschaften definieren.[646]

---

644 „Das Gefüge des Himmels ist nichts anderes als ein Kreis der undifferenzierten *huntian*-Totalität" und „Diese undifferenzierte Totalität wird durch die Wogen des einheitlichen *qi* erfüllt."

645 Darauf, dass diese Bezeichnungen von Modi und Phasen der Prozesse auf keinen Fall substanzialistisch oder wortwörtlich zu verstehen sind, und aus einer solchen Bezeichnung bzw. Definition der Funktion man keine Entität schaffen kann, wurde schon bei der Erläuterung des symbolischen Verständnisses der Lehre des *Buches der Wandlungen* hingewiesen. Vgl. z. B. die Überlegungen Fang Yizhis, in denen er betont, dass die Symbole für Prozesse nur als Symbole zu verstehen sind, nicht als Entitäten; siehe Punkt 3.1.

646 In diesem Zusammenhang lässt sich wiederum auf gewisse begriffliche Anstrengungen hinweisen, die die Kunsttheorien im Zusammenhang mit den Charakterisierungen des *qi* aufweisen, siehe Kapitel III, Punkt 4.2.

5.3 Kosmologische Implikationen des nicht-substanzialistischen Bezugssystems

Wie schon angedeutet, steht die Formulierung eines nicht-substanzialistischen Systems bei Wang Fuzhi in Verbindung mit der kosmologischen Theorie *huntian*. Dieses kosmologische Konzept fungiert im analysierten Zitat zunächst als ein Bindeglied,[647] anhand dessen der Bezug zu relativistischen Verständnissen bei *Zhuangzi* hergestellt wird. Wang Fuzhi behauptet nämlich, dass das *Zhuangzi* seine Sicht durch das Verständnis der *huntian*-Theorie erreicht hat.[648]

Bei der *huntian*-Theorie (渾天說) handelt es sich um die in der Han-Zeit entstandene kosmologische Theorie, die die ältere, sogenannte *gaitian*-Theorie (蓋天說), d. h. die Vorstellung vom Himmel als einer über der Erde aufgespannten Kuppel, durch die Vorstellung vom Himmel, der die kugelförmige Erde von allen Seiten umfasst, ersetzte.[649] Wang Fuzhi erläutert die Vorteile der zu seiner Zeit noch immer dominierenden *huntian*-Theorie im Vergleich zur *gaitian*-Theorie in seinen *Aufzeichnungen von Reflexionen und Fragen*.

Wie aus den detaillierten Auseinandersetzungen Wangs folgt, bestehen die Vorteile der *huntian*-Theorie darin, dass sie im Gegensatz zur *gaitian*-Theorie, die nur das Standbild der vom Äquator sichtbaren Teile des Himmels vermittelt, eine umfassendere Gestalt von Positionen und Bewegungen der Gestirne wiederzugeben vermag.[650]

Für Wang Fuzhi bedeutete jedoch die Ersetzung der *gaitian*- durch die *huntian*-Theorie nicht eine bloße Änderung in den Vorstellungen über die Formen des Himmels und der Erde. So wie Wang Fuzhi im oben analysierten Kommentar zum Zeyang-Kapitel des *Zhuangzi* andeutet, wird im *huntian*-Strukturmodell des Universums der Vorrang vom Prozesshaften (des Himmels) vor dem Formhaften aufgestellt. Aus der Perspektive der *huntian*-Theorie lässt sich die Kosmologie als eine strukturierte Totalität von Funktionen erschließen, in der sich die Erde, d. h. die Ebene von konkreten Dingen (wie etwa die im Zitat aufgelisteten Himmelskörper, Klimaerscheinungen, Steine, Berge, Flüsse, Pflanzen, Tiere, Menschen etc.), als Derivat dieser Prozesse formt.

---

647 Für eine Analyse der Anwendung dieses Konzepts in den Auslegungen des *Zhuangzi* siehe Xie 2001: 160–165.

648 Vgl. im analysierten Zitat: „Es ist wohl das *huntian*[-Modell], aus dem er seine Einsicht gewonnen hat" (蓋於渾天而得悟者).

649 Für die nähere Beschreibung der beiden Theorien sowie weitere Literaturverweise siehe Zhang 2015: 56–63.

650 Siehe Wang, *Siwen lu*: 62–63.

An mehreren Stellen unterstreicht Wang darüber hinaus, dass der traditionelle Vergleich der *huntian*-Theorie mit einem Ei nicht wortwörtlich so zu verstehen sei, als hätten die Erde und der Himmel tatsächlich die Form eines Eis bzw. von ineinander geschobenen Kugeln. Es handele sich vielmehr um eine symbolische Darstellung von nicht-substanzialistischen Ordnungen, bei welchen die Frage nach der Ursache der Bewegung, die sich außerhalb dieser Ordnungen befinde, nicht mehr relevant ist: „Wenn man noch darüber hinaus die Bezeichnung ‚Urbeweger des Himmels' ergänzt, so wäre das doch nichts anderes, als einer Schlange Füße hinzuzumalen" (於其上加以宗動天之名, 為蛇足而已矣).[651] Dass es bei Wangs Auslegung der *huntian*-Theorie in der Tat nicht um eine Vorstellung über eine bestimmte geometrische Form von Himmel und Erde geht, zeigt u. a. auch das folgende Zitat:

> 渾天家言天地如雞卵, 地處天中猶卵黃。黃雖重濁, 白雖輕清, 而白能涵黃使不墜於一隅爾, 非謂地之果肖卵黃而圓如彈丸也。利瑪竇至中國而聞其說, 執滯而不得其語外之意, 遂謂地形之果如彈丸 [...]。
> [...] 其或平或陂, 或窪或凸, 其圓也安在? [...] 則地之欹斜不齊, 高下廣衍無一定之形, 審矣。
> [...]
>
> Die Experten der *huntian*-Theorie sagen, dass der Himmel und die Erde einem Ei glichen. Die Erde befinde sich inmitten des Himmels wie ein Eigelb. Obwohl dieses „Eigelb" schwer und trüb und das „Eiweiß" leicht und klar sei, könne das „Eiweiß" doch das „Eigelb" enthalten und es nicht in eine Ecke fallen lassen. All das heißt nicht, dass die Erde, ähnlich dem Dotter, kugelförmig wie eine tatsächliche Kugel wäre! Als Li Madou [Matteo Ricci] nach China gelangte und von dieser Theorie hörte, hielt er an [der wortwörtlichen Bedeutung] fest und hat den Sinn jenseits der Worte nicht begriffen. In der Folge sprach er über die Form der Erde als eine Kugel. [...][652]
>
> Since it is in some places level, in other steep, in some places recessed and in other convex, then wherein lies its sphericity? [...] Thus from the earth's inclines, irregularities, heights, depths, and vastness, it is clear that it has no definite form. [...][653]

Die Kritik, die hier geäußert wird, ist in der Tat die Kritik an der spekulativen Zurückführung von irregulären Formen (der Erde) auf eine reguläre geometrische Figur und an der Objektivation dieser Vorstellung. Solch kritische Einstellung gegenüber den regulären Vorstellungen in der Astronomie und Geographie war unter den chinesischen Gelehrten des 17. Jahrhunderts verbreitet, und sie war auf zwei Objekte der Kritik gerichtet: einerseits auf die neokonfuzianische Kosmologie und die traditionelle geometrische Kosmographie, andererseits auf die Geometrisierung und Mathematisierung der Natur, die die chinesischen Ge-

651 Wang, *Siwen lu*: 62.
652 Nachfolgend der Text in der Übersetzung Hendersons (1994: 225).
653 Wang, *Siwen lu*: 63.

lehrten aus den Begegnungen mit den westlichen (von Jesuiten ins Land getragenen) naturwissenschaftlichen Arbeiten schon kannten.[654] So schreibt Henderson:

> The seventeenth-century recognition of imbalance, asymmetry and irregularity in the world and a preference for natural rather than geometric lines of division appear in the astronomical and geographical thought of the period as well as in its landscape art and moral philosophy. These inclinations even influenced the Chinese reception of the European cosmography and astronomy introduced into late Ming China by Jesuit missionaries. [...] Seventeenth-century scholars and astronomers criticized European celestial cartography and calendrics [...] arguing that Western astronomers had overlooked natural irregularities and anomalies in their quest for geometric order and mathematical precision.[655]

Interessant ist aber dabei, dass manche chinesische Gelehrte auch anerkannt haben, dass europäische astronomische Rechnungsmethoden bequem und fördernd für die Kalkulation seien. Ein Argument in der Verteidigung der einheimischen astronomischen und kalendarischen Rechnungsmethoden war nämlich, dass diese natürlichen Gliederungen und Zyklen (ggf. der Sonne und des Mondes) entsprachen.[656]

Im nächsten aufgeführten Zitat Wang Fuzhis klingt zudem wiederum seine Skepsis am Vermögen des menschlichen Sehens an, plausible Daten zu liefern, die als Ausgangspunkt für kosmologische oder erkenntnistheoretische Modelle eingesetzt werden könnten. In diesem Misstrauen gegenüber dem Sehen, das wir hier auch in einer kosmologischen Theoretisierungsperspektive bezeugt finden, zeichnet sich ein wesentlicher Unterschied zum kosmologischen Aufbau im Europa der Neuzeit ab, für den, worauf bereits einige Forscher hingewiesen haben, Visualität und Sehen eine große Rolle gespielt haben.[657]

Den Erläuterungen Wangs im anschließenden Zitat zufolge ist die Möglichkeit einer Berechnung des Umfangs der Erde unter anderem deswegen nicht gültig, weil ein einheitliches Kriterium bzw. eine unifizierte Messeinheit (wie etwa die Gleichheit der irdischen und der himmlischen Gradeinteilung) und ein universelles Bezugssystem für das der direkten Erkenntnis Zugängliche und Unzugängliche eine Fiktion ist! Mit anderen Worten können, so Wang, aufgrund dessen, was einer direkten Erkennt-

654 Henderson 1984 und 1994: 223–227.

655 Henderson 1994: 225–226.

656 Siehe die in Henderson 1994: 226 zitierte Einstellung Wang Xichans im Vorwort zu seinem *Xiaoan xinfa.*

657 Vgl. z. B. Dijksterhuis 2004: 29: „The eye being the fundamental instrument of observation, to Kepler a reliable theory of visual perception was indispensable for astronomers." Zur Wichtigkeit der Theorie des Sehens für die Licht-Theorie Newtons vgl. Hamou 2014; Jalobeanu 2014; Thaliath 2005. Vgl. auch die Erörterung Gosztonyis 1976: 2, Kap. 6, V.4 zum Gesichtsfeld als dominantem Faktor in der Raumbildung und die damit verknüpften Möglichkeiten für die kartographische Konzeptualisierung des Raumes.

nis zugänglich ist, keine Beurteilungen über die Maße und Formen in Bezug darauf formuliert werden, was einer direkten Erkenntnis nicht zugänglich ist. Man treffe solche nach Wang falschen Beurteilungen nur, weil man von der Annahme ausgehe, dass die Erde eine reguläre Form habe, was überhaupt nicht selbstverständlich sei, und weil man an die Möglichkeit glaube, anhand des menschlichen Wahrnehmungs- und Erkenntnisvermögens die kosmische Struktur zu erfassen.

> 利瑪竇地形周圍九萬裹之說, 以人北行二百五十里則見極高一度為準。其所據者, 人之目力耳。目力不可以為一定之徵, 遠近異則高下異等。當其不見, 則毫釐迥絕; 及其既見, 則倏爾尋丈; 未可以分數量也。[...] 今觀太陽初出之影, 晷刻數丈, 至於將中, 則徘徊若留, 非其行之遲速, 道之遠近, 所望異也。抑望遠山者見其聳拔蔽霄, 及其近則失其高而若卑, [...] 。[...] 何得以所見之一度為一度, 地下之二百五十里為天上之一度邪? 況此二百五十里之塗, 高下不一, 升降殊觀, 而謂可準乎? [...]

> In der Theorie von Li Madou, [die besagt], dass der Umfang der Erdform 90000 *li*[658] beträgt, wird ein Grad als Norm angenommen, die [sich daraus ergibt, wenn] man [noch] eine maximale Höhe sieht, nachdem man sich [von ihr] 250 *li* nach Norden bewegt hat.[659] Worauf das beruht, ist [nichts anders als] die menschliche Sehkraft; und die Sehkraft darf nicht als ein definitiver Beweis gelten. [Wie] sich Ferne und Nähe unterscheiden, so unterscheiden sich auch Höhe und Tiefe. Sobald etwas nicht gesehen wird, ist es winzig und äußerst entfernt; wenn es dazu kommt, dass es bereits sichtbar ist, ist es deutlich und man versucht es zu ermessen; aber es ist noch keine teilbare Quantität. [...]
>
> Wenn man nun den Schatten der gerade aufgegangenen Sonne betrachtet, sind die Segmente der Sonnenuhr mehrere Fuß [lang]; wenn die Mitte erreicht wird, dann verlangsamt er sich und es ist, als ob er verharrt. Tatsächlich ist es aber nicht die Verlangsamung der Geschwindigkeit oder eine Veränderung der Wegstrecke, sondern was gesehen wird, ist unterschiedlich. Wenn man einen entfernten Berg hinaufschaut, sieht man seine steil emporragende Höhe, die den Himmel verdeckt; wenn man sich ihm nähert, dann verschwindet seine Höhe und er ist gleichsam abgeflacht. [...] Wie aber kann man dann einen *gesehenen* Grad für einen Grad halten oder 250 *li* auf der Erde für einen himmlischen Grad halten? Und um wie viel abwegiger ist es noch, wenn diese 250 *li* am Boden, dort wo Höhe und Tiefe nicht einheitlich sind, Anstiege und Gefälle je unterschiedlich beobachtbar sind, als etwas benannt werden, dass als Kriterium fungieren kann? [...][660]

Die aus heutiger Perspektive offensichtlich fehlgeschlagenen Verneinungen Wang Fuzhis bezüglich der Form der Erde und der Möglichkeit einer Berechnung ihrer Größe und Distanzen beleuchten jedoch eine im damaligen Diskurs erkenntnistheoretisch gerechtfertigte Unzufriedenheit mit den Grundlagen und Ausgangspunkten eines mechanisch-substanzialistischen Weltbildes.

---

658 D. h. ungefähr 45.000 km.

659 Tatsächlich ergeben 250 *li* (= 125 km = 1 Grad) mal 360 (Grad) den Umfang von 45.000 km.

660 Wang, *Siwen lu*: 63–64.

Henderson fasst die von ihm im geographischen und kosmologischen Denken der Zeit hervorgehobene Betonung der Irregularitäten auf folgende Weise zusammen:

> Such anomalous movements were [for chinese scholars] not simply complicating factors for which adequate adjustments could be made in calculation. Rather, they were woven into the fabric of the cosmos. They made it unlikely that any cosmographical, astronomical, or geographical model, not just the nonary grid, could be serviceable for very long time.[661]

Henderson geht so weit, diese Ausrichtung der chinesischen Gelehrten mit den Postulaten der Chaostheorie zu vergleichen:

> There is a superficial resemblance between Qing scholars' anticosmography and contemporary chaos theory, which poses „a geometry of the pitted, pocked, and broken up, the twisted, tangled, and intertwined". For just as Qing scholars elevated anomalies and irregularities to the status of ultimate principles, so chaos theorists look upon „pits and tangles" as „more than blemishes distorting the classic shapes of Euclidian geometry. They are often the keys to the essence of a thing."[662]

5.4 Endlichkeit und Unendlichkeit

Einige weitere Kontraste zwischen dem nicht-substanzialistischen, *qi*-bezogenen und dem substanzialistischen Modell, die mit der Frage nach dem Raum direkt verbunden sind, sollen nun weiter betrachtet werden. Im Folgenden wird analysiert, wie die Frage nach der (Un-)Endlichkeit des Universums in den jeweiligen Systemen gelöst wird.[663]

Wie oben demonstriert wurde, ist in einem System von dynamischen Wechselwirkungen, die immanent sind, die Annahme einer äußerlichen Ursache und eines zusätzlichen „Trägers" für die Erklärung von Wirkungen nicht nötig, wie es in der mechanischen Vorstellung der Bewegung von physischen Objekten der Fall wäre. Es ist auch klar geworden, dass in einem solchen System keine zusätzliche metaphysische Ebene nötig ist, auf welche die absolute und letztendliche Ursache aller Bewegungen zurückgeführt werden könnte. Diese Feststellung erlaubt ein besseres Verständnis der Kritik Wang Fuzhis am Konzept der „ersten Ursache" bzw. des „Urbewegers", welches als überflüssig erscheint.[664] Da mit der Annahme der letzten Ursache eine (notwendi-

---

661 Henderson 1994: 227.

662 Henderson 1994: 227, Fußnote 121. Henderson zitiert nach James Gleick, *Chaos: Making a New Science* (New York: Viking, 1987), 94.

663 Zur ähnlichen Polemik in der europäischen Antike und im europäischen Mittelalter siehe Sarnowsky 1998.

664 Siehe Liu 2000: 108.

gerweise spekulative) Grenze eingeführt wird, die ein Ende für die Kette von Ursachen bildet, setzt dies auch die Endlichkeit eines solchen Universums voraus. Nicht zufällig klingt in der Aussage Wang Fuzhis „so ist die Endlosigkeit des Urbewegers“ (*zong dong tian zhi wu qiong* 宗動天之無窮) in einer wohl direkten Polemik mit der aristotelischen Weltsicht die Gewissheit an, dass das von ihm vertretene dynamische System von Wechselwirkungen eine widerspruchslose Vorstellung über die *Un*endlichkeit des Universums erlaubt. Die Überwindung des Widerspruchs zwischen Endlichkeit und Unendlichkeit, die aufgrund der Ausarbeitungen des *qi*-bezogenen Systems möglich wurde, wird unter anderem vor dem Kontrast mit früheren, aus der Mitte der Ming-Dynastie stammenden Überlegungen zu diesem Widerspruch deutlich. Nachstehend einige Beispiele für diese Überlegungen:[665]

> 天有極乎 極之外又何物也
> 天無極乎 凡有形必有極
>
> Gibt es beim Himmel einen Endpunkt?
> Welches Ding [befindet sich] jenseits dieses Endpunktes?
> Gibt es beim Himmel keinen Endpunkt?
> Alles Formhafte hat notwendigerweise einen Endpunkt![666]

Und:

> 或曰「無窮」, 既有形度, 安無窮盡?
> 或曰「有窮」, 天際之外, 當是何物?
> 或曰「天外有天」, 彼天之外, 又何底止?
> 夫人在天內, 耳目所知, 心思所及, 裁量知識, 亦此天內。
>
> Entweder sagt man [in Bezug auf den Himmel]: „Es gibt keine Begrenzung.“ Wenn es also ein Maß für die Form gäbe, wieso gäbe es denn also für dieses keine Begrenzung?
>
> Oder man sagt: „Es gibt eine Begrenzung.“ Welches Ding muss es dann sein, das sich jenseits der Grenze des Himmels befindet?
>
> Oder man sagt: „Jenseits des Himmels gibt es einen Himmel.“ Welches Ende gibt es dann wiederum jenseits jenes Himmels?
>
> Nun befindet sich der Mensch innerhalb der Himmels[welt]. Was seine Ohren und Augen wissen, wohin sein Herz-Bewusstsein und seine Gedanken reichen, was sein Klassifizierungs- und Systematisierungs[vermögen] erkennt, befindet sich ebenfalls innerhalb dieser Himmels[welt].[667]

---

665 Für diese und weitere Beispiele und eine Übersicht der Auseinandersetzungen mit dem Problem der Endlichkeit/Unendlichkeit in Bezug auf die *huntian*-Theorie siehe Liu 2000: 87–109.

666 Yang, *Sheng'an ji*, j. 74: [Zeilen 13–14]. Das Zitat stammt aus dem Werk von Yang Shen 楊慎 (1488–1559).

667 Wang, *Jiacang ji*, j. 41, Da tianwen: 716.

Die Problemkette, die hier beschrieben wird, ist folgende: Wie kann dasjenige, das Form und Maß besitzt, unendlich sein? Wenn es aber als endlich betrachtet würde, dann müsste man annehmen, dass hinter seiner Grenze noch etwas angenommen werden muss. Wenn dies der Fall ist, wie kann letztendlich eine Grenze für diese Unendlichkeit gesetzt werden?

Wie diese Art von Überlegungen zeigt, ist die Fragestellung nicht nur kosmologischer, sondern vielmehr erkenntnistheoretischer Art. Der Kern des Problems scheint in der Frage nach dem Verhältnis zwischen dem Empirischen und dem Spekulativen zu bestehen oder zwischen dem Bereich des der direkten Erkenntnis Zugänglichen, das notwendigerweise endlich ist, und der Möglichkeit, spekulative – oder in kantscher Sprache transzendente – Urteile zu treffen, die sich darauf beziehen, was außerhalb des Bereichs der möglichen Erfahrung liegt. Dort, d. h. außerhalb des Bereichs des Empirischen, findet aber nach Kant der „Widerstreit der transzendentalen Ideen" statt, was für ihn den antinomischen Charakter der reinen Vernunft belegt. Wie Liu Wenying bemerkt, scheinen tatsächlich die oben aufgeführten chinesischen Formulierungen der Frage nach der (Un-)Endlichkeit des Universums einer der vier kantschen Antinomien der reinen Vernunft in der *Transzendentalen Dialektik* ähnlich.[668] Im letzten Zitat ist darüber hinaus der spekulative und folglich unauflösbare Charakter solcher Fragestellungen klar erfasst und der Verzicht, sich damit zu befassen, was außerhalb des Vermögens der direkten Erkenntnis liegt, deutlich angesprochen worden. Diese Position entspricht der in dieser Arbeit besprochenen praxeologischen erkenntnistheoretischen Orientierung und insbesondere ihrem Pathos gegenüber dem Transzendentalismus der Song-Lehre.

Auch der erste der beiden Autoren dieser Überlegungen, Yang Shen 楊慎 (1488–1559)[669] vertritt eine klar von der Position der song-zeitlichen Metaphysik unterschiedene Ansicht: Angesichts der prinzipiellen Unzugänglichkeit des Wissens über das Universum, wie es ist, sollte man sich nach dem Vorbild der Weisen und Heiligen des Altertums (genauer dem des Konfuzius) nur mit den Angelegenheiten vorrangig befassen, die einer direkten Erkenntnis zugänglich sind:[670]

> 盖處於物之外 方見物之真也 吾人固不出天地之外 何以知天地之真面目 與且聖賢之學 切問近思 亦何必求知天外之事耶

668 Diesen Vergleich entwickelt Liu in 2000: 121–123. Die Auswahl der Zitate hier folgt Liu 2000: 121–123. Vgl. Kant 1956: 437–547.

669 Ein berühmter Gelehrter und Dichter der Mitte der Ming-Dynastie. Zur Person siehe Goodrich und Fang 1976: Bd. 2, 1531–1535.

670 Vgl. die Annahme der Existenz von Außen- und Innen[zonen] (有内外) im Universum bei Zhu Xi: 問: 「康節[邵雍]論六合之外, 恐無外否? 」 曰: 「理無内外, 六合之形須有内外。日從東畔升, 西畔沈, 明日又從東畔升。這上面許多, 下面亦許多, 豈不是六合之内！曆家算氣, 只算得到日月星辰運行處, 上去更算不得。安得是無内外? 」) (*Zhuzi yulei*, 1, j. 1, Liqi shang: 7).

> Es ist wohl so, dass erst wenn man sich außerhalb eines Dinges befindet, man das Wahre des Dinges sieht. Da wir Menschen gewiss nicht in ein Jenseits von Himmel und Erde hinaustreten [können], wodurch [könnten] wir dann das wahre Aussehen von Himmel und Erde erkennen? Zudem ist die Lehre der Weisen und Heiligen „das Befragen des Unabweisbaren und das Bedenken des Nahe[liegenden].“[671] Wozu sollte man danach streben, das Wissen über Angelegenheiten eines Jenseits des Himmels zu erlangen?[672]

Die in den obigen Texten enthaltene Kritik an den spekulativen Urteilen über das Universum ist derjenigen ähnlich, der wir bei den Auseinandersetzungen Wang Fuzhis mit der Form und der Größe der Erde begegnet sind.[673] Die beiden Positionen Wang Fuzhis und der früheren Autoren Yang Shen und Wang Tingxiang reflektieren eine streng negative Haltung gegenüber einem erkenntnistheoretischen Verfahren, bei welchem ausgehend vom Erkennbaren bzw. Wahrnehmbaren – und im Fall Wang Fuzhis oft speziell dem *visuell* Wahrnehmbaren – metaphysische Kategorien bestimmt und diese Bestimmungen als wahre angenommen werden.

Es scheint jedoch, dass wir bei Wang Fuzhi einen Fortschritt gegenüber den früheren Denkern im Aufbau von erkenntnistheoretischen und metaphysischen Modellen feststellen können und somit bei ihm eine andere Lösung (als das Ausweichen in den Bereich des Naheliegenden bzw. der direkten Erkenntnis Zugänglichen) der oben erwähnten antinomischen Auseinandersetzungen finden.[674] Während aber im Rahmen einer substanzialistisch verstandenen *huntian*-Theorie, bei welcher es um die Kugelförmigkeit von Himmel und Erde ging, es sich eben wegen der Formgebundenheit dieser Vorstellung nur um ein endliches Universum handeln konnte.[675] Die Antinomien waren also unvermeidlich. Genau wegen der Überwindung der Formgebundenheit

---

671 Die Phrase „das Befragen des Unabweisbaren und das Bedenken des Nahe[liegenden]“ (切問近思) stammt aus dem *Lunyu*, Zi Zhang: „There are learning extensively, and having a firm and sincere aim; inquiring with earnestness, and reflecting with self-application: – virtue is in such a course“ (博學而篤志, 切問而近思, 仁在其中矣) (Übersetzung Legge 1960, Bd. 1: 341). *Aufzeichnungen der Reflexionen zum Nahe*[*liegenden*] (*Jinxi lu* 近思錄) ist darüber hinaus der Titel eines Werkes von Zhu Xi und Lü Zhuqian 呂祖謙 (1137–1181).

672 Yang, *Sheng'an ji*, 74: [Zeilen 19–20].

673 In der Dichtung wird das Thema der (Un-)Möglichkeit einer objektiven Erkenntnis der Umwelt ebenfalls angesprochen, vgl. die berühmte Strophe aus einem Gedicht von Su Shi 蘇軾 (1037–1101) *Written On The Wall At West Forest Temple*“ (1084) (*Ti xilin bi* 题西林壁): „It's a range viewed in face and peaks viewed from the side//Assuming different shapes viewed from far and wide.//Of Mountain Li we cannot make out the true face,// For we are lost in the heart of the very place“ (横看成嶺側成峯, 遠近高低各不同。 不識廬山真面目, 只緣身在此山中). (Übersetzung Xu Yuan Zhong 1982: 160). Im Kapitel III wird das Thema der Kriterien für die künstlerische Erkenntnis und wahre Darstellung noch detailliert behandelt werden.

674 Den Hinweis auf diesen Fortschritt siehe in Liu 2000: 121. Die hier gewählte Formulierung dieses Fortschritts ist ähnlich, weicht jedoch von Liu 2000: 121 in einigen wesentlichen Zügen ab.

675 Vgl. Liu 2000: 106.

konnte Wang Fuzhi hingegen die Unendlichkeit des Universums („die Endlosigkeit des Urbewegers“) und die Grenzenlosigkeit der *qi*-Wirkungen (*wu ya* 無涯, *jie chong sai* 皆充塞) behaupten. Es geht nicht um die Form, die notwendigerweise endlich ist, sondern um die Funktionen. Wesentlich ist also bei dieser kosmologisch-metaphysischen und zugleich erkenntnistheoretischen Entwicklung genau die Überführung eines objektbezogenen bzw. substanzialistischen in ein dynamisches und funktionales Bezugssystem, das oben detailliert beobachtet wurde: Das Prinzip des Funktionierens kann man unabhängig von unterschiedlichen, konkret phänomenalen (endlichen) Derivationen dieser Funktionen weiterdenken und es als unendlich bzw. zyklisch verstehen. Mit anderen Worten ergibt sich aus dieser Überführung die Denkmöglichkeit der sich grenzenlos bis in die Unendlichkeit und auf allen Ebenen und in allen Maßstäben entwickelnden Bewegungen bzw. Funktionen, die alles durchdringen (*tong ti yi qi* 通體一氣). So wird Wangs Aussage über die unendliche Ausbreitung der *qi*-Wirkungen hinein in die Mikro- und Makro-Größen und zugleich die Einheitlichkeit und Gebundenheit dieser funktionalen Entfaltung verständlich: „Von der Winzigkeit eines Hirsekorns bis zur [Höhe der] sieben Leuchten – so ist die Endlosigkeit des Urbewegers.[676] Die unermessliche Höhe oben, die unermessliche Tiefe unten – all das ist das Eine“ (則自黍米之小, 放乎七曜以上宗動天之無窮, 上不測之高, 下不測之深, 皆一而已).

676 Hieraus kann man schlussfolgern, dass Wang das Konzept des „Urbewegers“ aus den Positionen des von ihm ausgearbeiteten Bezugssystems synonym mit dem *qi* bzw. den *qi*-Wirkungen deutet.

6 Zusammenfassung

6.1 Themenspektrum – Überblick

In diesem Kapitel wurden folgende Punkte ausführlich betrachtet:

a. Erkenntnis- und wahrnehmungskritische Einstellungen, die die Postulierung des Subjekts als fixe Bezugsinstanz epistemologischer Verfahren und metaphysischer Systembildungen betreffen.

Im Zusammenhang mit einer Kritik der Etablierung eines solchen Subjekts wurde – wie wir gesehen haben – der Aufbau des gesamten, dem Subjekt entgegengesetzten Feldes des Objektiven einer konsequenten Hinterfragung unterzogen. Dementsprechend konnte beobachtet werden, wie die Autoren auf solche Erkenntnisverfahren hinwiesen, die auf eine Relativierung jeglicher substanzialistischer Wesensbestimmungen abzielen. Solche Relativierungsansätze erwuchsen zum großen Teil aus einer tiefgreifenden Beschäftigung der Gelehrten mit dem *Buch der Wandlungen* und mit daoistischen Klassikern (vor allem dem *Zhuangzi*) sowie buddhistischen Texten. Beispielsweise wurde solchen Begriffsbildungen, die auf Annahmen der Existenz beständiger Entitäten beruhen und in deren Bezug eine propositionale Aussage im Sinne von „Sein" oder „Nicht-Sein", „falsch" oder „wahr" gemacht werden kann, sowohl ein ontologischer Status als auch eine Erkenntnisrelevanz systematisch abgesprochen.

b. Ausarbeitungen von nicht-substanzbezogenen Weltordnungen und Kategorienbildungen

Wie in diesem Kapitel gezeigt, ergibt sich neben der Kritik an den vorgenannten substanzorientierten Einstellungen in den analysierten Texten chinesischer Gelehrter des 17. Jahrhunderts auch eine alternative Systematik mit einer Reihe von je eigenen Begrifflichkeiten, Erkenntnisobjekten und Erkenntnisprozeduren. Im Rahmen solcher Systementwürfe und in regelmäßiger Ausrichtung auf den Wandel wurden die Konstanten und Kategorien als Gesetzmäßigkeiten der Prozesse und Funktionen aus situativen Zusammenhängen abstrahiert und zusammengefasst. Hieraus erwuchsen Verständnisse von grundlegenden metaphysischen Kategorien als nicht auf inhärente und unveränderliche Realitäten bezogen, sondern vielmehr als beständige *Funktionsweisen*.

Die kategorialen Ordnungsmodelle, die sich in einer Gesamtsicht auf das Universum als Totalität von Prozessen und Funktionen etablieren ließen, wurden in diesem Kapitel detailliert untersucht und zudem den substanzbezogenen Ordnungen gegenübergestellt.

https://doi.org/10.1515/9783110791860-009

c. Umkehrung des Verhältnisses zwischen dem Konventionell-Konstruktiven und dem Unbedingten

Eine der angenommenen Thesen war, dass die von den Gelehrten ausgearbeitete Wandlungssystematik eine fundamentale Umkehrung der einer substanzbezogenen Systematik zukommenden Kategorienordnungen vom Unbedingten und vom Phänomenal-Konventionellen voraussetzt. An Einzelbeispielen konnte nachvollzogen werden, wie bestimmte substanzbezogene Kategorien wie etwa Leben–Tod, Ding–Selbst, Sein–Nicht-Sein, Anfang–Ende und nicht zuletzt substanzbezogene räumliche Verhältnisse in die Kategorienbereiche des Phänomenal-Konstruktiven degradiert wurden.

d. Entwürfe einer prozessualen Systematik und damit assoziierte Raumauffassungen

Zugleich haben wir beobachtet, wie sich die von Subjekt- und Objektbezügen gelösten Parameter der phänomenalen Welt in eine Systematik von paarhaften Transformationsverhältnissen überführen ließen und als Derivierte bzw. Funktionsergebnisse dieser Verhältnisse in der prozessualen Systematik verankert wurden bzw. den Grundbezug auf unbedingte prozessuale Ordnungen „zurückgewinnen" konnten. Das Räumliche konnte somit als Parameter der Funktionsweise des prozessualen Systems aufgefasst werden. Mithilfe einer Reihe von Gegenüberstellungen zwischen den substanzialistischen und prozessualen Systemen wurden schließlich die Implikationen solcher Auffassung für die Verständnisse von raumbezogenen Konzepten wie „Leere", „Bewegung/Ruhe", „Endlichkeit/Unendlichkeit" herausgearbeitet.

Zusammenfassend lässt sich anhand der im Kapitel II vorgenommenen Rekonstruktionen festhalten, dass im Werk der Gelehrten des 17. Jahrhunderts ein bedeutender Schritt in der Transformation von substanz- und objektbezogenen Bezugsrahmen in prozessual-funktionale Systeme und einer damit einhergehenden Überwindung substanzialistischer Ansichten vollzogen wurde. Die Umsetzung dieser Transformation lässt sich im Umgang der Gelehrten mit kosmologischen, sozio-politischen, erkenntnistheoretischen, sprachtheoretischen und weiteren Fragestellungen nachvollziehen.

6.2 Vorausblick auf Kapitel III

Im nächsten Kapitel sollen die ästhetischen Positionen chinesischer Gelehrtenmaler des 17. Jahrhunderts rekonstruiert und im Hinblick auf prozessuale *qi*-bezogene ontologische Ordnungen systematisiert werden. Es wird zu fragen sein, ob die Struktur der Prozesse des Schaffens und der Wahrnehmung von Bildwerken analog zu oben analysierten erkenntnistheoretischen Positionen konzipiert wurde und ob sich diese Übereinstimmungen in der Begrifflichkeit der Kunsttheorien widerspiegeln. Eine solche Analyse der Bildgestaltung wird einen Einblick ermöglichen, wie die theoretischen Ausarbeitungen zu den prozessual-funktionalen Ordnungen von Weltprozessen in einem Bereich des Erfahrungswissens realisiert wurden.

Dabei ist es zum einen interessant, ob man auf der Erfahrungsbasis der Bildgestaltung zu jenen universalistischen und abstrakten Auffassungen gelangt, die hier im zweiten Kapitel in Bezug auf das Räumliche in seiner prozessual-funktionalen Systematik beschrieben wurden. Zum anderen werden Arten der Verknüpfungen bzw. Wechselverhältnisse zwischen Gesetzmäßigkeiten dynamischer Prozesse einerseits, und andererseits Gesetzmäßigkeiten der Kognitionsstrukturen untersucht, die eine phänomenale Welt mit einem phänomenalen Raum zustande bringen. Schlussendlich wird mit dieser Analyse des Räumlichen in der Bildgestaltung ein Verständnis davon gewonnen, wie die *qi*-bezogene prozessual-funktionale Systematik und die Ordnungen der räumlichen phänomenalen Welt ineinander konvergieren.

Abb. 1: Bildrolle *Inmitten der Berge das Quellwasser lauschend* 山間聽泉圖軸 von Mei Qing 梅清 (1623–1697). Sammlung des Museums Shanghai.

Kapitel III: **Der Raum in der Bildgestaltung**

1 Bildwelt – Weltbild als Vorstellung und Konstruktion eines psychologischen Raumes

Shitao 石濤 (1642–1707)[677] beginnt seinen Traktat *Aufgezeichnete Sprüche zur Malerei des Mönchs vom Bitteren Kürbis* (*Kugua heshang hua yulu* 苦瓜和尚畫語錄) mit einem kosmologischen Exkurs in die Ursprünge der Malerei:[678] Im ersten Kapitel seines Traktats „Linie" (*yi hua* 一畫) spricht Shitao über einen ursprünglich nicht-differenzierten Zustand des Kosmos, wobei die Anspielungen auf die im *Daodejing* vorkommende Begrifflichkeit sofort zu erkennen sind:

> 太古無法 太朴不散
> 太朴一散 而法立矣
>
> Das Allerälteste kannte keine Regel, das Allereinfachste zerstreute sich nicht;
> erst sobald sich das Allereinfachste zerstreute, waren Regeln aufgestellt.[679]

Und:

> 樸散則為器。
>
> Wird das Einfache zerstreut, so wird es zu einem [nützlichen] Gefäß.[680]

Nach dem Zerfall des idealisierten undifferenzierten Zustands des Ur-Altertums entsteht erst die Regel *fa* 法. Der Begriff der Regel lässt sich mit buddhistischen Konnotationen etwa als die Arten und Weisen der aktuellen Existenz, als ihr *modus operandi* verstehen.[681] Das Instrument dieser Gesetzmäßigkeiten, anhand derer sie sich verwirklichen oder durch die sie etabliert werden, ist Shitao zufolge „eine Linie". Die Linie ist zugleich der Anfang (wörtlich: die ‚Wurzel') alles Gegeben[seins] (*you*) und aller „Repräsentationen" (*xiang* 象). So führt Shitao auf:

677 Geburtsname Zhu Ruoji 朱若极, gehörte dem Kaiserhaus der Ming-Dynastie an. 1651 trat er in ein buddhistisches Kloster mit dem Mönchsnamen Daoji 道濟 ein. Später konvertierte er zum Daoismus. In der (Kunst)geschichte ist er überwiegend unter seinem Pseudonym (*hao* 號) Shitao 石濤 (‚Steinige Welle') bekannt. Weitere Informationen zur Person und zum Werk siehe Fong 1976; Vinograd 1977, 1995; Burkus-Chasson 1996; Hay 2001.

678 Eine Einleitung, in der der Ursprung des Kunstschaffens auf kosmische Anfänge zurückgeführt wird, war üblich für die chinesischen Kunsttheorien, worauf z. B. Stefen Owen in Bezug auf Ye Xies 叶燮 (1627–1703) Literaturtheorie hinweist (Owen 1992: 498–499). In den Theorien zur Kalligraphie und Malerei gibt es ebenfalls zahlreiche Beispiele solcher Einleitungen.

679 Shitao, *Hua yulu*, § 1: 13a.

680 *Daodejing*, § 28.

681 Die Auseinandersetzung mit dem Begriff „Regel" s. u., Punkt 4.1.

https://doi.org/10.1515/9783110791860-010

法於何立 立於一畫
一畫者衆有之本 萬象之根

Worin wird die Regel etabliert? Sie wird durch eine einzelne Linie etabliert.
Die „einzelne Linie“ aber ist die Wurzel von den vielen Dingen, die über Eigenschaften verfügen, die Basis der zehntausend Repräsentationen.[682]

In allen für diese Arbeit herangezogenen Übersetzungen[683] des Textes Shitaos wird *yi hua* als „Pinselstrich“ bzw. „brushstroke“ übersetzt. Dies scheint aber eine unbegründete Einengung der Bedeutung von Shitaos Konzept von Linie bzw. Linienzug zu sein. Auch begriffsgeschichtlich kann man zu dem Schluss kommen, dass in der kunsthistorischen Literatur des 20. Jahrhunderts, auch in der chinesischen, eine übliche Identifikation von *yi hua* 一畫 mit „Pinselstrich“[684] für den hier untersuchten Zeitraum eher unüblich war. Bezeichnungen für einen „*Pinsel*strich“ im engeren Sinne, die in kunsttheoretischen Texten der Zeit auftreten, sind *yi bi* 一筆, ‚Punkt‘ *dian* 點, ‚Strich‘ *cun* 皴 (oder konkrete Bezeichnungen von Arten der Striche, wie etwa ‚Hanfgewebe-striche‘ 披麻皴 usw.).[685] *Hua* 畫 wird hingegen entweder generisch für „Bild, Malerei“ als Gattung oder in verbalen Bedeutungen ‚malen, zeichnen‘ verwendet. In der spezifischen Bedeutung als Instrument der Malerei verwendet Shitao das *yi hua* erst im Kapitel 9 „Die Regel des *cun*-Pinselstrichs“ (*cunfa zhang* 皴法章) explizit:

一畫落紙 眾畫隨之

Als die Linie sich auf das Papier herabsenkt, folgen ihr vielfältige Linien. (Shitao, *Hua yulu* § 9: 15b)

---

682 Shitao, *Hua yulu* § 1: 13a. „Wurzel, Basis“ für *ben* und *gen* sind beides wichtige Begriffe im Daoismus (besonders in den Auslegungen des *Zhuangzi* bei Wang Bi 王弼 (226–249)) und im Tiantai-Buddhismus, siehe Kantor 2020.

683 Nürnberger 2009; Pohl 2007: 372; Hay 2001; Coleman 1978. Fong (1976) übersetzt *yi hua* als „One-Stroke Painting“, wobei er *hua* offensichtlich als „painting“ deutet und das Wort „stroke“ zur Wendung hinzufügt. Allerdings bietet Fong auch eine alternative Interpretation für *yi hua*: „Painting of Oneness“. Dabei begreift er die symbolische Bedeutung der Einheitlichkeit (*Oneness*) als Hinweis auf den politischen Kontext der Epoche Shitaos, vgl. hierzu Fong 2011: 39.

684 Die Gleichsetzung von „Linienzug“ *yi hua* 一畫 mit „Pinselstrich“ *yi bi* 一筆 scheint sich der westlichen Einflüsse (des Impressionismus) und eher westlichen Verständnissen der Spontaneität chinesischer Art zu verdanken, etwa: mit einem Linienzug (sie gleicht einem Atemzug) etwas zu vollbringen.

685 Eine Auflistung und Beispiele unterschiedlicher Arten von Strichen findet man in einem zeitnahen Malereihandbuch *Jieziyuan huazhuan* 芥子園畫傳) (1678) [*Mustard Seed Garden Manual of Painting*] (Übersetzung des Titels und des Werkes Sze 1956). Für eine Untersuchung der in der Epoche entstandenen Handbücher der Malerei siehe auch Park 2012.

Hier scheint Shitao aber den Begriff „eine Linie" in einem für die Malerei spezifischen Sinne mit dem Zweck zu verwenden, die allgemeine, für die (menschliche) Welt konstitutive Bedeutung der Linie mit der Malerei zu verknüpfen. Auf diese Weise verbindet er die malerische Darstellung mit den Anfängen der (menschlichen) Vorstellungswelt.

Im Fall dieses Traktats scheinen jene lexikalischen Bedeutungen von *hua* vorzuliegen, die im zeitlich nahestehenden *Kangxi-Lexikon* (*Kangxi zidian*) vorkommen:[686] erstens Linien in Tri- oder Hexagrammen des *Buches der Wandlungen*, zweitens wie beim Zeichen *hua* 劃 ‚teilen, aufteilen' (in Zonen), ‚abgrenzen' und – davon als metaphorische Erweiterung abgeleitet – ‚planen, ordnen, steuern' usw. Das im Wörterbuch für die zweite Bedeutung zitierte Beispiel entstammt einem Kommentar zu einem „Mahngedicht" (*zhen* 箴) im *Zuozhuan*:[687]

> (左傳·襄公四年) 芒芒禹跡畫為九州 (注畫分也)
>
> In [der Rubrik] des *Zuozhuan* zum vierten Jahr des Herzogs Xiang [heißt es]: Durch die sich in endlose Weiten ziehenden Spuren des Yu wurden die „Neun Kontinente" [Chinas] abgegrenzt. (Kommentar: *hua* bedeutet ‚aufteilen').[688]

In den frühen Beispielen bedeutet *hua* eine tatsächliche Linien- bzw. Grenzziehung zwischen Feldern usw., also das Teilen eines Territoriums, davon abgeleitet auch das Ordnen bzw. Steuern des Landes.

Die ursprüngliche Nähe zu Bedeutungen der Grenzziehung bzw. Linienführung des Malens bzw. Zeichnens einerseits, und des Aufteilens, Abgrenzens, Differenzierens und somit auch des Planens andererseits[689] kommt schon in einem früheren Werk zur Malereigeschichte vor: Zhang Yanyuan 張彥遠 (815–907) paraphrasiert in seinen fundamentalen *Aufzeichnungen zu berühmten Malereiwerken im Verlauf der Geschichte* (*Lidai minghua ji* 歷代名畫記) eine dem *Shuowen jiezi* entnommene Definition des *hua*:

---

686 *Kangxi zidian*: 763.

687 D. i. *Die Überlieferungstradition des Zuo[qiu] Ming [zu den Frühlings- und Herbstannalen]*, das früheste narrative Werk zur Geschichte des Staates Lu 魯, umfasst die Zeit von 722 bis 468 v. u. Z.

688 *Kangxi zidian*: 763. Interessanterweise wird im *Kangxi zidian* dieselbe Glosse ‚aufteilen' (*fen*) für die Verwendung von *li* 理 („Prinzip") im Kapitel „Aufzeichnungen über die Musik" (*Yueji* 樂記) der *Aufzeichnungen über die Adelsetikette* (*Liji* 禮記) angeführt, siehe *Kangxi zidian*: 733.

689 Das Zeichen *hua* hat zwei mittelchinesische Lesungen: hweaH (< OC *C-gwʕrek-s) und hweak (< OC *gwʕrek). Die zweite ist das Verb ‚markieren → zeichnen, malen' und komplett homophon mit *hua* 劃 (‚aufteilen, abgrenzen'). Vermutlich hat man das Klassenzeichen 刀 hinzugefügt, um den Unterschied zwischen ‚markieren, abtrennen' (mit 刀) und ‚zeichnen, malen' (ohne 刀) zu signalisieren, der durch metaphorische Erweiterung entstanden war. Die erste Lesung ist exopassivisch (Schuessler 2007: 283) ‚bemalt sein' bzw. nominal ‚was bemalt ist → Bild'. Ich danke Wolfgang Behr für die wertvollen Informationen.

畫, 畛也· 象田畛畔· 所以畫也·

‚*Hua*' bedeutet ‚Rain': er ähnelt dem Feldrain zwischen Ackerfeldern, d. h. ist das, womit man abgrenzt.[690]

Zhang zitiert das Zeichenlexikon allerdings mit einigen Änderungen, davon einer entscheidenden: In der im *Shuowen* vorkommenden Glosse zu *hua* heißt es nämlich:

畫 介也。象田四介。聿 所以畫之。

To paint is to make boundaries. [The graph] is an image of the four boundaries of a field; a brush is what one paints with.[691]

Im Zitat Zhangs fehlt also „der Pinsel". Paul Goldin, der Autor der hier aufgeführten Übersetzung der Glosse, fügt hinzu: „Without *yu* 聿 (brush), Zhang's *suoyi hua* 所以畫 makes no sense."[692]

Es scheint aber, dass nicht nur dieses Auslassen von *yu* 聿 Sinn ergibt; vielleicht war es sogar eine bewusste Änderung von Zhang Yanyuan, der das Zitat aus dem *Shuowen* durch die Auslassung einem Verständnis der Grenzziehung als einem Vorgehen annähern wollte, durch das die (malerische) Darstellung ermöglicht wird.

Ein Beispiel für die erste Bedeutung von *hua* aus dem *Kangxi zidian*, nämlich als Linie der Hexagramme, findet sich in einem hier bereits im erkenntnistheoretischen Teil zitierten Text von Fang Yizhi.[693] Seine Verwendung von *hua* legt nahe, dass eine Linie wie in den Hexagrammen als ein Stück dessen „was es tatsächlich gibt" (實有者), also als eine Art „aktualisierter Realität" aufgefasst werden konnte.

Ein anderes Beispiel aus den Kunsttheorien der Zeit, das den Versuch unternimmt, das Kunstschaffen gleichsam an den grundlegenden kosmischen Strukturen und Vorgängen zu beteiligen bzw. sie zu ihnen in eine Analogiebeziehung zu setzen, entstammt der *Darlegung des Subtilen in Angelegenheiten der Malerei* (*Huihua fawei* 繪畫發微) von Tang Dai (唐岱, 1673–1752):

自天地一闔一闢 而萬物之成形成象 無不由氣之摩蕩自然而成 畫之作也亦然 [...] 體陰陽以用筆墨

Seitdem [der Prozess] des Schließens und des Öffnens[694] des Himmels und der Erde [angefangen hat], und die Formen und Gestalten aller Dinge sich bildeten, gibt es nichts, was sich

690 Zhang, *Lidai minghua*, j. 1: 2.

691 *Shuowen jiezi*: 117b. Übersetzung Goldin 2018: 501, Fußnote 21.

692 Goldin 2018: 501, Fußnote 21

693 Siehe S. 134, Fußnote 428. Die dort zitierte Passage siehe in Fang, *Dongxi jun*, Sanzheng: 261.

694 Bemerkenswert ist die Verwendung von *he* 闔 und *pi* 辟 für ‚schließen' und ‚öffnen' hier: die ursprüngliche Bedeutung der Wörter bezieht sich auf das Schließen und Öffnen einer Tür *hu* 戶,

> nicht auf natürliche Weise aus den Resonanzen des *qi* gebildet hätte. Dasselbe gilt für die Werke der Malerei [...] *yin* und *yang* werden in ihr mit Pinsel und Tusche verkörpert.[695]

Zusammenfassend lässt sich also sagen, dass es wohl im Sinne Shitaos war, die „Linie" in einer metaphorisch ausgeweiteten Bedeutung als ein für die menschliche Ordnung konstitutives Element zu deuten, d. h. als ein universelles Mittel und Kategorisierungsinstrument, das die Entstehung der menschlichen Welt und die Verwandlung des ursprünglichen Allereinfachsten (*tai pu*) in eine für den Menschen handhabbare Ordnung erst ermöglicht.[696] Auf diese Weise hebt Shitao

---

also einer einflügeligen Art von Tür, die auf den Türbändern quasi von selbst hin und her schwingt. Die beiden Wörter wurden aber bereits in den Kommentaren zum *Buch der Wandlungen* für die Beschreibung von kosmischen Prozessen des „Schließens" und „Öffnens" des Universums umgesetzt. So findet sich im *Großen Kommentar* zum *Buch der Wandlungen* folgende Passage, wo *he* und *pi* (hier 闢 geschrieben) für die Trigramme für „Erde" (*kun* 坤) und „Himmel" (*qian* 乾) entsprechend verwendet wurden, und die Abwechslung beider die Wandlung (*bian* 變) ergibt: „Das ‚Schließen der Tür' wird *kun* genannt, das ‚Öffnen der Tür' wird *qian* genannt. [Die Abwechslung] eines ‚Schließens' und eines ‚Öffnens' wird ‚Wandlung' genannt. Unablässiges ‚Gehen' und ‚Kommen' wird „Durchdringen" genannt" ([...] 闔戶謂之坤, 闢戶謂之乾, 一闔一闢謂之變, 往來不窮謂之通) (*Zhouyi*, Xici shang zhuan: 556). Die Wörter kommen auch in anderen antiken Texten (z. B. *Li sao* und *Huainanzi*) vor.

In der untersuchten Zeit waren diese kosmologischen Vorstellungen bzw. Begriffe *he* und *pi*, einzeln oder zusammen verwendet, immer noch geläufig. So kommt eine Wendung mit *pi* in Ye Xies *Zu den Ursprüngen der Dichtung* (*Yuanshi* 原詩) vor: „Seit dem Eröffnen [...]" (自開闢以來 [...]) im Sinne „Seit dem Anfang des Universums" (Ye Xie, *Yuanshi*, Neipian shang: 16b). Unklar bleibt jedoch, ob das ‚Öffnen' in diesem Fall als einmaliges Geschehen oder als wiederholtes gemeint ist. Dong Qichang verwendet die Begriffe für Funktionen des menschlichen Körpers: „All die [Vorgänge von] ‚Steigen' und ‚Fallen', ‚Schließen' und ‚Öffnen' im menschlichen Körper sind in den zwei Augen [erkennbar]" (人身之升降闔闢皆在兩目), siehe Dong, *Chanyue*: 1803. Gleich nach dieser Ausführung zitiert er den daoistischen medizinischen Klassiker, den *Kanon des gelben Hofes* (*Huang ting jing* 黃庭經), wo die oben zitierte, leicht veränderte Passage aus dem *Großen Kommentar* zum *Buch der Wandlungen* vorkommt: „Die aufgehende Sonne, der untergehende Mond [gleichen dem] Aus- und Einatmen; die Sonne ordnet sich dem linken Auge zu, der Mond ordnet sich dem rechten Auge zu. Das ‚Öffnen' macht *qian* aus, das ‚Schließen' macht *kun* aus. Mal ‚schließen', mal ‚öffnen' – das wird das *Dao* genannt" (出日入月呼吸在左目日友目月 闢爲乾闔爲坤 一闔一闢謂之道) (Dong, *Chanyue*: 1803). In dieser Passage sind zwei Punkte bemerkenswert: erstens die Vorstellungen von Analogien zwischen Mikro- und Makrokosmen, zweitens die Vorstellung über die Funktionen der beiden, die anhand von Begriffen für physische (rhythmische) Bewegung vermittelt wird.

695 Tang, *Huishi fawei*, Ziran: 262b.

696 Vgl. mit den Auseinandersetzungen mit zeitlichen und räumlichen Grenzen, die erst ein Phänomen zustande kommen lassen, siehe Kapitel II, Punkt 3. Vgl. auch die tiefgehenden Analysen der Begriffe *zhufa* 諸法 und *xin* 心 im Werk Zibo Zhenkes (紫栢真可, 1543–1603), eines der „Vier prominenten Mönche" der Ming-Zeit, in Kramer 2016. Kramer zieht den Schluss, dass der Begriff *zhufa* Strukturen „eines jeden ‚In-die-Welt-Kommens'" repräsentieren (Kramer 2016: 92). Die

auch die spezifische Rolle der Malerei auf: Sie entspringt demselben Grund und ist auch ihrer Funktion nach der Entstehung der menschlichen Welt verwandt. Für Shitao ist es zudem offenbar wichtig, dass hier die Entstehung der Welt als Entstehung einer anschaulichen, bildlich vorgestellten Wirklichkeit vorgeführt wird.

Interessant ist zudem, dass auch Wang Fuzhi in einer Beschreibung des Erkenntnisprozesses, die er in Anlehnung an die buddhistische Bewusstseinstheorie und Begriffe der Nur-Bewusstseinsschule aufführte,[697] der Aufteilung des Erscheinenden in für das Bewusstsein fassbare Bereiche eine entscheidende Rolle zuwies:

> 識所顯著之相因區劃前境為其所知之域也。境立於内，量規於外。前五以所照之境為量，第六以計度所及為量，第七以所執為量。
>
> Dem Bewusstsein erscheinende Gestalten werden dadurch zu solchen Gebieten, die von ihm erkannt werden, dass die vordere Gegend (die Gegend, die vor [den Augen sich zeigt]) segmentiert wird. Die „Gegend" kommt im Inneren zustande, das „Abmessen" [d. h. die Erkenntnisweisen[698]] regulieren das Äußere. Das von den ersten fünf [Bewusstseinsstufen] beschienene Gebiet dient zum Abmessen/Maß [der Erkenntnis]; der sechsten [Bewusstseinsstufe] dient das, was Zählen und Vermessen erreichen, als Abmessen/Maß [der Erkenntnis]; der siebten [Bewusstseinsstufe] dient das, woran man sich fest anhält, als Abmessen/Maß [der Erkenntnis].[699]

Ein anderer wichtiger Punkt in der Theorie Shitaos ist die Rolle des Selbst (*wo* 我), die er in der „Etablierung der Regel der einen Linie" hervorhebt:

> 所以一畫之法乃自我立
>
> Daher wird die Regel der einen Linie doch aus dem Selbst etabliert.[700]

Dieser Hervorhebung des Selbst entspringen die in der Kunstgeschichtsschreibung des 20. Jahrhunderts verbreiteten Interpretationen, wonach Kunsttheorien

Rolle des *xin*-Bewusstseins versteht Kramer (in Bezug auf Zibo Zhenkes Verwendung) als „Herstellung von Ordnung durch die Stabilisierung [der] Anordnung [von sich im Prozess der unaufhörlichen Kommunikation, Aktualisierung und Neumontage befindenden beteiligten Elementen] in der Einheit von Wahrnehmen und Handeln" (Kramer 2016: 93).

697 Die Tatsache, dass auch ein solcher eher anti-buddhistisch, zugleich aber konstruktivistisch eingestellter Philosoph wie Wang Fuzhi doch auf buddhistische Bewusstseinstheorien zugreift, ist bezeichnend. Vgl. Wang Fuzhis Aufsatz *Zusammenhänge der Schule der* [*Dharma*]*kennzeichen* (*Xiangzong luosuo* 相宗絡索), wo er die entsprechenden buddhistischen Begriffe und Theorien kommentiert und erklärt. Einzelne Begriffe aus der buddhistischen Erkenntnistheorie (z. B. *xianliang* 現量, Skt. *pratyakṣa-pramāṇa*, etwa „Vermögen zur Präsenz") setzt er für seine Theorie und Kritik der Dichtung um. Weitere Ausführungen hierzu s. u., Punkt 7.

698 Skt. *pramāṇa*: „Erkenntnisweise, Erkenntnismittel" (wortwörtlich: ‚abmessen').

699 Wang, *Xiangzong luosuo*: 536.

700 Shitao, *Hua yulu*, § 1: 13a.

dieser Art eine „individualistische“ Praxis rechtfertigten.[701] Entsprechend der hier vorgeschlagenen Interpretation, die im Übrigen auch mit Versuchen einer buddhistischen Untermauerung solcher Theorien konform geht, wird hingegen die Rolle des (Selbst-)Bewusstseins für die Entstehung der Wirklichkeitsvorstellung, des „Welt-Bildes“ hervorgehoben. Die Rolle des Selbst, das, wie in Shitaos Theorie behauptet wird, der Ursprung der Regel von entlang der Linie gezogenen Gliederungen des Ursprünglichen ist, ähnelt einem weit verbreiteten Verständnis der Funktion des Bewusstseins als „selecting agency“ im Buddhismus:

> Choosing one out of several of the materials to present to its notice, emphasizing and accentuating that and suppressing as far as possible all the rest. [...] This view of consciousness [...] leads to the recognition of the efficacy of consciousness even in the matter of dealing with the physical world.[702]

Für Shitao, der – als Maler und Kunsttheoretiker – vor allem für die Allgemeingültigkeit der künstlerischen Erfahrung eintritt, ist die Verbindung oder sogar Identität der Funktionen des künstlerischen Schaffens und des Bewusstseins im Welt-(ordnungs-)schaffen von prinzipieller Bedeutung.

Interessanterweise kommt diese Deutung der Theorie des Shitao dem Verständnis des ästhetischen Raumes bei Cassirer recht nahe. Auch für Cassirer gehören künstlerische Anschauung und Darstellung zu den grundlegenden Weisen, auf welche die „universelle Aufgabe der Bestimmung und Grenzsetzung“[703] vollbracht wird, und auf welchen jeweilige Sinnordnungen aufbauen. Seinem Verständnis nach ist die Funktion der Darstellung „nicht ein bloßes passives Nachbilden der Welt, sondern sie ist ein neues Verhältnis, in das sich der Mensch zur Welt setzt“.[704] Das künstlerische Vorgehen, in welchem sich das Verhältnis zwischen dem schaffenden Subjekt und der sich vom ihm *aktiv* gestalteten und somit zum Gegenstand werdenden Vorstellung konstituieren, beschreibt Cassirer auf folgende Weise:

> Die echte „Vorstellung“ ist immer zugleich Gegenüberstellung; sie geht aus vom Ich und entfaltet sich aus dessen bildenden Kräften; aber sie erkennt in dem Gebildeten ein eigenes Sein, ein eigenes Wesen und ein eigenes Gesetz – sie lässt es aus dem Ich erstehen, um es zugleich gemäß diesem Gesetz bestehen zu lassen und es in diesem objektiven Bestand anzuschauen.[705]

701 Solche Interpretationen verdanken sich wohl auch den Einflüssen der europäischen Kunstgeschichte.

702 Kalupahana 1992: 17. Diese Ausführung macht Kalupahana in Bezug auf das Verständnis der Funktionen des Bewusstseins in der westlichen Psychologie bei William James. Mit diesen Verständnissen vergleicht Kalupahana die buddhistischen Bewusstseinstheorien.

703 Cassirer 2004: 417.

704 Cassirer 2004: 422.

705 Cassirer 2004: 423.

Ein Modell der Bildstrukturierung, bei welchem Raumordnung und Sinnkonstitution in einem Bild mit bestimmten Bewusstseinsmodalitäten und kognitiven Modi in Verbindung gesetzt werden, können wir auch einer Passage aus den *Miszellen aus dem Studio des Purpurnen Pfirsichbaums* (*Zitao xuan zazhui* 紫桃轩杂缀) des Li Rihua 李日華 (1565–1635)[706] entnehmen, einem Gelehrten-Beamten, Laienbuddhisten, bedeutenden Kunsttheoretiker und -kritiker der späten Ming-Zeit:

> 凡畫有三次第, 一曰身之所容, 凡置身處非邃密, 即曠朗, 水邊林下, 多景所湊處是也。二曰目之所矚也, 或奇勝, 或渺迷, 泉落雲生, 帆移鳥去是也。三曰意之所遊, 目力雖窮而情脈不斷是也。然有所忽處, 如寫一樹一石, 必有草草點染, 取態處。寫長景必有意到筆不到, 爲神氣所吞處, 是非有心于忽, 蓋不得不忽也。其於佛法相宗所云極迴色極略色之謂也。

> Im Allgemeinen verfügen Bilder über drei Ebenen. Die erste ist diejenige, die der Körper einnimmt. Der Ort, an welchem man ihn positioniert, sollte nicht eng und gedrängt, sondern weit ausgedehnt sein, zum Beispiel wenn am Ufer oder unter Bäumen von einem Ort aus mehrere Anblicke zu beobachten sind. Die zweite [Ebene] ist diejenige, welche das Auge fokussiert: Es mag eine seltsame, schöne Gegend sein, es mag eine vage Ferne sein, also zum Beispiel wenn an einem Ort ein Quell hinunterströmt und Wolken aufsteigen, oder wenn Segel vorbeigleiten und Vögel wegfliegen. Die dritte [Ebene] ist diejenige, in welcher die Idee-Intention (*yi*) schweift. Die Kraft der Augen ist erschöpft, die Bahnen der Sinnesverfassung bleiben jedoch ununterbrochen. Denn es gibt Stellen [auf dem Bild], welche man [ungestaltet] belässt, etwa beim Malen eines Baumes oder eines Felsens, wenn man die allgemeine Gestalt anhand von skizzenhaften Punkten und Tuscheflecken erfassen muss. Beim Malen einer längeren Szene wird es zwangsläufig vorkommen, dass etwas zwar durch die inneren Sinne, nicht aber vom Pinsel erfasst werden kann. Dies sind Stellen, die von der Kraft des Geistes durchdrungen werden. ‚Dies' und ‚das' sind mit Absicht ausgelassen, wohl weil es unmöglich wäre, sie nicht auszulassen. Wenn in der Faxiang-Schule von „Phänomenen der äußersten Ferne" und „Phänomenen des äußersten Geringsten" die Rede ist, so ist es dies, was gemeint ist.[707]

Die wichtigsten Thesen dieser Passage zusammengefasst:[708] Da in diesem Zitat keine deutlichen Hinweise darauf gegeben werden, ob die drei Ebenen auf die Strukturierung während des Malens oder auf die Bild*betrachtung* Bezug nehmen, ist anzunehmen, dass die drei Ebenen sich sowohl im Schaffens- als auch im Betrachtungsprozess durch die Wahrnehmungsaktivitäten des Malers bzw. des Betrachters erschließen, wobei die Beschaffenheit der jeweiligen Ebene mit einem jeweils anderen Wahrnehmungszustand korreliert.[709]

---

706 Zur Person und zum Werk siehe Goodrich und Fang 1976: 826–829; Brook 2012.

707 Li, *Zitao*: 287. Diese Übersetzung sowie die Analyse der Passage, leicht variiert, sind erstmals in Lukicheva 2016: 225–230 erschienen.

708 Eine detailliertere Analyse siehe in Lukicheva 2016: 228–230 sowie eine Abhandlung im Kontext buddhistischer Theorien der Visualität in Lukicheva 2020: 1081–1087.

709 Vgl. die Weise, wie in Li Rihuas Klassifikation von unterschiedlichen Räumlichkeiten des Bildes eine korrelative Beziehung zur Landschaft bzw. Landschaftserfahrung aufgebaut wird, mit

Auf der ersten Ebene lässt sich das bekannte malerische Motiv des sich in der Natur verweilenden Gelehrten erkennen. Der Ort, an dem sich der Gelehrte *körperlich* befindet („der Ort, den der Körper einnimmt" 身之所容), ist zugleich der Punkt der Wahrnehmung, „an dem mehrere Anblicke zusammenkommen" (多景湊).[710] Li Rihuas Beschreibung zufolge soll die erste Ebene eine für die Befindlichkeit des Menschen angemessene Umgebung bzw. einen Bereich darstellen, in dem sich der erlebte Raum entfaltet.

In der Beschreibung der zweiten Ebene kennzeichnet das Wort ‚sehen, in die Ferne schauen' (*zhu* 矚)[711] den Unterschied zum Wahrnehmungsmodus der ersten Ebene. Im Gegensatz zu den nahezu berührbaren Gegenständen der ersten Ebene werden hier die sich *im Sehen* zeigenden Motive in der körperlich unerreichbaren Ferne thematisiert, wobei sich die Grenzen materialisierter Räumlichkeit mit der

---

folgender Ausführung aus dem Traktat *Erhabene Kunde von Wäldern und Strömen* (*Linquan gaozhi* 林泉高致) von Guo Xi 郭熙 (ca. 1020 – ca. 1090): „Unter den Landschaften gibt es solche, in denen man reisen kann; auch solche, die man betrachten kann; solche, in denen man herumschweifen kann; und solche, die man bewohnen kann" (山水有可行者 有可望者 有可游者 有可居者) (Guo, *Linquan*, Shanshui xun: 1057ba). Hier werden den je verschiedenen Arten von Landschaften jeweils verschiedene Funktionen oder Verhaltensmodi zugeordnet, es kommt also die Idee zum Tragen, dass die Landschaft sich aus dem menschlichen Verhalten zu ihr und in ihr erschließt.

Für eine phänomenologisch orientierte Interpretation der Kunsttheorie Guo Xis sowie Angaben zur Person und zum Werk siehe Obert 2007: 331–363 und 500–538. Für Grundangaben zur Person siehe CDBD 2018.

Li Rihuas Theorie von den drei Ebenen enthält keinen expliziten Verweis auf Guo Xis Ausführung zu den Landschaftsarten, es scheint jedoch sehr wahrscheinlich, dass sie implizit darauf Bezug nimmt. Zu bemerken sind auch die Unterschiede zwischen den Theorien: Zum Beispiel spricht Guo Xi wohl von Typen natürlicher Landschaften, während bei Li Rihua drei Typen von Räumlichkeiten einem Bild zugehörig scheinen.

710 Das ‚Zusammenkommen' (*cou* 湊) markiert wohl den Bezug auf den Standort des Beobachters. Beim Wort *jing* 景 (‚Anblick, Außenschein, Szene') ist die Verknüpfung mit *guang* 光 (‚Licht') zu berücksichtigen, vgl. *HYDZD*: 1630). Diese Verknüpfung mit Licht – im Sinne des Lichts als Bedingung dafür, dass Objekte visuell sichtbar werden – kann man sich im analysierten Fall so vorstellen, als wären es die Lichtausstrahlungen, die von den Objekten zum Zentrum der Wahrnehmung kommen. Interessant ist hier jedoch die Perspektive: Nicht der Betrachter ist Ausgangspunkt der Projektion, sondern umgekehrt das Objekt.

711 Nach Wörterbuchglossen bedeutet *zhu* ‚etwas in der Ferne sehen, im Sehen fokussieren, sorgfältig anschauen' (*HYDZD*: 2702). Das Wort kommt in buddhistischen Texten vor. Seine Verwendung in der zitierten Passage anstelle von *wang* 望, einem anderen in den Bildbeschreibungen öfter anzutreffenden Wort für ‚in die Ferne schauen', ist bezeichnend und markiert wohl die buddhistischen Untertöne des Textes. In der hier analysierten Passage im *Śūraṅgama-sūtra* wird dieses Wort für eine solche Art des Sehens verwendet, die für das Erkenntnismodell Subjekt–äußere Welt vorkommt (vgl. Kapitel II, Punkt 1.1). Das ist also die Art und Weise des Betrachtens der äußeren Welt bzw. eine Betrachtung, bei welcher die äußere Welt „angenommen" wird.

zunehmenden Distanzierung auflösen. Mit dem Übergang zwischen den Ebenen findet offensichtlich auch ein Wechsel des Orientierungsrahmens statt: von einem solchen, in dem der Körper als Zentrum der Orientierung bzw. als *relatum*[712] für die räumlichen Verhältnisse agiert, hin zu einem solchen, in dem die gesehenen Objekte (ein Quell, Wolken, ein Segel, Vögel) die Organisation räumlicher Verhältnisse regulieren: Sie bzw. ihre Bewegungstrajektorien deuten die vertikale (Herunterströmen des Quelles, Emporsteigen der Wolken), horizontale (Vorbeigleiten des Segels) und tiefe (Wegfliegen der Vögel) Koordinatenachse und gestalten somit einen dreidimensionalen visuellen Raum.

Der Übergang zur dritten, der gedanklichen Ebene erfolgt als ein Überschreiten der Grenze des Sichtbaren und Repräsentierbaren („die Kraft der Augen ist erschöpft“ 目力窮 und „vom Pinsel nicht erfasst“ 筆不到). Dies ist ein Gebiet, in dem nur noch eine von sinnlichen Bezügen losgelöste Idee-Intention wandert (意之所遊) und das nur angedeutet werden kann („Stellen, welche man [ungestaltet] belässt“ 然有所忽處). Auf diese Ebene der Vergeistigung (爲神氣所吞處)[713] bezieht sich Li Rihuas Vergleich mit den Begriffen für feinstoffliche Phänomenen-Substanzen (*ji jiong se* 極迴色 und *ji lüe se* 極略色)[714] der buddhistischen Faxiang-Schule.[715]

Die skizzenhafte Darstellungsweise der Stellen – mit Punkten und Flecken – in der dritten Ebene ist ein „Belassen“ (*hu* 忽) gegenüber den im Detail dargestellten Objekten der ersten zwei Ebenen. Man könnte die Abwechslung der Betrachtungsregime eines auf diese Weise gestalteten Bildes – zwischen dem von direkter Wahrnehmung abgekoppelten mentalen Bezug einerseits, und der Fokussierung bestimmter, das Augenmerk anziehende (*qi sheng* 奇勝) Motive im Sehen (*zhu* 矚) andererseits – mit den anhand von kognitionswissenschaftlichen Methoden be-

712 Das ist die Bezugseinheit, mit deren Hilfe etwas verortet wird. Zu unterschiedlichen räumlichen Schemata der Orientierungsrahmen, Arten der Verortung und der entsprechenden Terminologie in der kognitiven Linguistik siehe Levinson 1996a, b, 1999, 2003; Tenbrink 2011.

713 Vgl. die „Freisetzung des Geistigen“ (*shen zhi suo chang* 神之所暢). Der Spruch stammt aus dem *Vorwort zum Malen von Berge-Wasser[landschaften]* (*Hua shanshui xu* 畫山水序) von Zong Bing 宗炳 (375–443). Zum Autor, seiner Kunsttheorie und Übersetzung des Werkes siehe Obert 2007: 203–243 und 432–443; für die ausführliche Behandlung des Begriffs *shen* 神 im Kontext der frühen Malereitheorien siehe Suter 2020.

714 „Phänomene der äußersten Ferne“ (*ji jiong se* 極迴色) und „Phänomene des äußersten Geringsten“ (*ji lüe se* 極略色) sind in der Faxiang-Schule Bezeichnungen für kleinste Partikel von Substanzen wie Licht, Lichtfarben, Himmelslicht, atmosphärische Farben (*ji jiong se*) und für kleinste Partikel von verdichteten Substanzen und Dingen (*ji lüe se*). Das Verständnis beider Arten von Phänomenen konstituiert sich durch die Aktivität des Bewusstseins, ist also eine mentale Vorstellung, ein *Konzept* von feinsten Substanzen der Welt. Siehe Ciyi (Hg.) 1988: 6, 5478.

715 Für Informationen zur Faxiang-Schule (als „Schule der dharma-Erscheinungen“, auch ggf. „Nur-Bewusstseinsschule“ bezeichnet) siehe Kapitel II, S. 100, Fußnote 305.

reitgestellten modernen Verständnissen der (Bild-)Betrachtung vergleichen. Für Sakkaden, ruckartige Bewegungen des Auges (im Gegensatz zu Fixationen), gilt:

> Die Hauptfunktion der Sakkaden ist es, den Blick an einen anderen Ort des Sehfeldes zu bringen, damit dieser mit dem scharfen fovealen Sehen analysiert werden kann. [...] Das Besondere an dieser raumgreifenden Bewegung ist, dass wir während ihrer Ausführung faktisch blind sind. Visuelle Information wird nur während der Fixationen aufgenommen; die hohe Geschwindigkeit der Sakkaden würde *eine unscharfe Wahrnehmung auslösen.*[716]

Wie oben hervorgehoben, ist die Entsprechung der in der Theorie der drei Ebenen beschriebenen Bildgestaltung zu diesem Wahrnehmungsvorgang anzunehmen. Man kann sich darüber hinaus vorstellen, dass der Maler beim Malen und Bildstrukturieren mit den jeweiligen Effekten der Betrachtung – z. B. der Abwechslung zwischen Fokussierung und Momenten unscharfer Wahrnehmung – rechnete: Die detailliert gemalten Stellen wären für Fixationen oder fokussierte Betrachtungen gemeint und die skizzenhaften Stellen für die Sakkaden, also Übergangsphasen. Laut den zitierten Verständnissen der Sehprozesse, lässt sich die Tatsache, dass trotz des blinden Sehens während der Sakkaden ein kohärentes Bild der äußeren Welt entsteht, dadurch erklären, dass die Kohärenz dieses Bild nicht nur von den durch den Blick bereitgestellten Informationen aus der äußeren Welt, sondern auch durch innerliche Einstellungen und Inhalte zusammengesetzt wird.[717] Auch der Theorie der drei Ebenen zufolge wird zwar an den „gelassenen", nur skizzenhaft angedeuteten Stellen die Differenzierung zwischen gegenständlich dargestelltem ‚dies' und ‚das' (*shi fei* 是非) irrelevant, die allgemeine Gestalt wird jedoch erfasst (*qu tai* 取態).

Die Verbundenheit der gesamten Komposition trotz ihrer Segmentierung in Ebenen, die mit je bestimmten Wahrnehmungszuständen korrelieren, wird in Li Rihuas Ausführung anhand des Begriffs „Bahnen" (*mai* 脈) in Bezug auf die von der Betrachtung ausgelöste „Sinnesverfassung" (*qing* 情) verdeutlicht.[718] Diese „Bahnen der Sinnesverfassung" lassen sich als eine intentionelle Ausrichtung verstehen, die alle Bewusstseinsmodi bzw. kognitiven Ebenen verbindet und ununterbrochen bleibt

---

716 Kliegl et al. 2015: 78. Hervorhebung im Zitat *PL*.

717 Vgl. Kliegl et al. 2015.

718 Charakteristisch an der Wendung *qingmai* ist die Zusammenführung der Vorstellung von „Sinnesverfassung" (*qing*) mit der Vorstellung von den sie leitenden Strukturen (‚Leitbahnen, Adern', *mai*). Im 17. Jahrhundert taucht der aus der Geomantik (*fengshui* 風水) übernommene Begriff ‚Drachenadern' (*longmai* 龍脈) in der Theorie der Landschaftsmalerei im Sinne von „struktureller Parameter der Landschaft" auf, siehe z. B. Pang 1992: 183–185; Hearn 2008: 12, 56. Am Begriff ist der Zusammenhang zwischen Merkmalen äußerer Landschaft und innerer Einstellung interessant, nach welchem die „Realisierung" der Sinnesverfassung sich an den sowohl dem Körper als auch der natürlichen Landschaft innewohnenden Strukturen orientiert.

(情脈不斷). Dieser „Intentionszug“, und nicht etwa die Einheitlichkeit der Darstellung eines homogenen Raumes, ist das, was die Ganzheit der Bildwelt voraussetzt.

Im Verständnis der in der Struktur des Bildes angelegten Kognitionszustände, die in einer hierarchischen Struktur der Wahrnehmung materieller Objekte durch eine sich allmählich auflösende Materialität im Sehen bis hin zum Erfassen feinster Schichten der Existenz aufsteigen, und in der Vorstellung von einer bestimmten intentionalen Ausrichtung des Umweltbezugs, die all die Zustände zu einem vereinheitlichten Bild von der Welt verbindet, kann der Einfluss der buddhistischen Bewusstseinstheorien deutlich identifiziert werden. Zum einem scheint die Klassifizierung der drei Ebenen des Bildes einem im Rahmen der *Yogācāra*-Schule bzw. ihrer chinesischen Fassung, der Nur-Bewusstseinsschule, entwickelten erkenntnistheoretischen Modell von „drei Welten“ (Skt. *tridhātu*) zu entsprechen.[719] Zum Konzept der ersten Welt (*kāma-dhātu*) gibt Lusthaus folgende Ausführung:

> As humans we „live“ primarily in the desire realm. [...] To say we primarily live in the desire realm means that to us life and its meanings generally derive from how, by way of pleasant and painful experience, we *interpret* the world through our senses. Moreover, the will-to-meaning and the will-to-life are derivative processes of a fundamental desire or urge that there be a world of objects so constituted that this desire can locate and attempt to satisfy itself within such a world, constructing and interpreting the world to ‚be‘ what this desire desires.[720]

Zur zweiten Welt (*rūpa-dhātu*) bzw. zum Konzept *rūpa* schreibt Lusthaus:

> *Rūpa*, though generally translated as ‚form‘ or ‚materiality‘, in this model displays few of the characteristics usually associated with ‚matter‘ in Buddhist thought. If anything, it denotes a realm whose properties are best understood as formal thought. The modern notion of Formal Logic as a logic radically separated from any empirical content would be located, by the Buddhist, in this *rūpa-dhātu*.[721]

Vgl. schließlich die Beschreibung zur dritten Welt (*ārūpya-dhātu*) vom selben Autor:

> The *ārūpya-dhātu* is described as a series of ever expansive boundless realms, i. e., as one progresses through the formless realm, boundaries or restrictions are stripped away. [...] successively vaster and more inclusive horizonal margins are uncovered and stripped away. One’s awareness becomes coterminal with the full expanse of each realm as one sees

719 Vgl. hierzu besonders die Ausführung von Lusthaus 2002: 83–109; weitere Forschung zu diesem Modell ist in Lusthaus 2002: 102, Fußnote 2 aufgelistet. Lusthaus übersetzt *tridhātu* als „three realms“ und „three existential horizons“ (Lusthaus 2002: 83).

720 Lusthaus 2002: 83.

721 Lusthaus 2002: 83.

how each underpins the preceding realm, and the defining margins of each level are erased in turn until one achieves direct experience of marginality itself.[722]

Zum anderen erscheint der Einfluss des buddhistischen Modells auf die Theorie der drei Ebenen darin zu bestehen, dass – wie aus Li Rihuas Ausführungen ersichtlich wird – keine undurchdringlichen Scheidewände zwischen körperlichen, visuellen (formalen) und rein gedanklichen Wahrnehmungs- bzw. Kognitionsmodi bestehen: Sie gehen sukzessiv ineinander über und sind alle durch einen „Intentionszug" bzw. eine einheitliche mentale Organisation verbunden. Dies entspricht der These „*Yogācāra* emphasized the connections among three different layers of psycho-physical reality"[723] und der bekannten Formel der Nur-Bewusstseinsschule: „Die drei Welten sind nur Herz-Geist" (三界唯心).[724] Dass die sich im Bereich des *ārūpya-dhātu* (d. h. der „dritten Welt" des *tridhātu*-Modells) offenbarte Räumlichkeit (*ākāśa*) und „grenzenloses Bewusstsein" (*ananta vijñāna*) sich auch *innerhalb* des Bewusstseins entfalten, beschreibt Lusthaus auf folgende Weise:

‚Boundless consciousness' involves awareness of the fact that wherever awareness occurs, such that it may (dis-)locate itself anywhere, awareness is always within or of consciousness. While ‚things' may be located in *ākāśa*, which stands for the raw possibilities of the arising of things, being aware of boundless *ākāśa* is an act that takes place in consciousness, i. e. it is always of experience. [...] It is the ubiquity and limitless abilities of consciousness that one becomes aware of.[725]

Durch solche Bezüge auf die im Buddhismus angelegten erkenntnistheoretischen Hintergründe lässt sich also die Theorie der drei Ebenen nicht nur als eine Kompositionslehre verstehen. Es entfaltet sich vielmehr ihr Verständnis als eine Lehre über bildliche Vergegenwärtigung und Versinnbildlichung der psychophysischen Wirklichkeit.

Es ist wohl hilfreich, wenn nun die Ausführung Shitaos zur Rolle des Selbst im Aufstellen der Norm, durch die die Bildwelt entsteht, mit Li Rihuas Modell einer räumlichen Entfaltung der unterschiedlichen kognitiven Modi verknüpft und diese schließlich dem cassirerschen Verständnis von der ästhetischen Raumbildung bzw. der künstlerischen Vorstellung gegenübergestellt werden. Das Modell Li Rihuas lässt sich mit Cassirers Überlegung zum ästhetischen Raum im Sinne des auf S. 225 aufgeführten Zitats vergleichen. Bei Cassirer spielt die nicht nur im Physischen, sondern auch als Sinndimension verstandene Distanzierung

722 Lusthaus 2002: 84.
723 Rambelli 2013: 19.
724 Zur Geschichte der Formel siehe Hammerstrom 2010. Zum zweiten Teil dieser Formel „10.000 *dharmas* sind nur Bewusstsein" (*wanfa weishi* 萬法唯識) siehe Kap. II, S. 100, Fußnote 305.
725 Lusthaus 2002: 93.

für die ästhetische Objektkonstitution ebenfalls eine wichtige Rolle, ganz so wie bei Li Rihua unterschiedliche kognitive Modi in ihrer räumlichen Entfaltung im Bild je entsprechende Distanzwerte erhalten: „Denn als Inhalt der künstlerischen Darstellung ist das Objekt in eine neue Distanz, in eine Ferne vom Ich gerückt – und in ihr erst hat es das ihm eigene, selbstständige Sein, hat es eine neue Form der ‚Gegenständlichkeit' gewonnen."[726]

Ein solches Konzept von der Konstitution des Raumes durch Gegenüberstellung bzw. Polarisierung des „Ich" und dessen, was dem „Ich" gegenübersteht – und folglich eine entsprechende Festlegung der Rolle des „Ich" als des „raumerzeugenden Selbst" einerseits, und der Bedeutung der Ferne als Grundlage der Raumkonstitution andererseits –, findet man darüber hinaus in einer Reihe europäischer phänomenologischer und psychologischer Ansätze zur Raumforschung in den 1920er Jahren.[727]

Ausarbeitungen zur psychologischen Bedeutung der Nähe und Ferne in der Raumkonstitution wurden überdies in den Arbeiten zur Sozialpsychologie des Raumes in den 1970er Jahren auf folgende Weise zusammengefasst:

> Was mir fern ist (oder liegt), nahe ist (oder steht), sind sicher wesentliche Momente des „gestimmten Raumes",[728] [...] ist aber auch konstitutiv für den orientierten Wahrnehmungsraum, der sich in der Regel nach Nähe und Ferne artikuliert, und in dem die Dinge, je weiter sie in der Tiefe des Raumes angeordnet sind, perspektivisch zusammenrücken, luftperspektivisch verblassen, unbestimmter werden, bis sie, unseren anschaulichen Horizont bildend, als Grenze unseres aktuellen Wahrnehmungsfeldes auf das verweisen, was „hinter" dem Horizont liegt [...].[729] Diese – wie weitere dem Handlungsraum zuzuordnende Elemente – bilden das, was erlebnis-, vor allem gefühlsmäßig als die Anmutungsqualität der Ferne imponiert, die von den Dichtern besser besungen als von den Wissenschaftlern beschrieben, jeder Alltagserfahrung vertraut ist.[730]

---

726 Cassirer 2004: 423.

727 Zum „raumerzeugenden Selbst" und dem ihm „diametral gegenüberstehenden", jedoch „ich- und standpunktbezogenen" Raum vgl. z. B. die Raumtheorie Harald Lassens (1939), hier zitiert nach Gosztonyi 1976: Bd. 2, 905–908. Wie Gosztonyi bemerkt, geht Lassen in seiner Interpretation des Verhältnisses Raum–Ich polemisch gegen Heideggers „In-der-Welt-Sein" vor. Im Gegensatz zur Vorstellung des „Enthaltenseins" interpretiert Lassen die Ich-Erfahrung der Welt als „räumliches Gegenüber".

Zur Ferne als „Grundlage der Raumkonstitution", als „Erlebnisinhalt" sowie zum sich „in die Ferne entfaltenden Empfinden" vgl. die Analyse des Raumerlebnisses bei Erwin Straus (1956). Hier zitiert nach Gosztonyi 1976: Bd. 2, 914.

728 Im Text wird auf Binswanger, L., „Das Raumproblem in der Psychologie", in: *Zeitschrift für Neurologie*, 1933; Ströker 1965; Kruse, L., *Räumliche Umwelt*, Berlin, 1974 verwiesen.

729 Zur Horizontstruktur bzw. Perspektivität der Wahrnehmung wird im Text auf van Peursen, C.A., „L'horizon", in: *Situation*, 1954, 1; Graumann, C.F., *Grundlagen einer Phänomenologie und Psychologie der Perspektivität*, Berlin, 1960; Linschoten, J., „Die Straße und die unendliche Ferne", in: *Situation*, 1954, 1; Linschoten, J., „Anthropologische Fragen zur Raumproblematik", in: *Studium Generale*, 1958, 11 und Gosztonyi 1976 verwiesen.

730 Kruse und Graumann 1978: 182.

Die Bedeutung der Ferne als am Rande der Wahrnehmung und physischer Erreichbarkeit liegenden Bereich, der aber gerade *wegen* dieser Unerreichbarkeit für dichterische – assoziative und vorstellungsmäßige – Verfahren anregend wirkt, scheint dem Verständnis der Ferne als Bereich, wo der Gedanke schweift, in der Theorie Li Rihuas nahezukommen. Im Modell Li Rihuas kann man zudem einen detaillierteren Einblick bekommen, wie die Konstitution des Objekts sowie der ihm zukommenden Eigenschaften (etwa „Realitätsgrad", Manifestation als physische oder begriffliche Entität und dementsprechend auch physische oder geistige Erreichbarkeit, Grad der Dynamik, Verhältnis bzw. Wirkungsweise auf den Betrachter bzw. Maler usw.) entsprechend den jeweiligen Wahrnehmungs- und Kognitionsmodi *und* nach Maß der Entfernung unterschiedlich sind. Grob ausgedrückt: Je ferner, desto gedanklicher, je näher, desto sinnlicher.[731] Besonders wichtig erscheint es, dass im Modell Li Rihuas kein *einheitliches* räumliches Feld, das die drei Ebenen vereinigen würde, präsupponiert wird, was auch bedeutet, dass die Raumkonstitution – im Bild wie auch in der Vorstellung – nicht auf einem einheitlichen, vorgegebenen räumlichen Layout fußt.

Dass die Konstitution bestimmter Raumordnungen in eine Abhängigkeit von Subjekt-Objekt-Verhältnisbestimmungen gesetzt wird, haben wir im Kapitel zu erkenntnistheoretischen Einstellungen der untersuchten Zeit beobachtet.[732] Wie nun die Belege aus den kunsttheoretischen Gelehrtentraktaten zeigen, werden Raumwerte nicht abstrahiert von, sondern im Zusammenhang mit kognitiven und sensomotorischen Parametern der Selbstorientierung und des Objektempfindens behandelt – in den Worten Elisabeth Strökers als „keine attributiven Bestimmungen der gewahrten Dinge, sondern meine Weise des Gewahrens".[733] Dass die Bildraumordnung in engem Zusammenhang mit psychologisch-kognitiven Para-

---

731 Vgl. die im Rahmen der *Construal Level Theory* in der Sozialpsychologie untersuchten Zusammenhänge zwischen zeitlicher/räumlicher Distanz und dem Grad der mentalen Abstraktion: „Ob ein Ereignis eher abstrakt (*high-level*) oder konkret (*low-level*) repräsentiert wird, hängt [...] auch von der psychol. Entfernung i. Allg. ab, das bedeutet, wie weit das Ereignis von der unmittelbaren Erfahrung entfernt ist (z. B. zeitlich, räumlich, sozial oder hypothetisch) (Gawrilow et al. 2022).

Zusammenhänge zwischen geistigen Transformationen und physischer Bewegung bei einer Reise bzw. bei der Betrachtung einer Landschaft war für die stark von daoistischen und buddhistischen religiösen Lehren beeinflusste chinesische Landschaftsdichtung aus der Zeit der sechs Dynastien (六朝, 222–589) ebenfalls zentral. Vgl. z. B. die Beschreibung eines Bergaufstieges als geistigen Weg zu den entsprechend dem physischen Aufstieg erfolgenden Offenbarungen in der Ode „Bereisen des Berges *Tiantai*" (遊天台山賦) von Sun Chuo 孫綽 (320–377), siehe z. B. Kirkova 2008.

732 Siehe hierzu besonders Kap. II, Punkt 2.3 und die Beispiele zu „egozentrischen" Ordnungen (vorne/hinten usw.) dort.

733 Ströker 1965: 34.

metern, und nicht nach einer Vorstellung eines einheitlichen räumlichen Layouts bestimmt wurde, zeigt das folgende Beispiel noch deutlicher.

In seinem Traktat *Abhandlungen zur Malerei des in der Bergruhe Verweilenden* (*Shan jing ju hualun* 山靜居畫論) gibt der Maler und Theoretiker der Qing-Zeit, Fang Xun 方薰 (1736–1799) Anweisungen dazu, wie die räumliche Struktur des Bildes der bestimmten Idee-Intention *yi* 意 folgen soll:

> 作畫必先立意以定位置 意奇則奇 意高則高 意遠則遠 意深則深 意古則古 庸則庸 俗則俗矣
>
> Beim Erschaffen eines Bildes lege man zunächst die Idee fest, um die Positionen zu bestimmen. Ist die Idee seltsam, werden diese dementsprechend auch seltsam; ist sie hochstehend, dann werden auch [die Positionen] hoch; ist sie fern (fernliegend), dann werden auch sie fern; wenn sie tief ist, dann werden auch sie tief; wenn sie alt ist, dann werden auch sie alt; wenn sie maßhaltend ist, dann werden auch sie maßhaltend (ausgewogen); wenn [die Idee] vulgär ist, dann ist [die Bildordnung] vulgär.[734]

Zu bemerken ist hier nicht nur, dass die räumliche Anordnung im Bild durch die Idee-Intention „gestimmt"[735] wird – ein solches Verhältnis wäre für eine Kompositionstheorie eher zu erwarten –, sondern dass die Idee-Intention auch metaphorisch(?)[736] durch physisch-räumliche und sinnlich wahrnehmbare Qualitäten charakterisiert wird, als würde die Idee über diese Qualitäten verfügen, noch bevor sie in eine Bildordnung umgesetzt wird. Interessant ist also vor allem der gewissermaßen direkte Übergang in der Verwendung der phänomenalen Charakteristika in Bezug auf die Idee-Intention einerseits, und in Bezug auf die Bildraumordnung andererseits. Während die phänomenalen Charakteristika außer diesen zwei keinen anderen Bezug aufweisen (etwa auf außerbildliche und außermentale gegebene Ordnungen und Objekte), lassen sich die Bildordnungen und die Idee nur aus einem sehr eng aufeinander bezogenen Zusammenhang heraus verstehen: Weder sind die Bildordnungen wie „hoch", „fern", „tief" usw. rein physisch-räumlich, sondern durch die Intention mit entsprechender symbolischer oder sogar psychologischer Bedeutung aufgeladen, noch ist die Idee-Intention rein *ideell*, sondern von Anfang an auf die bestimmten phänomenalen Eigenschaften bezogen.[737]

734 Fang, *Shanjing*, shang: 21b.

735 Vgl. hierzu das Konzept des gestimmten Raumes bei Binswanger 1933; Ströker 1965; Kruse 1974 (für Binswanger 1933 und Kruse 1974 s. o. Fußnote 728).

736 Hier ist aber eben fast nicht metaphorisch.

737 Somit erklärt sich die Bedeutung der Wendung „mentale Repräsentation" (*yi xiang* 意象): zwischen „Idee-Intention", dem Mentalen (*yi*) und ‚Repräsentation, Gestalt, Erscheinungen' gibt es – so scheint es – keine Trennung im Sinne einer Dualität zwischen Mentalem/Ideellem und Phänomenalem: Die beiden Begriffe „gehören" einer phänomenalen Ebene an.

Als Orientierungspunkte, wie solche Interaktionsgefüge zwischen den Parametern von (Bild-)Raumordnungen einerseits, und kognitiven Zuständen bzw. intentionalen und emotionalen Mustern sowie Wahrnehmungsstrukturen andererseits interpretiert (oder sogar empirisch-psychologisch bearbeitet) werden können, erscheinen zunächst westliche Forschungsansätze zum Wahrnehmungsraum bzw. psychologischen Raum besonders geeignet.

In der westlichen phänomenologisch orientierten Forschung der 1930er Jahre, dann erneut in den 1960er–1970er Jahren und seit den 1990er Jahren wurde in sozial-psychologischen Studien verstärkt die These aufgenommen, dass

> [...] die räumlichen Verhältnisse psychologischer Daten nicht adäquat mit Hilfe eines physikalischen Raumes dargestellt werden können, sondern, zumindest vorläufig, als ein psychologischer Raum behandelt werden müssen.[738]

In diesem theoretischen Rahmen wurden für die Konstitution der Strukturen des psychologischen bzw. sozial-psychologischen (im Gegensatz zum geographischen „euklidischen“) Raumes verschiedene Typen von Wahrnehmungsmodalitäten sowie unterschiedliche Aspekte der körperlichen Bewegung und Orientierungsarten ausgearbeitet.

Im Rahmen der gegenwärtigen Forschung zur Raumkognition (*spatial cognition*) erhält das auf dem ökologischen Ansatz (*ecological approach*) James J. Gibsons (1979) basierende Modell der Raumwahrnehmung immer mehr experimentell gewonnene Bestätigung. Dieses Modell steht im Gegensatz zum traditionelleren *model-based approach*, bei dem von der Annahme ausgegangen wurde, dass die Wahrnehmung einer Umgebung (und folglich die Handlung in dieser Umgebung) auf einem im Vorhinein festgelegten metrischen, dreidimensionalen Modell der räumlichen Organisation basiert: „[...] the function of the perception is to construct a metric three-dimensional model of the spatial layout of the environment.“[739]

Der ökologische Ansatz[740] setzt hingegen keine „general-purpose metric representation of the spatial layout“ voraus[741] und geht von einer engen Verknüpfung zwischen räumlicher Wahrnehmung und Handlung aus.[742] Bei diesem Ansatz wer-

---

Für die systematischen Untersuchungen der Zusammenhänge zwischen formalen Eigenschaften bildlicher Darstellung und der Wahrnehmung in Bezug auf westliche Kunst und Philosophie vgl. Gombrich 1994, 2004.

738 Lewin 1963: 69.

739 Loomis und Beall: 1998, 2004, zitiert nach Fajen und Phillips 2013: 72.

740 Gibson 1979. Hier wird nach den Ausführungen in Fajen und Phillips 2013 zusammengefasst.

741 Wie nachgewiesen wurde, wird Handlung meist ohne solch generelle Repräsentation vollzogen, siehe Fajen und Phillips 2013.

742 Die Anerkennung, dass „perception is first and foremost in the service of action“ ist ebenfalls für den ökologischen Ansatz Gibsons charakteristisch.

den neben der räumlichen Beschaffenheit der Umgebung auch körperliche Dimensionen und Bewegungsfähigkeiten berücksichtigt, sodass schließlich nicht die Eigenschaften der Objekte und der Umgebung allein, sondern solche *relationalen* Eigenschaften als konstitutiv erachtet werden, die die Passung zwischen dem wahrnehmenden und dem handelnden Subjekt und seiner Umgebung für die resultierende Raumwahrnehmung widerspiegeln:

> [...] the important properties are those that are immediately relevant to the control of action, and the kind of spatial perception that is needed is that which allows for the perception of such properties.[743]

Für den hier wesentlichen Zusammenhang ist u. a. die Umkehr im Abhängigkeitsverhältnis wichtig, die mit einer Forschung einhergeht, deren Ziel das Auffinden solcher relationalen Eigenschaften ist. Es wird also angenommen, dass nicht abstrakte bzw. konventionelle räumliche Eigenschaften die Wahrnehmung der Umgebung bestimmen, sondern umgekehrt die Wahrnehmung von relationalen Eigenschaften die Abschätzung räumlicher Eigenschaften beeinflusst. Angesichts dieser Resultate verliert die Idee eines vorgegebenen, einheitlichen räumlichen Layouts für die Forschung zur Raumwahrnehmung an Bedeutung.

743 Fajen und Phillips 2013: 69.

2 Bewegungsaspekte des Bildschaffens

Mit den folgenden Beispielen aus den chinesischen Kunsttraktaten und unter Hinzuziehung gelegentlicher weiterer Parallelen zur westlichen Forschung soll gezeigt werden, dass Korrelationen zwischen sensomotorischen Schemata und Eigenschaften der darzustellenden Räumlichkeiten die Grundlagen der Raumkonstruktion chinesischer Landschaftsbilder bildeten und dass den räumlichen Strukturen der Bilder, in denen die Parameter des räumlichen Empfindens, der Orientierung und der Bewegung eingesetzt wurden, folglich die Funktion zukam, entsprechende Wahrnehmungen und Erlebnisse auszulösen.[744]

Dass die Wahrnehmung von visuell erscheinenden Formen einer Landschaft in einem Abhängigkeitsverhältnis von der Bewegung bzw. Änderung körperlicher Positionen und des Standpunktes steht, war eine These, auf welcher die traditionelle chinesische Kompositionslehre aufbaute und mit welcher solche Funktionen der bildlichen Darstellung verknüpft wurden, die eine Vorstellung von virtueller Versetzung und Bewegung in der Landschaft[745] zu evozieren vermochten:

> Bei einem chinesischen Gemälde gibt es im wörtlichen Sinne zahllose Blickpunkte, und der Beschauer geht gewissermaßen in das Bild, in seine einzelnen Abschnitte hinein, um es zu sehen.[746]

Die für eine „Reise im Liegen“ *woyou* 臥遊[747] geeignete Art der „Perspektive“ stellte oft eine Zusammensetzung von unterschiedlichen, den „Reisepunkten“ je angepassten Blickwinkeln bzw. Ansichten dar, und nicht ein sich von einem Blickpunkt aus entfaltendes, einheitliches geometrisches Raster.

Die bereisbare Bildlandschaft wurde also als Zusammensetzung aus den mit der Änderung von Positionen und Perspektiven in der Bewegung korrelierenden Veränderungen im Erscheinen und in der psychologischen Auswirkung von Land-

744 Die Kontraste zur zentralperspektivischen Darstellung werden sich somit ebenfalls erweisen. Umso interessanter ist es jedoch, wie die chinesischen Gelehrten die Prinzipien der perspektivischen Darstellung rezipierten: große Bewunderung sollte u. a. der Tatsache gezollt werden, dass mit rein projektiv-geometrischen Verfahren bzw. Instrumenten eine Darstellung ermöglicht wurde, die der Wahrnehmung einer realen Landschaft doch gewissermaßen treu war! Für eine umfassende Darstellung dieses Themas siehe Kleutghen 2015.

745 Vgl. dazu z. B. oben zitierte Kategorisierungen der Landschaften in solche, in denen man leben, in denen man verweilen, die man bereisen kann, S. 226–227, Fußnote 709.

746 Briessen 1949: 105.

747 „Reise im Liegen“ ist eine Bezeichnung für eine imaginäre Reise, die man anhand eines Landschaftsbildes durchführt. Der Spruch stammt aus dem *Vorwort zum Malen von Berge-Wasser[landschaften]* 畫山水序 Zong Bings 宗炳 (375–443).

https://doi.org/10.1515/9783110791860-011

schaftsszenen konstruiert.[748] Parallelen zu solchen Konzepten aus der Forschung zum psychologischen Raum wie jenem des hodologischen Raumes scheinen besonders naheliegend:

> Dieser *„Lebensraum“*, der die Person und ihre „psychologische Umwelt“ umfasst, wird bei der Suche nach einer abbildungsadäquaten Geometrie als „hodologischer Raum“ (von griech. *hodós* = Weg) dargestellt *(Lewin* 1938). Seine Angemessenheit wird wie folgt begründet: „Der hodologische Raum ist ein endlich strukturierter Raum, das heißt seine Teile sind nicht ins Unendliche teilbar, sondern aus bestimmten Einheiten oder Regionen zusammengesetzt. Richtung und Distanz sind durch ‚ausgezeichnete Wege‘, welche leicht der psychologischen Lokomotion zugeteilt werden können, definiert. Eine solche Geometrie [...] erlaubt weiter eine befriedigende Lösung der Verwirrung stiftenden Notwendigkeit, Lokomotionen von gleicher physikalischer Richtung als psychologisch verschiedene Richtungen zu begreifen, wenn die Lokomotion verschiedenen Zielen gilt.“[749]

Hier ist die These wieder zu unterstreichen, dass psychologisch bedingte Charakteristika des Raumes nicht ganz mit den Eigenschaften eines physikalischen Raumes kompatibel sind und dass der psychologische Raum je nach der mit ihm verbundenen Zielsetzung bzw. den in ihm vollzogenen Handlungen seine Eigenschaften erhält.

Im bereits zitierten Traktat *Darlegung des Subtilen in Angelegenheiten der Malerei* Tang Dais wird auf folgende Weise auf die Änderungen von Bergkonfigurationen hingewiesen:

> 夫山有體勢 畫山水在得體勢 [...] 蓋山之體勢似人 人有行走坐臥之形 山有偏正攲斜之勢 人有四肢 山有龍脈分幹 譬之看人站立 其手足分寸 骨節長短 無不合體 看人坐臥 或一手伸而長 一手曲而短 非伸者長曲者短也 不過是形勢換耳
>
> 故看山近看是如此形勢 遠數里則少換 再遠數十里則又換 逾遠逾異 移步換影之說 豈不信哉 故看正面山如此 看側面山不同 看背面山又不同 正面山之轉折起伏 要通景中合正面山之形勢 側面山之轉折起伏 要通景中合側面山之形勢。[...]如人在日光中站立 足步少移 其全身之影皆換 左足動 則全身形影合左足動移之勢 右足動 則全身形影合右足動移之勢 看山何獨不然 人之看山 遠近偏正不一 山之體貌既殊 [...]
>
> Da es nun bei Bergen eine Strukturkonfiguration (*ti shi*) gibt, liegt das Wesentliche beim Malen von Bergen in der Erfassung dieser Strukturkonfiguration. [...] Nun gleicht die Strukturkonfiguration der Berge wohl jener des Menschen: So wie es beim Menschen [unterschiedliche] Formen des Gehens, Rennens, Sitzens und Liegens gibt, so gibt es bei Bergen eine Konfiguration von gerichtet gerade vs. schräg und gerundet.[750] Der Mensch hat vier

748 Es ist natürlich eine Verallgemeinerung: Viele, aber nicht alle chinesischen Landschaftsbilder in allen Epochen waren auf diese Weise konstruiert.

749 Kruse und Graumann 1978: 178. Das Zitat aus dem Werk Lewins findet sich in Lewin 1963: 69–70.

750 Die Bezeichnungen ‚gerichtet‘, ‚gerade‘, ‚schräg‘, ‚gerundet‘ (*pian zheng yi xie* 偏正攲斜) kommen in den Werken zur Kalligraphietechnik und -kritik vor (vgl. z. B. Yuan 2014) und bedeuten dort bestimmte Errungenschaften der plastischen Gestaltung von Schriftzeichen. Zu bemerken ist,

Gliedmaßen, bei Bergen gibt es die Gliederungen nach „Drachenadern". Man sieht zum Beispiel einen Menschen beim Sich-Aufstellen und Stehen: In den Proportionen von Armen und Beinen, den Längen von Knochen und Gelenken gibt es nichts, was nicht zur Gesamtstruktur passen würde. [Man] sieht einen Menschen beim Aufsitzen bzw. Liegen: Mal streckt er den Arm lang, mal beugt er den Arm, sodass er verkürzt wird. Es ist nicht so, als ob das Ausgestreckte lang und das Gebeugte kurz wäre, sondern lediglich eine Änderung von Formkonfigurationen!

Wenn man also Berge ansieht – und zwar aus der Nähe, dann gibt es Formkonfigurationen solcher Art; mit der Entfernung um einige *li* ändern sie sich ein wenig; entfernt man sich um einige weitere Dutzend von *li* ändern sie sich erneut, je weiter, desto unterschiedlicher. Wie also könnte man somit der These „Schritt für Schritt wird der Schatten geändert" nicht glauben?[751] Wenn die Berge von der vorderen Seite angeschaut werden, [erscheinen sie] also auf solche Weise; werden sie von der Seite angeschaut, [erscheinen sie] nicht gleich; wenn sie von der hinteren Seite angeschaut werden, [erscheinen sie] wiederum anders. Die Wendungen, das Aufsteigen und Abfallen der von der vorderen Seite [angeschauten] Berge, müssen in der ganzen Szenerie den Formkonfigurationen dieser Berge entsprechen; die Wendungen, das Aufsteigen und Abfallen der von der Seite [angeschauten] Berge, müssen in der ganzen Szenerie den Formkonfigurationen dieser Berge entsprechen. [...]

Es ist wie beim Menschen, wenn er im Sonnenlicht aufrecht steht und sich ein paar Schritte bewegt: Die Schatten-Silhouette seines gesamten Körpers ändert sich im Ganzen. Wenn das linke Bein sich bewegt, dann folgt die Schattenform des ganzen Körpers der Konfiguration der Bewegung des linken Beines. Wenn das rechte Bein sich bewegt, dann folgt

---

dass die Zeichen quasi als dreidimensionale „Objekte" behandelt werden bzw. als solche, die eine Darstellung des Zeichens bzw. den Blick auf das Zeichen von vorne, aber auch von der Seite erlauben, was der Dreidimensionalität der Pinselführung und der körperlichen Bewegung beim Schreiben entspricht. Dabei können die besprochenen Charakteristika *pian zheng yi xie* sowohl im Sinne formaler Eigenschaften als auch im Sinne des Verhältnisses zur Tradition gemeint sein: Im Ideal wechseln sich diese Eigenschaften in einem Werk auf solche Weise ab, sodass dadurch einerseits ein nicht monotoner Eindruck von Fülle sich ändernder Formen entsteht. Zugleich drückt das Werk auf einzigartige Weise (– in diesem Sinn – ‚seltsam', ‚ungerade' *yi* 欹 bzw. 奇) das Essenzielle der Tradition aus (– und in diesem Sinne konform mit der Tradition – *zheng* 正).

751 Ein ähnlicher Ausdruck (mit Verwendung des Zeichens für ‚Form' xing 形 und nicht für ‚Schatten, Silhouette' *ying* 影), namentlich „Schritt für Schritt wird die Form geändert" erscheint in Dai Mingshis 戴名世 (1653–1717) *Aufzeichnungen aus dem Wildgänseteich*[*-Gebirge*] (*Yandang ji* 雁蕩記): „Zahlreich sind die Gipfel des Wildgänseteich[-Gebirges], wunderbare Durchdringung der Schaffens- und Wandelprozesse, Schritt für Schritt wird die Form geändert" (大抵雁蕩諸峰, 巧通造化, 移步換形). (Zur Fundstelle siehe: https://zhidao.baidu.com/question/1372225683159972059.html [zuletzt abgerufen am 18.7.2023]).

In Guo Xis *Linquan gaozhi* findet sich ähnliche These zur Änderungen der Erscheinung der Berge durch den Bezug auf Bewegung: 山形步步移 (Guo, *Linquan*, shanshui xun: 1058b). Vgl. den Kommentar in Obert 2007: 338 hierzu: „Wenn sich Guo Xi 郭熙 zufolge ‚die körperlichen Gestalten der Berge mit jedem Schritt verändern', so kommt mit dieser Einsicht in die Perspektivität allen Schauens nicht etwa das Verlangen nach einer perspektivisch vereinheitlichenden Darstellungstechnik, sondern im Gegenteil das Gewahrwerden des leiblichen Inneseins in der geschauten Welt zum Ausdruck."

> die Schattenform des ganzen Körpers der Konfiguration der Bewegung des rechten Beines. Wieso sollte es allein beim Anschauen der Berge anders sein? Die Berge sind, wenn sie vom Menschen angeschaut werden, je entsprechend der Entfernung oder Nähe, bei seitwärtigem oder geradem [Anblick] nicht einheitlich, sodass das ganze Aussehen der Bergstruktur sich schon unterscheidet. [...][752]

An diesem Zitat ist der Zusammenhang interessant, der zwischen den Strukturen der Berge und den Änderungen ihrer Erscheinungen durch den Bezug auf menschliche Bewegung hergestellt wird. Es gilt in diesem Zusammenhang zu bemerken, dass die anhand des Begriffs „Konfiguration" *shi* 勢[753] aufgefasste Verbindung zwischen formalen Konfigurationen des „Dargestellten" und der körperlichen Bewegung in der Kalligraphietheorie seit den frühen Traktaten (etwa seit dem zweiten Jahrhundert) intensiv behandelt wurde. Dabei wurde dort das Wort *shi* im Sinne der „dynamischen Potenzen" bzw. „Entwicklungstendenz" unterschiedlicher Pinselbewegungen und folglich auch von Linienkonfigurationen interpretiert.[754]

Im Zitat wird zunächst die „strukturelle Konfiguration" *tishi* 體勢 der Berge mit unterschiedlichen Formen menschlicher Körperhaltung verglichen. Von Bedeutung dabei ist, dass das Wort ‚Form' *xing* 形 hier auf Haltungen bezogen wird, d. h. die Form ist hier als veränderliche Erscheinungsweise des Körpers je nach

752 Tang, *Huishi fawei*, De shi: 262a-b.

753 Hier wird der Begriff *shi* als „Konfiguration" übersetzt, im Unterschied zu der weiter vorne im Text für Wang Fuzhis Verwendung dieses Wortes gewählten Übersetzung als „Disposition" (vgl. Kapitel II, Punk 2.3). Das *shi* bezieht sich hier auf bestimmte Darstellungsobjekte bzw. -strukturen, und nicht – wie im Fall von Wangs Verwendung des Wortes – auf einen Sachverhalt bzw. auf eine durch Wirkung bestimmter (subjektiver) Faktoren enstehende Situation.

754 Eine Abhandlung zu unterschiedlichen dynamischen Konfigurationen von Schriftzeichen, die eine potenzielle Bewegung „vorzeichnen", die die Form von Zeichen und die Trajektorien der Pinselbewegung voraussetzen, gibt es z. B. in einem der frühesten Texte zur Kalligraphietheorie *Neun dynamische Konfigurationen* (*jiu shi* 九勢) von Cai Yong 蔡邕 (133–192).

Das *shi* im Sinne „dynamische (potenziell) kraftvolle Disposition" war darüber hinaus ein wichtiger Begriff im politischen und militärischen Bereich, siehe z. B. Ames 1983: Kap. 3. Vgl. auch die folgende Ausführung: „The history of the term shih [= *shi* – Ergänzung *PL*] is complex and fascinating. As early as Huai-nan tzu, its use suggests that Chinese thinkers regarded some kind of dynamic property as inherent in or suggested by any form" (Powers 1992: 915). Für eine Abhandlung zur Rolle des *shi* in den Künsten siehe Powers 1992; Hay 1985: 51–54; zur Rolle des *shi* in der Dichtungskritik Wang Fuzhis siehe Xiao 2012: 101–146; Pohl 2006: 347 (vgl. die Übersetzung des Begriffs von Pohl als „kraftvoller Gestus"). Zur Etymologie des *shi* als Nominalisierung des Verbs ‚etablieren, einrichten' *she* 設 siehe Baxter und Sagart 2014: 98.

unterschiedlichen Haltungen aufgefasst und folglich nicht als konstante geometrische Figur zu verstehen.[755]

Im zweiten Paragraphen wird die Veränderung der formalen (erscheinenden) Konfigurationen *xingshi* 形勢 der Berge mit den Veränderungen der Perspektive und des Standpunktes des Anblicks in Verbindung gebracht: Je nach zunehmendem Abstand oder einer Änderung der Richtung des Anblicks kommen unterschiedliche Konfigurationen zum Vorschein. Dabei wird betont, dass auch lokale Änderungen eine Veränderung der gesamten Form bewirken und dass demzufolge auf die Einheitlichkeit und Kohärenz der Änderungen der gesamten Formkonfigurationen geachtet werden sollte. Diese Überlegungen kommen eigentlich auch den Prinzipien optischer Abbildung nahe, und somit lässt sich die Frage stellen, ob es sich in diesem Traktat schon um die Einflüsse europäischer Bildmethoden handeln könnte.[756] Allerdings ist es hier offensichtlich auch der Versuch, diese Methoden (wenn sie schon vorhanden waren bzw. wenn die Einflüsse tatsächlich schon wirksam waren) mit der traditionellen Kompositionslehre zu versöhnen, die auf dem Erfassen der dynamischen Konfigurationen *shi* basiert.

Interessant sind auch die verschiedenen Kompositaformen des von 勢 verschriftlichten Wortes innerhalb des Zitats. Zunächst kommt es in der Wendung *tishi* 體勢 „Strukturkonfigurationen" vor, wobei es um die den Bergen eigenen, allerdings aber mit der Bewegung des menschlichen Körpers verglichenen Konfigurationen geht, d. h. um die Dynamik des „Organismus" Berg bzw. seines „Körpers". Zudem erscheint das Wort *shi* in der Wendung *xingshi* 形勢 „*Form*konfigurationen", bei der es um die *beim Anblick erscheinenden* Konfigurationen geht. Solche terminologischen Nuancierungen können als ein zusätzlicher Beleg dafür dienen, dass für dynamische

755 Zum Verhältnis zwischen Bewegung und „Gesture" in der chinesischen Malerei und zur Beschreibung des „Charakters" unterschiedlicher Naturobjekte (Berge, Bäume usw.) in Bezug auf „körperliche" Haltung vgl. Powers 1992.

756 Auf diese Frage wird im Rahmen dieser Arbeit jedoch nicht eingegangen. Hier gilt es zu bemerken, dass die Einflüsse von Methoden europäischer Malerei bei Tang Dai angesichts seiner Tätigkeit am Kangxi-Hof gut möglich waren (siehe Kleughten 2015: 143–179).

Die Beobachtung in Bezug auf den Traktat Tang Dais ist, dass bestimmte Einflüsse erkennbar sind: Sie erweisen sich z. B. in der Betonung Tang Dais, dass man die ganze Gestalt gemäß der Erscheinung aus einer Perspektive organisieren muss. Diese Anweisung kann wohl darauf verweisen, dass die Einheit eines Anblicks (wie etwa bei der zentralperspektivischen Darstellungsweise) angestrebt wird.

Wohl in Zusammenhang mit diesen Einflüssen ist die Änderung der Bedeutung des Wortes *shi* in der Verwendung Tangs zu verstehen: Tang Dai verwendet das *shi* deutlich in Bezug auf ein Darstellungsobjekt, während solche Objektbezogenheit in den früheren und zum Teil Tang zeitgenössischen Verwendungsweisen kaum zu beobachten ist, vgl. die Kommentare in den Fußnoten 353, 354 und 753, sowie Ausführungen weiter unten.

Konfigurationen *shi* als einen Ausdruck der Verbindung zwischen dem Formhaften und dem Strukturhaften[757] galt: Das Wesentliche beim Formhaften wird durch Struktur bedingt so wie das Wesentliche beim Strukturhaften sich notwendigerweise im Formhaften niederschlägt bzw. darin sichtbar wird.

Die Auseinandersetzung mit den Konfigurationen *shi* werden in den analysierten Kunsttheorien u. a. mit Überlegungen zum Verhältnis Nähe–Ferne verknüpft. Die Berücksichtigung der Frage, wie bei entfernten und nahen Gegenden oder Objekten entsprechende Wirkungen entfaltet werden sollen, wird im folgenden Zitat aus dem *Essenziellen des Malens* (*Huazhi* 畫旨) von Dong Qichang 董其昌 (1555–1636), einem hohen Beamten, führenden Maler und Kalligraphen seiner Zeit,[758] sehr deutlich:

> 遠山一起一伏則有勢 疏林或高或下則有情 此畫訣也
>
> [Malt man] entfernte Berg[ketten] mal steigend, mal sinkend, dann ergibt sich eine dynamische Konfiguration. Strähnigen Wald [malt man] mal hoch, mal niedrig, dann ergibt sich eine Sinnesverfassung. Das ist das „Know-how" der Malerei.[759]

Das im zweiten Teil des Zitats vorkommende Adjektiv „strähnig" („nicht dicht") lässt sich im räumlichen Sinne, und zwar als Gegensatz zu „entfernt", des ersten Teils interpretieren. Die Darstellung des Waldes nicht als Menge, sondern als einzelne Bäume, die kein kompaktes Ganzes ergeben und sich voneinander u. a. nach ihrer Höhe unterscheiden, ist in der Landschaftsmalerei für den Vorder- oder Mittelgrund typisch, und nicht für den Hintergrund. Zu bemerken ist hier die deutliche Verknüpfung von räumlichen Werten, oder genauer von einer durch die Abwechslung räumlicher Parameter (sinkend/steigend, hoch/niedrig) entstehenden Dynamik mit den jeweiligen daraus resultierenden sensomotorischen Wirkungen, die mit den Worten „dynamische Konfigurationen" *shi* und „[Muster der] Sinnesverfassung" 情 *qing*[760] wiedergegeben sind. Wie wir in der Interpretation von Wang Fuzhis Kommentar zu Zhuangzis Kapitel *Xiaoyaoyou* beobachtet haben,[761] gehören diese Begriffe zu einem semantischen „Zwischenfeld", das Kategorien für die menschliche Wahrnehmung mit Kategorien der äußeren Umgebung vermittelt.[762] Zudem konnten wir dort bemerken, dass diese Begriffe nicht nach den ihnen zuge-

757 Vgl. mit altgriechisch σχήμα ‚Gebärde, Gestalt, Haltung'.

758 Für Informationen zur Person und zum Werk siehe Ma 2010; Shan 2008; Ho und Smith (Hg.) 1992; CDBD: „董其昌".

759 Dong, *Huazhi*: 2111.

760 Vgl. die Verwendung 情脈 „Bahnen der Sinnesverfassung" oder nach der hier gewählten Interpretation auch „Intentionszug" bei Li Rihuas Theorie von den drei Ebenen. Nach Li Rihuas Deutung soll allerdings der Intentionszug alle drei Ebenen vereinigen.

761 Siehe Kapitel II, Punkt 2.2.

762 Vgl. hierzu auch die Interpretation von Hansen 1992: 401 von *qing* als „reality feedback".

sprochenen Funktionen unterschieden werden, sondern vielmehr nach ihren jeweiligen „Reichweiten" oder den Umfeldern, innerhalb welchen sie „agieren" bzw. wahrgenommen werden können: größere für *shi*, kleinere für *qing*. Diese Beobachtung scheint auch hier zuzutreffen.[763]

Die Aufteilung von Eigenschaften einer Umgebung in dynamische Konfigurationen *shi* für entfernte und Formen *xing* für nähere Bereiche ist auch in geomantischen *fengshui* 風水-Theorien vorzufinden. In dem von Guo Pu 郭璞 (276–324)[764] verfassten Text *Dokumente zur Beerdigung* (*Zang shu* 葬書) gibt es folgende Hinweise zum Verhältnis von fernen und nahen Konfigurationen der Landschaft:[765]

> [...] 其行也因地之勢 其聚也因勢之止
> 氣行地中 人不可見 其始也則因地之勢而知其行 其次也又因勢之止而知其聚也
> [...]
> 勢來形止 是謂全氣 [...]
> 原其遠勢之來 察其近形之止 形勢既順 則山水翕合 是為全氣之地

> Bewegt sich [das *qi*], so basiert dies auf den dynamischen Konfigurationen des Landes, verdichtet es sich, so basiert dies auf dem Anhalten der dynamischen Konfigurationen.
>
> Das *qi* bewegt sich im Inneren des Landes, was der Mensch nicht sieht. Wenn es entsteht, dann weiß man von seiner Bewegung aufgrund der dynamischen Konfigurationen des Landes; was seinen weiteren Verlauf betrifft, weiß man, dass es sich verdichtet, basierend auf dem Anhalten der dynamischen Konfigurationen. [...] Was aus den dynamischen Konfigurationen kommt und als Form stillsteht, das wird das „vollständige *qi*" genannt. [...]
>
> Verfolge das Kommen der entsprechenden dynamischen Konfigurationen aus der Ferne bis zum Ursprung, betrachte das Anhalten seiner Annäherung an die Formen. Wenn Formen und dynamische Konfigurationen sich zueinander fügen, dann wird die Landschaft harmonisch zusammenstimmen. Das ist das Land des „vollständigen *qi*".[766]

Aus dem Zitat folgt, dass sowohl *xing*-Formen als auch *shi*-dynamische Konfigurationen einer Landschaft Manifestationen der sonst unsichtbaren Zirkulationen des *qi* sind. Dabei ist hier das Verständnis anzutreffen, dass *xing*-Formen den kondensierten bzw. konzentrierten Zuständen des *qi* entsprechen.[767] Darüber hinaus werden den unterschiedlichen Auswirkungen des *qi* – als Formen oder als dynamische

---

763 Wobei hier bemerkt werden muss, dass in dem im Kapitel II, Punkt 2.2 analysierten Zitat diese Begriffe von Wang Fuzhi streng negativ konnotiert sind. In den Kunsttheorien drücken sie offensichtlich solche Eigenschaften aus, die notwendig im Kunstwerk bzw. Kunstschaffen vorhanden sein müssen. Selbst Wang Fuzhi baut wesentliche Teile seiner Theorie und Kritik zur Dichtung auf der Kategorie *shi* auf, vgl. Xiao 2012: 108–142.

764 Für Informationen zur Person und zum Werk siehe Theobald 2016/2017: „Guo Pu 郭璞".

765 Der Hinweis auf diesen Text wurde aus Xiao 2012: 141 entnommen.

766 Guo, *Zangshu*: 9b, 10b.

767 Zu diesen Zuständen vgl. die im Kapitel II, Punkt 4.4 zitierte Passage aus den Werken Wang Fuzhis und Fang Yizhis.

Konfigurationen – je nach Auffassbarkeit bzw. Wahrnehmbarkeit unterschiedliche Entfernungswerte zugeordnet: Die in Formen kondensierten Zustände sind in der Nähe fassbar und dynamische Konfigurationen verhalten sich in der Ferne wie „Bewegungstrajektorien“ und (noch) nicht wie Verdichtungen des *qi*. Wenn die Konfigurationen in der Ferne und Formen in der Nähe eine ungehinderte harmonische Gestaltung ausprägen, wird im Kontext des oben zitierten Textes die Landschaft als günstig für Beerdigungen eingeschätzt.

Das Verhältnis Nähe–Ferne in Bezug auf dynamische Konfigurationen (*shi*) und Formen (*xing*) wurde auch in den *fengshui*-Traktaten aus der Ming-Zeit ausgearbeitet. Das Verhältnis zwischen Form und dynamischen Konfigurationen wird dort als Verhältnis zwischen dem erläutert, was in kleinerer Umgebung (ca. 30 m) und dem, was in der größeren Umgebung (ca. 300 m) wahrgenommen wird.[768]

In den Kunsttheorien ist die Aufteilung von Darstellungsweisen einer Landschaft in Konfigurationen (*shi*) für entfernte und Formen (*xing*) bzw. stoffliche Qualitäten (*zhi* 質) für nähere Bereiche ebenfalls vorzufinden, wie das nächste Beispiel aus dem Traktat *Erhabene Kunde von Wäldern und Strömen* (*Linquan gaozhi* 林泉高致) von Guo Xi 郭熙 (ca. 1020 – ca. 1090)[769] zeigt:

> 真山水之川谷 遠望之以取其勢 近看之以取其質
>
> Bei Strömen und Tälern einer natürlichen Berg-Wasser-Landschaft halte Ausschau in die Ferne, um ihre dynamischen Konfigurationen aufzugreifen, betrachte aus der Nähe, um ihre stofflichen Qualitäten aufzugreifen.[770]

Es gibt mehrere Beispiele aus den Kunsttraktaten der hier untersuchten Zeit, bei welchen betont wird, dass „die Erlangung der dynamischen Konfigurationen“ (*de shi* 得勢), oder manchmal auch „das Aufgreifen der dynamischen Konfiguration“ (*qu shi* 取勢), für die Darstellung entfernter Gegenden so entscheidend ist, dass durch diesen Vorgang auch die dynamische Wirkung des ganzen Bildes gewährleistet wird:[771]

> 畫後塗遠山 最要得勢 有畫已佳 以遠山失勢 而通幅之勢爲之不振 有畫全以遠山作主者 不可不知

768 Siehe Wang 2005b: 144–146.

769 Für Informationen zur Person s. o., Fußnote 709.

770 Guo, *Linquan*, Shanshui xun: 1058b.

771 Eine interessante Parallele gibt es hier zu Wang Fuzhis Theorie und Kritik zur Dichtung. Dort spielt *shi* auch eine wichtige Rolle und u. a. in solchen Fällen, wo es um die dichterische und malerische Wiedergabe großer Landschaften durch verhältnismäßig begrenzte und „kleinere“ Instrumente der Dichtung oder Malerei geht, siehe Xiao 2012: 157.

> Beim Malen entfernter Berge im Hintergrund ist das Entscheidende, dynamische Konfigurationen zu erlangen. Es gibt solche Bilder, die zwar schön sind, aber dadurch, dass bei entfernten Bergen die dynamischen Konfigurationen verloren gegangen sind, auch die dynamischen Konfigurationen der gesamten Bildrolle kraftlos werden. Bei solchen Bildern, bei denen die entfernten Berge den Kern bilden, muss man dies unbedingt wissen.[772]

Im *Sammelband zur Erlernung der Malerei aus dem Senfkornboot* (*Jiezhou xuehua bian* 芥舟學畫編) von Shen Zongqian 沈宗騫 (1736–1820) wird nun die Wirkung des *shi* bei der Bildbetrachtung aus der Ferne behandelt:

> 畫須要遠近都好看。有近看好而遠不好者, 有筆墨而無局勢也。有遠觀好而近不好者, 有局勢而無筆墨也。卷冊小幅, 僅於幾案展玩, 雖於局勢未盡, 亦不至觸目便見。若巨障大幅, 須要於十數步外, 一望便覺得勢。故必先斟酌大局, 然後再論筆墨也。石田先生, 學力突過前人, 然必待年四十後方作大幅, 可見局勢之難, 雖古人於此, 不肯輕率便為也。

> Das Bild soll sowohl bei der Betrachtung aus der Ferne als auch bei Nahbetrachtung ansehnlich sein. Es gibt solche [Bilder], die beim Anschauen aus der Nähe gut und aus der Ferne nicht gut sind, d. h. es gibt [eine gute Ausarbeitung mit] Pinsel und Tusche, aber keine dynamische Konfiguration des Layouts. Es gibt solche [Bilder], die bei Betrachtung aus der Ferne gut, und aus der Nähe nicht gut sind, d. h. es gibt dynamische Konfiguration des Layouts, aber keine [gute Ausarbeitung mit] Pinsel und Tusche. [Es ist wie] bei einer Rolle im Format eines Heftes, für die ein nur kleiner Tisch ausreicht, um sie zur Vergnügung aufzumachen. Obwohl die dynamischen Konfigurationen des Layouts bei dieser Rolle grenzenlos sind, lassen sie sich auf einen Blick sehen. Wenn es aber eine monumentale Komposition auf einer großen Rolle ist, dann müssen die dynamischen Konfigurationen in einem Abstand von mehreren Dutzend Schritten auf einen Blick spürbar werden. Deswegen ist es notwendig, zunächst das große Layout zu berücksichtigen, erst danach [die Ausarbeitung mit] Pinsel und Tusche zu behandeln. Das Lernvermögen von Herrn Steinfeld[773] war hervorragend und übertraf dasjenige seiner Vorgänger. Es war jedoch auch für ihn notwendig, vierzig Jahre lang zu warten, bevor er erst dann große Rollen zu schaffen vermochte. [Daraus] ist die Schwierigkeit der dynamischen Konfigurationen des Layouts ersichtlich. Obwohl es die Alten hier [zur Nachahmung] gibt, kann man ihnen keineswegs leichtsinnig und „im Handumdrehen“ folgen.[774]

Das *shi*, nun in der Wendung *jushi* 局勢 im Sinne dynamische Konfigurationen des Layouts, wird hier als die bei der Bildbetrachtung erfassbare grundlegende kompositorische Struktur des Bildes behandelt, im Gegensatz zu den „stofflichen Qualitäten“ der dargestellten Objekte, die mit Techniken des Pinsels und der Tusche ausgearbeitet werden und in einer Nahbetrachtung erfassbar sind. Hierzu

---

772 Fang, *Shanjing*, shang: 18b–19a.

773 Das ist Shen Zhou 沈周 (1427–1509), leitender Maler der Malereischule Wumen. Steinfeld war eines seiner Pseudonyme (*hao* 號). Für Informationen zur Wumen-Schule und zur Person Shen Zhou siehe Kapitel I, Punkt 2.3.2 und Fußnote 1006.

774 Shen, *Jiezhou*, j. 1, Qushi: 17a–b.

ist allerdings zu bemerken, dass zwar auch in diesem vergleichsweise späten Text *shi* als grundlegende Kompositionseigenschaft der (Bild-)Landschaft behandelt wird, dessen explizite Zuordnung ausschließlich zur Bildkomposition wohl eine gewisse Bedeutungsverschiebung des Begriffs signalisiert.[775]

Anhand der obigen Beispiele kann vorläufig festgehalten, dass in der gesichteten Schicht der traditionellen Kunsttheorien das Problem des „Erfassens des *shi*" offensichtlich u. a. als Problem einer überzeugenden Darstellung[776] von räumlicher Tiefe und großer Reichweite – also von größeren Landschaftspanoramen im Maßstab eines Bildes – behandelt wurde. Hierbei sind Attribute wie „wahrhaftig" und „überzeugend" offensichtlich nicht als Entsprechungen bestimmter optischer Regeln räumlicher Anordnung zu verstehen, sondern als das Vorhandensein von „suggestiv wirkender Qualität"[777] des Kunstwerkes. Hierzu finden wir ein interessantes Parallelbeispiel in der Dichtungskritik Wang Fuzhis:[778]

> 論畫者曰:「咫尺有萬裏之勢」。一「勢」字宜着眼。若不論勢, 則縮萬裏於咫尺, 直是廣輿記前一天下圖耳。五言絕句, 以此爲落想時第一義, 唯盛唐人能得其妙, 如:「君家住何處? 妾住在橫塘。停船暫借問, 或恐是同鄉。」墨氣所射, 四表無窮, 無字處皆其意也。
>
> Ein Malereikritiker sagte: „Auf einem Quadratfuß *chi* gibt es dynamische Konfigurationen von zehntausend *li*."[779]

775 Eine diesbezügliche Vermutung, die im Rahmen dieser Arbeit allerdings nicht überprüft werden kann, ist, dass zur Zeit Shen Zongqians natürliche Landschaften nicht mehr anhand des Begriffs „dynamische Konfigurationen" beschrieben wurden und dass dieser Begriff nur für den Bereich „traditioneller" Kunstgeschichte und Bildbeschreibung bestand. Darüber hinaus ist die hier vertretene Annahme, dass, wenn in späteren Texten – also ab etwa dem 18. Jahrhundert – dieser Begriff gleichwohl in Bezug auf natürliche Landschaften Anwendung fand, er eher in einem allgemein-metaphorischen Sinne wie „Grandeur" einer Landschaft usw. genutzt wurde.

Es wäre wohl im Rahmen einer anderen Untersuchung zur Begriffsgeschichte von *shi* zu überprüfen, welche Kategorien für die Beschreibung natürlicher Landschaften im 18. Jahrhundert zunehmend verwendet wurden, und ob tatsächlich angenommen werden kann, dass *shi* ebenso wie *qi* immer seltener vorkommt. Sollte dies tatsächlich der Fall sein, wäre demnach zu untersuchen, durch welche anderen Kategorien die Begriffe ersetzt wurden, und ob bei den vermutlich neuen Kategorien auch europäische Einflüsse eine zunehmende Rolle spielten.

776 Im Weiteren werden wir sehen, dass die Kriterien für eine als erfolgreich angesehene Darstellung darauf bezogen waren, inwiefern die mit dem *qi* assoziierten Eigenschaften – wie etwa Lebendigkeit, harmonische Auswirkung, resonierende und dynamische Ganzheit und Einheitlichkeit – im Bild Ausdruck finden.

777 Ausdruck aus Pohl 2006: 356.

778 Für Informationen zur Person und Analysen anderer Texte Wang Fuzhis siehe Kap. II. Das hier zitierte Beispiel ist Xiao 2012: 177 entnommen. Für die Analyse des Begriffs *shi* in Wang Fuzhis Literaturkritik siehe Xiao 2012: 143–192.

779 Nach Angaben in Xiao 2012: 177: erscheinen ähnliche Aussagen in j. 44 der *Geschichte der Südlichen* [*Dynastien*] (*Nanshi* 南史) (Komp. Li Yanshou 李延寿 in der Tang-Zeit) und in einem

> Es ist lohnend, sich dieses Wort für ‚dynamische Konfigurationen' vor Augen zu führen. Denn, wenn man das *shi* nicht diskutiert, dann wäre das Zusammenschrumpfen von zehntausend Meilen auf einen Quadratfuß ganz gleich einer Landkarte von „Allem unter dem Himmel" [d. i. des Reiches] [wie etwa] auf der Vorderseite des [Atlasses] *Aufzeichnungen über umfangreiche Gebiete.*[780] [Bei] Fünf-Silben-Gedichten des *jueju*-Genres[781] sollte dieses [Sich-vor-Augen-Führen des *shi*] das Erste sein, was in den Sinn kommt, wenn man die Idee [des Gedichts] zu entwickeln beginnt. Nur den Personen aus der Blütezeit der Tang[782] gelang es, in dieser Hinsicht wunderbare [Effekte] zu erreichen.
>
> Wie zum Beispiel in [den Zeilen]:
> „Wo, mein Herr, wohnt Ihr?
> Ich wohne in Hengtang.
> Haltet Euer Boot und lasst mich fragen:
> Sind wir vielleicht aus dem gleichen Ort?"[783]
>
> Was vom *qi* der Tusche durchdrungen wird, schießt in die vier Richtungen bis ins Unbegrenzte aus; auch an wortlosen Leerstellen entfaltet sich überall eine entsprechende Idee-Intention.[784]

Die Tatsache, dass Wang Fuzhi eine Kategorie aus der Kunsttheorie für die Kritik der Dichtung verwendet, ist an sich interessant. Eine für Malerei und Dichtung gemeinsame, allgemeine Bedeutung des *shi* erschließt sich somit als eine Qualität, wenn es um ein Werk geht, oder als eine Fähigkeit, wenn es um den Prozess des Schaffens geht, etwas mit begrenzten Mitteln so zu gestalten, dass ferne und weite bzw. vorgestellte Umgebungen in ihrer *dynamischen* Ganzheit und gleichsam sozusagen in ihrer Entwicklungspotenz nachvollziehbar werden. Wichtig ist, dass die anhand des *shi* vollzogene Gestaltung durchaus nicht mit den graphischen bzw. geometrischen Abbildungsverfahren einer Landkarte identisch ist. Worin die Unterschiede zu einer kartographischen Darstellungsweise bestehen, wird an weiteren Beispielen aus den kunsttheoretischen Auseinandersetzungen noch deutlicher werden.

Gedicht von Du Fu 杜甫 (712–770) *Das Lied über eine spielerische Inschrift Wang Zais beim Malen eines Landschaftsbildes* (*Xi ti Wang Zai hua shanshui tu ge* 戲題王宰畫山水圖歌).

780 Die *Aufzeichnungen über umfangreiche Gebiete* (*Guang yu ji* 廣輿記) sind ein enzyklopädisches geographisches Werk aus der späten Ming-Zeit (verfasst zwischen 1572 und 1620).

781 Kurzgedicht: Eine der berühmtesten Gedichtformen aus der Tang-Zeit 唐朝 (618–907); es besteht aus einer Strophe mit vier Versen mit je fünf Zeichen (Silben). Für weitere Informationen zu Geschichte, Kompositions- und Reimregeln siehe Debon 1989: 92.

782 Entspricht der Zeitspanne von 713 bis 766. Es ist die Zeit der großen Dichter Du Fu 杜甫 (712–770), Li Bai 李白 (701–762), Wang Wei 王維 (699 oder 701 – 759 oder 761). Der Poesie dieser Zeit wurde ein kanonischer Status in der klassischen poetischen Tradition Chinas verliehen.

783 Hier wird die erste Hälfte des Gedichts *Changgan xing* 長幹行 von Cui Hao 崔顥 (704–754) zitiert. Die Übersetzung des Gedichts im angeführten Zitat wurde aus Pohl 2006: 356–357 übernommen.

784 Wang, *Shihua*, j.2, Xitang yongri xulun neipian: 141.

An vielen Stellen der Auseinandersetzung mit *shi* wird betont, dass das Erlangen der dynamischen Konfigurationen nicht der Anordnung von Objekten bzw. von Relationen zwischen den Objekten gleicht, sondern diese Anordnung voraussetzen bzw. ihr vorausgehend erfolgen soll. Der Bezug des auf das Erfassen des *shi* ausgerichteten Kompositionsverfahrens wird also nicht primär zu konkreten Landschaftsformen und -objekten hergestellt. Diese erscheinen quasi spontan, wenn das *shi* schon erfasst ist.

Im kunsttheoretischen Traktat *Reuse des Malens*[785] (*Huaquan* 畫筌) (1668) von Da Chongguang 笪重光 (1623–1692) aus der frühen Qing-Zeit heißt es:

> 得勢則隨意經營, 一隅皆是;
> 失勢則盡心收拾, 滿幅都非。
> 勢之推挽, 在於幾微;
> 勢之凝聚, 由於相度。
>
> Beim erfassten *shi* kann man sodann die Anordnung nach Belieben aufbauen, in jeder einzelnen Ecke wird sie stimmen;
> Beim verlorenen *shi*, auch wenn man sodann mit aller Sorgfalt [die Komposition] ordnet und regelt, wird die gesamte Bildfläche nicht stimmen.
> Die Schwingungen des *shi* sind im Geringsten und Subtilsten vorhanden;
> die Intensität des *shi* leitet sich von der Verhältnismäßigkeit ab.[786]

Fang Xun gibt in seinen *Abhandlungen zur Malerei des in der Bergruhe Verweilenden* folgendes, offensichtlich als Vorbild gemeintes Beispiel von Methoden der Meister Mi Fu 米芾 (1051–1107) und Mi Youren 米友仁 (1086–1165) aus der Song-Zeit:

> 昔人謂二米法 用濃墨淡墨焦墨 盡得之矣 僕曰直須一氣落墨 一氣放筆 濃處淡處 隨筆所之 濕處幹處 隨勢取象 為雲為煙 在有無之間 乃臻其妙
>
> Die Menschen nannten früher die „Methode der zwei Mi", wenn alles vollständig mit ‚fetter' (gesättigter), ‚blasser' (verdünnter) Tusche und ‚verbrannter' Tusche erreicht wurde. Ich sage: Man muss einfach mit einem einzigen *qi* die Tusche einsetzen und mit einem einzigen *qi* den Pinsel aufsetzen. Gesättigte und blasse Stellen werden der Pinselführung folgend

785 Anspielung auf das Reusengleichnis im *Zhuangzi*: „Fischreusen sind da um der Fische willen; hat man die Fische, so vergisst man die Reusen. Hasennetze sind da um der Hasen willen; hat man die Hasen, so vergisst man die Netze. Worte sind da um der Gedanken willen; hat man den Gedanken, so vergisst man die Worte. Wo finde ich einen Menschen, der die Worte vergisst, auf dass ich mit ihm reden kann?" (荃者所以在魚, 得魚而忘荃; 蹄者所以在兔, 得兔而忘蹄; 言者所以在意, 得意而忘言。吾安得夫忘言之人而與之言哉!) (*Zhuangzi*, Waiwu: 944; Übersetzung Wilhelm 1972: 282–283).

786 Da, *Huaquan*: 831b.

> [entsprechend] verortet. Nasse und trockene Stellen werden den dynamischen Konfigurationen folgend die [jeweiligen] Gestalten aufnehmen, als Wolken und als Dunst ausbilden, zwischen dem Gegebenen und Nicht-Gegebenen/ Sein und Nicht-Sein oszillieren. So erst wird ihre jeweilige Subtilität erreicht.[787]

In diesem Zitat ist erstens die Verknüpfung zwischen dem *qi* und den dynamischen Konfigurationen anzumerken. Zweitens wird die Herausbildung von konkreten Gestalten und Räumlichkeiten im Bild offensichtlich den technischen Aspekten des Schaffensaktes untergeordnet. Wenn diese durch das *qi* geleitet werden, ergeben sich solche Konfigurationen, die dann wie in einem autopoetischen System die Erzeugung von konkreten Erscheinungen ermöglichen. Den Vorrang der prozesshaften Aspekte des Kompositionsverfahrens vor der resultierenden Landschaftsdarstellung findet man ebenfalls im berühmten Werk *Kontemplative Notizen am Fenster an Regentagen* (*Yuchuang manbi* 雨窗漫筆) von einem prominenten Maler der frühen Qing-Zeit, Wang Yuanqi 王原祁 (1642–1715):[788]

> 作畫但須顧氣勢 輪廓不必求好景 亦不必拘舊稿 若於開合起伏得法 輪廓氣勢已合 則脈絡頓挫轉折處 天然妙景自出
>
> Beim Malen muss man ausschließlich die dynamischen Konfigurationen des *qi* beachten. Man braucht nicht anhand von Konturen [die Darstellung] einer schönen Landschaftsszene anstreben. Ebenfalls braucht man nicht an den alten Entwurfsskizzen festzuhalten. Wenn [in der Komposition] ‚Öffnen' und ‚Schließen', ‚Steigen-' und ‚Sinken[lassen]' auf die richtige Weise erfolgen, dann werden Konturen und dynamische Konfigurationen des *qi* miteinander übereinstimmend sein. Folglich wird eine feine Landschaftsszene auf ganz natürliche Weise aus den Abwechslungs- und Wendestellen hervortreten.[789]

In diesen Zeilen zeigt sich die Verknüpfung zwischen dem *qi* und den dynamischen Konfigurationen. Im folgenden Abschnitt aus dem oben bereits zitierten Werk *Das Essenzielle des Malens* von Dong Qichang wird das Erlangen der dynamischen Konfigurationen ebenfalls mit dem Grundverfahren der Komposition ‚Öffnen' und ‚Schließen' bzw. ‚Auseinander-' und ‚Zusammenziehen' *fen–he* in eine direkte Verbindung gebracht:

> 古人運大幅只三四大分合所以成章。雖其中細碎處多要以取勢為主。
>
> Wenn die Menschen im Altertum große Bildflächen schufen, machten sie nur drei, vier große ‚Öffnungs-' und ‚Schließ[züge]', und auf diese Weise wurde das Kompositionsstück

787 Fang, *Shanjing*, shang: 13a.

788 Zur Person und zum Werk siehe Chu 2014; Wang 2010; CDBD 2018: „Wang Yuanqi".

789 Wang, *Yuchuang*: 64b.

> vollzogen. Obwohl es innerhalb [der Komposition] viele äußerst detaillierte Stellen gab, sah man vielmehr das Erfassen der dynamischen Konfiguration als primäre [Aufgabe] an.

Das durch Abwechslung von Öffnen- und Schließen[zügen] (*kai–he*), Auseinander- und Zusammenziehen (*fen–he*) sowie Steigen- und Sinken[lassen] (*qi–fu*) ausgeführte Verfahren kommt in chinesischen Texten nicht nur in Bezug auf die Bildkomposition vor, sondern ist für eine ganze Reihe von Kunstbereichen grundlegend: dazu zählen Kampfkünste, performative Künste, Kalligraphie und Musik.[790] Die dahinterstehende Vorstellung ist offenbar sehr stark bewegungsbezogen, d. h. dem Vollzug einer künstlerischen Komposition liegt die Vorstellung von einer rhythmisch-resonierenden, geradezu wellenhaft organisierten Bewegung zugrunde. Diese Vorstellung stützt sich auf Auffassungen, wonach alle Phänomene immer paarhaft und einander entgegengesetzt agieren, zugleich aber komplementäre Eigenschaften aufweisen. Nicht zufällig wird die Landschaftsmalerei dementsprechend – im Unterschied zur *Darstellungs*kunst – in der Forschungsliteratur sogar als *Bewegungs*kunst bezeichnet.[791] Die Art und Weise, wie in dieser Bewegungskunst ein Darstellungsakt vollzogen wurde, interpretiert Mathias Obert als „leibliche Mimesis".[792]

Direkte Umsetzungen solcher Auffassungen findet man in zahlreichen Anweisungen zu Techniken des Malens. Man vergleiche z. B. folgende Anweisung zur „entgegengesetzten" Ausrichtung der Pinselführung in der *Heranführung an die Malerei* (*Hua yin* 畫引) von Gu Ningyuan 顧凝遠 (*fl.* 1585–1645):

> 凡勢欲左行者 必先用意於右 勢欲右行者 必先用意於左 或上者勢欲下垂 或下者勢欲上聳 俱不可從本位逕情一往 苟無根柢 安可生發 蓋凡物皆有然者 多見精思則自得
>
> Im Allgemeinen gilt für die dynamischen Konfigurationen, dass bei der Absicht, [den Pinsel] nach links zu bewegen, man notwendigerweise mit der Intention ansetzen muss, [ihn] nach rechts [zu bewegen]; bei der Absicht, [ihn] nach rechts zu bewegen, muss [man] notwendigerweise mit der Intention ansetzen, [ihn] nach links [zu bewegen]. Beziehungsweise muss man bei den aufwärts [gerichteten] dynamischen Konfigurationen beabsichtigen, ihn ab-

---

790 Das Paar ‚Öffnen' und ‚Schließen' (*kai–he*) ist auch ein Kategorienpaar der Sprachwissenschaft geworden. Zu den musikalischen Ursprüngen dieser und weiterer Termini in der Sprachwissenschaft siehe Zhang 1993.

Die gemeinsame Begrifflichkeit unterschiedlicher Wissens- und Kunstbereiche ist eine der Manifestationen der zu unterschiedlichen Perioden immer wieder vorgebrachten und verbreiteten Vorstellung der Verwandtschaft und gemeinsamen Ursprünge des Wissens und der Künste. Für einen Ausdruck dieser Vorstellung in der späten Ming-Zeit vgl. z. B. im von Chen Jiru 陳繼儒 (1158–1639) verfassten Vorwort zur Enzyklopädie von Wang Qi 王圻 und Wang Siyi 王思義 (Hg.) *Die Sammlung von Illustrationen von „Drei Kräfte-Instanzen"* [*– des Himmlischen, des Irdischen, des Menschlichen*] (*Sancai tuihui* 三才圖會) (1607).

791 V. a. Obert 2013; vgl. auch Fung 2003; Linck 2013.

792 Obert 2013 und 2014.

> wärts ‚hängen' zu lassen, oder bei abwärts [gerichteten] dynamischen Konfigurationen beabsichtigen, ihn aufwärts herausragen zu lassen. Jedenfalls darf [man] nicht von der gegebenen Position aus in die gleichen Richtung mit gleichem Intentionszug vorgehen. Wenn es keine Wurzel gibt, wie kann etwas lebendig gedeihen? Es ist wohl so, dass es bei allen Dingen so etwas gibt. Wenn man viel gesehen und deutlich und eingehend nachgedacht hat – dann wird eine [solche Einsicht] wie von selbst erlangt.[793]

Eine solche Konstituierung der Bildräumlichkeiten, die auf rhythmisch abwechselnden Parametern der Bewegung basiert, hat Parallelen zu einigen Schlussfolgerungen, die Piaget und Inhelder im Zusammenhang mit der Forschung zur räumlichen Wahrnehmung bei Kindern gezogen haben:

> Die erste dieser Eigenschaften [die sich beim Kritzeln des Kindes aufweisen] betrifft nicht den Raum als solchen, auch nicht in Form des graphischen Raumes, sondern die Funktionsweise des ideomotorischen Verhaltens. [...] Diese Eigenschaft ist tatsächlich die eines einfachen Rhythmus. Die elementarste Ausdrucksform des kindlichen Zeichens ist das Ergebnis eines ununterbrochenen Hin und Her der Hand auf dem Papier, und aus diesem rhythmischen Bewegungsspiel heraus differenzieren sich die ersten Formen im Verlauf des Stadiums I.[794]

Das Stadium I bezieht sich in der Untersuchung Piagets und Inhelders auf frühe Etappen der Entwicklung räumlicher Wahrnehmung bei Kindern, in denen der *vorgestellte* Raum noch nicht zustande gekommen ist, und der Raum sich also durch noch nicht bewusst gemachtes sensomotorische Verhalten konstituiert. In unserem Zusammenhang handelt es sich natürlich nicht um kindliche Denkweisen und Handlungen, sondern um eine auch theoretisch reflektierte Art der Raumkonstitution, die auf einer komplexen und sozusagen „multidimensionalen" sensomotorischen Handlung des Meisters basiert.

Die enge Verknüpfung zwischen den Bewegungsparametern des Bildschaffens und den bestimmten dynamischen Konfigurationen im Bild, die quasi direkte Folge der Bewegung während des Bildschaffens sind, scheint ein Merkmal zu sein, das die Interpretation des *shi* in den Kunsttheorien der untersuchten Zeit von der früheren Tradition unterscheidet. Martin Powers in seinem Artikel „Charakter (Ch'i) and Gesture (Shih) in Early Chinese Art and Criticism"[795] führt Beispiele aus den Kunsttheorien des 10. und 11. Jahrhunderts auf, in denen die Eigenart im Umgang mit der Kategorie *shi* offensichtlich wird, die in der Theoretisierung des 17. Jahrhunderts eher in den Hintergrund rückt: Bezüglich des *shi* bestimmter Objekte der Landschaft (Bäume, Berge) wird oft der Vergleich mit dem Charakter oder der Haltung eines Menschen angeführt, sodass durch die Attribuierung von

793 Gu, *Hua yin*, Qu shi: 195a.
794 Piaget und Inhelder 1975: 87.
795 Powers 1992.

bestimmten menschlichen Qualitäten bzw. sozialen Werten diesen Landschaftsobjekten die Funktion zukam, sie symbolisch zu repräsentieren. So führt Powers ein Beispiel aus der Jing Hao 荊浩 (855–915) zugeschriebenen Schrift *Notizen über die Normen des Pinsels* (*Bi fa ji* 筆法記) auf:

> At the outset of the account Ching describes a stroll through the forest during which he observes a large pine tree standing independent and apart from the others: „Its aged bark was overgrown with green lichen and its scales seemed as though soaring aloft into the air, its gestures (shih) being like those of a writhing dragon about to ascend to the milky way. Those trees that grew together were vigorous in character (ch'i) and rich in foliage."
>
> This description, like others in Ching Hao's essay, abounds in double references and allusions. The pine, for instance, had often appeared in T'ang poetry as a metaphor for men of integrity. Ching Hao's reference to a soaring dragon had, since ancient times, served as a metaphor for men of talent. [...] it is the appearence of soaring flight that convers the idea of an extraordinary man, a man whose thoughts and actions soar beyond those of the ordinary crowd. By utilizing terms like *shih* [=*shi*], *t'ai* and *ch'i* [=*qi*] Ching Hao, like Kuo Hsi [=Guo Xi], can describe natural objects while simultaneously alluding to human qualities.[796]

Anhand solcher Beispiele betont Powers den Bedeutungszusammenhang des Begriffs *shi* als formale Erscheinung und Bewegung und verfolgt diesen Zusammenhang bis in frühere Fälle der Auseinandersetzung mit *shi* in Texten und bildlichen Darstellungen von Bewegung. Dieser Bedeutungszusammenhang ist, wie oben gezeigt wurde, auch in den hier untersuchten Texten noch ganz und gar präsent. Was den Zusammenhang mit menschlichen Qualitäten und sozialen Werten betrifft, weist Powers auf die Verwendung von *shi* als Ausdruck einer menschlichen Charaktereigenschaft in den frühen Abhandlungen zur Figurenmalerei (vor allem bei Gu Kaizhi 顧愷之) als mögliche Quelle für die spätere metaphorische Verwendung hin, in welcher *shi* im 10. und 11. Jahrhundert mit Bezug auf Landschaftsobjekte verwendet wird. Die Verwendung von *shi* als Metapher für menschliche Qualitäten bzw. Aspekte sozialer Ordnungen kommt im 17. Jahrhundert allerdings fast nicht mehr vor.[797] Vielmehr kann man die Verwendung in dieser Zeit auf solche, noch frühere als aus dem 10. und 11. Jahrhundert zu datierende, Theorien zurückführen, in denen *shi* eher noch im Zusammenhang mit physischen Gesetzmäßigkeiten von Bewegungsaspekten oder als Ausdruck der Lebendigkeit weitgehend ohne die notwendige Anknüpfung an soziale Werte und menschliche moralische Qualitäten auftaucht. In diesem Sinne ist der Begriff in der frühen oben erwähnten Theorie der Kalligraphie, in Wang Weis 王微 (415–443) Traktat *Ausführung zur Malerei* (*Xu hua*

796 Powers 1992: 915.

797 Das kann allerdings nicht mit Sicherheit für alle Theorien des 17. Jahrhunderts behauptet werden.

敘畫) und in einer Reihe von philosophischen bzw. politischen und militärstrategischen Theorien zu finden.

Die Schlussfolgerung, dass der Begriff *shi* im 17. Jahrhundert einerseits abstrakter gedeutet wurde, sodass durch ihn kein metaphorischer Bezug auf menschliche Werte und soziale Ordnungen mehr genommen wurde, andererseits aber auch konkreter, namentlich so, dass durch ihn u. a. auf kinästhetische Vorgänge während des Bildschaffens Bezug genommen wurde, stimmt mit der oben gezogenen Schlussfolgerung zum Vorrang bewegungsbezogener Aspekte vor konkretem Gestalten überein. Es lässt sich allerdings festhalten, dass im Verständnis der chinesischen Gelehrten der hier untersuchten Zeit der Charakter des Menschen auch (oder vor allem) durch die Bewegungsaspekte seinen Ausdruck fand, jedoch auf eine direktere Weise. Diese Art des Ausdrucks ist durch die psychosomatische Verfasstheit und nicht durch die metaphorische Bezugnahme auf Vorstellungen von bestimmten moralischen Qualitäten und Werten gekennzeichnet.

Bemerkenswert ist darüber hinaus, dass die Auffassung davon, wie eine Komposition durch eine rhythmische Abwechslung bewegungsbezogener Verfahren vollzogen werden soll, sogar in die Abhandlungen zur Komposition literarischer Werke hineinreichte, wie am Beispiel von Wang Fuzhis Anweisungen zu „achtgliedrigen Essays" (*Baguwen* 八股文)[798] ersichtlich wird:

> [...] 且法者, 合一事之始終, 而俾成條貫也。一篇之中爲數小幅, 一揚則又一抑, 一伏則又一起, 各自為法, 而析之成局, 合之異致, 是爲亂法而已矣。謂之脈者, 如人身之有十二脈, 發於趾端, 達於顛頂, 藏於肌肉之中, 督任衝帶, 互相為宅, 縈繞周回, 微動而流轉不窮, 合為一人之生理。若一呼一諾, 一挑一繳, 前後相鉤, 拽之使合, 是傀儡之絲, 無生氣而但憑牽縱, 詎可謂之脈邪?

> [...] Zudem sind Regeln das, was mit dem Beginn und mit dem Ende einer Sache übereinstimmt, und das, was bewirkt, dass [ein Kompositionsstück] zu einem verbundenen Ganzen wird. Zwar gibt es innerhalb eines Kapitels mehrere kleine Einzelteile: das Heben und darauffolgende Senken, das Absinken und darauffolgende Steigen weisen jeweils Regeln auf. Wenn man aber durch Aufteilen das Layout zusammensetzt, das Vereinen von etwas Verschiedenem anstrebt, bringt dies die Regeln unweigerlich durcheinander. Man spricht in diesem Zusammenhang von „Adern", weil es wie beim menschlichen Körper zwölf Adern

798 Eine Sondergattung von Schriften, die speziell für die Beamtenprüfung während der Ming- und Qing-Dynastie umgesetzt und der Behandlung bestimmter Themen und Thesen aus dem konfuzianischen Kanon gewidmet wurde. Ein achtgliedriger Aufsatz bestand aus acht Teilen oder ‚Gliedern' und wurde von einer Reihe prosodischer wie inhaltlicher Regeln stark reglementiert. Interessant ist, dass, abgesehen davon, dass diese Gattung für die offiziell-pragmatischen Ziele ausgearbeitet und umgesetzt wurde, sie von einigen berühmten zeitgenössischen Literaten bzw. Literaturkritikern (u. a. Li Zhi und Dong Qichang) wegen ihrer rein literarischen Qualitäten sehr geschätzt wurde (Plaks 1994). Für weitere Informationen siehe Plaks 1994 und Theobald 2016/2017: „*baguwen* 八股文, the eight-legged essay".

> gibt, die von den Zehenspitzen ausgehen und bis zum Scheitel reichen und sich in den Muskeln und im Fleisch verstecken. Sie sind für das Durchfließen und Verbinden zuständig, beherbergen sich gegenseitig, umwinden und wickeln alles rundherum und bewegen sich unendlich subtil zirkulierend. Indem sie miteinander stimmen und zu Einem werden, konstituiert sich das Lebensprinzip des Menschen. Wenn aber das Vereinen erzwungen wird – so wie auf einen Befehl das Jawort folgt; mal Hektik, mal Rage; das Vordere und das Hintere sich aneinander klammern –, wird daraus ein „gedrahtetes Simulakrum“ entstehen, bei dem es kein lebendiges *qi* gibt, und das lediglich mechanistisch zusammengezogen ist. Wie kann man das dann „Adern“ nennen?[799]

Die mit dem *qi* assoziierten Eigenschaften eines Werkes hat Alexander Soper in seinem Aufsatz zur Interpretation des ersten Malereigesetzes von Xie He 謝赫 (ca. 479–502), dem sogenannten *qiyun shengdong* 氣韻生動 „sympathetic responsiveness of the vital spirit“,[800] auf folgende Weise beschrieben:

> The painter must see to it that the *ch'i* [= *qi*] of everything animate within his picture shall be able to find and respond to its like, not merely elsewhere on the silk but by infinite extension throughout all the universe. So, and so only, can it reach the ultimate source of life. In mystical language, this seems a paraphrase of the injunction that later will be more clearly stated: the artist must first of all seek out and stress the ultimate, quintessential character of his subject, the horsiness of horses, the humanity of man; on a more general level, the quickness of intelligence, the pulse of life, in contrast to brute matter.[801]

Wenn es sich bei dem ersten Malereigesetz Xie Hes um Resonanzen-Rhythmen (*yun* 韻) des *qi* handelt, worauf weiter unten noch detaillierter eingegangen werden soll, wird in vielen Fällen der Auseinandersetzung mit der Komposition und dynamischen Konfigurationen *shi* eines Kunstwerkes der Zusammenhang zwischen wellenartigen, rhythmischen, ja pulsierenden bzw. resonierenden Abwechslungen als grundlegendem Kompositionsverfahren einerseits, und Ganzheitlichkeit bzw. Verbundenheit der Komposition andererseits auf die Vorstellung von „Adern“ *mai* zurückgeführt. Wie im analysierten Beispiel zur Komposition leitet dieser Zusammenhang den für einen lebenden Organismus konstitutiven Kreislauf des *qi* in die Wege. Diese Vorstellung geht auf die alten medizinischen und naturphilosophischen Traktate zurück[802] und bleibt – offensichtlich bis ins 17. Jahrhundert – in unterschiedlichen Kunstbereichen eine zentrale Metapher für die Beschreibung von Eigenschaften eines Kunstwerkes. Außer in medizinischen Kontexten begegnen wir diesem Begriff in geomantischen und geographischen Texten, oft in der Wendung „Drachenadern“ *longmai* 龍脈, die gegebenenfalls auf das ganze Land China meta-

799 Wang, *Shihua*, j.3, Xitang yongri xulun waipian: 208.
800 Übersetzung Soper 1949: 422.
801 Soper 1949: 422.
802 Siehe z. B. Porkert 1982: 150–220.

phorisch Bezug nimmt.[803] Es war u. a. wohl diese durch die Analogie mit einem lebenden Organismus gestiftete Vorstellung von einer „lebendigen“ Umgebung bzw. Landschaft, die die ganze entsprechende Begrifflichkeit in der Theorie der Landschaftsmalerei einleitete. So finden wir in der Landschaftstheorie der untersuchten Zeit Belege, die zeigen, dass die im Bild bzw. in einzelnen Elementen des Bildes erschlossenen dynamischen Konfigurationen die Zuteilung von mit dem *qi* bzw. *qimai* assoziierten Eigenschaften wie Verbundenheit, Ganzheitlichkeit, „ungehindertes Fließen“ und Dynamik ermöglichen. Das lässt sich beispielsweise auch an der folgenden Passage aus den *Abhandlungen zur Malerei* (*Lun hua* 論畫) von Zhao Zuo 趙左 (ca. 1573–1644) ablesen:

> 畫山水大幅務以得勢為主。山得勢, 雖縈紆高下, 氣脈仍是貫串; 林木得勢, 雖參差向背不同, 而各自條暢; 石得勢, 雖奇怪而不失理, 即平常亦不為庸。[...] 何則? 以其理然也。而皴擦勾斫, 紛披糾合之法即在理勢之中。[...] 其輕煙遠渚, 碎石幽溪, 疏筠蔓草之類, 初不過因意添設而已。為煙嵐雲岫, 必然映照山之前後左右, 令其起處至結處, 雖有斷續, 仍與山勢合一而不渙散, 則山不為煙雲所掩矣。藏蓄水口、安置路徑, 宜隱現參半, 使紆回而接山之血脈。[...] 所貴乎取勢布景者, 合而觀之, 若一氣呵成; 徐玩之, 又神理湊合。

> Beim Malen eines großen Landschaftsbildes soll man es sich primär zur Aufgabe machen, das *shi* zu vollbringen. Wenn bei Bergen das *shi* gelingt, dann, obwohl es von oben bis unten [im Bild] viele Windungen gibt, die Adern des *qi* [das ganze Bild] durchdringen. Wenn bei Wäldern und Bäumen das *shi* gelingt, dann, obwohl es dabei viele Verschränkungen gibt und die vorderen und hinteren Seiten nicht gleichmäßig sind, jeder von sich selbst aus geordnet ist. Wenn bei Steinen das *shi* gelingt, dann, obwohl sie auch seltsam [erscheinen mögen], ihre Korrektheit nicht verloren geht. [...] Warum ist das so? [Es ist so] infolge des immanenten Prinzips. Und die Regel der Verflochtenheit und Übereinstimmung von verstreuten und ungeordneten Strichen und Haken ist in solchen dynamischen Konfigurationen genau die, in der sich das Prinzip [ausprägt]. [Unterschiedliche] Arten von [Landschaftselementen wie etwa:] leichte Dünste und entfernte Ufer, verstreute Steine und verborgene Wege werden zunächst aus nichts anderem als aus einer Intention [im Bild] arrangiert. Um [aus diesen Elementen] einen düsteren wolkigen Felsen [zu gestalten], müssen notwendigerweise vordere und hin-

803 Die Bedeutung der Wendung „Drachenadern“ *longmai* gleicht wohl der Bedeutung von „Adern des *qi*“ *qimai*, mit dem Unterschied, dass dabei die Bezüge von „Adern“ unterschiedlich „ausgerichtet“ werden: im ersten Fall auf den „Träger“ der Adern, im zweiten Fall darauf, was in den Adern „fließt“.

Für eine detaillierte Untersuchung des Begriffs „Drachenadern“ *longmai* in der Theorie zur Malerei des Wang Yuanqis siehe Guo 2009.

Interessant ist hierbei die Schlussfolgerung, die Catherine Stuer aus ihrer Untersuchung zum Holzdruck-Reisedarstellungs- und Erzählungszyklus von Zhang Bao 張寶 *Floating Draft* (*Fancha tu* 泛槎圖) (1833) zu dem im Zyklus vorkommenden Begriff „Drachenader“ *longmai* zieht: dass nämlich dieser Begriff Ausdruck der Vorstellung vom *ganzen* Reich („Alles-unter-dem-Himmel“) als ein durch „Adern“ verbundenes, ganzheitlich geographisch-geologisches System sei; siehe Stuer 2013.

> tere, linke und rechte Seiten des Berges aufgewiesen werden; die Stellen, wo der Berg aufsteigt bis zu den Stellen, wo er endet, müssen so angefertigt werden, dass obwohl es Unterbrechungen und Fortsetzungen gibt, [alles] mit den dynamischen Konfigurationen des Berges übereinstimmt und mithin nicht zu verteilt und zerstreut wäre. Dann wird der Berg durch die Dünste und Wolken nicht versteckt. [...] Wertzuschätzen ist das Erlangen einer dynamischen Konfiguration bei der Anordnung der Szene. Zusammengeführt betrachtet, ist es so, als ob mit einem Ausstoß des *qi* sich [alles] vervollständigt.[804]

Wie die Verwendung der Begriffe „Adern" *mai* und *qi* in den Literaturtheorien sowie die Beschreibung von Beschaffenheiten der Komposition eines literarischen Werkes anhand von bewegungsbezogenen Termini (z. B. „Steigen" und „Sinken[-lassen]" *qi–fu* usw.) im Zitat aus der Literaturkritik Wang Fuzhis zeigen, fungierten solche Begriffe als *konzeptuelle Metapher*,[805] durch die die ursprünglichen Vorstellungen über Seinsweisen bzw. Gesetzmäßigkeiten eines lebenden Wesens ins Grundvokabular auch solcher Kunstbereiche übertragen worden waren, die nicht primär die Darstellungsfunktion kennzeichnen. Anders gesagt erfolgte der Transfer in solche Bereiche, bei welchen es sich nicht um die Darstellung von physischen Gestalten, etwa von „Adern", und physischer Bewegung, etwa „Steigen und Sinken", handeln konnte.

Wenn es also in Bezug auf ein literarisches Werk am ehesten um eine metaphorische Verwendung solcher Begriffe geht, bleibt für visuell gestaltende Künste wie die Malerei allerdings die Frage weniger klar, ob Begriffe wie dynamische Konfigurationen *shi* und Adern *mai* jeweils in einem übertragenen oder eher in einem direkteren Sinne verstanden werden sollen. Mit anderen Worten: Es ist unklar, ob etwa die *qi*-Adern oder die dynamischen Konfigurationen Bezeichnungen für abstraktere Eigenschaften und Wirkungen des Werkes waren, wie etwa Gebundenheit, rhythmische Ausgeglichenheit, Lebendigkeit, Kraft usw. Oder sollten vielmehr die Manifestationen bzw. „Verkörperungen" dieser zwar unsichtbaren, d. h. nicht den Erscheinungsformen gleichenden, aber durchaus als reell vorgestellten, Zirkulationen und Wirkungen in den konkreten visuell erfassbaren Landschaftskonfigurationen und -elementen identifiziert werden? Solche Bedeutungen würden durch geomantische Vorstellungen gestiftet. Konkrete Vorstellungen von „Drachenadern" waren bis in spätere Zeiten noch wirksam. Wie Catherine Stuer in ihrer Rekonstruktion des Programms der Holzdruckserie *Images of the Floating Raft* (*Fancha tu* 泛槎圖) (ca. 1819–1833) von Zhang Bao 張寶 überzeugend nachgewiesen hat, versuchte Zhang in den durch „Drachenadern" vereinten Berglandschaften unterschiedlicher Regionen das einheitliche Bild des ganzen Territoriums Chinas mit

804 Zhao, *Lunhua*: 351.
805 Im Sinne von Lakoff und Johnson 1980.

den jeweiligen physisch-topologischen Eigenschaften darzustellen.[806] Für die dynamischen Konfigurationen in (Bild-)Landschaften scheinen die Trajektorien der Bedeutungsverschiebung allerdings anders verlaufen zu sein.

Zwischenbilanz Fassen wir also die bis jetzt gewonnenen Thesen zur Verwendung und Bedeutung des Begriffs *shi* „dynamische Konfigurationen“ in den Kunstabhandlungen der untersuchten Zeit zusammen. Das Wort *shi* hat folgende semantische Dimensionen und syntaktische Kompositaformen (Kollokationen):

Mit *shi* wird einerseits die Eigenschaft einer Landschaft oder einzelner Elemente einer Landschaft ausgedrückt; es gibt „das *shi* der Erde“ (*di (zhi) shi* 地 (之) 勢), „das *shi* der Berge“ (*shan shi* 山勢), „das *shi* der Bäume“ (*lin mu shi* 林木勢) usw. In all diesen Objekten bzw. allgemein in der Landschaft kann *shi* vorhanden sein (*you shi* 有勢).

Zwar nicht mit den Formen identisch, kann das *shi* jedoch durchaus eine *Eigenschaft* der Formen sein, wie in der Wendung „das *shi* der Form“ (*xing shi* 形勢). Dass dynamische Konfigurationen aber nicht vollends auf Formen reduziert werden können, bezeugen die Anweisungen, man solle in der Ferne (wo Einzelformen nicht mehr wahrnehmbar sind) die dynamischen Konfigurationen erfassen. Das Wort *shi* kann auch ohne Bezug auf Formen verwendet werden, wie in den Phrasen „das *shi* von zehntausend Meilen“ (*wanli zhi shi* 萬里之勢).

Solche Bedeutungen des *shi*, die auf abstrakte Eigenschaften und Parameter bezogen sind,[807] weisen ebenfalls auf die Nicht-Reduzierbarkeit des *shi* auf Formen hin, wie z. B. aus folgenden Wendungen ersichtlich ist: „die dynamischen Konfigurationen des Ebenen und des Geraden aufzugreifen“ (*qu pingzheng zhi shi* 取平正之勢) und „es gibt die dynamischen Konfigurationen des sich überschneidenden Verstreuten und Verdichteten“ (*you jiaocha shumi zhi shi* 有交插疏密之勢) usw.

Oft beschreibt also die mit dem *shi* verbundene Wendung eine Art der Bewegung bzw. die durch Abwechslung von bestimmten Parametern entstehende rhythmisierte Dynamik („bei den dynamischen Konfigurationen des zentralen Baumes gibt es [Abwechslung von] ‚Leerem‘ und ‚Vollem‘“ (*zhu shu shi you xushi* 主树势有虚实) usw.). Gegebenenfalls wird auch eine Tendenz zu einer bestimmten Bewegung damit bezeichnet, die sich bei den Formen erweist.

Das *shi* steht darüber hinaus mit dem *qi* in engem Zusammenhang. Dieser schlägt sich in der zunehmenden Lexikalisierung der Kollokation „dynamische Konfigurationen des *qi*“ (*qishi*) nieder oder eher indirekt als ein kontextueller Zusammenhang. Letzteres z. B. in solchen Fällen, in denen es um eine mit *shi* ge-

---

806 Siehe Stuer 2013.

807 Zu bemerken ist in solchen Fällen die Verwendung des Possessivpartikels *zhi* 之 ‚von‘. In den Fällen, in denen es sich um das *shi* von Objekten handelt, kommt dieser Partikel meist nicht vor.

füllte Komposition geht und darauf hingewiesen wird, dass somit die mit dem *qi* assoziierten Eigenschaften vorhanden sind oder ermöglicht werden.

Als Maler (oder Dichter) konnte bzw. musste man die dynamischen Konfigurationen im Bild erfassen. Auf diese Weise konnte das *shi* zur Eigenschaft der Darstellung werden: „die die ganze Bildrolle durchdringenden dynamischen Konfigurationen" (*tong fu zhi shi* 通幅之勢). Das Erfassen des *shi* in einem Landschaftsbild wurde aber in einer engen Verknüpfung, geradezu als Folge der dem Schaffensprozess eigenen Eigenschaften und Parameter der Bewegung während des Schaffens gedacht.[808] Wichtig zu betonen ist, dass es bei den Anweisungen zum Verfahren mit dem *shi* nicht darum ging, die dynamischen Konfigurationen abzubilden oder zu repräsentieren, sondern sie direkt durch kompositorisches Vorgehen (z. B. durch Schließens- und Öffnungszüge) während des Schaffens zu vollbringen. Dabei sollte das grundlegende kompositorische Verfahren des Erfassens des *shi* (bzw. „sich das *shi* zum Herrn nehmen" *zhu shi* 主勢) im Verständnis der Gelehrtenmaler der untersuchten Zeit dem Erfassen von Gestalten vorausgehen (*sui shi qu xiang* 隨勢取象): Als *qi*-bezogene Tiefenstruktur (*ti*) der Komposition vereinigten die dynamischen Konfigurationen alle einzelnen Elemente ins dynamisch und rhythmisch wirkende Ganze, wonach sich dann konkrete Einzelelemente ordneten und ihre weitere Bestimmung erhielten.

Die Bedeutungen der dynamischen Konfigurationen *shi* als Eigenschaft einer Landschaft/eines Landschaftsbildes und *zugleich* als Parameter des Schaffensprozesses erinnern an die oben erwähnten Thesen der gegenwärtigen Forschung zur Raumkognition,[809] wonach sich räumliche Merkmale einer Umgebung und Objekteigenschaften (metrische Größen, Distanzen zwischen und Formen von Objekten usw.) nicht unabhängig, sondern erst in einer rekursiven Koppelung mit subjektiven Eigenschaften und der Handlung oder Bewegung des Subjekts bilden und vom Gehirn bearbeitet werden.

Solche Parallelen erscheinen für das Verständnis von chinesischen Begriffen (wie u. a. dynamische Konfigurationen) hilfreich, weil sie auf eine Verknüpfung zwischen subjektiven und objektiven, physisch-materiellen und wahrnehmungs- bzw. handlungsbedingten Eigenschaften verweisen, was für die hier analysierten Begriffe entscheidend ist.

Im Zusammenhang mit der Funktion der dynamischen Konfigurationen, in den verhältnismäßig kleinen Formaten eine Darstellung weiträumiger Umgebungen zu ermöglichen, erscheint noch eine interessante Parallele zu Konzepten der

808 Dadurch u. a. unterscheiden sich wohl die Auseinandersetzung mit dem *shi* in den kunsttheoretischen Texten der untersuchten Zeit von dessen Behandlung in den geomantischen Texten, bei welchen das *shi* eher objektive (nicht subjektbezogene) Eigenschaft der Landschaft war.
809 Vgl. hierzu auch Mohler et al. 2013: 85, Fajen und Phillips 2013: 72, 75.

gegenwärtigen Forschung zur Raumkognition. In dieser Forschung werden u. a. einzelne Richtungen entsprechend dem Konzept des *environmental scale* aufgeteilt: es gibt z. B. solche, die *small-scale spaces* bzw. die Wahrnehmung von *small-scales* untersuchen („require a relatively small amount of action to apprehend – perhaps only eye and head movements"), *middle-scales* („such as rooms or small forest clearings, that surround an observer and within which one can move") und *large-scale*-Räumlichkeiten („require significant locomotion to apprehend, forest, town – when viewed from an airplane or depicted on a map").[810] Je nach Maßstab werden unterschiedliche kognitive Prozesse der Orientierung, Navigation usw. hervorgerufen, die in entsprechenden Forschungen analysiert werden. Die chinesischen Landschaftsbilder stellen ein einzigartiges Beispiel dar, an welchem untersucht werden kann, wie konkret durch eine Betrachtung von relativ kleinen Bildflächen (die allerdings kraft spezifischer kompositorischer Organisation viel Augen-, wenn nicht auch Körperbewegung, wie etwa bei langen Rollen, verlangen) die *sensomotorische* Nachvollziehbarkeit von größeren Räumlichkeiten ermöglicht wird und welche kognitiven Prozesse dabei eine Rolle spielen. Es ist zu vermuten, dass die Eigenschaften dieser Prozesse jeweils andere sind als bei der Betrachtung einer Landkarte[811] oder auch eines zentralperspektivischen Landschaftsbildes.

Wenn wir also in den analysierten Kunsttheorien eine Betonung kinästhetischer[812] Vorgänge beobachten, die sich *während* der Ausführung des Bildes abspielen, wird hier noch detaillierter auf den Zusammenhang zwischen der Bildstruktur und der inneren Einstellung des Malers eingegangen: Von der in den chinesischen Kunsttheorien fokussierten Verknüpfung zwischen den Eigenschaften des Bildschaffens (als Prozess) und den Eigenschaften der Darstellung ausgehend wird erklärbar, warum dem inneren Zustand bzw. der Einstellung des Malers eine derart große Bedeutung zugemessen wurde.[813] Im oben zitierten Text Tang Dais wird dies wiederum in Bezug auf das Erfassen von dynamischen Konfigurationen behandelt:

---

810 Waller und Nadel 2013: 5.

811 Vgl. die kritische Bemerkung Wang Fuzhis zu kartographischen Darstellungen in *Aufzeichnungen über umfangreiche Gebiete*, s. o. S. 246–247.

812 Der Begriff der *Kinästhesie* aus den europäischen „wahrnehmungsphilosophischen Analysen einer Konstitution des Raumes im Verhältnis vom Leib und Ding" (Sternagel 2012: 203) verweist auf den Zusammenhang, in dem „ein (sich) Bewegen (gr. *kinein*) mit (sinnlicher) Wahrnehmung (gr. *aesthesis*) kombiniert wird. Den Vorlesungen Husserls zu Ding und Raum von 1907 zufolge konstituiert sich alle Räumlichkeit in der Bewegung des Objekts selbst und „in der Bewegung des ‚Ich' (Origo) mit dem dadurch gegebenen Wechsel der Orientierung' […]" (Sternagel 2012: 203, vgl. Husserl 2007).

813 Zu dieser Verknüpfung vgl. Obert 2007: 509, Fußnote 31, in Bezug auf die Malereitheorie Guo Xis: „[…] jenes Hintergrundverständnis [wird] sichtbar, wonach gemäß Guo Xi 郭熙 Deutung der Maler im Schaffen mit seiner leiblich-geistigen Existenzverfassung eine gelebte Verbindung zu seinem Werk bzw. zu dessen Sinngehalt herzustellen hat, damit das Berg-Wasser-Bild die ihm

> 布局立稿落筆時一得大勢 作者先自悅目暢懷 遂筆筆得趣 皴染如意 有自得之樂 故洪谷子云 意在筆先 俟機發落筆 心會神融 自然得山之形勢也 然人心不靜 則神不全 意不純 思不竭 草草落筆 則山之大勢不得 意興索然
>
> Wenn man einen Entwurf des Kompositionslayouts anfängt [soll man] die gesamten dynamischen Konfigurationen in großen [Zügen] auf einmal vollbringen. Der Autor [soll] zunächst sich selbst die Augen erfreuen und die Seele ermuntern, mit jeder Pinsel[bewegung] wird dann die Inspiration erfasst; Striche und Tuscheflecken werden der Idee-Intention entsprechen; es wird dabei die Freude des Sich-Vollbringens geben. Deswegen sagte Hongguzi [Jing Hao]: „Die Idee geht dem Pinsel voraus." Wenn die Triebkraft schon losgelassen, schlägt sich der Pinsel [auf das Papier] nieder, man [wird] im Herzen ‚gesammelt' und vom Geist absorbiert, dann werden auf natürliche Weise die dynamischen Formkonfigurationen von Bergen vollbracht. Wenn aber der Mensch in seinem Herzen nicht ruhig ist, dann ist der Geist nicht vollkommen, die Idee nicht pur, die Gedanken nicht eingehend; hastig fällt dann der Pinsel [auf das Papier] nieder und die großen dynamischen Konfigurationen der Berge gelingen nicht. Dementsprechend wird es keine inspirierte Stimmung geben.[814]

Die Verknüpfung zwischen dem kompositorischen Verfahren und einer seelischen und gedanklichen Konzentration bzw. Aufmerksamkeit, die auf die Selbstorientierung und die Wahrnehmung der eigenen Position gerichtet wird, kommt im folgenden Beispiel aus dem bereits zitierten Traktat Wang Yuanqis *Kontemplative Notizen am Fenster an Regentagen* noch stärker zum Ausdruck:

> 意在筆先為畫中要訣 作畫於搦管時 須要安閒恬適掃盡俗腸 默對素幅凝神靜氣 看高下審左右幅內幅外來路去路 胸有成竹然後濡毫吮墨 先定氣勢 次分間架 次布疏密 次別濃淡 轉換敲擊 東呼西應 自然水到渠成 天然湊拍 其爲淋漓盡致無疑矣
>
> Dass „die Idee dem Pinsel vorausgehe" ist eine prinzipielle Anweisung in der Malerei. Wenn man sich beim Malen zusammennimmt, ist es notwendig, ungezwungen und gelassen zu sein; sich vom Vulgären und Alltäglichen zu reinigen; der Seide schweigend gegenüber den Geist zu konzentrieren und das Atmen zu beruhigen; zu schauen, was oben und was unten ist; zu beobachten, was links und rechts ist, innerhalb der Seide sowie außerhalb der Seide, auf den kommenden Wegen, auf den wegführenden Wegen... Wenn „sich in der Brust der Bambus vollendet", erst dann befeuchtet man das [Pinsel]haar und taucht es in die Tusche. Zunächst bestimmt man die grundlegende dynamische Konfiguration des *qi*, daraufhin gliedert man es nach Intervallen und Rahmen, dann verteilt man das Lockere und das Dichte, dann separiert man gesättigte und blasse [Abschnitte]. [Man] gestaltet um, [man] klopft und schlägt, im Osten ertönt ein Ruf, im Westen erschallt eine Reaktion darauf. Auf natürliche Weise erreicht Wasser den Graben und formt ihn so; von Natur aus wird alles vollendet und ohne Zweifel zur äußersten Lebhaftigkeit gebracht.[815]

---

eigentümliche Wirksamkeit und Vollendung erhält." (Hervorhebung im Original). Näher zu den Voraussetzungen hinsichtlich des körperlichen und geistigen Zustands des Malers für einen „gelingenden Schaffenakt" nach Guo Xi siehe Obert 2007: 359–363.

814 Tang, *Huishi fawei*, De shi: 262b.

815 Wang, *Yuchuang*: 64a. Diese Übersetzung ist korrigiert aus Lukicheva 2016: 226 übernommen.

Das Malen eines Landschaftsbildes beginnt demnach mit einer Thematisierung der propriozeptiven Wahrnehmung[816] oder sogar mit dem Sich-Verschaffen des interozeptiven Bildes. Dieses verweist „auf die innerleibliche Wahrnehmung [...], zu der sie die Bewegungen des Leibes und die Gesamtheit der perzeptiven Felder (einschließlich des visuellen Feldes) hinzunimmt".[817] In Wang Yuanqis Ausführungen werden zunächst der innere Zustand und die räumliche Situiertheit im unmittelbaren äußeren Umfeld beobachtet. Es ist vielleicht aufschlussreich, hierzu noch die Auffassung zum „allgemeinen Niveau der Erfahrung" und zum „Leib als System möglicher Aktionen" aus Merleau-Pontys *Phänomenologie der Wahrnehmung* (1966) einzubeziehen.[818] Offenbar geht es auch bei Wang Yuanqi um eine solche Orientierung im Raum, die aus einem Wechselverhältnis von Selbstempfindung und bestimmten „Verankerungsmomenten" im Umfeld hervorgeht, und dann um eine gegenseitige Anpassung von inneren und äußeren Raumstrukturen. Im Bezug zum Bild konstituieren diese dann gemeinsam das Feld für malerische Aktionen. Auch die These Merleau-Pontys, dass die Konstitution des Raumniveaus nicht nur eine Sache bloßer Orientierung im Raum sei, sondern auch der existenziellen Beziehung zur Welt, scheint in unserem Kontext aufschlussreich zu sein:

> Die Konstitution eines Raumniveaus ist nichts anderes als eines der Mittel zur Konstitution einer vollen Welt: Anhalt an der Welt findet mein Leib, wenn die Wahrnehmung mir ein Schauspiel bietet, das so mannigfaltig wie möglich und so klar artikuliert wie möglich ist, und wenn meine motorischen Intentionen in ihrer Entfaltung von der Welt die Antwort erhalten, die sie erwarten. Dieses Maximum an Deutlichkeit in Wahrnehmung und Tun defi-

---

816 Elberfeld 2018 verwendet den Begriff „propriozeptive Wahrnehmung" in seinem Aufsatz zur frühen chinesischen Malerei. In der Psychologie untersucht man die Propriozeption als eine der Komponenten der Eigenempfindung, bei welcher es um die Wahrnehmung von Körperbewegung und -lage im Raum geht (siehe z. B. Wettig 2009: 172–175 u. a. in Anlehnung an James Gibson, *Die Sinne und der Prozess der Wahrnehmung* (übers. und hrsg. von Ivo Kohler), Bern 1973). Bemerkenswert ist, wie Wettig (2009: 173–175) das Konzept der Propriozeption als ein Konzept, das sich auf die Wahrnehmung körperlicher Bewegungen bezieht, zu einem Konzept weiterentwickelt, das auch die Eigenwahrnehmung für die Bewegung des Denkens beschreibt, dies u. a. in Anlehnung an David Bohm, *Der Dialog. Das offene Gespräch am Ende der Diskussionen*, Stuttgart 2005. Für weitere Referenzen zur Forschung der Propriozeption und zum Thema „Beobachtug des Denkens" siehe Wettig 2009, Fußnoten auf den Seiten 172–175; Mohler et al. 2013: 82–83). Dabei gibt es Studien, die einen Zusammenhang zwischen dem Ausprägungsgrad der Propriozeption und Spitzenleistung in solchen Sportarten wie rhythmische Sportgymnastik, Schwimmen, Tanz, Badminton, Fußball usw. nachweisen (z. B. Han et al. 2015).

817 Sternagel 2012: 203, in Anlehnung an Sobchack 1992: 123 und Merleau-Ponty 1994: 311.

818 Merlau-Ponty 1966: 290–293. Bei diesen Erörterungen schließt sich Merleau-Ponty der zeitgenössischen psychologischen Forschung und der dort erscheinenden Begrifflichkeit (v. a. Wertheimer, *Experimentelle Studien über das Sehen von Bewegung*) an.

> niert einen Wahrnehmungsboden, einen Untergrund meines Lebens, ein allgemeines Milieu der Koexistenz meines Leibes und der Welt.[819]

In diesem Zusammenhang ist bemerkenswert, dass während des Bildschaffens, wie es von Wang Yuanqi beschrieben wird, eine Umkehrung von einem selbstorientierten (egozentrischen) zu einem allozentrischen Referenzrahmen stattfindet. Zunächst werden die egozentrischen Parameter der Raumwahrnehmung angegeben (oben und unten, links und rechts bzw. anhand der Richtungsverben ‚kommen' und ‚weggehen'), und dann geht Wang zu einer Beschreibung des entstehenden Rasters über, das mit Resonanzen durchdrungen ist, die sich in einem allozentrischen Referenzrahmen – zwischen Ost und West – entfalten (東呼西應).

Bei der Bildraumgestaltung, wie sie Wang Yuanqi beschreibt, kommt es zudem auf eine enge Verknüpfung zwischen Wahrnehmung des Umfeldes und Selbstorientierung einerseits, und „Handeln", d. h. die Aktionen der Bildgestaltung, andererseits an. Dass die Wahrnehmung nicht passiv, sondern in einem engen Zusammenhang mit Handeln bzw. Bewegen vor sich geht, ist eine These, über die in der psychologischen Forschung seit Lewin,[820] in der gegenwärtigen Forschung zur Anthropologie der Wahrnehmung[821] sowie in der Forschung zur Raumkognition, die sich auf Gibson 1979 und Neisser 1976 bezieht,[822] ein relativ allgemeiner Konsens erreicht wurde:

> Perception is better conceptualized as one of the components of perception-action cycle. [...] In this view our movements are a way of picking up relevant information about the environment or the task at hand (as it happens for gaze orienting, visual search, reading, etc.) [...] and thus to change the way we process information.[823]

Die Beschreibung Wang Yuanqis, wie es im Bildschaffen zu einem Übergang von der Wahrnehmung und Orientierung im Raum zum kompositorischen Verfahren und Pinselgebrauch kommt, wäre eine gute Illustration zu einem *perception-action cycle.* Wenn man darüber hinaus die ständige *online* Regulierung von Parametern der Pinselführung (Druck, Geschwindigkeit, Pausen, Richtungen, räumliche Verhältnisse zwischen Elementen usw.) berücksichtigt, findet man noch weitere aufschlussreiche Punkte in der Forschung zum *perception-action loop,* wie in der Fortsetzung des gerade aufgeführten Zitats:

819 Merlau-Ponty 1966: 292.

820 Und erneut zumindest seit den 1960er Jahren; siehe Kruse und Graumann 1978 und die Referenzen dort.

821 Vgl. z. B. Beiträge in Schlette et al. (Hg.) 2017.

822 Siehe z. B. Mohler et al. 2013: 88–89.

823 Mohler et al. 2013: 88.

> Such a way of framing the perception-action loop has been successfully applied to several cases, among which is the perception of the material properties of deformable objects. [...] the brain treats haptic information obtained over different phases of exploratory movements differently, for example, by weighting more information obtained during squeezing motion than during object release in the final percept.[824]

Noch ein – wie es scheint – wichtiges Moment lässt sich anhand des Zitats von Wang Yuanqi beobachten: Im Rahmen der Forschung zur Raumkognition wird oft zwischen *low-level, mid-level* und *high-level perception* unterschieden.[825] Für die Letztere gilt:

> For *high-level perception*, we not only need to be able to move and understand our self-motion relative to the surrounding world, but we also typically refer to the surrounding world with respect to the objects themselves and not to the sensory signals that they produce and we experience. For example, we say that we heard a man knocking at the door, not that we received auditory stimulation to our ear, or that we saw a door rather than a pattern of edges. The perception of one's position and orientation in the world is often referred to as *self-motion perception* or *self-orientation perception* (this research often focuses on both body-based and visual-sensory information sources). The naming of objects falls under the research discipline of object and scene perception and, to be more specific, object recognition. [...] Recognition of an object is used to refer to the successful classification of an object into a specific object class.[826]

Offensichtlich kommt es bei Wang Yuanqis Beschreibung der Selbstorientierung bzw. Wahrnehmung des Umfeldes sowie bei seiner Erläuterung, wie das kompositorische Vorgehen abläuft, weder im Fall einer *high-level perception* noch während der *object recognition* darauf an. Ohne Bezug auf konkret wahrgenommene oder darzustellende Objekte wird vielmehr mit reinen oder genauer mit abstrahierten, jedoch noch nicht zu Objektformen umgebildeten Parametern der Raumstrukturierung operiert. Auf dem Bild „schlagen“ sich die in der Vorbereitung zum Bildschaffen beobachteten Raumparameter wie ein Strukturraster von ebenso abstrahierten Schemata von Qualitäten nieder.

Diese Beobachtung stimmt mit den Feststellungen überein, die weiter oben in Bezug auf die durch rhythmische Bewegungsaspekte zu erlangenden dynamischen Konfigurationen getroffen wurden. Dort wurden Belege aufgeführt, die zeigen, dass das Erlangen des *shi* zunächst abgesehen von Formen und Relationen

824 Mohler et al. 2013: 88–89, in Anlehnung an di Luca et al. 2011.
825 Mohler et al. 2013: 81.
826 Mohler et al. 2013: 89.

konkreter darzustellender Landschaftsobjekte stattfinden soll. Der nun analysierten Anweisung Wang Yuanqis zufolge sollte man, nachdem man zunächst die grundlegende dynamische Struktur (先定氣勢), Intervalle und Rahmen des Bildrasters (分間架) gegliedert hat, lockere und dichte [Orte] verteilen (布疏密) und gesättigte und blasse [Abschnitte] separieren (別濃淡).

3 Bildstruktur als Matrix

In der Kunsttheorie und -praxis des 17. Jahrhunderts, besonders im theoretischen und künstlerischen Werk Dong Qichangs und seines Kreises[827] sowie in der nachfolgenden Theorie, die an diesen Kreis anknüpfte – wie u. a. der von Wang Yuanqi –, tritt verstärkt die Tendenz zutage, künstlerische Kategorien auf die geschilderte abstrakte Weise, d. h. als Parameter von sich immer paarhaft entfaltenden Änderungen bestimmter Eigenschaften, zu deuten.[828]

Ein anschauliches Beispiel hierfür stellen die Kompositionsverfahren bei Darstellungen der Ferne dar. Shen Hao 沈灝 (1586–1661) zitiert im Kapitel „Positionen" (*weizhi* 位置) seines Traktats *Staub*[829] *der Malerei* (*Hua chen* 畫塵) Guo Xis Anweisungen zur Darstellung entfernter Gegenden und Objekte. Dabei fügt er seine eigene Version der Anweisung hinzu:

> 郭河陽云 遠山無皴 遠水無波 遠人無目 予亦云 遠山有平無曲 遠水有去無來 遠人宜孤不宜侶
>
> Guo Heyang [Xi] sagt: „Ferne Berge haben keine [Textur]striche, fernes Wasser hat keine Wellen, ferne Menschen haben keine Augen." Ich sage zudem: „In entfernten Bergen gibt es Ebenen und keine Beugungen, beim fernen Wasser gibt es ein ‚weg' und kein ‚her', entfernten Menschen ziemt es sich, einsam zu sein und keine Gefährten zu haben."[830]

Wichtig ist hier zunächst, dass für die Darstellung entfernter Objekte in den beiden Fällen der früheren und späteren Anweisungen nicht die „objektiven" Eigenschaften der Dinge, sondern solche sensorischen Merkmale eine zentrale Rolle spielen,

---

827 Das ist u. a. die sogenannte Songjiang-Malerei-Schulrichtung (*Songjiang huapai* 松江畫派), eine der führenden und der einflussreichsten Schulrichtungen der Gelehrtenmalerei, die auch die gegenwärtige Vorstellung davon, was traditionelle chinesische Gelehrtenmalerei sei, in großem Ausmaß geprägt hat. Während die Akteure dieser Schule sich bestimmten Meistern, Schulrichtungen und Kunstkonzepten aus den früheren Epochen anschlossen, um so die eigenen Interpretationen der Tradition zu legitimieren, waren Bildschaffen und Kunstabhandlungen dieser Schule in vielerlei Hinsicht sehr innovativ, wenngleich auch „paradoxerweise" immer sehr in der Tradition verwurzelt, was in diesem Kapitel noch gezeigt werden wird.

828 Eine andere Seite dieser Tendenz – nämlich direkteren Bezug zur konkreten (verkörperlichten) Bewegung – wurde bereits oben diskutiert, s. o. Punkt 2.

829 Der Begriff „Staub" (*chen* 塵, Skt. *ārtha*) bedeutet im Buddhismus eine lediglich durch die Sinne entstehende, verzerrte und verschmutzte Vorstellung der Welt (vgl. Ciyi 2018: 1790). In gewissem Sinne kann man also das Wort ‚Staub' als ‚Welt' bzw. ‚Weltvorstellung' übersetzen. In diesem Sinne ist die Übersetzung des Titels des Traktats als „Welt der Malerei" (im Sinne der durch die Malerei zustande kommenden Welt) hier auch gerechtfertigt.

830 Shen, *Huachen*: 317b.

https://doi.org/10.1515/9783110791860-012

die das Objekt als ein Objekt in der Ferne *erscheinen lassen.*[831] In dieser hier bewusst angesetzten Funktion – Objekte entfernt erscheinen zu lassen – sind solche Merkmale mit *distance cues* zu vergleichen, d. h. mit Merkmalen, die für das Bewusstsein die Informationen über die Tiefe einer Szene und die Entfernungen von Objekten liefern.[832] Dabei ist bemerkenswert, dass im Zitat nicht über Maße und Größen entfernter Objekte bzw. deren physisch-räumliche Veränderungen (Verkleinerung) gesprochen wird. Vielmehr als metrische, räumliche sind hier psychologische Charakteristika von Bedeutung, die von *distance cues* hervorgehoben werden. Diese Merkmale rufen für ein wahrnehmendes Subjekt zugleich eine stimmungshafte Gedankenkette auf. Besonders offensichtlich ist das im späteren Fall bei der Anweisung, dass es dem Menschen zukomme, in der Entfernung „einsam zu sein". Die Assoziationen von Weggehen, Auslöschen bzw. Auflösen, Einsamkeit und Dissoziation mit jeder Aktivität in Bezug auf die Objekte kommen als psychologische Bedeutung der Ferne hinzu.

Neben den Gemeinsamkeiten sind jedoch auch Unterschiede zwischen der früheren und der späteren Aussage zur Darstellung entfernter Objekte zu bemerken. In der älteren Norm Guo Xis werden bestimmte Attribute (Texturstriche, Wellen, Augen) den Objekten *ab*gesprochen, weil diese Attribute nicht mehr sichtbar sind. Thematisiert werden in diesem Fall die Objekte, wie sie einem angeblichen Betrachter erscheinen. Somit wird die egozentrische Distanzachse Objekt – Selbst/Betrachter fokussiert. Man könnte Guo Xis Aussage „ferne Berge haben keine [Textur]striche" so etwa auf folgende Weise umformulieren: Ferne Berge *erscheinen* dem Betrachter ohne [Textur]striche.

Shen Hao führt in seinen Anweisungen auch solche Charakteristika ein, die erstens nicht ausschließlich mit der durch die Entfernung verursachten *Unsichtbarkeit* zu tun haben und die zweitens Objekten in der Ferne auch *zu*kommen. Die Aussagen über ab- und zugesprochene Qualitäten werden somit paarhaft organisiert, und dies erinnert u. a. an die im Kapitel II zitierte Passage aus Fang

831 Vgl. hierzu die Ausführungen Gombrichs zu *prospettiva de' perdimenti* (‚perspective of disappearances') bei Leonardo da Vinci, bei der er „took great pains to investigate the exact sequence of these disappearances with increasing distance" (Gombrich 1994: 98).

832 Der Terminus ‚cues' wurde in Anlehnung an Berkeley, *An Essay Towards a New Theory of Vision* (1709), in die Kognitionswissenschaften eingeführt. Zu seinem gegenwärtigen Verständnis vgl.: „Several sources of optical information are simultaneously available to recover depth and distance. Such sources are not always sufficient to specify 3-D properties, and for this reason they were originally termed *cues* from theater documents where the letter Q stood for the word *quando* (i. e. ‚when'), which in theater scripts indicated a trigger in response to information only hinted at. It is commonly believed that cues are processed in separate modules and the output of the computation is an estimate of the geometric properties of the environment" (Mohler et al. 2013: 84).

Yizhis Traktat *Die Gleichheit des Ostens und des Westens*, wo betont wird, dass im Phänomenalen bzw. der Erkenntnis Zugänglichen immer Zweiheit entsteht.[833]

Auch in der nun analysierten kunsttheoretischen Behandlung der Ferne Shenhaos kommen die Qualitäten als Paare hervor. Die Ergänzung der zugesprochenen Qualitäten als Gegenteile der abgesprochenen Qualitäten ändert die Prädikationsstruktur der Phrasen auf solche Weise, dass die Wechselverhältnisse zwischen Flachsein und Gebeugtsein, Weggehen und Herkommen, Einsamsein und Gemeinsamsein fokussiert werden können, nicht mehr nur einzelne Objekte im Verhältnis zu dem Betrachter. Während die räumlichen Strukturen im früheren Fall Guo Xis Anweisungen projektiv und objektbezogen sind,[834] wird im Beispiel aus dem 17. Jahrhundert der Bildraumstrukturierung das Operieren mit den Wechselverhältnissen zwischen gegenteiligen Qualitäten zugrunde gelegt.

Ein merkwürdiges Beispiel solcher Tendenz zur matrixartigen Strukturierung der innerbildlichen Verhältnisse findet man darüber hinaus im oben zitierten Traktat *Reuse des Malens* von Da Chongguang. Dieser Text ist u. a. in dem Sinne interessant, dass auch die syntaktische Struktur des Textes die genannte Tendenz reflektiert. Die meisten Sätze sind parallelistisch formuliert, und dementsprechend sind die angesprochenen Parameter der Bildgestaltung in die durch Parallelismen organisierten Wechselverhältnisse eingebettet.[835]

夫山川氣象, 以渾為宗,	Nun: Bei *qi*-Gestalten der Berge und Ströme mache Verschwommenheit als Hauptausrichtung;
林巒交割, 以清為法。	Bei Verschränkungen der Wälder und Bergketten mache Klarheit zur Methode;
形勢崇卑, 權衡小大,	Die Formkonfigurationen mal hochragend, mal flach; Die Kräftebalance mal klein, mal groß;
景色遠近, 劑量淺深。	Die Ansichtserscheinungen mal fern, mal nah; Das Wirkungsausmaß mal seicht, mal tief.
[...]	[...]
主山正者客山低,	Beim Vorne-Sein des Gastgeber-Berges [rückt] der Gast-Berg nach unten;
主山側者客山遠。	Beim An-der-Seite-Liegen des Gastgeber-Berges [rückt] der Gast-Berg in die Ferne;
[...]	[...]
土石交覆, 以增其高;	Erde und Steine überlagern sich gegenseitig – so nimmt ihre Höhe zu;

833 Siehe Kapitel II, S. 124–125.

834 Guo Xis Theorie von „Drei Fernen" ist ebenfalls standpunktbezogen; siehe die Ausführung unten, Punkt 7.

835 Zum Phänomen des Parallelismus in der chinesischen Literatur siehe Gentz 2007.

支隴勾連，以成其闊。	Bahnen und Verzweigungen verknüpfen sich aneinander klammernd – so vervollständigt sich ihre Breite.
一收復一放，山漸開而勢轉；	Nach einem Zusammenziehen [kommt] wiederum ein Loslassen, der Berg öffnet sich allmählich und sein *shi* ist gewendet;
一起又一伏，山欲動而勢長。	Nach einem Steigen [kommt] noch ein Senken, der Berg begehrt, sich zu bewegen und sein *shi* ist ausgedehnt.
[...]	[...]
近阜下以承上，	Fällt der nahe Hügel ab, so wird dadurch das Obere gestützt;
有尊卑相顧之情；	Es ergibt sich dann die Verfassung wie bei Würdigen und Untertanen, die sich gegenseitig berücksichtigen;
遠山低以為高，	Wird der ferne Berg unten [positioniert], so wird er dadurch hoch [erscheinen];
有主客異形之象。	Es ergibt sich eine Repräsentation von unterschiedlichen Formen zwischen Gastgeber und Gast.[836]

Das räumliche System im Bild wird also nach stark rhythmisierten und (dadurch) dynamisierten Entgegensetzungsmustern reguliert. Nehmen wir schon vorweg, dass die Bezugspunkte dieser Bildraumorganisation anders ausgerichtet sind als in solchen Fällen, in denen die auf Formähnlichkeit und Isomorphismus (z. B. Himmel wird oben dargestellt usw.) basierende Bezugnahme auf einen Raum und Objekte konstituiert wird, die als äußerliche (unveränderliche) Gegebenheiten angenommen werden und im Bild mit symbolischen Bedeutungen sozial-moralischer Ordnungen versehen werden.

In der Sprache der Bildtheorien der untersuchten Zeit ist es zudem augenfällig, dass die Anweisungen zur Bildgestaltung oft eine doppelte Deutung erlauben: als Anweisungen zur Aktion während des Bildschaffens und zugleich als Anweisungen dazu, wie resultierende Kompositionsstrukturen aussehen sollen. Wie wir in der Analyse der Kategorie dynamischer Konfigurationen *shi* gesehen haben, sollte man, um das *shi* zu erlangen, die Strukturierung eines Bildes mit einem einfachen Raster beginnen, das auf dem Wechselverhältnis zwischen ‚Auseinander' (*fen* 分) und ‚Zusammen' (*he* 合) basiert. Während auf einem fertigen Bild ‚Auseinander' und ‚Zusammen' als Segmente einer resultierenden Kompositionsstruktur betrachtet werden können, bedeuten sie zugleich bestimmte Verfahren während des Bildschaffens selbst. Eine solch unmittelbare, sich auch sprachlich erweisende Verbindung zwischen Eigenschaften des Prozesses des Bildschaffens und der resultierenden Bildstruktur kennzeichnet ein nur auf der vorobjekthaften Ebene mögliches Verwischen der Grenze zwischen Schaffen und Geschaffenem. Es muss mithin als bedeutendes

836 Da, *Huaquan*: 831a–b.

Charakteristikum der chinesischen Kunsttheorie und -praxis der untersuchten Zeit verstanden werden. Im Folgenden werden hierzu weitere Beispiele aufgeführt.

In dem bereits zitierten Traktat *Das Essenzielle des Malens* beschreibt Dong Qichang das Wechselverhältnis zwischen ‚leeren' und ‚gefüllten' (*xu–shi* 虛實) und innerhalb dieser noch ‚detailliert' oder ‚skizzenhaft' (*xiang–lüe* 詳略) darzustellenden Segmenten:

> 古人畫不從一邊生去 今則失此意 故無八面玲瓏之巧 但能分能合 而皴法足以發之 是了手時事也 其次須明虛實 實者各段中用筆之詳略也 有詳處必要有略處 虛文互用 疏則不深邃密則不風韻 但審虛實取之 畫自奇矣
>
> Beim Malen gingen die Menschen des Altertums nicht einseitig-linear vor. Heute aber ist diese Idee verloren gegangen, weshalb es die Erlesenheit der „Polyphonie" nicht mehr gibt. [Beim Kompositionsverfahren] lediglich ‚auseinander-' und ‚zusammen'[ziehen] zu können, dabei solche Methoden der Striche umzusetzen, die dazu ausreichen, um dies zum Ausdruck zu bringen – das ist die gegenwärtige Aufgabe, die es zu bewältigen gilt! Sekundär ist es notwendig, ‚Leere' und ‚Fülle' zu verdeutlichen. In jedem Segment der ‚Fülle' verwende die ‚detaillierte' und ‚skizzenhafte' Pinsel[methode]. Gibt es ‚detaillierte' Stellen, so muss es unbedingt auch ‚skizzenhafte' Stellen geben. ‚Fülle' und ‚Leere' müssen abwechselnd angewendet werden. Wenn [die Anordnung] zu dünn und verstreut ist, dann wird sie nicht profund; wenn sie zu dicht ist, dann wird es keine luftige Resonanz geben. Lediglich durch präzises Erwägen der ‚Leere' und der ‚Fülle' gelingt es, dass das Bild ganz von selbst außerordentlich wird.[837]

Die im Bild vollbrachten Wechselverhältnisse zwischen diesen abstrakten, d. h. nicht auf Objekte oder einen Vorstellungsraum bezogenen, und eher technischen Parametern stehen, nach Dong Qichangs Auffassung, in einem engen Zusammenhang mit der Multidimensionalität, wortwörtlich „der Erlesenheit der acht Seiten" des Bildes.

Nach solchen Auffassungen konstituiert sich der komplexe multidimensionale Bildraum durch ein einfaches, stets paarhaftes Abwechseln und Rekombinieren der an unterschiedlichen Stellen im Bild jeweils differenzierten Qualitäten. Multidimensionalität der Bildraumstruktur wird also zum einen dadurch gewährleistet, dass die Differenzierung der Abwechslungen – wie in einem Fraktal – im Prinzip bis in die Unendlichkeit fortgesetzt werden kann. Ein zweiter Faktor der Multidimensionalität besteht darin, dass sich die Abwechslungen gleichzeitig auf unterschiedlichen Niveaus entfalten: auf dem Niveau allgemeiner Bildstruktur (wie Auseinander- und Zusammen[ziehen] *kai/fen–he*), auf dem Niveau der Techniken der Pinselführung (der Tuschesättigung bzw. des Pinseldrucks), auf dem Niveau der Detailliertheit bzw. Skizzenhaftigkeit der Darstellung usw. Drittens sind diese paarhaften Abwechslungen mit psychischen und physischen Parametern der dreidimensionalen menschlichen Wahrnehmung einerseits, und andererseits

837 Dong, *Huazhi*: 2109.

bis hin zu Details der Atmung und Bewegungsmuster des Handgelenks mit ausgearbeiteten Parametern der Bewegungen des Meisters *im* Raum korreliert.

Wenn wir die in einem Bild zusammenkommenden Aspekte von Vorgängen–Qualitäten auseinandernehmen, wäre die Analyse einer solchen Bildraumstruktur wohl etwa anhand einer wie folgt organisierten Tabelle darzustellen:

Qualität/ Strukturierungsverfahren	**Differenzierungsgrad/qualitativer Wert**		
Qualität A (z. B. Öffnen–Schließen *fen/kai–he*)	0 (Öffnen *fen/kai*)	– Zwischengrade –	1 (Schließen *he*)
Qualität B (z. B. Leere–Fülle *xu–shi*)	0 (Leere *xu*)	– Zwischengrade –	1 (Fülle *shi*)
Qualität *n*	0	– Zwischengrade –	1

Einem je bestimmten Raumpunkt des Bildes wird eine jeweils bestimmte Verflechtung von Qualitäten mit jeweils korrespondierendem Differenzierungsgrad zugeteilt. Dabei werden jeweils unterschiedlich kombinierte Qualitäten mit entsprechenden Werten angesichts der räumlichen Parameter des Bildes, etwa oben–unten (*gao–xia* 高下) usw., korreliert und den entsprechenden Wirkungen der Verflechtungen als bestimmte Landschaftsobjekte und -räumlichkeiten angepasst, sodass das Bild einer phänomenalen Landschaft entsteht. Einen Einblick, wie die Verwandlung von den sich abwechselnden Eigenschaften der Bildgestaltung in bestimmte „Orte" und „Gestalten" stattfindet, haben wir in den im Punkt 2 aufgeführten Zitaten erworben. Dieser Einblick wurd im Folgenden noch weiter vertieft.

4 „Umkehrung“ bildlicher Referenzbezüge

Die Hervorhebung des Bewusstseins von (Selbst-)Orientierung und -bewegung während des Bildschaffens, die erst in einem zweiten Schritt auf die Ordnungen des Bildes übertragen werden und sich auch erst danach in ein phänomenales Landschaftsbild verwandeln, weist darauf hin, dass es die Zusammenhänge von paarhaft organisierten, Rhythmus erzeugenden Parametern des raum-zeitlichen kinästhetischen (verkörperten oder auch „enaktivistischen“[838]) Empfindens sind, die die räumlichen Ordnungen, Bedeutungsdimensionen und auch die Wirkungen des Bildes in erster Linie voraussetzen. Dabei wird der Bezug auf die vorausgesetzten semantischen (konventionellen) Bestimmungen von Objekten und deren Relationen zunächst gelockert oder zumindest nicht in erster Linie berücksichtigt. Es scheint sich nämlich ein wesentlicher Unterschied eines solchen Modells des Bildschaffens zu einem anderen abzuzeichnen, bei welchem die Einsetzung eines bestimmten vorgegebenen (bzw. vorgestellten) räumlichen Layouts oder durch Ähnlichkeitsverhältnisse oder eine andere Art symbolischen Verweisens gewährleistete Bezugnahme auf semantische Inhalte der darzustellenden Elemente im Vordergrund steht.

Die Unterschiede zwischen diesen zwei Modellen der Kompositionsverfahren sollen nun anhand der nächsten Gegenüberstellung von kunsttheoretischen Reflexionen aus dem 10. und 17. Jahrhundert noch weiter verdeutlicht werden. Die beiden Auseinandersetzungen thematisieren das Begriffspaar „Tiefenstruktur“ *ti* 體 und „Anwendung“ *yong* 用 in Bezug auf die malerische Darstellung.[839] Die Verschiebung in der Interpretation der Begriffe, die zwischen diesen Theorien zu beobachten ist, und somit die Reorientierung der Referenzbezüge im Verhältnis Realität – Bild ist zweifellos sehr bedeutsam.

Das Beispiel aus dem 10. Jahrhundert ist einem Jing Hao 荊浩 (ca. 850–915) zugeschriebenen Text mit dem Titel [*Nach*] *Abschnitten gegliederte Hauptpunkte zur Landschaft*[*smalerei*] (*Shanshui jieyao* 山水節要) entnommen. Aus diesem Werk sind folgende „Definitionen“ der Tiefenstruktur *ti* und der Anwendung *yong* zu entnehmen:

838 Der Begriff Enaktivismus geht auf Maturana und Varela (1987) zurück (Angabe aus Stangl 2023: „Enaktivismus“). Zur enaktivistischen Wahrnehmungskonzeption siehe Noœ 2004.

839 Im Kapitel II wurden allgemein philosophische Bedeutungen dieses Begriffspaares betrachtet, siehe Ausführungen im Punkt 2 dort.

https://doi.org/10.1515/9783110791860-013

畫體者 [=] 描寫形勢骨格之法

[Definition]: Tiefenstruktur der Malerei [ist] die Methode, die Schemata von Formkonfigurationen darzustellen.[840]

山立賓主, 水註往來。布山形, 取岔向, 分石脈, 貴路彎, 模樹柯, 安坡腳。山知曲折, 密要崔巍。石分三面, 路看兩歧。溪澗隱顯, 曲岸高低。[...]

[Explikation bzw. Beispiele dazu, wie welche Formkonfigurationen darzustellen sind]: Für Berge [sind solche Relationen:] ‚Gast/Diener'–‚Herr' aufzustellen; für Wasser die Strom[richtungen] anzudeuten. [Man soll] die Formen der Berge [auf dem Bild] verteilen, die Richtungen von Verzweigungen [der Bergketten ins Bild] einbringen, die Adern der Steine aufteilen, die Wendungen der Pfade beachten, die Baumstämme nachahmend gestalten, die Hügelfüße ‚stabilisieren'. Berge kennen Wendungen, dichte [Orte] müssen sich als herausragend aufweisen. Steine teilen sich in drei Seiten, Pfade richten sich in zwei Richtungen aus. Bergströme sind mal versteckt, mal sichtbar; gebogene Ufer sind mal hoch mal tief. [...][841]

其用者 [=] 明筆墨虛皴之法

[Definition]: Ihre [der Malerei] Anwendung [ist] die Methode des Pinsels und der Tusche, an den leeren und schattierten Stellen zu erhellen.[842]

筆使巧拙, 墨用重輕, 使筆不可反為筆使, 用墨不可反為墨用。凡描枝柯、葦草、樓閣、舟車之類, 運筆使巧, 山石、坡崖、蒼林、老樹, 運筆宜拙。[...] 遠則宜輕, 近則宜重。[...]

[Explikation]: Den Pinsel [soll man zugleich] ‚feingliedrig' (detailliert) und ‚grob' (skizzenhaft) beherrschen, die Tusche [soll man zugleich] ‚schwer' (dicht) und leicht auftragen. [Wie man] den Pinsel beherrscht, darf nicht [der Ordnung] der Pinselbeherrschung zuwiderlaufen; [wie man] die Tusche anwendet, darf nicht [der Ordnung] der Tuscheanwendung zuwiderlaufen. Beim Darstellen solcher Typen von Objekten wie Baumstämme, Schilf und Gras, Türme und Pavillons, Boote und Wagen u. ä. soll die Bewegung des Pinsels jeweils feingliedrig sein; [beim Darstellen solcher Typen von Objekten wie] Berge und Steine, Hügel und Felsen, Wald, alte Bäume soll die Bewegung des Pinsels jeweils grob sein. [...] [Beim Darstellen] der Ferne soll die [Tusche] jeweils leicht [aufgetragen werden], [beim Darstellen] des Nahen soll die [Tusche] schwer (dicht) [aufgetragen werden]. [...][843]

Diesen Erklärungen zufolge erweisen sich „Tiefenstruktur" *ti* und „Anwendung" *yong* in der Malerei gemäß den Entsprechungsverhältnissen zu den semantischen Komponenten und räumlichen Schemata der darzustellenden Referenzlandschaften und -objekte im „realen" äußeren Raum: Bei der „Tiefenstruktur" geht es darum, welche Objekte in welchen syntaktischen Relationen ins Bild aufgenommen werden

840 Jing, *Shanshui*, 3: 5a.
841 Jing, *Shanshui*, 3: 5a.
842 Jing, *Shanshui*, 3: 5a.
843 Jing, *Shanshui*, 3: 5a.

können, dabei wird *by default* von einem isomorphischen Verhältnis zu einer natürlichen Landschaft ausgegangen. Bei der „Anwendung“ geht es darum, wie die Objekte anhand der malerischen Instrumente Pinsel und Tusche abgebildet werden sollen, sodass sie im Bild entsprechend den Typen und Charakteristika von Referenzobjekten erscheinen. Sowohl bei der „Tiefenstruktur“ als auch bei der „Anwendung“ wird betont, dass sie den formalen Objektcharakteristika getreu sein sollten: „Wenn man die Ausführung [des Werkes] beginnt, ist es die Aufgabe, die Formkonfigurationen nicht zu ‚verlieren‘“ (在乎落筆之際, 務要不失形勢)[844] und „selbst bei der feingliedrigen [Bewegung des Pinsels] darf man sich von den Formen nicht entfernen; obwohl [die Bewegung des Pinsels] grob (= skizzenhaft) [sein kann], [muss man] zugleich [den Charakter der] Stofflichkeit aufrechterhalten“ (雖巧不離乎形, 固拙亦存乎質).[845]

In diesem Modell des Bildschaffens ist die referenzielle Bezugsebene – eine natürliche Landschaft – deutlich erkennbar und bleibt für die Semantiken der dargestellten Objekte maßgeblich (z. B. ist der Berg im Landschaftsbild stabil, er „steht“, und das Wasser ist beweglich, was einer „normalen“ Wahrnehmung der natürlichen Landschaft entspricht). Durch die Anordnung im Bild erhalten die dargestellten Landschaftselemente entsprechende symbolische Bedeutungen. Diese betreffen z. B. Elemente der sozialen Ordnung wie Relationen zwischen größeren und kleineren nebenan dargestellten Bergen als „Gast/Diener“ – „Gastgeber/Herr“.[846] Die Funktion der bildlichen Darstellung in diesem Modell ist einerseits die der Abbildung (einer Referenzlandschaft), andererseits die der Metaphorisierung, d. h. der Darstellung von Aspekten sozialer Ordnung, ethischer Normen usw. anhand natürlicher Landschaftsobjekte und deren Relationen.

844 Jing, *Shanshui*: 3: 5a.

845 Jing, *Shanshui*: 3: 5a.

846 Die offensichtlich dem sozial-politischen Bereich entstammenden Bezeichnungen für kompositorische Verhältnisse in der Malerei „Gast/Diener“ – „Gastgeber/Herr“ (*bin zhu* 賓主) gehören zum Vokabular traditioneller Kunstlehre (siehe z. B. Liu 2006: 351) und waren insbesondere für solche der Zeit der Fünf Dynastien und Zehn Reiche 五代十國 (907–960) und der Song-Dynastie 宋朝 (960–1279) charakteristisch. Der *locus classicus* der Anweisungen zum Aufstellen dieser Relationen im Bild findet sich im Traktat *Die Geheimnisse der Berge-Wasser*[*malerei*] (*Shanshui jue* 山水訣) von Li Cheng 李成 (919–967) und lautet: „Bei jedem Malen der Berge-Wasser etabliert man zunächst die Positionen vom Diener und vom Herrn; daraufhin bestimmt man die Formen der Ferne und der Nähe“ (凡畫山水, 先立賓主之位, 次定遠近之形) (Li, *Shanshui*, 4: 1b).

Bezeichnend ist, dass die den sozialen Verhältnissen entnommenen Kunstnormen zur untersuchten Zeit nicht mehr geläufig waren. Wie wir oben gesehen haben und wie noch weiter verdeutlicht werden wird, hatte sich die Prioritätsreihe im Aufbau kompositorischer Struktur ebenfalls radikal verändert.

Für ein solches Modell des Bildschaffens scheint die Annahme der Realität eines äußeren gegebenen Raumes etwa in der Form, wie er dem Betrachter erscheint, ebenso grundlegend wie die Annahme einer prinzipiell dualistischen Subjekt-Objekt-Verhältnisbestimmung.[847]

Das Beispiel aus dem 17. Jahrhundert ist dem schon zitierten kunsttheoretischen Werk Wang Yuanqis *Aufzeichnungen am Fenster an Regentagen* entnommen. Im Folgenden werden die jeweiligen Bestimmungen der Kategorien „Tiefenstruktur" *ti* und „Anwendung" *yong* bei Wang wie folgt verkürzt dargestellt:

> 龍脈 [=] 畫中氣勢源頭
> 有斜有正 有渾有碎 有斷有續 有隱有現
> [=] 謂之體也
>
> [Definition 1]: Die „Drachenader" sind Merkmale/Verkörperungen von dynamischen Konfigurationen des *qi* im Bild.
> [Explikation]: Es gibt [etwa] diagonale und gerade, ganzheitliche und ‚gebrochene', unterbrochene und kontinuierliche, verborgene und sich zeigende.
> [Definition 2]: Das nennt sich „Tiefenstruktur".[848]
>
> 開合從高至下 賓主歷然 有時結聚 有時澹蕩 峰回路轉 雲合水分 俱從此出 起伏由近及遠 向背分明 有時高聳 有時平修 欹側照應 山頭山腹山足 銖兩悉稱者 謂之用也
>
> [Explikation]: Öffnen und Schließen [reichen] von oben bis unten [im Bild]; [die Beziehungen zwischen] „Gast" und „Gastgeber" entfalten sich inkrementell entsprechend; manchmal sammeln sie sich, manchmal lösen sie sich auf; Gipfel wenden sich herum, Pfade wenden sich; Wolken kommen zusammen; Wasser(-Ströme) spalten sich. Alles nimmt von hier aus seinen Ursprung. Das Steigen und Sinken nimmt seinen Anfang in der Nähe und erreicht/reicht bis in die Ferne; vor- und rückwärtige [Seiten] sind klar abgegrenzt, manchmal hoch aufragend, manchmal in der Ebene agierend. Das Abseitige reagiert in Korrespondenz; der Bergscheitel, die Bergesmitte, der Fuß des Berges – alles ist in allen Details ausgewogen –
> [Definition]: Das nennt sich „Anwendung".[849]

---

847 Dafür spricht auch die Version der „Sechs Gesetze" (‚Grundlagen') *liu yao* 六要 der Malerei aus dem Jing Hao zugeschriebenen Traktat *Aufzeichnungen zu Normen des Pinsels* (*Bifa ji* 筆法記): „Also hat Malerei sechs Grundlagen: die erste lautet – *qi*, die zweite lautet – ‚Rhythmus-Resonanz', die dritte lautet – ‚Gedanke', die vierte lautet – ‚Ansicht', die fünfte lautet – ‚Pinsel', die sechste lautet – ‚Tusche'" (夫畫有六要 一曰氣 二曰韻 三曰思 四曰景 五曰筆 六曰墨) (Jing, *Bifa*: 2406b). Während das Kreativitätsideal eine gewisse Verschmelzung (Zu-einem-Werden) bzw. das Einander-Durchdringen der jeweiligen Paarmitglieder ist, darunter des Mentalen (‚Gedanken') und des Landschaftlichen (‚Ansicht'), weist die Tatsache, dass die Paare als *Oppositions*paare organisiert sind, auf eine im Prinzip dualistische Grundvorstellung hin. (Vgl. hierzu den Aufsatz von Stephen West 2000 zu *Bifaji* mit Erklärungen buddhistischer und daoistischer Hintergründe dieses Textes).

848 Wang, *Yuchuang*: 64a.

849 Wang, *Yuchuang*: 64a–b.

Mit der „Tiefenstruktur“ nimmt Wang in diesem Zitat Bezug auf die in der Abwechslung von abstrakten Parametern – ‚diagonal–gerade‘, ‚ganzheitlich–gebrochen‘, ‚unterbrochen–kontinuierlich‘, ‚verborgen–sich zeigend‘ – erscheinende, dynamische Konfigurationen des *qi*. Dabei werden die Landschaftsobjekte bzw. ihre Erscheinungsweisen in den phänomenalen räumlichen Ordnungen des Bildes von ihm als „Anwendung“ interpretiert, d. h. als phänomenale Einpassung in die räumlichen Parameter, man könnte sogar sagen als Verräumlichung des in der Tiefenstruktur wirkenden *qi*. Die Umkehrung von Ordnungen der „Tiefenstruktur“ und „Anwendung“, die die zwei Interpretationen von Jing Hao und Wang Yuanqi am stärksten voneinander unterscheidet, wird besonders augenscheinlich, wenn man merkt, dass alle konkreten Landschaftsobjekte im späteren Fall Wang Yuanqis erst in der Kategorie der „Anwendung“ erwähnt werden. Im früheren Fall Jing Haos hingegen galten sie noch in der Kategorie der „Tiefenstruktur“ als *Ausgangspunkt* für Bildstrukturen. Diese Verschiebung bedeutet, dass ein Gegenstandsbezug, also der Bezug auf im außerbildlichen Raum existierende Objekte, im Fall Wangs nicht mehr zu den primären Ausgangspunkten des Bildschaffens gehörte. Es sind nicht die Abbildverhältnisse, die eine Referenzszene mit bildlicher Darstellung aufeinander beziehen.

4.1 Bedeutungskonstitution (Konstitution des Phänomenalen)

In den untersuchten Kunsttheorien stellen wir also eine Reorientierung des Grundbezugs der bildlichen Darstellung fest. Dieser geht nun auf die abstrakten Gesetzmäßigkeiten des *qi* über und wird mit den kognitiven sowie kinästhetischen Vorgängen assoziiert, die sich *während* der Ausführung des Bildes abspielen (darunter Aufmerksamkeitssteuerung, Koordination und Navigation der Pinselführung und weiterer Bewegungsparameter usw.). Auf die Funktionen des *qi* im Bildschaffen kommen wir noch weiter unten zurück. Nun stellt sich die Frage nach dem Wechselverhältnis zwischen diesen abstrakten bewegungs- und rhythmusbezogenen Gesetzmäßigkeiten einerseits, und den Faktoren, die bei der Konstitution der semantischen Dimension und phänomenal-semiotischen Schichten des Bildes eine entscheidende Rolle spielen, andererseits – Faktoren also, die jenen symbolisch-konzeptuellen Import in die Darstellung gewährleisten, welcher hier anhand der Beispiele der Theorien von Shitao und Li Rihua am Anfang dieses Kapitels thematisiert wurde. Diese Faktoren tragen letztendlich zur Wahrnehmung eines Geflechtes von auf unterschiedliche Weise gezeichneten Linien als *ein Landschaftsbild* mit bestimmten Bedeutungsschichten bei.

Die Abschaffung von direkten Abbildverhältnissen gegenüber der Landschaft im äußeren Raum bewirkt eine gewisse „Freisetzung“ der Bedeutung des Bildzeichens von einer referenziellen Bindung an einen fest bestimmten semantischen

Wert. Sie entbindet von der Notwendigkeit einer isomorphischen Strukturähnlichkeit mit den Objekten, wie sie in der äußeren Landschaft erscheinen (etwa Himmel – oben, Erde – unten). Für ein nicht mehr an der außerbildlichen Bedeutung fest gebundenes Bildzeichen wird somit ein ganzes Spektrum von Bedeutungspotenzen zur Verfügung gestellt: von der minimalen (d. h. Bedeutung eines Tuscheflecks/Pinselstrichs als Tuschefleck/Pinselstrich auf Papier/Seide und nichts anderes) bis zur maximalen (d. h. symbolischen Bedeutung der philosophisch-abstrakten Kategorien wie etwa das Gegebensein/Nichtgegebensein) mit dazwischenliegenden Bedeutungsschichten (etwa als Objekte in der Landschaft). Tatsächlich kann man an zahlreichen Bildbeispielen aus der untersuchten Zeit zeigen, dass sich durch die „gelockerte" Bezugnahme auf nun als konventionell verstandene Formen von Objekten und Ordnungsstrukturen des Außenraumes die Bedeutungskonstitution bei einem Bildzeichen hin zu unterschiedlich kombinierten Wechselverhältnissen zwischen enaktiven, indexikalischen, ikonischen und symbolischen Weisen erweitern ließ. Dies hat neue Effekte, ja Spiele mit Zeichenbedeutungen und Experimente mit der Bildstrukturierung mit sich gebracht[850], und bewusst eingesetzte Tricks zur Desorientierung hinsichtlich der „normalen" Raumordnungen befördert:

> [...] 使觀者不知山前山後山左山右, 有多少地步, 許多林木 [...]
>
> Es führt dazu, dass der Betrachter nicht weiß, [wo] die vordere und die hintere Seite, [wo] die linke und die rechte Seite des Berges ist. Wie viele Fußwege gibt es, wie viele Wälder sind da [...][851]

Die Änderung in der Art der Bedeutungskonstitution im Bild lässt sich an dem zitierten Vergleich der Interpretationen des *ti-yong*-Paares von Jing Hao und Wang Yuanqi gut verdeutlichen. Wenn, wie das frühere Beispiel zeigte, ein Bildzeichen seine Bedeutung durch die Zuordnung zu einer Kategorie von Objekten im äußeren Raum schon vorgängig erhielt und durch Beigabe einer metaphorischen Bedeutungsschicht (etwa Berg als „Gast/Herr") noch einen erweiterten Bezug zu den Vorstellungen von natürlichen (kosmischen) und sozialen Ordnungen herstellte, handelte es sich im späteren Fall der Interpretation des Paares um einen umgekehrten Prozess der Bedeutungskonstitution. Nun ging es um die Anpassung der abstrakten dynamischen

---

850 Z. B. Inkohärenzen in der Positionierung und im Maßstab von Bildobjekten, Übergänge zwischen Zeichensystemen (sprachliches Zeichen – bildliches Zeichen) auf einem Bild; Austausch von Positionen und Eigenschaften von Bildelementen (z. B. können Bäume im Vordergrund in unterschiedlichem Maßstab erscheinen, sodass im Vordergrund Bäume aus dem Hintergrund vorkommen; oder bewusst belassene Doppeldeutigkeiten der Interpretation von „leeren" Stellen als Wasser oder als Himmel oder als Grund usw.; oder Wasser ist unbeweglich dargestellt, Berge dagegen „fließend" usw.).

851 Tang, *Huishi weiyan*: 268.

Gesetzmäßigkeiten der „dynamischen Konfigurationen des *qi*“ *qishi*, die neu als Hauptbezugsinstanz der Bildgestaltung, also als ihre Tiefenstruktur *ti*, zu verstehen waren, an die phänomenalen Parameter des Bildes und des Wahrnehmungsmusters. Erst im Prozess einer dergestalt strukturierten Verräumlichung der Tiefenstruktur erhielten ihre abstrakten Gesetzmäßigkeiten jeweilige konkrete Bedeutungen als Elemente einer Landschaft mit den dazugehörigen metaphorischen Erweiterungspotenzen. Um ein solches *mapping* der Tiefenstruktur des Bildes (d. h. von abstrakten *n*-dimensionalen Parametern der Konfigurationen des *qi*) auf die zweidimensionale Struktur des Bildes und dreidimensionale Struktur der räumlichen Wahrnehmung handelt es sich im Teil des analysierten Zitats Wang Yuanqis, in dem die „Anwendung“ *yong* behandelt wird.

Dass die Bildstruktur schließlich einer „wahrgenommenen“ Welt analog bzw. ähnlich erscheint, ist wohl nicht zuletzt dadurch zu erklären, dass in den Bildraum bestimmte auslösende Signale – *cues* – eingeführt werden, die die Wahrnehmung bestimmter konventioneller („normaler“) Bedeutungsinhalte oder Assoziationen auslösen. Beispielsweise wird eine leere Stelle *oben* im Bild als Himmel wahrgenommen; eine *einsame* menschliche Figur impliziert die Wahrnehmung von Ferne usw. Dieses metonymische Verfahren – die Anlehnung an bestimmte Wahrnehmungsmechanismen oder Vorstellungszusammenhänge, die auch *nicht* dargestellte Inhalte und Ordnungen auf dem Bild „nachbauen“ lässt – steht, so scheint es, im Hintergrund solch reduktionistischer Darstellungen, wie in dem oben bereits zitierten Traktat *Der Staub der Malerei* von Shen Hao anklingt:

> 大癡謂畫須留天地之位常法也 予每畫雲煙著底危峰突出 一人綴之 有振衣千仞勢 客訝之
> 予曰此以絕頂為主 若兒孫諸岫 可以不呈 巖腳柯根 可以不露 令人得之楮筆之外
> 客曰古人寫梅剔竹 作過墻一枝 稠塞具勢 若用全幹繁枝套而無味 亦此意乎
> 予曰然

Dachi ‚Volldepp‘ [Huang Gongwang 黃公望 (1269–1354)] nannte [die Regel, wonach] beim Malen die Positionen für den Himmel und die Erde freigelassen werden müssen, eine „eherne Regel“. Jedes Mal, wenn ich Wolke und Dunst im ganzen unteren [Teil des Bildes] male, [sodass nur] ein stürmischer Gipfel daraus herausragt, und einen Mensch hinzufüge, dann gibt es das *shi* der [Höhe] von „Zehntausenden Füßen, die das Gewand flattern lässt“. [...] Das ist [ein Kompositionsmuster, bei welchem] eine abrupte Spitze zum Hauptpunkt gemacht wird, wobei die „Abkömmlinge“, [d. h.] die zahlreichen Bergspitzen herum, nicht gezeigt und die Felsen und Wurzel-Basis nicht offenbar gemacht werden können. Dies veranlasst den Betrachter dazu, das nachzuvollziehen, was außerhalb des Hingepinselten liegt. Mein Gast sagte hierzu: „War es dieselbe Idee, wenn die Menschen des Altertums, so sie Pflaumenblüten malten oder Bambusstängel skizzierten, dergestalt verfuhren, dass ein einziger Zweig, der über die Wand heraussteig, die gesamten komplexen und dichten Konfigurationen [vertrat], oder wenn die Verflochtenheit von Stängeln und Zweigen im Ganzen [dargestellt] wurde, [der Meinung waren], es wäre eine undifferenzierte Menge, die ohne Reiz ist?“ Ich sagte: „So ist es.“[852]

Shen Hao erwähnt zunächst die „eherne Regel“ (*chang fa* 常法):[853] Man solle die Positionen (Stellen) für Himmel und Erde auf dem Bild freilassen (留天地之位). Dann zeigt er bzw. sein Gesprächspartner anhand der Beispiele von Kompositionsmodellen, dass die für eine Landschaftsszene maßgebenden Parameter, nämlich die Positionen des Himmels und der Erde, auch dann ihre Funktionen erfüllen, wenn eine detaillierte Darstellung weggelassen wird (z. B. wenn bei der Darstellung eines hochragenden Gipfels seine „Füße“ oder nahe liegende Hügel nicht dargestellt werden) oder wenn sich diese Positionen „austauschen“ (z. B. wenn sich bei der Darstellung des Gipfels die Erde (= Gipfel) oben und der Himmel (= Wolken) unten befindet). Durch Anlehnung, aber zugleich auch Transformation der „ehernen Regel“, die den Betrachter dazu veranlasst, das nachzuvollziehen, was außerhalb des Dargestellten liegt (令人得之楮筆之外), erzielt man eindrucksvolle Effekte – wie z. B. „das *shi* der [Höhe] von Zehntausenden Füßen, die das Gewand flattern lässt“.[854]

Zwar bezieht sich Shen Hao u. a. auf Kompositionsmodelle von alten Meistern, aber es scheint hier die in seiner Zeit weit geteilte Einstellung hinsichtlich phänomenaler Ordnungen und Wahrnehmungsmechanismen im Vordergrund zu stehen: Gerade weil die phänomenalen Ordnungen (z. B. des Himmels und der Erde) nunmehr als konventionell verstanden werden, sind sie auch änderbar. Auf dieser Kluft zwischen der Transformationsfähigkeit und der kraft eingeübter Muster der Wahrnehmung konstant bleibenden Regel (*fa*) bildet sich u. a. das hier beschriebene Verfahren der Bedeutungskonstitution. Es eröffnet aber zugleich die Möglichkeit für Normüberschreitungen, die die Maler der untersuchten Zeit weitgehend erforscht haben.

Transformation vs. Beständigkeit von Regeln war ein intensiv vorgetragenes Thema in der Literatur und Kunst seit der späten Ming-Zeit. Zum Teil schloss sich dieser Prozess an die weit diskutierten allgemeinen Probleme der Traditionsübergabe bzw. Orthodoxie und an die Auseinandersetzungen mit gesellschaftlich-politischen Veränderungen an, die im Kapitel II angesprochen wurden.[855] Die konkurrierenden Schulrichtungen in der Literatur und Kunst unterschieden

852 Shen, *Huachen*, Weizhi: 317a-b.

853 Vgl. die im Kapitel II angesprochene Kritik an „beständigen/festen Prinzipien“ (*chang li* 常理) in den Erkenntnistheorien der untersuchten Zeit; siehe Kapitel II, Punkt 4.1.

854 Eine berühmte Phrase aus dem fünften Gedicht der Gedichtreihe *Ode auf die Geschichte in acht Versen* (*Yong shi ba shou* 詠史八首) vom Dichter Zuo Si 左思 (250–305) aus der Jin-Dynastie (晉, 265–420).

855 Siehe Kapitel II, Punkt 4; für allgemeine Informationen zum Epochenkontext siehe Kapitel I, Punkt 2.2.3.

sich oft je nach der Einstellung, die sie im Spannungsverhältnis zwischen Transformation und Beständigkeit einer Regel bzw. hinsichtlich der Frage einnahmen, welche Vorbilder und Modelle des Kunstschaffens des Altertums zu verändern oder zu übernehmen seien.[856] Es lässt sich vermuten, dass angesichts vielfältiger Zusammenbrüche nach der Dynastiewende, die zahlreiche Ordnungen auf den Kopf stellten, das Problem, welchen Regeln inwiefern zu folgen, ja was überhaupt als Regeln zu verstehen sei, noch akuter geworden war.

Am Anfang dieses Kapitels wurde die Kunsttheorie Shitaos analysiert, in der der Begriff der Regel eine wichtige Rolle spielt. Shitao spricht von Regeln als von essenziell durch menschliche Wahrnehmungskapazitäten bestimmte Aspekte der Welt. Die Bedeutung der „Regel“ *fa* erschloss sich für ihn im Zusammenhang mit der Art und Weise, wie die menschliche (Bild-)Welt zustande kommt und als menschliche Schöpfung funktioniert: als Art und Weise der aktuellen Existenz. Dieses Verständnis weist klare buddhistische Akzente in der Bedeutung der „Regel“ auf.

In der Literaturtheorie der gleichen Zeit finden wir Erörterungen zum Begriff der Regel in den Werken von Ye Xie 葉燮 (1627–1703) und Wang Fuzhi.[857] Die Behandlung des Begriffs in dieser Reihe von Werken zeichnet sich durch einen bewussten Verzicht darauf aus, die Regel als eine Reihe von bestimmten konventionellen Sätzen oder als lediglich formale Anweisungen zu verstehen, die eine konkrete Definitionen zulassen würden. Vielmehr deutete man „Regel“ als eine Kategorie, die weder existiert noch nicht existiert, und das Kunstschaffen dementsprechend als eine Tätigkeit, die im Spannungsfeld zwischen Regeln und Nicht-Regeln vollzogen wird.

So ist z. B. die Interpretation Ye Xies in seinem Traktat *Zu den Ursprüngen der Dichtung* (*Yuan shi* 原詩) zu verstehen:

> 或曰 今之稱詩者 高言法矣 作詩者果有法乎哉 且無法乎哉 余曰 法者 虛名也 非所論於有也 又法者 定位也 非所論於無也

856 Zu Auseinandersetzungen in Bezug auf Tradition und Vorbilder zwischen solchen literarischen Schulrichtungen bzw. Gruppierungen wie „die früheren sieben Meister“ (*qian qi zi* 前七子) und „die späteren sieben Meister“ (*hou qi zi* 後七子), Schulrichtungen der Orientierung auf [die Literatur der] Tang- und Song-[Zeit] (Tang-Song *pai* 唐宋派), Gong'an-Schulrichtung (Gong'an *pai* 公安派), Jingling-Schulrichtung (Jingling *pai* 竟陵派) usw. siehe z. B. Pohl 2007: 295–349; Owen 1992: 498–499. Für Ausführungen zum Verständnis des Begriffs „Regel“ bei Ye Xie und Wang Fuzhi s. u. Für einen Überblick zu konkurrierenden Malereischulrichtungen, ihren Debatten über die Tradition bzw. das Aufstellen der „orthodoxen“ Schulausrichtung und die jeweiligen soziopolitischen Kontexte siehe z. B. Chan 2008; Vinograd (Hg.) 2002; Cahill 1996; Hay 1995: 515–520, 522–530; Bush 1987.

857 Siehe z. B. Pohl 2007: 347–356; Owen 1992: 496–497.

> Someone said to me: „Those who claim to know about poetry nowadays make much of ‚rules' (*fa*). Are there really rules in writing poetry, or is poetry something without rules?"
>
> I answered: „Rules are an empty name and thus not to be considered as if existing actually. On the other hand, rules are determinate positiones and thus not to be considered as non-existent."[858]

Hier ist es zunächst wichtig, die Anzeichen einer Argumentation buddhistischer Art zu notieren: Die Regel wird als etwas erklärt, was nur eine konventionelle Existenz zwischen „Gegeben[sein]" (*you*) und „Nicht-Gegeben[sein]" (*wu*) besitzt. Dies legt besonders nahe, dass auch bei Ye Xie hier die buddhistische Bedeutung von *fa*, nämlich als Übersetzung für Sanskrit *dharma* (zur Wurzel ‚dhṛ-') im Sinne von „Ding, Entität"[859], eine Rolle spielt.

Für die raumbezogene Fragestellung, insbesondere für das in diesem Kapitel behandelte Thema der Bildstrukturierung und –raumordnungen, erscheint die im Zitat vorkommende Verbindung zwischen „Regeln" und „Bestimmung der Positionen" *dingwei* 定位 von primärer Bedeutung. Oben wurde das Verfahren der Bedeutungskonstitution angesprochen, die gerade auf dem Wechselverhältnis zwischen einerseits halten an die bzw. hinterfragen der Regel beruhen, und andererseits auf der Umkehrung „gewöhnlicher" (etwa Himmel – oben, Erde – unten) Positionierung aufbauen oder sogar damit spielen.

Es lohnt sich hier, zunächst zum Begriff „Position" detaillierter auszuholen und danach zum Zusammenhang von „Position" und „Regeln" zurückzukommen.

In der Kunsttheorie ist *weizhi* 位置 „Position" seit der Festlegung des fünften Gesetzes[860] der Malerei *jingying weizhi* 經營位置 „Positionen steuern" ein Terminus, der mit der Bildkomposition zusammenhängt. Dem Zusammenführen der „Position" mit dem Wort ‚verwalten, steuern' *jingying*[861] ist allerdings zu entnehmen, dass neben den rein bildlich-kompositorischen Verhältnissen auch die sozialen Verhältnisse im Bedeutungsumfang der „Position" eingeschlossen worden waren. Die „Position" im Bild war also zugleich als Darstellung eines bestimmten sozialen Status oder zumindest einer bestimmten Position in der sozialen Ordnung

---

858 Ye Xie, *Yuanshi*, Neipian shang: 16a-b. Übersetzung Owen 1992: 496–497.

859 Zu dieser Bedeutung von *dharma* und allgemein zum Begriff siehe die Fußnote 306.

860 Von insgesamt sechs Malereigesetzen (*huihua liufa* 繪畫六法) von Xie He 谢赫 (6. Jh.). Für eine umfassende Studie der Gesetze siehe Acker 1954; für Interpretationen einiger Aspekte des ersten Gesetzes siehe Goldin 2018; Obert 2007: 183–189; Powers 1992; Soper 1949.

861 Zur Verbindung der Bedeutung von *jing* 經 in dem Kompositum *jingying* als Konzeption des Ordnens (eines Landes) anhand einer Aufteilung bzw. Grenzziehung zur räumlichen Anordnung in frühen chinesischen Texten vgl.: „The character *jing* (經) is used in early texts to indicate the division of the city by a grid of streets and the market by stalls. It had the broader meaning of ‚to put in order' or ‚rule', and came to be applied to the canonical texts that provided order in the world" (Lewis 2006: 248).

gedacht. In diesem Sinne ging es bei der Anweisung „Positionen steuern“ wohl ursprünglich oft primär darum, dass man die Figuren[862] entsprechend bestimmten Vorstellungen einer in der Szene symbolisch repräsentierten sozialen Ordnung „steuert“ bzw. anordnet. In der hier untersuchten Zeit und in Bezug auf Landschaftsmalerei spielt diese Bedeutungsdimension eine Rolle, wenn Shen Hao im Kapitel „Positionen bestimmen“ seines bereits mehrmals zitierten Traktats schreibt:

> 先察君臣呼應之位 或山爲君而樹為輔 或樹爲君而山佐
>
> Prüfe zunächst die miteinander korrespondierenden Positionen von „Herrscher“ und „Diener“: Mache entweder den Berg zum Herrscher und den Baum zum Untergeordneten, oder mache den Baum zum Herrscher und dann den Berg zum Gehilfen.[863]

In einer Passage aus dem Traktat *Der [Bewohner des] östlichen Dorfes erörtert die Malerei* (*Dongzhuang lunhua* 東莊論畫) von Wang Yu 王昱 (1714–1748)[864] kommt die schon erwähnte Tendenz zur „matrixartigen“ Strukturierung des Bildes zum Vorschein. Die Anweisung „Positionen bestimmen“ bedeutet hier nun nicht eine Anordnung von Objekten, sondern eine Anordnung von je paarhaften abstrakteren Qualitäten etwa *yin–yang* (in Bezug auf das Bild im Sinne von Dunkelheit und Helligkeit), Gegenüber- und Entgegen[setzen], vertikal und horizontal [ausrichten], steigen- und sinken[lassen], öffnen und schließen (陰陽向背縱横起伏開合).[865]

Wenn man Kontexte außerhalb der Kunsttheorie ansieht, in denen der Schlüsselbegriff „Position“ vorkommt, findet man in den frühen Texten ausreichend Beispiele von „Positionen“ im Raum als Positionieren in sozial-politischen und/oder kosmischen Ordnungen:[866]

---

862 Ursprünglich v. a. menschliche Figuren, da die sechs Malereigesetze anfänglich für die Figurenmalerei ausgearbeitet wurden; siehe Acker 1954: Bd. 1.

863 Shen, *Huachen*, Weizhi: 317b. Die Ausführung Shen Haos ist Paraphrasierung und Interpretation einer älteren Norm. Zur kompositorischen Relation „Gast/Diener“ – „Gastgeber/Herr“ vgl. die Fußnote 846.

864 Einer der „vier kleineren Wangs“ (*si xiao Wang* 小四王), der sogenannten Gruppe von prominenten Malern des 18. Jahrhunderts mit Familiennamen Wang. Die Gruppe wird als „kleinere“ bezeichnet in Unterscheidung zu den „vier [großen] Wangs“ (*si Wang* 四王) des 17. Jahrhunderts (für die Angaben zu den Letzteren siehe z. B. Chu 2014; Hay 1995: 532–536). Die beiden Gruppen vertreten die Tradition der Nachfolge des Dong Qichang.

865 Wang, *Dongzhuang*, 74b. Vgl. den Anfang des Zitats: „Beim Malen bestimme zunächst Positionen, daraufhin erwäge [die Leistungen] des Pinsels und der Tusche. Was wird ‚Positionen‘ genannt? – [Es handelt sich um Relationen wie] *yin–yang*, gegenüber- und entgegengesetzt, vertikal und horizontal, steigen und sinken [lassen], öffnen und schließen. [...]“ (作畫先定位置次講筆墨, 何謂位置: 陰陽向背縱横起伏開合[...]) (Wang, *Dongzhuang*, 74b).

866 Zum Begriff und seinen Konnotationen in sozial-politischen, kosmologischen und anderen Kontexten siehe Untersuchungen in Chemla und Lackner (Hg.) 1996.

> This term points to the principle function of the spatial patterns, namely that they determine the places of the represented geographical objects with respect to the idea of a hierarchical organization of space.[867]

Und:

> Positions define the worth and *raison d'être* of anything, particularly those of the human person.[868]

Die entscheidende Funktion der Positionierung, die in den früheren Texten schon zum Tragen kam, im folgenden Zitat von Wang Fuzhi aber ganz klar dargelegt wird, ist jene, dass durch Positionierung in einer Ordnung bzw. in einem Zusammenhang (mit anderen Elementen) ein Ding erst die Bestimmung seiner Beschaffenheit erhält:

> 位謂定位而成質也
>
> Mit „Positionen" bezeichnet man [den Vorgang] einer Verwirklichung von Qualitäten, indem man Positionen bestimmt.[869]

In diesem Sinne deutet auch Shitao „Positionen" in den zitierten *Aufgezeichneten Sprüchen*: Die „Position" ist das, wodurch ein Bildobjekt (Berg) „verkörpert" wird:

> 山之得體也以位
>
> Der Berg erhält sein Gefüge (*ti*), indem er positioniert wird.[870]

Zwischenbilanz Fassen wir die wichtigsten Punkte zusammen, die aus diesen Beispielen klar werden:

Eine Entität erhält je nach Position ihre Bestimmung und wird zugleich mit entsprechender (symbolischer) Bedeutung aufgeladen. Dies schließt ein relationales Verständnis der Positionierung ein: eine „Position" bestimmt sich in einer Ordnung bzw. in einem Zusammenhang, d. h. durch das Verhältnis zu anderen Positionen.

Daraus kann man schließen, dass die Positionierung, d. h. ein Eintreten in die Relationen mit anderen Elementen in einem System (Bild oder Welt), entscheidend für die Konkretisierung davon ist, welche phänomenalen Erscheinungsarten, Qualitäten, Auswirkungen usw. eintreten. Des Weiteren können wir für die Bildstrukturierung folgern: Einer der Faktoren der Bedeutungsbestimmung eines

867 Dorofeeva-Lichtmann 1996: 12.
868 Cheng 1996: 149.
869 Wang, *Zhengmeng zhu*, j. 1, Canliang pian: 9299. Kommentar zur Aussage des Zhangzai: ○月所位者陽, 故受日之光, 不受日之精, 相望中弦則光為之食, 精之不可以二也。
870 Shitao, *Hua yulu*, § 18: 17b.

Zeichens im Zusammenhang des Bildes ist dessen Positionierung: Ob eine leere Stelle bzw. ein Strich z. B. hier als „Wasser“/„Himmel“, dort aber als „Stein“/„Berg“ usw. zu deuten ist, wird erst durch seine Position bestimmt.[871]

Kommen wir nun zur Verbindung zwischen den Begriffen „Regel“ (*fa*) und dem „Bestimmen von Positionen“ (*ding wei*). In diesem Zusammenhang ist die folgende Passage aus Ye Xies *Zu den Ursprüngen der Dichtung* interessant:

> 又法者 國家之所謂律也 自古之五刑宅就以至於今 法亦密矣 然豈無所憑而爲法哉 不過揆度於事理情三者之輕重大小上下 以爲五服五章刑賞生殺之等威差別 於是事理情當於法之中 人見法而適愜其事理情之用 故又謂之曰定位
>
> Furthermore, rules are what the state calls ‚law‘ (*lü*, or ‚regulation‘). Since that time in antiquity when the conditions for the five punishments were set, on up to the present, such rules have been very comprehensive. But how could there be rules without anything to base them on? In fact these ‚rules‘ are nothing more than an evaluation of the gravity, magnitude, and elevation of the event, the principle, and the circumstance. Out of this are ascertained distinctions of degree in regard to the various kinds of official uniforms, punishments and rewards, life and death. Thus event, principle, and circumstance are present in these rules. When someone looks upon the rules, he may feel satisfaction on the functioning of the particular event, principle, and circumstance. Thus we may say that rules are determinate position.[872]

Zunächst macht Ye Xie hier die ursprüngliche Verknüpfung der Bedeutung der „Regel“ zum Rechtswesen[873] aus und geht sodann zur Diskussion der Regel im Sinne von staatlichen Gesetzen über. Dann betrachtet er die Funktionen der Regel in der staatlichen Ordnung in ihrem Verhältnis zu den Kategorien „Prinzip“ (*li* 理), „Realien“ (‚Ereignisse, Tatsachen‘) (*shi* 事), „Gestalt“ (‚Gegebenheit, Verfassung‘) (*qing* 情).[874]

---

871 Tatsächlich gibt es zahlreiche Bildbeispiele aus der untersuchten Zeit, wo ein abstraktes Zeichen erst dann als ein bestimmtes Bildelement interpretiert werden kann, wenn man es in diesem konkreten Bildsystem betrachtet.

872 Ye Xie, *Yuanshi*, Neipian shang: 17. Übersetzung Owen 1992: 499.

873 Vgl. die etymologische Bedeutungen des *fa* 法 ‚law, pattern‘ und dessen Verwandtschaft mit *fan* 凡 ‚general, common‘; siehe Schuessler 2007: 228.

874 Anhand dieser Kategorien fasst Ye Xie die unterschiedlichen „Aspekte“ zusammen, die *alle* Vorgänge der menschlichen (inkl. künstlerischen) und natürlichen Welt aufweisen bzw. unter denen sie betrachtet werden können: etwa unter dem Aspekt der Zugehörigkeit der ontologischen Gesetzmäßigkeiten (*li*); unter dem Aspekt des Zustandekommens als ein(maliges) Ereignis (*shi*); unter dem Aspekt konkreter phänomenaler Erscheinungsweisen dieses Ereignisses (*qing*). Ye Xie setzt offensichtlich die Bedeutungen der Kategorien *li* und *shi* aus der Doktrin der buddhistischen Huayan-Schule um. Offenbar wurde diese begriffliche Entlehnung Ye Xies in der westlichen Forschungsliteratur nicht untersucht: In Owens Interpretation kommt keine Erwähnung der Umsetzung buddhistischer Konzepte in der Theorie Ye Xies vor; in der Behandlung der Theorie von Pohl wird zwar die Entlehnung beiläufig erwähnt (2007: 364–365), aber nicht analysiert. Die entsprechende Passage bei Ye Xie lautet wie folgt: „Since the beginning of the universe,

Nach der Deutung Ye Xies leisten die Regeln eine *mapping*-Funktion: Indem sie die Kategorien Prinzip, Realien und Gestalt/Verfassung nach den Parametern leicht–schwer, groß–klein, oben–unten, also nach den Parametern, mit denen in der Gesellschaft operiert wird, messen und in die unterschiedlichen Zusammenhänge der sozial-politischen Ordnungen übertragen, werden die Regeln zu „bestimmten Positionen“. Sie bilden also *konkrete* Manifestationen der Funktionsweise von *li*, *shi* und *qing* in der Organisation menschlicher Gesellschaft. Dieses Verständnis der Rolle der Regel will Ye Xie für literarisches Schaffen geltend machen.

Bei der Interpretation des Begriffs „Regel“ trifft Ye Xie also eine Unterscheidung zwischen einerseits unbestimmten und nicht-reglementierbaren Funktionsweisen der *li*, *shi* und *qing*, und andererseits deren Auswirkungen, die nun einer Reglementierung und Parametrisierung unterliegen und in Form konkreter Regeln in der phänomenalen Weltordnung agieren. Ye Xies Auslegungen erinnern an die Rolle der „Regel“, der wir in der Theorie Shitaos am Anfang dieses Kapitels begegnet sind. Bei Shitao war allerdings der subjektive Aspekt im Schaffen der Regel-Ordnungen vom „Selbst“ bzw. vom Bewusstsein hervorgehoben, während die soziale Prägung der Regeln nicht zur Sprache kam.

Da es sich bei Shitao und Ye Xie um Zeitgenossen handelt, können die Überschneidungen der Theorien wohl als Reflex gemeinsamer Vorstellungen von Kunst und Welt aufgefasst werden, die in dieser Periode existierten.[875]

Ye Xies Interpretationen erscheinen darüber hinaus der oben angeführten Erläuterung zum *ti-yong*-Paar eines dritten Zeitgenossen, Wang Yuanqi, sehr ähnlich. Bei der Analyse der Interpretation des Paares durch Wang Yuanqi haben wir ebenfalls beobachtet, wie sich die abstrakten Gesetzmäßigkeiten des *qi* auf der Ebene der „Anwendung“ in den phänomenalen Ordnungsstrukturen des Bildes (oben–unten, nah–fern usw.) als konkrete Landschaftsobjekte manifestierten.

---

the magnitude of Heaven and Earth, the mutations of past and present, all the mysteries of the millions of things, the sun and stars, the rivers and mountains, the images and forms, in which things unfold, war and punishments, rites and music, food and drink, the relations between men and women – all these have come forth as literary works and have taken shape as poems and poetic expositions *(fu)*. The Way is infinitely varied, but I can cover it in three words: ‚natural principle‘ (*li*), ‚event‘ (*shi*), and circumstance (*ch'ing*, the affections, a ‚state of mind‘). Nothing lies outside of the scope of the three words“ (自開闢以來 天地之大 古今之變 萬彙之賾 日星河嶽 賦物象形 兵刑禮樂 飲食男女 於以發為文章 形爲詩賦 其道萬千 余得以三語蔽之 曰理曰事曰情 不出乎此而已) (Ye Xie, *Yuanshi*, Neipian shang: 16b, Übersetzung Owen 1992: 497).

875 Stefan Kramer (2016) analysiert den Begriff *zhufa* 諸法 bei Zibo Zhenke (紫栢真可, 1543–1603) und kommt zu ähnlichen Schlüssen wie oben dargelegt, hinsichtlich seiner Bedeutung als Beschreibung der Strukturen des Zustandekommens der phänomenalen Welt, siehe Kramer 2016: 88–93 und die Fußnote 696 oben.

Mit dem Verständnis, dass sich die Konstitution einer *Landschaft* primär und wesentlich durch „Strukturierung“ der unbestimmten und nicht-reglementierbaren Funktionsweisen und Wirkungen des *qi* gemäß konkreten Zusammenhängen eines phänomenalen Ordnungsrasters vollzieht, kann man der Beobachtung des modernen Forschers Chou Ju-hsi zustimmen, die Strukturierungsfragen hätten einen besonders wichtigen Platz in der Bildgestaltung des 17. Jahrhunderts eingenommen.[876]

4.2 Die Referenz der phänomenalen Bild-/Welt-Ordnungen

Die philosophischen Abhandlungen zu *qi*, auf dessen Wirkungen das phänomenal Erscheinende zurückgeführt wurde, wurden im Kapitel II analysiert. Wie in diesem Kapitel dargelegt, wurde die Auswirkung des *qi* in der Bildstrukturierung mit Vorstellungen von freifließender, ungehinderter, d. h. nicht durch Eigenheiten konkreter Objekte „beschädigter“ Dynamik bzw. mit rhythmisch-resonierenden Qualitäten dieser Dynamik assoziiert, die die ganze Bildstruktur zu einem lebendigen Ganzen vereinigt. Am Zitat Wang Yuanqis wurde zudem ersichtlich, dass diese Auswirkungen als grundlegende Voraussetzung für die bildliche Darstellung gedacht wurden.

Um das Verständnis der Gelehrten der hier untersuchten Zeit hinsichtlich der Fragen zu erschließen, welche Funktion das *qi* im Schaffensprozess hat, ist es wohl hilfreich, zunächst den Kommentar des Hanshan Deqing zum Kapitel „Diskussion darüber, dass die Nicht-Wahrheit leer ist“ (*Bu zhen kong lun* 不真空論)[877] aus dem buddhistischen philosophischen Traktat Seng Zhaos 僧肇 (384–414) *Abhandlungen von Zhao* (*Zhao lun* 肇論) zu betrachten.[878] Der Kommentar Deqings (im Zitat unten in Klammern gesetzt) sowie die Erwähnungen des Begriffs *qi* im ursprünglichen Text Seng Zhaos sind in unserem Zusammenhang deswegen bezeichnend, weil das *qi* in ihnen als die wahre Grundkonstante interpretiert wird, die Erscheinung und Transformationen von Dingen voraussetzt.

> 是以聖人乘真心而理順。則無滯而不通。
> ([...] 聖人乘一真之心。而調順萬物。則物物皆真。無一法可當情。故無滯不通)
> 審一氣以觀化。故所遇而順適。

876 Siehe Chou 1994: 322.

877 Der chinesische Titel enthält neben der in der Übersetzung geschilderten noch eine zweite Bedeutung: „Diskussion über die Nicht-Wahrheit der Leere“. Auf die beiden Bedeutungen weist Deqing in seinem Kommentar hin.

878 Eine Übersetzung und die ausführliche Analyse dieses Textes siehe Elberfeld et al. 2000: 13–90 und Felbur 2017. Vgl. Felburs Übersetzung des Titels des Kapitels *Bu zhen kong lun*: „Emptiness as Nonsubstantiality“.

(審。猶處也。一氣。猶一真。化。謂萬法。以審處一真之心。以觀萬法。則法法皆真。萬物皆己。故所遇順適)

[In den *Abhandlungen von Zhao* heißt es]: The sage rides the vehicle of the ultimate mind and yet aligns himself with all principles; there are no obstructions he cannot penetrate.[879]

([Kommentar von Deqing]: [...] Der Weise nutzt den einzig wahren Herz-Geist als Vehikel, harmonisiert und reguliert die zehntausend Dinge. Folglich sind [auch] alle Dinge wahr. Es gibt kein einziges *dharma* (Phänomen), das zu seiner Sinnesverfassung werden kann, und daher gibt es keine Hindernisse, die der Weise nicht durchdringt.)

[In den *Abhandlungen von Zhao* heißt es]: He inhabits the Singular Pneuma and therefrom observes transformations; he moves in accord with all he encounters.

([Kommentar von Deqing]: ‚Nimmt wahr' (*shen*, ‚view') bedeutet so etwas wie ‚verortet sich'. Das ‚eine *qi*' so etwas wie ‚einzige Wahrheit'. [Mit dem Wort] ‚Transformationen' werden ‚zehntausend *dharmas*' bezeichnet. [Die Bedeutung der Passage im *Zhaolun* ist also]: „[Der Weise] verortet sich im *einen* wahren Herz-Geist, um die zehntausend *dharmas* zu betrachten, sodass sämtliche *dharmas* wahr werden. Deswegen durchdringt er [Hindernisse] und passt sich allem an, was [ihm] begegnet.)[880]

Es ist zu bemerken, dass Deqing das *qi* eher und – wie es scheint – im Unterschied zum ursprünglichen Text Seng Zhaos abstrakt und erkenntnistheoretisch interpretiert, nämlich *nicht* als eine u. a. physisch zu verstehende Grundlage, als einen Grundstoff des Universums bzw. als „Pneuma". Letztere Interpretation scheint für den Satz „Untersuche das einheitliche *qi*, um die Wandlungen zu betrachten" (審一氣以觀化) von Seng Zhao noch möglich zu sein.[881] Mit der Paraphrasierung dieses Satzes im Kommentar Deqings verändert sich die Bedeutung des *qi* von einer Sichtweise, die eine physische Bedeutungsdimension zulässt, hin zu einer Bedeutung als die *richtige* Sehweise bzw. die richtige Einstellung bei der Betrachtung aller Phänomene.[882]

In allen Fällen ermöglicht die im *qi* „gegründete" Sichtweise eine verbundene, umfassende und nicht durch einzelne Phänomene gehinderte Weltsicht: „Es gibt

879 Übersetzung des Haupttextes der *Abhandlungen von Zhao* Felbur 2017: 71, Übersetzung des Kommentars Deqings *PL*.

880 Deqing, *Zhaolun lüezhu*, j. 2, Bu zhen kong lun: [0337b21–0337b30].

881 Um eine triftige Interpretation für die Bedeutung des *qi* im Text des Seng Zhao zu folgern, sollte man naturphilosophische Theorien der Zeit Seng Zhaos hinzuziehen, darauf wird im Rahmen dieser Arbeit allerdings nicht eingegangen.

882 Interessanterweise ersetzt hier Deqing den zu seiner Zeit verbreiteten und geläufigen Begriff *qi* durch ein anderes Wort: „das Wahre" (*zhen* 真). (Das *qi* und ‚das Wahre, Wahrheit' stehen in seinem Kommentar in einer Glossenrelation zueinander: „Das eine *qi* ist gleichwie die einzige Wahrheit" 一氣, 猶一真). Zu vermuten ist, dass Deqing diese Ersetzung durchführte, um die Mehrdeutigkeit des Begriffs *qi* zu vermeiden, oder eher um eine bestimmte – nämlich seine materialistische – Deutung zu vermeiden.

kein einziges *dharma* (Phänomen), das zu seiner Sinnesverfassung werden kann, und daher gibt es keine Hindernisse, die der Weise nicht durchdringt“ (無一法可當情, 故無滯不通); „Deswegen durchdringt er [Hindernisse] und passt sich allem an, was [ihm] begegnet“ (故所遇順適).[883]

Ähnliche Effekte bei den auf das *qi* ausgerichteten Kompositionsverfahren wurden in einigen Zitaten aus kunsttheoretischen Texten bereits beschrieben.[884] Als geradezu parallel erscheinen darüber hinaus die folgenden Aussagen, zuerst diejenige Deqings:

> 先立中道諦體也。
>
> Stelle zunächst die Grundlage *ti* der Wahrheit des „mittleren Weges“[885] auf.[886]

Die Anweisung Wang Yuanqis zur Bildgestaltung lautet:

> 先定氣勢
>
> Zunächst bestimme die dynamischen Konfigurationen des *qi*.[887]

Wenn wir in Betracht ziehen, dass in den in dieser Arbeit analysierten Ausführungen des Wang Yuanqi zum Paar „Tiefenstruktur“ (*ti*) und „Anwendung“ (*yong*) der Begriff „dynamische Konfigurationen des *qi*“ mit dem Begriff „Tiefenstruktur“ (*ti*) identifiziert wurde, erscheinen die beiden Phrasen fast identisch. Der Unterschied besteht nur darin, dass Deqing sich mit einer richtigen erkenntnistheoretischen Einstellung bzw. Sicht beschäftigt, während Wang Yuanqi diese Sicht für das künstlerische Vorgehen, d. h. für das Operieren mit konkreten bildgestalterischen Größen, umsetzt.

In der angesprochenen literarischen Theorie Ye Xies spielt das Konzept des *qi* ebenfalls eine wichtige Rolle: Die Wirkungen des *qi* interpretiert Ye Xie als solche, die die Funktions- und Manifestationsweisen von „Prinzip“ (*li*), „Realien/Ereignisse“

883 Deqing, *Zhaolun lüezhu*, j. 2, Bu zhen kong lun: [337b35].

884 Vgl. z. B. die im Punkt 2 aufgeführten Zitate.

885 Die Konzeption von zwei Wahrheiten – der „absoluten Wahrheit“ (Skt. *Paramārtha-satya*) und der „konventionellen Wahrheit“ (Skt. *Saṁvṛiti-satya*) wurde am meisten in der *Mādhyamaka*-Schule von Nāgārjuna (ca. 150 – ca. 250) ausgearbeitet. Während gemäß der konventionellen Wahrheit Phänomene eine Eigenexistenz besitzen, ist sie aus der Sicht der absoluten Wahrheit nur eine bedingte (oder „leere“) Existenz. Dabei setzt die Leerheit der Existenz dieser Phänomene nicht die Existenz einer (absoluten) Leere voraus. Die *Abhandlungen von Zhao* sowie der zitierte Kommentar Deqings sind zum großen Teil der Verdeutlichung dieser Idee gewidmet. Der „Mittlere Weg“ (*zhong dao* 中道, Skt. *Madhyamā-pratipad*) bedeutet im weiteren Sinne die Auffassung von den beiden bedingten und absoluten Aspekten der Existenz, vgl. Liebenthal 1968: 133–135. Zur Konzeption von zwei Wahrheiten im Kontext der *Mādhyamaka*-Schule und der Lehre Nāgārjunas siehe Westerhoff 2010.

886 Deqing, *Zhaolun lüezhu*, j. 2, Bu zhen kong lun, [338b21].

887 Wang, *Yuchuang*: 64a.

(*shi*) und „Gestalt/Gegebenheit" (*qing*) voraussetzen oder sozusagen in Gang setzen, als Antriebskraft für alle Prozesse und Transformationen des Universums.[888]

Es ist wohl anzunehmen, dass sich in der philosophischen und literarischen Interpretation der *qi*-Wirkungen sowie im Zusammenhang mit der Einsetzung des *qi* in einem literarischen Werk die Frage nach Konkretheit bzw. Abstraktheit der Bedeutung dieses Begriffs anders lösen ließe als bei einem Bildwerk bzw. auf der Grundlage von Bildtheorien. Zwar wird auch hier auf solche abstrakten, mit dem *qi* assoziierten Bedeutungsdimensionen wie Lebendigkeit, Ganzheitlichkeit der Komposition usw. Bezug genommen. Es wird aber eine eindeutigere Verbindung zu den mit dem *qi* „erfüllten" oder den auf das *qi* ausgerichteten konkreten Instrumenten hergestellt. Diese Verbindung umfasst also die kompositorischen Schemata und Verfahren der Bildgestaltung einerseits, und die von dem *qi* vorausgesetzten universalen Wandlungsprozesse andererseits, sodass sich die *qi*-Wirkungen mit konkreten, d. h. auch wohl physisch verstandenen, rhythmisch-resonierenden Qualitäten des Bildwerkes und sensomotorischen Eigenschaften des Schaffensprozesses verknüpfen lassen.[889] Im Kapitel „Resonanzen des *qi*" (*qiyun* 氣韻)[890] aus dem oben zitierten Traktat *Das Aufweisen des Subtilen im Malen* schreibt Tang Dai:

> 畫山水貴乎氣韻 氣韻者 非雲煙霧靄也 是天地間之眞氣 凡物無氣不生 山氣從石內發出[...] 氣韻由筆墨而生 或取圓渾而雄壯者 或取順快而流暢者 用筆不痴不弱 是得筆之氣也用墨要濃淡相宜 乾濕得當[...]是得墨之氣也[...] 氣韻與格法相合 格法熟則氣韻全 古人作畫豈易哉
>
> Das, was man am Malen von Landschaften wertschätzt, sind die Resonanzen des *qi*. „Resonanzen des *qi*" bezeichnet dabei nicht Nebel-Schwaden und Wolkendämpfe, vielmehr handelt es sich um das echte *qi* zwischen Himmel und Erde. Für alle Dinge gilt es, dass sie ohne *qi* nicht entstehen. Das *qi* der Berge tritt aus dem Inneren der Steine hervor. [...]
>
> Die Resonanzen des *qi* gehen aus Pinsel und Tusche hervor. Nimm [als Beispiel] die „rundumfassende" [Methode der Pinselführung], die den majestätischen [Stil] hervorbringt, oder nimm [als Beispiel] die „fließend-flinke" [Methode der Pinselführung], die den energischen [Stil] hervorbringt. Wenn dabei die Anwendung des Pinsels nicht wie besessen und nicht schwach ist – so erhält man das *qi* des Pinsels. Bei der Anwendung der Tusche ist es notwendig, dass

888 Siehe Owen 1992: 495 und Pohl 2007.

889 In seiner Analyse der frühen Ästhetik bietet Obert 2007: 137–171 eine Interpretation des eng miteinander verwobenen Wechselverhältnisses der Bedeutungsdimensionen des *qi* – von der abstrakteren Bedeutung als „Ausdruck einer Wirksamkeit" (Obert 2007: 139), geistigen, bis hin zu den leibezogenen, wahrnehmbaren Dimensionen.

890 Die Wendung „Resonanzen des *qi*" erscheint im ersten der Sechs Malereigesetze Xie Hes (s. o. Fußnote 860). Für eine Interpretationen des Gesetzes und der Wendung siehe Goldin 2018; Obert 2007: 181–192; Mair 2004; Powers 1992; Acker 1954; Soper 1949. Weitere Referenzen siehe in Goldin 2018: 497, Fußnote 4–6.

> konzentrierte und verdünnte [Stoffdichte] einander angemessen, trockene und nasse [Stellen] präzise [angewendet wären] [...] – so erhält man das Vollbringen des *qi* der Tusche. [...]
>
> Die Resonanzen des *qi* [sollen] mit der Strukturierungsmethode übereinstimmen: Wenn die Strukturierungsmethode reif ist, sind die Resonanzen des *qi* umfassend.[891]

Wie auch in Ye Xies Theorie wird hier das *qi* als die Grundlage des Lebens verstanden, das für jedes Ding im Universum ohne Ausnahme wirkt. In diesem Zusammenhang ist es auffallend, dass Tang Dai, nachdem er die Bemerkung über das *qi* als Lebendigkeitsfaktor aller Dinge gemacht hat, direkt zum Beispiel des *qi* von Bergen übergeht, die offenbar dementsprechend auch den lebendigen Dingen zugeordnet werden.

Gleichzeitig macht Tang deutlich, dass das *qi* nicht mit einer Substanz (wie etwa Nebel, Dünste usw.) zu identifizieren ist. Diese Verdeutlichung trägt auch zum Verständnis bei, warum Tang in den meisten Fällen dazu geneigt ist, die Wendung *qiyun* „Resonanzen des *qi*“ statt eines nur allein stehenden ‚*qi*‘ zu verwenden. Hierdurch wird die Eigenschaft nicht auf ein Objekt, das etwa das *qi* beinhalten würde, sondern auf die dynamische Seinsweise – und zwar des Lebens! – bezogen. Dies ermöglicht, über das *qi* aller Dinge unter Einschluss der Instrumente der Malerei und aller Prozesse inklusive des Schaffensprozesses selbst zu sprechen, ohne dass eine in den Dingen existierende und wirkende Substanz suggeriert würde. Im Zusammenhang mit der Dynamik, die das Schaffen und das Geschaffene aufeinander bezieht, wird auch das direkte Verhältnis der „Resonanzen des *qi*“ zur „Strukturierungsmethode“ *gefa* 格法 bei Tang erklärbar. Die „Resonanzen des *qi*“ sollen mit der Strukturierung übereinstimmen bzw. sich in ihr niederschlagen.

Die Einbettung des vom *qi* geleiteten kompositorischen Vorgehens in die durch das universale *qi* regulierten kosmischen Vorgänge streicht Tang an einer anderen, oben bereits zitierten Stelle seines Traktats noch deutlicher heraus:

> 自天地一闔一闢 而萬物之成形成象 無不由氣之摩盪自然而成 畫之作也亦然 [...] 體陰陽以用筆墨
>
> Seitdem [der Prozess] des Schließens und des Öffnens des Himmels und der Erde [angefangen hat], und die Formen und Gestalten aller Dinge sich bildeten, gibt es nichts, was sich nicht auf natürliche Weise aus den Resonanzen des *qi* gebildet hätte. Dasselbe gilt für die Werke der Malerei [...]: *yin* und *yang* werden in ihnen durch die Anwendung von Pinsel und Tusche verkörpert.[892]

891 Tang, *Huishi fawei*, Qiyun: 263a.
892 Tang, *Huishi fawei*, Ziran: 262b.

Um die Ungleichheit zwischen der Qualität „Resonanzen des *qi* und lebendige Bewegung“ und der Darstellung von Dampf-Substanzen handelt es sich auch im nächsten Zitat, das dem Traktat *Subtile Worte über das Malen* (*Huishi weiyan* 繪事微言) von Tang Zhixie 唐志契 (1579–1651) entnommen ist:

> 氣韻生動與煙潤不同, 世人妄指煙潤為生動, 殊為可笑。蓋氣者有筆氣, 有墨氣, 有色氣; 而又有氣勢, 有氣度, 有氣機, 此間即謂之韻, 而生動處則又非韻之可代矣。生者生生不窮, 深遠難盡。動者動而不板, 活潑迎人。要皆可默會而不可名言。如劉褒畫《雲漢圖》見者覺熱, 又畫《北風圖》見者覺寒。
>
> Die „Resonanzen des *qi* und die lebendige Bewegung“ sind nicht mit düster und nass [auf dem Bild] identisch. Die Leute heutzutage deuten irrigerweise düstere und nasse [Stellen auf dem Bild] als [Ausdruck von] lebendiger Bewegung, was äußerst lächerlich ist. Mit dem *qi* verhält es sich wohl folgendermaßen: Es gibt das *qi* des Pinsels, das *qi* der Tusche, das *qi* der Farbe; und es gibt auch die dynamischen Konfigurationen des *qi*, den Grad des *qi* und den Antrieb des *qi*. Genau hierin besteht das, was man „Resonanzen“ nennt. Und die Stellen der lebendigen Bewegung sind folglich wiederum nicht das, was die Resonanzen ersetzen kann. Das „Lebendige“ [in ‚lebendiger Bewegung‘] besteht im unerschöpflichen Lebendig-Werden von Leben, sodass es auch in weitester Ferne kaum zu erschöpfen ist. Die „Bewegung“ [im Ausdruck ‚die lebendige Bewegung‘] besteht darin, sich zu bewegen und nicht zu erstarren, sodass sie dem Betrachter lebhaft und ungestüm entgegenkommt. Das muss man stillschweigend begreifen, es kann nicht bezeichnet und beschrieben werden. Es ist wie bei Liu Baos Bild „Der neblige Han-Fluss“: Sobald man es sieht, spürt man die Hitze; oder wiederum [wie bei dem] Bild „Nordwind“: Sobald man es sieht, spürt man die Kälte.[893]

Interessant an diesem Zitat ist zunächst, dass hier Varianten aufgelistet werden, mit denen das Wort ‚*qi*‘ in einem Kompositum zusammengesetzt werden kann: So gibt es das *qi* des Pinsels (*biqi*), das *qi* der Tusche (*moqi*), die dynamischen Konfigurationen des *qi* (*qishi*), den „Grad des *qi*“ (*qidu*), den „Antrieb des *qi*“ (*qiji*), und in allen diesen Charakteristika lassen sich die „Resonanzen des *qi*“ (*qiyun*) aufweisen. Es sind also einerseits Fälle, in denen das Wort ‚*qi*‘ jeweils an der zweiten Stelle in der entsprechenden Wendung erscheint, d. h. Instrumente, die mit *qi* aufgeladen bzw. von ihm durchdrungen sind, oder eher solche Instrumente, durch die das *qi* vermittelt wird. Andererseits sind es Fälle, in denen das Wort *qi* jeweils an der ersten Stelle der Wendungen erscheint. Diese Wendungen beschreiben die *qi*-bezogenen Qualitäten oder Parameter der *qi*-Wirkungen: Grad/Maßstab, Antrieb, dynamische Konfigurationen. Interessant ist, dass die „Resonanzen des *qi*“ diesen, von konkreten Objektqualitäten bereits abstrahierten, Parametern als eine übergeordnete Qualität zukommt. Die Attribuierung des *qi* zu solchen Instrumenten der Malerei wie Pinsel, Tusche und Farbe sowie die Hervorhebung solcher *qi*-bezogenen Charakteristika wie *shi*, *du*, *ji* sind zusätzliche Hinweise darauf, dass das *qi* nicht durch Darstellung be-

893 Tang, *Huishi weiyan*: 263–264.

stimmter Objekte vermittelt wird, sondern einerseits durch die Art und Weise, mit der die Instrumente funktionieren, andererseits durch strukturhafte (und nicht objekthafte) Charakteristika der Darstellung. Dies unterstreicht wiederum die prozessualen Aspekte der Bildgestaltung. Eine solche Interpretation zeigt sich auch im Zusammenhang mit der Art, wie Tang Zhixie „lebendige Bewegung“ als sinnhaft interpretiert: Im Unterschied zu strukturhaften *qi*-bezogenen Charakteristika sind es solche *Stellen*, die Eindrücke oder Empfindungen von unaufhörlicher Entwicklung, Fülle und Frische vermitteln, die einem im echten (nicht bildlichen) Leben und in der Bewegung begegnen. Es ist wichtig zu betonen, dass Tang in seiner Bemühung, die terminologischen Unklarheiten in Bezug auf das erste Malereigesetz[894] abzuklären, die zwei Teile des Gesetzes – „Resonanzen des *qi*“ (*qiyun)* und „lebendige Bewegung“ (*shengdong*) – voneinander trennt und sie auf jeweils verschiedene Qualitäten bzw. Parameter der bildlichen Darstellung bezieht. Er unterstreicht, dass die Stellen der lebendigen Bewegung nicht die Resonanzen des *qi* ersetzen können (und umgekehrt), wobei nach seiner Deutung auch die lebendige Bewegung mit den „düsteren und nassen“ Darstellungsweisen nichts zu tun hat.

Weitere wichtige Punkte zur Art, wie in den Interpretationen der Gelehrten in der untersuchten Zeit das *qi* im Bildwerk vermittelt wird, ist im Folgenden dem Kapitel „Diskutieren der ‚Resonanzen des *qi*‘“ (*Lun qiyun* 論氣韻) aus dem Traktat *Pushans Erörterungen zur Malerei* (*Pushan lunhua* 浦山論畫) von Zhang Geng 张庚 (1685–1760) entnommen:

> 氣韻有發於墨者 有發於筆者 有發於意者 有發於無意者 發於無意者爲上 發於意者次之 發於筆者又次之 發於墨者下矣 何謂發於墨者 既就輪廓以墨點染渲暈而成者是也 何謂發於筆者 乾筆皴擦 力透而光自浮者是也 何謂發於意者 走筆運墨我欲如是而得如是 若疏密多寡濃淡乾潤 各得其當是也 何謂發於無意者 當其凝神注想 流盼運腕 初不意如是而忽然如是是也 謂之爲足則實未足 謂之未足則又無可增加 獨得於筆情墨趣之外 蓋天機之勃露也 然惟靜者能先知之 稍遲未有不汩於意而沒於筆墨者
>
> Es gibt solche Resonanzen des *qi*, die aus der Tusche hervorgehen; es gibt solche, die aus dem Pinsel hervorgehen; es gibt solche, die aus der Intention (*yi*) hervorgehen und solche, die aus Intentionslosigkeit hervorgehen. [Dabei sind die Resonanzen des *qi*], die aus Intentionslosigkeit hervorgehen, [den anderen] übergeordnet; danach folgen die, die aus der Intention hervorgehen; noch danach folgen die, die aus dem Pinsel hervorgehen; und die, die aus der Tusche hervorgehen, folgen [in dieser Reihenfolge] als Letzte.
>
> Was bezeichnet man als „aus der Tusche hervorgehen“? Das ist, wenn die Konturen durch Tuschepunkte und -flecken vollbracht werden. Was bezeichnet man als „aus dem Pinsel hervorgehen“? Das ist, wenn mit trockenem Pinsel Striche so aufgetragen werden, dass die Kraft sie durchdringt und der Glanz von selbst zum Vorschein kommt. Was bezeichnet

894 Das sind die „Resonanzen des *qi* – lebendige Bewegung“ *qiyun shengdong* 氣韻生動. Für eine kurze Ausführung zu den sechs Malereigesetzen s. o., Punkt 2.

> man als „aus der Intention hervorkommen"? Das ist, wenn sich der Pinsel so bewegt und die Tusche sich so rührt, dass auf die Weise, auf die ich etwas vollbringen will, etwas vollbracht wird: z. B. [Stellen, an denen die Darstellung] ‚verstreut' oder ‚dicht', ‚groß' oder ‚winzig', ‚fett' oder ‚blass', ‚trocken' oder ‚nass' ist – alle werden auf je richtige Weise vollbracht.
>
> Was bezeichnet man mit „aus der Intentionslosigkeit hervorkommen"? Das ist, [wenn] in dem Moment, [wenn man] den Geist konzentriert und auf die Gedanken achtet, der Blick „fließt" und das Handgelenk sich bewegt[895] und etwas plötzlich auf *diese* Weise entsteht, eine Weise, auf die man am Anfang gar nicht abgezielt hatte. [Wenn man dies] als ausreichend bezeichnet, dann reicht das tatsächlich nicht aus; [wenn man dies] als nicht-ausreichend bezeichnet, dann wiederum ist nichts zu ergänzen. [Dies] ist nur außerhalb der „Verfassung" des Pinsels, außerhalb des „ästhetischen Gefühls" der Tusche zu erreichen. Es ist wohl das spontane Sich-Erweisen der himmlischen „Triebkraft". Allerdings kann nur derjenige, der [innere] Ruhe bewahrt, über ein Vorauswissen davon verfügen. [Wenn man kein Vorauswissen davon hat oder nur wenig später [mit dem Wissen ansetzt], wird man unweigerlich durch die Idee gestürzt, durch Pinsel und Tusche versenkt.[896]

Wenn es bei den ersten drei *agencies*, kraft welcher die Resonanzen des *qi* hervorgebracht werden, um die zur Perfektion gebrachten Techniken des im hohen Grad *kontrollierten* Schaffensprozesses geht, handelt es sich bei den Resonanzen des *qi*, die aus der „Intentionslosigkeit" erwachsen, um einen inspirierten, meditativen Zustand. In ihm wird die bewusste Steuerung technischer und inhaltlicher Aspekte der Ausführung des Werkes abgeschaltet, sodass der Schaffensprozess sich quasi spontan entwickelt. Diese Fähigkeit wird aber mit einem ursprünglichen Vorauswissen *xian zhi* 先知 bzw. durch einem mittels Selbstkultivierung erlangten Wissen und einer bestimmten inneren Verfasstheit assoziiert („nur derjenige, der [innere] Ruhe bewahrt" 惟靜者),[897] die als Grundvoraussetzungen dafür dienen, dass man

895 Da die feinsten Variationen der Pinselführung direkt mit der Bewegung des Handgelenks verbunden sind, wurde dieser Bewegung großer Wert beigemessen; die Techniken der Bewegung des Handgelenks wurden v. a. in der Kalligraphie sehr detailliert ausgearbeitet.

896 Zhang, *Pushan*, Lun qiyun: 3b.

897 Diese Thesen führt Zhang am Ende der Passage einerseits anhand des Bezuges auf die höchste Art des Wissens, nämlich angeborenes Wissen, das in der Hierarchie, die man im Kapitel „Jishi" der *Analekten des Konfuzius* findet, als die allererste kommt. In diesem Kapitel heißt es: „Confucius said, ‚Those who are born with the possession of knowledge are the highest class of men. Those who learn, and so, readily, get possession of knowledge, are the next. Those who are dull and stupid, and yet compass the learning, are another class next to these. As to those who are dull and stupid and yet do not learn; – they are the lowest of the people.'" (孔子曰: 生而知之者, 上也; 學而知之者, 次也; 困而學之, 又其次也。困而不學, 民斯為下矣！) (*Lunyu*, Ji shi; Übersetzung Legge 1960, Bd. 1: 313–314). Andererseits bezieht sich Zhang bei der Ausführung zur Ruhe auf ein Zitat aus dem Buch *Worte seufzenden Kantillierens* (*Shenyin yu* 呻吟语) eines berühmten Gelehrten der späten Ming-Zeit Lü Kun 吕坤 (1536–1618). Das Buch von Lü Kun ist eine Sammlung von Auseinandersetzungen mit moralischen Werten und Lebensweisheiten. Im Kapitel „Das

nicht durch die Intention verleitet und durch reine technische Virtuosität des Pinsels und der Tusche verführt wird.

Zwischenbilanz Im Zusammenhang mit den obigen Beispielen können folgende weitere Aspekte von Funktionen des *qi* bzw. der „Resonanzen des *qi*“ im Schaffensprozess hervorgehoben werden:

Einerseits ist das *qi* etwas, das im Schaffensprozess unmittelbar agiert und durch unterschiedliche Instrumente bzw. *agencies* vollbracht wird, wobei die Vorstellung über die durch das *qi* gewährleistete Verbindung zwischen dem Schaffensprozess und universellen Vorgängen bzw. himmlischen Ordnungen eine wichtige Rolle spielt.

Wohl können wir noch einen vergleichenden Zwischenschluss zur Bedeutung des *qi* in den Malereitheorien der untersuchten Zeit ziehen: Wenn die Bezugnahme auf das *qi* bzw. *qiyun* („Resonanzen des *qi*“) in den bildnerischen Zusammenhängen schon seit der Festlegung des ersten Malereigesetzes Xie Hes als Grundbedingung für ein (gelungenes) Bildwerk postuliert wurde, erhielt nun diese Bezugnahme durch die Interpretationen der Gelehrten aus der untersuchten Zeit eine Reihe weiterer Präzisierungen, wobei diese Präzisierungen mit den oben ausgeführten Passagen aus den erkenntnistheoretischen Werken sowie der Literaturtheorie Ye Xies in vieler Hinsicht übereinstimmen, was in den Ausführungen oben schon zum Teil demonstriert wurde. Der Hauptpunkt dieser Präzisierungen besteht – so scheint es – in einer Reorientierung des Hauptbezuges der bildlichen Darstellung: Er wird nun direkter, d. h. ohne Vermittlung der Gegenständlichkeitsebene,[898] auf eine den Objekten zugrunde liegende Ebene genommen. Mit der Ausrichtung auf diese Ebene waren solche Qualitäten des Bildwerkes wie Lebendigkeit, Verbundenheit und Ganzheitlichkeit assoziiert. Die Bedeutungsverschiebung im Hinblick auf das *qi*, die im Kontrast zu früheren Theorien stattfand, kann dementsprechend auf folgende Weise aufgefasst werden: Wenn in den früheren kunsttheoretischen Abhandlungen zum *qi* dieses der gegenständlichen Ebene untergeordnet wurde, d. h. es als ein Attribut bzw. eine Qualität bestimmter Objekte interpretiert wurde, kehrte sich die ontologische Vorrangordnung im Verhältnis Gegenstände – *qi* nunmehr um. Im Unterschied zu den älteren, auf der Idee der Resonanz basierenden Kompositionsmethoden scheint eine neue Beschaffenheit in den untersuchten Theorien in den Vordergrund getreten zu sein, nämlich dass die Resonanz nicht mehr wie früher als Resonanz zwischen bestimmten Elementen bzw. Objekten gedacht wird, sondern

---

Aufbewahrte im Herzen“ (*cun xin* 存心) führt Lü seine Überlegungen zur „Ruhe“ *jing* 靜 aus – einem der zentralen (neo-)konfuzianischen ethisch-moralischen Begriffe.

898 Vgl. die Ausführung zur wahren Sichtweise, bei der die Dinge/Phänomene „nicht zu Hindernissen werden“, im zitierten Kommentar Deqings zu den *Abhandlungen von Zhao*, s. o. S. 285–286.

als in der Bewegung und in rein technisch-gestalterischen Eigenschaften vollbrachte Qualitäten. Wenn also eine Anforderung in den früheren Theorien aufkam, die Bildelemente sollten untereinander resonieren,[899] so geschah das In-Resonanz-Setzen auf der Gegenstandsebene. Die Objekte wurden, in ihrer Eigenschaft als in Resonanzverhältnissen stehend, entsprechend ihrer Zugehörigkeit zu bestimmten Objektklassen verstanden. Die „Resonanz" wurde dementsprechend als „the power of mystical correspondences and sympathies"[900] interpretiert, wobei hierbei deutlich noch Vorstellungen von Verbindungen zwischen Objekten magischer Art aufscheinen.[901]

Der hier vorgelegten Analyse zufolge ist der „physikalische", direktere (d. h. ohne Medialität von Gegenständen) Bedeutungsgehalt bei dem Konzept der „Resonanzen des *qi*" in den hier untersuchten Texten und somit die unmittelbare Verbindung zu sensomotorischen Aspekten des Schaffensprozesses einerseits, und zum musikalischen Begriff der Resonanz andererseits deutlich auszumachen.[902]

---

899 Siehe etwa die Beispiele in Powers 1992.

900 Powers 1992: 912.

901 Zur Konzeption des „Resonierens" in den früheren chinesischen Kunsttheorien siehe insbesondere Munakata 1983. Vgl. auch Sopers Interpretation des ersten Gesetzes als „sympathetic responsiveness of the vital spirit" (Soper 1949: 421). In seiner Erklärung zum Gesetz führt er u. a. den Kommentar zur fünften Linie aus dem ersten Hexagramm des *Buches der Wandlungen*: „Notes of the same key respond to one another; creatures of the same nature, ch'i, seek one another. Thus water flows down toward wetness, while fire aspires toward dryness; clouds follow the dragon, and winds the tiger. The sage appears, and all things look to him. All that has its origin in Heaven is drawn upward; all that has its origin in Earth is drawn downward; for everything follows its kind" (Die Übersetzung der Passage aus dem *Buch der Wandlungen* im Text Sopers ist übernommen aus Sung 1935: 9).

902 Die moderne Bedeutung des Wortes *yun* 韻, das hier als „Resonanz" übersetzt wird, ist ‚Reim'. Den Rekonstruktionen zufolge tritt das Zeichen in den Quellen aus der späten Han-Zeit im Sinne ‚Wohlklang, Harmonie der Klänge' (Behr 2008: 14) auf. Während der Wei-Jin-Zeit erlebt es eine Bedeutungstransformation von dem erwähnten ‚Wohlklang, stimmige Töne, Übereinstimmung der Wortklänge' hin zu ‚Gleichklang der Auslaute', also ‚Reim' (Behr 2008: 15). Die ursprüngliche Zugehörigkeit der Bedeutung des *yun* zum musikalischen Bereich (Zhang 1944: 209, 211) folgert man darüber hinaus aus der Rekonstruktion, wonach die Ausgangsform für ‚Reim' das Zeichen *jun* 均 war: ‚(ein musikalisches Instrument) stimmen' (abgeleitet auch ‚regeln, in Ordnung bringen') → ‚ausgewogen, gestimmt' (Goldin 2018: 507–508 und ausführlicher Behr 2008: 12–13).

Einer der indirekten Hinweise auf die Wichtigkeit der Resonanzmuster für die Bildgestaltung ist die Feststellung einer zunehmend engeren Verbindung zwischen der in den Inschriften auf den Bildern aufgeführten *ci*-Lyrik und rhythmischen Mustern ursprünglicher Musikbegleitung einerseits, und Bildinhalt und -struktur andererseits in der Praxis der Landschaftsdarstellungen der frühen Qing-Zeit (Lan 2017: 228–230).

In der Literaturkritik der untersuchten Zeit finden sich detaillierte Ausarbeitungen zur „geistigen Resonanz" bei solchen Gelehrtenliteraten wie Hu Yinglin 胡應麟 (1551–1602), Lu Shiyong 陸時雍 (fl. 1633) und Wang Shizhen 王士禛 (1634–1711). Die vorherrschende Interpretation dieses Begriffs in der Forschung zur Literaturtheorie der untersuchten Zeit baut wohl überwiegend auf dessen abgeleiteten Bedeutungen auf, wie etwa ‚Lebendigkeit, Harmonie' usw. (für einen Über-

Wie es insbesondere anhand des letzten Zitatbeispiels hervortritt, erweist sich in den Theorien der untersuchten Zeit darüber hinaus eine Verbindung der *qi*-bezogenen Qualitäten des Bildschaffens mit der allgemeinen, vor allen Dingen aber der moralischen Beschaffenheit des Menschen. Hier spielen, wie es scheint, noch die alten Verwendungsweisen des Wortes *qi* oder des Kompositums „Resonanzen des *qi*“ (*qiyun*) als eine (positive) Charakterisierung des Menschen eine Rolle.[903] In der hier untersuchten Zeit waren diese Vorstellungen – zum Teil in Form einer Bezugnahme auf Äußerungen von früheren Autoren – durchaus noch präsent. Dies zeigt sich z. B. in Dong Qichangs Ausführung zur Bedeutung der Malerei am Anfang seines Traktats *Das Essenzielle des Malens*:

> 杜東原先生嘗云 繪畫之事 胸中造化 吐露於筆端 恍惚變幻 象其物宜 足以啟人之高志 發人之浩氣
>
> Herr Du Dongyuan [Du Fu] sagte: „Die Angelegenheit des Malens ist es, die Schöpfertätigkeiten, welche die Brust birgt, an der Pinselspitze hervorsprudeln zu lassen und das Verschwommen-Ephemere den jeweiligen Gegenständen entsprechend zu versinnbildlichen.[904] Dies ist zureichend, um hohe Bestrebungen der Menschen zu eröffnen und das überwältigende *qi* des Menschen zum Ausdruck zu bringen.[905]

In diesem sowie im oben auf S. 291–292 aufgeführten Zitat von Zhang Geng beziehen sich die Autoren auf die klassischen Auseinandersetzungen mit ethisch-moralischen Grundlagen und geistigen Fähigkeiten, die das menschliche Wesen ausmachen. Im *Mengzi*[906] werden in einer solchen Auseinandersetzung bereits die Begriffe „Bestrebung“ bzw. „Wille“ *zhi* 志 und ‚*qi*‘ bzw. das „überwältigende *qi*“ 浩然之氣 behandelt.[907] Der Erläuterung zu diesem Begriff im *Mengzi* kann man entnehmen, dass es

blick siehe Wong 2016). In dieser Hinsicht wäre eine Analyse zu den direkteren Bedeutungen von *shen yun* 神韻 bei den erwähnten Literaten etwa als ‚geistiger Reim‘ zu erwarten und mit Blick auf mögliche Verbindungen zwischen Literatur- und Musiktheorie der Zeit zu überprüfen.

Zur allgemeinen Betrachtung der Verbindung der ästhetischen Begrifflichkeit zur frühen Musiktheorie siehe De Woskin 1983.

903 Zu diesen Bedeutungen siehe Goldin 2018: 506–508.

904 Anspielung auf die Phrase „versinnbildlichen/Symbole [schaffen] entsprechend den Dingen“ (*xiang qi wu yi* 象其物宜) aus dem *Großen Kommentar* zum *Buch der Wandlungen* (*Zhouyi*, Xici shang zhuan: 563).

905 Dong, *Huazhi*: 2089.

906 *Mengzi*, Gongsun Chou shang: 49.

907 Vgl. die Übersetzung von Legge (1960, Bd. 2: 189): „vast, flowing passion-nature“. In der von Dong Qichang zitierten Aussage Du Fus taucht jedoch die verkürzte Form dieser Wendung auf: *hao qi* 浩氣 statt *haoran zhi qi* 浩然之氣. Der verkürzten Form dieser Wendung begegnet man ursprünglich im *Kommentar zum Klassiker der Gewässer* (*Shui jing zhu, Qin shui* 水经注 · 溱水) von Li Daoyuan 郦道元 (472–527) in der Bedeutung ‚Wasserdampf‘, der zu den Wolken emporsteigt (浩气云浮). In den nachfolgenden Verwendungen der verkürzten Variante tritt jedoch offensichtlich

sich dabei sowohl um physio- als auch psychoenergetische Beschaffenheiten des Menschen handelt, vor denen den „Bestrebungen“ (*zhi*) der Vorrang eingeräumt wird, wobei zugleich ihre Wechselwirkung betont wird.[908]

In den späteren, auch in dieser Arbeit behandelten, kunsttheoretischen Zusammenhängen wurden also die folgenden, im *Mengzi* schon ansatzweise vorhandenen Vorstellungen über das „überwältigende *qi*“ weiterhin behandelt: als psychophysische Grundlage des Lebens und zugleich als Basis, auf der die kulturelle und moralische Ausgestaltung des Menschen aufbaut. Die beiden Aspekte wurden als eingebunden in die kosmischen Vorgänge zwischen Himmel und Erde angesehen, wobei diese Verbindung durch eine bestimmte selbst-kultivierende Praxis (*xiu* 修) gepflegt werden kann und muss.[909]

Die durch Selbst-Kultivierung eingeleitete Transformation der inneren Eigenschaften, die dann auf die kosmischen Vorgänge eingestimmt werden, spricht auch Fang Xun in der nächsten Passage seines Traktats *Abhandlungen zur Malerei des in der Bergruhe Verweilenden* an:

> 昔人謂氣韻生動是天分 然思有利鈍 覺有後先 未可概論之也 委心古人 學之而無外慕 久必有悟 悟後與生知者 殊途同歸
>
> Früher nannte man [die im ersten Malereigesetz angesprochenen] „Resonanzen des *qi* und die lebendige Bewegung“ den Teil des Himmlischen. Jedoch gibt es im Denken Scharfes und Stumpfes,[910] im Wahrnehmen Nach- und Vorangestelltes, sodass es nicht möglich ist [das,

---

die metaphorische, von Mengzis Ausdruck „das überwältigende *qi*“ (*hao ran zhi qi* 浩然之氣) stammende Bedeutung in den Vordergrund, die auch etwa als „edle Geisteshaltung“ übersetzt werden kann. Dabei bleibt jedoch die hintergründige Vorstellung über eine etwa physische Substanz erhalten, die „füllt“ bzw. das Innere (des Menschen) und das Himmlische „verbindet“.

908 Vgl. „The will is the leader of the passion-nature. The passion-nature pervades and animates the body. The will is first and chief, and the passion-nature is subordinate to it.“ (夫志, 氣之帥也; 氣, 體之充也。夫志至焉, 氣次焉); „When it is the will alone which is active, it moves the passion-nature. When it is the passion-nature alone which is active, it moves the will. For instance now, in the case of a man falling or running, that is from the passion-nature, and yet it moves the mind“ (志壹則動氣, 氣壹則動志也。今夫蹶者趨者, 是氣也, 而反動其心). (*Mengzi*, Gongsun Chou shang: 49; Übersetzung Legge 1960, Bd. 2: 188–189).

909 Zur Auffassung der Menschlichkeit im *Mengzi* in Bezug auf die Bedeutung dieser Auffassung für ästhetische Theorien siehe Tu 1983.

910 Bei dem „Scharfen und Stumpfen“ (*li dun* 利鈍) im Denken handelt es sich offenbar um eine Paraphrasierung des ursprünglichen Ausdrucks Liu Xies 劉勰 (ca. 465–522) im Kapitel „Das Nähren des *qi*“ (*yang qi* 養氣) seiner Literaturtheorie *Das literarische Schaffen ist wie das Schnitzen eines Drachens* (*Wenxin diaolong* 文心雕龍) (Übersetzung des Titels Li 2007). Vgl.: „Nun also gibt es beim Denken das Scharfe und das Stumpfe, Zeit hat [Perioden von] Fortschreiten und Stagnationen“ (且夫思有利鈍, 時有通塞). (Man ist freilich geneigt, den zweiten Teil der Phrase Liu Xies als weitere Erklärung zum ‚Denken‘ des ersten Teils zu verstehen, etwa: „von Zeit zu Zeit gibt es [beim Denken] Einsichten und ‚Stockungen‘“. Bei der Übersetzung mit Bezugnahme auf die zeitli-

> was am Himmlischen teilhat] im Allgemeinen zu erörtern. Mach dir in deinem Herz-Geist die Menschen des Altertums bewusst und lerne etwas, ohne dich dabei nach Äußerlichem zu sehnen, so wird sich nach einiger Zeit gewiss Einsicht einstellen. Das, was man erst durch solcherlei Einsicht und das, was man von Geburt an weiß,[911] folgen verschiedenen Pfaden, kommen letztendlich jedoch zusammen.[912]

Mit den Bezügen auf die *Analekten des Konfuzius* begibt sich Fang Xun hier in Diskussionen über die Angeborenheit bzw. Erlernbarkeit des „Rhythmus des *qi* und der lebendigen Bewegung“, die am Himmlischen teilhaben. Wenn er offensichtlich der Meinung ist, dass diese Qualitäten auch durch Erlernen und Einsicht erwerbbar sind und letztendlich den angeborenen Talenten gleichgestellt werden können, kann man gleichwohl einen deutlichen Hinweis darauf erkennen, dass ein solcher Erwerb eine Transformation der üblichen Denk- und Wahrnehmungskapazitäten bedeutet. In diesem Sinne äußert sich auch Dong Qichang im bereits zitierten Traktat *Das Essenzielle des Malens*, wobei er etwas eindeutiger auf dem Angeboren-Sein der *qi*-bezogenen Qualitäten insistiert:

> 畫家六法 一曰氣韻生動 氣韻不可學 此生而知之 自然天授 然亦有學得處 讀萬卷書 行萬里路 胸中脫去塵濁 自然丘壑内營立成鄄鄂隨手寫出 皆為山水傳神矣
>
> Das erste der sechs Gesetze für Maler heißt: „Die Resonanzen des *qi* und die lebendige Bewegung“. Die Resonanz des *qi* kann nicht erlernt werden, es ist etwas, was man von der Geburt an weiß und auf natürliche Weise vom Himmel erhält. Es gibt dabei allerdings auch Fähigkeiten, die man durch Lernen erwirbt. Wenn man Zehntausende Bücher liest und zehntausend Meilen weit geht, sich von Staub und Schmutz in der Brust befreit, dann werden sich ganz natürlich Berge und Täler im Inneren bilden, die [Gebiete] Juan und E[913] aus einer [Bewegung der] Hand hervorkommen. Ganz gewiss wird alles den Geist von Berg und Wasser übermitteln.[914]

che Abwechslung von Perioden des Fortschreitens und der Stagnationen wird jedoch die offensichtlich parallel aufgebaute Struktur der ganzen Phrase berücksichtigt).

Interessant ist, wie Fang Xun die zweite Hälfte der Phrase Liu Xies verändert: Aus Liu Xies „Zeit hat [Perioden von] Fortschreiten und Stagnationen“ macht er mit dem Fokus auf die Wahrnehmung die durch ihre Linearität entstehende Ordnung von Voran- und Hintangestelltem (dabei kann man diese Ordnung sowohl im räumlichen als auch zeitlichen Sinne verstehen).

911 Zum Konzept des „angeborenen Wissens“ (*sheng zhi* 生知) s. o. Dabei wird im hier aufgeführten Zitat das Wissen „nach der Einsicht“ dem eingeborenen Wissen gewissermaßen gleichgestellt.

912 Fang, *Shanjing*: 1b.

913 ‚Juan‘ und ‚E‘ sind Ortsnamen, nach Wörterbuchangaben werden sie in den hier aufgeführten ähnlichen Kontexten als ‚Struktur, Raster‘ (*jiagou* 架构) ausgelegt. Die Interpunktion im Text Dongs ist dabei nicht ganz klar. Während die traditionelle Lesart „自然丘壑内營, 立成鄄鄂, 隨手寫出“ ist, scheint aber die folgende sinnvoller: „自然丘壑内營立成, 鄄鄂隨手寫出“. Die Bedeutungsänderung ist allerdings nicht wesentlich.

914 Dong, *Huazhi*: 2090. „Den Geist übermitteln“ (*chuan shen* 傳神) ist Teil einer dem Maler aus der Östlichen Jin 東晉 (317–420) Gu Kaizhi 顧愷之 (ca. 348–405) zugeschriebenen Aussage 傳神寫照, man findet sie im Kapitel „Qiao yi“ 巧藝 des Liu Yiqings 劉義慶 *Shishuo xinyu* 世說新語.

Dong spricht hier u. a. über eine Art von enzyklopädischem Wissen, über das allgemeine Ideal der Gelehrtheit und zudem auch von Lebens- oder auch Selbstkultivierungserfahrung, die zusammen mit angeborenen Qualitäten eine Grundlage für das Kunstschaffen bilden. Es lässt sich an dieser Stelle bemerken, dass es bei der Selbstkultivierung nicht nur um die Verinnerlichung ethisch-moralischer Normen konfuzianischer bzw. neokonfuzianischer Prägung ging, sondern auch die Beschäftigung der Gelehrten mit buddhistischen und daoistischen Lehren eingeschlossen war.[915] Im Zitat von Dong Qichang werden sowohl Andeutungen auf konfuzianische Normen als auch auf Anforderungen buddhistischer Art greifbar, die darauf abzielen, sich im Inneren von „Staub und Schmutz" (*chen zhuo* 塵濁) zu befreien. Hier ist – so scheint es – die buddhistische Verwendung dieser Termini zu berücksichtigen, nach welcher „Staub und Schmutz" als eine Metapher für die durch die gewöhnliche Wahrnehmung erfasste Welt zu verstehen sind, d. h. als Konstrukte eines falschen (noch nicht aufgeklärten) Bewusstseins. Die Befreiung von ihnen gilt als Vorbedingung für weitere Meditationspraktiken.[916]

In den Biographien und „Pinselaufzeichnungen" (*biji* 筆記) vieler prominenter Gelehrter der untersuchten Zeit findet man oft neben fast klischeeartigen „Listen" konfuzianischer Werte Hinweise auf die Befassung mit buddhistischen Lehren.[917]

915 Es gibt viele Belege zur Verbreitung der daoistischen und buddhistischen Praktiken unter den Gelehrten-Beamten der untersuchten Zeit, siehe z. B. Wu 2008; Sieber 2001; Greenblatt 1975; Liu 1971 usw.

916 Anzunehmen ist, dass die in der untersuchten Zeit vorkommende Wendung zu „Bergen und Tälern" (*qiu huo* 丘壑), die sich im Innern bilden, eine bestimmte Metapher für Reinheit ist bzw. das Erreichen eines bestimmten Niveaus der Kultivierung symbolisiert.

917 Die in dieser Arbeit zitierten Autoren wie Li Rihua, Dong Qichang, Shen Hao, Shitao usw. hinterließen in ihren jeweiligen Schriften zahlreiche Hinweise auf oder Schilderungen von Diskussionen zu buddhistischen Themen. In der Sprache der Kunsttheorien begegnet man oft solchen buddhistischen Termini wie *sanmei* 三昧 (Skt. *samādhi*), 息氣 (Skt. *vāsanā*), 塵 (Skt. *ārtha*), 觀止 (Skt. *vipaśyanā* und *śamatha*) usw. Bei dem Titel eines der Schriften Dong Qichangs *Das Auge der Malerei* (*Huayan* 畫眼) ist die paronomastische Andeutung auf *Huayan-sūtra* und -Schule des Buddhismus (華嚴宗) anzunehmen. In Bezug auf die Verwendung des *sanmei* in der frühen Malereitheorie vgl. Obert 2007: 308, Fußnote 3: „Die ursprünglich buddhistische Rede von *samādhi* (chin. *sanmei* 三昧), vom ‚Zur-Ruhe-gekommen-Sein in der vollendeten Einsicht', meinte zunächst konzentrative Meditationsverfahren zur inneren Beruhigung, *yoga* und *dhyāna* verwandt. Indische Praktiken zur Erlangung des *samādhi* wurden daher zunächst unter dem Titel *ding xin* 定心, ‚Feststellen des inneren Sinns', in China rezipiert (vgl. FG Art. *sanmei* 三昧). Mit der Zeit wurde der Ausdruck auf den in einer derartigen inneren Haltung sich einstellenden geistigen Bezirk übertragen, und von hier aus fand er seinen Weg in die Umgangssprache, wo er nunmehr die höchste, losgelöste Vollendung in einer Kunst bezeichnet."

In der Forschung ist es umstritten, inwiefern die Anspielungen oder direkte Bezugnahmen auf jeweilige ethisch-religiöse Schulrichtungen in der Kunsttheorie (inkl. Literaturtheorie) ernst zu nehmen sind, wobei die vorherrschende Tendenz zu sein scheint, sie eher als formal anzusehen.

Diese Auseinandersetzung erfolgte nicht nur auf theoretischer Ebene, indem sie Texte studierten, sondern auch praktisch durch meditative und selbstkultivierende Übungen. Darüber hinaus werden in den Gelehrtenschriften daoistische Praktiken des „Nährens des Lebens“ (*yang sheng* 養生) erwähnt.

Äußerungen zu Ursprüngen bzw. Grundlagen des Kunstschaffens, gemäß denen Selbstkultivierung und innerliche Transformation und nicht (nur) die Fähigkeiten zur malerischen Darstellung *per se* im Zentrum stehen, kennzeichnen die Tradition der Gelehrtenmalerei, die durch Maler und Theoretiker der hier untersuchten Zeit noch einen maßgebenden Entwicklungsimpuls erhielt. Es scheint, dass wir gerade bei einer Berücksichtigung der inneren Transformation einige Kennzeichen dieser Tradition fixieren können, die die Gelehrtenmalerei von den anderen Gattungen der Landschaftsdarstellung unterschied. Besonders auffällig ist der Unterschied zu einer verbreiteten und in der Folge im Rahmen von neuen Konjunkturen der Forschung unter dem Einfluss der *kaozhengxue* noch stärker entwickelten Art der Landschaftsdarstellung, nämlich zur Landschaftsdarstellung als Sammlung von Daten und als *Dokumentation* bereister Gegenden, letztlich als eine Art der Geschichtsschreibung. Es lässt sich vermuten, dass dieser Typus der Landschaftsdarstellung im Vergleich zur Gelehrtenmalerei eine andere Weise der Zeit- und Raumauffassung in Anspruch nahm. Hinsichtlich der implizierten Zeitauffassung zeigt sich hier eine starke Tendenz zur Historisierung, d. h. zu einer Perspektive, die vor allem die Beschaffenheit einer Gegend in historische Narrative einbettet.[918] Die Raumauffassung dieser Strömung nähert sich einem Verfahren der Adaptation des äußeren Raumes, die eine geographische Erkundung und topographisch repräsentative Darstellung einer Landschaft nahelegt.[919]

Es scheint aber, dass die buddhistischen Einflüsse in den Erkenntnis- und ästhetischen Theorien und Praktiken nachweisbar sind, und dass die Berücksichtigung entsprechender Hintergründe unentbehrlich ist. Angesichts des synkretistischen Charakters vieler Bezüge ist es allerdings oft schwierig, die Bezüge auf die jeweiligen unterschiedlichen religiösen Schulrichtungen voneinander zu trennen.

918 Die Einbindung einer Region oder eines Gebiets in historische Erzählungen ist natürlich ein äußerst komplexer Prozess, der verschiedene Formen und Strukturen aufweist. Dabei entsteht ein komplexes Gefüge, in dem geografische, historische und kulturelle Gegebenheiten und die Art und Weise, wie sie dargestellt werden, zu einem Ganzen verschmelzen. Dieses Gesamtkonzept lässt sich wohl am besten mit dem Begriff „Chronotopos“ (nach Bachtin 1975) erfassen. In seiner Analyse des Begriffs *Jianhu* (江湖), der im Laufe der Zeit zu einer literarischen Gattung wurde, greift von Haselberg (2016) auf diese Konzeption zurück. Dabei zeigt er eindrucksvoll die Besonderheiten der chinesischen Vorstellungen von Zeit und Raum sowie die Veränderungen auf, die der „*jianghu*-Chronotopos“ im Laufe gesellschaftlicher und technologischer Entwicklungen erfahren hat.

919 Für einen kurzen Überblick dieser Tendenzen siehe Kapitel I, Punkt 2.2.3. Für eine umfassende Studie der Reisetätigkeit und Reiseliteratur in China vom 16. bis 19. Jahrhundert siehe Eg-

Ein wiederum anderes Modell der Aneignung des Raumes in der Landschaftsdarstellung stellten jene Praktiken der Malerei dar, die unter dem Einfluss europäischer Methoden der Landschaftsdarstellung standen. Wie nicht anders zu erwarten, wurde der Zugang zum Raum in diesen Fällen durch Mittel einer optisch-projektiven Raumgestaltung geprägt.

Zu vermuten ist, dass sich bei den oben genannten Typen der Landschaftsdarstellung die Funktionen und Referenzbezüge jener Konstellationen von Begriffen wesentlich ändern, die in diesem Kapitel untersucht werden (z. B. *qi*, „dynamische Konfigurationen", „Idee-Intention", „Tiefenstruktur", „Anwendung" usw.), und dass sich eine andere Art und Weise der Bedeutungskonstitution bzw. der Bezugnahme auf semantische Schichten feststellen lässt, wobei es bei den Darstellungspraktiken immer weniger um Selbstkultivierung geht.[920]

Im Folgenden werden wir die Faktoren der Bildraumgestaltung in der Gelehrtenmalerei im Spannungsfeld zwischen Adaptation des äußeren Raumes und „innerer Genese" der Räumlichkeiten noch näher betrachten, um schließlich Schlussfolgerungen zur raum-zeitlichen Organisation des Bildes ziehen zu können.

---

gert 2004; zu Entwicklungen der Reisemalerei Ganza 1990 und zur literarischen Darstellung vom Reisen im 17. Jahrhundert siehe Riemenschnitter 1998; zu „Erinnerungslandschaften" siehe Orell 2020; für eine umfassende Untersuchung der vielschichtigen Bedeutungsebenen von Ortsdarstellungen in der Malerei der Song-Zeit siehe Orell o. J.; Altenburger (2016) vertieft die Untersuchung der kulturellen, politischen, mythologischen und symbolischen Schichtungen der Landschaften im Westsee-Gebiet (*Xihu* 西湖); zu den drei Darstellungsmodi von *space* – „pictorial maps, panoramic landscapes, and topographic paintings" – in der frühen Qing-Zeit siehe Hearn 2011.

920 Diese Annahmen über Änderungen im Darstellungsparadigma werden im Rahmen dieser Arbeit nicht überprüft.

5 Genese des Bildraumes: Faktoren und Bedingungen

Angesichts der am Anfang des Kapitels festgestellten Analogieverhältnisse zwischen der Entstehung des Bildes und der Entstehung der phänomenalen Welt aufgrund einer Identifikation der daran beteiligten kognitiven Prozesse und im Hinblick auf die Reorientierung des Referenzbezuges weg von phänomenal erscheinenden Objekten im äußeren Raum mag der Eindruck entstehen, der Schaffensprozess werde, nach der Deutung der Gelehrten, primär durch Faktoren der innerlichen Konstitution einer Landschaftsvorstellung bestimmt: Er beginnt bei der innerlichen Bearbeitung der gesammelten Erfahrungen und mündet in eine transformative Erfahrung, der „Bildung von Landschaften im *Inneren*". Diese Erfahrung sollte zwar letztendlich zu einer Einstimmung auf kosmische Prozesse führen (und dies u. a. durch Suspendierung der Bezugnahme auf konventionelle (semantische) Bedeutungen). Sie ging aber keineswegs durch eine direkte (visuelle) Interaktion mit der Umgebung bzw. durch eine Übertragung von visuellen Eindrücken in den Bildraum vonstatten.

An einem bestimmten Punkt, genauer dort, wo die *konstitutiven* Funktionen beim Bildschaffen fokussiert werden, findet ein solches Bildverständnis Anschluss an die Reformulierung der repräsentativen Verhältnisse, wie sie die europäische phänomenologisch orientierte Bildwissenschaft unternommen hat. Im Rahmen dieser Reformulierung wurde die bildliche Darstellung nicht mehr nach einem Abbildmodell gedeutet, sondern solche repräsentativ-präsentativen Interaktionsmodelle ausgearbeitet, in denen sowohl rezeptiv als auch produktiv verstandene Strukturen des Verhältnisses Bild – Bildreferent – Maler/Betrachter in Anschlag gebracht werden konnten.[921] Mit der Orientierung der bildlichen Referenzbezüge, wonach bildliche Objekte und Ordnungen ihre jeweiligen Charakteristika in Bezug auf bestimmte psychologisch-kognitive Parameter erhalten und dementsprechend auf diese Parameter *zurück*verweisen, konnte das Bild als Repräsentation nicht mehr im alltäglichen Sinne dieses Wortes verstanden werden – etwa als Repräsentation von Szenen der äußeren Welt. Vielmehr entwickelt sich in einem solchen Verständnis Repräsentation zu etwas, das Cassirer im Rahmen seiner *Philosophie der Symbolischen Formen* aufgezeigt hat, namentlich Repräsentation als grundlegende Funktion des Bewusstseins, sich selbst zu repräsentieren und kraft dieser Selbstrepräsentation das Bild der Welt zu erschaffen.[922]

921 Vgl. Schürmann 2018, 2000; Waldenfels 2010; Wiesing 2009.

922 Die Ausführung hierzu siehe in Lauschke 2012: 183–186.

https://doi.org/10.1515/9783110791860-014

Zugleich legte diese Reorientierung den Verzicht darauf nahe, die Funktion der visuellen Wahrnehmung vor allem als ein Importieren von Daten aus der äußeren Umgebung zu verstehen. Vielmehr zwang sie dazu, sie im Zusammenhang mit fundamentaleren Funktionen der Konzeptions- und Kategorienbildung zu betrachten.

Bleiben wir bei der Annahme hinsichtlich des analysierten chinesischen Modells des Bildschaffens, es finde kein Import von neuen „Daten" statt, und reduzieren wir die Funktion der (visuellen) Wahrnehmung auf die konzeptionelle, so hat dies drei Folgen:

- *Hinsichtlich der Bildinhalte*: Es werden „nur" Bewusstseinsinhalte repräsentiert; im Bildschaffen geht es um Evokation, Verarbeitung und Neuzusammenstellung von Inhalten, die als Vorstellungen, Erinnerungen und gespeicherte Eindrücke von bereits gesammelten Erfahrungen als „schon Gesehenes" usw. im Bewusstsein „da" sind.
- *Hinsichtlich des Raumes*: Es handelt sich um die Genese eines *vorgestellten* Raumes; der Bildraum ist somit ein Korrelat der Funktionen im *Inneren*.
- *Hinsichtlich des Status der bildlichen Darstellung*, insbesondere aus der Perspektive buddhistischer Ansichten zu den Funktionen des Bewusstseins betrachtet: Es geht letztlich um das Erschaffen einer Illusionswelt bzw. um die Darstellung einer „Realität", die jedoch im ontologischen Sinne gleichwohl den Status einer Illusion besitzt.[923]

Es scheint, dass bei diesen Folgen ein Widerspruch zu den hier vorgetragenen anderen Schlussfolgerungen aufkommt, besonders zu solchen, bei welchen die sensomotorisch bedingten, prozessualen, also mit den resonierenden Gesetzmäßigkeiten des *qi* assoziierten Inhalte des Schaffensprozesses identifiziert wurden. Angesichts dieser Widersprüche müssen wir also nach einem Mechanismus suchen, wie innere Faktoren der Konstitution einer (Landschafts-)Vorstellung mit sensorischen und motorischen Inhalten des Schaffensprozesses gekoppelt werden. Somit wird es nötig, zur Frage nach dem Wechselverhältnis zwischen der Grundbezugnahme auf die „Tiefenstruktur" (*ti*) einerseits, und der Konstitution einer phänomenalen Bedeutungsschicht im Bild andererseits zurückzukommen. Das beobachtete *mapping*, durch das die die Tiefenstruktur bildenden Faktoren als eine resultierende phänomenale Erscheinung abgebildet werden, ist natürlich eine nur schematische Zusammenfassung von viel komplexeren Vorgängen der im Schaffensprozess stattfindenden Integration von „Beiträgen" unterschiedlicher, d. h. sowohl äußerer als auch innerer Faktoren. Diese

923 Für manche Landschaftsdarstellungen der untersuchten Zeit stimmt allerdings auch, dass bei ihnen die Wirkung angelegt ist, als wäre die Landschaft eine Illusion.

Beeinflussungen können konzeptueller, symbolischer (auch intertextueller), sensorischer und motorischer Natur sein.

Für das Wechselverhältnis lässt sich eine – wie es scheint – produktive Ausdifferenzierung anhand der in der Sprache der Kognitionswissenschaften *offline* und *online* genannten Modi der Raumwahrnehmung ziehen.[924] So wie der Schaffensprozess von den chinesischen Gelehrten beschrieben wird, erweisen sich auch die Merkmale beider Modi. Zu *online* wären z. B. Koordination und Navigation der Bewegungsparameter im Schaffensakt zuzuordnen, während die Evokation von Gestalten aus der Erinnerung und Vorstellung sowie die Umsetzung bestimmter traditioneller Muster räumlicher Verhältnisse aus den Bildern alter Meister usw. den offline Modi zugeordnet wären.

Fassen wir nun die Bedingungen und Faktoren des Schaffensprozesses zusammen, indem wir uns ihnen zunächst (1) aufgrund entsprechender Beschreibungen und dann (2) auf begrifflicher Ebene annähern.

(1) a) Aus den Beschreibungen der Malereipraxis wissen wir, dass chinesische Gelehrtenmaler Landschaften üblicherweise in einem abgeschlossenen Raum, einem Zimmer oder Kabinett malten, dabei oft ohne eine direkte Aussicht auf die zu malende Szene. Allerdings nahm gerade im 17. Jahrhundert die Praxis des Malens von Skizzen-Serien auf Reisen zu, was u. a. mit der Verbreitung transportablerer Albenformate zusammenhing.[925]

b) In mehreren, darunter auch hier bereits erwähnten Belegen spricht man über einen innerlichen Ursprung der Bildgestaltung. So ist z. B. von „Transformationen in der Brust" (胸中造化) die Rede, denen man malend einen Ausdruck gibt.[926] Oder es ergeht die Anweisung, die Ausbildung von Idee und Gestaltung solle stattfinden, bevor man zum tatsächlichen Malen übergehe: „Die Idee geht dem Pinsel voraus" (*yi zai bi xian* 意在筆先) oder „In der Brust den Bambus entstehen [lassen]" (*xiong zhong cheng zhu* 胸中成竹) sind geläufige Ausdrücke dieses Anspruchs.[927] Im gleichen Sinne gibt es Anweisungen dazu, dass die *Anordnung* von Elementen bzw. mentalen Gestalten ebenfalls im Inneren – und folglich *vor* dem Malen – stattfinden

924 Einen Überblick zu diesen Modi siehe in Waller und Nadel 2013: 5–6.

925 Mündlicher Hinweis von Prof. Xu Jianrong 徐建融 (Universität Shanghai). Zur Kunstpraxis im traditionellen China siehe Cahill 1994.

926 Dong, *Huazhi*: 2094.

927 Der Spruch „Die Idee geht dem Pinsel voraus" geht auf das *Langgedicht zur Landschafts*[*malerei*] (*Shanshui fu* 山水賦) von Wang Wei 王維 (699–759) zurück: „Bei jeder Landschaftsmalerei geht die Idee dem Pinsel voraus" (凡畫山水意在筆先).

solle, wie etwa Fang Xun in seinen Abhandlungen schreibt: „In der Brust vollende zunächst die Anordnung der Methoden der Idee-Intention" (胸中先成意法布置)[928].

So auch in Tang Zhixies Anweisung in seinen *Subtilen Worten über das Malen*, wonach man die Anordnung von Bergen und Wasser zunächst in Gedanken nachvollziehen solle. Dabei handelt es sich hier wiederum um eine innere Genese der phänomenalen Bildwelt.

> 畫必須靜坐凝神, 存想何處是山何處是水 [...]
>
> Beim Malen muss man still sitzen, den Geist konzentrieren und sich in Gedanken vorstellen, an welchem Ort der Berg, an welchem Ort das Wasser sein [sollen] [...].[929]

Bei einer solchen Weise der Anordnung von Bildobjekten geht es ganz klar nicht um die im aktuellen Sehen immer wieder nachgeprüften Relationen zwischen Bergen und Wasser der äußeren Landschaft.[930] Besonders interessant an diesem Zitat ist Tangs Anweisung, sich in eine Versenkung meditativer Art zu begeben, um die Orte für Berge und Wasser zu bestimmen. Die drei Bezeichnungen meditativer Zustände, die er verwendet – „still sitzen", „den Geist konzentrieren" und „sich in Gedanken vorstellen" – sind Fachtermini aus den daoistischen und buddhistischen Kultivierungspraktiken und kommen in den Quellen der Anweisungen zu meditativen Übungen vor.[931] Mit dem Bezug auf meditative Übungen kann man wohl auch die buddhistischen Konnotationen des Begriffs „Ort" (*chu* 處) in Betracht ziehen. Nach der buddhistischen Interpretation bezeichnet dieser Begriff einen „Ort", an dem die Verknüpfung von Sinnesorganen (Skt. *indriya*, chin. *gen* 根) mit dem Wahrnehmungsobjekt/-datum stattfindet und folglich eine Gestalt entsteht, die man üblicherweise als ein selbstständiges Objekt annimmt.[932]

Interessanterweise findet man in den Anweisungen zu Meditationsmethoden bei Hanshan Deqing Hinweise, die dem gerade angeführten Zitat Tang Zhixies sehr ähnlich erscheinen:

---

928 Zit. nach Yu (Hg.) 1931, Heft (*ce*) 2, j. 4: 7a.

929 Tang, *Huishi weiyan*: 251.

930 Wobei die Frage nach einer Bezugsszene jedoch besteht: Vor dem angeführten Abschnitt im Traktat Tangs kommt das Kapitel „[Über] die Notwendigkeit, die wahren Berge-Wasser zu sehen" (*yao kan zhen shanshui* 要看真山水). Aus dem unmittelbaren Kontext ist es nicht herauszulesen, in welchem Sinne das Wort ‚wahre' *zhen* gemeint ist.

931 Siehe Gan 2016; Luk 1964: 167–190.

932 Vgl. die Ausführung zu den „zwölf Orten" (*shi er chu* 十二處) in *FGDCD* 2011: 343.

於妄念起滅處, 一覷覷定, 看他起向何處起, 滅向何處滅。

> Watch diligently the place where a single thought arises and ceases, to see whence it arises and whither it ceases.[933]

Die Frage nach dem Ort, an dem ein Gedanke entsteht und verschwindet, soll in Deqings Methode dazu dienen, die Grundlosigkeit der Gedanken aufzuzeigen:[934]

> This contemplation of *whence* and *whither* is meant to result in a realization that „there is no place where [the thought] arises or ceases," making it evident that „arising and ceasing are baseless," and thus bringing the meditator a good step toward a dimension beyond birth (arising) and death (ceasing). Furthermore, the contemplation of the arising and ceasing of a single thought is also meant to result in „this single thought appear[ing] in isolation" and „no longer being part of the stream of previous and later thoughts," so that „all the mind's dust has no place to settle." This „superb medicine" will then „naturally pull away the root of the illness of deluded thoughts."[935]

Zu bemerken sind in diesem Zusammenhang freilich die Unterschiede im Effekt solcher Befragung nach dem Ort bei den meditativen Techniken einerseits, und den Kompositionsverfahren der Malerei andererseits: Während im ersten Fall sich die Gedanken-Gestalten infolge ihrer Grundlosigkeit und „Entkontextualisierung" („vor und nach folgen einander nicht" *qian hou bu xu* 前後不續) auflösen, geht es im Fall der Bildmethode darum, Gestalten in eine bildliche Existenz zu bringen. Das Verfahren der Entkontextualisierung bei der visuellen Wahrnehmung, durch die man zu einer reinen *online* Wahrnehmung eines sensorischen Datums gelangt, und den positiven Effekten ihres Einsatzes als malerische Technik wird unten noch eingehender betrachtet.

c) Zur Übersicht von Beschreibungen der Bedingungen und Faktoren des Bildschaffens gehören auch Aussagen der Gelehrten darüber, wie der Lernprozess organisiert ist und was man als Vorbilder nehmen soll. Dong Qichang stellt die folgende Hierarchie auf:

---

933 Deqing, *Mengyou ji*, j. 2: [468a23]; Übersetzung Eifring 2015: 105.

934 Wie Eifring erklärt, gehört diese Befragung (wie auch Befragungen zu „wann" und „was") zu grundlegenden Methoden von *mind-contemplation* bei Hanshan Deqing (Eifring 2015: 124–125). Im Kapitel II sind wir Deqings Argumentation bereits im Zusammenhang mit der Befragung nach der Verortung der „Instrumente der Erkenntnis" im *Śūraṅgama-sūtra* begegnet, die eventuell zur Einsicht führen sollte, dass räumliche Verortung keine relevante Methode der Erkenntnis ist (siehe Kapitel II, Punkt 1).

935 Eifring 2015: 105. Der im Zitat teilweise übersetzte Text lautet im Original: 起無起處,滅無滅處; 起滅無從; 一念自孤;前後不續;一切心垢,亦無地可寄;妙藥;妄想病根自拔.

畫家以古人為師已自上乘 進此當以天地為師 每朝看雲氣變幻 絕近畫中山

> Wenn Maler sich Menschen des Altertums zu Lehrern nehmen, dann besteigen sie bereits von sich aus ein höheres Vehikel;[936] geht [man] noch weiter voran, so kommt es darauf an, sich Himmel und Erde zum Lehrer zu nehmen. Bei jeder Morgendämmerung betrachte das Ephemere des *qi* der Wolken: Sie sind den Bergen im Bild absolut nah.[937]

Eine nur wenig abgewandelte Hierarchie von Dong Qichang wurde in das Kapitel „Sammlung von Aufschriften und Kolophonen der berühmten Maler" (*Ming hua tiba* 名画题跋) des Werkes *Korallennetz* (*Shanhu wang* 珊瑚网) von Wang Keyu 汪砢玉 (1587–?) aufgenommen:

畫家以天地為師 其次山川為師 其次以古人為師

> Maler [sollen] sich Himmel und Erde zum Lehrer nehmen; als Nächstes die Berge und Ströme, dann die Menschen des Altertums.[938]

Wie unter anderem aus diesen Hierarchien zu entnehmen ist, galt die Nachahmung von Werken alter Meister im Lernprozess als unentbehrlich.[939] Dong Qichangs Behandlung der Tradition und seine Auswahl von Werken und Meistern, an denen man sich orientieren sollte, war dennoch sehr differenziert. An mehreren Stellen spricht er über ein „eingeübtes *qi*" (*xiqi* 習氣), also habitualisierte Tendenzen der Malpraxis, und gibt Beispiele von Malern, die sich von diesen gelöst hatten (*jietuo* 解脫) bzw. denen es gelungen war, die Gewohnheiten der herkömmlichen Praxis abzuschaffen.[940] Sowohl „habitualisierte Tendenzen" (Skt. *vāsanā*, in deutscher Übersetzung auch „Verhaltenstendenzen") und „Loswerden, Befreiung" (Skt. *mokṣa*) sind buddhistische Begriffe und bezeugen, dass sich Dong auch in seiner Behandlung der Kunstgeschichte an einer buddhistischen Praxis orientierte. Die Theorie der Nördlichen und Südlichen Schulen der Malerei, die Dong Qichang nach dem Vorbild der Nördlichen und Südlichen Schulen des Chan-Buddhismus formulierte[941] und nach der er die be-

---

936 Im Aufstellen der Hierarchien nach „Vehikeln" (Skt. *yāna*, chin. *cheng* 乘) folgt Dong buddhistischen Klassifizierungen der Lehre nach *mahayāna* („großes Vehikel"), *hinayāna* („minderes Vehikel") usw.

937 Dong, *Huazhi:* 2091.

938 Wang, *Shanhu wang*, Heft (*ce*) 21, j. 42: 30.

939 Zur Imitation von Werken gab es eine komplexe Klassifikation: Man unterschied zwischen dem ‚Kopieren' im engeren Sinne (Strich für Strich) als *lin (mo)* 臨 (摹), einem freieren Nachahmen des Stils eines Malers *fang* 仿, einem assoziativen „Sich-Anschließen" an die Idee eines malerischen oder dichterischen Werkes bzw. eines Malers oder Dichters (XX 意, z. B. 杜甫詩意) usw.

940 Siehe z. B. Dong, *Huazhi*: 2119, 2104, 2105.

941 Seine Urheberschaft der Klassifikation der Maler nach Nördlichen und Südlichen Schulen ist allerdings umstritten: Sie erscheint nicht nur in seinen Schriften, sondern auch in den Überlieferungen von Schriften seines älteren Zeitgenossen Mo Shilong 莫是龍 (1539–1587). Die beiden

deutendsten Meister der alten und jungen Vergangenheit angeordnet hat, ist ein anderes Beispiel der Umsetzung buddhistischer Kategorien und Klassifikationsschemata für die Kunstgeschichte.[942] Hierzu muss man bemerken, dass die am meisten zitierte Hauptunterscheidung zwischen den Chan-Schulen nach der Art der Erleuchtung – direkte (spontane) Erleuchtung (*dunwu* 頓悟) in der Südlichen und allmähliche Erleuchtung (*jianwu* 漸悟) in der Nördlichen Schule – noch in späterer Zeit der Entwicklung des Chan-Buddhismus, wie am Ende der Ming- und zu Beginn der Qing-Dynastie, durchaus nicht trivial war,[943] sondern differenziert gelesen werden musste. Auch die Spontaneität in der Bildpraxis bedeutete für Dong Qichang keineswegs eine durchbruchartige Zurückweisung der skrupulösen Arbeit und des Lernens:

> 士大夫當窮工機研師友造化能爲摩詰而後爲王洽之潑墨 能爲營丘而後爲二米之雲山
>
> Die Gelehrten müssen die Arbeit bis zum Endpunkt leisten, die Untersuchung zum höchsten Punkt bringen, die Transformationen im Universum sich zum Freund und Lehrer machen. Erst wenn man etwas beherrscht wie Mo Jie (Wang Wei), kann man Spritzflecken [im Stil von] Wang Qia[944] machen; erst wenn man so fähig ist wie Ying Qiu (Li Cheng), kann man Wolken-Berge [im Stil der] zwei Mi machen.[945]

Maler gehörten jedoch zur selben Malereitradition, und die Klassifikation kann folglich als eine gemeinsame Schöpfung dieses Kreises gelten. Dies bestätigt nur, dass die Analogie zwischen der Geschichte der religiösen Lehre und der Malereigeschichte keine zufällige Denkweise war.

942 Die vorherrschende Meinung in der Forschungsliteratur ist jedoch, dass die Übernahme der chan-buddhistischen Klassifikation in die Kunstgeschichte aus völlig formalen (bzw. machtpolitischen) Gründen geschah: um die eigene, der Südlichen Schule zugeordnete, Malereipraxis zu legitimieren (siehe Cahill 1987, vgl. aber Shan 2008). In allen Fällen weist die Übernahme der Klassifikation und die Priorisierung des Südlichen Chan auf die Popularität dieser Schulausrichtung zur Zeit Dong Qichangs hin. Zur Geschichte und doktrinären Auseinandersetzungen in der Chan-Schule im 17. Jahrhundert siehe Wu 2008.

943 Etwa dass man wie mit/bei einem Schlag spontan erleuchtet würde bei *dunwu*; man würde infolge einer (lebens-)langen Praxis eventuell zur Einsicht kommen bei *jianwu*. Zu unterschiedlichen Auffassungen der spontanen und allmählichen Erleuchtung in der Chan-Schule siehe Beiträge von Peter N. Gregory und Robert E. Buswell Jr. in Gregory (Hg.) 1987. Zur Relevanz in der späteren Song-Dynastie und u. a. in der Ming-Zeit verbreiteten Vorstellung von der Differenzierung zwischen Nördlicher und Südlicher Chan-Schule und einer dementsprechend spontanen und allmählichen Erleuchtung im Hinblick auf solche Differenzierungen in der frühen Chan siehe den Beitrag von John R. McRae in Gregory (Hg.) 1987 und McRae 1986, 1987.

944 Maler (?–805) aus der Tang-Dynastie. Bekannt für seinen Stil der ‚Spritzflecken', also eine „expressionistische" Art und Weise des Malens mit „spontan" gesetzten Tuscheflecken. Der malerische Stil von Wang Wei (der vorhin bereits als Dichter erwähnt wurde) war mit seiner detaillierteren Art und Weise des Malens offensichtlich ein Gegenteil zum Stil Wang Qias. Beide wurden jedoch von Dong Qichang der Südlichen Schule zugeordnet.

945 Hier gilt das gleiche Verhältnis in den Stilen Li Chengs 李成 (919–967) und Zwei Mi wie bei Wang Wei und Wang Qia. Für weitere Informationen zu „Zwei Mi" siehe Fußnote 951.

Bezüglich des Ausdrucks „sich Himmel und Erde als Lehrer nehmen“ in der aus Dong Qichangs zitierten Hierarchie der Lernmethoden in der Malerei kann man schließen, dass die Bezeichnung „Himmel und Erde“, im Unterschied zu den konkreten Landschaftsobjekten – „realen“ Bergen und Strömen (山川)[946] – wohl als abstrakte Kategorie für das Universum in seiner Ganzheit steht bzw. im Sinne etwa von „Instanzen der Weltprozesse“ verwendet wird, wie sie z. B. im Ausdruck „das *qi* des Himmels und der Erde“ (天地之氣) belegt ist. Diese Deutung erscheint auch hinsichtlich der folgenden Aussage Shitaos in den bereits zitierten *Aufgezeichneten Sprüchen* korrekt: Die Berge und Ströme sind Formkonfigurationen des Himmels und der Erde (山川天地之形勢也)[947].

Die Aussage Dongs, man solle „das Ephemere des *qi* der Wolken“ (wortwörtlich ‚das *qi* der Wolken‘) betrachten“,[948] die „den Bergen im Bild äußerst nah sind“, darf man nicht als eine Anweisung dazu verstehen, *konkrete* Objekte abzubilden. Vielmehr ist wohl von einer „Inspirationsquelle“ für die Darstellung der Veränderbarkeit und Ephemerität von Bergen die Rede, von Bergen nicht als festen Objekten also, sondern als sich wandelnden und sogar scheinbaren Substanzen. Die Inspiration wäre aber in diesem Fall sehr konkret, fast physisch, geradezu als übertragbare Inspirations*substanz* zu verstehen, was man aus einer kleinen Variation der Aussage schließen kann:

> 朝起看雲氣變幻可收入筆端
>
> In der Morgendämmerung aufstehen, das Ephemere des *qi* der Wolken beobachten; sie können Aufnahme bis in die Pinselspitze hinein finden.[949]

In diesem Zitat scheint also angedeutet zu sein, dass das Beobachtete nicht durch ein Abbilden von Wolken in Formen von Bergen ins Bild übertragen wird, sondern eher als „Anleitung“ für jene Pinseltechniken gedacht wird,[950] bei welchen

---

946 Sie erscheinen allerdings nur im letzten Zitat. Angesichts der Quelle kann hier ein Zweifel bezüglich der Authentizität des Zitats erhoben werden. Inwiefern die Aufschriften genau in die Sammlung aufgenommen wurden, wurde hier nicht überprüft. Möglich ist auch, dass Dong Qichang tatsächlich seine Aussagen variierte.

947 Shitao, *Hua yulu*, § 8: 15a. Dort führt Shitao eine viel längere Klassifikation von „Instanzen“ und *agencies* des Schaffensprozesses auf.

948 Im Fall „*qi* der Wolken“ ist *qi* eher im Sinne einer physischen, also *sichtbaren* Substanz verwendet. Warum die Sichtbarkeit des Beobachteten für Dong entscheidend ist, wird aus den weiteren Ausführungen in diesem Kapitel verständlich, siehe Punkt 8.

949 Dong, *Huazhi*: 2093.

950 Hier wird die Deutung vermieden, dass *qi* die Pinselspitze auf eine gewisse physikalische Weise durchdringe. Um zu beurteilen, inwiefern solche Deutung hier passen kann, müsste man Materialien zu daoistischen Praktiken des „Nährens des Lebens“ (*yangsheng* 養生) untersuchen. Allerdings sagt Dong an einer Stelle im *Essenziellen des Malens*, Langlebigkeit und klarer Geist

die dargestellten Objekte – darunter feste und stabile wie Berge – auf eine spielerische Weise im Bild erscheinen. Wortwörtlich durch das „Spiel der Tusche" (*moxi* 墨戲)[951] verhalten sie sich also so, dass sie als Berge und zugleich nicht als Berge erscheinen.

(2) Im Folgenden werden Faktoren des Schaffensprozesses auf begrifflicher Ebene betrachtet.

Die Analysen einzelner Begriffe, die im Laufe des Kapitels vorgenommen wurden, weisen darauf hin, dass die Differenzierung zwischen dem, was der „Tiefenstruktur" einerseits, und der „Anwendung" andererseits zugehört, sich auch in den Semantiken entsprechender Begriffe systematisch widerspiegelt. Wenn solche Begriffe wie das *qi*, „Resonanzen des *qi*" (*qiyun*), „dynamische Konfigurationen" (*shi*) usw. einen Bezug auf „kosmische Kräfte" und zugleich auf sensomotorische Aspekte des Schaffensprozesses aufweisen, haben solche Begriffe wie „Idee-Intention" (*yi*), „Regel" (*fa*), „Position" (*weizhi*), räumliche Verhältnisse wie fern–nah, oben–unten usw. einen stärkeren Bezug zu phänomenalen (darunter räumlichen) Ordnungen bzw. zu den Mechanismen, wie die psychologisch-phänomenale Wirklichkeit ins Bild gebracht wird.

Die Komplexität besteht freilich darin, dass es eine scharfe Scheidung zwischen den zwei Gruppen von Begriffen nicht gibt. Wie oben schon exemplarisch gezeigt wurde, sind Überschneidungen sowohl in den syntaktischen Konstruktionen (Begriffe aus den beiden Gruppen können in *ein* Kompositum gesetzt werden) als auch in den Bedeutungsfeldern zu identifizieren.

Eine Änderung in den Prioritätsordnungen im Wechselverhältnis zwischen solchen Begriffen, die einen stärkeren Referenzbezug zur objekt-phänomenalen Ebene, und jenen, die einen Bezug zur „Tiefenstruktur" aufweisen, ist jedoch spürbar. Dies soll nun anhand des Beispiels der Rolle der „Idee-Intention" (*yi*) belegt werden, die oben schon der phänomenalen Schicht zugeordnet wurde.[952]

---

im Alter bei Malern (der Südlichen Schule) seien Folgen davon, dass sie „in ihrem Malen Rauch und Wolken nährten" (畫中煙雲供養也) (Dong, *Huazhi*: 2105). Dies kann man entweder als eine Art des Loswerdens der festen Bindungen der Kunsttradition für diese Meister verstehen, ihre ‚spielerische' (siehe die nächste Fußnote) Einstellung gegenüber der Sache Malen und insbesondere gegenüber den darzustellenden Objekten. Man kann aber dies auch als Hinweis auf die Beschäftigung der Maler mit *yangsheng*-Praktiken lesen.

951 In Bezug auf den Stil der song-zeitlichen Meister Mi Fu 米芾 (1051–1107) und Mi Youren 米友仁 (1074–1153), deren Stil mit der Darstellung von Bergen als Wolken am meisten assoziiert wird, wurde gesagt (u. a. von Dong Qichang), es sei ein „Tuschespiel" (*moxi* 墨戲) (z. B. Dong *Huazhi*: 2093 „Das Tuschespiel der Familie Mi" 米家墨戲).

952 Vgl. S. 234, Fußnote 737.

Die Frage nach der Rolle der „Idee-Intention" im Kunstschaffen ist ein altes Thema in den chinesischen Literatur- und Malereitheorien.[953] Man kann zahlreiche Belege finden, die auf die leitende Rolle der „Idee-Intention" verweisen. Auch in den hier analysierten Traktaten sind wir dem in der damaligen Zeit noch immer zitierten Spruch „Die Idee geht dem Pinsel voraus" begegnet. In einem ähnlichen Sinne kommentiert Wang Fuzhi die Anfangsstrophe eines Gedichts aus dem *Klassiker der Lieder* (*Shijing* 詩經):

> 採採芣苡, 意在言先, 亦在言後, 從容涵泳, 自然生其氣象。
>
> In „Pflücket, pflücket den Wegerich" erscheint die ‚Idee-Intention' vor den Worten, und sie ist auch noch erkennbar, nachdem die Worte [verklungen sind]. Sie bewegt sich ungezwungen [durch das Gedicht], sodass *qi*-Gestalten auf ganz natürliche Weise erscheinen.[954]

In einem anderen Zitat aus Wang Fuzhis Dichtungskritik leitet, organisiert und „beseelt" (*ling* 靈) die Idee-Intention die Darstellungsobjekte:

> 無論詩歌與長行文字, 俱以意為主。意猶帥也。無帥之兵, 謂之烏合。[...] 煙雲泉石, 花鳥苔林, 金鋪錦帳, 寓意則靈。
>
> Gleich ob in den Texten der Dichtung oder der Langprosa, die ‚Idee' (*yi*) ist in allem das Wichtigste. Die ‚Idee' ist wie ein Feldherr; eine Truppe ohne Feldherr nennt man Krähenansammlung. [...] Dünste und Wolken, Bäche und Steine, Blumen und Vögel, Moos und Wald, [...] – [alles, was] die ‚Idee' beinhaltet, ist mit Seele [erfüllt].[955]

In den beiden Zitaten ist die leitende Funktion der „Idee-Intention" sowohl in Bezug auf die syntaktische Ordnung (Abfolge der Wörter) des Gedichts als auch hinsichtlich konkreter, im Gedicht „dargestellter" Gestalten aufgezeigt.

Am Anfang dieses Kapitels auf S. 234 wurde die Aussage Fang Xuns zur Rolle der Idee-Intention in der Prägung und „Zusammenbindung" der räumlichen Ordnung im Bild analysiert. Auch Fang erschien die Rolle der Intention *zugleich* für die „syntaktische" Organisation des Bildes und für die psychologische Wirkung bestimmend. Anzumerken ist, dass in beiderlei Hinsicht die Bezugsebene der Idee-Intention ganz im Rahmen einer phänomenalen Schicht bleibt. Im nächsten Zitat aus dem *Essenziellen des Malens* von Dong Qichang „verknüpft" die Idee-Intention die Nähe und die Ferne miteinander:

---

953 Vgl. z. B. Liu 2017: 199–200; Pohl 2007: 297 usw. Die folgende Darlegung von Zitaten zur „Idee-Intention" bei Wang Fuzhi folgt der Zitatauswahl in Liu 2017 und Pohl 2007.

954 Wang, *Shihua*, Shiyi: 8. Leicht modifizierte Übersetzung von Pohl (2007: 355), mit Ausnahme des Abschnitts ab dem letzten Komma.

955 Wang, *Shihua*: 45. Leicht modifizierte Übersetzung von Pohl (2007: 353), mit Ausnahme des letzten Satzes.

> 攤燭作畫正如隔簾看月隔水看花 意在遠近之間亦文章法也
>
> Kerzen platzieren und malen – das ist tatsächlich wie durch einen Vorhang den Mond anzuschauen oder, durch einen Fluss getrennt, die Blumen anzuschauen. Die Idee-Intention [bewegt sich] zwischen Nähe und Ferne. Die gleiche Regel gilt auch für die literarische Darstellung.[956]

In diesem Zitat wird die Bedeutung der Ferne als etwas, das nicht direkt wahrgenommen, sondern nachvollzogen, d. h. konstruiert wird, besonders offensichtlich. Dies erinnert zugleich an Li Rihuas Beschreibung der dritten Ebene im Bild als eine weder repräsentierbare noch wahrgenommene Ebene, wo nur „die Idee-Intention schweift". Die Idee agiert also wortwörtlich in der *ideelle*n Konstruktion des Bildraumes. Diese Funktion der Idee-Intention steht in einer Verbindung mit der Vorstellung von „Bahnen der Gefühle/Sinnesverfassung" (*qingmai* 情脈), die in der Theorie der drei Ebenen vorkam als ein „Intentionszug", der Einzelelemente und räumliche Verhältnisse zwischen unterschiedlichen Segmenten eines Bildes mit je unterschiedlichen Realitäts- bzw. Konstruktivitätsgraden zusammenhält.

Zu Gemeinsamkeiten und Differenzen zwischen den Begriffen „Idee-Intention" (*yi*) und „Gefühle" (*qing* 情) führt Karl-Heinz Pohl in Anlehnung an die Analyse von Alison Black Folgendes aus:

> Black meint, der Unterschied bestehe in der ersten Linie zwischen Unartikuliertem (*qing*) und Artikuliertem (*yi*). So sei *qing* ein ‚formatives Element' in der Erfahrung des Dichters, das zur Dichtung führe, wohingegen *yi* ein ‚formatives Element' in der Dichtung selbst darstelle; auch verbinde *yi* die einzelnen Elemente eines Gedichts, nämlich Worte und Zeilen zu einem Ganzen.[957] Somit wäre *yi* die künstlerische Idee, die aus der Begegnung von Gefühl und Szenerie entsteht und die sich in verbaler Bildlichkeit ausdrückt.[958]

Dieser Analyse ist auch hier zuzustimmen.[959] Es gibt darüber hinaus Belege, die das Verhältnis zwischen Szene *jing* 景 – Gefühl *qing* – Idee-Intention *yi* verdeutlichen. So werden im nächsten Zitat erstens die „Gefühle" noch expliziter der „Erfahrung der Dichter" zugeordnet; zweitens wird auf das Verhältnis zwischen *qing* und *jing* als Subjekt-Objekt-Verhältnis hingewiesen:

956 Dong, *Huazhi*: 2140.

957 Black 1989: 268, zit. nach Pohl 2007: 354, Fußnote 17.

958 Pohl 2007: 354.

959 Man könnte die Analyse natürlich weiterführen und anmerken, dass bei Li Rihua *qing*, genauer *qingmai*, als etwas erscheint, das auch der *dargestellten* Landschaft zukommt. Diese Analyse wird hier aber nicht weiter ausgeführt.

情景雖有在心在物之分，而景生情，情生景。

Die ‚Gefühle' und die ‚Szene' haben zwar die Trennung zwischen dem, was sich beim Herzen, und dem, was sich bei Dingen ansiedelt, aber die Szene erzeugt die Gefühle, die Gefühle erzeugen die Szene.[960]

Die in diesem Zitat angesprochene Verschmelzung zwischen Gefühlen und Szene wird im nächsten Beleg noch deutlicher zum Ausdruck gebracht. Dabei erweist sich die verbindende Rolle der „Idee-Intention" zwischen dem Subjektiven (Gefühlen) und dem Objektiven (Szene): Sie bezieht die „subjektiven" Phänomene (Gefühle) und die „objektiven" Gestalten (Szene) aufeinander:[961]

夫景以情合，情以景生，初不相離，唯意所適。截分兩橛，則情不足興，而景非其景。

Szenerie aber wird durch Gefühl zu einem Ganzen, und Gefühl wird aus der Szenerie erzeugt. So sind beide von Anfang an nicht zu trennen und entsprechen einander aufgrund der ‚Idee-Intention' (*yi*). Teilt man sie jedoch in zwei Einzelbestandteile, dann reichen die Gefühle nicht aus, um anzuregen (*xing*), und die [dargestellte] Szenerie wird nicht der [tatsächlichen] Szene entsprechen.[962]

Es scheint, dass gerade an jenen Stellen, wo sich die leitende Rolle der „Idee-Intention" im Schaffensprozess erweist, das angesprochene Verhältnis von Subjekt (hier „Herz-Geist" *xin* 心) – Objekt (hier „Ding" *wu* 物) bzw. „Gefühlen" *qing* – „Szene" *jing* schlüssig bleibt. Dementsprechend ist eine Bildkomposition, bei der die Subjekt-Objekt-Opposition und die Leitfunktion der Idee maßgebend sind, unvermeidlich durch projektive referenzielle Bezugnahme und ein repräsentatives Verhältnis bestimmt.

Betrachten wir nun Fälle, in denen die „Idee-Intention" für die Bildorganisation *nicht* als leitend gedacht wird.

Weiter oben in diesem Kapitel haben wir Einblicke in eine andere, nämlich „intentionslose" Art des Bildschaffens gewonnen.[963] Ein noch ausdrücklicheres Beispiel für die Verwerfung der Leitfunktion einer Idee-Intention finden wir in Li Rihuas *Malerei-Gefährte in der Bambus-Muße* (*Zhulan huaying* 竹嬾畫媵):

大都畫法以佈置意象為第一。然亦只是大概耳。及其運筆後雲泉樹石屋舍人物逐一因其自然而為之。所謂筆到意生。如漁夫入桃源漸逢佳境。初意不至是也。

960 Wang, *Shihua*: 34.

961 Vgl. Wollheims (1987) Konzepte von „*expressive perception*" und „*projective properties*" sowie seine Ausführung zur Intention des Malers (Wollheim 1987: 80–96).

962 Wang, *Shihua*: 76. Leicht modifizierte Übersetzung Pohl (2007: 353).

963 Siehe Zitat auf S. 291–292.

Die meisten Malereiregeln halten das Anordnen von mentalen Gestalten für die erste [Aufgabe]. Aber das ist lediglich eine ungefähre [Anweisung]. Wenn, nachdem der Pinsel bewegt wurde, die Wolken und Quellen, Bäume und Steine, Häuser und Hütten, Menschen und Dinge eines nach dem anderen auf eine ganz natürliche Weise entstehen, so handelt es sich um das sogenannte [Phänomen] „Der Pinsel kommt an und die ‚Idee-Intention' entsteht". Es ist wie bei dem Fischer, der in die [Höhle der] Pfirsich-Quelle gelangt, und dort den wunderbarsten Gegenden begegnet. Das ist etwas, was die anfängliche Idee nicht zu erreichen vermag.[964]

In dieser Passage geht es um eine Zurückweisung der Leitfunktion der „Idee" und dementsprechend um eine Umkehrung der Voranstellung in der Bedeutungskonstitution: Die Idee entsteht *a posteriori*, *infolge* der Pinselbewegung. Diese nicht-intentionale Aktivität und quasi unerwartete Weise, bei der sich die Landschaftsräumlichkeiten spontan konstituieren, wird im Zitat anhand der Bezugnahme auf die berühmte Erzählung über den Fischer verdeutlicht, der sich in den wunderbaren Gegenden der Pfirsich-Quelle wiederfand.[965]

In einem anderen Beleg aus dem Traktat Fang Xuns wurde oben[966] eine ähnliche Umkehrung des Verhältnisses zwischen einer intentionalen und einer nicht-intentionalen Konstitution der Landschaftsdarstellung beobachtet und unterstrichen, dass Elemente, die auf dem Bild als konkrete Gestalten erscheinen (Wolken, Dünste usw.), als Folge der von einer gegenständlichen Bedeutung zunächst abstrahierten technischen Parameter und Schemata der Bewegung abgeleitet werden.

In Wang Fuzhis Dichtungskritik gibt es Aussagen bezüglich bestimmter Gedichte, in denen er ebenfalls auf eine Spielart der dichterischen Äußerungen hinweist, bei welcher keine bestimmte „Szene" (*jing*) oder keine bestimmte Absicht von vornherein definiert wird. Diese spontane, quasi *online* vollzogene Weise der Konstitution einer Dichtungsgestalt bezeichnet Wang mit einem buddhistischen Terminus für eine der Erkenntnisweisen, nämlich „Vermögen zur Präsenz":[967]

「長河落日圓」, 初無定景;「隔水問樵夫」, 初非想得。則禪家所謂現量也。

[Bei dem Vers] „Die im Langen Fluss untergehende Sonne ist rund"[968] gibt es am Anfang keine bestimmte Szene; [Bei dem Vers] „Beim Holzfäller am anderen Ufer anklopfen"[969] ist

964 Zit. nach Yu (Hg.) 1931, Heft (*ce*) 2, j. 4: 8a.

965 Vgl. z. B.: „The Taoist canon contains the story of a journey into a grotto paradise which is the direct source of inspiration for T'ao Ch'ien's 陶潛 (365–427) well-known ‚Record of the Peach Flower Font' 桃花源記" (Bokenkamp 1986: 65).

966 Siehe S. 248–249.

967 Eine detailliertere Erläuterung zu dieser Erkenntnisweise siehe unten Punkt 7.

968 Vers aus dem Gedicht *Als der Gesandte den Deich erreichte* (*Shi zhi sai shang* 使至塞上) von Wang Wei.

969 Vers aus dem Gedicht *Das Zhongnan-Gebirge* (*Zhongnan shan* 終南山) von Wang Wei (Übersetzung Schuhmacher 1982: 96).

> es nicht das, was man von Beginn an zu erreichen gedachte, sondern es handelt sich vielmehr um das, was von den Chan-Buddhisten „Vermögen zur Präsenz" genannt wird.[970]

Es scheint, dass die bereits zitierte Aussage von Wang Yuanqi, nämlich dass eine „feine Landschaftsszene auf ganz natürliche Weise hervortritt" (天然妙景自出), *infolge* eines Prozesses der Bildgestaltung, der von Resonanzen und rhythmisierten Abwechslungen durchdrungen ist,[971] dieser Art einer nicht-vorbestimmten Genese der phänomenalen Gestalt einer Landschaft entspricht. Somit wird eine Reformulierung der Vorrangordnungen im Schaffens- aber auch Betrachtungsprozess in folgendem Sinne nahegelegt: Beide Prozesse erweisen sich nicht als eine *Re*präsentation (beim Schaffen) und eine dementsprechende „Erkennung" (beim Betrachten) bestimmter präsupponierter Inhalte, sondern als Erzeugung von phänomenalen Bedeutungen im Schaffens- und Betrachtungsprozess selbst.[972]

970 Wang, *Shihua*: 53.

971 Siehe das auf S. 249 angeführte Zitat aus Wang, *Yuchuang*: 64b.

972 Vgl. die von Wollheim (1987) beschriebene Umkehrung der Vorrangordnung von Repräsentation in Bezug auf *seeing-in*.

6 Redimensionierung der Raumzeit

Verbinden wir nun also die Äußerungen der Gelehrtenmaler über die innerliche Transformation, die durch das Kunstschaffen gefördert werde, mit unserer Auseinandersetzung mit der Rolle der sensomotorischen Aktivität im Schaffensprozess.

Die aufgeführten Beschreibungen zum Verlauf des Schaffensprozesses hatten die Annahme einer Änderung von Parametern des raum-zeitlichen Empfindens *während* des Schaffensprozesses nahegelegt. Eine weitere, in diesem Zusammenhang interessante Beschreibung finden wir im bereits zitierten Traktat von Shen Hao *Der Staub der Malerei*. In diesem Fall geht es ebenfalls um eine im Schaffensprozess stattfindende Rekonfigurierung des Subjekt-Objekt-Verhältnisses und um eine Anpassung an die allozentrischen Aktionsparameter der nicht-subjekt-objektbezogenen Faktoren:

> 胸中有完局 筆下不相應 舉意不必然 落楮無非是 機之離合 神之去來 既不在我 亦不在他 臨紙操筆時 如曹瞞欲戰頭頭取勝矣
>
> Falls es in der Brust ein fertiges Layout gibt, das, was der Pinsel hervorbringt, diesem [jedoch] nicht korrespondiert, so wird das Aufgreifen der Idee nicht unbedingt so entsprechend erfolgen. Beim Ansetzen gibt es [keine Unterscheidung] zwischen ‚dies' und ‚das', das Auseinandergehen und Zusammenkommen der Antriebskraft, das Gehen und Kommen des Geistes, ist weder im Ego noch im ‚Anderen' angesiedelt. Der Moment, wenn man dem Papier gegenübersteht und den Pinsel betätigt, ist wie bei Cao Man,[973] der, zur Schlacht bereit, Stück für Stück[974] den Sieg erlangt.[975]

Der Vergleich mit dem progressiven Verlauf eines Gefechts ist bezeichnend, weil somit die *online*-Aspekte des Vorgehens in einem sich ständig rasch verändernden Umfeld noch stärker zum Ausdruck gebracht werden. Entscheidend ist nicht, dass man mit einem fertigen Layout beginnt, sondern inwiefern dieses mit den *online*-Aspekten, die „der Pinsel hervorbringt" (*bixia* 筆下), korrespondiert. Man lässt sich gleich beim Ansetzen (*luochu* 落楮) auf die situativen Verhältnisse ein, die momentan *da* sind, ohne in ‚dies' und ‚das' zu differenzieren, und somit in die rhythmisch resonierenden Wirkungsordnungen des „Geistes" und der „Antriebskraft", die weder subjekt- noch objektbezogen sind. Es geht also um die eingeübte Praxis, sich in allozentrische Resonanzstrukturen einzubinden, womit auch eine Redimensionierung des zeitlich-räumlichen Empfindens einhergeht: Das Selbst wird der Welt nicht ausgesetzt.

---

973 Das ist Cao Cao 曹操 (155–220), der berühmte Kriegsherr aus der späteren Han-Zeit.

974 Wortwörtlich heißt das Ende der Passage etwas gewalttätiger: „[...] Kopf für Kopf den Sieg erlangt".

975 Shen, *Huachen*, Weizhi: 317b.

https://doi.org/10.1515/9783110791860-015

Auch in Wang Yuanqis Beschreibung der Vorbereitung des Schaffensprozesses (S. 260) hatten wir bereits jenen Übergang von Selbstzentriertheit zur Allozentriertheit sowie die Betonung auf das Bewusstsein der räumlichen Situiertheit gesehen, d. h. darauf, wie man die Umgebung momentan wahrnimmt, ohne sich dabei an konkret geformten Objekten zu orientieren. Es scheint, dass es ihm ebenfalls um ein solches Sich-Einstimmen in ein sich ständig veränderndes Umfeld von Resonanzverhältnissen, und nicht um ein Vorgehen für den projektiven Aufbau von Verhältnissen zwischen Idee-Intention/Layout und der (Bild-)Szenerie ging.

In solchen Belegen ist also von einer anderen Verschmelzung die Rede als bei der Vereinigung von „Szene“ und „Gefühlen“ bzw. „Idee-Intention“. In ihnen wird das rhythmisch-resonierende Korrespondieren zwischen Instanzen des Schaffensprozesses fokussiert, wie auch in folgendem Zitat aus dem *Essenziellen des Malens* des Dong Qichang:

> 形與心手相凑而相忘神之所托也
>
> Wenn die Form mit Herz und Hand verschmilzt und sie einander vergessen, so handelt es sich um etwas, was vom Geist getragen wird.[976]

Die Irrelevanz der egozentrischen Ordnungen (etwa vorne und hinten, links und rechts usw.) für einen Schaffensprozess kommt in einer Reihe von Belegen vor. Mit Stoßrichtung auf die himmlischen Ordnungen wurden sie in einem Zitat aus den *Abhandlungen zur Malerei des in der Bergruhe Verweilenden* von Fang Xun bereits angesprochen.[977] Die Abschaffung der Ordnungen von vorne–hinten und links–rechts finden wir in Tang Zhixies Traktat *Subtile Worte über das Malen* (siehe S. 276 und 322).

Hierzu ließe sich nun ergänzend die Kritik Shen Haos an Missbräuchen in der Malereipraxis seiner Zeit stellen:

> 近日畫少邱壑 習得搬前換後法耳
>
> In letzter Zeit gibt es in der Malerei wenige ‚Hügel und Täler‘,[978] üblich [hingegen] ist, dass lediglich die Einhaltung der Regel gelingt, im Vorder[grund] [etwas] zu verschieben, im Hinter[grund] [etwas] auszuwechseln.[979]

976 Dong, *Huazhi*: 2108.

977 Siehe S. 296–297.

978 Oben wurde bereits eine Vermutung über die Bedeutung des Ausdrucks ‚Hügel und Täler‘ geäußert, wonach er wahre Bilder bezeichnet, deren Genese nur infolge einer Transformation ermöglicht wird.

979 Shen, *Huachen*, Weizhi: 317a.

Deutlich kann man aus diesen Zitaten folgende Ansicht ablesen: Das malerische Schaffen führt zur Verwirrung hinsichtlich der gewöhnlichen egozentrischen Ordnungsverhältnisse; sein eigentliches Ziel sollte es sein, diese Ordnungen aufzuheben und somit die Transformation – und also die Genese der „Hügel und Täler" – oder das Erlangen jener Einsicht zu ermöglichen, die in einer Teilhabe am Himmlischen resultiert.

In Kapitel II wurden die erkenntnistheoretischen Verfahren analysiert, die zur Aufhebung der egozentrischen (oder allgemeiner: deiktischen) Ordnungen (z. B. *bi ci* 彼此) und – damit verbunden – aller propositionalen Aussagen (z. B. *shi fei* 是非) führen bzw. die Verhältnisse zwischen den Mitgliedern von Oppositionspaaren derart redimensionieren, dass diese sich jeweils als gleichwertig erweisen.[980] Eine der Implikationen dieser Redimensionierung besteht darin, dass die Oppositionsmitglieder jegliche fest zugewiesene Bedeutung verlieren und untereinander austauschbar sind. Was an ihnen zählt, ist folglich vorrangig ihre rhythmische Abwechslung.

Nun haben wir – so scheint es – eine Analogie einer solchen Redimensionierung auch in der künstlerischen Sicht gefunden, nämlich eine besondere Art und Weise der Wahrnehmung, bei der nicht die subjektbezogenen Ordnungen in den Blick genommen, sondern die in den Weltprozessen verwobenen Wechsel zwischen Oppositionen in resonierenden Strukturen „zusammengeschaut" werden:

> 天地之際 新古之跡 榮落之觀 流止之幾 欣厭之色 形於吾身以外者 化也 生於吾身以內者 心也 相值而相取 [...] 俯仰之間 幾必通也 天化人心之所爲紹也
>
> Die Ränder von Himmel und Erde, die Spuren von Neuem und Altem; die Anblicke von Gedeihen und Niedergang, die Merkmale von Strömen und Anhalten, die Manifestationen von Freude-Empfinden und Abneigung – [wenn all diese] außerhalb des eigenen Körpers Formen annehmen, so ist das Wandel; [wenn all diese] innerhalb des eigenen Körpers erzeugt werden, so ist das der Herz-Geist. [Diese beiden] überschneiden und erreichen einander. [...] [In der Abwechslung] zwischen Emporblicken und Herabschauen[981] stehen die Merkmale not-

980 Siehe Kapitel II, Punkt 3.1.

981 Nach Angaben des Wörterbuches bedeutet die Wendung *fuyang zhi jian* 俯仰之間 ‚augenblicklich, in einem kurzen Moment' (siehe z. B. HYW 2023: „俯仰"). Wohl aber spielt hier v. a. die Andeutung der Beschreibung aus dem *Großen Kommentar* des *Buches der Wandlungen* eine Rolle, wie Fu Xi (Bao Xi, trad. 2852 v. Chr.) Trigramme schuf, dabei emporschauend in den Himmel ‚Symbole/Gestalten' betrachtete und herabschauend auf die Erde ‚Regeln' beobachtete: „Als in der Urzeit Bao Xi die Welt beherrschte, da blickte er empor und betrachtete die Bilder am Himmel, blickte nieder und betrachtete Vorgänge auf Erden. Er betrachtete die Muster (*wen*) auf Vögeln und Tieren und ihre Anpassung an die Orte. Unmittelbar ging er von sich selbst aus, mittelbar ging er von den Dingen aus. Dann erfand er die acht Zeichen (das sind die Trigramme) [...]." (古者包犧氏之王天下也, 仰則觀象於天, 俯則觀法於地。觀鳥獸之文, 與地之宜。近取諸身, 遠取諸物。於是始作八卦) (*Zhouyi*, Xici xia zhuan: 572; Übersetzung Schmidt-Glintzer 1999: 21). Neben dem Perspektivenwechsel zwischen Emporblicken und Niederschauen kommen in der zitierten

> wendigerweise miteinander in Verbindung[982] und der himmlische Wandel wird vom menschlichen Herz-Geist einer Vermittlung zugeführt.[983]

Mit mehreren Anspielungen auf das *Buch der Wandlungen* eröffnet sich hier also eine redimensionierte Sicht auf Wandlungen von menschlichen und kosmischen Angelegenheiten, die sich nun als rhythmisch-resonierende Abwechslungen entfalten. Gleichzeitig ist interessant, wie Wang Fuzhi die Trennung zwischen dem Subjektiven (hier „Herz-Geist" *xin* 心) und dem Objektiven (hier „Transformationen" *hua* 化) schildert, nämlich als lediglich unterschiedliche „Dimensionierungen" derselben Weltprozesse. In diesen ständigen Dimensionierungen bzw. Perspektivenwechseln zwischen „Emporschauen" und „Herabschauen", „Heranzoomen" und „Herauszoomen", bei denen eine egozentrische Perspektive sich vollkommen auflöst, wird – wie im prototypischen Schaffen der Trigramme durch den legendären Urkaiser und Kulturheros Fu Xi 伏羲 – das richtige „Merkmal" erfasst und das richtige „Symbol" gefunden: Der Herz-Geist wird zum Organ, der die Transformationen aus der richtigen Perspektive durchschaut.[984]

Weiter oben in diesem Kapitel wurde schon auf die lexikalischen Gemeinsamkeiten zwischen unterschiedlichen Kunstbereichen hingewiesen. Diese Gemeinschaft zeigt sich, wie weiter oben betont, besonders eindeutig bei Termini, die oft einen musikalischen Ursprung haben und auf die Vorstellung einer rhythmisch-resonierenden Bewegung verweisen. In diesem Zusammenhang könnte man von den durch diese Termini vermittelten Mustern der rhythmisch-resonierenden Bewegung als den verschiedenen Kunstbereichen gemeinsame *idealized cognitive models* im Sinne von Lakoff und Johnson[985] sprechen.

Die Verwandtschaft von Kunstbereichen aufgrund rhythmischer Strukturen bzw. aufgrund solcher Redimensionierung der Sicht, infolge derer die phänomenalen Parameter in ein rhythmisches Raster übertragen werden, wird auch im Zu-

---

Passage aus dem *Großen Kommentar* der Wechsel zwischen „Nahem am Körper" und „entfernten Dingen" – ähnlich wie „Heranzoomen" und „Herauszoomen" – oder Vermittlungsprozesse zwischen dem himmlischen Wandel (*hua*) und menschlichem Herz-Geist (*xin*) im analysierten Zitat Wang Fuzhis vor.

982 Im Kapitel II übersetzt als „Beschaffenheit [der Verbindung]".

983 Wang, *Shi guangchuan*, j. 2, Youfeng: 1875.

984 Vgl. auch mit der Ausführung im zitierten Kommentar Hanshan Deqings zu den *Abhandlungen von Zhao*, wie bei einer „richtigen" Einstellung (處一真觀) die Einsicht über die Einigkeit von „Szene" und „Herz-Geist", „Dies" und „Das" in ein *qi* (景心一如; 是非一氣) kommt und die Aufhebung der Objekt-Subjekt-Trennung zwischen „Ding" und „Selbst" (物 – 我) erfolgt (Deqing, *Zhaolun lüezhu*, j. 2, Bu zhen kong lun: [0338b21–0338b41]). Zur Aufhebung der Objekt-Subjekt-Trennung im ästhetischen Kontext vgl. auch die Konzeption der ästhetischen Nichtunterscheidung bei Gadamer 1965: 111–112.

985 Siehe Lakoff und Johnson 1980 und Lakoff 1987.

sammenhang mit dem letzten Zitat deutlich, da es eine analoge Erklärung für bildliche Strukturen nahelegt: Die Umwandlung von phänomenalen Parametern wie etwa alt–neu (*gu–jin/xin*), fließen–anhalten (*liu–zhi*) usw. in rhythmischen Relationen finden wir ohne Weiteres in den bildlichen Darstellungen der untersuchten Zeit. In solchen Bildern werden die phänomenalen Parameter wie Größe, Formen, Maße, Farben und weitere Parameter, d. h. *objekthafte* Charakteristika der dargestellten Elemente einer Einbindung in die rhythmische Struktur der gesamten Darstellung streng untergeordnet. Wichtig ist dabei, dass gerade im Bildraum die Redimensionierung und die in das rhythmisch-resonierende Abwechslungsraster umgewandelten phänomenalen Parameter einen räumlichen Sinn „zurückgewinnen“: Das Bild *visualisiert* die Rhythmen und Perspektivwechsel in den Wechselamplituden von Darstellungsebenen eines konkreten Bildraumes.

Zwischenbilanz Die Kernthese dieses Kapitelabschnittes ist also folgende: Die innerliche Transformation, welche die Gelehrtenmaler beanspruchten, sollte mit einer Redimensionierung der räumlichen und zeitlichen Ordnungen korrelieren, genauer mit der in einem *online*-Schaffensprozess sich vollziehenden Umschaltung von egozentrischen Ordnungen in allozentrische, die rhythmisch-resonierende Muster ausbilden. Dieses Modell setzt prinzipielle Unterschiede zu jenem Modell voraus, in welchem Raumordnungen infolge eines *projektiven*, d. h. von einem Subjekt ausgehenden und auf ein Objekt bezogenen, letztlich *repräsentativen* Vorgehens erzeugt werden.

Darüber hinaus lässt sich die These aufstellen, dass die Gegenüberstellung dieser zwei Modelle von der neueren kognitionswissenschaftlichen Forschung gut widergespiegelt wird.[986] Solche Resultate der Forschung, die auf eine Erzeu-

986 Es gibt freilich viele Probleme, die keine direkte Übertragung des von uns gewonnenen Modells in die entsprechenden Modelle der Raumkognition und visuellen Wahrnehmung erlauben. Zum Beispiel scheinen Analogien zwischen dem hier angeführten *online*-Modus und den *projektiven* Modellen einerseits und den funktional unterschiedlichen Modellen des Sehens – nämlich der *motion-guiding vision* und der *descriptive vision* (oder *vision for action* und *vision for perception*) – andererseits naheliegend. Die *motion-guiding vision* und *descriptive vision* werden entsprechend mit ego- und allozentrischen Modellen der Orientierung und entsprechenden (dorsalen und ventralen) „Strömen“ oder Pfaden der Informationsverarbeitung im Gehirn assoziiert. Während die erste (dorsale) „is concerned with positional information relevant to the selection and control of behaviour“, sind die ventralen Prozesse für folgende Charakteristika verantwortlich: „that objects possess independently of the illumination and perspective in which they may stand at the moment of viewing – characteristics such as colour, shape, surface texture, trajectory, allocentric position, etc.“ (Matthen 2012: 49). Entsprechend diesen Ausführungen gibt es ein Objekt mit den von Wahrnehmung unabhängigen Charakteristika bei allozentrischer *descriptive vision*, während die *online vision* „guides the execution of motor schemes by providing egocentric information directly to the limbs“ und „there are ample evidence [in neuroscience] that there is no smoothy integrated visual image [of an object]“ (Matthen 2012: 49).

gung des Raumes im *online*-Schaffensprozess kraft sensomotorischer Aktivität hinweisen, lassen sich zum Beispiel an die in den gegenwärtigen Kognitionswissenschaften immer stärker werdenden Tendenzen anknüpfen, die die Kognition, darunter die Raumwahrnehmung, als „highly embodied or situated activity“[987] verstehen.

In dieser Hinsicht wäre es also vielversprechend, die Prinzipien der „rhythmischen Resonanz“ (*qiyun* 氣韻, *ganying* 感應) und der Korrespondenz zwischen den Instanzen des Schaffensprozesses (Form–Herz–Hand) aus einer wahrnehmungstheoretischen und kognitionswissenschaftlichen Perspektive zu untersuchen. Die spezifischen Formate chinesischer Malerei, ihre komplexen kompositorischen Strukturen, die bis in die Details der Atmung, des Pinseldrucks oder der Bewegungsmuster des Handgelenks ausgearbeiteten Techniken der Pinselführung könnten mit erforschten Parametern und Dimensionen von Vorgängen der Raumorientierung, Objektidentifikation und -lokalisation gekoppelt werden. Resultate einer solchen Untersuchung würden wohl ihrerseits nützlich für ein tiefgreifendes Verständnis von

---

Im Beispiel Wang Yuanqis und in den anderen Beispielen zum *online*-Schaffensprozess ging es der hier vorgetragenen Interpretation zufolge um einen dem Modell von *motion-guiding vision* ähnlichen Prozess: Wie hervorgehoben, wurden die Bildordnungen durch einen Fokus auf Selbstposition und -orientierung und die dementsprechend zunächst selbstzentrierte Bewegung und Orientierung erzeugt, ohne dass in diesem Prozess ein Objekt vorkam. In Bezug auf die hier zugrunde gelegten Annahmen über den Umschlag von ego- in allozentrische Raumordnungen bleibt jedoch das Modell von *motion-guiding vision*, wenn allein angewendet, nicht ganz erklärungsfähig dafür, wie der Entzug von egozentrischen Positionen (bzw. die Übertragung des *movement plan* in einen *image-manipulation plan*) stattfindet. Der hier vorgetragenen Interpretation der Beschreibungen des Schaffensprozesses zufolge findet die Aussonderung eines „von dem Wahrnehmenden unabhängigen Objekts“ gar nicht statt, ohne dass dabei eine Selbstposition vorausgesetzt wurde. Dabei bleibt ein Subjekt-Objekt-Verhältnis – und folglich ein egozentrischer Orientierungsrahmen – gerade für jenes Modell des Bildschaffens zentral, das hier als *projektives* bezeichnet wurde. Dieses Modell wäre mit *descriptive vision* zu vergleichen, der aber in der Kognitionsforschung ein allozentrischer Rahmen zugeordnet wird.

987 Anderson 2003: 91, hier übernommen von Machamer und Osbeck 2012: 143. Dieser Artikel bietet einen Überblick über die genannten Tendenzen sowie *activity theories* und deren mögliche Anwendung für die philosophische Behandlung von Fragen nach dem Wechselverhältnis zwischen Wahrnehmung, Referenz und Realität. Die Tendenzen, Kognition als verkörperlichte (*embodied*) und situierte (*situated*) Aktivität zu verstehen, werden u. a. in diesem Artikel mit Gibsons *environmental approach* sowie insgesamt mit solchen Ansätzen in Verbindung gesetzt, die Wahrnehmung nicht mehr als einen passiven, von der Handlung (*action*) unabhängigen Prozess betrachten und in diesem Sinne die Rolle eines vorgegebenen Layouts erheblich hinterfragen. Die neueren Theorien zur *embodied* und *situated* Kognition (als Teil der 4E-Kognition) können wohl als Teil bzw. Nachfolger einer noch fundamentaleren (phänomenologisch oder auch konstruktivistisch motivierten) Reformulierung des Verhältnisses von Realität und Erkenntnis seit Beginn des 20. Jahrhunderts betrachtet werden.

Normen und Gesetzmäßigkeiten der psychosomatischen Regulation in philosophisch-religiösen Selbstkultivierungspraktiken sein.

In diesem Zusammenhang können nicht nur die Studien zum Bildschaffen, sondern auch zur *Wirkung* des Bildes weiterführende Impulse erhalten.[988] Diese und andere vielfältige Belege der Wichtigkeit körperlicher Bewegung im Schaffensprozess lassen vermuten, dass mit der Erschaffung aber *auch* mit der Betrachtung der Landschaftsräumlichkeiten eine durch die Aktivierung psychosomatischer Vorgänge in Gang gesetzte Wirkung assoziiert wurde. Der räumlichen Struktur der Landschaften kam dementsprechend die Funktion zu, bestimmten psychosomatischen Auswirkungen eine Grundlage zu verschaffen und eine aktive Teilnahme im Schaffensprozess zu ermöglichen. Hier sind die Parallelen aus der entsprechenden kognitionswissenschaftlichen Forschung, welche zu den in den chinesischen Bildpraktiken implizierten und auch explizit beschriebenen Bildwirkungen gezogen werden können, ausgesprochen auffällig und deuten auf möglicherweise *universelle* Mechanismen der Wahrnehmung hin.

988 Vgl. Freedberg 1989. Sehr interessant in diesem Zusammenhang erscheinen u. a. die experimentellen Ansätze von Freedberg und Gallese 2007 und Massaro et al. 2012, in denen „Spiegelungsmechanismen" (*mirrowing mechanisms*) und „verkörperte Simulationen" (*embodied simulation*) sowie *bottom-up*-Prozesse der Bild-/Image-Wahrnehmung und -Reaktion untersucht werden.

7 Visualität im Bildschaffen. Visualität als reines Prädikat

Im Folgenden wird zunächst anhand einer weiteren Ausführung zur Ferne-Nähe-Beziehung das Wechselverhältnis zwischen dem Sichtbaren und dem Unsichtbaren im Bild beleuchtet. So soll versucht werden, die hier interessierende Unterscheidung zwischen einer auf dem Subjekt-Objekt-Verhältnis basierten projektiven Bildraumordnung und einer redimensionierten Art der räumlichen Relationen aus der Perspektive der Funktion der visuellen Wahrnehmung zu analysieren.

In Texten des 17. Jahrhunderts finden wir noch die alten Assoziationen zwischen entfernten, unerreichbaren bzw. den Sinnen nicht zugänglichen Bereichen und dem Verborgenen. Infolge dieser Assoziation wurde das „Verbergen" (z. B. wenn mit Wolken oder Dunst das Darzustellende verdeckt wird) zu einem Instrument gemacht, das einerseits räumliche Tiefe im Bild zu schaffen, andererseits Bedeutung zu verdichten half. In diesem Sinne deutet es auch Tang Zhixie in seinem Traktat *Subtile Worte über das Malen*:

> [...] 能分得隱見明白, 不但遠近之了然, 且趣味無盡矣。更能藏處多於露處, 而趣味愈無盡矣。蓋一層之上更有一層, 層層之中復藏一層。善藏者未始不露, 善露者未始不藏。藏得妙時, 便使觀者不知
> 山前山後
> 山左山右,
> 有多少地步,
> 許多林木,
> 何嘗不顯?

> [...] Wenn [man] Verborgenes und Sichtbares klar und deutlich differenzieren kann, [dann] wird nicht nur [das Verhältnis] zwischen Nah und Fern klar, sondern auch der „ästhetische Genuss" unerschöpflich. Wenn man es noch weitergehend vermag, versteckte Stellen mehr als aufgezeigte Stellen [einzusetzen], so wird der ästhetische Genuss noch unerschöpflicher. Denn es ist wohl so, dass hinter einer Ebene noch eine weitere Ebene, innerhalb jeder Ebene wieder eine Ebene verborgen wird. Es ist aber nie so, dass das gut Versteckte sich von Anfang an nicht schon zeigte, so wie das gut Aufgezeigte sich von Anfang an nicht schon verbärge. Wenn das Verbergen die wunderbare (bezaubernde) Qualität erreicht, wirkt es so, dass der Betrachter von ihm [dem Verbergen] nichts mehr weiß,
> [Wo] die vordere und die hintere Seite,
> [wo] die linke und die rechte Seite des Berges sind.
> Wie viele Fußwege,
> wie viele Wälder gibt es, die sich auf diese Weise offenbaren![989]

989 Tang, *Huishi weiyan*: 268.

https://doi.org/10.1515/9783110791860-016

Diese Ausführung enthält zwar Elemente alter Anweisungen: die Beziehung nah–fern, d. h. die Konstruktion räumlicher Tiefe steht in einem direkten Verhältnis zur Beziehung offenbar–verborgen, betont aber ein strukturiertes Vorgehen in der Behandlung des Offenbarten und Verborgenen: Das Verbergen soll in einem Wechselverhältnis mit dem Offenbarten stehen.[990] Die durch das Verbergen erzielte Mannigfaltigkeit und Unendlichkeit der Räumlichkeiten führt – so Tang Zhixie – zur Desorientierung hinsichtlich der Distanzen und gewohnter räumlicher Ordnungen (vorne–hinten, rechts–links). Diese Desorientierung führt aber keineswegs zu einer Verwirrung gerade daher, weil Verborgenheit in gewissem Sinne dem Offenbarten gleicht: Anhand des Verbergens werden zahlreiche Ebenen (*ceng*) oberhalb und *innerhalb* von bestehenden Ebenen (also nicht nur in der Ferne) offenbart. Die Größe des ästhetischen Genusses und damit einhergehend die Bedeutung eines Werkes wird nach Tang durch ein derart strukturiertes Verbergen erreicht.[991] Es scheint, dass hier eine andere Art der Bedeutungskonstruktion vorliegt als bei jener, bei der ein einfaches Verhältnis – etwa „fern gleicht verborgen" – besteht.

Die Assoziation zwischen den räumlichen Parametern Ferne–Nähe und den u. a. psychologisch konnotierten Kategorien des Verborgenen (was auch heißt: des für die Sinne und die Vernunft nicht Erreichbaren, ja Okkulten) einerseits, und des Manifesten (im Sinne des Verständlichen, Klaren) andererseits reicht bis zu den Anfängen der chinesischen Tradition der Landschaftsmalerei und Landschaftsdichtung zurück. Der neukonfuzianische Philosoph und Kulturhistoriker Xu Fuguan 徐復觀 (1904–1982) verbindet in seinem einflussreichen Werk *Der Geist der chinesischen Kunst* (*Zhongguo yishu jingshen* 中國藝術精神)[992] die Anwendung des Begriffs „Ferne" (*yuan* 遠) aus der Kompositionslehre chinesischer Landschaftsmalerei mit den Ausarbeitungen zu diesem Begriff im Rahmen der religiös-philosophischen „Lehre des Dunklen" (*xuanxue* 玄學) während der Wei-Jin-魏晉-Zeit (220–420) und führt Zitate aus den entsprechenden Texten auf.[993] In ihnen tritt „Ferne" in solchen Wendungen wie „dunkle Ferne" (*xuan yuan* 玄遠), „klare

990 Ein Fall der praktischen Umsetzung des Konzepts der Wechselverhältnisse voll–leer (*shi–xu*), vgl. die Ausführung im Kap. II, Punkt 3.4.

991 Es ist bemerkenswert, dass in dieser Tradition der visuellen Kunst explizit verdeutlicht wird, dass das Verborgene ebenso wichtig ist wie das Offenbarte, mit anderen Worten das eine dem anderen gleicht und das eine das andere enthält. Es gibt andere Beispiele in den Kunsttheorien, wo dieses Verhältnis zum Ausdruck kommt. Man vergleiche in der Kalligraphie z. B. die später in die Malerei übernommene Methode des „verborgenen Pinseltips": Den Pinseltip verbirgt man, indem man den Pinsel in eine andere Richtung führt. Hier spielt allerdings ein dynamisches Prinzip wohl eine Rolle (wie etwa im Tennis bei der Rückwärtsbewegung vor einem Schlag).

992 Die Übersetzung des Titels wurde übernommen aus Pohl 2007: 4.

993 Siehe Xu 2007: 261–264.

Ferne“ (*qing yuan* 清遠) oder „die Ferne verkörpern“ (*ti yuan* 體遠) auf. Besonders interessant ist die letzte, ähnlich der Formel „das *Dao* verkörpern“ (*ti dao* 體道) strukturierte Kollokation, weil sie auf die Zugehörigkeit der „Ferne“ zum Bedeutungsfeld des *Dao* deutet. Als einem mit dem *Dao* assoziierten, zugleich aber eine raumbezogene Bedeutungsdimension beinhaltenden Begriff kam der „Ferne“ bzw. dem Bereisen der Ferne in den frühen künstlerischen Abhandlungen zu (Berg-) Landschaften die Funktion zu, die Assoziation mit der geistigen Durchdringung der für das gewöhnliche Bewusstsein verborgenen Wahrheiten zu fördern. In den frühen Theorien zur Landschaftsdichtung sowie in den frühen theoretischen Ausarbeitungen zur Landschaftsmalerei (etwa bei Zong Bing 宗炳, 375–443) zeichnet sich dementsprechend ein Verständnis der Landschaftsdichtung und -bilder als Mittel ab, demzufolge die Vergegenwärtigung eines nicht erreichbaren – also entfernten – Umfeldes ermöglicht werden sollte. Dies führe dazu, dass man gedanklich in ein solches Umfeld versetzt werden und eine freie mentale Reise durchführen könne.[994] Gedichten und Bildern kam demnach die Funktion zu, entsprechende Erlebnisse und Einsichten auszulösen und zu beschreiben.[995]

Interessant ist, dass der Begriff „Ferne“ in der berühmten Theorie „drei Fernen“ (*san yuan* 三遠) von Guo Xi aus dem 11. Jahrhundert den Status eines Grundbegriffs der Kompositionslehre einnahm. In dieser Theorie fasste Guo Xi die drei grundlegenden Kompositionstypen zusammen:[996] „Hohe Ferne“ (*gao yuan* 高遠), „tiefe Ferne“ (*shen yuan* 深遠) und „ebene Ferne“ (*ping yuan* 平遠). Jedem Typ ist ein Standpunkt eigen, von welchem aus die Landschaft oder ein Landschaftsbild betrachtet wird: Ein tief stehender bei der „hohen Ferne“, von dem aus die Berge hoch emporragen; ein hoher bei der „tiefen Ferne“, von dem aus die Berge in den Reihen nacheinander gesehen werden können; und ein noch höherer, sich der Vogelperspektive annähernder, von dem aus große, weite und breite Landschaftspanoramen erfasst werden können.[997] Neben einer jeweils unterschiedlichen Beschaffenheit der Kompositionsmuster in Bezug auf die räumliche Struktur an sich weisen die Forscher auf unterschiedliche psychologische Bedeutungen bzw. Wir-

994 Die Vorstellung über solche freie Reise wurde zum großen Teil von den Beschreibungen im Kapitel *Xiaoyaoyou* des *Zhuangzi* inspiriert. Für eine Darlegung dieser Vorstellungen nach dem *Zhuangzi* siehe Ames 1998, für deren Auswirkungen in frühen ästhetischen Theorien siehe z. B. Xu 2006: 45–51.

995 Vgl. die kurze Ausführung zur Landschaftsdichtung der Zeit der Sechs Dynastien im Punkt 1. Auf die Parallele mit westlichen Deutungen der Nähe und Ferne als psychologische Kategorien in der Forschung zum Wahrnehmungsraum wurde oben im Punkt 1 hingewiesen.

996 Guo, *Linquan*, Shanshui xun: 1060b.

997 Abhandlungen zu dieser Theorie in der Sekundärliteratur siehe in Jiang und Zhu 2018; Liu 2011; Obert 2007: 334–338.

kungen hin, die die drei „Fernen" jeweils voraussetzen: „It is really the mental impression of the mountains that determines the choice of spatial scheme."[998]

Wenn man die monumentalen Bildlandschaften der Nördlichen Song-Dynastie (960–1126) betrachtet, versteht man intuitiv, warum die unterschiedlichen Kompositionstypen „Fernen" genannt wurden. Die Bezeichnung markiert nicht nur, dass es sich um die Organisation der räumlichen Tiefe handelt, sondern auch, dass das Bild eine Sicht auf die unerreichbar weit entfernten, grandiosen Berglandschaften zur Verfügung stellt, in welche man sich geistig zu versetzen, wo man zu verweilen und zu wandern wünscht und die man geistig aufzufassen versucht.

Neben der am Anfang dieses Kapitelabschnittes angesprochenen Verschiebung zur strukturhaften Behandlung des „Verborgenen" und der im Zusammenhang mit der Analyse von „dynamischen Konfigurationen" herausgearbeiteten Rolle der kinästhetischen Komponente in der Konstruktion räumlicher Tiefe scheint in der hier untersuchten Zeit noch eine weitere wichtige Verschiebung im Vergleich zu den älteren Theorien stattgefunden zu haben. Diese betrifft die Einstellung zur *Vorstellbarkeit* der Ferne.

Als Kontrast zum Ideal der geistigen Durchdringung des Unerreichbaren und Unzugänglichen – mit den Worten Liu Xies (劉勰 465–521):[999] „In Gedanken Tausende Schriften verbinden, im Sehen zehntausend *li* durchdringen" (思接千載 [...] 視通萬理)[1000] – erscheint nun die Aufmerksamkeit bedeutungsvoll, die Wang Fuzhi den natürlichen Einschränkungen der Sinneswahrnehmungen verleiht, aufgrund derer es nicht möglich sei, solche Weiten und Fernen zu erfassen:[1001]

> 身之所歷, 目之所見, 是鐵門限。即極寫大景, 如「陰晴衆壑殊」、「乾坤日夜浮」, 亦必不逾此限。非按輿地圖便可云「平野入青徐」也, 抑登樓所得見者耳。隔垣聽演雜劇, 可聞其哥, 不見其舞; 更遠則但聞鼓聲, 而可云所演何齣乎?
>
> Was der Körper durchlebt, was das Auge sieht, ist eisern begrenzt. Das heißt, auch in extremen [Fällen], wenn man große Szenen veranschaulicht, etwa wie „[Abwechslung von] Schatten und Licht in zahlreichen Schluchten"[1002] oder „Schweben zwischen Himmel und Erde, zwischen Tag und Nacht",[1003] darf man diese Begrenzungen nicht überschreiten. Ohne [den Überblick], den [man sich] anhand von Karten [verschafft], kann man einfach darlegen

998 Fong 1984: 86.

999 Autor des ersten und berühmtesten literaturtheoretischen und -kritischen Werkes im frühen China, *Das literarische Schaffen ist wie das Schnitzen eines Drachens* (*Wenxin diaolong* 文心雕龍) (Übersetzung des Titels Li 2007).

1000 Liu, *Wenxin diaolong*, Heft (*ce*) 2, j. 6, Shensi pian: 2.

1001 Der Hinweis auf diesen Kontrast und die Zitate wurde aus Xiao 2012: 57 entnommen.

1002 Vers aus dem tang-zeitlichen Gedicht *Erstes Gedicht aus dem [Zyklus] Liedesworte zu verschiedenen Melodien – Lied über die Provinz Lu* (雜曲歌辭, 陸州歌第一), Autor unbekannt.

1003 Vers aus dem Gedicht des Du Fu *Den Yueyang-Turm besteigend* (*Deng Yueyang lou* 登嶽陽樓).

> [wie im folgenden Vers]: „Das Flachland erstreckt sich im Qingxu[-Gebiet]".[1004] [Man] reduziert [die Beschreibung darauf,] was man zu sehen bekommt, wenn man einen Turm besteigt. [Wenn man] hinter einer Wand die Aufführung eines Theaterstückes hört, kann [man] dessen Lieder hören, aber das dazugehörige Tanzen sieht [man] nicht. [Wenn man] noch weiter entfernt [ist], dann hört [man] nur die Töne der Trommel. Kann man dann etwa sagen, welcher Akt des Stücks gerade gespielt wird?[1005]

Offensichtlich bewertet Wang Fuzhi hier solche dichterischen Darstellungen positiv, die es nachzuvollziehen ermöglichen, was augenblicklich und unmittelbar wahrgenommen und erlebt werden kann, wobei das Verfahren einer Rekonstruktion von unzugänglichen, nicht direkt wahrnehmbaren Umfeldern von ihm offensichtlich negativ eingeschätzt wird.

Auf einem berühmten Bild- und Kalligraphiewerk eines Malers aus der Wumen-吳門-Schulrichtung[1006], Shen Zhou 沈周 (1427–1509), mit dem Titel *Bild vom Wachsitzen in der Nacht* (*Yezuo tu* 夜坐圖) führt er seine Erzählung über die Erfahrung einer nächtlichen Meditation auf. In der Erzählung geht es um das Empfinden, was aktuell zum näheren, sich jedoch allmählich ausdehnenden Wahrnehmungsfeld gehört: So werden unterschiedliche Laute (wie das Rascheln des Bambushaines im Wind, Hundebellen, Klänge von Trommel und Glocke[1007] usw.) erwähnt.[1008] Dass solche aktuellen Erlebnisse dem Schaffensprozess zugrunde gelegt werden, ohne dass es wiederum um direkte Abbildung des Gesehenen geht, scheint symptomatisch für das hier analysierte Modell des Kunstschaffens: Die Betonung der aktuellen Erlebnisse, die *jetzt und hier* passieren, markiert eine Umkehrung weg von der Orientierung auf das mentale Sich-Versetzen in ein weit entferntes Umfeld.

1004 Vers aus dem Gedicht des Du Fu *Den Wehrturm der Provinz Yan besteigend* (*Deng Yanzhou chenglou* 登兗州城楼).

1005 Wang, *Shihua*: 56.

1006 Diese Schule, aus der Shen Zhou sowie Wen Zhengming 文徵明 (1470–1559) die prominentesten Vertreter waren, gedieh in der Region der gegenwärtigen Stadt Suzhou 蘇州 (der alte Name dieser Region war Wu 吳) in der Zeit der mittleren Ming-Dynastie. Für die hier analysierten Gelehrtenmaler galt sie als Vorläufer.

1007 Mit Glockenschlägen zählte man die Zeit (in Abständen von je zwei Stunden) in der Nacht.

1008 In ihrem der Analyse dieses Werkes gewidmeten Artikel „The Power of Quiet Sitting at Night" betont Kathlyn Liscomb die Ausrichtung des Gelehrtenmalers auf die durch die Methode des „stillen Sitzens" *jingzuo* geförderten neokonfuzianischen moralischen Werte (Liscomb 1995: 387–382). Die Art der Meditation „stilles Sitzen" *jingzuo* wurde tatsächlich in manchen neokonfuzianischen Schulrichtungen als Mittel für die ethische Kultivierung aus der buddhistischen Chan-Schule übernommen. So findet man z. B. bei Wang Yangming, dem Begründer der „Lehre des Herz-Geistes" (*xinxue*), Ausarbeitungen hierzu in seinen *Instruktionen für das praktische Leben* (*Chuanxi lu* 傳習錄). Auf die Herkunft des „stillen Sitzens" in den Praktiken der Chan-Schule weist der Gelehrte und Laienbuddhist Yuan Liaofan 袁了凡 (1533–1606) im Vorwort zu seinen *Weisungen zum stillen Sitzen* (*Jingzuo yaojue* 靜坐要訣) hin.

In diesem Kapitel wurde ein Beleg solcher Aufmerksamkeit auf Veränderungen der Wahrnehmung entsprechend der Selbst-Bewegung und Selbst-Orientierung bereits angeführt: In Wang Yuanqis Beschreibung der Vorbereitung zum Schaffensprozess[1009] spielte diese Aufmerksamkeit auf die in einer Entsprechung mit den äußeren, unmittelbaren und veränderbaren (bzw. als sich ändernde aufgefassten) Größen gebrachten Parameter der Selbstwahrnehmung eine entscheidende Rolle bei der Bestimmung der räumlichen Struktur des Bildes. Bei dem Vergleich des Bildschaffens mit einer Schlacht im Zitat von Shen Hao (S. 315) ging es ebenfalls um eine situative Wahrnehmung.

Einen Fall, der Wang Fuzhis strengem Umgang mit den Beschränkungen der sensorischen Wahrnehmung nahesteht, nun allerdings in Bezug auf die Malereilehre, stellt Dong Qichangs Einstellung zu den Originalwerken alter Meister dar:

> 古人遠矣 曹弗興吳道子近世人耳 猶不復見一筆 況顧陸之徒其可得見之哉 是故論畫當以目見者為準 若遠指古人曰此顧也此陸也 不獨欺人 寔自欺耳
>
> Die Menschen des Altertums sind uns wirklich fern. Cao Fuxing [war] ein Mensch aus der Generation, die Wu Daozi[1010] nahestand. Dennoch sah [Wu Daozi] aber keinen Pinselstrich [von Cao]. Um wie viel weniger könnten Schüler von Gu [Kaizhi] oder von Lu [Shenwei][1011] noch etwas von ihnen zu sehen bekommen haben? Um Malerei zu erörtern, sollte man daher das, *was man mit den Augen sieht, zum Kriterium machen.*[1012] Wenn [man aus der] Ferne auf die Menschen des Altertums zeigt und sagt: Dies ist [wie bei] Gu, dies ist [wie bei] Lu, dann heißt das nicht nur die Leute, sondern auch sich selbst zu betrügen.[1013]

Eine skrupulöse Einstellung der alten Meister galt – nach Dongs Auffassung – in Bezug darauf, was in die Darstellung aufzunehmen sei:

> 各隨所見 不得相混也
>
> Jeder folgte dem, was er sah. Es ist nicht zulässig, [das jeweils Gesehene und Nicht-Gesehene] zu vermischen.[1014]

Die aus einer erkenntnistheoretischen Perspektive aufgestellte Aufforderung, man solle sich streng darauf beziehen, was tatsächlich zu sehen bzw. wahrzunehmen ist, erscheint in der im Kapitel II angesprochenen buddhistischen Schrift

1009 Siehe das Zitat auf S. 260 und die Analyse auf S. 261–264.

1010 Cao Fuxing und Wu Daozi sind Maler der Zeit der Drei Reiche und der Tang-Zeit mit einem gewissen legendären Status.

1011 Gu Kaizhi 顧愷之 (348–409) und Lu Shenwei 陸探微 (?–485) sind berühmte Maler aus der Östlichen Jin und der Zeit der Nördlichen und Südlichen Dynastien.

1012 Hervorhebung *PL*.

1013 Dong, *Huazhi*: 2090–2091.

1014 Dong, *Huazhi*: 2102.

Dong Qichangs *Freuden des Chan* (*Chanyue* 禪悅). Hier tritt eine strenge Unterscheidung zwischen den tatsächlichen Wahrnehmungsdaten und dem, was das Resultat eines konstruktiven Erkenntnisverfahrens ist, in den Vordergrund. Zwar handelt es sich bei diesem Werk nicht um eine Kunsttheorie; die buddhistisch informierte Perspektive des Malers auf die Sinneswahrnehmung ist aber für die vorliegende Behandlung des Schaffensprozesses durchaus geeignet. Deshalb wird nun die entsprechende Passage vollständig angeführt:

> 中庸戒懼乎其所不覩恐懼乎其所不聞既戒懼矣即屬覩聞既不覩聞矣 戒懼之所不到 偤云觀未發氣象 既未發矣 何容觀也
>
> 余於戊子冬與唐元徵袁伯修瞿洞觀吳觀我吳本如蕭玄圃 同會於龍華寺憨山禪師夜談 余徵此義 瞿著語云沒撈摸處撈摸 余不肯其語曰沒撈摸處切忌撈摸 又徵鼓中無鐘聲 鐘中無鼓響 鐘鼓不交条 句句無前後 瞿曰不礙 余亦不肯其語曰不借
>
> Das *Zhongyong* ermahnt, sich in Acht gegenüber dem zu nehmen, was nicht gesehen werden kann, und ängstlich gegenüber dem zu sein, was nicht gehört werden kann. Da das „Sich-in-Acht-Nehmen" [nur] in Bezug auf [die Phänomene] angewendet werden kann, die gesehen und gehört werden können, kann es daher nicht über das hinaus erweitert werden, was nicht gesehen und gehört werden kann. Es ist dem vergleichbar, wenn man sagt: „Beobachte *qi*-Gebilde, die noch nicht erschienen sind." Aber da sie noch nicht erschienen sind – welcher Gehalt wäre da zu sehen?
>
> Als ich im Winter 1588 zusammen mit Tang Yuanhui, Yuan Boxiu, Qu Dongguan, Wu Guanwo, Wu Benru, Xiao Xuanpu[1015] zu Besuch beim Chan-Meister Hanshan im Longhua-Kloster für ein Abendgespräch war, brachte ich diese [Idee] zur Diskussion. Die Aussage von Qu hierzu lautete: „[Das ist wie] in einem Ort zu angeln, wo nicht zu angeln ist." Ich konnte dieser Aussage nicht zustimmen und sagte: „Es ist streng verboten, dort zu angeln, wo nicht zu angeln ist." Weiter habe ich [anhand des folgenden Spruches] argumentiert: „In einer Trommel gibt es keinen Glockenton, in einer Glocke gibt es keinen Trommelklang; die [Klänge von] Glocke und Trommel vermischen sich nicht; [bei] jedem Satz gibt es nichts Vorhergehendes und nichts Nachfolgendes". Qu sagte: „Es gibt keine Hindernisse". Ich konnte dieser Aussage wiederum nicht zustimmen und sagte: „Nicht übertragen!"[1016]

Am Anfang der Passage kommentiert Dong eine bekannte Stelle aus dem *Buch von Mitte und Maß* (*Zhongyong* 中庸) über die Umgangsweisen mit dem Unsichtbaren und Unhörbaren, also mit den einer direkten Wahrnehmung unzugänglichen Phänomenen.[1017] Anschließend wird im Zitat erzählt, wie Dong, als er diese These unter den Gelehrten bei einem Besuch des Hanshan Deqing zur Diskussion stellte,

1015 Aufgelistet sind unter ihren jeweiligen Großjährigkeitsnamen (*zi* 字) bzw. Ehrennamen/Pseudonymen (*hao* 號) die folgenden Gelehrten: Yuan Zongdao 袁宗道 (1560–1600), Qu Ruji 瞿汝稷 (1548–1610), Wu Yingbin 吳應賓 (1564–1635), Wu Yongxian 吳用先 (J S. 1592), Xiao Yunju 蕭雲舉 (1554–1627) – prominente Vertreter der Gelehrtenkultur ihrer Zeit.

1016 Dong, *Chanyue*: 1797–98.

1017 Siehe die Analyse hierzu in Kapitel II, Punkt 4.2.

in eine Polemik mit dem Gelehrten und Laienbuddhisten namens Qu Ruji eintrat, dem Herausgeber der *Aufzeichnungen über das Zeigen des Mondes* (*Zhiyue lu* 指月錄),[1018] einer Sammlung von Geschichten und aufgezeichneten Sprüchen in der Tradition des Chan-Buddhismus. Die These Dongs, es gebe in den noch nicht zur Erscheinung gekommenen Phänomenen nichts, was man anschauen oder anhören könne, erwiderte Qu mit der Metapher des Angelns: „[das Anschauen und Hören der noch nicht erschienenen Phänomene gleiche] dem Angeln an einem Ort, wo nicht zu angeln ist." Die Metapher des Angelns kommt im 10. und 31. Faszikel des *Zhiyue lu* vor.[1019] Dort wird der Ort, wo „nicht zu angeln ist", auf eine Vorstellung des gewöhnlichen (unaufgeklärten) Bewusstseins von einer Leere bzw. von einem „absoluten Nichts" bezogen. Man befürchte nämlich, dass – sollte man die subjektive Vorstellung vom Eigen-Sein des eigenen Bewusstseins (wortwörtlich des Herz-Geistes) verabschieden – man in den „Ort, wo nicht zu angeln ist" stürzen, d. h. in die totale Annihilation eingehen würde:

> 凡夫取境 道人取心 心境雙亡 乃是真法 忘境猶易 忘心至難 人不敢忘心 恐落空無撈摸處 不知空本無空 唯一真法界耳
>
> Im Allgemeinen [bleibt man] also äußeren Gegebenheiten verbunden, ein „Mensch des Dao"[1020] [bleibt] dem [eigenen] Herzen verbunden. [Wenn] man zugleich das Herz und die Gegebenheiten vergisst – dann ist das die wahre Lehre. Die Gegebenheiten zu vergessen, ist noch einfach, das Herz zu vergessen, äußerst schwierig. Die Menschen wagen es nicht, das Herz zu vergessen, weil sie befürchten, man würde einer Leere, dem Ort, wo „nicht zu angeln ist" anheimfallen. Sie wissen [jedoch] nicht, dass die Leere im Grunde keine Leere ist. [Es gibt] nur eine wahre Welt![1021]

Der Fehler, den in diesem Zitat der „Mensch des Dao" macht, „dem Herz verbunden" zu bleiben, d. h. in die Subjektivität als angeblichem Daseinsfaktor hineinzugleiten, sei noch schwieriger zu vermeiden als der Fehler, die Objektivität der

1018 „Das Zeigen des Mondes [mit dem Finger]" ist eine bekannte Metapher im Chan-Buddhismus zum Verhältnis zwischen Unterweisungen der Lehre („Fingerzeigen") und dem Sinn der Lehre – also dem *Buddhadharma* („Mond"). Entsprechende Stelle findet sich z. B. im *Śūraṅgama-sūtra* (T 945, j. 2: [0111a08–0111a21]).

1019 Zwar war die Sammlung zu der Zeit, in der die Diskussion stattfand, noch nicht veröffentlicht, existierte aber wohl in Form von Notizen: Gemäß dem Vorwort zum *Zhiyue lu* begann Qu bereits 1575 die Notizen zu seinen Lektüren der Chan-Literatur; siehe Wu 2008: 60.

1020 Es scheint zunächst naheliegend, die Bezeichnung *Dao ren* 道人 als „Daoist" zu übersetzen. Möglicherweise handelt es sich hier jedoch um eine Anspielung auf Anhänger der *Lehre des Herzens* (*xinxue*) innerhalb der neokonfuzianischen Lehre (*Daoxue*).

1021 Qu, *Zhiyue lu*, j. 10: Bd. 2, 618. Als „Welt" wird hier *fajie* 法界 – Skt. *dharmadhātu*, „Reich aller *dharmas*" – übersetzt.

Gegebenheiten anzunehmen.[1022] Gerade aus der Furcht, ins Nichts bzw. in die Leere oder in einen mit der Metapher des Angelns beschriebenen Zustand der totalen Annihilation zu geraten, wage man nicht, das Herz zu vergessen. Am Ende des Zitats wird die ontologische Deutung der Leere aufgeführt, die – im Unterschied zur Leerheit des Selbst bzw. der Eigenexistenz – keine Leere, sondern die allumfassende, das Phänomenale beinhaltende wahre Realität (*fajie* 法界) sei.[1023]

Hier lohnt es sich, eine Passage aus dem *Zhiyue lu* zu zitieren, die gleich nach dem gerade zitierten Abschnitt mit der Angel-Metapher folgt, weil sie als eine Art Manifest zur Bedeutung des Sehens in der Chan-Tradition gelesen werden kann:

> 性即是見 見即是性 不可以性更見性 聞即是性 不可以性更聞性 秖你作性見 能聞能見性 便有一異法生 他分明道 所可見者不可更見[...] 如盤中散珠 大者大圓 小者小圓各各不相知 各各不相礙 起時不言我起 滅時不言我滅 所以四生六道未有不如時 且眾生不見佛 佛不見眾生 四果不見四向 四向不見四果[...] 乃至水不見火 火不見水 地不見風 風不見地 眾生不入法界 佛不出法界 所以法性無去來 無能所見
>
> Die Natur[1024] entspricht dem, was man sieht. Das Sehen entspricht der Natur. Es ist unmöglich, mit der Natur noch eine weitere Natur zu sehen. Das Hören entspricht der Natur. Es ist unmöglich, mit der Natur noch eine weitere Natur zu hören. Sobald du [bei der Redewendung

1022 Vgl. „If you attach to ‚only consciousness' as something truly existent, that is no different than being attached to external sense-objects, that is, just another dharma-attachment" (*Cheng weishi lun* T 1585 [6c24–26], Übersetzung Lusthaus o. J.

1023 Diese ontologische Deutung wurde von den meisten Schulrichtungen des *Mahāyāna*-Buddhismus vertreten. Die Ausarbeitungen hinsichtlich der Leere (Skt. *śūnyatā*) im *Mahāyāna*-Buddhismus kann in folgenden Thesen zusammengefasst werden: 1) Leere ist nur als Leerheit der in kausalen Abhängigkeitsverhältnissen entstehenden und deswegen keine Eigenexistenz besitzenden Phänomene (inkl. Selbst) zu verstehen. In diesem Sinne gleichen Phänomene der Leere so wie die Leere gleicht den Phänomenen (vgl. z. B. These des *Herz-sūtra*: Erscheinungen gleichen der Leere, die Leere gleicht den Erscheinungen 色即是空, 空即是色); 2) Es gibt keine ontologische Leere, da alle Phänomene inkl. des Selbst die Auswirkungen oder Manifestationen der allumfassenden, ursprünglichen und absoluten Realität sind. Von dieser nicht-dualen Sicht ausgehend wurde in unterschiedlichen Schulrichtungen die Reihe von Identifikationen aufgestellt: *thāgatagarbha* (‚Schoß' des Tathagata, die Buddha-Natur *Fo xing* 佛性) mit *alayavijñana* (im *Laṅkāvatāra-sūtra*, im *Dasheng qixin lun* 大乘起信論 [*Awakening of Faith*]), *samsara* mit *nirvana* usw. Vgl. Williams 2008: 116–119, Hsieh 2004.

1024 Die Bezeichnung „Natur" („Buddha-Natur" *Fo xing* 佛性) ist eine der Bezeichnungen für die absolute, fundamentale Wirklichkeit in den außer-indischen *Mahāyāna*-Tradition, besonders im Chan-(Zen-)Buddhismus. Die im Zitat aufgestellte Gleichheit zwischen der Natur und dem Gesehenen (*jian* 見), also den phänomenalen Erscheinungen, folgt aus der Reihe von Identifikationen, die in der vorangegangenen Fußnote aufgeführt wurde. Die Aussage „die Natur sehen" 見性 tritt im *Nirvāṇa-sūtra* auf. Zu einem „Motto" der Chan-Schule wurde sie im Werk von Shenhui 神會 (670–762); siehe McRae 1990: 244. Für die Entwicklung des Konzepts der Buddha-Natur in Indien siehe Zimmermann 2002, King 1995 und Ruegg 1989; zur Synthese der Konzepte der Buddha-Natur (*thāgatagarbha*) und der Acht Bewusstseine der *Yogāchāra*-Schule siehe Hsieh 2004; zur

„die Natur sehen" die Reihenfolge umkehrst und sie] zur „Natur sieht" machst und [nimmst an], dass [diese Natur, die sieht,] die Natur [wiederum] hören und sehen kann, entsteht unmittelbar ein ‚anderes' *dharma*. Es zerspaltet das leuchtende *Dao*. Das, was gesehen werden kann, kann nicht noch weiter gesehen werden. [...] Es ist gleichsam wie auf einem Teller verstreute Perlen. Große Vollständigkeit der großen, kleine Vollständigkeit der kleinen. Vereinzelt wissen sie nicht voneinander; vereinzelt blockieren sie einander nicht. Im Moment des Entstehens sagt [keine von ihnen] „Ich entstehe"; im Moment des Verschwindens sagt [keine von ihnen] „Ich verschwinde". Deswegen gibt es für die vier [Arten der] Lebewesen und sechs Weisen [des Lebens][1025] niemals einen Moment, in dem es nicht so ist. Und alle Lebenden sehen den Buddha nicht, während der Buddha alle Lebenden nicht sieht. Die „vier Ergebnisse" sehen die „vier Anliegen" nicht.[1026] Die vier Anliegen sehen die vier Ergebnisse nicht. [...] Gehen wir nun zu Folgendem über: Das Wasser sieht das Feuer nicht; das Feuer sieht das Wasser nicht; die Erde sieht den Wind nicht; der Wind sieht die Erde nicht. Alle Lebenden treten nicht in die wahre Welt (*dharmadhātu*) ein; der Buddha tritt nicht aus der wahren Welt aus. Deswegen gibt es kein Gehen und Kommen in der wahren Natur; es gibt nichts, was gesehen werden kann.[1027]

Zu der am Anfang des Zitats aufgestellten Identifikation der wahren Natur mit dem phänomenalen Prozess des Sehens und des Hörens werden im weiteren Verlauf der Passage mehrere für unseren Zusammenhang wichtige Folgerungen gezogen:

– Weil das Sehen in seiner Phänomenologie (als *online*-momenthaftes und gegenwärtiges Ereignis) selbst das Absolute ist, weist es auf keinen weiteren Inhalt hin, außer auf jenen, der es selbst bereits ist. Das heißt zugleich, dass außerhalb dem der Phänomenologie des Sehens (und des Hörens) identischen Absoluten keine weiteren metaphysischen Schichten aufgebaut werden dürfen, die „hinter" dem Absoluten/Phänomenalen zu sehen oder zu hören wären.
– Zwischen den Phänomenen werden keine kausalen und zeitlich-räumlichen Relationen zugelassen, die die Phänomene zeitlich oder räumlich nebeneinander erscheinen oder einer Klasse zugeordnet werden lassen, weil ein Aufbau solcher Relationen eine dem Absoluten/Phänomenalen „übergeordnete"

Verbindung der Vorstellung vom intrinsischen reinen Herz-Geist mit dem Konzept der Buddha-Natur und deren Gleichheit im Kontext der Chan-Lehre siehe Zeuschner 1978.

1025 „Vier [Arten der] Lebewesen und sechs Weisen [des Lebens]" (*si sheng liu dao* 四生六道) ist die buddhistische Klassifikation für Arten und Weisen des Existierens; siehe *FXDCD* 2004–2023: 六道四生.

1026 D. h. die Stufen des Praktizierens (im *Hīnayāna*-Buddhismus): „Ergebnis" *guo* 果 heißt, wenn im Praktizieren eine bestimmte Stufe von insgesamt vier Stufen erreicht wird; „Anliegen" *xiang* 向 heißt die Ausrichtung im Praktizieren von einer erreichten Stufe hin auf die nächste Stufe; siehe *FXDCD* 2004–2023: 四向四果.

1027 Qu, *Zhiyue lu*, j. 10, Bd. 2: 618–619. Eine Variante der Übersetzung des letzten Satzes 無能所見: „Es gibt weder ein Subjekt noch ein Objekt des Sehens". Vgl. die Bedeutungen von *neng* und *suo*, aufgeführt im Kapitel II, Punkt 2.1.

(überflüssige) Aktion wäre (*geng jian* 更見). Phänomene werden hingegen als unverbunden und eigenständig in ihrer momenthaften Existenz betrachtet: Auf diese Schlussfolgerung verweist der Vergleich mit „selbstständigen" Perlen. Ihre momenthafte Existenz ist vollständig, beinhaltet keine Spuren von anderen momenthaften Existenzen und lässt Überlagerungen zwischen ihnen nicht zu.

Im Perlen-Vergleich wird eine Andeutung davon gegeben, dass die Überlagerungen, d. h. der Aufbau von fiktiven Bedeutungs- und Relationsschichten, ja die Konstruktion einer fiktiven Welt (便有一異法生), die das Dao zersplittert (分明道), erfolgt, sobald der momenthaften Existenz ein Eigensinn („ich entstehe", „ich verschwinde") hinzugefügt wird. Ebenfalls wird angedeutet, dass – wenn sich eine Spaltung zwischen der Natur und dem Sehen bekundet – sich das Sehen als ein Prozess erweist, der sich *zwischen* einem Subjekt und einem Objekt abspielt, d. h. als eine Funktion, bei welcher ein Etwas ein anderes Etwas sieht, und folglich das gesehene Etwas – darunter die „Natur" – als ein vermeintlich real existierendes Objekt gesehen und gehört wird (能聞能見性). Darüber hinaus entsteht bei der im Zitat ausgeführten Vertauschung der Wortreihenfolge von 見性 („die Natur sehen") zu 性見 („die Natur sieht") – infolge derer „die Natur" vom Objekt zum Subjekt des Sehens wird, das „die Natur" wiederum sieht – ein „Looping" des Prozesses des Sehens zwischen den subjektiven und objektiven Instanzen des Sehens, wobei sowohl das Subjekt als auch das Objekt dieses Prozesses die Natur ist.[1028]

Es wird auf diese Weise ersichtlich, dass die Annahme von substanzieller Permanenz sowie jeglicher prädikativer Relationen mit einem solchen Modell des Sehens korreliert, bei dem das Sehen der Natur *nicht* gleicht. Für ein Modell, in dem das Sehen der Natur jedoch *absolut* gleicht, gilt, dass alle mentalen und physischen Aktionen (des Sehens usw.), ja alle Prädikate mit den jeweiligen Objekten und Subjekten abgeschafft werden. Auf diese Weise kann man die im Zitat aufgeführte Reihe von Beispielen verstehen, in denen das X das Y „nicht sieht" bzw. das X vom Y „nichts weiß" und *vice versa* und in denen es kein „Gehen" und „Kommen", kein „Hinaus-" und „Eintreten" gibt.

Die ganze Ausführung zur Gleichheit zwischen dem Sehen und der Natur kann also sowohl in einem ontologischen als auch in einem epistemologischen und sogar in einem bedeutungstheoretischen Sinne verstanden werden.

Ontologisch ergibt sich aus der Gleichheit die Sicht auf die Welt als Totalität der momenthaften Existenzen. Dabei besitzt jede davon eine absolute Aktualität,

1028 Es scheint, dass dies ein feines Beispiel des *chan*-artigen Wortspiels darstellt, das dazu führen soll, die Unzulänglichkeit der Sprache und die Inadäquatheit der mittels der Sprache ausgebildeten Subjekt-Objekt-Paradigmen aufzuzeigen.

obwohl oder gerade weil sie sich nicht transformiert.[1029] Die momenthafte Existenz ist mit sich selbst identisch und allumfassend, d. h. sie hat nichts, was außerhalb ihrer selbst läge. Zugleich aber ist sie nichts mehr, als sie ist. Sie schaut das Absolute = Das Absolute schaut.

Aus dieser Sicht erwachsen die folgenden bedeutungs- und erkenntnistheoretischen Einsichten:

Die vollständige Identität zwischen dem Sehen und der wahren Natur führt zur Auflösung des Subjekts und Objekts (des Sehens usw.) und somit auch zur Abschaffung von Verhältnissen zwischen ihnen, seien sie zeitlicher und räumlicher oder auch deiktischer und kausaler Natur. Sie führt zudem zur Annullierung von Unterscheidungen wie jener zwischen Sein und Tun, Agentivität und Passivität usw. Sie ist somit eine absolute Aufhebung jeglicher *re*präsentativer Verhältnisse zugunsten einer totalen Präsenz.

Wenn wir zur Diskussion zwischen Dong Qichang und Qu Ruji zurückkommen, können wir annehmen, dass die beiden Gelehrten – auch wenn sie von einem Identifikationsverhältnis zwischen dem Phänomenalen (Sehbaren) und dem Absoluten ausgehen – aus dem Verhältnis unterschiedliche Schlüsse zogen. Qu Ruji lässt zu, man dürfe aus dem, was aus der Perspektive eines gewöhnlichen Bewusstseins als Leere erscheint (d. h. als der Ort, wo nicht zu angeln ist bzw. der Punkt, wo noch keine Erscheinungen zu beobachten sind), gerade weil es keine wahre Leere, sondern absolute Realität ist, durchaus „angeln", also Erkenntnisse über die Realität gewinnen. Qu stützt sich, wie sein Argument „ungehindert" *bu ai* 不礙 vermuten lässt, auf die im Huayan-Buddhismus entwickelte Vorstellung von einer ungehinderten „Durchdringung", d. h. ungehinderten Wechselwirkungen aller Phänomene (*shishi wu ai* 事事無礙) und zwischen den noumenalen (*li fajie* 理法界) und phänomenalen (*shi fajie* 事法界) Realitäten (*lishi wu ai* 理事無礙).[1030]

1029 Vgl. die „Diskussion darüber, dass Dinge sich nicht bewegen" (*Wu bu qian lun* 物不遷論), ein Kapitel aus dem hier bereits zitierten Werk *Abhandlungen von Zhao* (*Zhaolun*) und die im Kommentar von Hanshan Deqing vorgebrachte, mit Zitaten aus unterschiedlichen buddhistischen Klassikern gestützte These: „Es gibt keine Erscheinung von Bewegung" (無遷動之相); „Es gibt kein einziges Ding (*dharma*), das sich bewegen und wandeln kann" (無有一法可動轉者) (Deqing, *Zhaolun lüezhu*, j. 1, Wu bu qian lun: [332b10]).

1030 Für eine Erklärung des Konzepts *lishi* 理事 im Rahmen der Huayan-Shule und insbesondere in der Lehre Fazangs (zu Person und Werk siehe Fußnote 1085 weiter unten) siehe Obert 2000: 124, Fußnote 25. Obert interpretiert das *shi* 事 als „[...] das Gegebene (*you* 有) als das Gestalthafte (*se* 色; *xiang* 相) in seiner konstitutiven geschichtlichen Entfaltung" und das *li* 理 als „eine hermeneutische und heilsgeschichtlich wirksame, funktionale Größe" und schlägt für das *li* die Übersetzungs- bzw. Verständnisvariante „eines hermeneutischen ‚Bezugsgrundes', des ‚Eigentlichkeitsbezuges' selbst oder [...] einer ‚Wirklichkeit', die tragend ‚am Werk' ist" vor (Obert 2000: 124, Fußnote 25). Zwar sind diese Varianten weitaus besser als „das Noumenale", welches hier verwendet wird, ist eine

Gemäß der hier entwickelten Interpretation vertritt Qu die Meinung, dass alles, was man sieht oder hört, ebenso wie das, was man *nicht* sieht und *nicht* hört, auf das Absolute hinweist. Aus einer bedeutungstheoretischen Perspektive impliziert dies die Einsicht, dass alles ein und denselben Referenten hat und alles beliebig auf diesen Referenten hinweisen kann. Alle Arten von Ausdrucksvermögen hinsichtlich des Absoluten sind also legitim.

Eine solche Anspruchslosigkeit in der Frage nach einer Erreichbarkeit des Absoluten ist für Dong Qichang jedoch unzulässig:[1031] Gerade in solchen Fällen, bei denen man nicht vom aktuell Gehörten und Gesehenen, sondern bloß von einer mentalen Verfassung (wie in der von Dong zitierten Passage aus dem *Zhongyong*: „vorsichtig sein" *jieju*, „angstvoll sein" *kongju*) ausgeht, basiert die Annahme eines „dahinter stehenden" Absoluten auf der bloßen Konstruktion eines unaufgeklärten Bewusstseins. Dong streitet also die Möglichkeit ab, mit den spekulativen Aktionen sozusagen einen „Sprung" ins Absolute zu machen. Die mentale Verfassung muss vielmehr streng den sensorischen Aktionen („sehen" *zhu*, „hören" *wen*, „betrachten" *guan*) entsprechen.[1032] Ebenso wie die sensorischen Aktionen darf die mentale Verfassung nicht auf Bereiche ausgerichtet werden, die außerhalb des Wahrnehmungsfeldes liegen und keinen sensorischen Zugriff zulassen (*he rong guan* 何容觀 → *ji laomo* 忌勞模). Mit anderen Worten dürfen sowohl sensorische als auch mentale Aktionen nicht unabhängig vom Moment des sensorischen Zugangs durchgeführt werden.

So interpretiert entspricht die Position Dong Qichangs dem Kommentar zum *Zhongyong* des Hanshan Deqing, in dem Letzterer warnt, man könne leicht in falsche Zusammenhänge geraten, wenn man sich nicht strikt an das Wahrnehmungsdatum hält – also an das, was man *tatsächlich* sieht und hört –, sondern sich in

Vorstellung von einem „Bezugsgrund" in dieser Arbeit durch das Konzept des *qi* und seine Konnotationen bereits besetzt und aufgeladen. Es lässt sich jedoch vermuten, dass den beiden Konzepten – *li* in der Interpretation Oberts und *qi* in der hier herausgearbeiteten Interpretation – eine typologisch ähnliche Vorstellung zugrunde liegt.

Zu den Konzepten 理事無礙 und 事事無礙 siehe Obert 2000: 126, insbesondere Fußnoten 30 und 31.

1031 Auch in Bezug auf kunsthistorische und -theoretische Zusammenhänge ging Dong Qichang mit sehr differenzierenden Methoden vor, wie wir oben gesehen haben.

1032 Vgl. unter anderem die von Dong im *Chanyue* zitierte bekannte Chan-Erzählung von den drei Stufen der geistigen Kultivierung, bei der auf der dritten Stufe die Einsicht erlangt wird: „Der Berg ist nach wie vor der Berg" (山依然是山) (Dong, *Chanyue*: 1815). Im Unterschied zu den ersten zwei Stufen (Zulassung einer propositionalen Aussage im Sinne „Das ist ein Berg" auf der ersten Stufe und der Negierung dieser Aussage → „Das ist kein Berg" auf der zweiten) ist die dritte Stufe durch die Einsicht in die absolute Identität zwischen dem gesehenen Objekt, dem Sehen und der wahren Wirklichkeit gekennzeichnet.

spekulative und habitualisierte Denkmuster begibt.[1033] Wie oben angemerkt, beinhalten die Kommentare Deqings einen methodischen Ansatz zur Entzogenheit eines Wahrnehmungsdatums von Vor- und Nach-Wahrnehmungen sowie von kognitiven assoziativen Aktionen, die das Wahrnehmungsdatum in konzeptuelle und kontextuelle Zusammenhänge setzen.[1034]

Um seine These zu belegen, führt Dong Qichang in der analysierten Diskussion mit Qu Ruji einen berühmten Chan-Spruch an: „In der Trommel gibt es keinen Ton der Glocke, in der Glocke gibt es keinen Klang der Trommel; die [Klänge von] Glocke und Trommel vermischen sich nicht; [bei] jedem Satz gibt es nichts Vorangehendes und nichts Nachfolgendes."[1035] Die die Diskussion abschließende Aussage „nicht übertragen" (*bu jie* 不借) im Zusammenhang mit dem zitierten *kōan* legt also eine Interpretation der Position Dong Qichangs nahe, die den in dieser Untersuchung ausgeführten Thesen zur Identität von Sehen und Natur verwandt erscheint: Weil ein tatsächlich wahrgenommenes Phänomen *das* und nichts weiteres bzw. anderes ist, setzt das Phänomen keinen kontextuellen Zusammenhang eines anderen voraus. Man darf dementsprechend keine Bedeutungen von einem Phänomen auf ein anderes übertragen bzw. extrapolieren.[1036] Eine Konstruktion von überlagerten Bedeutungen ist immer fiktiv und ontologisch irrelevant.[1037] Dementsprechend ist ein imaginärer assoziativer Bezug auf bzw. der Aufruf von Verbin-

---

1033 Vgl. die Ausführung im Kapitel II, Punkt 4.2.

1034 Siehe Kapitel II, Punkt 4.2 und weiter unten in diesem Kapitel.

1035 Der Spruch erscheint in *Ausführlichen Aufzeichnungen des Chan-Meisters Xuansha* (835–908) (*Xuansha shi bei chanshi guanglu* 玄沙師備禪師廣錄) j. 2 (X 1445 [7315a08]).

1036 Das ist also eine Position, die Wirkungen assoziativer Mechanismen der Kognition und konzeptuellen Metaphern in der Sprache streng entgegentreten würde.

1037 Vgl. die Ausführung von Lusthaus in Bezug auf Positionen der Nur-Bewusstseinsschule: „Real existents, which *Cheng weishi lun* defines as momentary, produced by causes and conditions, and producing an observable effect. Thus something permanent and non-observable, such as God or Suchness, is not real, while a moment of conscious sense-perception is real. All three are further defined as ‚conventionally true' (*saṃvṛti-sat*). What is ‚ultimately true' (*paramārtha-sat*) is the flux of mutually dependent, momentary conditions (*paratantra*)." (Lusthaus o. J.). Vgl. Lusthaus' Behandlung der Konzepte von „conventionally true" (*saṃvṛti-sat*) und „ultimately true" (*paramārtha-sat*) in der frühen Yogācāra-Schule in Lusthaus 2009.

Dong Qichang macht mehrere Ausführungen zum Autor der oben erwähnten *Abhandlungen zur Etablierung der Nur-Bewusstseins[lehre]* (*Cheng weishi lun* 成唯識論), Xuanzang 玄奘 (für Informationen zur Person Xuanzangs siehe die Fußnote 1041 unten) und bezieht sich oft auf die mit ihm assoziierte Tradition der Nur-Bewusstseinsschule in seinem *Chanyue*. Offensichtlich stellt Xuanzang für Dong Qichang eine der größten buddhistischen Autoritäten dar. Zu der Sicht der Welt als „flux of mutually dependent, momentary conditions" in Dongs Darlegung, die er in Anlehnung an die Konzepte der Huayan-Schule macht, wird am Schluss dieses Kapitels noch einmal eingegangen.

dungen zwischen vermeintlich zusammenhängenden Phänomenen – z. B. zeitlich-räumlich nah beieinander erscheinenden Elementen eines Satzes („Phrase um Phrase“ *ju ju*) oder Elementen, die zu einer Klasse gehören (Töne der Trommel und der Glocke) – erkenntnistheoretisch belanglos.[1038]

Einer ähnlichen Anweisung zur Entkontextualisierung wie in dem Teilsatz „[bei] jedem Satz gibt es nichts Vorangehendes und nichts Nachfolgendes“ sind wir oben in einer Passage aus Deqings Meditationsmethoden begegnet (前後不續).[1039] Im Zusammenhang mit dem nun analysierten Beispiel kann die Vermutung aufgestellt werden, dass die Phrase „[bei] jedem Satz gibt es keinen vorangehenden und keinen nachfolgenden“ auf die Einsicht verweist, dass eine kontextuelle Kohärenz oder der narrative Charakter eines Textes *immer* eine Fiktion ist. Wenn auf Belletristik im Sinne von *fiction* als Gattung bezogen, ist diese Schlussfolgerung trivial. Verallgemeinert erscheint sie schon bedeutender: Jede sprachliche Kohärenz, also jeder Text und dementsprechend die Bedeutung, die auf der kohärenten sprachlichen Zusammensetzung aufbaut, ist ein Konstrukt aus lediglich von sprachlichen Konventionalitäten geleiteten Relationen.

Eine solche Schlussfolgerung lässt sich ebenfalls auf die Behandlung von bildlichen Relationen transponieren: Ein Bildraum, dessen Struktur lediglich von den als kohärent erscheinenden kompositorischen Relationen von Nahem und Fernem, von Vorder- und Hintergründen und weiteren phänomenal-räumlichen Verhältnissen abgeleitet wird, ist im Grunde genommen *imaginär*. So können wir die in den hier analysierten Theorien geäußerte Unzufriedenheit mit der damals zeitgenössischen Praxis „das Vordere zu verschieben, das Hintere auszuwechseln“[1040] besser verstehen. Auch die Kohärenz der drei Ebenen in der Theorie des Li Rihua, die am Anfang dieses Kapitels analysiert wurde, wurde von Li deutlich als *konstruktive* Potenz der kognitiven Aktionen attestiert.

Im Kontext einer ästhetischen Theorie bedeutet solche Rigorosität im Umgang mit Wahrnehmungsdaten sowie die Betonung der Entkontextualisierungsmethode eine Einstellung hinsichtlich des Kunstschaffens als Schaffens einer zwar dem menschlichen Wesen zutiefst eigenen und in seinem Denk- und seiner Ausdrucksweise gegründeten, aber nichtsdestotrotz weniger illusionären Welt.

Oben haben wir genügend Hinweise auf die mit dem Kunstschaffen assoziierte transformative Erfahrung betrachtet. Nun sollen diese Hinweise mit den gewonnenen Einsichten in die Gleichheit einer *online*-Visualität mit dem Absoluten verbunden und betrachtet werden, ob die Gelehrten die Funktion der visuellen

---

1038 Vgl. die hier vorgetragene These zum Abbruch semantischer Bedeutungsebenen des malerischen Zeichens oben, Punkt 4.

1039 Siehe S. 305 und die Fußnote 935.

1040 Vgl. das Zitat auf S. 316 unten, hier leicht geändert.

Wahrnehmung als Erfassen der wahren, momenthaften Existenz im Kunstschaffen auch umsetzten.

In diesem Zusammenhang lohnt es sich zunächst, vom allgemeinen erkenntnistheoretischen Kontext der untersuchten Zeit auszugehen und die Beschäftigung der Gelehrten und Buddhisten mit buddhistischen Theorien zu Arten der Erkenntnis in der späten Ming-Zeit und im 17. Jahrhundert etwas näher zu charakterisieren.

Im Vorwort zu seinem Kommentar zu Xuanzangs 玄奘 (600–664) *Gāthā über die Maßregel der acht Formen des Bewusstseins* (*Bashi guju song* 八識規矩頌)[1041] behandelt Deqing die drei Arten des Erkenntnisvermögens: „Vermögen zur [perzeptiven] Präsenz" (*xianliang* 現量, Skt. *pratyakṣa-pramāṇa*); „Vermögen des Vergleichens" (*biliang* 比量) und „fehlgeschlagenes Vermögen" (*feiliang* 非量).[1042]

Nur das „Vermögen zur Präsenz", d. h. ein solches Vermögen, bei dem es sich um eine reine, direkte und momenthafte Wahrnehmungserfahrung von den noch nicht zu übergeordneten Komplexen integrierten Wahrnehmungsdaten handelt, besitzt eine absolute Geltung für die Erkenntnis.

Das „Vermögen des Vergleichens" stellt eine weitere Erkenntnisweise dar, bei der es sich um die durch Vergleich (*bi*) hervorgebrachte Zuordnung von Wahrnehmungsdaten zu bestehenden Kategorien handelt, die somit schon als „Objekte" für weiteres Denken und Handeln operabel sind. Wenn – nach den Erklärungen Deqings – das „Vermögen des Vergleichens" auch zu relevanten und essenziellen Erkenntnisweisen gehört, warnt Deqing jedoch, dass das „Vermögen des Vergleichens" sehr einfach in ein „fehlgeschlagenes Vermögen" kippen kann, d. h. sich in falsche Kategoriebildung, eben Spekulationen verwandelt.[1043]

1041 Xuanzang gilt als zentrale Figur des chinesischen Buddhismus. Er war Pilgermönch, Übersetzer buddhistischer Schriften aus dem Sanskrit, Begründer der chinesischen Fassung der *Yogācāra*-Schule – der Schule des Nur-Bewusstseins (*Weishi zong* 唯識宗), Autor des oben erwähnten „Katechismus" (Lusthaus o. J.) der Nur-Bewusstseinsschule und der größte Vertreter der buddhistischen Logik Hetuvidyā 因明 in China. Das hier erwähnte Werk *Gāthā über die Maßregel* ist Xuanzangs Darlegung des *yogācāra*-Modells des Bewusstseins in poetischer Form. Eine kurze Einführung zur Person und zum Werk siehe in Lusthaus o. J., Brewster 2021.

In der hier untersuchten Zeit erlebte die mit Xuanzang assoziierte epistemologische Tradition des Buddhismus eine Renaissance, die Schriften Xuanzangs wurden gelesen und diskutiert.

1042 Diese drei (in manchen Varianten vier) Arten des Erkenntnisvermögens gehen auf die Ausarbeitungen des indischen buddhistischen Philosophen und Logikers Dignāga (ca. 480–540) im 1. Kapitel seines grundlegenden Werkes *Pramāṇasamuccaya* [*Die Zusammenstellung der Erkenntnismethoden*] zurück (siehe hierzu Steinkellner 2005). In China wurden die indischen Auffassungen zu den Erkenntnisvermögen v. a. von Xuanzang und seinem Schüler Kuiji 窺基 (632–682) vermittelt. Zu buddhistischen Wahrnehmungs- und Kognitionstheorien, darunter *Pramāṇa*-theorien siehe Gupta 2006, Coseru 2012.

1043 Deqing, *Bashi guiju*: [583b–584a].

An anderen Stellen dieser Arbeit wurden Belege aufgeführt, die mit solchen Einstellungen gegen Spekulatives und Konventionelles übereinstimmen: So wurde im Kapitel II Wang Fuzhis Kritik an den aus der Sicht Wangs irrelevanten Erkenntnismethoden demonstriert, die den Sinnen nicht zugängliche Daten als Daten der Sinneswahrnehmung verfälschen und zur Erzeugung von raum-zeitlichen und metaphysischen Ordnungen führen.[1044] Bedeutend erscheint es, dass sich Wang neben den Entwürfen einer relevanteren Systematik und Erkenntnismethoden für kosmische und soziale Ordnungen vertieft mit dem „hard problem of consciousness"[1045] beschäftigte, d. h. mit der Frage danach, wie das menschliche Bewusstsein in der Erzeugung von Vorstellungen über die Welt funktioniert. Auf diese Beschäftigung weist die detaillierte Auseinandersetzung Wangs mit der Wahrnehmungs- und Erkenntnistheorie der Nur-Bewusstseinsschule in seiner Schrift *Zusammenhänge der Schule der* [*Dharma*]-*Kennzeichen* (*Xiangzong luosuo* 相宗落索) hin. Noch interessanter ist es, dass sich Wang in seiner Literaturtheorie (*shihua* 詩話) auf die direkte Erkenntnisweise „Vermögen zur Präsenz" bezieht, und zwar als den höheren Ausdruck *dichterischer* Erkenntnisweise.[1046] Bezüglich dieses „Vermögens" erläutert er im *Xiangzong luosuo*:

> 現者有現在義, 有現成義, 有顯現真實義。現在, 不緣過去作影。現成, 一觸即覺, 不假思量計較。顯現真實, 乃彼之體性本自如此, 顯現無疑, 不參虛妄。前五於塵境與根合時, 即時如實覺知是現在本等色法, 不待忖度, 更無疑妄, 純是此量。
>
> ‚Präsenz' hat die Bedeutung von ‚Jetzt da sein', hat die Bedeutung des ‚Sich jetzt Vervollständigenden' hat die Bedeutung des ‚Sich jetzt erweisenden wahren Wirklichen'. ‚Jetzt da sein' [heißt]: nicht in die Kausalitätsabhängigkeit [*yuan* 緣, Skt. *pratyaya*] von ‚Schatten' aus Voraussetzungen des Vergangenen geraten. ‚Sich jetzt vervollständigen' [heißt]: Sobald es ‚Berührung' [d. h. Wahrnehmungskontakt] gibt, gibt es auch gleich das Empfinden, ohne dass sich das Denkvermögen, Berechnen und Erwägen dazu ergänzten. Das ‚sich jetzt erweisende wahre Wirkliche' [heißt] doch, dass die sich verkörpernde Natur desjenigen, [das wahrgenommen wird], im Grunde genommen von selbst so ist. [Diesem Selbst-so-Sein] stehen kein Bedenken und keine Analyse zu, und noch weniger gibt es [bei ihm] Zweifelhaftes und Widersinniges: rein ist dieses [Präsenz]Vermögen![1047]

Als Charakteristika der „Präsenz" spricht Wang die Unverbundenheit mit solchen Kontexten („Schatten") an, die aus dem Vergangenen auf das Jetzt transponiert

1044 Siehe Kapitel II, Punkt 4.2.

1045 Chalmers 1995: 2(3). Der Hinweis ist aus Wikipedia übernommen: „Hard problem of consciousness". https://en.wikipedia.org/wiki/Hard_problem_of_consciousness#cite_note-Chalmers-5 [zuletzt abgerufen am 11.07.2023].

1046 Die Ausführung dieses Themas bei Wang Fuzhi in Anlehnung an Xiao 2012: 52–53.

1047 Wang, *Xiangzong luosuo*: 536.

werden; er unterstreicht damit die Unverbundenheit mit jeglicher Konzeptualisierung und die Identität des auf solche Weise Wahrgenommenen mit sich selbst. Je nachdem wie diese Merkmale in der Dichtung zum Ausdruck gelangen, beurteilt Wang Fuzhi in seiner Dichtungskritik die Qualität der Dichtung.[1048] Zu den nicht-dichterischen Qualitäten gehören nach Wangs Auffassung solche, bei denen der Charakter der „Präsenz" nicht erfüllt wird: Beispielsweise passt die Art und Weise der Geschichtsschreibung für die Dichtung nicht, weil bei der Geschichtsschreibung eine Entsprechung zwischen dem, was ausgedrückt wird, und dem, was gesehen bzw. erlebt wird (wortwörtlich zwischen dem „Mund" und dem „Auge"), eben gerade nicht stattfindet:

> 夫詩之不可以史爲，若口與目之不相爲代也，久矣。
>
> Also dürfen Gedichte nicht mit den [Mitteln] der Geschichte[schreibung] gemacht werden. Wenn Mund und Auge in keiner wechselseitigen Austauschbeziehung stehen, dann handelt es sich um etwas lange Vergangenes![1049]

Der notwendigerweise retrospektiv orientierten Geschichtsschreibung fehlt also – so scheint es bei Wang – jene Art des Korrespondierens zwischen den Instanzen des Schaffensprozesses, zu der oben Belege ausgeführt sind. Bei der Dichtung handle es sich hingegen um *einen* gegenwärtigen Zeit(-Punkt) und um *ein* korrespondierendes gegenwärtiges Ereignis: „Ein Gedicht beschränkt sich auf einen Zeitpunkt und einen Sachverhalt" (一詩止於一時一事 [...])[1050].

Im Zusammenhang mit dem Vergleich zwischen dichterischen und historiographischen Methoden ist zudem bemerkenswert, dass Wang die Erfahrung der Präsenz in der Dichtung an das Fehlen intentionaler Konzipiertheit koppelt, wie es aus der auf S. 313–314 zitierten Aussage Wangs zum in den Versen Wang Weis zum Ausdruck gebrachten „Vermögen zur Präsenz" ebenfalls hervorgeht.

Eine dichterische Äußerung, die von den vor- (im Sinne „so wird es sein") oder nachträglichen (im Sinne „so war es") Bestimmungen befreit ist, gleicht also nach Meinung Wang Fuzhis der Präsenz. Der Moment der Präsenz ist folglich „quer" zur zeitlichen Progression Vergangenheit–Zukunft und zu den Kohärenzen in einem vorgestellten Raum angelegt. Er schafft den Kontext nicht von Progression und Kohärenzen ausgehend, sondern gewissermaßen aus sich selbst

1048 Siehe Xiao 2012: 53. Anzunehmen ist, dass es bei Wang bei diesem Beurteilungskriterium wohl nicht als Kriterium für Dichtung im Allgemeinen geht, sondern um ein Kriterium für eine ihrer Hauptgattungen, die Regelgedichte (*lüshi* 律詩).

1049 Wang, *Shihua*: 24.

1050 Wang, *Shihua*: 57.

heraus, da er alle situativen kausalen Faktoren mit und in sich trägt und in diesem Sinne der Ganzheit der Welt gleicht.

Die auf die buddhistischen erkenntnistheoretischen Ausarbeitungen gestützten Ansichten zur Funktion des Wahrnehmungsdatums in dichterischen Äußerungen helfen, die Rolle der *Des*integration von komplexen konventionellen Zusammenhängen und virtuellen Relationen im Bildschaffen zu verstehen, auf die bereits hingewiesen wurde: Diese Rolle besteht u. a. wohl darin, das momentane Wahrnehmungsereignis zu fokussieren und die Bildraumrelationen und Bedeutungszusammenhänge aus diesem Ereignis heraus sich entfalten zu lassen. Eine Reihe von Bildbeispielen aus der untersuchten Zeit vermittelt den starken Eindruck eines wie im Stopp-Frame suspendierten Moments der Wahrnehmung. Für diese Reihe scheint also die Ausführung zur „Präsenz" ebenfalls einen geeigneten Erklärungsrahmen zu bieten.

Als hervorragendes Beispiel von Bildern, die diesen Theorien entsprechen, kann Dong Qichangs Zyklus *Acht Ansichten der herbstlichen Stimmung* (*Qiu xing ba jing* 秋興八景) betrachtet werden (Abb. 2–9).[1051] Dieses Werk ist ein bildliches Pendant zum dichterischen Zyklus des Du Fu *Acht Gedichte in herbstlicher Stimmung* (*Qiu xing ba shou* 秋興八首),[1052] worauf Dong auf dem letzten Blatt seines Landschaftszyklus hinweist.[1053] Dong Qichangs *Acht Ansichten* sind jedoch keine Illustrationen zu den Gedichten des Du Fu.[1054] Als Zyklus sind sie Landschaftsdarstellungen von einer Reise, die Dong im achten und neunten Monat des Jahres 1620 in der Ge-

1051 Sammlung des Museums Shanghai. Für weitere Angaben siehe Ho und Smith 1992: Bd. 2. Nach einer im Gespräch gegebenen Einschätzung von Professor Xu Jianrong 徐建融, einem Experten für das Werk Dong Qichangs, kann dieser Zyklus als Höhepunkt des ganzen Bildwerkes Dong Qichangs gelten.

1052 Dieser Zyklus stellt seinerseits ein hervorragendes Beispiel des dichterischen Schaffens des Du Fu sowie der ganzen chinesischen Dichtung dar, dies sowohl in Hinsicht auf die technische Komplexität als auch hinsichtlich der Kraft des poetischen Ausdrucks.

1053 Auf dem achten Blatt schreibt Dong Qichang: „Written on the day before the ninth day of the ninth month of the *keng-shen* year (October 4, 1620). I painted eight small landscapes in color in this month, which can be compared to [Tu Fu's, 712–770] eight poems on autumn moods. Hxüan-tsai" (庚申九月重九前一日。是月寫設色小景八幅, 可當秋興八首。玄宰); Übersetzung Vinograd in Ho und Smith (Hg.) 1992, Bd. 2: 50.

1054 Wie Du Fu seinen Zyklus – was man am Titel ablesen kann – der dichterischen Gattung *xing* (‚Stimmung', ‚Inspiration [von]') zuordnet, so kann man auch Dongs Bildserie als von den Gedichten und von herbstlichen Ansichten inspirierte Darstellungen verstehen. Bei ‚Ansichten' (*jing*) handelt es sich um eine Gattung von Landschaftsdarstellungen, bei der die Interaktion zwischen natürlicher Szenerie (mit saisonalen Merkmalen) und Gemütsverfassung eine zentrale Rolle spielt. Näheres zur Gattung siehe z. B. in Britschgi 2006.

gend um die Stadt Suzhou 蘇州 gemacht hat.[1055] Einzelne Ansichten stellen aber, was den jeweiligen Stil, das Kompositionsschema, das rhythmische Muster, die Aufschrift[1056] sowie die eingesetzten Assoziationstrajektorien und vermittelten Stimmungen betrifft, jeweils einmalige und zugleich allumfassende Konstellationen des im Moment Erfahrenen dar. Die Momenthaftigkeit jedes einzelnen Blattes hat zugleich eine sehr starke dynamische Komponente, die zum einen mit dem rhythmischen Muster des aufgeschriebenen Gedichts korrespondiert, zum anderen als eine verkörperte Bewegung in der Landschaft spürbar wird. Die dynamische Momenthaftigkeit bezeugt gleichzeitig das Gefühl von Ewigkeit. Ein kulminierender Ausdruck der momenthaften Ewigkeit und der rhythmisierten Dynamik ist das achte Blatt des Zyklus. Die Konfiguration des Bildraumes folgt dem Rhythmus der Verse und dem Widerhall zwischen „Gegenwart" und „Altertum", „Blüte" und „Verfall": 今古幾齊州華屋山丘.[1057]

Die Amplitude und die Frequenz des Wechsels zwischen „Heranzoomen" und „Herauszoomen" sind in diesem Blatt maximal, was einen allumfassenden Blick auf die menschlichen und natürlichen Angelegenheiten als sich jetzt und für immer vergegenwärtigte Ewigkeit ergibt: 只有石橋橋下水 依舊東流.[1058]

Zwar gibt es keine Erwähnung des Ausdrucks „Vermögen zur Präsenz" in den Schriften des Dong Qichang,[1059] dafür aber finden sich dort mehrere Ausführungen bzw. Zitate aus buddhistischen Klassikern zu *yi nian* 一念 (Skt. *smṛti*), einem in der buddhistischen Lehre wichtigen Begriff, der eine momenthafte Gedankeneinsicht bezeichnet, in der das Universum in seiner Gänze und Präsenz erfasst wird.[1060] So führt Dong an einer Stelle des *Chanyue* auf:

> 華嚴經云: 一念普觀無量刼, 無去無來亦無往。如是了達三世事。 [...] 李長者釋之曰: 十世古今始終不離當念。當念即永嘉所云一念者, 靈知之自性也。不與衆緣作對名爲一念相應惟此一念前後際斷。

1055 Fast jedes Blatt enthält Angaben zu Ort und Zeitpunkt, auf die sich das Blatt bezieht. Die Geographie und Zeit der Reise können also mit großer Genauigkeit identifiziert werden.

1056 In den meisten Fällen sind es dichterische Aufschriften, wobei die Gedichte von unterschiedlichen Autoren sind (v. a. aus der Song- und Yuan-Zeit): 2. Blatt: Qin Guan 秦觀 (Shaoyou 少游) (1049–1100), 3. Blatt: Ye Mengde 葉夢得 (1077–1148), 4. Blatt: Bai Pu 白樸 (1226–1306), 5. Blatt: Fang Siyong 方俟咏 (11. Jh.), 8. Blatt: Zhao Mengfu 趙孟頫 (1254–1352).

1057 „From past to present how many vicissitudes has China gone through?// Mansions became hills" (Übersetzung Vinograd in Ho und Smith (Hg.) 1992, Bd. 2: 50).

1058 „Only the water under the stone bridge// Still runs eastward" (Übersetzung Vinograd in Ho und Smith (Hg.) 1992, Bd. 2: 50).

1059 Generell kommt er, so weit hier überblickt werden kann, in den kunsttheoretischen Schriften der untersuchten Zeit nicht bzw. äußerst selten vor.

1060 Vgl. die Ausführung im *FXDCD* 2004–2023: „一念".

> Im *Huayan-sūtra* heißt es: In einem Gedanken (*yi nian*) betrachte allumfassend unzählige Weltzeitalter (*kalpas*)[1061]; es gibt kein Gehen, kein Kommen sowie gibt es kein Vergehen. Auf diese Weise erfasse die Angelegenheiten der drei Welten-Generationen [...]. Li Changzhe[1062] erklärt diese [Stelle] und sagt: Die zehn Welten, die Vergangenheit und die Gegenwart, der Anfang und das Ende sind vom gegenwärtigen Gedanken (*dang nian*) nicht trennbar. Der „gegenwärtige Gedanke" ist eben der „einzige Gedanke", über den Yongjia[1063] spricht, [zugleich ist er] die „Selbst-Natur" des numinosen Wissens.[1064] [Das, was] den zahlreichen Gründen [für die Verkettung, die zum Haften am Wiedergeburtszyklus führt] nicht gleichgestellt werden kann, wird „einziger sich selbst entsprechender Gedanke" genannt, es gibt nur diesen einzigen Gedanken, das Vordere und das Hintere sind abgebrochen.[1065]

Über seine eigene Erfahrung einer solchen Einsicht im Herbst des Jahres 1589 während seiner Rückkehr aus Nanking berichtet Dong Qichang auf folgende Weise:

> [...] 其年秋自金陵下第歸，忽現一念三世境界。意識不行。凡兩日半而後乃知大學所云心不在焉。視而不見，聽而不聞。正是悟境，不可作迷解。

> [...] Im Herbst dieses Jahres, auf der Rückkehr aus Jinling,[1066] erschienen plötzlich [in] einem Gedanken[1067] die Gegenden (*dhātu*) der drei Welten (*trailokya*). Das Bewusstsein bewegte sich nicht. Erst nach zweieinhalb Tagen begriff ich, dass das, worüber es in der *Großen Lehre* heißt: „Der Herz-Geist besteht in diesem nicht.[1068] Man sieht hin und nichts sieht, man hört hin und nichts hört" just auf den Erleuchtungshorizont [verweist].[1069]

1061 Die längste Zeiteinheit in den Kosmologien des Hinduismus und Buddhismus.

1062 Das ist Li Tongxuan 李通玄 (ca. 635 – ca. 730) Kommentator und Forscher des *Huayan-sūtra.*

1063 Yongjia Xuanjue dashi 永嘉玄覺大師 (665–712), großer Chan- und Tiantai-Meister.

1064 „Numinoses Wissen" ist eine Bezeichnung in den Texten der Chan-Schule für das Wissen, das man im erleuchteten Zustand besitzt. In diesem Zitat ist der Moment besonders schön ausgedrückt, dass die Einsicht nicht nur alle zeitlich-räumlichen Dimensionen durchdringt, sondern zugleich eine Begegnung-Identifikation mit der der absoluten Natur gleichen Selbst-Natur ist.

1065 Dong, *Chanyue*: 1794–1795.

1066 Das ist einer der alten Namen von Nanking.

1067 Hier hat das *nian* eine attributive verbale Bedeutung, in dieser Hinsicht wäre eine genauere Übersetzung etwa: „die durch einmaliges nian-nen erzeugten Gedanken trailokyadhataavah". Für den Hinweis bedanke ich mich bei Wolfgang Behr.

1068 Worin der Herz-Geist nicht mehr verwickelt wird, ist in einer Passage aus der *Großen Lehre* beschrieben, die dem Zitat vorangeht: „[...] one's personal relations are governed by animosity and resentment [...] one is possessed by fear and trepidation [...] one's consciousness is occupied by feelings of fondness and delight [...] one is obsessed with anxiety and grief [...]" ([...] 身有所忿懥 [...] 有所恐懼 [...] 有所好樂 [...]; 有所憂患 [...]); *Daxue*, 7: 23, Übersetzung Plaks 2003: 11–12.

1069 Dong, *Chanyue*: 1796–1797.

8 Der Sinn der Bildgestaltung

Behandeln wir zum Schluss die Frage nach dem im Bildschaffen vermittelten Wirklichkeitsverständnis und nach dem ontologischen Status der bildlichen Darstellung.

Wang Yuanqi beschreibt in einer seiner Malerei-Inschriften[1070] das Oszillieren zwischen Bild und Nicht-Bild:

> 從無畫看出有畫, 即從有畫看到無畫。
>
> Aus dem Nicht-Gegebensein des Bildes wird das Gegebensein des Bildes ersichtlich; zugleich ersieht man aus dem Gegebensein des Bildes sein Nicht-Gegebensein.[1071]

Wenn wir annehmen, dass der Schaffensprozess, so wie er in den hier analysierten Quellen beschrieben wird, eine Vergegenwärtigung des momenthaften Zustandekommens der Bildwelt (auch: des Welt-Bildes) ist, so ist, was sich in diesem vergegenwärtigten Moment aufweist, genau das Wechselverhältnis zwischen dem ontologisch unterbestimmten Phänomenalen und seinem ontologisch verankerten Zustandekommen.[1072] Das Weltbild oszilliert „dazwischen" in diesem Wechselverhältnis.

Ein solches Bildverständnis bezieht sich nicht nur auf die Frage nach dem Mechanismus der Integration des Phänomenalen mit seiner ontologischen Verankerung im quasi physisch-materiellen Sinne,[1073] sondern es betrifft vor allem die Frage nach einer epistemologischen „Redimensionierung", die die Welt auf diese Weise des Oszillierens zum Sehen gibt.

Für die redimensionierte oszillierende Sicht, die Ausdruck im Bildschaffen des 17. Jahrhunderts fand, lassen sich auch Belege in den nicht-kunsttheoretischen Schriften der Gelehrtenmaler anführen.[1074] Hier abschließend ein weiteres Beispiel von Dong Qichang.

1070 „Inschrift zur Nachahmung des Pinsels von Dong [Yuan] und Ju[-ran]" (*Ti fang Dong Ju bi* 題仿董巨筆). Bei Dong Yuan 董源 (c. 932–c. 962) und Juran 巨然 (fl. 10. Jh.) handelt es sich um herausragende Maler der Zeit der Fünf Dynastien und Zehn Königreiche 五代十國 (907–960) bzw. der frühen Song-Zeit.

1071 Wang, *Lutai*: Ti fang Dong Ju bi: 66.

1072 Vgl. mit der Beschreibung des Wechselverhältnisses zwischen „Tiefenstruktur" und „Anwendung" an einer anderen Stelle unter Punkt 4 dieses Kapitels.

1073 Obwohl gerade in der Praxis der Malerei, weil sie eine verkörperte (*embodied*) und visuelle (ja visualisierende!) Praxis ist, findet die Integration bzw. die Verwandlung der „Tiefenstruktur" in die „Anwendung" auch im physisch-materiellen Sinne statt.

1074 Allein bei Dong Qichang gibt es (im *Chanyue* und anderen Schriften) immer wieder die aus unterschiedlichen buddhistischen, daoistischen und konfuzianischen Quellen entnommenen Beispiele.

https://doi.org/10.1515/9783110791860-017

Im *Chanyue* wurde ein Dialog zwischen ihm und einem Mönch vom Wu 吳-Berg aufgenommen.[1075] Das Problem, das der Mönch im Dialog aufstellt, ist jenes der Einheit von „Formerscheinung“ (*xing se* 形色) und „himmlischer Natur“ (*tian xing* 天性).[1076] Für den Mönch erscheint das Problem des Identitätsverhältnisses unauflöslich, da nicht klar sei, was mit der Natur geschehe, wenn die Form „verfällt“ (*huai* 壞). Die beiden naheliegenden Varianten, die der Mönch selbst vorschlägt, seien schon aus seiner eigenen Perspektive nicht befriedigend: Wenn die Natur nach dem Verfall der Form allein aufrechterhalten bleibe, bedeute das, dass zwischen der Form und der Natur doch ein Dualitätsverhältnis bestehe (是二非一). Wenn die Natur der Form folgend verfalle, bedeute das, dass auch die himmlische Natur dem totalen Prozess von Entstehung und Auslöschung unterliege (逐成斷滅).[1077]

Nach den Erläuterungen Dong Qichangs sind das, was dem Schicksal des Entstehens und Aufhörens unaufhörlich unterliegt, Formerscheinungen. Das, was *nicht* entsteht und *nicht* aufhört, ist die Natur, die aber gerade die Unaufhörlichkeit des Entstehens und Aufhörens ausmacht, oder in anderen Worten: Das Nicht-Entstehen und Nicht-Aufhören in Bezug auf die Natur bedeutet nicht, dass es etwas – namentlich eine Natur – gibt, die ewig andauert, sondern dass es unaufhörlich Entstehen und Erlöschen gibt:

> 吾人二六時中念起念滅皆屬形色 不生不滅者即起滅不停時天性也
>
> All das, was wir, Menschen, als „Entstehen“ und als „Aufhören“ 24 Stunden am Tag[1078] artikulieren, gehört [zum Bereich] der Formerscheinung. Dasjenige, was nicht entsteht und nicht erlischt, ist gerade die Nicht-Fixiertheit in der Zeit des Entstehens und des Erlöschens, die himmlische Natur.[1079]

Jedes Phänomen ist Instanziierung des Entstehens und des Aufhörens und gleichzeitig der Unaufhörlichkeit dieser Prozesse, also der Natur. Es gibt folglich kein

1075 Dong, *Chanyue*: 1828–1830. Diesen Dialog verfasst Dong als eine Art *encounter dialog* (zur Gattung siehe McRae 2003). Die im Dialog angegebenen geographischen Hinweise sind bemerkenswert: Der Mönch kommt aus der Gegend des Wu-Berges nach Yunjian (d. h. Songjiang bzw. Huating), dem Geburtsort Dong Qichangs. Dabei mitzudenken ist, dass es eine Kunstrichtung namens *Wumen pai* gab, die von der von Dong Qichang geleiteten *Songjiang pai* oder *Huating pai* (auch *Yunjian pai*) abgelöst wurde.

1076 Zwar hier in den buddhistischen Kontext hineingenommen, findet sich die entsprechende Referenzstelle zur „Form“ und zur „himmlischen Natur“ im *Mengzi*, Jin xin, 1.

1077 Dong, *Chanyue*: 1828–1829.

1078 Im chinesischen Original des Zitats stehen natürlich traditionelle chinesische Zeiteinheiten: 2 × 6 *shi* = 12 *shi*; *shi* = 2 Stunden.

1079 Dong, *Chanyue*: 1829–1830.

Phänomen bzw. keinen Moment der Existenz, in welchem die beiden Aspekte der Formerscheinung und der Natur nicht da wären:

> 無一息不隨緣則形色 無一息不天性
>
> Es gibt keinen einzigen Atemzug, [in dem] nicht durch das Den-Bedingungen[1080]-Folgen sich Formerscheinungen erwiesen. Es gibt keinen einzigen Atemzug, [in dem] nicht die himmlische Natur wäre.[1081]

Die Vorstellung der Unaufhörlichkeit der Prozesse des Entstehens und Erlöschens bezieht Dong auf die Vorstellung von der Existenz als „Strom von elementarsten Funken-Momenten", wenn er sagt, die „Funken-Momente fließen unaufhaltsam" (剎那流傳不住).[1082] Ein „Funken-Moment" (Skt. *kṣaṇa)* ist ein buddhistischer Terminus für die elementarste Zeiteinheit.[1083] Die Annahme der Totalität eines solchen Existenzmodus, in dem kleinste Funken-Momente unaufhörlich fließen und die Formerscheinung lediglich eine vorübergehende Konfiguration eines Körpers ist (一時分段之軀爲形色已), führt zu dem Schluss, dass es kein Verfallen gibt; in Dongs Worten: „Es gibt keinen Platz, um zu verfallen" (壞者無有是處). Dass es kein Verfallen gibt, ist – so Dong – der Grund, warum „der Buddha darüber nicht spricht!" (古佛不云乎).[1084]

Um die Irrelevanz des Verfallens für die Weltprozesse zu belegen, führt Dong das in der Huayan-Schule ausgearbeitete Konzept der „sechs Aspekte" *liu xiang* 六相[1085] in seine Erklärung ein. Nach diesem Konzept gibt es sechs Weisen, wie alle Phänomene erscheinen bzw. betrachtet werden können: „Gesamtaspekt" (*zong xiang* 總相) und „Sonderaspekt" (*bie xiang* 別相); „Aspekt der Übereinstimmung" (*tong xiang* 同相) und „Aspekt der Differenz" (*yi xiang* 異相); „Aspekt des Zustande-

1080 Skt. *pratītya.*
1081 Dong, *Chanyue*: 1829.
1082 Dong, *Chanyue*: 1829.
1083 Generell war dies die Bezeichnung für die elementarste Zeiteinheit im alten Indien, die mit dem Buddhismus nach China gelangte. Nach unterschiedlichen buddhistischen Quellen enthalten 24 Stunden 6.480.000 oder 4.800.000 *kṣaṇas*. In der Übertragung in die standardisierten Zeiteinheiten beträgt ein *kṣaṇa* ca. 86.806 × 10 (−18) Sekunden. Siehe z. B. chinesische Wikipedia: „剎那": https://zh-yue.wikipedia.org/wiki/%E5%89%8E%E9%82%A3 [zuletzt abgerufen am 20.07.2023].
1084 Dong, *Chanyue*: 1829.
1085 Das Konzept erscheint in: *Zu gleichen Teilen aufgeteilter Aufsatz zum Sinn der Huayan-Lehre* (*Huayan yisheng jiaoyi fen qi zhang* 華嚴一乘教義分齊章, T 1866) und im *Aufsatz über den goldenen Löwen* (*Jin shizi zhang* 金獅子章, T 1880: 663–667) des dritten Patriarchen der Huayan-Schule Fazang 法藏 (643–712). Für die Übersetzung und Interpretationen des Aufsatzes und seiner grundlegenden Konzepte vgl. Elberfeld et al. 2000: 111–152 und 163–167. Zu den „sechs Aspekten" (nach Obert 2000: 128: „Deutungsgestalten") und den Übersetzungsvarianten siehe Obert 2000: 128.

kommens“ (*cheng xiang* 成相) und „Aspekt des Verfallens“ (*huai xiang* 壞相).[1086] Dass diese jeweils dialektisch arrangierten Betrachtungsweisen *gleichzeitig* auf ein Phänomen bzw. einen Phänomenzusammenhang anwendbar sind, bedeutet zugleich, dass es nicht um die zeitlich-räumliche Transformation des Phänomens bzw. des Phänomenzusammenhangs selbst geht. Bezüglich des Verfallens zitiert Dong aus „Die Bedeutung der sechs Aspekte“ (*liuxiang yi* 六相義): „Die jeweils eigene Position bewegt sich nicht und [so] wird es zum Verfallen“ (不動自位而爲壞).[1087]

Es erscheint nun nicht zufällig, dass Dong Qichang in seinen kunsttheoretischen Abhandlungen mehrmals die Wichtigkeit und den fördernden Effekt der Beobachtung von Transformationen des Ephemeren betont (雲氣變滅). Wolken sind einerseits fast wie Berge, also verdinglichte Existenzformen, andererseits veranschaulicht ihr Wandel das Vorübergehen bzw. die nicht-wahrhaftige Gegenständlichkeit von Formerscheinungen im ständigen Fluss von Existenzmomenten.

In der Einsicht in bzw. der Teilhabe an diesen Prozessen erweist sich der Sinn des Bildschaffens:

> 畫家之妙全在煙雲變滅中
>
> Das Wunderbare der Maler ist völlig in den Transformationen und dem Auslöschen der Dämpfe und Wolken vorhanden.[1088]

Dass der Maler kraft seines Bildschaffens zu universellen Prinzipien des Lebens durchdringt und auf diese Weise eine eigene Lebendigkeit fördert, fasst Dong Qichang ausdrücklich zusammen:

1086 Vgl. das Beispiel in der nächsten Fußnote, wie diese Aspekte an einem Phänomen (Löwen) demonstriert werden.

1087 Dong, *Chanyue*: 1829. Ungenaues Zitat aus Fazangs Erklärung der Bedeutung der „sechs Aspekte“ der Kaiserin Wu Zetian (624–705) auf der Grundlage seines *Jin shizi zhang*: „Ein Löwe ist ein Gesamtaspekt, die Unterscheidung von fünf Sinnesorganen ist ein Sonderaspekt; die gemeinsame Entstehung [des ganzen Löwen, des Löwen als Ganzen] aus einem Bedingungs[zusammenhang] ist ein Aspekt des Übereinkommens; dass das Auge und das Ohr und weitere [Sinnesorgane] nicht ineinander übergehen (voneinander nicht wissen), ist ein Aspekt der Differenz; dass die [Funktionen von] Sinnesorganen zusammenkommen und es einen Löwen gibt, ist ein Aspekt des Werdens; dass alle Sinnesorgane *ihre jeweiligen Positionen behalten, ist ein Aspekt des Verfallens.*“ (師子是總相 [...]。五根差別是別相 [...]。共從一緣起是同相 [...]。眼耳等不相濫。是異相。[...] 諸根合會。有師子是成相 [...]。諸根各住自位。是壞相。) (T 1880 [666c07–12], Hervorhebung *PL*). Der Aspekt des Verfallens ist also dieser Erklärung zufolge eine Betrachtungsweise, bei welcher der Löwe nicht als Ganzes „gesehen“ wird, sondern einzelne Organ-Funktionen in ihrer jeweiligen Funktionsweise.

1088 Dong, *Huazhi*: 2098.

畫之道所謂宇宙在乎手者 眼前無非生機 故其人往往多壽

Der Weg des Malens ist sozusagen, das Universum in der Hand zu haben. Vor den Augen gibt es nichts ohne Lebensantrieb. Deswegen sind solche Leute [= Maler] oft langlebig.[1089]

Das Verständnis der Kunst als solches Schaffen, das an kosmischen Wandlungen teilhat, trifft man auch in Kunstabhandlungen der späteren Zeit – zumindest noch in der Kangxi-Periode (1661–1772) an:

書畫與造化同根陰陽同候。

Kalligraphie und Malerei haben gemeinsame Wurzeln mit dem, was die Wandlungen in Gang setzt; sie gehen einher mit *yin* und *yang*.[1090]

Zwischenbilanz In den ästhetischen Theorien und im Kunstschaffen selbst finden sich aufschlussreiche Belege der transformativen Vorgehensweisen und Erfahrungen. Hierzu wurden vorstehend Beschreibungen angeführt, wie man sich – zunächst von einem phänomenologischen Fokus auf Selbstwahrnehmung ausgehend – während des künstlerischen Schaffensprozesses auf situative Verhältnisse einlässt, also auf das, was momentan *da* ist, und schließlich zur Aufhebung der egozentrischen, oder allgemeiner deiktischen und repräsentativen Ordnungen, und zur Überwindung eines subjektiven zeitlich-räumlichen Horizontes gelangt. Solche Erfahrung lässt sich, wie versucht wurde zu zeigen, mit dem buddhistischen Begriff der „Präsenz" assoziieren.

Die analysierten Quellen liefern also Belege dafür, welche Transformationen von semantischen und Struktur-Ordnungen jenseits der substanz- und objektbezogenen Auffassungen möglich sind. Bei diesen Transformationen handelt es sich – so lässt sich generell schlussfolgern – um eine fundamentale Rekonfigurierung der Mensch-Welt-Beziehung, bei welcher die einem Repräsentanzverhältnis innewohnenden Spannungen und Dualismenreihen grundsätzlich aufgelöst werden.

Wenn wir danach fragen möchten, welcher Raum sich infolge dieser Rekonfigurierung eröffnet, müssten wir wohl annehmen, dass es ein absoluter Raum wäre, der der Ganzheit der Realität, *omnitudo realitatis*, gleicht.

∞

1089 Dong, *Huazhi*: 2098–2099.

1090 Zhou Erxue 周二學, *Yi jiao bian* 一角編 [Die Sammlung in einer Ecke], zit. nach Yu (Hg.) 1931, Heft (*ce*) 2, j. 4: 9b.

9 Zusammenfassung

Auf der Grundlage der vorliegenden Analyse der Bildgestaltung in diesem Kapitel konnten folgende Thesen aus dem Kapitel II weiterentwickelt werden:

a. Umkehr des Verhältnisses zwischen dem Konventionell-Konstruktiven und dem Unbedingten

Auch in den im Kapitel III analysierten Texten wurde eine analoge Umkehr beobachtet. Unter anderem wurden mehrere Beispiele angeführt, die zeigen, dass die Entstehung der räumlichen Welt mit solchen Raumrelationen wie nah–fern, oben–unten usw. und weiteren phänomenalen Eigenschaften auf die menschlichen Kognitions- und Wahrnehmungskapazitäten zurückgeführt, d. h. als konventionell-konstruktiv begriffen wird. Dabei wurden räumliche Verhältnisse der „natürlichen", also menschzentrierten Geometrie, d. h. solche, bei denen der Mensch mit seiner Geometrie als „Nullpunkt der Orientierung" auftritt, als relativ deklariert.

Im Verständnis der betrachteten Gelehrten, wie die räumliche Welt mit ihren Ordnungen für den Menschen entsteht und funktioniert bzw. wie sie im Bild erzeugt wird, ist eine Grundlegung von Kenntnissen über die Gesetzmäßigkeiten der Wahrnehmung nachweisbar. Wie wir gesehen haben, speiste sich diese Grundlegung sowohl aus Auseinandersetzungen der Gelehrten mit der buddhistischen Epistemologie als auch mit buddhistischen und daoistischen Praktiken, z. B. Visualisierungs- und Meditationstechniken oder der *fengshui*-Geomantik. Solche wahrnehmungstheoretischen und -praktischen Kenntnisse stellen somit wichtige Bezugsgrößen für die Konstruktion von Bildstrukturen und für die Bildbetrachtung dar. Sie scheinen für die Gelehrtenmaler ein Ausgangspunkt zu sein, von dem aus vielfältige „Experimente" mit Darstellung und Wahrnehmung möglich wurden. Wie die analysierten erkenntnistheoretischen und ästhetischen Theorien zeigen, gingen die konstruktivistischen Einstellungen im Hinterfragen der phänomenalen, konventionell-konstruktiven Relationen und im Experimentieren mit Denk- und Wahrnehmungsschemata in den Kunstbereichen der untersuchten Zeit sehr weit.

Mit der Annahme von Relativität und Kontingenz der Ordnungen der phänomenalen Erscheinungen war ein Verständnis der phänomenalen Welt als Produkt einer Konstruktion mit der Auffassung der künstlerischen Tätigkeit als eines „Erschaffens von Welten" verknüpft. In einem Beispiel aus der Bildtheorie konnte sehr anschaulich gezeigt werden, dass ein Bild (eine Landschaft) gewissermaßen eine Verräumlichung oder eine phänomenale Entfaltung von kognitiven Prozessen darstellt. Mit den buddhistischen Bezügen dieser Theorie wird das Verhältnis Bild–Welt weitergehend als oszillierend zwischen Illusion und Wahrheit, Reprä-

https://doi.org/10.1515/9783110791860-018

sentation und Präsentation begreiflich, wobei die Räumlichkeit dieser Welt nicht als vorgegeben, sondern als im Wahrnehmungs- und Erkenntnisprozess (bzw. beim Malen) erschaffen gedacht wird.[1091]

Das Verständnis der Bildgestaltung konnte also nicht als *Re*präsentation der Formen der phänomenalen Welt bestimmt werden, sondern als Präsentation solcher Prozesse, durch welche diese Welt für die Wahrnehmung erscheint. Die Gleichsetzung der Normen (*fa* 法) der Bildgestaltung mit solchen Normen, die davon handeln, wie die Welt in der Wahrnehmung zustande kommt, war – wie an einem Beispiel verdeutlicht – nicht zufällig.[1092] Man kann sogar annehmen, dass die Bildtheorie und -praxis jener Zeit ihre Instrumente und Kategorien als ein Mittel empfand, durch das ein erkenntnistheoretischer und wahrnehmungspsychologischer Diskurs geführt werden konnte. Innerhalb dieses Diskurses erfuhr die Beziehung Mensch – Bild – Welt (bzw. Wirklichkeit) eine Reihe von Neuinterpretationen. In diesen Prozessen wurden die Grenzen und Methoden der bildlichen Aussage und Sinnkonstitution konzeptuell und praktisch wesentlich erweitert und überschnitten sich mit allgemeinen Erkenntnisstrategien der Epoche.

Wenn sich an dem Material von Bildtheorien belegen lässt, dass die objekträumlichen Ordnungen der phänomenalen Welt nunmehr vom menschlichen Bewusstsein bzw. menschlichen Standpunkt abgeleitet und nicht als gesetzt betrachtet wurden, so lässt sich dementsprechend die Stellung des Räumlichen zunächst als solche betrachten, die im Verständnis der Gelehrten keine *wahre*, sondern nur eine *bedingte* Existenz besitzt, und es stellte sich die Frage, ob wir überhaupt einen von den Gelehrten realistisch aufgefassten Grundbezug auf unbedingte Ordnungen beim Erschaffen der Bildwelten finden können.

Auch in diesem Zusammenhang konnten die im erkenntnistheoretischen Teil gewonnenen Thesen bestätigt werden, wonach das *qi*-bezogene, dynamische und nicht-objektbezogene System als Grundmodell für Methoden und Praktiken in verschiedenen Kunstbereichen nachweisbar ist und es sich in jeweils spezifischen Typen der Begriffsbildung und Bildgestaltungsmethoden widerspiegelt.

1091 Solche Auffassungen erscheinen nicht nur in bildtheoretischen, sondern auch in literarischen Werken dieser Zeit. Die entsprechenden Bezüge sind in Kapitel III angeführt. Ähnliche Schlussfolgerungen lassen sich wohl auch auf Literaturtheorien anderer Autoren wie zum Beispiel Jin Shengtan 金聖嘆 (1608–1661) anwenden, erfordern jedoch weitere Untersuchungen.
1092 Siehe besonders die Beispiele in Punkten 1 und 4.1.

b. Der Grundbezug bildlicher Darstellung

Mit der Verschiebung des Grundbezuges der bildlichen Darstellung weg von den Objekten der phänomenalen Welt und hin zu den abstrakten, prozessualen Prinzipien eines *qi*-bezogenen Systems lässt sich zum einen die Hervorhebung des Rhythmus und paarhafter kategorialer Ordnungen in den Methoden der Bildstrukturierung beobachten. In diesem Zusammenhang wurde hier die Hypothese aufgestellt und weitgehend überprüft, dass die Methoden der Bedeutungskonstitution und Bildstrukturierung in einem großen Ausmaß dazu tendierten, auf musikalisch-akustischen Normen und rhythmusbezogenen Gesetzmäßigkeiten aufzubauen.[1093] Bei der Untersuchung der Kompositionsverfahren war es dementsprechend naheliegend, eine terminologische Verbindung zur Musiktheorie nachzuweisen und zudem zu klären, ob sich die traditionelle Privilegierung des Hörsinns bzw. akustischer Gesetzmäßigkeiten gegenüber dem Sehen bzw. Formhaften im Instrumentarium und in den Methoden der Kunstbereiche nachweisen lässt.

Zum anderem lässt sich verstärkt eine Verbindung zu den Strukturierungsprinzipien literarischer (einschließlich dichterischer) Texte nachweisen. In diesem Zusammenhang wurde eine für diese Kunstbereiche gemeinsame Grundlegung in den prozessual-funktionalen Strukturmethoden und der zugehörigen Terminologie betrachtet.

Vielleicht lohnt es sich an dieser Stelle, das Verständnis der Struktur der bildlichen Darstellung bei chinesischen Gelehrten jener Zeit anhand einer Analogie zu den in der traditionellen generativen Transformationsgrammatik entwickelten Vorstellungen einer „Tiefen-“ und „Oberflächenstruktur“ zusammenzufassen. Tatsächlich zeigt sich, dass in vielen der chinesischen Traktate dieser Zeit eine räumliche Ordnung zunächst als *abgeleitet* aufgefasst bzw. als Funktion (*yong* 用) der auf der phänomenalen Ebene wirkenden Tiefenstrukturen (*ti* 體) der Existenz beschrieben wird.

In einem solchen System des Verhältnisses zwischen Tiefen- und Oberflächenstruktur (*ti* und *yong*) wären die Bildgestaltungs- bzw. Kompositionsmethoden als Methoden zu verstehen, durch welche einerseits Bezug auf die abstrakt gefassten Gesetzmäßigkeiten von *qi*-Wirkungen (Tiefenstruktur) genommen, andererseits aber der Eindruck der phänomenalen Wirklichkeit auf der Oberflä-

1093 In diesem Zusammenhang eröffnet eine empirisch-kognitionswissenschaftliche Erforschung der ästhetischen Erfahrung, insbesondere in Bezug auf die Rolle des Rhythmus, vielversprechende Perspektiven für ein Folgeprojekt. Die Ergebnisse der Forschungsgruppe unter der Leitung von Winfried Menninghaus am Max-Planck-Institut für empirische Ästhetik (Frankfurt am Main) zur Wirkung des Rhythmus in literarischen, insbesondere in dichterischen Werken, liefern relevante Ansatzpunkte, siehe z. B. Auracher et al. 2019, 2020; Knoop et al. 2016; Kraxenberger et al. 2018; Menninghaus et al. 2018; Scharinger et al. 2022 usw.

chenstruktur geschaffen wird. Die Bildgestaltung wurde somit zu einem Prozess von *mapping*, d. h. zu einer Spielart von „Verräumlichung“, gelegentlich auch zur tatsächlichen Visualisierung von *qi*-Gesetzmäßigkeiten gegenüber der phänomenalen Ebene innerhalb der Bildfläche. Den Bildraum sollte man dementsprechend als verräumlichte und visualisierte Verknüpfung zwischen der phänomenalen Welt und deren Grundbezug verstehen und, wie bereits oben hervorgehoben, nicht als Abbild eines äußeren Raumes. Dabei ist zu bemerken, dass die Bildobjekte ihre Bedeutung nicht mittels eines semantischen, also direkten, z. B. durch Ähnlichkeit gewährleisteten Bezuges zu den Objekten der „realen“ Landschaft, sondern vielmehr durch die Positionierung auf der Bildfläche erhielten.[1094] Diese Auffassung lässt sich mit Wittgensteins berühmter These „Gebrauch = Bedeutung“ aus den *Philosophischen Untersuchungen* vergleichen. Allgemein lässt sich aufgrund einer Verbindung unserer Befunde zu Bildstrukturen mit einer tiefgreifenden Erforschung der Sprachstrukturen der untersuchten Zeit eine vergleichende Fragestellung entwickeln, die u. a. das Problem des Wechselverhältnisses zwischen semantischen und syntaktischen Ebenen berühren würde.[1095]

Die grundsätzliche Verschiebung oder Neudimensionierung des Verhältnisses Bild – Welt, die in der Theorie und Praxis der Bildgestaltung in der untersuchten Epoche stattgefunden zu haben scheint, lässt sich also folgendermaßen zusammenfassen: Wenn an vielen Beispielen aus der europäischen Kunstgeschichte der Neuzeit gezeigt werden kann, dass der referenzielle Grundbezug der Bilder auf die auf geometrische Formen reduzierten Objekte der physisch-körperlichen Welt zurückzuführen ist, lässt sich in den untersuchten chinesischen bildgestalterischen Modellen hingegen beobachten, dass die phänomenale (verräumlichte und objekthafte) Ebene des bildlichen Ausdrucks in die Position des Abgeleiteten rückt, wobei sich der Grundbezug auf die Wirkungen und Gesetzmäßigkeiten des *qi* verschiebt. Das auf *qi*-Wirkungen bezogene Darstellungsparadigma ist demnach nicht vor allem geometrisch, sondern eher rhythmisch basiert und lässt sich dementsprechend als prozessual-funktional beschreiben.

***

Solche Verzahnung der phänomenalen Bildwelt mit dem unbedingten Grundbezug ihrer Genese ermöglichte bei Landschaftsdarstellungen die unmittelbare Veran-

1094 Diese These darf natürlich nicht für alle Fälle in der chinesischen Kunstgeschichte verallgemeinert werden. Sie betrifft zum einen das Werk Dong Qichangs und seines Kreises, zum anderen verweist sie auf bestimmte Veränderungen in der Konstitution von Bildstrukturen, die eine Bezugnahme auf reale Orte und Landschaften keineswegs ausschlossen. Ausführlich wurde diese These in Kapitel III, Punkt 3 und 4 diskutiert.

1095 Dies wäre allerdings ein Thema für ein weiteres Projekt.

schaulichung eines wahrnehmungsgestalterischen Moments, das ein überschwemmendes Gefühl der Präsenz und Zeitlosigkeit erweckt.

Abb. 2: Blatt 8 aus dem Albumzyklus *Acht Ansichten der herbstlichen Stimmung* 秋興八景圖冊 (1620) von Dong Qichang 董其昌 (1555–1636). Sammlung des Museums Shanghai.

Abb. 3: Blatt 7 aus dem Albumzyklus *Acht Ansichten der herbstlichen Stimmung* 秋興八景圖冊 (1620) von Dong Qichang 董其昌 (1555–1636). Sammlung des Museums Shanghai.

Abb. 4: Blatt 6 aus dem Albumzyklus *Acht Ansichten der herbstlichen Stimmung* 秋興八景圖冊 (1620) von Dong Qichang 董其昌 (1555–1636). Sammlung des Museums Shanghai.

Abb. 5: Blatt 5 aus dem Albumzyklus *Acht Ansichten der herbstlichen Stimmung* 秋興八景圖冊 (1620) von Dong Qichang 董其昌 (1555–1636). Sammlung des Museums Shanghai.

Abb. 6: Blatt 4 aus dem Albumzyklus *Acht Ansichten der herbstlichen Stimmung* 秋興八景圖冊 (1620) von Dong Qichang 董其昌 (1555–1636). Sammlung des Museums Shanghai.

Abb. 7: Blatt 3 aus dem Albumzyklus *Acht Ansichten der herbstlichen Stimmung* 秋興八景圖冊 (1620) von Dong Qichang 董其昌 (1555–1636). Sammlung des Museums Shanghai.

Abb. 8: Blatt 2 aus dem Albumzyklus *Acht Ansichten der herbstlichen Stimmung* 秋興八景圖冊 (1620) von Dong Qichang 董其昌 (1555–1636). Sammlung des Museums Shanghai.

Abb. 9: Blatt 1 aus dem Albumzyklus *Acht Ansichten der herbstlichen Stimmung* 秋興八景圖冊 (1620) von Dong Qichang 董其昌 (1555–1636). Sammlung des Museums Shanghai.

Schlussbetrachtung

1 Bezugssystem und Stellung in der Wissensgeschichte

Dass sich erkenntnistheoretische Positionen der betrachteten Gelehrten als ein System formulieren lassen, auf das sich einzelne kosmologische und ontologische Ansichten, Sozialordnungsentwürfe, sprachliche und bildliche Ausdrucksweisen beziehen, bekräftigt die in dieser Arbeit vorgestellte anfängliche Hypothese über ein anders gelagertes Kategorisierungsraster, von dem die Gelehrten in der untersuchten Epoche wohl ausgingen.

Wie wir beobachtet haben, ließen sich in einer Gesamtsicht auf das Universum als Totalität von Prozessen und Funktionen existenzielle, metaphysische und zeitlich-räumliche Ordnungen fundamental anders etablieren als in einem Universum, das aus einer Totalität von Substanzen konstruiert wird. Da sich die Bestimmungsparameter, die einer substanziellen Permanenz zukommen würden, in einer prozessualen Auffassung auflösen bzw. sich als *Phasen* oder *Derivate* der Prozesse – nicht jedoch als eigenständige Realitätseinheiten – ansehen lassen, beruhten die entsprechenden kategorienbildenden Verfahren *nicht* auf der Identifizierung der Substanz mit sich selbst oder mit einem transzendierenden Prototyp. Sehr augenfällig sind in diesem Zusammenhang die systematischen Bemühungen der Gelehrten, die Zeit-, Orts- und Gegenstandsreferenzen eines substanzbezogenen Begriffs, generell alle substanzialisierenden Tendenzen in Begriffsbildung und -verwendung so weit wie möglich auszuschalten und stattdessen in Begriffen und Definitionen prozessual-funktionale Bedeutungsdimensionen zu erschließen.

Bemerkenswert ist dabei, dass solche Bemühungen nicht nur abstrakte Begriffe wie etwa das *Dao* oder den Himmel, sondern auch Konzepte von Einzeldingen betrafen. Die untersuchten Texte weisen auf ein Verständnis hin, dass die Formen von Einzeldingen, die in einer Alltagserfahrung als direkt wahrgenommen gelten, im Wesentlichen Resultate eingeübter Wahrnehmungs- und Denkmuster sind, also gewissermaßen aus den Gestaltungsfunktionen des Subjektiven entstehen. Den Ausarbeitungen chinesischer Philosophen zufolge hätten also sowohl „real" existierende (empirisch gegebene) Gegenstände als auch substanzbezogene begriffliche Abstraktionen den gleichen Ursprung im Subjektiven und besäßen folglich nur den Status des Konstruktiven.

Diese Befunde erlauben es, die vorherrschenden Forschungsperspektiven auf die intellektuelle Geschichte der Zeit des Übergangs von der Ming- zur Qing-Dynastie um die folgenden Gesichtspunkte zu ergänzen:

Erstens zeigt sich neben der Kritik an der Konventionalität der traditionellen kosmologischen Schemata ein noch tiefgreifenderes Bewusstsein der Konventio-

https://doi.org/10.1515/9783110791860-019

nalität von habituierten Interpretations- und Kognitionsmustern. Es waren also oft Funktionen von Kognition und Kategorienbildungsverfahren, auf die Gelehrte dieser Übergangszeit bestimmte Mängel in der Konstruktion von Weltmodellen zurückführten.

Zweitens lässt sich die Beschäftigung der Gelehrten mit den – wie wir es heute wohl bezeichnen würden – *psychologischen* Fragestellungen in vielen Fällen deutlich hervorheben.[1096] Die in der Forschungsliteratur oft anzutreffende These über die Hinwendung der Gelehrten zu praktischen Angelegenheiten der externen Welt und ihr Interesse an einer empirischen Erforschung materieller Dinge[1097] lässt sich angesichts dieser Feststellungen wesentlich revidieren. Das indizierte Interesse an Bewusstseinsphänomenen und die damit einhergehenden – meist, aber nicht ausschließlich – polemischen Auseinandersetzungen mit buddhistischen Bewusstseinstheorien und Ausarbeitungen der Lehre des Herz-Geistes (*xinxue*) war auch bei den pragmatisch ausgerichteten Gelehrten ein Teil ihrer allgemeinen Suche nach relevanten Erkenntnismethoden.

Drittens sind, ausgehend von den Ergebnissen dieser Arbeit, Schlüsse in Bezug auf die allgemeine Erkenntnisausrichtung der Epoche anzuzweifeln, denen zufolge ein „Schift vom idealistischen zum materialistischen Denken"[1098] stattgefunden habe und die empirische Erforschung konkreter materieller Dinge und das Interesse an der externen Welt für Gelehrte wie Wang Fuzhi und Fang Yizhi zentral gewesen seien. Die Hinwendung zur Wirklichkeit bei diesen Gelehrten lässt sich eher durch ihre Annahme der definitiven Realität des Wandels bestimmen, demgegenüber Dinge nur als Epiphänomene aufzufassen seien und nicht in ihrer eigenständigen Existenz betrachtet werden dürften. Die Annahme der definitiven Realität bezog sich also nicht auf materielle Dinge, und die Art des Interesses an der Realität oder des Realismus im Allgemeinen, die diese Gelehrten vertraten, kann nicht entlang der Gegensatzpaare Realismus und Idealismus in-

1096 Das Interesse an psychologischen Fragestellungen neben den erkenntnistheoretischen Themen erscheint im Allgemeinen als ein wichtiges Thema in den chinesischen Gelehrtendiskussionen, nicht nur in der hier untersuchten Zeit, sondern generell. Psychologische Fragestellungen werden in der buddhologischen Forschung behandelt, allerdings überwiegend auf dem indologischen und südasiatischen Material, siehe beispielsweise Kalupahana 1992, Coseru 2012. Im Rahmen der (neo-)konfuzianischen Moralphilosophie und den Debatten über die menschliche Natur (*renxing* 人性) sowie die Rolle der Emotionen (für eine Übersicht siehe Angle und Tiwald 2017: 57–116 und die Referenzen dort) gibt es ebenfalls Forschungsansätze, die sich mit psychologischen Inhalten beschäftigen, vgl. z. B. Cua 2002. Roth 1991 identifiziert Elemente psychologischen Wissens in frühen daoistischen Schriften. Trotz dieser Ansätze bleibt das Thema der psychologischen Inhalte im chinesischen Wissenssystem im Allgemeinen jedoch untererforscht.

1097 Vgl. z. B. Ng 1993; Elman 2004b.

1098 Yu 2018: 53.

terpretiert werden. Die realistische Haltung der Gelehrten kann hingegen mit einer einfachen Formel ausgedrückt werden: Alles, was geschieht und was der Fall ist, wird als real anerkannt.[1099] Diese Haltung impliziert eine Anerkennung, dass die Realität nicht durch Substanz begrenzt ist und nicht durch sie definiert werden kann, sondern vielmehr durch die Gesamtheit der Ereignisse und dynamischen Verhältnisse von sich ständig ändernden Gegebenheiten geprägt wird.

Aufgrund dieser Betonung der Zuwendung zur Realität besteht eine Gemeinsamkeit zwischen den Ergebnissen der Forschung zur *kaozhengxue* und den hier gewonnenen Schlüssen: Es wird deutlich, dass die Gelehrten die sich wandelnde Realität in ihren verschiedenen Dimensionen – sei es historisch, sozio-politisch, psychologisch oder in Bezug auf das, was wir als die Naturwelt bezeichnen – anerkannten und erforschten.

Da die Ablehnung der Substanzontologien und der Aufbau der prozessual-funktionalen Systematik als ein konsequent durchgeführtes Projekt im Werk der Gelehrten erscheinen, lässt sich schließlich das Narrativ über das Auffinden von Irregularitäten der Weltordnungen als eine der dominanten Stoßrichtungen in der Gelehrtenforschung der untersuchten Zeit[1100] durch deutliche Belege der von den Gelehrten entwickelten Systematik der prozessualen Weltordnung ergänzen.

Die genannten Schlussfolgerungen zur Systematik sind nicht nur an sich interessant. Eigenschaften und Implikationen des dynamischen Systems erweisen sich auch als grundlegend für chinesische Gelehrtendiskurse in einzelnen Wissensbereichen. Wie im Kapitel III deutlich wurde, lassen sich viele Thesen und Normen im ästhetischen Bereich nur insofern erklären, als sie aus einem Paradigma abgeleitet werden, das auf dem *qi*-Bezugssystem basiert.

Betrachten wir nun zusammenfassend die Implikationen des prozessual-funktionalen Systems im Zusammenhang mit der Frage nach seinen räumlichen Charakteristika.

1099 Vgl. mit Ludwig Wittgensteins berühmter These: „Die Welt ist alles, was der Fall ist" aus dem *Tractatus Logico-Philosophicus*: Satz 1. Ich danke Raji C. Steineck dafür, dass er diese Formel in meine Erinnerung gerufen hat.

1100 Vgl. v. a. Henderson 1994: 223–227. Für Ausführungen zu dieser Stoßrichtung siehe Kap. I, 2.2.3.

2 Implikationen der prozessual-funktionalen Systematik

2.1 Ontologie und prozessual-funktionales Raumkonzept

Wie wir gesehen haben, eröffneten die Hinterfragung der Subjekt-Objekt-Opposition als Grundlage der Erkenntnis und die Lockerung von Annahmen über die Stabilität des subjektiven Standpunktes Möglichkeiten, theoretische und empirische Zugangsweisen zur Wirklichkeits- und Selbsterkenntnis auszuarbeiten, die die Annahme ontologisch realistischer und erkenntnistheoretisch valider Konstanten jenseits der substanz- und subjektbezogenen Auffassungen zulassen.

Wie aufgezeigt wurde, bahnten solche Entwürfe eine Perspektive auf das Räumliche, das durch unabhängig vom menschlichen Standpunkt definierbare Parameter der Wandlungsprozesse in der Welt aufgefasst werden konnte. Diese Art der Räumlichkeit hatte in den Augen der chinesischen Gelehrtenautoren positive Geltungsansprüche.

Ausgehend von den Analysen im zweiten Kapitel werden abschließend einige zentrale Aspekte des Räumlichen wie folgt rekonstruiert:

Im Rahmen der prozessual-funktionalen Systematik gilt es im Allgemeinen, dass Eigenschaften (wie etwa „groß“ und „klein“, „leer“ und „voll“ usw.) und Prozesse (z. B. „Bewegung“ und „Ruhe“) sich nicht als auf ein substanzielles Sein bezogene Attribute (Prädikate) auffassen lassen. Die Paarigkeit, durch die alle Eigenschaften und Prozesse charakterisiert sind, leitet sich von der Annahme her, dass sich zwar jede Eigenschaft und jeder Prozess in einem bestimmten Moment in einem Phase-Zustand befindet, dieser Phase-Zustand jedoch regelmäßig in seinen jeweiligen Gegensatz übergeht. Alle möglichen Phase-Zustände können auf einer Werteskala zwischen zwei Polen „Ein“ und „Aus“ (d. h. anwesend und abwesend) dargestellt werden.

Phänomene (Ereignisse und Entitäten) können demzufolge als Instanziierungen in den prozessualen Leistungen des gesamten Systems der Eigenschaften bzw. Prozesse verstanden werden, genauer als Punkte in einer je spezifischen Disposition dieser Eigenschaften und Prozesse, die sich in jeweils bestimmten Phasen befinden. Die Vorstellung von solchen multidimensionalen Mannigfaltigkeiten möglicher Dispositionen von Eigenschaften und Prozessen auf je einer Phase kann naturgemäß unterschiedlicher Komplexität sein und im Prinzip in die Unendlichkeit weitergedacht werden. Begreifen lässt sich diese unendliche Komplexität anhand einer Vorstellung von zyklischen Ordnungen, nach denen sich alle potenziellen und aktuellen Dispositionen der sich in je einer bestimmten Phase befindenden Eigenschaften und Prozesse arrangieren.

Die Überführung aller dinglichen Bestimmungen in Prozesse und die Loslösung ihrer Bindung an Substanzen erlaubte, wie im Kapitel II gezeigt wurde, eine Abstrahierung von dynamischen Parametern und Gesetzmäßigkeiten. Das Räumliche konnte dementsprechend als ein abstrahierter Parameter der Totalität von Prozessen interpretiert werden. Dabei sind in solchen Auffassungen die alten Vorstellungen, die im Zusammenhang mit den Begriffen „Ausdehnung" (*yu*) und „Dauer" (*zhou*) in Kapitel I angeführt wurden,[1101] wiederzuerkennen. Die Interpretationen der Gelehrten des 17. Jahrhunderts behielten offensichtlich den Grad der Abstraktheit und Universalität der alten Raumauffassungen bei. Dennoch trat die Idee der prozessual-funktionalen Entwicklung dieser Parameter in die neueren Auffassungen. Diese Idee hob sich von früheren Deutungen der raumbezogenen Begriffe ab, die noch statisch, also als Dimensionen der unveränderlichen Struktur des Universums konzipiert waren. Worin diese Änderung konkret bestand, könnte man wie folgt umreißen:

Jene Dispositionen, in welchen sich bestimmte Eigenschaften und Prozesse in je bestimmten Phasen zu einem bestimmten Moment zueinander befinden, können in ihrer *räumlichen* Dimension aufgefasst werden als Gesamtheit relativer Positionen der Eigenschaften und Prozesse in je bestimmten Phasen. Da diese Dispositionen jeweils *vorübergehend* sind, ändern sich dementsprechend auch die konkreten räumlichen Werte. Die räumliche Dimension ist also untrennbar mit dem zeitlichen Verlauf verbunden. Die Gesamtheit aller potenziellen und aktuellen Dispositionen mit jeweils entsprechenden räumlichen Dimensionen ist, wie bereits erwähnt, zyklisch wiederkehrend konzipiert.

Da ein Phänomen als ein Moment des Zusammenkommens bestimmter Eigenschaften und Prozesse in je bestimmten Phasen verstanden wird, werden die Dauer und die Ausdehnung des Phänomens desto größer, je länger das Zusammenkommen mit dieser Disposition „da" bleibt. Das größte unter solchen Phänomenen mit maximaler Ausdehnung und Dauer ist das Universum.

Funktionieren und Fortlaufen der Weltprozesse sind das, was die Wirklichkeit ausmacht, und die Orientierung an der Wirklichkeit dieser Prozesse ist das, was moralische Normen ausmacht. Eben dies scheint die Botschaft jener Aussage Wang Fuzhis aus seinen *Aufzeichnungen von Reflexionen und Fragen* zu sein, die in verkürzter Form bereits zitiert wurde. Nun folgt diese Passage vollständig:

> 上天下地曰宇, 往古來今曰宙。雖然, 莫為之郛郭也。惟有郛郭者, 則旁有質而中無實, 謂之空洞可矣。宇宙其如是哉? 宇宙者, 積而成乎久大者也。二氣絪緼, 知能不舍, 故成乎久大。二氣絪緼而健順章, 誠也; 知能不舍而變合禪, 誠之者也。謂之空洞而以虛室觸物之影為良知, 可乎?

> Den Himmel oberhalb und die Erde unterhalb bezeichnet man [zusammengenommen] als „Ausdehnung", das vergangene Altertum und die kommende Gegenwart bezeichnet man [zusammengenommen] als „Dauer". Dennoch sind [diese Bezeichnungen] nicht als eine

1101 Siehe Kapitel I, Punkt 2.2.2.

> „Wand", die ein Gebiet [abgrenzt], zu verstehen. [Denn] sobald es eine Wand für ein Gebiet gibt, folgt daraus, dass es an den Seiten stoffliche Qualität gibt, die Mitte aber nicht gefüllt (*shi*) ist, weshalb es zulässig wäre, es als „leere Höhle" zu bezeichnen. Wie aber kann es sein, dass Ausdehnung und Dauer sich so verhalten? Ausdehnung und Dauer sind das, was infolge einer Akkumulation langzeitig und groß wird. Die zwei [Qualitäten des] *qi* sind sich wandelnd ineinander verflochten, das Wissen und das Können legen einander nicht ab, deswegen kann aus diesen [Prozessen] die Langzeitigkeit und Größe vollbracht werden. Indem die zwei [Qualitäten des] *qi* sich wandelnd ineinander verflochten sind, werden Kraft und Aufrichtigkeit [dieser Wirkungen] manifest – das ist die Wahrhaftigkeit [des *Dao* des Himmels]. Indem Wissen und Können einander nicht ablegen, werden Wandel und Vereinigung tiefgreifend erfasst – das ist das, wohin man wahrhaftig gelangt [im *Dao* des Menschen].[1102] Wie aber wäre es dann zulässig, dies als „leere Höhle" zu bezeichnen und das Berühren der Schatten von Dingen in einem leeren Zimmer als das gute Wissen zu betrachten?[1103]

Ein grundlegender Unterschied der Raumauffassung im Rahmen einer prozessual-funktionalen Systematik zu einer substanzbezogenen Raumauffassung scheint im Folgenden zu bestehen: Die Annahme ist nicht, man *befinde* sich in einer grundsätzlich räumlichen Welt, sondern die Räumlichkeit ist als *eine* der Funktionen der Prozesse gedacht. Obwohl diese Funktion auch eine Abstrahierung zu einem universellen Raumkonzept zulässt, wird Räumlichkeit nicht in den Status einer Grundlage der Welt erhoben. Unsere Grundbestimmung des prozessual-funktionalen Systems als „Nicht-Räumliches" leitet sich von dieser Mutmaßung ab.

Es scheint darüber hinaus so, dass bei dieser Art der Raumauffassung grundlegende Unterschiede zwischen einem mechanischen und einem dynamischen Weltmodell erfassbar werden. Diese Unterschiede bestehen vor allen Dingen in folgenden Gesichtspunkten: Räumlichkeit im dynamischen Weltbild entfaltet sich nicht als Attribut *von* Dingen oder als Raum *zwischen* Dingen. Der Raum wird nicht als eine Zusammenführung von Räumlichkeiten der Objekte oder als Summe von *topoi* konzipiert. Somit bestehen keine Voraussetzungen für die Herausbildung eines Konzepts des dreidimensionalen Systemraumes, korrespondierender Begrifflichkeiten sowie von Verfahren, mit ihm zu operieren. Das Potenzial der prozessual-funktionalen Systematiken ist hingegen nicht mit einem solchen Konzept verbunden.

1102 Bezüglich der „Wahrhaftigkeit" [des *Dao* des Himmels] und dem „wohin man wahrhaftig [im *Dao* des Menschen] gelangt" vgl. *Zhongyong*: 62: „Die Wahrhaftigkeit ist das *Dao* des Himmels, die Erlangung der Wahrhaftigkeit ist das *Dao* des Menschen" (誠者，天之道也。誠之者，人之道也).

1103 Wang, *Siwen lu*: 22. Das „gute Wissen" (*liangzhi* 良知) ist ein zentraler Begriff der Lehre des Herz-Geistes (*xinxue*) des Wang Yangming. Siehe hierzu Ivenhoe 2009, 2011; Kern 2010; Lederman 2021. Wang Fuzhi tritt hier offensichtlich der Ansicht dieser Lehre polemisch entgegen, wie dieses Wissen erreicht werden kann und wohin man mit diesem Wissen gelangt.

2.2 Kategorienbildung, Begriffsbildung und Repräsentation

Die Setzung von Prozessen und Funktionen als Hauptinstanz der Kategorienbildung hat wohl folgende Implikationen für eine Sprach- und Repräsentationstheorie:

Kategorien- und Begriffsbildung
In der prozessual-funktionalen Systematik entstehen die logischen und epistemischen Probleme der Verknüpfungen (Medialität) zwischen gegenübergestellten „Sein" und „Nicht-Sein", Geist und Materiellem, Transzendentalem und Empirischem nicht. Die Paarhaftigkeit einer solchen Systematik gleicht nicht dem Dualismus eines substanzialistischen Systems und ist demgegenüber anders „dimensioniert". Sie lässt keine der oben angeführten Gegenüberstellungen bzw. Ausdifferenzierungen zu.[1104] Zugleich sind, wie im vorangegangen Punkt 2.1 angeführt, Eigenschaften und Prozesse nicht als auf eine Substanz bezogene Attribute aufzufassen.

Mit diesen konzeptuellen Voraussetzungen verliert eine propositionale Aussage in einer aus den Positionen eines solchen Systems entworfenen Sprachtheorie ihre Relevanz, wobei die Eindeutigkeit deiktischer (indexikalischer) Verhältnisse des Subjekts zum Objekt in einer Auffächerung der in den jeweiligen Semantiken enthaltenen Gegensätze quasi aufgelöst wird (d. h. eine Aussage gleicht ihrem Gegensatz). Phänomene werden nicht für sich genommen ausdifferenziert und indexikalisiert, sondern nur aufgrund ihrer „Positionen" in den relationalen Verhältnissen kategorisiert. „Der Raum" kann beispielsweise nur im Verhältnis zu dem explizit oder implizit berücksichtigten „Nicht-Raum" als Kategorie hervortreten – eine Spielart der *xu-shi*-Verhältnisse.

Wir können somit annehmen, dass die mit den Kopulaverben hergestellten Identifikationsverhältnisse keine ontologischen Identitätsbeziehungen bezeichnen, sondern nur sprachliche bzw. intrasystemische. Definitionen als etwas, das ein Phänomen mit einem außersprachlichen Referenten verbindet, sind folglich irrelevant.

Ausgehend von den Grundlagen der prozessual-funktionalen Systematik können wir darüber hinaus für die entsprechenden Sprachtheorien annehmen, dass Verben – also symbolische Ausdrücke, bei denen ein Prozess den Hauptaspekt ihrer Semantik darstellt[1105] – Priorität vor den Substantiven haben, die wohl nur

1104 Vgl. Hall und Ames 1987.

1105 Langacker 1987: Bd. 1, 247. Zu „spatial extension in words" vgl. Langacker 1991: Bd. 2, 14; 1987: Bd. 1, 246–248.

als Instanziierungen oder „Resultate" der Prädikate aufgefasst werden.[1106] Man könnte darüber hinaus sagen, dass Prädikate als Ausdrücke für das, was vor sich geht, „näher" an der Realität stehen als die Substantive.

Wenn wir von einer prozessual-funktionalen Systematik ausgehen, können wir zudem hinsichtlich der Begriffsbildung folgende Merkmale vermuten:

Charakteristisch für eine prozessual-funktionale Systematik ist wohl eine *bottom-up* Begriffsbildung. Es wird nicht von einem Oberbegriff (etwa: „Raum") ausgegangen, dergestalt dass dann je spezifische Fälle – z. B. unterschiedliche Wortbildungen mit „Raum", „Raumsphären" und „Raumbereichen" – als Spielarten dieses allgemeinen „Raumes" gelten würden. Vielmehr wird eine konkrete Bezeichnung eines Phänomens (etwa „Berg") infolge einer Hervorhebung des prozessualen Aspektes in der Semantik (vom „Berg" zum „Bergsein" oder sogar zum „als Berg-funktionieren") und einer Hinzufügung des Gegensatzes („Wasser" bzw. „Wassersein" bzw. „als Wasser-funktionieren") zu einer abstrakteren Kategorie ausgebildet.[1107] Bei dieser Art der Begriffsbildung findet die Abstrahierung einer entsprechenden Eigenschaft oder eines Prozesses mit Berücksichtigung ihrer zwei Pole statt; eine Eigenexistenz wird hingegen nicht postuliert.

Die hier entwickelten Entwürfe der Implikationen einer wandlungsbasierten Systematik für die Sprachtheorie und Begriffsbildung entsprechen einigen Postulaten der gelegentlich als *pragmatic turn* bezeichneten Forschungsrichtung in der Sinologie.[1108] Zum Beispiel stimmen die vorliegenden Schlussfolgerungen hinsichtlich der Irrelevanz propositionaler Aussagen mit Resultaten jener Forschung überein, in der ein pragmatischer und nicht-propositionaler Charakter grammatischer Konstruktionen im Antikchinesischen und die pragmatisch-performativen Dimensionen als essenzielle Merkmale des „chinesischen Denkens" hervorgehoben wurden.[1109] Es gilt jedoch anzumerken, dass solche Merkmale nur *bestimmte*

1106 Dies lässt sich gut am Beispiel der Etymologie von *shi* 勢 (‚dynamische Konfigurationen, Ausprägung') als Nominalisierung von *she* 設 (‚to set up, establish') illustrieren. Zu dieser Etymologie siehe Baxter und Sagart 2014: 98.

1107 Vgl. Erkes 1950.

1108 Als Hauptvertreter dieser Forschungsrichtung kann Chad Hansen gelten, vgl.: „I offered an interpretive theory. The former argued that Chinese theories of language did not postulate abstract or mental entities" und „The early Chinese cosmos is a world of transformation that does not feature unchanging substances with attributes" (Hansen 1993: 45–46). Zu Hansens Thesen über die Abwesenheit von „unchanging substances" and „abstract or mental entities" in den frühen chinesischen Erkenntnistheorien, seiner Schlussfolgerung „the chinese (philosophers) did not used semantic truth" und propositionalen Aussagen (vgl. Hansen 1983, 1984) gibt es in der Sinologie sowohl Gegner als auch Befürworter. Zu den Ersteren gehören etwa Bao 1985; Bosley 1997; Reding 1986 und Roetz 1993, 2006; zu Letzteren Trauzettel 1970; Möller 1992 usw.

1109 Siehe dazu Hansen 1983; Hall und Ames 1987.

erkenntnistheoretische und kategorienbildende Verfahren des untersuchten Zeitraumes betreffen, nur in *Theorien* und bei bestimmten Begriffsbildungsprozessen, keineswegs aber in der gesamten Sprach*praxis* nachweisbar sind. Solche pragmatisch orientierten Theorien und Verfahren erlauben also durchaus keine Charakterisierung der „ganzen chinesischen Kultur". Gerade die Tatsache, dass sich die chinesischen Philosophen, deren Werke hier untersucht wurden, *bemühten*, die Irrelevanz einer propositionalen Aussage zu beweisen, bedeutet, dass sowohl propositionale Aussagen als auch Urteile im Sinne von „wahr"/„falsch" in der Sprache, im Alltagsdenken und in manchen philosophischen Reflexionen präsent und verbreitet waren.[1110]

Solchen Essenzialisierungstendenzen widersprechend, wird hier jedoch eine Hypothese zur Möglichkeit einer generellen Schlussfolgerung zum Charakter einer Epoche in Bezug auf ihren Umgang mit dem „räumlichen Inhalt" aufgestellt. Es ist zu vermuten, dass die Häufigkeit der Verwendung von raumbezogenen Begriffen und der Grad räumlicher Anteile in den Semantiken der Grundbegriffe, Verständnismodelle und konzeptuellen Schemata, die in einer bestimmten Epoche vorherrschen, desto kleiner ist, je mehr von den Grundlagen einer prozessual-funktionalen Systematik ausgegangen wird. Umgekehrt wäre er desto größer, je mehr von einem räumlich-substanziellen Weltmodell ausgegangen wird.

Für die Überprüfung solch weitreichender Hypothesen wäre selbstverständlich eine breit gefasste korpuslinguistische Untersuchung nötig. Es wäre ebenfalls die Aufgabe für eine weitere Forschungsarbeit, zu überprüfen, ob ein Wechselverhältnis zwischen Zunahme/Abnahme von räumlichen Bedeutungsdimensionen einerseits, und der Herausbildung eines allgemeinen Raumbegriffs andererseits besteht. Im konkreten Fall chinesischer Wissensgeschichte wäre des Weiteren zu überprüfen, ob die „Raumzunahme", sollte sie stattgefunden haben, mit dem Untergang der *qi*-Forschung oder mit der Einführung und Verbreitung des europäischen Raumkonzepts in unterschiedlichen Wissensbereichen zusammenfällt. Eine allgemeine Frage wäre hierzu, ob man auf diese Weise und anhand solcher Analysen der „Raumwende" habhaft werden kann und die hier vorgestellte Hypothese von „räumlichen" und „nicht-räumlichen" Wissensparadigmen bestätigt werden kann.

Repräsentation

Wie es sich vermuten ließ, findet die Bedeutungskonstitution und -repräsentation in einem nicht-räumlichen Paradigma anders statt als in einem Repräsentationsparadigma, das im Zusammenhang mit der Substanzontologie bzw. dem dualistischen

---

1110 Demnach schließt die vorliegende Arbeit eher an jene Forschungsrichtung an, die solchen *essenzialisierenden* Auffassungen entgegentritt. Siehe v. a. Roetz 1993 und 2006.

Verhältnis zwischen Subjekt und Objekt und dem ihm zugehörigen Modell des Sehens stattfindet. Es scheint schlüssig, dass sich bei Letzterem die Welt als Repräsentation bzw. als Bild *vor* den Augen abspielt. Damit verbunden sein dürfte die Idee der mentalen Repräsentationen als sich quasi im Kopf abspielende Bilder.[1111] Die am Anfang des Kapitels II angesprochene Paradoxie der Nicht-Analysierbarkeit des räumlichen subjekt-objekt-bezogenen Erkenntnismodells anhand von räumlichen Verhältnissen, die durch dieses Modell konstruiert werden, verweist genau auf das Problem einer Weltauffassung, in der keine andere Verbindung der Welt zum Subjekt denkbar ist als durch innere (mentale) oder äußere (z. B. bildliche) Repräsentationen. Zu dem Brückenschlag zwischen der Entstehung der Repräsentation und der Entstehung des Raumes wurden die Ausführungen Cassirers zur Rolle des Zeichens im Zustandekommen der räumlichen Welt bzw. zur „Zerlegung der phänomenalen Wirklichkeit in Darstellendes und Dargestelltes“ zitiert, die stattfindet, sobald das Subjekt-Objekt-Verhältnis besteht.[1112] Zwar wurde in den Kognitionswissenschaften bzw. in den *theories of mind* schon längst die Idee verworfen, dass die Räumlichkeit kognitiver Prozesse genau wie die Räumlichkeit in physikalischen Modellen zu verstehen ist.[1113] Doch wird immer noch weithin das repräsentationsbasierte Verhältnis zur Welt angenommen, das die konzeptuelle Gegenüberstellung zwischen Subjekt und Objekt intakt lässt. Aus der Perspektive der betrachteten chinesischen, besonders der buddhistisch ausgerichteten Gelehrten ist die Entgegensetzung von Subjekt und Objekt bereits eine Folge der konstruktiven Funktionen der Kognition und nicht deren Ausgangspunkt.

Im Kapitel III wurden alternative Modelle der Bildlichkeit und des Bildes namentlich als *Nicht*-Repräsentation betrachtet. Dort wurde zum einen eine scheinbar paradoxe Hypothese überprüft, dass – im Gegensatz zu den textbildenden, musikalisch-resonierenden und anderen *nicht visuell basierten* Strukturfaktoren – dem

1111 Vgl. das von Daniel Dennett über das Bewusstsein hervorgebrachte Konzept des „cartesischen Theaters“ bzw. „die Auffassung, als gäbe es im Gehirn einen Ort, an dem alles zusammenkomme: Sinneseindrücke, Handlungsentwürfe und Gedanken würden auf einer einzigen Bühne zusammengeführt und böten dem Ich die Repräsentation der Welt“ (Massing 1995).

1112 Cassirer 2002: 161. Vgl. auch Cassirer 2004: 423 im Zusammenhang mit der künstlerischen Darstellung: „Denn als Inhalt der künstlerischen Darstellung ist das Objekt in eine neue Distanz, in eine Ferne vom Ich gerückt – und in ihr erst hat es das ihm eigene, selbstständige Sein, hat es eine neue Form der ‚Gegenständlichkeit‘ gewonnen.“

1113 Vgl. Pylyshyn 2007: 1 referiert die Fragestellungen der Kognitionswissenschaften: „mental representations – such as those underlying mental imagery – attain their *apparently* spatial character that allows them to be used in thought the way diagrams are used“ (Hervorhebung *PL*) und Pylyshyn 2007: X: „What are the properties of mental images that allows them to function in thought, and how do certain kinds of thoughts – thought about spatial layouts – manage to display properties very similar to those of perceived space.“ Vgl. auch Constantinescu et al. 2016.

Sehen und der Visualität in den untersuchten chinesischen Bildgestaltungsmethoden eine eher bescheidenere Rolle zugewiesen wurde, als es bei bildenden Künsten zunächst nahezuliegen scheint. Mit dem Sehen bzw. den diskreten Formen, die im Sehen ausdifferenziert werden, wurde eher die Funktion des Schaffens einer imaginären, scheinbaren Welt assoziiert – ganz im Gegensatz zur Funktion des Sehens im europäischen neuzeitlichen Wissenschafts- und Darstellungsparadigma.

Die Betrachtung der Bedeutungskonstitution und Referenzialität bildlicher Darstellung im Kapitel III führte zum anderen zur Schlussfolgerung, dass im Unterschied zu den angesprochenen Repräsentationsmodellen eines räumlich- und substanzbezogenen Systems, die die Lösung zum Problem der Medialität eines *dualistischen* Systems zur Verfügung stellen, in einer prozessual-funktionalen Systematik die klassifikatorische Ausdifferenzierung von Äußerem–Innerem, Referenz–Referent, Objekt–Zeichen und letztlich auch von Beobachtetem–Beobachter jeweils nicht endgültig vollzogen werden kann. Die Aussonderung eines Wahrnehmungs- oder Darstellungsinhaltes und die damit einhergehende Setzung des Selbst als Wahrnehmungs- und Darstellungssubjekt ist immer situativ und kontextbezogen: Das Hervorgehobene setzt auch das nicht Hervorgehobene voraus,[1114] bleibt im Status einer vorübergehenden Phase oder eines Zustands im prozessualen Netzwerk und führt nicht zur Fixierung einer semantischen Tatsache und der entsprechenden Kondensierung zu einem Ding bzw. einem Begriff.[1115]

Sollte hingegen Letzteres stattfinden, würde dieses „Ding" einen eigenen Raum und eine eigene Zeit entfalten, schließlich einen eigenen Bedeutungsinhalt aufnehmen, die dann zusammen den Referenten des „Dinges" konstituieren. All dies kann dann Objekt einer Repräsentation werden. Es sind solche Vorgänge, die bei Repräsentationsmodellen eines räumlich- und substanzbezogenen Systems zu vermuten sind.

Der Schluss der Arbeit (Kapitel III, Punkte 7 und 8) demonstrierte eine buddhistische Auffassung zur Abschaffung jeder Form der Referenzialität zugunsten einer radikalen Gleichheit zwischen der Welt und der Bezugnahme im reinen Prädikat *Sehen*.

1114 Vgl. *marked/unmarked states* in Spencer-Brown 1969.

1115 Vgl. die Ausführung zur Fixierung/Nicht-Fixierung einer semantischen Tatsache und den Vergleich mit der Fregean tradition in Raftopoulos und Machamer 2012: 7–8.

Schlusswort

Die vorliegende Arbeit stellt Auseinandersetzungen mit der Kategorie des Räumlichen auf der Grundlage von chinesischen philosophischen und kunsttheoretischen Texten des 17. Jahrhunderts vor.

Ausgehend von den Reflexionen der Gelehrten über Kognition, Wirklichkeit und Tradition wurden erkenntnistheoretische Bedingungen rekonstruiert, die die Funktions- und Repräsentationsweisen des Räumlichen in der untersuchten Zeit prägten.

Das Verfahren, die Ausprägungen des Räumlichen systematisch im Hinblick auf die in ihnen thematisierten erkenntnistheoretischen Voraussetzungen zu analysieren, ermöglichte eine deskriptive und explikative Untersuchung eines Gesamtbezugssystems, in dessen Rahmen die Prämissen der Denk- und Ausdrucksformen des Räumlichen in unterschiedlichen Wissensbereichen – kosmologisch-metaphysischen, bewusstseinstheoretischen und bildgestalterischen – kohärent eingebettet werden konnten.

Der nicht zu vermeidende hohe Abstraktionsgrad gewisser Aspekte der unternommenen systemischen Rekonstruktion wurde durch die zahlreichen Analysen von Quellenbeispielen ausbalanciert. Die Merkmale des Bezugssystems und die Bestimmungen des Räumlichen konnten als Schlussfolgerungen gerade aus jenen konzeptuellen Zusammenhängen gezogen werden, auf die die untersuchten Quellen hinweisen. Von primärer Bedeutung war es also, diese Zusammenhänge im Hinblick auf ihre logischen Implikationen zu befragen und auf dieser Basis eine tiefgreifende Kontrastierung zu anderen Konzeptualisierungsweisen des Räumlichen im Rahmen anderer Bezugssysteme aufzubauen.

Dieser Aufgabe wurde die Herstellung eines direkten Bezuges auf konkretgeschichtliche Ereignisse und auf die sozio-politischen Umstände des Fortbestehens und der schließlichen Auflösung des untersuchten Bezugssystems im Laufe der „epistemologischen Wende" des 17. Jahrhunderts untergeordnet.

In ihrer methodischen Ausrichtung und in den Zielsetzungen positioniert sich diese Arbeit also einer Beobachtung des geschichtlichen Verlaufs in gewissem Sinne entgegen: Ein System wurde untersucht, das in den unmittelbar evolvierten historischen Zusammenhängen kaum fassbare Auswirkungen aufwies.

Die Tragweite des rekonstruierten Bezugssystems, so unser Argument, liegt jedoch nicht auf der Oberfläche des historischen Geschehens; sie erweist sich vielmehr in der systematischen Darstellung von alternativen Zugangsweisen zu Kognition und Wirklichkeit. Die Manifestationen oder auch latenten Wirkungen solcher alternativen Denkmöglichkeiten gehören zu den wichtigen Antriebskräften des Wissensfortschritts und müssen dementsprechend in einer Wissensge-

https://doi.org/10.1515/9783110791860-020

schichte jeweils grundlegend berücksichtigt werden. In ihrer diachronen Reichweite enthalten diese alternativen Untersuchungsansätze Impulse, die durch typologisch verwandte Zugriffsformen in den gegenwärtigen Wissenschaftsbereichen durchaus entwicklungsfähig sind. Letztlich verfügen sie als „Gehversuche“ auf der Suche nach den Universalien des Menschseins über eine immerwährende Aktualität.

Quellen und Literatur

Quellen

AVATAṂSAKA-SŪTRA (*Da Fang Guang Fo Huayan jing* 大方廣佛華嚴經), in: Taisho Bd. 10, Nr. 279.

DA, *Huaquan*: Da Chongguang 笪重光, *Huaquan* 畫筌, (Kommentierte Auflage: *Huaquan xilan* 畫筌析覽), in: Lu Fusheng 盧輔聖 (Hg.), *Zhongguo shuhua quanshu* 中國書畫全書. Shanghai: Shuhua 1993. Bd. 9.

DAODEJING, *Lao zi zhu* 老子注, kommentiert von Wang Bi 王弼 (226–249), in: *Zhuzi jicheng* 諸子集成. Shanghai: Shudian 1986, Bd. 3.

DAXUE: *Xinbian daxue zhengshi* 新編大學證釋 [Neue Ausgabe der Interpretation und Erklärung des *Daxue*]. Taizhong: Guanghui wenhua 2008.

DEQING, *Bashi guiju*: Hanshan Deqing 憨山德清, *Bashi guiju tongshuo* 八識規矩通說 [Durchdringende Erklärung zu den *Maßregeln der acht Formen des Bewusstseins*], in: Taisho Xuzangjing-Sammlung 續藏 (X) Nr. 893, Bd. 55.

DEQING, *Lengyanjing tongyi*: Hanshan Deqing 憨山德清 *Lengyanjing tongyi* 楞嚴經通議 [Der durchdringende Sinn des *Śūraṅgamasūtra*], in: Taisho Xuzangjing-Sammlung 續藏 (X) Nr. 279, Bd. 12, 515c13–531a25.

DEQING, *Mengyou ji*: Hanshan Deqing 憨山德清, *Hanshan Laoren meingyouji* 憨山老人夢遊集 [Sammlung von Traumreisen des alten Mannes Hanshan], in: Taisho Xuzangjing-Sammlung 續藏 (X) Nr. 1456, Bd. 73.

DEQING, *Zhaolun lüezhu*: Hanshan Deqing 憨山德清, *Zhaolun Lüezhu* 肇論略注, in: Taisho Xuzangjing-Sammlung 續藏 (X) Nr. 873, Bd. 54.

DEQING, *Zhongyong*: Hanshan Deqing 憨山德清, *Zhongyong zhizhi* 中庸直指 [Direkte Hinweise des *Zhongyong*]. Jingling 1884. https://ctext.org/library.pl?if=gb&res=90835&remap=gb [letzter Aufruf am 04.07.2023].

DONG, *Chanyue*: Dong Qichang 董其昌, *Chanyue* 禪悅 [Freuden des Chan], in: Dong Qichang, *Rongtai ji* 容臺集 (4 Bde). *Mindai yishu jia ji huikan* 明代藝術家集彙刊 [Das Gesamtwerk von Rongtai. (Veröffentlichungen von Gesamtwerken der Künstler der Ming-Dynastie)]. Taibei 1968. Bd. 4: 1786–1843.

DONG, *Huazhi*: Dong Qichang 董其昌, *Huazhi* 畫旨 [Das Essenzielle des Malens], in: Dong Qichang, *Rongtai ji* 容臺集 (4 Bde). *Mindai yishu jia ji huikan* 明代藝術家集彙刊 [Das Gesamtwerk von Rongtai. (Veröffentlichungen von Gesamtwerken der Künstler der Ming-Dynastie)]. Taibei 1968. Bd. 4: 2089–2200.

FANG, *Dongxi jun*: Fang Yizhi 方以智, *Dongxi jun* 東西均 (1652) [Die Gleichheit des Ostens und des Westens], in: Huang Dekuan 黃德寬 et al. (Hg.) *Fang Yizhi quanshu* 方以智全書 [Das Gesamtwerk von Fang Yizhi]. Hefei: Huang shan 2019. Bd. 1.

FANG, *Shanjing*: Fang Xun 方薰, *Shanjing ju hualun* 山靜居畫論 [Abhandlungen zur Malerei des in der Bergruhe Verweilenden], in: Sun Fuqing (Hg.) 孫福清, *Zuili yishu* 檇李遺書 [Die hinterlassenen Schriften von Zuili]. Sunshi wangyun xian guan 1878.

FANG, *Wuli xiaoshi*: Fang Yizhi 方以智, *Wuli xiaoshi* 物理小識 (1664) [Bescheidene Erkenntnisse zu den Prinzipien der Dinge], in: Huang Dekuan 黃德寬 et al. (Hg.) *Fang Yizhi quanshu* 方以智全書 [Das Gesamtwerk von Fang Yizhi]. Hefei: Huang shan 2019. Bd. 7.

https://doi.org/10.1515/9783110791860-021

FANG, *Yaodi*: Fang Yizhi 方以智, *Yaodi pao Zhuang* 藥地炮莊 [Mönch Yaodi röstet Zhuangzi], in: Ji Yun (Hg.), *Siku quanshu* 四庫全書 [Vollständige Schriften der Vier Schatzkammern]. https://archive.org/details/02092125.cn/page/n2/mode/2up [letzter Aufruf am 16.07.2023].

GU, *Hua yin:* Gu Ningyuan 顧凝遠, *Hua yin* 畫引 [Heranführung an die Malerei], in: Huang Binhong 黃賓虹 und Deng Shi 鄧實 (Hg.): *Meishu congshu* 美術叢書. Yangzhou: Jiangsu guji 1986. Bd. 1.

GUANZI: *Guanzi jiaozheng* 管子校正, Dai Wang 戴望 (Hg.), in: *Zhuzi jicheng* 諸子集成, Xianggang: Zhonghua shuju 1978. Bd. 5.

GUO, *Linquan*: Guo Xi 郭熙, *Linquan gaozhi* 林泉高致 [Erhabene Kunde von Wäldern und Strömen], in: Huang Binhong 黃賓虹 und Deng Shi 鄧實 (Hg.): *Meishu congshu* 美術叢書. Yangzhou: Jiangsu guji 1986. Bd. 2.

GUO, *Zangshu*: Guo Pu 郭璞, *Zang shu* 葬書 [Dokumente zur Beerdigung] in: *Qinding siku quanshu, zibu 7, shushu lei 3*钦定四库全书·子部7·術數類3 [Kaiserlich genehmigte Vier-Kataloge-Gesamtsammlung, Klassische Schriften Bd. 7, Kategorie der der Techniken und Berechnungen 3], o. J.

GUO, *Zhuangzi zhu*: Guo Xiang 郭象, *Zhuangzi zhu* 莊子注 [Kommentar zum *Zhuangzi*], in: *Zhuang zi jishi* 莊子集釋, Guo Qingfan 郭慶藩 (Hg.), in: *Zhuzi jicheng* 新編諸子集成, Beijing: Zhonghua shuju 1982. Bd. 4.

HUAINANZI: *Huainanzi* 淮南子, kommentiert von Gao You 高誘, in: *Zhuzi jicheng* 諸子集成, Xianggang: Zhonghua shuju 1978. Bd. 7.

HUANG, *Mingru xue'an*: Huang Zongxi 黃宗羲, *Mingru xue'an* 重編明儒學案 [*Untersuchung des Ming-Konfuzianismus* in neuer Auflage]. Taibei: Guoli bianyiguan 1964.

JING, *Bifa*: Jing Hao 荊浩, *Bifa ji* 筆法記 [Aufzeichnungen zu Normen des Pinsels], in: Huang Binhong 黃賓虹 und Deng Shi 鄧實 (Hg.): *Meishu congshu* 美術叢書. Yangzhou: Jiangsu guji 1986. Bd. 3.

JING, *Shanshui*: Jing Hao 荊浩, *Shanshui jieyao* 山水節要 [Nach Abschnitten gegliederte Hauptpunkte zur Landschaftsmalerei], in: Huang Binhong 黃賓虹 (Hg.): *Meishu congshu* 美術叢書, Shanghai: Shenzhou 1936. Bd. 3.

KANGXI ZIDIAN: Zhang Yushu 張玉書, Cheng tingjing 陳廷敬 et al. (Hg.), *Kangxi zidian* 康熙字典 (1716) [*Zeichenlexikon der Kangxi-Ära*]. http://hy.httpcn.com/kangxi/ [letzter Aufruf am 15.07.2023].

LI, *Shanshui*: Li Cheng 李成, *Shanshui jue* 山水訣 [Die Geheimnisse der Berge-Wasser[malerei]], in: Huang Binhong 黃賓虹 (Hg.): *Meishu congshu* 美術叢書, Shanghai: Shenzhou 1936. Bd. 4.

LI, *Xinjing tigang*: Li Zhi 李贄 (Li Zhuowu 李卓吾), *Bore Xinjing tigang* 般若心經提綱 [Die Grundthesen des *Prajna-Herz-sūtra*], in: Taisho Xuzangjing-Sammlung 續藏 (X) Nr. 543, Bd. 26, 0830b20.

LI, *Zhulan*: Li Rihua, 李日華 *Zhu lan hua nei* 竹嬾畫媵 [Malerei-Gefährte in der Bambus-Muße], in: Yu Shaosong 余紹宋 (Hg.), *Huafa yaolu* 畫法要錄, [4:8]. Taiwan: Zhonghua 1967.

LI, *Zitao*: Li Rihua李日華, *Zitao xuan zazhui* 紫桃軒雜綴 [Miszellen aus dem Studio des Purpurnen Pfirsichbaums], in: *Liuyan zhai biji. Zitao xuan zazhui* 六硯齋筆記。紫桃軒雜綴. Nanjing: Fenghuang chubanshe 2010.

LIU, *Shishuo xinyu*: Liu Yiqing 劉義慶, *Shishuo xinyu huixiao jizhu* 世說新語匯校集注 [*Neue Worte über die Welt* mit umfassenden Kommentaren], Hg. von Zhu Zhuyu朱鑄禹. Shanghai: Guji 2002.

LIU, *Wenxin diaolong*: Liu Xie劉勰, *Wenxin diaolong* 文心雕龍 [Die Kunst des Schreibens und Schnitzens des Drachens im Herzen der Literatur], in: *Qinding siku quanshu, jibu* 9, *shiwen pinglei* 欽定四庫全書·集部九·詩文評類 [Kaiserlich genehmigte Vier-Kataloge-Gesamtsammlung: Sammlung Bd. 9: Kategorie der Literaturkritik], o. J.

LUNYU: *Lunyu jishi* 論語正義, Liu Baonan劉寶楠 (Hg.), in: *Zhuzi jicheng* 諸子集成. Xianggang: Zhonghua shuju, 1978, Bd. 1.

MENGZI: *Mengzi* 孟子, kommentiert von Fang Yong 方勇. Beijing: Zhonghua shu ju 2018.

MOZI: *Mozi jin zhu jin yi* 墨子今註今譯, kommentiert von Tan Jiajian 譚家健 und Sun Zhongyuan 孫中原. Beijing: Shangwu 2009.

NIAN, *Shixue*: Nian Xiyao 年希堯, *Shixue* 視學 [Studien zur Visualität], in: *Xuxiu Siku quanshu* 續修四庫全書, Bd. 1067. Shanghai: Guji 1997.

QU, *Zhiyue lu*: Qu Ruji 瞿汝稷 *Zhi yue lu* 指月錄 [Aufzeichnungen über das Zeigen des Mondes]. Yangzhou: Jiansu guangling guji keyinshe 1991.

SHANGSHU: *Shangshu* 尚書譯注 [*Das Buch der Dokumente* mit Übersetzung und Kommentaren], Li Min 李民 und Wang Jian 王健 (Hg.). Shanghai: Guji 2012.

SHAO, *Huangji*: Shao Yong 邵雍, *Huangji jingshi* 皇極經世 [Supreme Principles that rule the world]. Taibei: Yiwen yinshu 1962.

SHAO, *Yuqiao*: Shao Yong 邵雍, *Yuqiao wendui* 漁樵問對 [Dialog zwischen dem Fischer und dem Holzfäller], in: Zuo Gui 左圭 (Hg.), *Baichuan xuehai* 百川學海. O. j.

SHEN, *Huachen*: Shen Hao 沈灝, *Hua chen* 畫塵 [Staub der Malerei], in: Huang Binhong 黃賓虹 und Deng Shi 鄧實 (Hg.) *Meishu congshu* 美術叢書. Yangzhou: Jiangsu guji 1986. Bd. 1.

SHEN, *Jiezhou:* Shen Zongqian 沈宗騫, *Jiezhou xuehua bian* 芥舟學畫編 [Sammelband zur Erlernung der Malerei aus dem Senfkornboot], in: Lu Fusheng 盧輔聖 (Hg.), *Zhongguo shuhua quanshu* 中國書畫全書. Shanghai: Shuhua 1993. Bd. 9.

SHITAO, *Hua yulu*: Shitao 石涛, *Kugua heshang hua yulu* 苦瓜和尚畫語錄 [Aufgezeichnete Sprüche zur Malerei des Mönchs vom bitteren Kürbis], in: Huang Binhong 黃賓虹 und Deng Shi 鄧實 (Hg.) *Meishu congshu* 美術叢書. Yangzhou: Jiangsu guji 1986. Bd. 1.

SHUOWEN JIEZI: Xu Shen 許慎, *Shuo wen jie zi xin ding* 說文解字新訂 [Erläuterungen der basalen und Analyse der komplexen Zeichen], kommentiert von Duan Yucai段玉裁, Shanghai: Guji 1981.

SONG, *Tiangong*: Song Yingxing 宋應星, *Tiangong kaiwu* 天工開物 [The Works of Heaven and the Inception of Things], Bd. 2, in: *Pulu lei* 譜錄類 [Books on Material Culture and Nature Studies]. https://archive.org/details/02095377.cn/page/n55/mode/2up [letzter Aufruf am 27.06.2023].

ŚŪRAṄGAMA-SŪTRA (*Da Fo Ding Shou Leng Yan Jing* 大佛頂首楞嚴經), in: Taisho Bd. 19, Nr. 945.

TANG, *Huishi fawei*: Tang Dai 唐岱, *Huihua fawei* 繪事發微 [Darlegung des Subtilen in Angelegenheiten der Malerei], in: Huang Binhong 黃賓虹 und Deng Shi 鄧實 (Hg.) *Meishu congshu* 美術叢書. Yangzhou: Jiangsu guji 1986. Bd. 1.

TANG, *Huishi weiyan*: Tang Zhixie 唐志契, *Huishi weiyan* 繪事微言 [Subtile Worte über das Malen], in: Pan Yugao 潘運告 (Hg.) *Mingdai hualun* 明代畫論 [Malereitheorie der Ming-Dynastie]. Changsha: Hunan meishu. 242–298.

WANG, *Dongzhuang*: Wang Yu 王昱, *Dongzhuang lunhua* 東莊論畫 [Der [Bewohner des] östlichen Dorfes erörtert die Malerei], in: Huang Binhong 黃賓虹 und Deng Shi 鄧實 (Hg.) *Meishu congshu* 美術叢書. Yangzhou: Jiangsu guji 1986. Bd. 1.

WANG, *Du sishu*: Wang Fuzhi 王夫之, *Du sishu da quanshuo* 讀四書大全說 [Gesamte Erläuterungen zu Lektüren der vier Bücher [des konfuzianischen Kanons]], in: *Chuanshan yishu* 船山全集 [Gesamtwerk von Chuanshan]. Taizhong: Dayuan wenhua 1965. Bde. 8–9.

WANG, *Jiacang ji*: Wang Tingxiang 王廷相, *Jiacang ji* 家藏集 [Schriften aus der Haussammlung], in: *Wang Tingxiang ji* 王廷相集 [Werke von Wang Tingxiang]. Beijing: Zhonghua shuju 1989. Bd. 2.

WANG, *Lutai*: Wang Yuanqi 王原祁, *Lu Tai tihua gao* 麓台题画稿 [Skizzen zu Malerei-Inschriften von Lu Tai], in: Wang Yuanqi 王原祁, *Yuchuang manbi* 雨窗漫筆 [Kontemplative Notizen am Fenster an Regentagen], hg. und kommentiert von Zhang Suqi 張素琪. Hangzhou: Xiling 2008.

WANG, *Mengzi Lilou*: Wang Fuzhi 王夫之, *Mengzi, Lilou shang* 孟子, 離婁上 [[Erläuterungen zum] Kapitel Loili 1 aus dem *Mengzi*], in: *Du sishu da quanshuo* 讀四書大全說 [*Gesamte Erläuterungen* zu Lektüren der vier Bücher [des konfuzianischen Kanons]], j. 9, in: *Chuanshan yishu* 船山遺書 [Nachgelassene Werke von Chuanshan]. Nanjing 1865.

WANG, *Shangshu yinyi*: Wang Fuzhi 王夫之, *Shangshu yinyi* 尚書引義, [Die vom *Buch der Dokumente* evozierte Bedeutungen], j. 5, in: *Chuanshan yishu* 船山全集 [Gesamtwerk von Chuanshan]. Taizhong: Dayuan wenhua 1965. Bd. 2, 1321–1548.

WANG, *Shanhu wang*: Wang Keyu 汪砢玉*Shanhu wang* 珊瑚网 [Korallennetz], in: *Qinding siku quanshu, jibu* 9, *shiwen pinglei* 欽定四庫全書·子部八·藝術類 [Kaiserlich genehmigte Vier-Kataloge-Gesamtsammlung: Schriftklassiker Bd. 8: Kategorie der Kunst], o. J.

WANG, *Shenyan*: Wang Tingxiang 王廷相, *Shenyan* 慎言, in: *Wang Tingxiang ji* 王廷相集 [Werke von Wang Tingxiang]. Beijing: Zhonghua shuju 1989. Bd. 3.

WANG, *Shi guangchuan*: Wang Fuzhi 王夫之, *Shi guangzhuan* 詩廣傳 [Ausführlicher Kommentar zum Buch der Lieder], in: *Chuanshan quanshu* 船山全書 [Gesamtwerk von Chuanshan]. Qiulin shushe 2011. Bd. 3.

WANG, *Shihua*, Wang Fuzhi 王夫之: *Jiangzhai shihua* 薑齋詩話 [Gespräche über Dichtung aus dem Jiang-Haus], in: *Jiangzhai shihua jianzhu* 薑齋詩話箋注, annotiert und kommentiert von Dai Hongsen 戴鴻森. Shanghai: Shanghai guji 2012.

WANG, *Shilong*: Wang Tingxiang 王廷相, *Shilong shuyuan xuebian* 石龍書院學辯, in: Wang Tingxiang ji 王廷相集 [Werke von Wang Tingxiang]. Beijing: Zhonghua shuju 1989. Bd. 2.

WANG, *Siwen lu*: Wang Fuzhi 王夫之, *Siwen lu* 思問錄 [Aufzeichnungen von Reflexionen und Fragen]. Beijing: Zhonghua shuju 1956.

WANG, *Xiangzong luosuo*: Wang Fuzhi 王夫之, *Xiangzong luosuo* 相宗落索 [Zusammenhänge der Schule der [Dharma]Kennzeichen], in: *Chuanshan quanshu* 船山全書 [Gesamtwerk von Chuanshan]. Qiulin shushe 2011. Bd. 13.

WANG, *Yashu*: Wang Tingxiang 王廷相, *Yashu* 雅述, in: Wang Tingxiang ji 王廷相集 [Werke von Wang Tingxiang]. Beijing: Zhonghua shuju 1989. Bd. 3.

WANG, *Yuchuang*: Wang Yuanqi 王原祁, *Yuchuang manbi* 雨窗漫筆 [Kontemplative Notizen am Fenster an Regentagen], in: Huang Binhong 黃賓虹 und Deng Shi 鄧實 (Hg.) *Meishu congshu* 美術叢書. Yangzhou: Jiangsu guji 1986. Bd. 1.

WANG, *Zhengmeng zhu*: Wang Fuzhi 王夫之, *Zhangzai Zhengmeng zhu* 張載正蒙注 [Kommentar zur *Richtigstellung von Unerklärtem* von Zhang Zai], in: *Chuanshan quanshu* 船山全集 [Gesamtwerk von Chuanshan]. Taizhong: Dayuan wenhua 1965. Bd. 12.

WANG, *Zhouyi waizhuan*: Wang Fuzhi 王夫之, *Zhouyi waizhuan* 周易外傳 [Exoterische Traditionen zu *den Wandlungen von Zhou*], in: *Chuanshan quanshu* 船山全集 [Gesamtwerk von Chuanshan]. Taizhong: Dayuan wenhua 1965. Bd. 2.

WANG, *Zhuangzitong*: Xiaoyao: Wang Fuzhi 王夫之, *Zhuangzi tong* 莊子通, *Xiaoyao you* 逍遙遊 [Tiefgreifende Auseinandersetzung mit dem *Zhuangzi*, [Kapitel] „Xiaoyaoyou"], in: *Chuanshan quanshu* 船山全集 [Gesamtwerk von Chuanshan]. Taizhong: Dayuan wenhua 1965. Bd. 13–14.

WANG, *Zhuangzijie*, Zeyang: Wang Fuzhi 王夫之, *Zhuangzi jie* 莊子解, j. 25, *Zeyang* 則阳 [Erläuterung zum *Zhuangzi*, j. 25, [Kapitel] „Der Sonnige"], in: *Chuanshan quanshu* 船山全集 [Gesamtwerk von Chuanshan]. Taizhong: Dayuan wenhua 1965. Bd. 14.

YANG, *Sheng'an ji*: Yang Shen 楊慎, *Sheng'an ji* 升庵集 [Die Schriftensammlung von Sheng'an], in: *Qinding siku quanshu, jibu* 9, *shiwen pinglei* 欽定四庫全書·集部九·詩文評類 [Kaiserlich genehmigte Vier-Kataloge-Gesamtsammlung: Sammlung Bd. 6: Kategorie der Sondersammlungen 5], o. J. Verfügbar unter: https://zh.wikisource.org/wiki/升菴集_(四庫全書本) [letzter Aufruf am 19.07.2023].

YE XIE, *Yuanshi*: Ye Xie 葉燮, *Yuanshi* 原詩 [Zu den Ursprüngen der Dichtung], Bd. 1, in: *Shiwen pinglei* 詩文評類. https://archive.org/details/02109754.cn/page/n83/mode/2up [letzter Aufruf am 04.07.2023].

ZHANG, *Lidai minghua*: Zhang Yanyuan 張彥遠, *Lidai minghua ji* 歷代名畫記 [Aufzeichnungen zu berühmten Malereiwerken im Verlauf der Geschichte]. Beijing: Renmin meishu 1963.

ZHANG, *Pushan*: Zhang Geng 张庚, *Pushan lunhua* 浦山論畫 [Pushans Erörterungen zur Malerei], in: Huang Zhaoyi 黃肇沂 (Hg.), *Yuyuan congshu* 芋園叢書 [Collectania aus dem Taro-Garten], *Zibu* 子部 [Kategorie der Schriftklassiker], Bd. *Huajue* 畫訣 [Die Geheimnisse der Malerei]]. Nanhai 1935.

ZHAO, *Lunhua*: Zhao Zuo 趙左, *Lun hua* 論畫 [Abhandlungen zur Malerei], in: Lu Fusheng 盧輔聖 (Hg.), *Zhongguo shuhua quanshu* 中國書畫全書. Shanghai: Shuhua 1993. Bd. 9.

ZHONGYONG: *Zhongyong shizhu* 中庸譯註. Xianggang: Youlian 1964.

ZHOUYI: *Zhouyi yizhu* 周易譯注 [*Das Buch der Wandlungen* mit Übersetzung und Kommentaren], Huang Shouqi 黃壽祺 und Zhang Shanwen 張善文 (Hg.). Shanghai: Guji 1989.

ZHU, *Jinsi lu*: Zhu Xi 朱熹, *Jinsilu jizhu* 近思錄集注. Shanhghai: Shanghai shudian yingyin 1987.

ZHU, *Sishu zhangju*: Zhu Xi 朱熹, *Sishu Zhangju jizhu* 四書章句集注. Beijing: Zhonghua shuju 1983.

ZHUANGZI: *Zhuang zi jishi* 莊子集釋, Guo Qingfan 郭慶藩 (Hg.), in: *Zhuzi jicheng* 新編諸子集成, Beijing: Zhonghua shuju 1982, 4 Bde.

ZHUZI YÜLEI, Zhu Xi 朱熹, *Zhuzi yülei* 朱子語類 [Classified Sayings of Master Zhu]. Beijing: Zhonghua shuju 1986. 8 Bde.

Literatur

Acker, William R. B. (1954): *Some T'ang and Pre-T'ang Texts on Chinese Painting* (Sinica Leidensia, Bd. 8). Leiden: Brill.

Ahn, Kanghun (2022): „Humanity may Triumph over Heaven, Wang Tingxiang's Natural Philosophy in its Historical Context", in: *Ming Studies*, Vol. 2022, Issue 85–86: 30–61.

Allan, Sarah (1991): *The Shape of the Turtle: Myth, Art, and Cosmos in Early China*. Albany: State University of New York Press.

Altenburger, Roland (2016): „Raum und Zeit in kartographischen Darstellungen von Hangzhous Westsee-Landschaft, 1498–1734", in: Clemens von Haselberg und Stefan Kramer (Hg.), *Zeit, Raum und die Wirklichkeiten Chinas*. (Berliner China-Hefte 48). Berlin: Lit. 125–144.

Amelung, Iwo (2004): „Naming Physics. The Strife to Delineate a Field of Modern Science in Late Imperial China", in: Michael Lackner und Natascha Vittinghoff (Hg.), *Mapping Meanings: Translating Western Knowledge into Late Imperial China*. Leiden: Brill. 381–422.

Amelung, Iwo (2007): „New Maps for the Modernizing State. Western Cartographic Knowledge and its application in 19th and 20th century China", in: Francesca Bray, Vera Lichtman und Georges Metailié (Hg.), *Graphics and Text in the Production of Technical Knowledge in China, The Warp and the Weft*. Leiden: Brill. 685–726.

Ames, Roger T. (1983): *The Art of Rulership. A Study in Ancient Chinese Political Thought*. Honolulu: University of Hawaii Press.

Ames, Roger T. (1998): *Wandering at Ease in the Zhuangzi*. New York: State University of New York Press.

Amoroso, Leonardo (2006) [1998]: *Erläuternde Einführung in Vicos Neue Wissenschaft*. Übers. Franz Reinders. Würzburg: Königshausen & Neumann.

Anderson, Michael L. (2003): „Embodied cognition: A field guide", in: *Artificial Intelligence* 149: 91–130.

Angle, Stephen C. (2018): „Buddhism and Zhu Xi's Epistemology of Discernment", in: John Makeham (Hg.), *The Buddhist Roots of Zhu Xi's Philosophical Thought*. Oxford: Oxford University Press. 156–192.

Angle, Stephen C. und Justin Tiwald (2017): *Neo-Confucianism: A Philosophical Introduction*. Cambridge/Malden: Polity.

Araki, Kengo (1975): „Confucianism and Buddhism in the Late Ming", in: William Theodore de Bary (Hg.), *The Unfolding of Neo-Confucianism*. New York: Columbia University Press. 39–66.

Araki, Kengo 荒木見悟 (2006): *Zhongguo fojiao jiben xingge de yanbian* 中國佛教基本性格的演變 [Die Entwicklungen im Grundcharakter des Buddhismus in China], in: Kengo Araki, *Mingmo Qingchu de sixiang yu fojiao* 明末清初的思想與佛教 [Das Denken in der späten Ming- und frühen Qing-Zeit und der Buddhismus]. Taibei: Lianjing. 215–241.

Auracher, J; Scharinger, M. und W. Menninghaus (2019): „Contiguity-based sound iconicity: The meaning of words resonates with phonetic properties of their immediate verbal contexts", in: *PLoS One*, 14(5): e0216930. doi:10.1371/journal.pone.0216930.

Auracher, J.; Menninghaus, W. und & M. Scharinger (2020): „Sound Predicts Meaning: Cross-Modal Associations Between Formant Frequency and Emotional Tone in Stanzas", in: *Cognitive Science*, 44(10): e12906. doi:10.1111/cogs.12906.

Baba, Eiho (2015): „*Li* as Emergent patterns of *Qi*: A Nonreductive Interpretation", in: David Jones und Jinli He (Hg.), *Returning to Zhu Xi. Emerging Patterns within the Supreme Polarity*. Albany: State University of New York Press. 197–225.

Bachmann-Medick, Doris (2006): *Cultural Turns. Neuorientierungen in den Kulturwissenschaften*. Hamburg: Rowohlt.

Bachtin=Бахтин, Михаил Борисович (1975): „Формы времени и хронотопа в романе. Очерки по исторической поэтике" [Probleme der Zeit und des ‚Chronotopos' im Roman. Essays über historische Poetik], in: М. Б. Бахтин, *Проблемы художественной литературы и эстетики* [Probleme der Literatur und der Ästhetik], St. Petersburg/Moskau: Chudožestvennaja literatura.

Bao, Zhiming (1985): „Review of Chad Hansen's Language and Logic in Ancient China", in: *Philosophy East and West* 35/2 und „Reply to Professor Hansen", *Philosophy East and West* 35/4.

Bary, William Theodore de (Hg.) (1975): *The Unfolding of Neo-Confucianism*. New York/London: Columbia University Press.

Bary, William Theodore de und Irene Bloom (Hg.) (1979): *Principle and Practicality: Essays in Neo-Confucianism and Practical Learning*. New York: Columbia University Press.

Baxter, William H. und Laurent Sagart (2014), *Old Chinese: A New Reconstruction*. Oxford: Oxford University Press.

Baxter, William H. und Laurent Sagart (2014.b): „Baxter-Sagart Old Chinese reconstruction, version 1.1". http://ocbaxtersagart.lsait.lsa.umich.edu/BaxterSagartOCbyMandarinMC2014-09-20.pdf [letzter Aufruf am 15.07.2023].

Behr, Wolfgang (2002): Book Review: Robert Wardy, *Aristotle in China. Language, Categories and Translation*. Cambridge: Cambridge University Press", in: *China Information* 16/2: 149–152.

Behr, Wolfgang (2005): „Language Change in Premodern China – Notes on its Perception and its Impact on the Idea of a ‚Constant Way'", in: H. Schmidt-Glintzer, A. Mittag, J. Rüsen (Hg.), *Historical Truth, Historical Criticism, and Ideology. Chinese Historiography and Historical Culture from a New Comparative Perspective*. Leiden/Boston: Brill. 13–51.

Behr, Wolfgang (2008): *Reimende Bronzeinschriften und die Entstehung der chinesischen Endreimdichtung*. Bochum: Projekt Verlag.

Behr, Wolfgang (2011): „Zhuangzis Weg: eine Abschweifung“, in: Begleitbuch zum Hörbuch von H. Keller, *Das Kamel und das Nadelöhr. Eine Begegnung zwischen Zhuangzi und Meister Eckhart* (Trilogie des Zeitlosen 2). Zürich: Hochschulverlag. 41–59.

Belting, Hans (2009): „Zu einer Ikonologie der Kulture. Die Perspektive als Bildfrage“, in: Gottfried Boehm und Horst Bredekamp, *Ikonologie der Gegenwart*. München: Fink. 9–20.

Benveniste, Émile (1951): „La notion de ‚rythme‘ dans son expression linguistique“, in: *Journal de psychologie normale et pathologique* 44: 401–410.

Bergson, Henri (2001) [1896]: *Materie und Gedächtnis. Eine Abhandlung über die Beziehung zwischen Körper und Geist*. Hamburg: Verlag Felix Meiner.

Berkeley, George (2002) [1709]: *An Essay Towards a New Theory of Vision*. Hg. von David R. Wilkins. https://www.maths.tcd.ie/~dwilkins/Berkeley/Vision/1709A/Vision.pdf [letzter Aufruf am 15.07.2023].

Bickel, Balthasar (1997): „Spatial Operations in Deixis, Cognition, and Culture: Where to Orient Oneself in Belhare“, in: Jan Nuyts und Eric Pederson (Hg.), *Language and conceptualization*. Cambridge: Cambridge University Press. 46–83.

Bilimoria, Puruṣottama (1993): „*Pramāṇa* epistemology: Some recent developments“, in: Guttorm Fløistad (Hg.) *Asian philosophy*. (Contemporary philosophy, B. 7). Dordrecht: Springer. 137–154.

Billeter, Jean-François (1979): *Li Zhi, philosophe maudit (1527–1602). Contribution à une sociologie du mandarinat chinois de la fin des Ming*. Genève: Librairie Droz.

Birdwhistell, Anne D. (1989) *Transition to Neo-Confucianism. Shao Yong on Knowledge and Symbols of Reality*. Stanford, California: Stanford University Press.

Black, Alison (1989): *Man and Nature in the Philosophical Thought of Wang Fu-chih*. Seattle/ London: University of Washington Press.

Bloom, Irene (1979): „On the ‚Abstraction‘ of the Ming Thought: Some Concrete Evidence from the Philosophy of Lo Ch'in-shun“, in: W. Theodore de Bary und Irene Bloom (Hg.), *Principle and Practicality: Essays in Neo-Confucianism and Practical Learning*. New York: Columbia University Press. 69–126.

Bloom, Irene (1995): *Knowledge Painfully Acquired. The K'un-chih chi of Lo Ch'in-shun*. New York: Columbia University Press.

Bloom, Paul; Merrill F. Garrett, Lynn Nadel und Mary A. Peterson (Hg.) (1996): *Language and Space*. Cambridge, Mass.: MIT Press.

Blumenberg, Hans (1989): *Die Genesis der kopernikanischen Welt*. Frankfurt a. Main: Suhrkamp.

Blumenberg, Hans (2014): *Beschreibung des Menschen*. Frankfurt a. Main: Suhrkamp.

Bohr, Jörg (2008): *Raum als Sinnordnung bei Ernst Cassirer*. Erlangen: Filos.

Bödeker, Hans Erich (2002): „Ausprägungen der historischen Semantik in den historischen Kulturwissenschaften“, in: H. E. Bödeker (Hg.) *Begriffsgeschichte, Diskursgeschichte, Metapherngeschichte*. Göttingen: Wallstein. 9–27.

Bokenkamp, Stephen R. (1986): „The Peach Flower Font and the Grotto Passage“, in: *Journal of the American Oriental Society* 106/1: 65–77.

Bosley, Richard (1997): „The Emergence of Concepts of a Sentence in Ancient Greek and in Ancient Chinese Philosophy“, in: *Journal of Chinese Philosophy* 24/2: 209–229.

Bourdieu, Pierre (1979): *La Distinction: critique social du jugement*. Paris: Minuit.

Bray, Francesca; Vera Dorofeeva-Lichtmann und Georges Métailié (Hg.) (2007): *Graphics and Text in the Production of Technical Knowledge in China*. Leiden: Brill.

Bréard, Andrea (2010): „Knowledge and Practice of Mathematics in Late Ming Daily life Encyclopedias“, in: Florence Bretelle-Establet (Hg.), *Looking at it from Asia: the Processes that Shaped the Sources of History of Science*. Dordrecht: Springer. 305–329.

Brewster, Ernest (2021): „Xuanzang“, in: *obo* in Buddhism. Verfügbar unter: https://www.oxfordbibliographies.com/view/document/obo-9780195393521/obo-9780195393521-0270.xml [letzter Aufruf am 17.07.2023].

Briessen, Franz van (1949): „Malerei in China oder Chinesische Malerei“, in: *Asiatische Studien* 3, 1–2: 101–123.

Britschgi, Jorrit (2006): *Die Zehn Ansichten des Westsees als Konzept der Landschaftsgliederung: Entwicklung und historische Dimension der Xihu shijing in Malerei, Druckgraphik und Lyrik*. Dissertation. Universität Zürich. Verfügbar unter: https://www.zora.uzh.ch/id/eprint/163800 [letzter Aufruf am 11.07.2023].

Brokaw, Cynthia J. (2007): *Commerce in culture: the Sibao book trade in the Qing and Republican periods*. Cambridge, Mass.: Harvard University Asia Center.

Brokaw, Cynthia und Kai-wing Chow (2005): *Printing and Book Culture in Late Imperial China*. Berkeley: University of California Press.

Brook, Timothy (1988): *Geographical sources of Ming-Qing history*. Ann Arbor: Center for Chinese Studies, University of Michigan.

Brook, Timothy (1993): *Praying for power: Buddhism and the formation of gentry society in Late-Ming China*. Cambridge, Mass.: Harvard University Press.

Brook, Timothy (2012): „The Artful Life of the Late-Ming Recluse: Li Rihua and his Generation“, in: Peter Sturman und Susan Tai (Hg.), *The Artful Recluse: Painting, Poetry, and Politics in Seventeenth-Century China*. Santa Barbara: Santa Barbara Museum of Art. 50–61.

Brovold, Amanda und Rick Grush (2012): „Towards an (improved) interdisciplinary investigation of demonstrative reference“, in: Peter K. Machamer und Athanassios Raftopoulos (Hg.), *Perception, Realism, and the Problem of Reference*. Cambridge: Cambridge University Press. 11–42.

Brown, Nahum und William Franke (Hg.) (2016): *Transcendence, Immanence, and Intercultural Philosophy*. Cham: Palgrave Macmillan.

Brunner, Otto; Werner Conze und Reinhart Koselleck (Hg.) (1972): *Geschichtliche Grundbegriffe. Historisches Lexikon zur politisch-sozialen Sprache in Deutschland*. Bd. 1. Stuttgart: Ernst Klett.

Burkus-Chasson, Anne (1996): „‚Clouds and Mists That Emanate and Sink Away‘: Shitao’s Waterfall on Mount Lu and Practices of Observation in the Seventeenth Century“, in: *Art History* 19/2: 168–90.

Burkus-Chasson, Anne (2002): „Between Representations: The Historical and the Visionary in Chen Hong-shou’s *Yaji*“, in: *Art Bulletin* 84: 315–33.

Burnett, Katharine P. (2013): *Dimensions of Originality. Essays on Seventeenth-Century Chinese Art Theory and Criticism*. Hong Kong: The Chinese University Press.

Bush, Susan (1987): *The Chinese Literati on Painting: Su Shih (1037–1101) to Tung Ch’i-ch’ang (1555–1636)*. Cambridge, Mass.: Harvard University Press.

Bush, Susan und Christian Murck (Hg.) (1983): *Theories of the Arts in China*. Princeton, N. J.: Princeton University Press.

Busse, Dietrich (1987): *Historische Semantik. Analyse eines Programms*. Stuttgart: Klett-Cotta.

Cahill, James (1982a): *The Distant Mountains: Chinese Painting of the Late Ming Dynasty, 1570–1644*. Tokyo: John Weatherhill Inc.

Cahill, James (1982b): *The Compelling Image: Nature and Style in Seventeenth Century Chinese Painting*. Cambridge: Harvard University Press.

Cahill, James (1987): „Tung Ch’i-ch’ang’s ‚Southern and Northern Schools‘ in the History and Theory of Painting: A Reconsideration“, in: Peter N. Gregory (Hg.), *Sudden and Gradual. Approaches to Enlightenment in Chinese Thought*. (Studies in East Asian Buddhism 5). Honolulu: University of Hawaii Press.

Cahill, James (1994): *The Painter's Practice. How Artists Lived and Worked in Traditional China*. New York: Columbia University Press.

Cahill, James (1996): „Orthodox School", in: Jane Turner (Hg.), *Dictionary of Art*. London: MacMillan. 23: 579–581.

Cajori, Florian (1993) [1928]: *A History of Mathematical Notations*. Bd. 1. Dover Publications Inc.

Carre, Meyrick H. (1967): *Realists and Nominalists*. Oxford: Oxford University Press.

Cassirer, Ernst (2000) [1910]: *Substanzbegriff und Funktionsbegriff. Untersuchungen über die Grundfragen der Erkenntniskritik*. (Birgit Recki (Hg.) Ernst Cassirer. Gesammelte Werke. Hamburger Ausgabe, Bd. 6). Hamburg: Felix Meiner.

Cassirer, Ernst (2002) [1929]: *Philosophie der symbolischen Formen*. Dritter Teil: *Phänomenologie der Erkenntnis*. (Birgit Recki (Hg.) Ernst Cassirer. Gesammelte Werke. Hamburger Ausgabe, Bd. 13). Hamburg: Felix Meiner.

Cassirer, Ernst (2004) [1931]: „Mythischer, ästhetischer und theoretischer Raum", in: Ernst Cassirer, *Aufsätze und kleine Schriften*. (Birgit Recki (Hg.) Ernst Cassirer. Gesammelte Werke. Hamburger Ausgabe, Bd. 17). Hamburg: Felix Meiner. 411–432.

Cassirer, Ernst (1942): „Zur Logik der Kulturwissenschaften. Fünf Studien", in: Göteborgs Högskolas Arsskrift. Bd. XLVIII. Göteborg: Wettergren & Kerbers Förlag. 1–139.

CDBD 2018: Harvard University *China Biographical Database Project* https://projects.iq.harvard.edu/cbdb [letzter Aufruf am 17.07.2023].

Certeau, Michel de (1984): „Spatial Practices", in: Michel de Certeau, Steven Rendall (Übers.), *The Practice of Everyday Life*. Berkeley: University of California Press. 91–131.

Chalmers, David (1995): „Facing up to the Problem of Consciousness", in: *Journal of Consciousness Studies* 2/3: 200–219.

Chan, Wing-tsit (Übers.) (1963a): *A Source Book in Chinese Philosophy*. Princeton: Princeton University Press.

Chan, Wing-tsit (Übers.) (1963b): *Instructions for Practical Living and Other Neo-Confucian Writings by Wang Yangming*. New York: Columbia University Press.

Chan, Hou Seng 陳浩星 (Hg.) (2008): *Nanzong beidou. Shuhua xueshu yantaohui lunwenji* 南宗北斗. 書畫學術研討會論文集 [eng. Nebentitel: The Light of the Southern School. Theses on Dong Qichang's Calligraphy and Painting]. Macao Museum of Art.

Chang, Tsung-tung (1982): *Metaphysik, Erkenntnis und praktische Philosophie im Chuang-tzu. Zur Neu-Interpretation und systematischen Darstellung der klassischen chinesischen Philosophie.* Frankfurt a. Main: Klostermann.

Chang, Taiping (2017): *A Dictionary of Chinese Literature*. Oxford University Press. https://www.oxfordreference.com/view/10.1093/acref/9780191836183.001.0001/acref-9780191836183 [letzter Aufruf am 17.07.2023].

Chemla, Karine (1999): „Philosophical Reflections in Chinese Ancient Mathematical Texts. Liu Hui's reference to the Yijing", in: Yung Sik Kim und Francesca Bray (Hg.), *Current perspectives in the history of science in East Asia*. Seoul: Seoul National University Press. 89–100.

Chemla, Karine (2010): „Mathematics, Nature and Cosmological Inquiry in Traditional China", in: Hans Ulrich Vogel und Günter Dux (Hg.), *Concepts of Nature. A Chinese-European Cross-Cultural Perspective* (Conceptual History and Chinese Linguistics, Bd. 1). Leiden: Brill. 255–284.

Chemla, Karine und Michael Lackner (Hg.) (1996): *Disposer pour dire, placer pour penser, situer pour agir. Pratiques de la position en Chine*. Sonderheft der Zeitschrift *Extrême-Orient, Extrême-Occident* 18. Paris: Presses universitaires de Vincennes.

Chen, Jiang-Ping Jeff (2010): „The evolution of transformation media in spherical trigonometry in 17th- and 18th-century China, and its relation to ‚Western learning'", in: *Historia Mathematica* 37 (1): 62–109.

Chen, Weiming 陳偉明 (1993): *Wang Tingxiang de jingshi sixiang* 王廷相的經世思想 [engl. Nebentitel: Wang Ting Xiang (1474–1544): His Ideas of Statecraft]. PhD Thesis, University of Hong Kong.

Chen, Yongge 陳永革 (2007): *Wanming fojiao sixiang yanjiu* 晚明佛教思想研究 [Untersuchung des Buddhistischen Denkens in der späten Ming-Zeit]. Beijing: Zongjiao wenhua.

Chen, Zuwu 陳祖武 (2012): *Qingdai xueshu yuanliu* 清代學術源流 [Die grundlegenden Strömungen der akademischen Gelehrsamkeit in der Qing-Dynastie]. Beijing: Shifan daxue.

Cheng, Chung-ying (1979): „Practical Learning in Yen Yüan, Chu Hsi and Wang Yang-ming", in: W. Theodore de Bary und Irene Bloom (Hg.), *Principle and Practicality: Essays in Neo-Confucianism and Practical Learning*. New York: Columbia University Press. 37–67.

Cheng, Chung-ying (1996): „*Zhouyi* und Philosophie of *Wei* (Positions)", in: Karin Chemla und Michael Lackner (Hg.), *Disposer pour dire, placer pour penser, situer pour agir: Pratiques de la position en Chine*. Sonderheft von *Extrême-Orient, Extrême-Occident* 18: 149–175.

Cheng, François (Übers. Joachim Kurtz) (2004) [1991]: *Fülle und Leere. Die Sprache der chinesischen Malerei*. Berlin: Merve.

Ch'ien, Edward T. (1975): „Chiao Hung and the Revolt against Ch'eng-Chu Orthodoxy", in: W. Theodore de Bary (Hg.), *The Unfolding of Neo-Confucianism*. New York/London: Columbia University Press.

Ching, Julia (1979): „The Practical Learning of Chu Shun-shui", in: W. Theodore de Bary und Irene Bloom (Hg.), *Principle and Practicality: Essays in Neo-Confucianism and Practical Learning*. New York: Columbia University Press. 189–229.

Cho, Gene J. (2003): *The Discovery of musical equal temperament in China and Europe*. Mellen: Steiner.

Chou, Ju-Hsi (1994): „Painting Theory in Eighteenth-Century China", in: W. J. Peterson, A. H. Plaks und Ying-shih Yü (Hg.), *The Power of Culture. Studies in Chinese Cultural History*. Hong Kong: Chinese University Press. 321–343.

Chow, Kai-wing (1994): *The Rise of Confucian Ritualism in Late Imperial China: Ethics, Classics, and Lineage Discourse*. Stanford, California: Stanford University Press.

Chow, Kai-wing (1995): „The Development of Sung Learning in Ch'ing Thought, 1660's–1830's", in: *Hanxue yanjiu* 漢學研究13: 2.

Chu, Mo 楚默 (2002): *Zhongguo hualun shi* 中國畫論事 [Geschichte der chinesischen Malereitheorie]. Shanghai: Baijia chubanshe.

Chu, Mo 楚默 (2014): *Si Wang tushi yanjiu* 四王圖式研究 [Untersuchung von Bildern der vier Wang], in: *Chu Mo qianji* 楚默全集 [Gesammelte Werke von Chu Mo]: Shanghai: Shudian.

Chu, Pingyi (2010): „Scientific Texts in Contest, 1600–1800", in: Florence Bretelle-Establet (Hg.), *Looking at it from Asia: the Processes that Shaped the Sources of History of Science*. Dordrecht: Springer.

Chu, William (2010–2011): „The Timing of Yogacara Resurgence in the Ming Dynasty (1368–1643)", in: JIABS 33 (1–2): 5–25.

Churchland, Paul M. (1988): „Perceptual plasticity and theoretical neutrality: A reply to Jerry Fodor", *Philosophy of Science* 55: 167–187.

Ciyi 慈怡 (Hg.) (2018) [1988]: *Foguang da cidian* 佛光大辭典 [Das große Wörterbuch des Buddhismus]. Taibei: Foguang. Elektronische Version: http://buddhaspace.org/dict/fk/data/ [letzter Aufruf am 17.07.2023].

Cleary, J. C. (1989): *Zibo: The Last Great Zen Meister of China*. Berkeley, California: Asian Humanities Press.

Cleary, J. C. (2001): *Worldly Wisdom: Confucian Teachings of the Ming Dynasty*. Boston Shambhala.
Coleman, Earle J. (1978): *Philosophy of Painting by Shih T'ao. A Translation and Exposition of his Hua-P'u*. The Hague: Mouton Publishing.
Collani, Claudia von (2011): „Dialoge, Dispute, Diskussionen. Interreligiöse Gespräche in der Ostasienmission", in: Mariano Delgado und Michael Sievernich (Hg.), *Mission und Prophetie in Zeiten der Interkulturalität. Festschrift zum hundertjährigen Bestehen des Internationalen Instituts für missionswissenschaftliche Forschungen 1911–2011*. St. Ottilien. 198–207.
Contag, Victoria (1955): *Chinesische Landschaften. Zwölf Tuschebilder von Shi-T'ao*. Woldemar Klein.
Constantinescu, Alexandra O; Jill X. O'Reilly und Timothy E. J. Behrens (2016): „Organizing conceptual knowledge in humans with a gridlike code", in: *Science*, Vol. 352, Issue 6292, 1464–1468.
Cook, Francis H. (1977): *Hua-yen Buddhismus. The Jewel Net of Indra*. University Park/London: The Pennsylvania State University Press. 56–66.
Coseru, Christian (2012): *Perceiving reality: Consciousness, intentionality, and cognition in Buddhist philosophy*. Oxford: Oxford University Press.
Cox, Collette (2004): „From Category to Ontology: the Changing Role of Dharma in *Sarvāstivāda* Abhidharma", in: *Journal of Indian Philosophy* 32: 543–597.
Cua, Antonio S. (2002): „Xin and Moral Failure: Notes on an Aspect of Mencius' Moral Psychology", in: Alan K. L. Chan (Hg.), *Mencius: Contexts and Interpretations*. Honolulu: University of Hawaii Press. 126–150.
Cua, Antonio S. (2003): „Ti and Yong (T'i and Yung): Substance and Funktion", in: A. S. Cua (Hg.), *Encyclopedia of Chinese Philosophy*. New York: Routledge Chapman & Hall. 720–723.
Dai, Jicheng 戴繼誠 (2009): *Xin bao taixu: Fojiao shikong guan* 心包太虛: 佛教時空觀 [Das Herz umspannt die große Leere: Zeit- und Raumvorstellungen im Buddhismus]. Beijing: Zongjiao wenhua.
Dai, Jingxian 戴景賢 (2013): *Wang Chuanshan xueshu sixiang zonggang yu qi dao qi lun zhi fazhan* 王船山學術思想總綱與其道器論之發展 [Grundlagen des wissenschaftlichen Denkens des Wang Chuanshan und Ausführungen zur Entwicklung seiner Abhandlungen über das Dao als ‚Gefäß']. Hongkong: Xianggang zhongwen daxue.
Damisch, Hubert (2010): *Der Ursprung der Perspektive* (Übers. Heinz Jatho). Zürich: Diaphanes.
Dasen, Pierre R. (2018): „Cross-cultural research on spatial concepts development", in: Cognitive Processing 19, 93–99.
Daston, Lorraine und Peter Galison (2010): *Objectivity*. New York: Zone.
Debon, Günther (1989): *Chinesische Dichtung: Geschichte, Struktur, Theorie*. Leiden: Brill.
Deng, Keming 鄧克銘 (2014): „Fang Yizhi lun *Zhuangzi* de *Xiaoyaoyou*" 方以智論莊子的逍遙遊 [Fang Yizhis Abhandlung über das Kapitel *Xiaoyaoyou* aus dem *Zhuangzi*], in: *Guoli Taiwan Daxue zhexue lunping* 國立臺灣大學哲學論評 [NTU Philosophical Review] 48: 47–79.
Deng, Keming 鄧克銘 (2019): *Fang Yizhi: lun xin zhi yanjiu* 論心之研究 [Fang Yizhi: Untersuchung seiner Auffassungen zum „*xin*-Herzen"]. Taibei: Wenjin.
Deng, Qiaobin 鄧喬彬 (2013): *Zhongguo huihua sixiang shi* 中國繪畫思想史 [Geschichte des chinesischen Malereidenkens]. Hefei: Anhui Shifan Daxue. 2 Bde.
Dennerline, Jerry (1999): „The Shunzhi Reign", in: Willard J. Peterson (Hg.), *Cambridge History of China*. Bd. 9, Teil 1: *The Ch'ing Empire to 1800*. Cambridge: Cambridge University Press. 73–119.
Descartes, René (1894) [1637]: *Die Geometrie*. Übersetzt und herausgegeben von Ludwig Schlesinger, Berlin: Meyer & Müller.
Descartes, René (2005) [1644]: *Die Prinzipien der Philosophie*. Lateinisch-Deutsch. (hg. von Christian Wohlers). Hamburg: Meiner.

DeWoskin, Kenneth J. (1982): *A Song for One or Two: Music and the Concept of Art in Early China*. Ann Arbor: Center for Chinese Studies, The University of Michigan.

DeWoskin, Kenneth J. (1983): „Early Chinese Music and the Origins of Aesthetic Terminology", in: Susan Bush und Christian Murck (Hg.), *Theories of the Arts in China*. Princeton NJ: Princeton University Press. 187–214.

Deuflhard, Peter und Hans-Christian Hege (2015): „Raumtiefe in Malerei und Computergraphik", in: V. Leppert, P. Deuflhard und Ch. Markschies (Hg.), *Räume, Bilder, Kulturen*. Berlin/Boston: De Gruyter.

Di Luca, M; B. Knörlein, M. O. Ernst und M. Harders (2011): „Effects of visual-haptic asynchronies and loading-unloading movements on compliance perception", in: *Brain Research Bulletin* 85: 245–259.

Diessel, Holger (1999): *Demonstratives: Form, Function, and Grammaticalization.* (Typological Studies in Language 42). Amsterdam: J. Benjamins.

Dijksterhuis, Fokke Jan (2004): *Lense and Waves. Christian Huygens and the Mathematical Science of Optics in the Seventeenth Century*. Dordrecht/Boston/London: Kluwer Academic Publishers.

Dirven, Rene; Roslyn Frank und Martin Pütz (Hg.) (2003): *Cognitive Models in Language and Thought. Ideology, Metaphors and Meaning*. (Cognitive Linguistics Research 24). Berlin/ Boston: De Gruyter Mouton.

Djamouri, Redouane (1993): „Théorie de la ‚rectification des dénominations' et réflexion linguistique chez Xunzi". *Extrême-Orient, Extrême-Occident* 15: 55–74.

Drewermann, Eugen (2006–2007): *Atem des Lebens. Die moderne Neurologie und die Frage nach Gott.* 2 Bde. Düsseldorf: Patmos.

Dokic, Jérôme (2015): „Perception and Space", in: Mohan Matthen (Hg.), The Oxford Handbook of Philosophy of Perception. Oxford: Oxford University Press. 441–458.

Dorofeeva-Lichtmann, Vera (1996): „Political Concept Behind an Interplay of Spatial ‚Positions'", in: Karin Chemla und Michael Lackner (Hg.), *Disposer pour dire, placer pour penser, situer pour agir: Pratiques de la position en Chine*. *Extrême-Orient, Extrême-Occident* 18: 9–33.

Dorofeeva-Lichtmann, Vera (2003): „Text as Device for Mapping a Sacred Space", in: V. Dorofeeva-Lichtmann und M. Dickhardt (Hg.), *Creating and Representing Sacred Spaces*. (Göttinger Beiträge zur Asienforschung Heft 2–3). Göttingen: Peust & Gutschmidt Verlag.

Dorofeeva-Lichtmann, Vera (2010): „The Rong Cheng shi 容成氏 Version of the ‚Nine Provinces': Some Parallels with Transmitted Texts", in: *EASTM* 32: 13–58.

Dünne, Jörg und Stephan Günzel (Hg.) (2006), *Raumtheorie: Grundlagentexte aus Philosophie und Kulturwissenschaften*. Frankfurt am Main: Suhrkamp.

Edgerton, Samuel Y. (1975) [2002]: *Die Entdeckung der Perspektive*. München: Fink.

Eggert, Marion (2004): *Vom Sinn des Reisens: Chinesische Reiseschriften vom 16. bis zum frühen 19. Jahrhundert* (Sinologica Coloniensia, Bd. 23). Wiesbaden: Harrassowitz.

Eichman, Jennifer (2005): *Spiritual Seekers in a Fluid Landscape: A Chinese Buddhist Network in the Wanli Period (1573–1620)*. Ph. D. Diss., Princeton University.

Eichman, Jennifer (2013): „Humanizing the Study of Late Ming Buddhism", in: *Chung-Hwa Buddhist Journal* 26: 153–185.

Eichman, Jennifer (2016): *A Late Sixteenth-Century Buddhist Fellowship: Spiritual Ambitions, Intellectual Debates, and Epistolary Connections*. Sinica Leidensia 127. Leiden: Brill.

Eifring, Halvor (2015): „Meditative Pluralism in Hānshān Déqīng", in H. Eifring (Hg.), *Meditation and Culture. The Interplay of Practice and Context.* New York/London: Bloomsbury Academic. 102–127.

Eysenck, Michael W. und Mark T. Keane (2000): *Cognitive Psychology. A Student's Handbook*. 4. Auflage. London: Psychology Press Ltd.

Elberfeld, Rolf (2018): „Die Kraft der Bilder im Horizont intersensorischer Seherfahrungen in Europa und Ostasien“, in: Sergej Seitz, Anke Graness und Georg Stenger (Hg.), *Facetten gegenwärtiger Bildtheorie*. Berlin: Springer. 91–102.

Elberfeld, Rolf; Michael Leibold und Mathias Obert (2000): *Denkansätze zur buddhistischen Philosophie in China. Seng Zhao – Jizang – Fazang*. Köln: Chora.

D’Elia, Pasquale M. (1938): *Il Mappamondo Cinese del P. Matteo Ricci S. I. (Terza edizione, Pechino, 1602) Conservato presso la Bibliotheca Vaticano*. Commentato, tradotto e annotato dal P. Pasquale M. d’Elia S. I. Città del Vaticano: Biblioteca Apostolica Vaticana. http://digituno.unior.it/document/1043 [letzter Aufruf am 17.07.2023].

D’Elia, Pasquale M. (1961): „Recent Discoveries and New Studies (1938–1960) on the World Map in Chinese of Father Matteo Ricci SJ“, in: *Monumenta Serica* 20 (1961): 82–164.

Elkins, James (2004): „Review of *Real Spaces: World Art History and the Rise of Western Modernism*, by David Summers“, in: Art Bulletin 86 (2): 375.

Elman, Benjamin (1981–1983): „Geographical Research in the Ming-Ch’ing Period“, Monumenta Serica 35: 1–18.

Elman, Benjamin A. (1984): *From Philosophy to Philology: Intellectual and Social Aspects of Change in Late Imperial China*. Cambridge, Mass.: Council on East Asian Studies, Harvard University Press.

Elman, Benjamin A. (1993): „The Revaluation of Benevolence (Jen) in Ch’ing Dynasty Evidential Research“, in: R. J. Smith und D. W. Y. Kwok (Hg.), *Cosmology, Ontology, and Human Efficacy. Essays in Chinese Thought*. Honolulu: University of Hawaii Press. 59–80.

Elman, Benjamin A. (2000): „Classical Reasoning in Late Imperial Chinese Civil Examination Essays“, in: *Journal of Humanities East/West*: 20 & 21. National Central University, Taiwan. 361–420.

Elman, Benjamin A. (2004a): „New Perspectives of the Jesuits and Science in China, 1600–1800“, in: Amy Golahny (Hg.), *Points of Contact: Crossing Cultural Boundaries.* Special issue of The Bucknell Review 47, 2. 37–49.

Elman, Benjamin A. (2004b): „From Pre-modern Chinese Natural Studies to Modern Science in China“, in: Michael Lackner und Natascha Vittinghoff (Hg.), *Mapping Meanings: The Field of New Learning in Late Qing China*. Leiden: Brill. 25–73.

Elman, Benjamin A. (2005): *On Their Own Terms: Science in China, 1550–1900*. Cambridge, Mass./ London: Harvard University Press.

Elman, Benjamin A. (2006): *A Cultural History of Modern Science in China*. Cambridge, Mass.: Harvard University Press.

Elman, Benjamin A. (2014): „Towards a History of Modern Science in Republican China“, in: Benjamin A. Elman und Jing Tsu (Hg.), *Science and Technology in Modern China: 1880s to 1940s*. Leiden: Brill. 15–38.

Elman, Benjamin A. und Jing Tsu (2014): „Preface“, in: Benjamin A. Elman und Jing Tsu (Hg.), *Science and Technology in Modern China: 1880s to 1940s*. Leiden: Brill.

Elvin, Mark (2004): „Some Reflections on the Use of ‚Styles of Scientific Thinking‘ to Disaggregate and Sharpen Comparisons Betweeen China and Europe from Song to Mid-Qing Times (960–1850 AD)“, in: *History of Technology* 25: 53–103.

Engelfriet, Peter (1998): *Euclid in China: The Genesis of the First Translation of Euclid’s Elements in 1607 and its Reception up to 1723*. Leiden: Brill.

Epstein, Ronald (1976): *The Shurangama Sutra (T 945): A Reappraisal of its Authenticity.* Philadelphia: Penn University Press.

Erkes, Eduard (1950): „Antithetische Komposition und Dekomposition im Chinesischen“, in: *Sinologica. Zeitschrift für chinesische Kultur und Wissenschaft* 2/2: 127–139.

Etlin, Richard A. (1998): „Aesthetics and the spatial sense of self“, in: *Aesthetics Art Criticism* 56: 1–19.

Ewell, John (1990): *Reinventing the Way: Dai Zhen's Evidential Commentary on the Meanings of Terms in Mencius (1777)*. Dissertation. University of California Berkeley.

Fajen, Brett R. und Flip Phillips (2013): „Spatial Perception and Action", in: David Waller und Lynn Nadel (Hg.), *Handbook of Spatial Cognition*. Washington D.C.: American Psychological Association.

Fang, Keli 方克立 (1994), *Zhongguo zhexue da cidian* 中国哲学大辞典 [Das große Wörterbuch der chinesischen Philosophie]. Beijing: Shehui kexue.

Fang, Lizhi und Zhou Youyuan (1996): „Concepts of Space and Time in Ancient China and in Modern Cosmology", in: Dainian Fang und R. S. Cohen (Hg.), *Chinese Studies in the History and Philosophy of Science and Technology*. Boston Studies in the Philosophy of Science, Bd. 179. Dordrecht: Springer. 55–60.

Felbur, Rafal (2017): „Treatises of Sengzhao: Translation of the Zhaolun 肇論 for the BDK English Tripiṭaka", in: John P. Keenan, Rafal Felbur, Jan Yün-hua, *Three Short Treatises: by Vasubandhu, Sengzhao, and Zongmi*. Moraga, Calif.: BDK America Inc.

Ferretti, Gabriele (2016): „Pictures, action properties and motor related effects", in: *Synthese* 193/12: 3787–3817.

Feuchtwang, Stephen D. R. (1974): *An Anthropological Analysis of Chinese Geomancy*. Vientiane, Laos: Edition Vithagna.

FGDCD 2011: *Foguang da cidian* 佛光大辭典, s. Ciyi 慈怡 (Hg.) (1988) [2018].

Fillmore, Charles J. (1975): *Lectures on deixis (CSLI lecture notes; 65)*. Stanford: CSLI Publications.

Foley, William A. und Robert D. Van Valin (1984): *Functional Syntax and Universal Grammar*. Cambridge: Cambridge University Press.

Foley, William A. (1997): *Anthropological Linguistics: An Introduction*. Malden, MA: Wiley-Blackwell.

Foley, William A. (2007): „Reason, understanding and the limits of translation", in: Peter K. Austin (Hg.), *Language Documentation and Description*, Bd. 4. London: SOAS. 100–119.

Fong, Wen C. (1969): „Toward a Structural Analysis of Chinese Landscape Painting", in: *Art Journal* 28(4): 388–397.

Fong, Wen C. (1976): *Returning Home: Tao-chi's Album of Landscapes and Flowers*. New York: George Braziller.

Fong, Wen C. (1984): „Pictorial Representation in Chinese Landscape Painting", in: Wen C. Fong et al. (Hg.), *Images of the mind: selections from the Edward L. Elliott family and John B. Elliott collections of Chinese calligraphy and painting at the Art Museum*. Princeton, N. J.: Princeton University.

Fong, Wen C. (1987): „Modern Art Criticism and Chinese Painting History", in: Ching-I Tu (Hg.), Tradition and Creativity: Essays on East Asian Civilization. New Brunswick, NJ: Rutgers. 98–108.

Fong, Wen C. (2003): „Why Chinese Painting is History", *Art Bulletin* 85 (2): 258–80.

Fong, Wen C. (2011): in Jerome Silbergeld, „Reflections on Chinese Art History: An Interview with Wen C. Fong", in: Jerome Silbergeld et al. (Hg.), Bridges to Heaven: Essays on East Asian Art in Honor of Professor Wen C. Fong.. New Jersey, Princeton University Press. Bd. 1, 17–51.

Foucault, Michel (1992) [1967]: „Andere Räume", in: Karlheinz Barck et al. (Hg.), *Aisthesis. Wahrnehmung heute oder Perspektiven einer anderen Ästhetik*. Leipzig: Reclam. 34–46.

Frankenhauser, Uwe (1996): *Die Einführung der buddhistischen Logik in China*. Wiesbaden: Harrassowitz.

Fraser, J. T.; N. Lawrence und F. C. Haber (Hg.) (1986): *Time, Science, and Society in China and the West*. Amherst: The University of Massachusetts Press.

Freedberg, David (1989): *The Power of Images. Studies in the History and Theory of Response*. Chicago/ London: University of Chicago Press.

Freedberg, David und V. Gallese (2007): „Motion, emotion and empathy in esthetic experience", in: *Trends in Cognitive Sciences* 11: 197–203.

Freksa, C; C. Habel und K. F. Wender (1988): *Spatial cognition – An interdisciplinary approach to representation and processing of spatial knowledge (Lecture Notes in Artificial Intelligence 1404)*. Berlin: Springer-Verlag.

Friedrich, Michael (1984): *Hsüan-hsüeh: Studien zur spekulativen Richtung in der Geistesgeschichte der Wei-Chin-Zeit*. Diss. München.

Friedrich, Michael; Michael; Lackner und Friedrich Reimann (Hg., Übers., Kommentar) (1996): *Chang Tsai: Rechtes Auflichten. Cheng-meng*. Hamburg: Meiner, 1996.

Frisina, Warren G. (2002): *The Unity of Knowledge and Action: Toward a Nonrepresentational Theory of Knowledge*. Albany: SUNY Press.

Fung, Stanislaus (2003): „Movement and Stillness in Ming Writings on Gardens", in: Michel Conan (Hg.), *Landscape Design and the Experience of Motion*. Washington D.C.: Dumbarton Oaks. 243–262.

FXDCD 2004–2023: *Foxue da cidian* 佛学大词典 [Das große Wörterbuch des Buddhismus]. Verfügbar unter: https://foxue.51240.com/ [letzter Aufruf am 11.07.2023].

Gabbey, Alan (1980): „Force and Inertia in the Seventeenth Century: Descartes and Newton", in: Stephen Gauroger (Hg.), *Descartes. Philosophy, Mathematics and Physics*. New Jersey: Barnes & Noble Books; Sussex: The Harvester Press. 230–320.

Gadamer, Hans-Georg (1965): *Wahrheit und Methode: Grundzüge einer philosophischen Hermeneutik*. Tübingen: J. C. B. Mohr.

Gallagher, Louis J. (1953): *China in the Sixteenth Century: The Journal of Matthew Ricci: 1583–1610*. New York: Random House.

Gan, Chunsong 幹春松 (2016): *Xian yu Dao: Shenxian xin yu daojia xiushen* 仙與道: 神仙信仰與道家修身 [Die Unsterblichkeit und das Dao: Der Glaube an Heilige und Unsterbliche und die daoistischen Kultivierungspraktiken]. Taibei: Hainan chubanshe.

Ganza, Kenneth S. (1990): *The Artists as a Traveller: The Origin and Development of Travel as a Theme in Chinese Landscape Painting of the 14th to 17th Centuries*. Ann Arbor: University of Michigan Press.

Gao, Lingyin 高令印 und Yue Aiguo 樂愛國 (1999): *Wang Tingxiang pingzhuan* 王廷相評傳 [Kritische Ausgabe der Biographie des Wang Tingxiang]. Nanjing: Nanjing daxue.

Gapp, Klaus-Peter (1997): *Objektlokalisation. Ein System zur sprachlichen Raumbeschreibung*. Wiesbaden: Deutscher Universitätsverlag.

Gassmann, Robert H. (1988): *Cheng-ming: Richtigstellung der Bezeichnungen. Zu den Quellen eines Philosophems im antiken China. Ein Beitrag zur Konfuzius-Forschung*. Bern: Peter Lang.

Gattis, Meredith (2001): „Space as a basis for abstract thought", in: M. Gattis (Hg.), *Spatial schemas and abstract thought*. Cambridge, Mass.: MIT Press. 1–12.

Gault, Sebastian (2003): *Der verschleierte Geist. Zen-Betrachtungen des chinesischen Mönchs-Philosophen Zibo Zhenke.* (Schweizerische Asiengesellschaft, Monographie 41). Bern: Peter Lang.

Gawrilow, C; T. Sevincer und G. Oettingen (2022): „Construal level theory", in: M. A. Wirtz (Hg.), *Dorsch. Lexikon der Psychologie*. Bern: Hogrefe. Verfügbar unter: https://dorsch.hogrefe.com/stichwort/construal-level-theory [letzter Aufruf am 09.07.2023].

Ge, Rongjin 葛荣晋 (1990): *Wang Tingxiang he Mingdai qixue* 王廷相和明代气学 [Wang Tingxiang und die *qi*-Lehre in der Zeit der Ming-Dynastie]. Beijing: Zhonghua shuju.

Geaney, Jane (2016): „Binaries in early Chinese texts: locating entities on continuums", in: *International Communication of Chinese Culture* 3/2: 275–292.

Geertz, Clifford (1973): *The Interpretation of Cultures: Selected Essays*. Basic Books.

Geertz, Clifford (1983): *Local Knowledge: Further Essays on Interpretative Anthropology*. Basic Books.

Gehlen, Rolf (1995): *Welt und Ordnung: Zur soziokulturellen Dimension von Raum in früheren Gesellschaften*. Marburg: Diagonal Verlag.

Geiger, Heinrich (2005): *Die große Geradheit gleicht der Krümmung. Chinesische Ästhetik auf ihrem Weg in die Moderne*. Freiburg (Breisgau): Alber.

Gentz, Joachim (2007): „Zum Parallelismus in der chinesischen Literatur", in: Andreas Wagner (Hg.), Parallelismus Membrorum. Fribourg: Academic Press und Göttingen: Vandenhoeck & Ruprecht. 248–269.

Gibson, James Jerome (1966): *The Senses Considered as Perceptual Systems*. Boston: Houghton Miøin.

Gibson, James Jerome (1979): *The Ecological Approach to Visual Perception*. Boston: Houghton Mifflin.

Glasenapp, Helmuth von (1938): „Zur Geschichte der buddhistischen Dharma-Theorie", in: *Zeitschrift der Deutschen Morgenländischen Gesellschaft* 92 (3/4): 383–420.

Goldin, Paul R. (2018): „Two Notes on Xie He's 謝赫 ‚Six Criteria' (*liufa* 六法), Aided by Digital Databases", in: *T'oung Pao* 104: 496–510.

Golvers, Noël (2009): *Ferdinand Verbiest and Jesuit Science in 17th century China. Leuven Chinese Studies 19*. Athens-Leuven.

Gombrich, Ernst H. (1994) [1979]: *The Sense of Order: A Study in the Psychology of Decorative Art*. London: Phaidon Press.

Gombrich, Ernst H. (2004) [1960]: *Art and Illusion: A Study in the Psychology of Pictorial Representation*. London: Phaidon Press.

Goodrich, L. Carrington und Chaoying Fang (Hg.) (1976): *Dictionary of Ming Biography*. New York/ London: Columbia University Press.

Gorham, Geoffrey und Edward Slowik (2014): „Locke and Newton on Space and Time and Their Sensible Measures", in: Z. Biener und E. Schliesser (Hg.), *Newton and Empiricism*. Oxford und New York: Oxford University Press. 119–137.

Gosztonyi, Alexander (1976): *Der Raum. Geschichte seiner Probleme in Philosophie und Wissenschaften*. Freiburg/München: Karl Alber. 2 Bde.

Graham, Angus C. (1958): *Two Chinese Philosophers*: Ch'eng Ming-tao and Ch'eng Yi-ch'uan. London: Lund Humphries.

Graham, Angus C. (1959): „Being in Western Philosophy Compared with Shih/Fei and You/Wu in Chinese Philosophy", in: *Asia Major*, New Series, 7 (1–2): 79–112.

Graham, Angus C. (1990): *Studies in Chinese Philosophy*. Albany: State University of New York Press.

Graham, Angus C. (1992): „Conceptual Schemes and Linguistic Relativism", in: *Unreason Within Reason: Essays on the Outskirts of Rationality*. LaSalle Illinois: Open Court.

Graham, Angus C. (1993): *„Mo tzu* 墨子", in: Michael Loewe (Hg.), *Early Chinese texts: a bibliographical guide*. Berkeley: University of California. 336–341.

Granet, Marcel (Übers. Manfred Porkert) (1985) [1936]: *Das chinesische Denken. Inhalt – Form – Charakter*. Frankfurt a. Main: Suhrkamp.

Greenblatt, Kristin Yü (1975): „Chu-hung and Lay Buddhism in the Late Ming", in: W. Theodore de Bary (Hg.), *The Unfolding of Neo-Confucianism*. (Studies in Oriental Culture 10). New York/London: Columbia University Press. 93–140.

Gregory, Peter N. (Hg.) (1987): *Sudden and Gradual. Approaches to Enlightenment in Chinese Thought*. (Studies in East Asian Buddhism 5). Honolulu: Hawaii University Press.

Gu, Jiming 谷繼明 (2016): Wang Chuanshan Zhouyi waizhuan jianshu 王船山《周易外傳》箋疏 [Verstreute Subkommentare zum *Zhouyi waizhuan* des Wang Chuanshan]. Shanghai: Renmin.

Gunaratne, R. D. (1986): „Understanding Nagarjuna's Catuskoti", in: *Philosophy East & West* 36 (3): 213–234.

Günzel, Stephan (2006): „Einleitung", in: Jörg Dünne und Stephan Günzel (Hg.), *Raumtheorie: Grundlagentexte aus Philosophie und Kulturwissenschaften*. Frankfurt a. Main: Suhrkamp.

Günzel, Stephan (Hg.) (2012): *Lexikon der Raumphilosophie*. Darmstadt: Wissenschaftliche Buchgesellschaft.

Günzel, Stephan (2017): *Raum: Eine kulturwissenschaftliche Einführung*. Bielefeld: Transcript Verlag.

Guo, Jianping 郭建平 (2009): *Lun Wang Yuanqi „Yuchuang manbi" longmai guan de wenhua yiyi* 論王原祁 „雨窗漫筆",龍脈' 觀的文化意義 [Abhandlungen zur kulturellen Bedeutung von Wang Yuanqis Verständnis des Konzepts ‚Drachenadern' in seinem *Yuchuang manbi*]. Xiamen: Xiamen University Press.

Gupta, Rita (2006): *The Buddhist concepts of Pramāṇa and Pratyakṣa*. New Delhi: Sundeep Prakashan.

Gyatso, Janet (Hg.) (1992): *In the mirror of memory. Reflections on mindfulness and remembrance in Indian and Tibetan Buddhism*. New York: SUNY Press.

Hall, David L. und Roger T. Ames (1987): *Thinking through Confucius*. Albany, New York: SUNY Press.

Hall, David L. und Roger T. Ames (1995): *Anticipating China: Thinking Through the Narratives of Chinese and Western Culture*. Albany: State University Press of New York.

Han, Jia; Judith Anson, Gordon Waddington, Roger Adams und Yu Liu (2015): „The Role of Ankle Proprioception for Balance Control in relation to Sports Performance and Injury", in: *BioMed Research International*, vol. 2015, Article ID 842804, https://doi.org/10.1155/2015/842804 [letzter Aufruf am 15.07.2023].

Handler-Spitz, Rivi; Pauline C. Lee und Haun Saussy (Hg.) (2016): *Li Zhi. A Book To Burn And A Book To Keep (Hidden): Selected Writings*. New York: Columbia University Press.

Hansen, Chad (1983): *Language and Logic in Ancient China*. Ann Arbor, Michigan: The University of Michigan.

Hansen, Chad (1992): *A Daoist Theory of Chinese Thought*. Oxford: Oxford University Press.

Hansen, Chad (1993): „Term-Belief in Action: Sentences and Terms in Early Chinese Philosophy", in: Hans Lenk und Gregor Paul (Hg.), *Epistemological Issues in Classical Chinese Philosophy*. New York: SUNY Press.

Hansen, Chad (2003): „*Youwu* (*Yu-wu*): Being and Nonbeing", in: A. S. Cua (Hg.), *Encyclopedia of Chinese Philosophy*. New York: Routledge Chapman & Hall. 847–849.

Hanson, Norwood Russell (1958): *Patterns of Discovery. An Inquiry into the Conceptual Foundations of Science*. Cambridge: Cambridge University Press.

Hamou, Philipp (2014): „Vision, Color, and Method in Newton's *Optics*", in: Z. Biener und E. Schliesser (Hg.), *Newton and Empiricism*. Oxford/New York: Oxford University Press. 66–93.

Hammerstrom, Erik J. (2010): „The Expression ‚The Myriad Dharmas are Only Consciousness' in Early 20th Century Chinese Buddhism", in: *Chung-Hwa Buddhist Journal* 23: 71–92.

Hampe, Beate (2005) „Image schemas in Cognitive Linguistics", in: Beate Hampe und Joseph E. Grady (Hg.), *From Perception to Meaning*. (Cognitive Linguistic Research 29). Berlin: De Gruyter. 1–14.

Harbsmeier, Christoph (1981): *Aspects of Classical Chinese Syntax*. London: Curzon Press.

Harbsmeier, Christoph (1993): „Conceptions of knowledge in ancient China", in: H. Lenk und P. Gregor (Hg.), *Epistemological Issues in Classical Chinese Philosophy*. Albany: State University of New York Press. 11–33.

Harbsmeier, Christoph (1995): „Some Notions of Time and of History in China and in the West", in: Chun-chieh Huang und Erik Zürcher (Hg.), *Time and Space in Chinese Culture*. Leiden: Brill. 49–71.

Harbsmeier, Christoph (1998): „Language and Logic in Traditional China", Kenneth Robinson (Hg.) Bd. VII/1, in: Joseph Needham, *Science and Civilisation in China*. Cambridge: Cambridge University Press. 286–348.

Harbsmeier, Christoph (1999): „Weeping and Wailing in Ancient China" ([1993] „The Anatomy of Chinese Laughter. Towards a cultural history of literary impudence, insolence and frivolity in

China", University of Oslo), in: Halvor Eifring (Hg.), *Minds and Mentalities in Traditional Chinese Literature*. Beijing: Wenhua yishu. 317–422.

Harbsmeier, Christoph (2010a): „Towards a Conceptual History of Some Concepts of Nature in Classical Chinese", in: H. U. Vogel, G. Dux und M. Elvin (Hg.), *Concepts of Nature: A Chinese-European Cross-Cultural Perspective*. Leiden: Brill Academic Publishers. 220–254.

Harbsmeier, Christoph (2010b) „On the Very Notions of Language and the Chinese Language", in: *Histoire Épistemologie Langage* 31/2: 143–161.

Harper, Donald J. (1978): „The Han Cosmic Board (shih 式)", in: *Early China* 4: 1–10.

Harrison, Paul M. (1992); „Commemoration and Identification in BuddhAnusmRti", in: Janet Gyatso (Hg.), *In the mirror of memory. Reflections on mindfulness and remembrance in Indian and Tibetan Buddhism*. New York: SUNY Press. 215–238.

Harvey, David (1996): *Justice, Nature & the Geography of Difference*. Cambridge, Mass.: Blackwell Publishing.

Hashimoto, Keizo (1988): *Hsü Kuang-ch'i and Astronomical Reform: The Process of the Chinese Acceptance of Western Astronomy 1629–1639*. Osaka: Kansai University Press.

Hashimoto, Keizo und Catherine Jami (2001): „From the Elements to Calendar Reform: Xu Guanqi's shaping of mathematics and astronomy", in: C. Jami, P. Engelfriet, G. Blue (Hg.), *Statecraft and Intellectual Renewal in Late Ming China: The Cross-Cultural Synthesis of Xu Guangqi (1562–1633)*. Leiden: Brill.

Haselberg, Clemens von (2016): „Jianghu zwischen Vormoderne und Moderne: Versuch einer chinesischen Chronotopos-Analyse", in: Clemens von Haselberg und Stefan Kramer (Hg.), *Zeit, Raum und die Wirklichkeiten Chinas*. (Berliner China-Hefte 48). Berlin: Lit. 159–170.

Haselberg, Clemens von und Stefan Kramer (Hg.) (2016): *Zeit, Raum und die Wirklichkeiten Chinas*. (Berliner China-Hefte 48). Berlin: Lit.

Hay, John (1985): *Kernels of Energy, Bones of Earth: the Rock in Chinese Art*. New York: China Institute in America.

Hay, Jonathan (1995): „Art of the Ming Dynasty (1368–1644)" und „Art of the Qing Dynasty (1644–1911)", ursprünglich auf Italienisch in: Michèle Pirazzoli-t'Serstevens (Hg.), *Storia universale dell'arte: La Cina*. Torino: UTET. Englische Version verfügbar unter: https://www.academia.edu/25755333/Art_of_the_Ming_Dynasty_1368-1644_Art_of_the_Qing_Dynasty_164:-1911_?auto_download=true&email_work_card=view-paper [letzter Aufruf am 17.07.2023].

Hay, Jonathan (2001): *Shitao: Painting and Modernity in Early Qing China*. New York: Cambridge University Press.

He, Jun 何俊 (2013): *Xixue yu wanming sixiang de liebian* 西學與晚明思想的裂變 [Western Learning and the Mutation of the Late Ming Thought]. Shanghai: Shanghai renmin.

He, Linyi 何琳儀 (1998): *Zhanguo wenzidian – Zhanguo guwen shengxi* 戰國古文字典—戰國古文聲系 [Zeichenwörterbuch der palaäographischen Zeichen aus der Zeit der Streitenden Reiche]. Beijing: Zhonghua shuju.

Hearn, Maxwell K. (Hg.) (2008): *Landscapes Clear and Radiant: The Art of Wang Hui (1632–1717)*. New Haven, Conn.: Yale University Press.

Hearn, Maxwell K. (2011): „Pictorial Maps, Panoramic Landscapes, and Topographic Paintings: Three Modes of Depicting Space during the Early Qing Dynasty", in: Jerome Silbergeld et al. (Hg.), *Bridges to Heaven: Essays on East Asian Art in Honor of Professor Wen C. Fong*. New Jersey, Princeton University Press. Bd. 1: 93–113.

Heidegger, Martin (1927): „Sein und Zeit", in: Edmund Husserl (Hg.), *Jahrbuch für Philosophie und Phänomenologische Forschung* 8. Halle: Niemeyer. 1–438.

Henderson, John B. (1984): *The Development and Decline of Chinese Cosmology*. New York: Columbia University Press.
Henderson, John B. (1986): „Ch'ing scholars' views of Western astronomy", in: *Harvard Journal of Asiatic Studies* 46/1: 121–48.
Henderson, John B. (1991): *Scripture, canon, and commentary: A comparison of confucian and western exegesis*. Princeton: Princeton University Press.
Henderson, John B. (1994): „Chinese Cosmographical Thought: The High Intellectual Tradition", in: J. B. Harley, D. Woodward (Hg.), *The History of Cartography*. Chicago und London: University of Chicago Press. 203–227.
Hentschel, Elke und Harald Weydt (2013): *Handbuch der deutschen Grammatik*. 4. Auflage. Berlin/ Boston: De Gruyter.
Herskovitz, Anette (1986): *Language and Spatial Cognition: An Interdisciplinary Study of the Prepositions in English*. Cambridge, UK: Cambridge University Press.
Herskovitz, Anette (1997): „Language, Spatial Cognition, and Vision", in: O. Stock (Hg.), *Spatial and Temporal Reasoning*. Dordrecht: Kluwer.
Himmelmann, Nikolaus (1996): „Demonstratives in Narrative Discourse: A Taxonomy of Universal Uses", in: B. Fox (Hg.), *Studies in Anaphora*. Amsterdam: J. Benjamins. 203–252.
Ho, Wai-kam und Judith G. Smith (Hg.) (1992): *The Century of Tung Ch'i-ch'ang 1555–1636*. 2 Bde. Kansas City: Nelson-Atkins Museum of Art und Seattle: Washington University Press.
Hoffmann, Hans-Peter (2001): *Die Welt als Wendung. Zu einer literarischen Lektüre des Wahren Buches vom südlichen Blütenland (Zhuangzi)*. Wiesbaden: Harrassowitz.
Holenstein, Elmar (1986) [1972]: „Der Nullpunkt der Orientierung", in: Holenstein, *Menschliches Selbstverständnis*, Frankfurt a. Main: Suhrkamp. 14–58.
Holenstein, Elmar (2018): „Natürliche Grenzen der kulturellen Verschiedenheit: Beispiel Weltkarten", in: Sergej Seltz et al. (Hg.), *Facetten gegenwärtiger Bildtheorie: Interkulturelle und interdisziplinäre Perspektiven*. Wiesbaden: Springer. 247–264.
Holenstein, Elmar (2020): „Natural Constraints to Cultural Relativism. Example: Ricci's Pacific-Centered World Maps", in: *Asiatische Studien – Études Asiatiques* (ASIA) 73 (3): 379–397.
Hollis, Martin und Steven Lukes (Hg.) (1982): *Rationality and Relativism*. Cambridge, Mass.: MIT Press.
Hou, Wailu 侯外盧; Qiu Hansheng 邱漢生 und Zhang Qizhi 張豈之 (Hg.) (2005) [1987]: *Song-Ming lixue shi* 宋明理學史 [Geschichte der „Lehre des Prinzips" in der Song- und Ming-Zeit]. Beijing: Renmin.
Hsiao, K. S. (1976): „Li Chih", in: L. Carrington Goodrich und Chaoying Fang (Hg.), *Dictionary of Ming Biography*. New York/London: Columbia University Press. 807–817.
Hsieh, Ding-Hwa (2004): „Awakening Of Faith (*Dasheng Qixin Lun*)", in: *MacMillan Encyclopedia of Buddhism*. New York: MacMillan Reference USA. Bd. 1: 38–9.
Hsu, Sung-peng (1978): *A Buddhist Leader in Ming China. The Life and Thought of Han-Shan Te-Ch'ing*. University Park/London: The Pennsylvania State University Press.
Hu, Minghui (2015): *China's Transition to Modernity: The New Classical Vision of Dai Zhen*. Seattle: University of Washington Press.
Hu, Xiaoyuan (2021): *The Aesthetics of Qiyun and Genius: Spirit Consonance in Chinese Landscape Painting and Some Kantian Echoes*. Rowman & Littlefield.
Huang, Yong (2007): „Neo-Confucian Political Philosophy: The Cheng Brothers on *Li* (Propriety) as Political, Psychological, and Metaphysical", in: *Journal of Chinese Philosophy* 34/2: 217–239.
Huang, Chun-chieh und Erik Zürcher (Hg.) (1995): *Time and Space in Chinese Culture*. Leiden: Brill.
Hummel, Arthur (Hg.) (1934/44): *Eminent Chinese Of The Ch'ing Period 1644–1912*. 2 Bde. Washington: United State Government Printing Office.

Husserl, Edmund (1952): *Ideen zu einer reinen Phänomenologie und phänomenologischen Philosophie* II: *Husserliana* IV, Den Haag: Nijhoff.

Husserl, Edmund (1966): *Analysen zur passiven Synthesis* (1918–1926): *Husserliana* XI, Den Haag: Nijhoff.

Husserl, Edmund (2007): *Ding und Raum: Vorlesungen 1907.* Ulrich Claesges (Hg.). Den Haag: Nijhoff.

HYCH: *Hanyu cihai* 漢語辭海 [Wörterbuch der chinesischen Sprache]. Elektronische Ausgabe: http://www.esk365.com/ [letzter Aufruf am 05.07.2023].

HYDZD 2013: *Hanyu da zidian* 漢語大字典 [Das große Wörterbuch chinesischer Zeichen] http://www.ivantsoi.com/hydzd/ [letzter Aufruf am 17.07.2023].

HYW 2023: *Hanyu wang* 漢語網. Verfügbar unter: http://www.chinesewords.org/dict/28547-172.html [letzter Aufruf am 11.07.2023].

Ibarretxe-Antuñano, Iraide (Hg.) (2017): *Motion and Space across Languages: Theory and applications* (Human Cognitive Processing, Band 59). Amsterdam: John Benjamins Publ.

Ivanhoe, Philip J. (2009): *Readings from the Lu-Wang school of neo-confucianism*. Indianapolis, Ind.: Hackett Publishing.

Ivanhoe, Philip J. (2011): „McDowell, Wang Yangming, and Mengzi's contributions to understanding moral perception". *Dao* 10 (3), 273.

Jalobeanu, Dana (2014): „Constructing Natural Historical Facts: Baconian Natural History in Newton's First Paper on Light and Color", in: Z. Biener und E. Schliesser (Hg.), *Newton and Empiricism*. Oxford/New York: Oxford University Press. 39–65.

Jami, Catherine (1995): „Western Devices for Measuring Time and Space: Clocks and Euclidian Geometry in Late Ming and Ch'ing China", in: Chun-chieh Huang und Erik Zürcher (Hg.), *Time and Space in Chinese Culture*. Leiden: Brill. 169–200.

Jami, Catherine (1998): „Mathematical Knowledge in the Chongzhen lishu", in: Roman Malek (Hg.), *Western Learning and Christianity in China*. Sankt Augustin: China Zentrum and the Monumenta Serica Institute. 661–674.

Jami, Catherine (2009): „Heavenly learning, statecraft, and scholarship: The Jesuits and their mathematics in China", in: Eleanor Robson und Jacqueline Stedall (Hg.), *The Oxford Handbook of the History of Mathematics*. Oxford: Oxford University Press. 57–84.

Jami, Catherine (2011): *The Emperor's New Mathematics: Western Learning and Imperial Authority During the Kangxi Reign (1662–1722)*. Oxford: Oxford University Press.

Jami, Catherine; Peter Engelfriet und Gregory Blue (Hg.) (2001): *Statecraft and Intellectual Renewal in Late Ming China – The Cross-Cultural Synthesis of Xu Guangqi (1562–1633)*. Leiden: Brill.

Janowski, Monica und Timothy Ingold (Hg.) (2012): *Imagining Landscapes: Past, Present and Future.* Ashgate: Abingdon.

Jantzen, Hans (1962) [1938]: *Über den kunstgeschichtlichen Raumbegriff*. Darmstadt: Wissenschaftliche Buchgesellschaft.

Jayatilleke, Kulatissa Nanda (1967): „The Logic of Four Alternatives", in: *Philosophy East and West* 17/1–4: 69–83.

Jiang, Guanghui 姜廣輝 (2008): *Qianjia kaojuxue chengyin zhuwenti zai tantao* 乾嘉考據學成因諸問題再探討 [Eine weitere Abhandlung über die Probleme des Aufkommens der Qianjia Kaoju-Lehre während der Qianlong- und Jiaqing-Regierungszeit], in: *Zhexue Yanjiu* 哲學研究 11: 52–61.

Jiang, Zutong 姜祖桐 (2016): *Yixue yuzhouxue* 易學, 宇宙學 [Die Lehre von den Wandlungen, die Lehre vom Universum]. Shanghai: Sanlian.

Jiang, Chengzhi und Zhu Chunshen (2018): „Bilingual and intersemiotic representation of distance(s) in Chinese landscape painting: from *yi* (‚meaning') to *yi* (‚freedom')", in: *TOC: Semiotica. Journal of the International Association for Semiotic Studies* 225: 293–311.

Jin, Yuelin 金岳霖 (2011): *Zhishi lun* 知識論 [Erkenntnistheorie]. Beijing: Shangwu. Bd. 1.

Johnson, Mark (1987): *The Body in the Mind: The Bodily Basis of Reason and Imagination*. Chicago: University of Chicago Press.

Johnson-Laird, Philip N. (1996): „Space to Think“, in: Paul Bloom, Mary A. Peterson, Lynn Nadel und Merrill F. Garrett (Hg.), Language and Space. Cambridge, Mass./London: MIT Press.

Jullien, François (2005): *Das große Bild hat keine Form. Oder: Vom Nicht-Objekt durch Malerei. Essay über Desontologisierung*. (Aus dem Französischen übers. von Markus Sedlaczek). Paderborn: Wilhelm Fink.

Kalupahana, David J. (1992): *The Principles of Buddhist Psychology*. Dehli: Sri Satguru Publications.

Kant, Immanuel (1956) [1781]: *Kritik der reinen Vernunft*. Nach der 1. und 2. Originalsausgabe von Raymund Schmidt (Hg.), in: *Philosophische Bibliothek*, Bd. 37. Würzburg: Felix Meiner.

Kantor, Hans-Rudolf (2016): „Emptiness of Transcendence: The Inconceivable and Invisible in Chinese Buddhist Thought“, in: N. Brown, W. Franke (Hg.), *Transcendence, Immanence, and Intercultural Philosophy*. Cham: Palgrave Macmillan. 125–149.

Kantor, Hans-Rudolph (2020): „Tiantai Buddhist Elaborations on the Hidden and Visible“, in: Polina Lukicheva, Rafael Suter und Wolfgang Behr (Hg.) *Vision and Visuality in Buddhism and Beyond*. Sonderheft *Asiatische Studien – Études Asiatiques* 74 (4): 883–910.

Kemp, Martin (1990): *The Science of Art: Optical Themes in Western Art from Brunelleschi to Seurat*. New Haven: Yale University Press.

Kemp, Martin (2003): „Raum“, in: Ulrich Pfisterer (Hg.): *Metzler Lexikon Kunstwissenschaft*. Stuttgart/Weimar: Metzler.

Kern, Iso (2010): *Das Wichtigste im Leben. Wang Yangming (1472–1529) und seine Nachfolger über die „Verwirklichung des ursprünglichen Wissens“*. Basel: Schwabe Verlagsgruppe AG.

Kern, Iso (2016): „Das Wichtigste im Leben – Wang Yangming (1472–1529) und seine Nachfolger über die „Verwirklichung des ursprünglichen Wissens“ 致良知“, in: *Asiatische Studien – Études Asiatiques* 70/3: 991–1003.

Kern, Iso (2018): „The Wirkungsgeschichte of Wang Yangming's ‚Teaching in Four Propositions‘ up to Liu Zongzhou and Huang Zongxi“, in: Raji C. Steineck und Ralph Weber (Hg.), *Concepts of Philosophy in Asia and the Islamic world*. Leiden: Brill. 273–322.

Kessler, Lawrence D. (1971): „Scholars and the Early Manchu State“, in: HJAS 31: 179–200.

Kim, Jung Yeup (2015): *Zhang Zai's Philosophy of Qi: A Practical Understanding*. Lanham, Maryland: Lexington Books.

King, Richard (1995): „Is ‚Buddha-Nature‘ Buddhist? Doctrinal Tensions in the Śrīmālā Sūtra: An Early Tathāgatagarbha Text“, in: *Numen* 42 (1): 1–20.

Kirkova, Zorinica (2008): „Distant Roaming and Visionary Ascent: Sun Chuo's ‚You Tiantai shan fu' Reconsidered“, in: *Oriens Extremus* 47: 192–214.

Klatzky, R. L. (1998): „Allocentric and egocentric spatial representations: Definitions, distinctions, and interconnections“, in: C. Freksa, C. Habel und K. F. Wender (Hg.), *Spatial cognition – An interdisciplinary approach to representation and processing of spatial knowledge; Lecture Notes in Artificial Intelligence 1404*. Berlin: Springer. 1–17.

Kleutghen, Kristina (2015): *Imperial Illusions. Crossing Pictorial Boundaries in the Qing Palaces*. Seattle/London: University of Washington Press.

Kliegl, Reinhold; Jochen Laubrock und Andreas Köstler (2015): „Augenblicke bei der Bildbetrachtung. Eine kognitionswissenschaftliche Spekulation zum Links und Rechts im Bild“, in: V. Leppert, P. Deuflhard und Ch. Markschies (Hg.), *Räume, Bilder, Kulturen*. Berlin/Boston: De Gruyter.

Knauff, Markus (2013): *Space to reason: a spatial theory of human thought*. Cambridge, Mass.: MIT Press.

Knoop, C. A.; V. Wagner, T. Jacobsen und W. Menninghaus (2016): „Mapping the aesthetic space of literature 'from below'", in: *Poetics* 56: 35–49.

Koenderink, Jan J. (1990): *Solid Shape*. (Artificial Intelligence Series). Cambridge, Mass./London: MIT Press.

Koselleck, Reinhard (1972): „Einleitung", in: Otto Brunner, Werner Conze, Reinhart Koselleck (Hg.), *Geschichtliche Grundbegriffe: Historisches Lexikon zur politisch-sozialen Sprache in Deutschland*. Stuttgart: Klett-Cotta. Bd. 1.

Koselleck, Reinhard (2006): *Begriffsgeschichten*. Frankfurt a. Main: Suhrkamp.

Kramer, Stefan (2016): „Die epistemologische Konstruktion von RaumZeiten bei Zibo Zhenke und die Frage der kulturellen Übersetzung", in: Clemens von Haselberg und Stefan Kramer (Hg.), *Zeit, Raum und die Wirklichkeiten Chinas*. (Berliner China-Hefte 48). Berlin: Lit. 85–98.

Krausz (Hg.) (1989): *Relativism: Interpretation and Confrontation*. Notre Dame, Ind.: University of Notre Dame Press.

Kraxenberger, M.; W. Menninghaus, A. Roth und M.; Scharinger (2018): „Prosody-Based Sound-Emotion Associations in Poetry", in: *Frontiers in Psychology*, 9: 1284. doi:10.3389/fpsyg.2018.01284.

Krjukov=Крюков, Василий Михайлович (1988): „Надписи на западночжоуских бронзоых сосудах из Фуфэна" [Inschriften auf den Bronzegefäßen aus der Westlichen Zhou-Zeit], in: *Вестник Древней Истории* 1: 96–112.

Kruse, Lenelis und Carl F. Graumann (1978): „Sozialpsychologie des Raumes und der Bewegung", in: Kurt Hammerich und Michael Klein (Hg.), *Materialien zur Soziologie des Alltags*. Köln: Westdeutscher Verlag. 177–219.

Kryk-Kastovsky, Barbara (1996): „The linguistic, cognitive and cultural variables of the conceptualization of space", in: M. Pütz und R. Dirven (Hg.), *The Construal of Space in Language and Thought* (Cognitive Linguistics Research 8). Berlin/New York: De Gruyter Mouton. 329–344.

Kuhn, Thomas (1957): *The Copernican Revolution: Planetary Astronomy in the Development of Western Thought*. Cambridge: Harvard University Press.

Kuhn, Thomas (1961): „The Function of Measurement in Modern Physical Science", in: *Isis* 52: 161–93.

Kuo, Li-Ying (1995): „La récitation des noms de ‚buddha' en Chine et au Japon", in: *T'oung Pao*. Second Series 81/4–5: 230–268.

Kurtz, Joachim (2004): „Matching Names and Actualities: Translation and the Discovery of Chinese Logic", in: Michael Lackner und Natascha Vittinghoff (Hg.), *Mapping Meanings. The Field of New Learning in Late Qing China*. Leiden/Boston: Brill. 471–506.

Kurtz, Joachim (2011): „Framing European Technology in Seventeenth-Century China: Rhetorical Strategies in Jesuit Paratexts", in: Dagmar Schäfer (Hg.) *Cultures of Knowledge: Technology in Chinese History*. Leiden and Boston: Brill. 209–232.

Lackner, Michael, Iwo Amelung und Joachim Kurtz (Hg.) (2001): *New Terms for New Ideas. Western Knowledge and Lexical Change in Late Imperial China*. Leiden: Brill.

Lakoff, George (1987): *Women, Fire, and Dangerous Things: What Categories Reveal about the Mind*. Chicago: University of Chicago Press.

Lakoff, George und Mark Johnson (1980). *Metaphors we Live By*. Chicago: University of Chicago Press.

Lakoff, George und Mark Johnson (2002): „Why cognitive linguistics requires embodied realism", in:. *Cognitive Linguistics* 13: 245–263.

Lam, Ling Hon (2018): *The Spatiality of Emotion in Early Modern China. From Dreamscape to Theatricality*. New York: Columbia University Press.

Lan, Shihong 蘭石洪 (2017): *Qing qian-zhongqi tihuaci yanjiu* 清前中期題畫詞研究 [Untersuchungen zu den auf der Malerei der frühen und mittleren Qing-Zeit aufgeschriebenen *ci*-Gedichten]. Nanjing: Nanjing daxue chubanshe.

Landau, Barbara und Ray Jackendoff (1993): „'What' and 'where' in spatial language and spatial cognition", in: *Behavioral and Brain Sciences* 16 (2): 217–265.

Langacker, Ronald W. (1987/1991): *Foundations of Cognitive Grammar*. Stanford, Calif.: Stanford University Press. 2 Bde.

Läpple, Dieter (1991): *Essay über den Raum: für ein gesellschaftswissenschaftliches Raumkonzept*. (Forschungsprojekt Strukturwandel und Innovation in der Wirtschaftsregion Hamburg; Diskussionsbeitr. Nr. 12). Hamburg: Technische Universität.

Lau, Ullrich (1999): „Quellenstudien zur Landvergabe und Bodenübertragung in der westlichen Zhou-Dynastie (1045?–771 v. u. Z.)". Nettetal: Steyler.

Lauschke, Marion (2012): „'Representation' and 'Presence' in the Philosophy of Ernst Cassirer", in: Aud Sissel Hoel und Ingvild Folvord (Hg.), *Ernst Cassirer on Form and Technology*. London: Palgrave Macmillan. 181–198.

Le Blanc, Charles (1993): „*Huai nan tzu* 淮南子", in: Michael Loewe (Hg.), *Early Chinese texts: a bibliographical guide*. Berkeley: University of California. 189–195.

Lederman, Harvey (2021): „The Introspective Model of Genuine Knowledge in Wang Yangming". Verfügbar unter: http://harveylederman.com/The%20Introspective%20Model%20of%20Genuine%20Knowledge%20in%20Wang%20Yangming.pdf [letzter Aufruf am 17.07.2023].

Lefebvre, Henri (1974): *La Production de l'espace*. Paris: Anthropos.

Legge, James (1927): *The Sacred Books of China: the Texts of Taoism*. Oxford: Oxford University Press.

Legge, James (1960): *The Chinese Classics: With a Translation, Critical and Exegetical Notes, Prolegomena, and Copious Indexes*. Hong Kong: Hong Kong University Press. 5 Bde.

Legge, James (1964): *I Ching. Book of Changes*. Translated by James Legge. New York: University Books.

Leibold, Michael (2001): *Die handhabbare Welt: Der pragmatische Konfuzianismus Wang Tingxiangs (1474–1544)*. Heidelberg: Edition Forum.

Lessing, Gotthold Ephraim (2004) [1766]: *Laokoon oder über die Grenzen der Mahlerey und Poesie*. Projekt Gutenberg. O. J. Verfügbar unter: http://www.gutenberg.org/ebooks/6889 [letzter Aufruf am 17.07.2023].

Leppert, Verena M.; Peter Deuflhard und Christoph Markschies (Hg.) (2015): *Räume, Bilder, Kulturen*. Berlin/Boston: De Gruyter.

Levinson, Stephen C. (1966a): „Frames of Reference and Molyneaux's Question: Crosslinguistic Evidence", in: P. Bloom et al. (Hg.), *Language and Space (Language Speech and Communication)*. Cambridge, Mass./London: MIT Press. 109–169.

Levinson, Stephen C. (1966b): „Language and space", in: *Annual Review of Anthropology* 25: 353–382.

Levinson, Stephen C. (1999): „Deixis", in: K. Brown et al. (Hg.), *Concise Encyclopedia of Grammatical Categories*. Amsterdam: Elsevier. 132–136.

Levinson, Stephen C. (2003): *Space in Language and Cognition*. Cambridge: Cambridge University Press.

Lewin, Kurt (1938): *The conceptual representation and the measurement of psychological forces*. Durham, North Carolina: Duke University Press.

Lewin, Kurt (1963): *Feldtheorie in den Sozialwissenschaften*. Bern/Stuttgart: Huber.

Lewis, Mark E. (2006): *The Construction of Space in Early China*. Albany, N.Y.: State University of New York Press.

Li, Lieyan 李烈焰 (1988): *Shikong xueshuo shi* 时空学说史 [Geschichte der Zeit-Raum-Theorien]. Wuhan: Hubei renmin chubanshe.

Li, Zhaochu (Übers.) (2007): *Wenxin Diaolong: Das literarische Schaffen ist wie das Schnitzen eines Drachens. Liu Xie*. Projektverlag.

Li Weikun 李維琨 (2008): *Mingdai Wumen huapai yanjiu* 明代吳門畫派研究 [Untersuchung zur Malereischule Wu während der Ming-Dynastie]. Shanghai: Dongfang chuban.

Liang, Qichao 梁啟超 (2011): *Zhongguo jin sanbai nian xueshu shi* 中國近三百年學術史 [Die letzten drei Jahrhunderte der chinesischen Wissenschaftsgeschichte] (Neue Auflage in der Serie *Zhonghua xiandai xueshu mingzhu congshu* 中華現代學術名著叢書 [Serie der Chinesischen modernen akademischen Meisterwerke]). Beijing: Shangying sinshuguan.

Liebenthal, Walther (Hg. und Übers.) (1968): *Chao Lun. The Treatises of Seng-chao*. Hong Kong: Hong Kong University Press.

Lin, Qingzhang 林慶彰 (2015): *Mingdai jingxue yanjiu lunji* 明代經學研究論集 [Die Sammlung von Untersuchungen zur ‚Lehre von den Klassikern' in der Ming-Dynastie]. Shanghai: Huadong shifan daxue.

Ling, Lizhong 凌利中 (2009): *„Shi qiong ji nai jian, yi yi chui danqing"* 時窮節乃見, 一一垂丹青 [„Zeit der Not zeigt den Charakter, einer nach dem anderen wird auf die Probe gestellt"], in: *Against or Away: Artworks by Ming Loyalists in Early Qing Dynasty from the Collection of Shanghai Museum*. Macao Museum of Art.

Linck, Gudula (2013): *Ruhe in der Bewegung. Chinesische Philosophie und Bewegungskunst*. Freiburg i. Br.: K. Alber.

Liscomb, Kathlyn (1995): „The Power of Quiet Sitting at Night: Shen Zhou's (1427–1509) Night Vigil", in: *Monumenta Serica* 43. 381–403.

Liu, Ts'un-ren 柳存仁 (1971): „The Penetration of Taoism into the Ming Neo-Confucianist Elite". *T'oung Pao*, 57/1–4:31–102.

Liu, Lydia He (1995): *Translingual Practice: Literature, National Culture, and Translated Modernity – China, 1900–1937*. Stanford, Calif.: Stanford University Press.

Liu, Wenying 劉文英 (2000): *Zhongguo gudai de shikong guannian* 中国古代的时空观念 [Zeit- und Raumkonzepte im alten China]. Tianjin: Nankai daxue. (2. Auflage).

Liu, Songyan 劉松巖 (2006): *Zhongguo chuantong shanshui hua jifa jiexi* 中國傳統山水畫技法解析 [Erläuterung und Analyse der Technik in der traditionellen chinesischen Landschaftsmalerei]. Beijing: Meishu.

Liu, Liangjian 劉梁劍 (2007): *Tian ren ji: Dui Wang Chuanshan de xing er shang xue chanming* 天人際: 對王船山的形而上學闡明 [Der Horizont des Himmlischen und des Menschlichen: Abklärungen zur Lehre vom Transzendenten bei Wang Chuanshan]. Shanghai: Shiji.

Liu, Jichao 劉繼潮 (2011): *You guan: Zhongguo gudian huihua kongjian benti quanshu* 遊觀: 中國古典繪畫空間本體詮釋 [engl. Nebentitel: Wandering-Observing. Ontology and Interpretation of Space in Traditional Chinese Painting]. Bejing: SDX Joint Publishing Company.

Liu, Fengquan 劉鳳泉 (2017): *Zhongguo gudai wenlun zhiyao* 中國古代文論旨要 [Die Grundlagen der alten chinesischen Literaturtheorie]. Xinbei: Huamulan.

Loewe, Michael (Hg.) (1993): *Early Chinese texts: a bibliographical guide*. Berkeley: University of California.

Lohmann, Johannes (1948): „Martin Heideggers ontologische Indifferenz und die Sprache", in: *Lexis* 1: 49–106.

Lotman=Лотман, Юрий Михайлович (1997): „Замечания о структуре повествовательного текста" [Anmerkungen zur Struktur des narrativen Textes], in: Ю. М. Лотман, *О русской литературе* [Über russische Literatur]. St. Petersburg: Iskusstvo.

Loy, Hui-Chieh (2003): „Analects 13.3 and the Doctrine of ‚Correcting Names'", in: *Monumenta Serica* 5/1: 19–36.

Löw, Martina (2001): *Raumsoziologie*. Frankfurt a. Main: Suhrkamp.

Lü, Yuancong 呂元驄 und Ge Rongjin 葛榮晉 (2000):, *Qingdai Shehui yu shixue* 清代社會與實學 [Die Gesellschaft der Qing-Zeit und die Lehre von der Wirklichkeit]. Hong Kong: Hong Kong University Press.

Luhmann, Niklas und Peter Fuchs (2007): *Reden und Schweigen*. Frankfurt a. Main Suhrkamp.

Luk, Charles (1964): *The secrets of Chinese Meditation*. London: Rider & Company.

Lukicheva, Polina (2016): „Gibt es den Raum in der Landschaftsmalerei?", in: Roland Altenburger und Esther Bentmann (Hg.), *Raum und Grenze in den Chinastudien* (Jahrbuch der Deutschen Vereinigung für Chinastudien 10). Wiesbaden: Harrassowitz. 213–230.

Lukicheva, Polina (2020): „Within or Without the Limits of Seeing: On Representation and Creativity in the Aesthetics of the 17th Century China", in: W. Behr, P. Lukicheva, R. Suter (Hg.), *Vision and Visuality in Buddhism and Beyond*. Sonderheft *Asiatische Studien* – Études Asiatiques. 1081–1101.

Luo, Yin 羅因 (2003): *„Kong", „you" yu „you" „wu": Xuanxue yu Borexue jiaohui wenti zhi yanjiu* 「空」「有」與「有」「無」：玄學與般若學教會問題之研究 [engl. Nebentitel: „Sunyata", „Dravysati" und „yo", „wo" – Ontological Research for the Combination of Chinese Metaphysic and Indian Prajna Philosophy in A. D. 300–500]. Taibei: NTU University Press.

Luo, Chi 羅熾 (2006): *Fang Yuzhi pingzhuan* 方以智評傳 [Kritische Ausgabe der Biographie des Fang Yuzhi]. Nanjing: Nanjing daxue.

Lusthaus, Dan (2002): *Buddhist Phenomenology. A Philosophical Investigation of Yogācāra and the Ch'eng Wei-shih lun*. London/New York: Routledge Curzon.

Lusthaus, Dan (2009): „The Two Truths (Saṃvṛti-satya and Paramārtha-satya) in Early Yogācāra", in: *Journal of the Centre for Buddhist Studies, Sri Lanka* 7: 101–152.

Lusthaus, Dan (o. J.): „Xuanzang", verfügbar unter: http://www.acmuller.net/yogacara/thinkers/xuanzang-bio.html [letzter Aufruf am 11.07.2023].

Ma, Linfei 馬躪非 (2010): *Dong Qichang yanjiu* 董其昌研究 [*Untersuchungen zu Dong Qichang*]. Tianjin: Nankai Daxue.

Ma, Yungfen (2011): *The Revival of Tiantai Buddhism in the Late Ming: On the Thought of Youxi Chuandeng (1554–1628)*. Ph.D. Diss., Columbia University.

Mach, Ernst (2012) [1883]: *Die Mechanik in ihrer Entwicklung. Historisch-kritisch dargestellt*. Berlin: Xenomoi.

Mach, Ernst (1917) [1905]: „Der Begriff", in: Ernst Mach, *Erkenntnis und Irrtum. Skizzen zur Psychologie der Forschung*. Leipzig: Johann Ambrosius Barth. http://www.zeno.org/Philosophie/M/Mach,±Ernst/Erkenntnis±und±Irrtum [letzter Aufruf am 06.07.2023].

Machamer, Peter und Lisa Osbeck (2012): „Action, Perception, and Referenz", in: Peter K. Machamer und Athanassios Raftopoulos (Hg.), *Perception, Realism, and the Problem of Reference*. Cambridge: Cambridge University Press. 142–160.

Mair, Victor H. (1994): *Wandering on the Way: Early Taoist Tales and Parables of Chuang Tzu*. New York: Bantam Books.

Mair, Victor H. (1994/1998): *Zhuangzi: Das klassische Buch daoistischer Weisheit* (Übers. Stephan Schuhmacher). Hamburg: Fischer Krüger.

Mair, Victor H. (2004): „Xie He's ‚Six Laws' of Painting and Their Indian Parallels", in: Zong-qi Cai (Hg.), *Chinese Aesthetics: The Ordering of Literature, the Arts, and the Universe in the Six Dynasties*. Honolulu: University of Hawaii Press. 94–95.

Mair, Victor H. und Robert Foster (2005): „Fang Yizhi. Introduction to Notes on the Principle of Things“, in: Victor H. Mair, Nancy S. Steinhardt und Paul R. Goldin (Hg.), *Hawai'i Reader in Traditional Chinese Culture*. Apple Books. 1835–1840.

Makeham, John (1991): „Names, Actualities and the Emergence of Essentialist Theories of Naming in Classical Chinese Thought“, *Philosophy East & West* 41 (3): 341–63.

Makeham, John (1994): *Name and actuality in early Chinese thought*. Albany: State University of New York Press.

Makeham, John (2004): *Transmitters and Creators: Chinese Commentators and Commentaries on the Analects*. Harvard East Asian Monographs, Bd. 228. Boston: Harvard University Asia Center.

Makeham, John (Hg.) (2012): *Learning to Emulate the Wise. The Genesis of Chinese Philosophy as an Academic Discipline in Twentieth-Century China*. Hong Kong: The Chinese University of Hong Kong Press.

Makeham, John (2018): „Chinese Philosophy's Hybrid Identity“, in: Ming Dong Gu (Hg.), *Why Traditional Chinese Philosophy Still Matters: The Relevance of Ancient Wisdom for the Global Age*. London: Routledge. 147–166.

Malek, Roman (Hg.) (1998): *Western Learning and Christianity in China*. Sankt Augustin: China Zentrum and the Monumenta Serica Institute. 2 Bde.

Mandler, Jean M. (1996): „Preverbal Representation and Language“, in: Paul Bloom, Mary A. Peterson, Lynn Nadel und Merrill F. Garrett (Hg.), *Language and Space*. Cambridge, Mass./ London: MIT Press. 365–384.

Margolis, Joseph (1986): *Pragmatism Without Foundations: Reconciling Relativism and Realism*. Oxford: Basil Blackwell.

Marr, David (1982): *Vision. A Computational Investigation into the Human Representation and Processing of Visual Information*. Cambridge, Mass.: MIT Press.

Martzloff, Jean-Claude (2000): „Chinese Mathematical Astronomy“, in: Selin H. (Hg.) *Mathematics Across Cultures. Science Across Cultures: The History of Non-Western Science*, Bd. 2. Dordrecht: Springer. 373–407.

Martzloff, Jean-Claude (2016): *Astronomy and Calendars – The Other Chinese Mathematics*. Berlin/ Heidelberg: Springer.

Masini, Federico (1993): *The Formation of Modern Chinese Lexicon and its Evolution Toward a National Language*. Hong Kong: The Chinese University of Hong Kong Press.

Masini, Federico und Marina Battaglini (Hg.) (1996): *Western Humanistic Culture Presented to China by Jesuit Missionaries (XVII–XVIII centuries)*. Rome: Bibliotheca Instituti Historici.

Massaro, Davide; Federica Savazzi, Cinzia Di Dio, David Freedberg, Vittorio Gallese u. a. (2012): „When Art Moves the Eyes: A Behavioral and Eye-Tracking Study“, in: *PLoS ONE* 7 (5).

Massing, Walter (1995): „Philosophie des menschlichen Bewusstseins“, in: *Spektrum der Wissenschaft* 4. Verfügbar unter: https://www.spektrum.de/magazin/philosophie-des-menschlichen-bewusstseins/822253 [letzter Aufruf am 17.07.2023].

Maturana, Humberto und Francisco Varela (1987): *Der Baum der Erkenntnis. Die biologischen Wurzeln menschlichen Erkennens*. München: Goldmann.

Matthen, Mohan (2012): „Visual Demonstratives“, in: Peter K. Machamer und Athanassios Raftopoulos (Hg.), *Perception, Realism, and the Problem of Reference*. Cambridge: Cambridge University Press. 43–67.

Maull, Nancy L. (1980): „Cartesian Optics and the Geometrization of Nature“, in: Stephen Gauroger (Hg.), *Descartes. Philosophy, Mathematics and Physics*, New Jersey: Barnes & Noble Books, Sussex: The Harvester Press. 23–40.

McMahan, David L. (2002): *Empty vision: metaphor and visionary imagery in Mahāyāna Buddhism*. London: Routledge Curzon.
McMorran, Ian (1992): *The Passionate Realist. An Introduction to the Life and Political Thought of Wang Fuzhi (1619–1692)*. Hong Kong: Sunshine Book Company.
McRae, John R. (1986): *The Northern School and the Formation of Early Chan Buddhism*. Honolulu: University of Hawaii Press.
McRae, John R. (1987): „Shen-hui and the Teaching of Sudden Enlightenment in Early Ch'an Buddhism", in: Peter N. Gregory (Hg.) *Sudden and Gradual. Approaches to Enlightenment in Chinese Thought*. (Studies in East Asian Buddhism 5). Honolulu: Hawaii University Press. 227–278.
McRae, John (1990): *The Northern school of Chinese Ch'an Buddhism*. Ann Arbor, Mich.: University Microfilms International.
McRae, Jon (2003): *Seeing through Zen: Encounter, Transformation, and Genealogy in Chinese Chan Buddhism*. Berkeley: University of California Press.
Meynard, Thierry (2006): *Following the Footsteps of the Jesuits in Beijing: A Guide to Sites of Jesuit Work and Influence in Beijing*. St. Louis: Jesuit Sources.
Meynard, Thierry (2013): „Aristotelian ethics in the land of Confucius: a study of Vagnone's Western Learning on Personal Cultivation", in: *Antiquorum Philosophia* 7 (2013): 145–169.
Meynard, Thierry (Hg.) (2016): *Matteo Ricci, „The True Meaning of the Lord of Heaven"*. (Übers. Douglas Lancashire und Hu Kuo-chen). Boston: Institute of Jesuit Sources.
Meynard, Thierry und Dawei Pan (Übers. und Annot.) (2020): *Giulio Aleni, A Brief Introduction to the Study of Human Nature*, Leiden: Brill.
Melamed Yitzhak Y. (2012): „‚Omnis determinatio est negatio': determination, negation, and Self-negation in Spinoza, Kant, and Hegel", in: Eckart Forster und Yitzhak Y. Melamed (Hg.), *Spinoza and German Idealism*. Cambridge: Cambridge University Press. 175–196.
Menninghaus, W; V. Wagner, C. A. Knoop und M. Scharinger, „Poetic speech melody: A crucial link between music and language", in *PLoS One*, 13(11): e0205980. doi:10.1371/journal.pone.0205980.
Merleau-Ponty, Maurice (1966) [1945]: *Phänomenologie der Wahrnehmung*. (Hg. und Übers. Rudolf Boem). Berlin: De Gruyter.
Merleau-Ponty, Maurice (1986) [1964]: *Das Sichtbare und das Unsichtbare*. (Claude Lefort Hg., Regula Giuliani und Bernhard Waldenfels Übers.). München: Wilhelm Fink.
Merleau-Ponty, Maurice (1994): *Keime der Vernunft. Vorlesungen an der Sorbonne 1949–1952*. (Bernhard Waldenfels Hg., Antje Kapust Hg. und Übers.). München: Wilhelm Fink.
Mitchell, William J.T. (1984): „The Politics of Genre: Space and Time in Lessing's Laocoon", in: *Representations* 6: 98–115.
Mohler, B. J.; M. Di Luca und H. H. Bülthoff (2013): „Multisensory contributions to spatial perception", in: David Waller und Lynn Nadel (Hg.), *Handbook of spatial cognition*. Washington, D.C.: American Psychological Association. 81–97.
Möller, Hans-Georg (1992): „Emblem und Metapher – Überlegungen zu Sprache, Bedeutung und Wirklichkeit im alten China", *Orientierungen* 1: 37–60.
Morgan, Evan S. (1933): *Tao, The Great Luminant. Essays from the Huai Nan Tzu*. Shanghai. Verfügbar unter: https://www.sacred-texts.com/tao/tgl/index.htm [letzter Aufruf am 17.07.2023].
Munakata, Kiyohiko (1983): „Concepts of *Lei* and *Kan-lei* in Early Chinese Art Theory", in: Susan Bush und Christian Murck (Hg.), *Theories of the Arts in China*. Princeton NJ: Princeton University Press. 105–131.
Munro, Donald J. (1988): *Images of Human Nature: A Sung Portrait*. Princeton, N. J.: Princeton University Press.

Namiki, Mikio (2003): „Some Controversies in the Epistemology of Modern Physics“, in: Niklas Luhmann (Hg.), *Beobachter: Konvergenz der Erkenntnistheorien?* München: Wilhelm Fink. 25–46.

Needham, Joseph (1954–2008): *Science and Civilization in China*. Cambridge: Cambridge University Press. 7 Bde.

Needham, Joseph und Wang Ling (1956): *History of Scientific Thought*. Cambridge: Cambridge University Press. (= Josef Needham (Hg.): *Science and Civilization in China*. Bd. 2).

Needham, Joseph und Wang Ling (1959): *Mathematics and the Sciences of the Heavens and the Earth*. Cambridge: Cambridge University Press. (= Josef Needham (Hg.): *Science and Civilization in China*. Bd. 3).

Newton, Isaac (1952) [1740]: *Opticks or A Treatise of the Reflections, Refractions, Inflections & Colours of Light*. New York: Dover Publications.

Ng, On-cho (1993): „Toward an Interpretation of Ch'ing Ontology“, in: Richard J. Smith und D. W. Y. Kwok (Hg.) *Cosmology, Ontology, and Human Efficacy: Essays in Chinese Thought*. Honolulu: University of Hawaii Press. 35–58.

Ng, On-cho (2001): *Cheng-Zhu confucianism in the early Qing: Li Guangdi (1642–1718) and Qing learning*. Albany: SUNY Press.

Ng, On-cho (2019): „Qing Philosophy“, in: Edward N. Zalta (Hg.), *The Stanford Encyclopedia of Philosophy*. (Summer 2019 Edition). Verfügbar unter: https://plato.stanford.edu/archives/sum2019/entries/qing-philosophy/ [letzter Aufruf am 17.07.2023].

Noœ, Alva (2004): *Action in Perception*. Cambridge, Mass.: MIT Press.

Nürnberger, Mark (Übers.) (2009): *Shitao: Aufgezeichnete Worte des Mönchs Bittermelone zur Malerei*. Mainz: Dieterich'sche Verlagsbuchhandlung.

Nylan, Michael (2016): „Beliefs about Social Seeing: Hiddenness (*wei* 微) and Visibility in Classical-Era China“, in: Paula M. Varsano (Hg.), *The Rhetoric of the Hiddenness in Traditional Chinese Culture*. Albany: SUNY Press. 53–78.

Obert, Mathias (2000): „Fazang: Der Goldlöwe in der Übersetzung von Mathias Obert“, in: Rolf Elberfeld, Michael Leibold, Mathias Obert, *Denkansätze zur buddhistischen Philosophie in China. Seng Zhao – Jizang – Fazang*. Köln: Chora. 118–129.

Obert, Mathias (2006): „Imagination oder Antwort. Zum Bildverständnis im vormodernen China“, in: Wulf und Hüppauf (Hg.), *Bild und Einbildungskraft*. München: Fink.

Obert, Mathias (2007): *Welt als Bild. Die Theoretische Grundlegung der chinesischen Berg-Wasser-Malerei zwischen dem 5. und dem 12. Jahrhundert*. Freiburg: Alber.

Obert, Mathias (2013): „Leibliche Mimesis und Selbstsorge in den chinesischen Künsten des Pinsels“, in: M. Schmücker, F. Heubel (Hg.), *Dimensionen der Selbstkultivierung. Beiträge des Forums für Asiatische Philosophie*. Freiburg/München: Karl Alber. 396–426.

Obert, Mathias (2014): „Leibliche Mimesis in der Kunsttheorie zwischen China und dem Abendland“, in: *Allgemeine Zeitschrift für Philosophie* 39/3: 251–279.

Ommerborn, Wolfgang (1996a): *Die Einheit der Welt. Die Qi-Theorie des Neo-Konfuzianers Zhang Zai (1020–1077)*. Amsterdam/Philadelphia: B. R. Grüner/Benjamins.

Ommerborn, Wolfgang (1996b): „Absolute Leere, leerer Raum zwischen den empirischen Dingen oder Bereich des Nicht-Sichtbaren im Seinskontinuum? Zur Konzeption des Wu im Daoismus und Konfuzianismus“, in: *Oriens Extremus* 39/1: 68–95.

Ommerborn, Wolfgang (1996c): „Ontologie und Kosmologie in der Lehre des Wang Tingxiang (1474–1544)“, in: *minima sinica* 2: 29–56.

Ommerborn, Wolfgang (1997): „Xing-Theorie und Erkenntnistheorie in der Lehre des Wang Tingxiang (1474–1544)“, in: *Asiatische Studien* 3: 729–756.

Ommerborn, Wolfgang (1999): „Die politischen Ideen des Huang Zongxi (1610–1695) und ihr philosophischer und gesellschaftlicher Hintergrund“, in: *Zeitschrift der Morgenländischen Gesellschaft* 149 (2): 289–336.

Ommerborn, Wolfgang (2000): „Dai Zhens (1724–1777) Konzeption des *li* und seine Kritik an der *li*-Theorie der Cheng-Zhu-Schule“, in: *Archiv für Begriffsgeschichte* 42: 9–53.

Ong, Chang Woei (2006): „The Principles are Many: Wang Tingxiang and Intellectual Transition in Mid-Ming China“, in: *Harvard Journal of Asiatic Studies* 66 (2): 461–493.

Orell, Julia (2020): *Memorial Landscapes: World Images East and West*. Berlin/Boston: De Gruyter.

Orell, Julia (o. J.): *Place, Site, Region, and Empire in Landscape Painting and Cartography of Song China*.

Owen, Stephen (1992): *Readings in Chinese Literary Thought*. Cambridge, Mass.: Harvard University Asia Center.

Pan, Guiming 潘桂明 (2000): *Zhongguo jushi fojiao shi* 中國居士佛教史 [Geschichte des Lay-Buddhismus in China]. Beijing: Zhongguo shehui kexue.

Pang, Anne Quan (1992): *Wang Yüan-ch'i (1642–1715) and Formal Construction in Chinese Landscape Painting*. Berkeley: University of California.

Panofsky, Erwin (1927): *Die Perspektive als „Symbolische Form“*. Leipzig: Teubner.

Park, J. P. (2012): *Art by the Book: Painting Manuals and the Leisure Life in Late Ming China*. Seattle/London: University of Washington Press.

Pasierbsky, Fritz (1982): „Zur historischen Entwicklung der Personendeixis im Chinesischen“, in: J. Weissenborn und W. Klein (Hg.), *Here and There: Cross-Linguistic Studies on Deixis and Demonstration*. Amsterdam: J. Benjamins. 253–272.

Pederson, Eric; Eva Danziger, David Wilkins, Stephen Levinson, Sotaro Kita und Günter Senft (1998): „Semantic Typology and spatial conceptualization“, in: *Language* 74 (3): 557–589.

Peng, Bei (2019): *Musik als Harmonie von Himmel und Erde – Zhū Zǎiyù (1536–1611) und seine Musiktheorie*. Universität Heidelberg Dissertationsschrift. Verfügbar unter: http://archiv.ub.uni-heidelberg.de/volltextserver/26815/3/Peng_Dissertation.pdf [letzter Aufruf am 17.07.2023].

Peterson, Willard J. (1975): „Fang I-chih: Western Learning and the ‚Investigation of Things‘, in: W. Theodore de Bary (Hg.), *The Unfolding of Neo-Confucianism*. New York: Columbia University Press. 369–411.

Peterson, Willard J. (1979): *Bitter Gourd. Fang I-chih and the Impetus for Intellectual Change*. New Haven und London: Yale University Press.

Piaget, Jean und Bärbel Inhelder (1975): *Die Entwicklung des räumlichen Denkens beim Kinde*. Stuttgart: Ernst Klett.

Pi, Xirui 皮錫瑞 (1954) [1923]: *Jingxue tonglun* 經學通論 [Umfassende Abhandlungen über die Lehre von den Klassikern]. Beijing: Zhonghua shuju.

Pi, Xirui 皮錫瑞 (1959): *Jingxue lishi* 經學歷史 [Geschichte der Lehre von den Klassikern]. Beijing: Zhonghua shuju.

Pichler, Wolfram (2018): „Vehikel, Inhalt, Referent: Grundbegriffe einer Bildtheorie“, in: Sergej Seitz, Anke Graness, Georg Stenger (Hg.), *Facetten gegenwärtiger Bildtheorie*. Wiesbaden: Springer. 39–54.

Pines, Yuri (2010): „Political mythology and dynastic legitimacy in the Rong Cheng shi manuscript“, in: *Bulletin of the School of Oriental and African Studies* 73 (3): 503–529.

Pinxten, Rik; Ingrid van Dooren und Frank Harvey (1983): *The Anthropology of Space*. Philadelphia: University of Pennsylvania Press.

Plaks, Andrew (1994): „The Prose of Our Time“, in: Willard J. Peterson, Andrew H. Plaks, Ying-shih Yü (Hg.), *The Power of Culture. Studies in Chinese Cultural History*. Hong Kong: The Chinese university press. 206–217.

Plaks, Andrew (Vorwort und kommentierte Übers.) (2003): *Ta Hsüeh* and *Chung Yung* (*The Highest Order of Cultivation and On the Practice of the Mean*). London: Penguin.

Plassen, Jörg (2003): „Rudolf G. Wagner: Language, ontology, and political philosophy in China. Wang Bi's scholarly exploration of the dark (Xuanxue)", in: *Bochumer Jahrbuch zur Ostasienforschung* 27: 286–295.

Pohl, Karl-Heinz (2006): „Ästhetik der Fülle und Ästhetik der Leere – Anmerkungen zur Ästhetik der traditionellen und zeitgenössischen Malerei in China", in: Walter Schweidler (Hg.), *Weltbild – Bildwelt. Ergebnisse und Beiträge des Internationalen Symposiums der Hermann und Marianne Straniak Stiftung*. St. Augustin: Academia. 221–239.

Pohl, Karl-Heinz (2007): *Ästhetik und Literaturtheorie in China – Von der Tradition bis zur Moderne*. (Reihe: Wolfgang Kubin (Hg.), Geschichte der chinesischen Literatur, Bd. 5). München: Saur Verlag.

Porkert, Manfred (1982): *Die theoretischen Grundlagen der chinesischen Medizin*. Stuttgart: S. Hirzel.

Powers, Martin J. (1992) „Character (*Ch'i*) and Gesture (*Shih*) in Early Chinese Art and Criticism", in: *Proceedings of the International Colloquium on Chinese Art History*. Taibei: National Palace Museum. Bd. 2. 909–927.

Pratt, C. C. (1930): „The Spatial Character of High and Low Tones", in: *Journal of Experimental Psychology* 13/3: 278–285.

Pulleyblank, Edwin G. (2000): „The Morphology of Demonstrative Pronouns in Classical Chinese", in: H. Samuel Wang, Feng-fu Tsao und Chin-fa Lien, (Hg.), *Selected Papers from The Fifth International Conference on Chinese Linguistics*. Taibei: Crane Publishing. 1–23.

Puttfarken, Thomas (2000): *The Discovery of Pictorial Composition: Theories of Visual Order in Painting 1400–1800*. New Haven: Yale University Press.

Pylyshyn, Zenon W. (2003): *Seeing and Visualizing. It's Not What You Think*. Cambridge, Mass./London: MIT Press.

Pylyshyn, Zenon W. (2007): *Things and places: How the Mind Connects with the World*. Cambridge, Mass.: MIT Press.

Qian, Maowei 錢茂偉 (2003): *Mingdai shixue de licheng* 明代史學的歷程 [Geschichte der Historiographie in der Ming-Zeit]. Beijing: Shehui kexue wenxian.

Quine, Willard V. O. (1953): *From a Logical Point of View*. Cambridge Mass.: Harvard University Press.

Quine, Willard V. O. (1960): *Word and Object*. Cambridge, Mass.: MIT Press.

Raftopoulos, Athanassios und Peter Machamer (2012): „Reference, Perception, and Realism", in: Peter K. Machamer und Athanassios Raftopoulos (Hg.), *Perception, Realism, and the Problem of Reference*. Cambridge University Press. 1–10.

Rambelli, Fabio (2013): *A Buddhist Theorie of Semiotics: Signs, Ontology, and Salvation in Japanese Esoteric Buddhism*. New York: Bloomsbury Academic.

Raphals, Lisa (2002): „A ‚Chinese Eratosthenes' Reconsidered: Chinese and Greek Calculations and Categories", in: *East Asian Science, Technology, and Medicine* 19: 134–182.

Redder, Volker (2003): „Ich sehe was, was Du nicht siehst", in: Niklas Luhmann (Hg.) *Beobachter: Konvergenz der Erkenntnistheorien?* München: Wilhelm Fink. 7–12.

Reddy, Michael J. (1979): „The conduit metaphor", in: Andrew Ortony (Hg.), *Metaphor and thought*. Cambridge/London/New York: Cambridge University Press. 284–324.

Reding, Jean Paul (1986): „Greek and Chinese categories: A reexamination of the problem of linguistic relativism", *Philosophy East and West* 36/4: 349–374.

Reichhardt, Rolf (2000): „Wortfelder – Bilder – Semantische Netze. Beispiele interdisziplinärer Quellen und Methoden in der Historischen Semantik", in: Gunter Scholtz (Hg.), *Die Interdisziplinarität der Begriffsgeschichte*. Hamburg: Meiner. 111–133.

Rheinberger, Hans-Jörg (2007): *Historische Epistemologie zur Einführung*. Hamburg: Junius Verlag.

Rickett, Allyn W. (1993): „*Kuan tzu* 管子", in: Michael Loewe (Hg.), *Early Chinese texts: a bibliographical guide*. Berkeley: University of California. 244–251.

Riemenschnitter, Andrea (1998): *China zwischen Himmel und Erde: Literarische Kosmographie und nationale Krise im 17. Jahrhundert*. Frankfurt a. Main: Peter Lang.

Roediger, Henry L. (1980): „Memory metaphors in cognitive psychology", in: *Memory and Cognition* 8: 231–246.

Roetz, Heiner (1984): *Mensch und Natur im alten China. Zum Subjekt-Objekt-Gegensatz in der klassischen chinesischen Philosophie. Zugleich eine Kritik des Klischees vom chinesischen Universismus*. Frankfurt a. M.: Peter Lang.

Roetz, Heiner (1993): „Validity in Chou Thought: On Chad Hansen and the Pragmatic Turn in Sinology", in: Hans Lenk und Gregor Paul (Hg.), *Epistemological Issues in Classical Chinese Philosophy*. New York: SUNY Press. 69–112.

Roetz, Heiner (2006): „Die chinesische Sprache und das chinesische Denken. Positionen einer Debatte", in: Wolfgang Behr und Heiner Roetz (Hg.), *Sprache und Denken in China und Japan. Bochumer Jahrbuch zur Ostasienforschung* 30: 9–37.

Ronan, Charles E. und Bonny B. C. Oh (Hg.) (1988): *East meets West: The Jesuits in China, 1582–1773*. Chicago: Loyola University Press.

Roth, Harold D. (1991): „Psychology and Self-Cultivation in Early Taoistic Thought", in: *Harvard Journal of Asiatic Studies* 51 (2): 599–650.

Roth, Hrold D. (1993): „*Chuang tzu* 莊子", in: Michael Loewe (Hg.), *Early Chinese texts: a bibliographical guide*. Berkeley: University of California. 56–66.

Rounds, David (2009): (Hg.), *The Surangama Sutra – A New Translation with Excerpts from the Commentary by the Venerable Master Hsuan Hua*. Buddhist Texts Translation Society.

Ruegg, David Seyfort (1977): „The uses of the four positions of the Catuskoti and the problem of the description of reality in Mahāyāna Buddhism", in: *Journal of Indian Philosophy* 5 (1–2): 1–71.

Ruegg, David Seyfort (1989): *Buddha-nature, Mind and the Problem of Gradualism in a Comparative Perspective: On the Transmission and Reception of Buddhism in India and Tibet*. London: School of Oriental and African Studies, Univ. of London.

San Roque, Lial; Kobin H. Kendrick, Elisabeth Norcliffe, Penelope Brown, Rebecca Defina, Mark Dingemanse, Tyko Dirksmeyer (2014): „Vision Verbs Dominate in Conversation across Cultures, but the Ranking of Non-Visual Verbs Varies", in: *Cognitive Linguistics* 26 (1): 31–60.

Saraiva, Luis M.R. (Hg.) (2013): *Europe and China: Science and the Arts in the 17th and 18th Centuries*. Reihe: History of Mathematical Science. Portugal and East Asia IV. Singapore, Hackensack, N. J.: World Scientific Pub. Co.

Sarnowsky, Jürgen (1998): „Extrakosmische Phänomene und Raumvorstellungen der ‚Pariser Schule' des 14. Jahrhunderts", in: Jan A. Aertsen, Andreas Speer (Hg.), *Raum und Raumvorstellungen im Mittelalter*. Berlin: De Gruyter. 130–144.

Saussy, Haun (Hg.) (2021): *The Objectionable Li Zhi: Fiction, Criticism, and Dissent in Late Ming China*. Seattle: University of Washington Press.

Schäfer, Dagmar (2011): *The Crafting of the 10,000 Things. Knowledge and Technology in Seventeenth-Century China*. Chicago: University of Chicago Press.

Schäfer, Dagmar (Hg.) (2012): *Cultures of Knowledges. Technology in Chinese History*. Leiden: Brill.

Scharinger, M; C. A. Knoop, V. Wagner und W. Menninghaus (2022): „Neural processing of poems and songs is based on melodic properties", in: *NeuroImage*, 257: 119310. doi:10.1016/j.neuroimage.2022.119310.

Schemmel, Matthias und William G. Boltz (2022): *Theoretical Knowledge in the Mohist Canon*. Cham: Springer und Max Planck Gesellschaft.

Schlette, Magnus; Thomas Fuchs und Anna Maria Kirchner (Hg.) (2017): *Anthropologie der Wahrnehmung*. Heidelberg: Universitätsverlag Winter.

Schlieter, Jens (2013): „‚Selbstlosigkeit' durch Kultivierung von Mitgefühl. Eine buddhistische Übungspraxis und ihre jüngste neurowissenschaftliche Erforschung", in: M. Schmücker, F. Heubel (Hg.), *Dimensionen der Selbstkultivierung. Beiträge des Forums für Asiatische Philosophie*. Freiburg/München: Karl Alber. 370–395.

Schmidt-Glintzer, Helwig (1999): *Geschichte der chinesischen Literatur. Von den Anfängen bis zur Gegenwart*. München: Beck.

Schuessler, Axel (2007): *ABC Etymological Dictionary of Old Chinese*. Honolulu: University of Hawaii Press.

Schürmann, Eva (2000): *Erscheinen und Wahrnehmen: Eine vergleichende Studie zur Kunst von James Burrell und der Philosophie Merleau-Pontys*. München: Fink.

Schürmann, Eva (2018): *Vorstellen und Darstellen – Szenen einer medienanthropologischen Theorie des Geistes*. Paderborn: Wilhelm Fink.

Schuhmacher, Stephan (Übers. und Hg.) (1982): *Jenseits der weißen Wolken: Die Gedichte des Weisen vom Südgebirge*. Düsseldorf: Diederichs.

Schwermann, Christian (2011): *Dummheit in altchinesischen Texten: eine Begriffsgeschichte*. Wiesbaden: Harrassowitz.

Segall, Marchall H. (1966): *The Influence of Culture on Visual Perception*. New York: Bobbs-Merrill.

Seigel, Jerold (2005): *The Idea of the Self. Thought and Experience in Western Europe since the Seventeenth Century*. Cambridge: Cambridge University Press.

Senft, Günter (2001): „Sprache, Kognition und Konzepte des Raumes in verschiedenen Sprachen und Kulturen – Affiziert sprachliche Relativität die Philosophie?", in: L. Salwiczek et al. (Hg.), *Wie wir die Welt erkennen. Zur Evolution von Erkenntnis. Grenzfragen*. Freiburg/München: K. Alber. 203–242.

Shan, Guolin 單國霖 (2008): „Dong Qichang yu Songjiang huapai 董其昌與松江派" [Dong Qichang und die Songjiang-Schulrichtung], in: Chan Hou Seng 陳浩星 (Hg.), *Nanzong beidou. Shuhua xueshu yantaohui lunwenji* 南宗北斗. 書畫學術研討會論文集. [The Light of the Southern School. Theses on Dong Qichang's Calligraphy and Painting]. Macao Museum of Art. 16–31.

Shaughnessy, Edward L. (1992): *Sources of Western Zhou History: Inscribed Bronze Vessels*. Berkeley/Los Angeles/Oxford: University of California Press.

Shek, Richard (1980): *Religion and Society in the Late Ming: Sectarianism and Popular Thought in 16th and 17th Century China*. Berkeley: University of California.

Shi Shengyan 釋聖嚴 (1987): *Mingmo fojiao yanjiu* 明末佛教研究 [Untersuchungen zum Buddhismus der späten Ming-Dynastie]. Taibei: Dongchu chubanshe.

Sieber, Patricia (2001): „Getting at it in a Single Genuine Invocation. Tang Anthologies, Buddhist Rhetorical Practices, and Jin Shengtan's (1608–1661) Conception of Poetry", in: Monumenta Serica 49: 35–56.

Siebert, Martina (2017): „Consuming and Possessing Things on Paper – Examples from Late Imperial China's Nature Studies", in: Suraiya Faroqhi und Elif Akcetin (Hg.) *Living the Good Life. Consumption in the Qing and Ottoman Empires of the Eighteenth Century*. Leiden: Brill. 384–408.

Sivin, Nathan (1985): „Why the scientific revolution did not take place – or did it?", in: *The Environmentalist* 5 (1): 39–50.

Sivin, Nathan (1986): „On the Limits of Empirical Knowledge in the Traditional Chinese Sciences", in: J. T. Fraser et al. (Hg.), *Time, Science and Society in China and the West. The Study of Time V*. Amherst: The University of Massachusetts Press.

Sivin, Nathan (2008): *Granting the Seasons: The Chinese Astronomical Reform of 1280. With a Study of Its Many Dimensions and A Translation of Its Records*. New York: Springer.

Smith, Richard J. (1966): *Chinese Maps: Images of „All Under Heaven"*. Hong Kong: Oxford University Press.

Smith, Richard J. (1998): „Mapping China's World: Cultural Cartography in Late Imperial Times", in: Wen-hsin Yeh (Hg.), *Landscape, Culture, and Power in Chinese Society*. Institute of East Asian Studies, Berkeley: University of California. 52–109.

Smith, Richard J. (2012): *Mapping China and Managing the World: Culture, Cartography and Cosmology in Late Imperial Times* (Asia's Transformations/Critical Asian Scholarship 9). Abingdon, Oxon: Routledge.

Smith, Richard J. (2015): *The Cultural Role of Popular Encyclopaedias in Late Imperial China*. On-line Publication. verfügbar unter: https://history.rice.edu/sites/g/files/bxs3541/files/inline-files/encyclopediasinlateimperialchina2014-140619150958-phpapp01.pdf [letzter Aufruf am 17.07.2023].

Sobchack, Vivian (1992): *The Address of the Eye. A Phenomenology of Film Experience*. Princeton, NJ: Princeton University Press.

Soothill, William Edward und Lewis Hodous (Hg.) (1977): *A Dictionary of Chinese Buddhist Terms*. Dehli: Motilal Banarsidass Publ.

Soper, Alexander (1949): „The first two Laws of Hsieh Ho", in: *Far Eastern Quarterly* 8 (4): 412–423.

Spaar, Wilfried (1984): *Die kritische Philosophie des Li Zhi (1527–1602) und ihre politische Rezeption in der Volksrepublik China* (Veröffentlichungen des Ostasien Instituts der Ruhr Universität Bochum). Wiesbaden: Harrassowitz.

Spencer-Brown, Gordon (1969): *The Laws of Forms*. London: Allen & Unwin.

Stangl, Werner (2023): „Enaktivismus", in: *Online Lexikon für Psychologie und Pädagogik*. https://lexikon.stangl.eu/14220/enaktivismus/ [letzter Aufruf am 10.07.2023].

Steinbauer, Anja (2005): *Tang Junyis System der neun Horizonte des Geistes*. Hamburger sinologische Gesellschaft.

Steinkellner, Ernst (2005): *Dignāgaťs Pramāňasamuccaya, Chapter 1. A hypothetical reconstruction of the Sanskrit text with the help of the two Tibetan translations on the basis of the hitherto known Sanskrit fragments and the linguistic materials gained from Jinendrabuddhiťs Ţīkā*. On-line Publikation der Österreichischen Akademie der Wissenschaften: https://www.oeaw.ac.at/fileadmin/Institute/IKGA/PDF/forschung/buddhismuskunde/dignaga_PS_1.pdf

Stekeler-Weithofer, Pirmin (2002): „Die Kategorie der Quantität", in: Anton Friedrich Koch (Hg.), *G. W. F. Hegel, Wissenschaft der Logik*. Berlin: Akademie Verlag.

Stekeler, Pirmin (2019): *Hegels Wissenschaft der Logik. Ein dialogischer Kommentar. Bd. 1: Die objektive Logik. Die Lehre vom Sein. Qualitative Kontraste, Mengen und Maße*. Hamburg: Meiner.

Sternagel, Jörg (2012): „Kinästhesie" in: Stephan Günzel (Hg.) *Lexikon der Raumphilosophie*. Darmstadt: Wissenschaftliche Buchgesellschaft. 203–204.

Stosch, Alexandra von (2015): „The Epistemology of the Void. Überlegungen zu transkulturellen Perspektiven in der (Bild-)Raumwahrnehmung", in: Verena M. Leppert, Peter Deuflhard und Christoph Markschies (Hg.), *Räume, Bilder, Kulturen*. Berlin/Boston: De Gruyter. 189–202.

Ströker, Elisabeth (1965): *Philosophische Untersuchung zum Raum*. Frankfurt a. M.: Vittorio Klostermann.

Struve, Lynn A. (1979): „Ambivalence and Action: Some Frustrated Scholars of the K'ang-hsi Period", in: Johnatan D. Spence und John E. Wills, Jr. (Hg.), *From Ming to Ching: Conquest, Region, and Continuity in Seventh-Century China*. New Haven und London: Yale University Press. 323–365.

Struve, Lynn A. (1984): *The Southern Ming, 1644–1662*. New Haven und London: Yale University Press.

Struve, Lynn A. (Hg.) (1993): *Voices of the Ming-Qing Cataclysm: China in Tigers' Jaws*. New Haven: Yale University Press.

Stuer, Catherine (2013): „Reading the World's Landscape in Zhang Bao's Images of the Floating Raft, 1833", in: A. Green (Hg.), *Rethinking Visual Narratives from Asia*. Hong Kong University Press.

Sturman, Peter C. und Susan S. Tai (Hg.) (2012): *The Artful Recluse: Painting, Poetry and Politics in 17th Century China*. München/London/New York: Prestel, Santa Barbara Museum of Art.

Sun, Baoshan 孫寶山 (2014): *Ming–Qing ruxue bijiao yanjiu* 明清儒學比較研究 [Vergleichende Untersuchung zum Konfuzianismus der Ming- und Qing-Zeit]. Beijing: Zongjiao wenhua.

Summers, David (2003): *Real Spaces: World Art History and the Rise of Western modernism*. London: Phaidon.

Suter, Rafael (2017): *Logik und Apriori zwischen Wahrnehmung und Erkenntnis: Eine Studie zum Frühwerk Mou Zongsans (1909–1995)*. (Welten Ostasiens 27). Berlin/Boston: De Gruyter.

Suter, Rafael (2020): *„Pre-Buddhist Conceptions* of *Vision* and *Visuality* in *China* and *Their Traces* in *Early Reflections* on *Painting"*, in: *Asiatische Studien – Études Asiatiques*, Band 74 Heft 4 – Polina Lukicheva, Rafael Suter, Wolfgang Behr (Hg.), Special Issue: Vision and Visuality in Buddhism and Beyond. 1013–1079.

Sze, Mai-mai (1956): *The Tao of Painting – A study of the ritual disposition of Chinese painting. With a translation of the Chieh Tzu Yuan Hua Chuan or Mustard Seed Garden Manual of Painting 1679–1701*. New York: Pantheon Books.

Sweetser, Eve (1990): *From Etymology to Pragmatics: Metaphorical and Cultural Aspects of Semantic Culture*. Cambridge: Cambridge University Press.

Tabery, Thomas (2009): *Selbstkultivierung und Weltgestaltung. Die Praxiologische Philosophie des Yan Yuan (1635–1704)*. Wiesbaden: Harrassowitz.

Talmy, Leonard (2000): *Toward a Cognitive Semantics*. MIT Press. 2 Bde.

Talmy, Leonard (2005): „The Fundamental System of Spatial Schemas in Language", in: Beate Hampe and Joseph E. Grady (Hg.), *From Perception to Meaning*. (Cognitive Linguistic Research 29). Berlin: De Gruyter. 199–234.

Talmy, Leonard (2006): „The Representation of Spatial Structure in Spoken and Signed Language", in: Maya Hickmann und Stéphane Robert (Hg.), *Space in Languages. Linguistic Systems and Cognitive Categories*. Amsterdam und Philadelphia: Benjamins. 207–238.

Thaliath, Babu (2016): *Perspektivierung als Modalität der Symbolisierung*, Würzburg: Königshausen & Neumann.

Thaliath, Babu (2016): *Wissenschaft und Kontext in der frühen Neuzeit*. Freiburg: Karl Alber.

Theobald, Ulrich (Hg.) (2016/2017):, *An Encyclopaedia on Chinese History, Literature and Art: ChinaKnowledge.de*. Verfügbar unter: http://www.chinaknowledge.de/Literature/Poetry/chuanshanyishu.html [letzter Aufruf am 10.07.2023].

Thompson, Kirill O. (2017): „Relational Self in Classical Confucianism: Lessons from Confucius' Analects", in: *Philosophy East and West* 67 (3): 887–907.

Teiser, Stephen F. (2000): *„Heart Sūtra* (*Xin jing*). Translations" und „Perspective on Readings of the *Heart Sūtra*: The Perfection of Wisdom and the Fear of Buddhism", in: Pauline Yu, Stephen Owen, Willard Peterson, Peter C. Bol (Hg.), *Ways with Words: Writing about Reading Texts from Early China*. Berkeley: University of California Press. 113–115 und 130–145.

Tenbrink, Thora (2011): „Reference Frames of Space and Time in Language", in: *Journal of Pragmatics* 43 (3): 704–722.

Tian Miao 田淼 (2005): *Zhongguo shuxue de xihua licheng* 中国数学的西化历程 [The Westernization of Mathematics in China). Jinan: Shandong jiaoyu chubanshe,.

Trauzettel, Rolf (1970): „Zum Problem der chinesischen Ontologie unter dem Aspekt der Sprache“, in: *Zeitschrift der Deutschen Morgenländischen Gesellschaft* 119 (2): 270–277.

Trede, Melanie (2015): „‚Die Chineser stellen alles einfältig vor‘. Schlaglichter auf europäisch-ostasiatische Auseinandersetzungen über Perspektive“, in: Verena M. Leppert, Peter Deuflhard und Christoph Markschies (Hg.), *Räume, Bilder, Kulturen*. Berlin/Boston: De Gruyter. 109–132.

Tsutsui, K; M. Taira und H. Sakata (2005): „Neural mechanisms of three-dimensional vision“, in: *Neuroscience Research* 51: 221–229.

Tyler, Stephen A. (1984): „The Vision Quest or What the Mind’s Eye Sees“, in: *Journal of Anthropological Research* 40 (1): 23–39.

Tu, Wei-ming (2013): „The Idea of the Human in Mencian Thought: An Approach to Chinese Aesthetics“, in: Susan Bush und Christian F. Murck (Hg.), *Theories of the Arts in China*. Princeton NJ: Princeton University Press. 57–73.

Tucker, Paul (2014): „Language, Space and Object Identity in Writing on Visual Art“, in: J. Bamford, F. Poppi und D. Mazzi (Hg.), *Space, Place and the Discursive Construction of Identity. Studies in Language and Communication* 165: 43–69. Bern/Berlin/Bruxelles/Frankfurt a. Main: Peter Lang.

Turner, Frederick (1986): „Space and Time in Chinese Verse“, in: J. T. Fraser, N. Lawrence und F. C. Haber (Hg.), *Time, Science and Society in China and the West*. Amherst: The University of Massachusetts Press.

Unger, Ulrich (2000): *Grundbegriffe der altchinesischen Philosophie. Ein Wörterbuch für die klassische Periode*. Darmstadt: Wissenschaftliche Buchgesellschaft.

Varsano, Paula M. (Hg.) (2016): *The Rhetoric of the Hiddenness in Traditional Chinese Culture*. Albany: SUNY Press.

Vermeer, Eduard B. (1995): „Notions of Time and Space in the Early Ch’ing: The Writings of Ku Yen-wu, Hsu Hsia-k’o, Ku Tsu-yu and Chang Hsueh-ch’eng“, in: Chun-chieh Huang und Erik Zurcher (Hg.), *Time and Space in Chinese Culture*. Leiden: Brill. 201–236.

Viberg, Ake (1983): „The verbs of perception: a typological study“. In: *Linguistics* 21 (1): 123–162.

Vinograd, Richard (1977): „Reminiscences of Ch’in-huai: Tao-chi and the Nanking School“, in: *Archives of Asian Art* 31: 6–31.

Vinograd, Richard (1988): „Situation and Response in Traditional Chinese Scholar Painting“, in: *The Journal of Aesthetics and Art Criticism* 46 (3): 365–374.

Vinograd, Richard (1994): „Origins and Presences: Notes on the Psychology and Sociality of Shitao’s Dreams“, in: *Ars Orientalis* 25: 61–72.

Vinograd, Richard (Hg.) (2002): *The Southern Metropolis: Pictorial Art in 17th Century Nanjing. Exhibition Catalogue*. Stanford, Cantor Center for Visual Art.

Vinograd, Richard (2003): „Fan Ch’i (1616–after 1694): Place-Making and the Semiotics of Sight in Seventeenth-Century Nanching“, in: *Meishushi yanjiu jikan* 美術史研究集刊 [Zeitschrift für kunsthistorische Forschung] 14: 129–157.

Vinograd, Richard; James Cahill und Yongnian Xue (Hg.) (1994): *New Understandings of Ming and Qing Painting*. Shanghai: Shanghai Calligraphy Painting Publishing House.

Wagner, Rudolf G. (2000): *The Craft of a Chinese Commentator: Wang Bi on the Laozi*. Albany: SUNY Press.

Wagner, Rudolf G. (2003): *Language, Ontology, and Political Philosophy: Wang Bi’s Scholarly Exploration of the Dark (Xuanxue)*. Albany: SUNY Press.

Wakeman, Frederick (1985): *The Great Enterprise: The Manchu Reconstruction of Imperial Order in Seventeenth-Century China*. Berkeley: Univ. of California Press.

Wakeman, Frederick (1986): „China and the 17th century crisis“, in: *Late Imperial China* 7/1: 1–26.

Waldenfels, Bernard (2010): *Sinne und Künste im Wechselspiel. Modi ästhetischer Erfahrung*. Frankfurt a. Main: Suhrkamp Verlag.

Wang, Dezhao 王德昭 (1984): *Qingdai keju zhidu yanjiu* 清代科舉制度研究 [Untersuchungen zum Prüfungssystem in der Qing-Zeit]. Beijign: Zhonghua.

Wang, Aihe (2000): *Cosmology and political culture in early China*. Cambridge University Press.

Wang, Xuequn 汪學群 (2004): *Qingchu yixue* 清初易學 [Die Lehre des Buches der Wandlungen in der frühen Qing-Zeit]. Beijing: Shangwu.

Wang, Junyan 王俊彥 (2005a): *Wang Tingxiang yu Mingdai qixue* 王廷相與明代氣學 [Wang Tingxiang und die *qi*-Lehre in der Zeit der Ming-Dynastie]. Taibei: Xiuwei zixun keji.

Wang, Qiheng 王其亨 (2005b): *„Fengshui xingshi shuo he gudai zhongguo jianzhu waibu kongjian sheji tanxi"* 風水形勢說和古代中國建築外部空間設計探析 [Die Auffassung der ‚Form' und ‚dynamischen Konfigurationen' in *fengshui* und Studie zur Außenraumgestaltung alter chinesischer Gebäude], in: *Fengshui lilun yanjiu* 風水理論研究 [Untersuchungen zu *fengshui*-Theorien]. 140–168. Tianjin daxue.

Wang, Shen (2010): *Wang Yuanqi and the Orthodoxy of Self-Reflection in Early Qing Landscape Painting*. Publicly Accessible Pennsylvania University Dissertations. Verfügbar unter: https://repository.upenn.edu/edissertations/1563 [letzter Aufruf am 17.07.2023].

Waller, David und Lynn Nadel (Hg.) (2013): *Handbook of spatial cognition*. Washington D.C.: American Psychological Association.

Wardy, Robert (2000): *Aristotle in China. Language, Categories and Translation*. Cambridge/New York: Cambridge University Press.

Wartofsky, Marx W. (1984): „The Paradox of Painting: Pictorial Representation and the Dimensionality of Visual Space", in: *Social Research* 51 (4): 863–883.

Watson, Burton (1968): *The Complete Works of Chuang Tzu*. Columbia University Press.

Wayman, Alex (1977): „Who Understands the Four Alternatives of the Buddhist Texts?", in: *Philosophy East and West* 27 (1): 3–21.

WDL: World Digital Library/Library of Congress: *„Kongji gezhi"*. Verfügbar unter: https://www.loc.gov/ [letzter Aufruf am 12.07.2023].

Wei, Peiquan 魏培泉 (2009): Cong daolu mingci kan xian-Qin de ‘ao' 從道路名詞看先秦的‚道' [Eine Betrachtung des prä-Qin-zeitlichen *Dao*, ausgehend vom Nomen mit der Bedeutung ‚Weg'], in: Zheng Jixiong 鄭吉雄 (Hg.), *Guannianzi jiedu yu sixiangshi tansuo* 觀念字解讀與思想史探索 [Interpretation of conceptual characters and the exploration of the history of thought]. Taibei: Taiwan xuesheng shuju. 1–52.

Weichhart, Peter (2008): „Raum, Räumlichkeit, die ‚drei Welten' und der Zusammenhang zwischen Sinn und Materie", in: P. Weichhart, *Entwicklungslinien der Sozialgeographie*. Steiner. 61–93.

Wenz, Karin (1997): *Raum, Raumsprache und Sprachräume. Zur Textsemiotik der Raumbeschreibung*. Tübingen: Narr. Kodikas, Code/Supplement, 22.

West, *„Heart Sūtra*. Translations", *„Heart Sūtra"* und *„Bi fa ji"* (Jing Hao, „Notes on the Method for the Brush"). Translation and Commentary, in: Pauline Yu, Peter Bol, Stephen Owen and Willard Peterson (Hg.), *Ways with Words. Writing about Reading Texts from Early China*. Berkeley/Los Angeles/London: University of California Press. 116–117, 121–129 und 202–212.

Westerhoff, Jan (2006): „Nāgārjuna's *Catuṣkoṭi*", in: *Journal of Indian Philosophy* 34 (4): 367–395.

Westerhoff Jan (2009): *Nāgārjuna's Madhyamaka: A Philosophical Introduction*. Oxford: Oxford University Press.

Wettig, Sabine (2009): *Imagination im Erkenntnisprozess: Chancen und Herausforderungen im Zeitalter der Bildmedien*. Berlin: De Gruyter.

Wheatley, Paul (1971): *The Pivot of the Four Quarters: a Preliminary Enquiry into the Origins and Character of the Ancient Chinese City*. Chicago: Aldine.

Whitney, Davis (2010): *A General Theory of Visual Culture*. Princeton/Oxford: Princeton University Press.

Whitney, Davis (2018): *Visuality and Virtuality*. Princeton/Oxford: Princeton University Press.

Whorf, Benjamin (1956): *Language, Thought, and Reality. Selected writings of Benjamin Lee Whorf*. John B. Carroll (Hg.). Cambridge: Technology Press of MIT.

Wiesing, Lambert (2009): *Das Mich der Wahrnehmung. Eine Autopsie*. Frankfurt a. Main: Suhrkamp.

Wiesing, Lambert (2018): „Die Verbesserung des Zeigefingers“, in: Sergej Seitz, Anke Graness, Georg Stenger (Hg.), *Facetten gegenwärtiger Bildtheorie*. Springer. 55–70.

Wilhelm, Richard (Übers.) (1972): *Dschuang Dsï: Das wahre Buch vom südlichen Blütenland*. Düsseldorf/Köln: Eugen Diederichs Verlag.

Wilkinson, Endymion (2013): *Chinese History: A New Manual*. Cambridge, Mass.: Harvard University Asia Center.

Williams, Paul (2008): *Mahayana Buddhism: The Doctrinal Foundations*. London/New York: Routledge.

Williams, Jon Robert (2019): *Monk Yaodi Roasts Zhuangzi: Fang Yizhi on Zhuangzi and Human Flourishing*. Ph. D Thesis. Verfügbar unter: https://scholarbank.nus.edu.sg/handle/10635/166279 [letzter Aufruf am 12.07.2023].

Winter, Marc D. (2009): „Die Richtigstellung der ‚Bezeichnungen‘ (zheng ming) in der Qing-Zeit: Zu einem Text von Zang Lin (1650–1713)“, in: Roland Altenburger, Martin Lehnert, Andrea Riemenschnitter (Hg.), *Dem Text ein Freund: Erkundungen des chinesischen Altertums – Robert H. Gassmann gewidmet*. Frankfurt a. Main: Peter Lang. 193–212.

Winter, Marc D. (2016): *Sorge um den Rechten Weg des Konfuzianismus. Fang Dongshus Kritik an Dai Zhen und der Hanxue*. Berlin: De Gruyter.

Wittgenstein, Ludwig (2001) [1953]: *Philosophische Untersuchungen*. Joachim Schulte (Hg.). Frankfurt a. Main: Wissenschaftliche Buchgesellschaft.

Woelert, Peter (2011): „Human cognition, space, and the sedimentation of meaning“, in: *Phenomenology and Cognitive Sciences* 10 (1): 113–137.

Wohlfahrt, Günter (2002): *Zhuangzi. Meister der Spiritualität*. Freiburg: Herder.

Wollheim, Richard (1980): *Art and its Objects: With Six Supplementary Essays*. 2. Auflage. Cambridge: Cambridge University Press.

Wollheim, Richard (1987): *Painting as an Art*. Princeton: Princeton University Press.

Wong, Chi-hung (2016): „*Shenyun* before Wang Shizhen: A Terminological Study of Hu Yinglin's and Lu Shiyong's Poetics“, in: *Ming Studies* 73: 51–70.

Wu, Rujun 吳汝鈞 (1994): *Fojiao sixiang da cidian* 佛教思想大辭典 [Das große Wörterbuch des buddhistischen Denkens]. Taibei: Taiwan shanwu yin shudian.

Wu, Jiang (2008): *Enlightenment in Dispute: The Reinvention of Chan Buddhism in Seventeenth-Century China*. Oxford: Oxford University Press.

Xiao, Chi 蕭馳 (2012): *Zhongguo sixiang yu shuqing chuantong* 中國思想與抒情傳統第 [Das chinesische Denken und die lyrische Tradition]. j. 3: *Sheng Dao yu shi xin* 聖道與詩心 [Das Dao des Weisen und das poetische Herz]. Taibei: Linking Publishing.

Xiao, Shafu 蕭萐父 und Xu Suming 許蘇民 (2002): *Wangfuzhi pingzhuan* 王夫之評傳 [Kritische Ausgabe der Biographie von Wang Fuzhi]. Nanjing daxue.

Xie, Mingyang 謝明陽 (2001): *Ming yimin Zhuangzi de diwei wenti* 明遺民莊子的地位問題 [The problem of Ming loyalist interpretations of Zhuangzi]. Taibei: National Taiwan University.

Xu, Dan (Hg.) (2008): *Space in Languages of China. Cross-linguistic, Synchronic and Diachronic Perspectives*. Dordrecht: Springer Science + Business Media B.V.

Xu, Fuguan 徐復觀 (2007): *Zhongguo yishu jingshen* 中國藝術精神 [Der Geist der chinesischen Kunst]. Guilin: Guangxi shifan.

Xu, Jianrong 徐建融 (1993): *Xinjing yu Biaoxian: Zhongguo huihua wenhuaxue sanlun* 心境與表現: 中國繪畫文化學散論 [Der Horizont des Herz-Geistes und der Ausdruck: Abhandlungen zur chinesischen Malerei aus der kulturologischen Perspektive]. Shanghai: Renmin meishu.

Xu, Jianrong 徐建融 (2004): *Yuan Ming Qing huihua yanjiu* 元明清繪畫研究 [Untersuchungen zur Malerei der Yuan-, Ming- und Qing-Zeit]. Shanghai: Fudan daxue.

Yee, Cordall D.K. (1994): „Chinese Maps in Political Culture", „Taking the World's Measure: Chinese Maps between Observation and Texts", „Chinese Cartography among the Arts: Objectivity, Subjectivity, Representation", „Traditional Chinese Cartography and the Myth of Westernization", in: Harley und Woodward (Hg.), *Cartography in the Traditional East and Southeast Asian Societies*. Chicago/London: The University of Chicago Press. 71–202.

Yu, Chun-fang (1981): *Renewal of Buddhism in China: Chu-Hung & the Late Ming Synthesis*. New York: Columbia University Press.

Yu, Pauline (1987): *The Reading of Imagery in the Chinese Poetic Tradition*. Princeton University Press.

Yu, Shaosong 余紹宋 (1931): *Huafa yaolu* 畫法要錄 [Aufzeichnung der grundlegenden Maltechniken]. Shanghai: Zhonghua shuju. 4 Hefte.

Yu, Wen (2018): *The Search for a Chinese Way in the Modern World: From the Rise of Evidential Learning to the Birth of Chinese Cultural Identity*. Dissertation an der Harvard Universität, Cambridge, Mass. Verfügbar unter: https://dash.harvard.edu/handle/1/42015919 [letzter Aufruf am 17.07.2023].

Yuan, Hongzhan 袁紅戰 (2014): *Maobi shufa rumen jiaocheng: Liu ti kai jue bai yun gen* 毛筆書法入門教程: 柳體楷訣百韻歌 [Einstiegs-Studiengang der Pinselschriftkunst: Der *kai*-Stil von Liu Gongquan]. Hefei: Anhui meishu.

Yūzō, Mizoguchi 溝口雄三 et al. (Hg.) (2001): *Chūgoku shisō bunka jiten* 中國思想文化世典 [Enzyklopädie der chinesischen Denkkultur]. Tokyo: Daigaku.

Zaiser, Hedwig (1932): *Kepler als Philosoph.* Frankfurt a. Main: Surkamp.

Zádrapa, Lukáš (2020): „Linguistic Affinites of the Yǐnwénzǐ Text in the Light of Basic Corpus Data", in: Rafael Suter, Lisa Indraccolo und Wolfgang Behr (Hg.), *The Gongsun Longzi and Other Neglected Texts: Aligning Philosophical and Philological Perspectives*. De Gruyter. 347–398.

Zekl, Hans Günter; Wolfgang Breidert, Friedrich Kaulbach, Pirmin Stekeler-Weithofer et al. (1992): „Raum", in: J. Ritter und K. Gründer (Hg.): *Historisches Wörterbuch der Philosophie*. Basel: Schwabe Verlag. Bd. 8, 67–85.

Zeuschner, Robert B. (1978): „The Understanding of Mind in the Northern Line of Ch'an (Zen)", in: *Philosophy East and West* 28 (1): 69–79.

Zhang Junmai 張君勱 [Carsun Chang] (1957–1962): *The Development of Neo-Confucian thought*. 2 Bde. New York: Bookman Associates.

Zhang Junmai [Carsun Chang] (1962): *Wang Yang-Ming: Idealist Philosopher of Sixteenth-Century China*. Jamaica, N.Y.: St. John's University Press.

Zhang, Hao 張灝 [Chang Hao] (1974): „On the *Ching-Shih* Ideal in Neo-Confucianism", *Ch'ing-Shih Wen-t'i*, 3 (1): 36–61.

Zhang, Yongtang 張永堂 (1987): „Fang Yizhi" 方以智, in: *Zhongguo lidai sixiangjia* 中國歷代思想家 [Chinesische Denker unterschiedlicher Epochen]. Taibei: Taiwan shangwu yin shuguan. Bd. 37.

Zhang, Qingchang 張清常 (1933): „Zhongguo shengyunxue suo jieyong de yinyue shuyu" 中國聲韻學所借用的音樂術語 [Die entlehnten musikalischen Termini in der chinesischen Phonologie], in: Zhang Qingchang, *Yuyanxue lunwenji* 語言學論文集 [Sammelband von Artikeln zur Sprachwissenschaft]. Beijing: Shangwu. 209–229.

Zhang, Dainian (2004): *Key Concepts in Chinese Philosophy*. New Haven: Yale University Press.

Zhang, Xun 張循 (2007): „*Qingdai Han Song xue guanxi yanjiu rogan wenti de fanxi*" 清代漢, 宋學關系研究中若幹問題的反思 [Neue Erwägungen zu einigen Fragen bei der Untersuchung der Verbindungen zwischen der Han- und Song-Lehre in der Qing-Zeit], in: *Sichuan daxue xuebao* 四川大學學報 4: 43–53.

Zhang, Jie 張杰 (2012): *Zhongguo gudai kongjian niyuan* 中國古代空間溯源 [Die Ursprünge der alten chinesischen Raum[konzeptionen]]. Beijing: Qinghua daxue.

Zhang, Qiong (2015): *Making the New World Their Own: Chinese Encounters with Jesuit Science in the Age of Discovery*. Leiden: Brill.

Zhang, Xuezhi 張學智 (2012b): *Minddai zhexue shi* 明代哲學史 [Geschichte der Philosophie in der Ming-Dynastie]. Beijing: Zhongguo renmin daxue.

Zhang, Xiaoling 張曉凌 und Lin Cunan 林存安 (Hg.) (2014): *Youguan zhihui: Zhongguo gudian huihua kongjian lilun yu shijian* 遊觀智慧: 中國古典繪畫空間理論與實踐 [Die Weisheit des Wanderns und Betrachtens: Theorie und Praxis der Räumlichkeit in der traditionellen chinesischen Malerei]. Beijing: Tuwen tiandi.

Zhao, Yuan 趙園 (2014): *Ming – Qing zhi ji shidafu yanjiu* 明清之際士大夫研究 [Untersuchungen zu Gelehrten-Beamten in der Zeit des Übergangs von der Ming- zur Qing-Dynastie]. Beijing: Shifan daxue.

Zheng Chang 鄭昶 (2015) [1929]: *Zhongguo huaxue quanshi* 中國畫學全史 [Umfassende Geschichte der chinesischen Malereilehre]. Shanghai: Kexue jishu wenxian. 2 Bde.

Zhou, Huanqing 周煥卿 (2008): *Qingchu yimin ciren qunti yanjiu* 清初遺民词人群体研究 [Untersuchungen zu den Lyrikern aus dem *yimin*-Kreis in der frühen Qing-Zeit]. Shanghai: Guji.

Zhou, Xiaolin 周曉琳 und Liu Yuping 劉玉平 (2009): *Kongjian yu shenmei: wenhua dili shiyu zhong de gudai wenxue* 空間與審美: 文化地理視域中的中國古代文學 [Raum und Ästhetik: Chinesische traditionelle Literatur im Horizont kultureller Geographie]. Beijing: Wenlin.

Zhu, Zhirong 朱志荣 (2012): *Zhongguo yishu zhexue* 中国艺术哲学 [Philosophie der chinesischen Kunst]. Huadong shifan daxue.

Zhuang, Yunyan (2015): *La pensée de Hanshan Deqing (1546–1623): Une lecture bouddhiste des textes confucéens et taoïstes*. Dissertation des INALCO. Verfügbar unter: https://core.ac.uk/download/pdf/46815693.pdf [letzter Aufruf am 17.07.2023].

Zimmermann, Michael (2002): *A Buddha Within: The Tathāgatagarbha Sutra: The Earliest Exposition of the Buddha-Nature Teaching in India*. Tokyo: The International Research Institute for Advanced Buddhology, Soka University.

Ziporyn, Brook A. (2018): „The Ti-Yong Model and Its Discontents: Models of Ambiguous Priority in Chinese Buddhism and Zhu Xi's Neo-Confucianism", in: John Makeham (Hg.), *The Buddhist Roots of Zhu Xi's Philosophical Thought*. Oxford: Oxford University Press. 193–276.

Zlatev, Jordan (2005): „What's in a schema? Bodily mimesis and the grounding of language", in: Beate Hampe and Joseph E. Grady (Hg.), *From Perception to Meaning*. (Cognitive Linguistic Research 29). Berlin: De Gruyter. 313–342.

Zong, Baihua 宗白華 (1987) [1923]: *Yijing* 藝境 [Die Sphäre der Kunst]. Beijing: Beijing daxue chubanshe.

Zou, Zhenghong 鄒正洪 (2006): *Huihua goutu xue* 繪畫構圖學 [Die Lehre der Bildgestaltung]. Xinan jiaotong daxue chubanshe.

Zuo, Ya (2019): „Zhang Zai's (1020–1077) Critique of the Senses", in: Journal of Chinese History 3 (1): 83–111.

Zürcher, Erik (1995): „‚In the Beginning': 17th-Century Chinese Reactions to Christian Creationism", in: Chun-chieh Huang und Erik Zürcher (Hg.), *Time and Space in Chinese Culture*. Leiden: Brill. 132–166.

Register

https://doi.org/10.1515/9783110791860-022

www.ingramcontent.com/pod-product-compliance
Lightning Source LLC
LaVergne TN
LVHW010645300926
849161LV00005B/1043